Oldenbourg

Mathematische Methoden der Signalverarbeitung

von
Walter Strampp,
Evgenij V. Vorozhtsov

Oldenbourg Verlag München Wien

Bibliografische Information Der Deutschen Bibliothek

Die Deutsche Bibliothek verzeichnet diese Publikation in der Deutschen
Nationalbibliografie; detaillierte bibliografische Daten sind im Internet
über <http://dnb.ddb.de> abrufbar.

© 2004 Oldenbourg Wissenschaftsverlag GmbH
Rosenheimer Straße 145, D-81671 München
Telefon: (089) 45051-0
www.oldenbourg-verlag.de

Lektorat: Kathrin Veigel, Sabine Krüger
Titelbild: Digital Vision Ltd, London
Herstellung: Rainer Hartl
Umschlagkonzeption: Kraxenberger Kommunikationshaus, München
Gedruckt auf säure- und chlorfreiem Papier
Druck: R. Oldenbourg Graphische Betriebe Druckerei GmbH

ISBN 3-486-27457-0

Vorwort

Im Allgemeinen vermitteln Signale Informationen oder Nachrichten über Vorgänge, die in einer gewissen Entfernung vom Empfänger ablaufen. Die Signalverarbeitung beschäftigt sich mit der Analyse, der Übertragung und der Synthese von Signalen. Die Methoden der Signalverarbeitung und im weiteren Sinn auch der Bildverarbeitung und der Systemtheorie beruhen auf den klassischen Ergebnissen der Fourier- und Laplacetheorie. Oft kann ein Signal nur als Dichtefunktion einer Wahrscheinlichkeitsverteilung beschrieben werden, weil man beispielsweise die Physik des Generators nicht gut genug kennt. Diese statistischen Aspekte der Signalverarbeitung werden hier jedoch nicht betrachtet. Dafür werden den moderneren Entwicklungen auf dem Gebiet der Wavelettheorie sowie im Bereich des Softwareeinsatzes Rechnung getragen.

Die kontinuierliche und die diskrete Fourieranalyse, die Laplace- und die z-Transformation, die neuere Methode der Wavelets sowie die Theorie der linearen zeitinvarianten Systeme und Filter bilden den Hauptbestandteil des Buches. Der Bogen der Theorie soll von den Fourierreihen bis hin zu den Wavelets gespannt werden. Dabei werden aus dem ersten Studienabschnitt bekannte Dinge kurz aufgegriffen und in Richtung der Signalverarbeitung ausgebaut. Hinzu kommen Beispiele für die Umsetzung der Ergebnisse mit den Systemen MATLAB und Maple. Die Literatur zu diesem Themenkomplex ist sehr vielfältig und ausgeprägt. Man findet jedoch kaum Bücher, welche die mathematische Theorie in einer Gesamtschau mit den unerlässlichen Themen aus dem Grundlagenbereich - Funktionentheorie, Distributionen und Hilberträume - darstellen.

Es ist unmöglich, die z-Transformation zu behandeln, ohne die Grundlage der Reihenentwicklung komplexer Funktionen zu legen. Ähnliches gilt für Wavelets ohne funktionalanalytische Grundlagen oder für die Fourieranalyse ohne Distributionen. Im Gegensatz zu vielen Büchern, die sich an Ingenieure wenden, verzichten wir nicht auf mathematische Exaktheit. Wir verzichten jedoch darauf, den mathematischen Begriffsapparat unnötig aufzublähen. Die Theorie der Fourieranalyse und der Laplacetransformation ist in teilweise sehr schwierigen mathematischen Lehrbüchern gespeichert. Die Wavelettheorie findet man zum großen Teil noch in Originalarbeiten niedergelegt. Wir verstehen unsere Arbeit als Vermittlung zwischen schwer zugänglicher mathematischer Literatur und der Ingenieurpraxis.

Formale Manipulationen, die ohne fundiertes mathematisches Hintergrundwissen ausgeführt werden, sind oft wenig hilfreich und lassen die nötige Präzision vermissen. Auf der anderen Seite sind mathematische Theorien für den Ingenieur erst dann nützlich, wenn sie sich in den Anwendungen bewähren. MATLAB ist ein äußerst vielseitiges Hilfsmittel bei Problemen aus der Angewandten Mathematik und der Technik. Digitale Signale sind Folgen reeller oder komplexer Zahlen, die in Form eines Vektors geschrieben werden können. Für alle Operationen der diskreten Fouriertransformation bietet MATLAB mit den Datentypen Matrix und Vektor eine ausgezeichnete Rechenumgebung. Auf der anderen Seite bildet das Computeralgebra-System Maple ein ideales Werkzeug für alle symbolischen Rechnungen. Der Einsatz von MATLAB und Maple ist als Unterstützung beim interaktiven Lernen und bei der Bearbeiten eigener Problemstellungen gedacht. Viele typische Anwendungssituationen und die dabei benötigten Befehle und Funktionen werden erläutert.

Herrn Prof. Dr. W. J. Becker danken wir für wertvolle Diskussionen und den stetigen Einsatz für unser Projekt.

Kassel, W. Strampp, E. V. Vorozhtsov

Inhaltsverzeichnis

1 Funktionentheorie

1.1 Holomorphe Funktionen

Der Aufbau der Analysis im Komplexen geschieht analog zur reellen Analysis von Funktionen einer Variablen. Eine einzige komplexe Variable zerfällt aber in zwei reelle Variable, nämlich Real- und Imaginärteil. Genauso werden Funktionen in Real- und Imaginärteil zerlegt. Bei einer komplexen Funktion wird eine Teilmenge der z-Ebene durch $w = f(z)$ in eine w-Ebene abgebildet. Real- und Imaginärteil sind in einem entsprechenden Teilgebiet der reellen Ebene erklärt.

> **Real-und Imaginärteil einer komplexen Funktion:**
>
> Jedes Element $f(z)$ aus dem Bildbereich einer komplexen Funktion $f : D \longrightarrow \mathbb{C}, D \subset \mathbb{C}$, kann in Real- und Imaginärteil zerlegt werden mit reellwertigen Funktionen u und v:
>
> $$f(z) = f(x + y\,i) = u(x, y) + v(x, y)\,i \,.$$

Die Zerlegung in Real- und Imaginärteil einer komplexwertigen Funktion f einer komplexen Variablen ermöglicht eine geometrische Veranschaulichung von f, indem man die beiden Funktionen u und v darstellt. Eine weitere Möglichkeit der Veranschaulichung besteht darin, im Definitionsbereich D ein Netz von Koordinatenlinien auszulegen, und das Bild dieses Netzes in der w-Ebene zu betrachten.

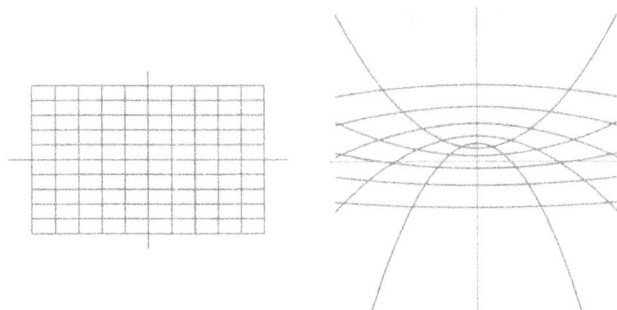

Bild 1.1: *Kartesische Koordinatenlinien in der z-Ebene (links) und ihre Bilder in der w-Ebene (rechts) unter einer Abbildung f(z)*

Beispiel 1.1
Bilder der kartesischen Koordinatenlinien unter der Quadratfunktion bestimmen:

Wir bestimmen Real-und Imaginärteil sowie die Bilder der Koordinatenlinien
$x = x_0$, $y = y_0$ unter der Funktion $f(z) = z^2$.
Aus der Darstellung: $f(z) = (x + y\,i)^2 = x^2 - y^2 + 2x\,y\,i = u(x, y) + v(x, y)\,i$
folgt: $u(x, y) = x^2 - y^2$, $\quad v(x, y) = 2x\,y$.

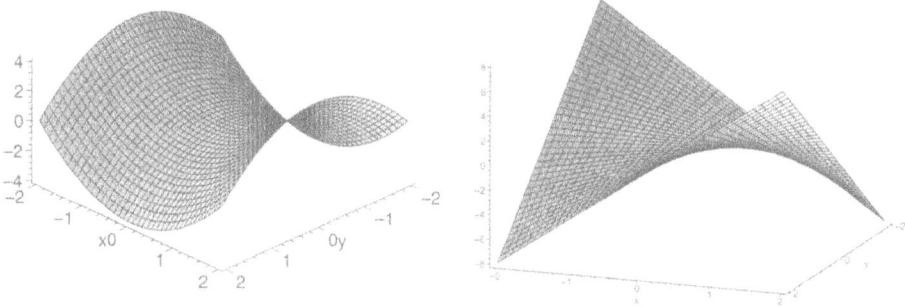

Bild 1.2: *Realteil (links) und Imaginärteil (rechts) der Funktion* $f(z) = z^2$

Die Bilder der Koordinatenlinien $x = x_0 \neq 0$ ergeben sich aus:

$$u(x_0, y) = x_0^2 - y^2, \quad v(x_0, y) = 2x_0\,y.$$

Eliminiert man den Parameter y, so bekommt man die Parabel: $u = -\dfrac{v^2}{4\,x_0^2} + x_0^2$.

Der Spezialfall $x_0 = 0$ liefert die negative u-Achse in der Bildebene.
Die Bilder der Koordinatenlinien $y = y_0 \neq 0$ ergeben sich aus:

$$u(x, y_0) = x^2 - y_0^2, \quad v(x, y_0) = 2x\,y_0.$$

Eliminiert man den Parameter x, so bekommt man die Parabel: $u = \dfrac{v^2}{4\,y_0^2} - y_0^2$.

Der Spezialfall $y_0 = 0$ liefert die positive u-Achse in der Bildebene.

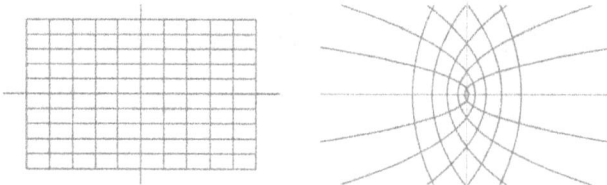

Bild 1.3: *Kartesische Koordinatenlinien in der z-Ebene (links) und ihre Bilder in der w-Ebene (rechts) unter der Abbildung* $f(z) = z^2$

Der Begriff der offenen Menge wird von der reellen Ebene $\mathbb{R}^2$ in die Gaußsche Ebene übernommen.

Offene Menge, Gebiet:

Ist $z_0 \in \mathbb{C}$ ein fester Punkt, dann stellen die Punkte z mit $|z - z_0| < r$ eine offene Kreisscheibe mit dem Mittelpunkt z_0 und dem Radius r dar.

Die Menge $D \subseteq \mathbb{C}$ heißt offen, wenn zu jedem $z_0 \in D$ eine offene Kreisscheibe existiert, die ganz zu D gehört.

Man bezeichnet jede Menge: $\{z \mid |z| > \epsilon\}$ als offene Umgebung von ∞.

Eine offene, zusammenhängende Menge heißt Gebiet.

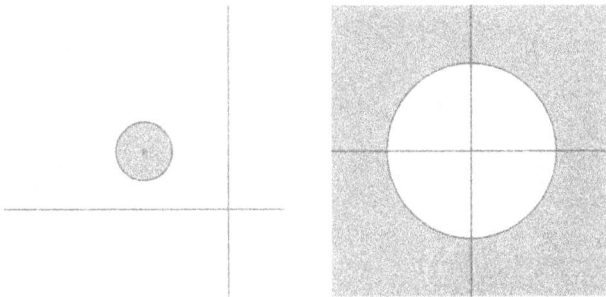

Bild 1.4: *Kreisscheibe $|z - z_0| < r$ mit dem Mittelpunkt z_0 und dem Radius r (links), Umgebung von ∞ (rechts)*

Bild 1.5: *Offene Menge (nicht zusammenhängend) mit Umgebung eines Punktes*

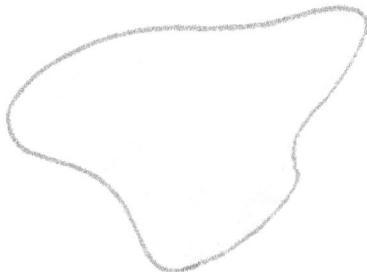

Bild 1.6: *Offene zusammenhängende Menge (Gebiet)*

Die Konvergenz einer Folge kann auf die Konvergenz von Real- und Imaginärteil zurückgeführt werden.

Konvergenz und Stetigkeit:

Die Definition der Konvergenz einer Folge wird direkt aus dem Reellen übernommen. Die Folge $z_n = x_n + y_n i$, x_n, $y_n \in \mathbb{R}$ ist genau dann konvergent

$$\lim_{n\to\infty} z_n = z = x + yi, \quad x, y \in \mathbb{R},$$

wenn die Beziehungen $\lim_{n\to\infty} x_n = x$ und $\lim_{n\to\infty} y_n = y$ erfüllt sind. Alle Rechenregeln für Grenzwerte von Folgen aus dem Reellen gelten weiter.

Die Definiton der Stetigkeit, die Folgendefinition und andere Sätze lassen sich unmittelbar aus dem Reellen übernehmen. Eine Funktion $f : D \to \mathbb{C}$, $D \subseteq \mathbb{C}$ ist stetig in einem Punkt $z_0 \in D$, wenn für alle Folgen $\{z_n\}$ aus D gilt:

$$\lim_{n\to\infty} z_n = z_0 \implies \lim_{n\to\infty} f(z_n) = f(z_0).$$

Bei absolut konvergenten Reihen ist wie im Reellen jede Umordnung erlaubt.

Absolute Konvergenz einer Reihe:

Die Reihe $\sum_{\nu=0}^{\infty} z_\nu$ heißt absolut konvergent, wenn die Reihe $\sum_{\nu=0}^{\infty} |z_\nu|$ konvergiert. Die wichtigen Konvergenzkriterien wie das Majorantenkriterium, das Quotienten- und Wurzelkriterium gelten wie im Reellen.

Beispiel 1.2
Quotienten- bzw. Wurzelkriterium anwenden:

Mithilfe des Quotienten- bzw. Wurzelkriteriums zeigen wir, dass die folgende Reihe absolut konvergiert:

$$\sum_{\nu=0}^{\infty} \frac{(\frac{1}{2} + \frac{1}{3}i)^{2\nu}}{2\nu + 1}.$$

Nach dem Quotienten- bzw. Wurzelkriterium konvergiert eine Reihe $\sum_{\nu=0}^{\infty} a_\nu$ dann absolut, wenn gilt:

$$\lim_{\nu\to\infty} \left|\frac{a_{\nu+1}}{a_\nu}\right| < 1 \quad \text{bzw.} \quad \lim_{\nu\to\infty} \sqrt[\nu]{|a_\nu|} < 1.$$

Bei der gegebenen Reihe erhält man folgenden Betrag des Quotienten zweier aufeinander folgender Glieder:

$$\left|\frac{a_{\nu+1}}{a_\nu}\right| = \left|\frac{1}{2} + \frac{1}{3}i\right|^2 \frac{2\nu+1}{2\nu+2} = \frac{13}{36}\frac{2\nu+1}{2\nu+2}.$$

Hieraus ergibt sich:

$$\lim_{\nu \to \infty} \left| \frac{a_{\nu+1}}{a_\nu} \right| = \frac{13}{36} < 1 \,.$$

Die ν-te Wurzel aus dem Betrag des Reihenglieds a_ν beträgt:

$$\sqrt[\nu]{|a_\nu|} = \frac{\sqrt[\nu]{\left| \frac{1}{2} + \frac{1}{3} i \right|^{2\nu}}}{\sqrt[\nu]{2\nu+1}} = \frac{13}{36} \frac{1}{\sqrt[\nu]{2\nu+1}} \,.$$

Hieraus ergibt sich wieder:

$$\lim_{\nu \to \infty} \sqrt[\nu]{|a_\nu|} = \frac{13}{36} < 1 \,.$$

Man kann das Quotienten- bzw. Wurzelkriterium in einer allgemeineren Form betrachten, und dann tritt auch der Unterschied der beiden Kriterien hervor. Das Wurzelkriterium ist stärker als das Quotientenkriterium.

Beispiel 1.3
Exponentialfunktion und Eulersche Formel:

Die Exponentialfunktion

$$e^z = \sum_{\nu=0}^{\infty} \frac{z^\nu}{\nu!} \,, \quad z \in \mathbb{C} \,,$$

erfüllt die Funktionalgleichung $e^{z_1+z_2} = e^{z_1} e^{z_2}$. Für reelle y zeigen wir die Eulersche Formel:

$$e^{yi} = \cos(y) + \sin(y)\,i \,.$$

Anschließend zerlegen wir die e-Funktion in Real- und Imaginärteil und bestimmen die Bilder der Koordinatenlinien $x = x_0$ und $y = y_0$. Ein Streifen $\{x + yi \mid x \in \mathbb{R}, \, -\pi < y \leq \pi\}$ wird durch die Exponentialfunktion auf $\mathbb{C} \setminus 0$ abgebildet.

Wir setzen $z = yi$, $y \in \mathbb{R}$, in die Exponentialfunktion ein und bekommen:

$$
\begin{aligned}
e^{yi} &= \sum_{\nu=0}^{\infty} \frac{(yi)^\nu}{\nu!} = \sum_{\nu=0}^{\infty} \frac{(yi)^{2\nu}}{(2\nu)!} + \sum_{\nu=0}^{\infty} \frac{(yi)^{2\nu+1}}{(2\nu+1)!} \\
&= \sum_{\nu=0}^{\infty} \frac{(-1)^\nu y^{2\nu}}{(2\nu)!} + \sum_{\nu=0}^{\infty} \frac{(-1)^\nu y^{2\nu+1}}{(2\nu+1)!} i \\
&= \cos(y) + \sin(y)\,i \,.
\end{aligned}
$$

(Bei der letzten Umformung benutzt man die Taylorentwicklung der reellen Sinus- bzw. Cosinusfunktion). Mit der Funktionalgleichung kann die Exponentialfunktion nun in Real- und Imaginärteil zerlegt werden: $e^z = e^{x+yi} = e^x\,e^{yi} = e^x\,(\cos(y) + \sin(y)\,i)$.

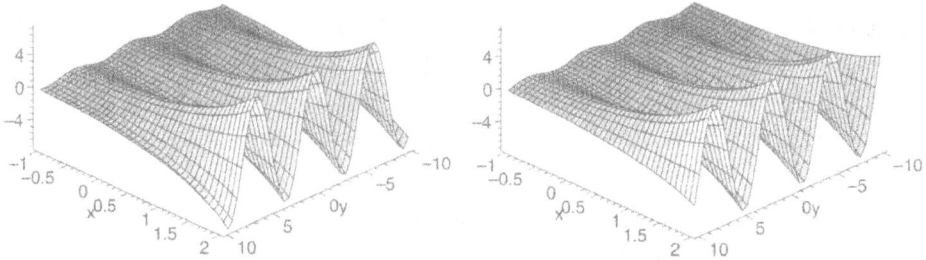

Bild 1.7: *Realteil (links) und Imaginärteil (rechts) der Exponentialfunktion*

Die Strecken $z = x_0 + y\,i$, $-\pi < y \leq \pi$ werden von der Exponentialfunktion auf Kreise mit dem Radius e^{x_0} in der w-Ebene abgebildet. Dadurch wird die ganze w-Ebene mit Ausnahme des Nullpunktes ausgeschöpft.

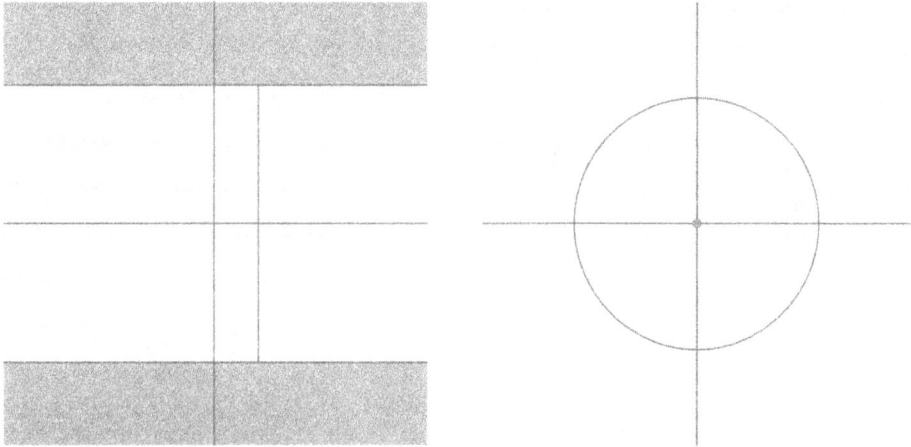

Bild 1.8: *Der Streifen $-\pi < y \leq \pi$ in der z-Ebene (links) und sein Bild in der w-Ebene (rechts) unter der Abbildung e^z*

Die Differenzierbarkeit einer Funktion wird analog zum reellen Fall über den Differenzenquotienten erklärt.

Differenzierbarkeit im Komplexen, Holomorphie:

Sei $D \subseteq \mathbb{C}$ eine offene Menge. Eine Funktion $f : D \longrightarrow \mathbb{C}$ heißt differenzierbar im Punkt $z_0 \in D$, wenn folgender Grenzwert existiert:

$$f'(z_0) = \lim_{z \to z_0} \frac{f(z) - f(z_0)}{z - z_0} = \lim_{h \to 0} \frac{f(z_0 + h) - f(z_0)}{h}.$$

Folgende Schreibweisen für die Ableitung sind üblich:

$$f'(z_0) = \frac{df}{dz}(z_0) = \frac{d}{dz}f(z_0).$$

Alle Rechenregeln wie Summen-, Produkt-, Quotienten- und Kettenregel werden direkt übertragen.

Ist eine Funktion in jedem Punkt einer offenen Menge D differenzierbar und die Ableitung f' stetig in D, dann heißt f holomorph in D.

Der Unterschied zur Differenzierbarkeit einer Funktion einer reellen Variablen ergibt sich dadurch, dass man auf den verschiedensten Wegen in der komplexen Ebene zur Grenze übergehen kann. Wir zerlegen eine komplexe Funktion und schließen auf die partielle Differenzierbarkeit von Real- und Imaginärteil. Man nähert sich der Grenze z_0 einerseits auf einer Parallelen zur reellen Achse und andererseits auf einer Parallelen zur imaginären Achse.

Komplexe und partielle Differenzierbarkeit:

Die Funktion f besitze folgende Zerlegung in Real- und Imaginärteil:

$$f(z) = f(x + yi) = u(x,y) + v(x,y)i.$$

Ist f im Punkt $z_0 = x_0 + y_0 i$ differenzierbar, dann existieren die partiellen Ableitungen von u und v in (x_0, y_0), und es gilt:

$$f'(z_0) = \frac{\partial u}{\partial x}(x_0, y_0) + \frac{\partial v}{\partial x}(x_0, y_0) i = \frac{\partial v}{\partial y}(x_0, y_0) - \frac{\partial u}{\partial y}(x_0, y_0) i.$$

Nimmt man den Grenzübergang auf einer Parallelen zur reellen Achse $z = z_0 + h$ vor, so ergibt sich:

$$\frac{f(z_0 + h) - f(z_0)}{h} = \frac{u(x_0 + h, y_0) - u(x_0, y_0)}{h} + \frac{v(x_0 + h, y_0) - v(x_0, y_0)}{h} i.$$

Nimmt man den Grenzübergang auf einer Parallelen zur imaginären Achse $z = z_0 + h i$ vor, so ergibt sich:

$$\frac{f(z_0 + h) - f(z_0)}{h} = \frac{u(x_0, y_0 + h) - u(x_0, y_0)}{h i} + \frac{v(x_0, y_0 + h) - v(x_0, y_0)}{h}.$$

Aus der Darstellung der Ableitung durch die partiellen Ableitungen ergeben sich die Cauchy-Riemannschen Differenzialgleichungen, über die wir den vollständigen Zusammenhang zwischen komplexer und reeller Differenzierbarkeit erhalten.

Cauchy-Riemannsche Differenzialgleichungen:

Aus der komplexen Differenzierbarkeit ergeben sich stets die Cauchy-Riemannschen Differenzialgleichungen:

$$\frac{\partial u}{\partial x}(x, y) = \frac{\partial v}{\partial y}(x, y)\,, \quad \frac{\partial v}{\partial x}(x, y) = -\frac{\partial u}{\partial y}(x, y)\,.$$

Umgekehrt gilt: Erfüllen die auf der offenen Teilmenge D der Gaußschen Ebene erklärten, stetig differenzierbaren Funktionen $u : D \to \mathbb{R}$ und $v : D \to \mathbb{R}$ im Punkt (x_0, y_0) die Cauchy-Riemannschen Differenzialgleichungen, dann ist die Funktion

$$f(z) = u(x, y) + v(x, y)\,i$$

in $z_0 = x_0 + y_0\,i$ komplex differenzierbar.

Man bräuchte eigentlich gar keine komplexen, differenzierbaren Funktionen einzuführen. Man könnte statt dessen mit einem Paar von stetig differenzierbaren Funktionen in zwei reellen Variablen arbeiten, welche die Cauchy-Riemannsche Differenzialgleichungen erfüllen. Man nennt solche Paare konjugiert harmonische Funktionen. Es zeigt sich, dass eine holomorphe Funktion beliebig oft komplex differenzierbar ist. Damit sind Real- und Imaginärteil beliebig oft differenzierbare reellwertige Funktionen.

Differenziert man die Cauchy-Riemannschen Differenzialgleichungen jeweils nach x und nach y und berücksichtigt die Vertauschbarkeit der Reihenfolge der Ableitungen, so ergibt sich:

$$u_{xx}(x, y) + u_{yy}(x, y) = 0\,, \quad v_{xx}(x, y) + v_{yy}(x, y) = 0\,.$$

Der Realteil u und der Imaginärteil v einer holomorphen Funktion genügen also der Potenzialgleichung. Man nennt solche Funktionen Potenziale oder harmonische Funktionen.
Wir führen noch wie im Reellen die Stammfunktion ein.

Stammfunktion:

Ist eine Funktion f in einer offenen Menge $D \subseteq \mathbb{C}$ erklärt und holomorph, so bezeichnen wir f als Stammfunktion von f'. Wie im Reellen gilt, dass sich zwei Stammfunktionen von ein und der selben Funktion nur um eine additive Konstante unterscheiden können, wenn D zusätzlich noch zusammenhängend ist.

Beispiel 1.4
Holomorphie der e-Funktion mit den Cauchy-Riemannschen Differenzialgleichungen bestätigen:

Mithilfe der Cauchy-Riemannschen Differenzialgleichungen zeigen wir, dass die Exponentialfunktion holomorph ist, und dass für alle $z \in \mathbb{C}$ gilt: $\frac{d}{dz}e^z = e^z$.

Wir zerlegen in Real- und Imaginärteil:

$$\begin{aligned} e^z &= e^{x+yi} = e^x\, e^{yi} \\ &= e^x\, \cos(y) + e^x\, \sin(y)\, i = u(x,y) + v(x,y)\, i\,. \end{aligned}$$

Die partiellen Ableitungen ergeben sich zu:

$$\frac{\partial u}{\partial x}(x,y) = e^x\, \cos(y)\,, \quad \frac{\partial u}{\partial y}(x,y) = -e^x\, \sin(y)\,,$$

$$\frac{\partial v}{\partial x}(x,y) = e^x\, \sin(y)\,, \quad \frac{\partial v}{\partial y}(x,y) = e^x\, \cos(y)\,.$$

Damit sind die Cauchy-Riemannschen Differenzialgleichungen erfüllt, und die komplexe Ableitung kann berechnet werden:

$$\frac{d}{dz}\, e^z = e^x\, \cos(y) + e^x\, \sin(y)\, i = e^z\,.$$

Beispiel 1.5
Reelle Differenzierbarkeit des Arguments bestätigen:

Gegeben sei die Argumentfunktion in der Form:

$$\arg(z) = \begin{cases} \arccos\left(\frac{x}{r}\right), & y \geq 0 \\[2mm] -\arccos\left(\frac{x}{r}\right), & y < 0 \end{cases}$$

mit $z = x + yi$, $r = \sqrt{x^2 + y^2} > 0$ und der Umkehrfunktion arccos von cos $: [0, \pi] \to [-1, 1]$. Wir zeigen, dass die Funktion $v(x,y) = \arg(x + yi)$ in der Ebene mit Ausnahme des Nullpunktes und der negativen x-Achse stetige partielle Ableitungen besitzt.

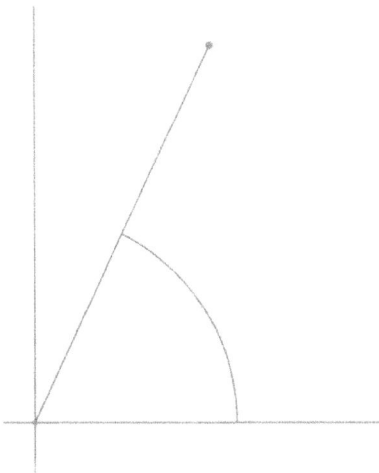

Bild 1.9: *Das Argument einer komplexen Zahl*

Wir benutzen die Ableitung des Arcuscosinus:

$$\frac{d}{ds}\arccos(s) = -\frac{1}{\sqrt{1-s^2}}\,, \quad -1 < s < 1\,,$$

und die partiellen Ableitungen:

$$\frac{\partial}{\partial x}r = \frac{x}{r}\,, \quad \frac{\partial}{\partial y}r = \frac{y}{r}\,.$$

Dann gilt zunächst für alle Punkte mit $x \neq 0$ und $y > 0$:

$$\frac{\partial}{\partial x}v(x,y) = -\frac{1}{\sqrt{1-\frac{x^2}{r^2}}}\frac{\partial}{\partial x}\frac{x}{r}$$

$$= -\frac{1}{\sqrt{1-\frac{x^2}{r^2}}}\left(\frac{1}{r}-\frac{x^2}{r^3}\right) = -\frac{y^2}{\sqrt{y^2}}\frac{1}{r^2} = -\frac{y}{r^2}\,,$$

bzw.

$$\frac{\partial}{\partial y}v(x,y) = -\frac{1}{\sqrt{1-\frac{x^2}{r^2}}}\frac{\partial}{\partial y}\frac{x}{r}$$

$$= -\frac{1}{\sqrt{1-\frac{x^2}{r^2}}}\left(-\frac{x\,y}{r^3}\right) = \frac{x\,y}{\sqrt{y^2}}\frac{1}{r^2} = \frac{x}{r^2}\,.$$

Analog erhält man für Punkte mit $x \neq 0$ und $y < 0$:

$$\frac{\partial}{\partial x}v(x,y) = \frac{y^2}{\sqrt{y^2}}\frac{1}{r^2} = -\frac{y}{r^2}\,,$$

$$\frac{\partial}{\partial y}v(x,y) = -\frac{x\,y}{\sqrt{y^2}}\frac{1}{r^2} = \frac{x}{r^2}\,.$$

Schließlich überzeugt man sich für $x > 0$ von $\frac{\partial}{\partial x}v(x,0) = 0$, $\frac{\partial}{\partial y}v(x,0) = 0$ und der Stetigkeit der partiellen Ableitungen.

Beispiel 1.6
Holomorphie der Logarithmusfunktion mit den Cauchy-Riemannschen Differenzialgleichungen bestätigen:

Mithilfe des (reellen) natürlichen Logarithmus wird für $z \neq 0$ der Hauptzweig des (komplexen) Logarithmus erklärt:

$$\log(z) = \ln(|z|) + \arg(z)\,i\,.$$

Wir zeigen, dass gilt:

$$\log\left(e^z\right) = z, \ -\pi < y \le \pi \quad \text{bzw.} \quad e^{\log(z)} = z, \ z \ne 0.$$

Ferner zeigen wir, dass die Logarithmusfunktion im Gebiet

$$\mathbb{C} \setminus \{z \mid \Re(z) \le 0, \Im(z) = 0\}$$

holomorph ist mit der Ableitung:

$$\frac{d}{dz}\log(z) = \frac{1}{z}.$$

Offensichtlich gilt für $z = x + yi$, $-\pi < y \le \pi$, gemäß der Festlegung des Arguments:

$$\log\left(e^z\right) = \log\left(e^x e^{yi}\right) = \ln\left(e^x\right) + yi = x + yi = z.$$

Umgekehrt gilt für $z \ne 0$:

$$e^{\log(z)} = e^{\ln(|z|) + \arg(z)i} = e^{\ln(|z|)} e^{\arg(z)i} = |z| e^{\arg(z)i} = z.$$

Zerlegen wir die log-Funktion in Real- und Imaginärteil, so ergibt sich:

$$\begin{aligned} \log(x + yi) &= \frac{\ln\left(x^2 + y^2\right)}{2} + \arg(x + yi)i \\ &= u(x, y) + v(x, y)i. \end{aligned}$$

Die Argumentfunktion ist auf der negativen reellen Achse unstetig und damit nicht differenzierbar. Sonst gilt aber mit $r = \sqrt{x^2 + y^2}$:

$$\frac{\partial}{\partial x}u(x, y) = \frac{x}{r^2}, \quad \frac{\partial}{\partial y}u(x, y) = \frac{y}{r^2}.$$

$$\frac{\partial}{\partial x}v(x, y) = -\frac{y}{r^2}, \quad \frac{\partial}{\partial y}v(x, y) = \frac{x}{r^2}.$$

Das heißt, die Cauchy-Riemannschen Differenzialgleichungen garantieren die Holomorphie. Insbesondere zeigt sich, dass die reellwertige Funktion $\ln(x^2 + y^2)$ die Potenzialgleichung erfüllt.

Beispiel 1.7
Ableitung von Sinus, Cosinus, Sinushyperbolicus und Cosinushyperbolicus berechnen:

Mithilfe der Exponentialfunktion werden die Funktionen Sinus, Cosinus, Sinushyperbolicus und Cosinushyperbolicus wie folgt in $\mathbb{C}$ erklärt:

$$\sin(z) = \frac{e^{iz} - e^{-iz}}{2i}, \quad \cos(z) = \frac{e^{iz} + e^{-iz}}{2}$$

und

$$\sinh(z) = \frac{e^z - e^{-z}}{2}, \quad \cosh(z) = \frac{e^z + e^{-z}}{2}.$$

Wir berechnen jeweils die Ableitung.

Aus der Definition und der Holomorphie von e^z folgt, dass $\sin(z)$, $\cos(z)$, $\sinh(z)$ und $\cosh(z)$ in ganz $\mathbb{C}$ holomorph sind. Ferner gilt:

$$\begin{aligned}
\frac{d}{dz}\sin(z) &= \frac{1}{2i}\left(i\,e^{iz} + i\,e^{-iz}\right) = \frac{e^{iz} + e^{-iz}}{2}, \\
\frac{d}{dz}\cos(z) &= \frac{1}{2}(i\,e^{iz} - i\,e^{-iz}) = -\frac{e^{iz} - e^{-iz}}{2i},
\end{aligned}$$

d. h., für alle $z \in \mathbb{C}$:

$$\frac{d}{dz}\sin(z) = \cos(z), \quad \frac{d}{dz}\cos(z) = -\sin(z).$$

Genauso folgt:

$$\frac{d}{dz}\sinh(z) = \cosh(z), \quad \frac{d}{dz}\cosh(z) = \sinh(z).$$

MAPLE:

Beim Differenzieren geht Maple stets von der Definition einer Funktion in der komplexen Ebene aus. Benutzt wird der Befehl diff.

```
diff(exp(z),z);
```

$$\frac{\partial}{\partial z}e^z = e^z$$

```
diff(sinh(z),z);
```

$$\frac{\partial}{\partial z}\sinh(z) = \cosh(z)$$

MATLAB:

MATLAB benützt ebenfalls den Befehl diff für das symbolische Differenzieren. Die symbolischen Variablen müssen mithilfe des Befehls syms deklariert werden.

```
syms z
latex(diff(exp(z),'z'))
```

$$e^z$$

```
latex(diff(sinh(z), 'z'))
```

$$\cosh(z)$$

Beispiel 1.8
Potenz im Komplexen betrachten:

Wir überlegen uns, dass die Potenzfunktion z^n, $n \in \mathbb{N}$ die Teilmenge:

$$S_n = \left\{ z \in \mathbb{C} \, \Big| -\frac{\pi}{n} < \arg(z) \le \frac{\pi}{n} \right\}$$

der z-Ebene umkehrbar eindeutig auf die ganze w-Ebene abbildet und dass die Umkehrung durch den Hauptzweig der n-ten Wurzel gegeben wird:

$$\sqrt[n]{z} = e^{\frac{\log(|z|) + \arg(z)\, i}{n}}, \quad z \ne 0.$$

Ferner bestimmen wir das Bild des Quadrats $z = x + yi$, $0 \le x \le 1$, $0 \le y \le 1$ unter der Abbildung $w = z^3$.
Es gilt $0^n = 0$. Der Logarithmus bildet $\mathbb{C} \setminus 0$ eindeutig auf den Streifen $-\pi < y \le \pi$ ab und auf diesem Streifen wirkt die Exponentialfunktion als Umkehrfunktion des Logarithmus. Für $z \ne 0$ schreiben wir:

$$z = e^{\log(z)} = e^{\log(|z|) + \arg(z)\, i}.$$

Hieraus ergibt sich:

$$z^n = e^{(\log(|z|) + \arg(z)\, i)\, n}$$

und man sieht sofort, dass die Potenz z^n den Sektor umkehrbar eindeutig auf die ganze w-Ebene abbildet.
Wir beschreiben das Quadrat durch (a) Strecken mit Endpunkten $1 + yi$, $0 \le y \le 1$:

$$t\,(1 + yi), \quad 0 \le t \le 1,$$

und Strecken (b) mit Endpunkten $x + i$, $0 \le x < 1$:

$$t\,(x + i), \quad 0 \le t \le 1.$$

Offensichtlich genügt es, jeweils nur den Endpunkt einer Strecke abzubilden und dann vom Nullpunkt in der w-Ebene eine Strecke zum Bild des Endpunkts zu zeichnen.

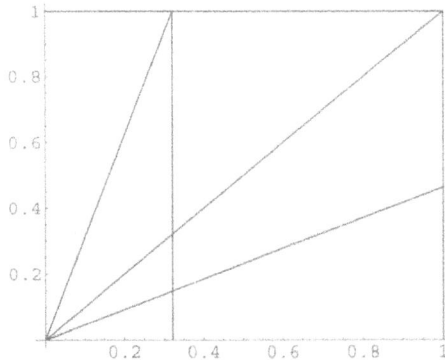

Bild 1.10: *Strahlen im Quadrat*
$z = x + yi$, $0 \le x \le 1$, $0 \le y \le 1$

Im Fall (a) gilt für das Argument $\varphi = \arg(1 + y\,i)$:

$$y = \arctan(\varphi) \quad \Longleftrightarrow \quad \varphi = \tan(y)\,.$$

Im Fall (b) gilt für das Argument $\varphi = \arg(x + i)$:

$$x = \operatorname{arccot}(\varphi) \quad \Longleftrightarrow \quad \varphi = \cot(x)\,.$$

Hieraus ergibt sich das Bild des Endpunktes im Fall (a):

$$\left(\sqrt{1 + y^2}\right)^3 (\cos(3\,\arctan(y)) + \sin(3\,\arctan(y))\,i)$$

und im Fall (b):

$$\left(\sqrt{x^2 + 1}\right)^3 ((\cos(3\,\operatorname{arccot}(x)) + \sin(3\,\operatorname{arccot}(x))\,i)\,.$$

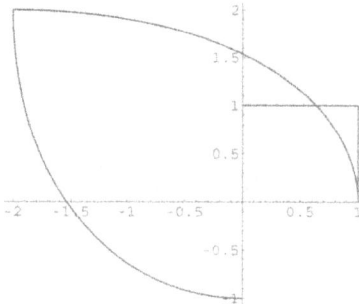

Bild 1.11: *Das Quadrat*
$z = x + y\,i, 0 \le x \le 1, 0 \le y \le 1$
und sein Bild unter der Abbildung $w = z^3$.

Beispiel 1.9
Differenzierbarkeit nachweisen, Urbilder der Koordinatenlinien bestimmen:

Wir bestimmen den Real-und Imaginärteil der Funktion $f(z) = \dfrac{1}{z}$, $z \ne 0$, und zeigen mithilfe der Cauchy-Riemannschen Differenzialgleichungen, dass f holomorph ist. Ferner bestimmen wir die Urbilder der Koordinatenlinien $u = u_0$ und $v = v_0$.
Wir zerlegen f in Real- und Imaginärteil ($x \ne 0$, $y \ne 0$):

$$
\begin{aligned}
f(z) &= f(x + x\,i) = \frac{1}{x + y\,i} \\
&= \frac{x}{x^2 + y^2} - \frac{y}{x^2 + y^2}\,i \\
&= u(x, y) + v(x, y)\,i\,.
\end{aligned}
$$

In $\mathbb{R}^2 \setminus (0, 0)$ sind Real- und Imaginärteil stetig partiell differenzierbar, und es gilt:

$$\frac{\partial u}{\partial x}(x, y) = -\frac{x^2 - y^2}{(x^2 + y^2)^2} = \frac{\partial v}{\partial y}(x, y),$$

$$\frac{\partial v}{\partial x}(x, y) = \frac{2\,x\,y}{(x^2 + y^2)^2} = -\frac{\partial u}{\partial y}(x, y).$$

Somit ergibt sich die Ableitung:

$$\begin{aligned}
f'(z) &= \frac{\partial u}{\partial x}(x, y) + \frac{\partial v}{\partial x}(x, y)\, i \\
&= -\frac{x^2 - y^2}{(x^2 + y^2)^2} + \frac{2\,x\,y}{(x^2 + y^2)^2}\, i = -\frac{x^2 - y^2 - 2\,x\,y\,i}{(x^2 + y^2)^2} = -\frac{1}{z^2}.
\end{aligned}$$

Die Urbilder der Koordinatenlinien in der w-Ebene $u = u_0 \neq 0$ bzw. $v = v_0 \neq 0$ lauten in der z-Ebene:

$$\frac{x}{x^2 + y^2} = u_0 \quad \Longleftrightarrow \quad \left(x - \frac{1}{2\,u_0}\right)^2 + y^2 = \frac{1}{4\,u_0^2}$$

bzw.

$$\frac{y}{x^2 + y^2} = -v_0 \quad \Longleftrightarrow \quad x^2 + \left(y + \frac{1}{2\,v_0}\right)^2 = \frac{1}{4\,v_0^2}.$$

Das Urbild der v-Achse $u = 0$, $v \neq 0$ ist die y-Achse $x = 0$, $y \neq 0$. Das Urbild der u-Achse $v = 0$, $u \neq 0$ ist die x-Achse $y = 0$, $x \neq 0$.

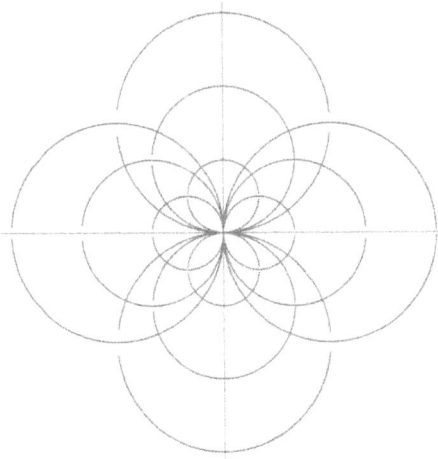

Bild 1.12: *Urbilder der Koordinatenlinien*
$u = u_0$, $v = v_0$
in der z-Ebene unter
$f(z) = \dfrac{1}{z}$

1.2   Komplexe Integration

Wir betrachten zuerst eine komplexwertige Funktion $f(t)$ einer reellen Variablen und zerlegen sie in Real- und Imaginärteil: $f(t) = u(t) + v(t)\,i$. Stetigkeit und Differenzierbarkeit einer solchen Funktion werden durch die entsprechenden Eigenschaften des Real- und Imaginärteils gegeben. Setzt man stetig differenzierbare Funktionen aneinander, so entstehen in den Teilpunkten Unstetigkeiten in der Funktion selbst oder in der Ableitung.

Stückweise glatte Funktion:

Die Funktion $f : [\alpha, \beta] \longrightarrow \mathbb{C}$ heißt stückweise glatt, wenn es eine Zerlegung von $[\alpha, \beta]$ in endlich viele Teilintervalle gibt, sodass f in jedem Teilintervall einschließlich den Randpunkten stetig differenzierbar ist. Eine Funktion $f : \mathbb{R} \longrightarrow \mathbb{C}$ heißt stückweise glatt, wenn sie in jedem endlichen Teilintervall stückweise glatt ist.

Bild 1.13: *Eine reellwertige stückweise glatte Funktion (links). Eine komplexwertige, stückweise glatte Funktion einer reellen Variablen gezeichnet im Raum $\mathbb{R} \times \mathbb{C}$ (rechts).*

Wie beim Differenzieren geht man beim Integrieren einer komplexwertigen Funktion einer reellen Variablen vor. Die Operation wird im Realteil und im Imaginärteil ausgeführt und anschließend fasst man die Teile zusammen.

Integration einer komplexwertigen Funktion einer reellen Variablen:

Eine stetige, komplexwertige Funktion einer reellen Variablen

$$f(t) = u(t) + v(t)\,i\,, \quad t \in [\alpha, \beta]$$

wird integriert, indem man Real- und Imaginärteil integriert:

$$\int_{\alpha}^{\beta} f(t)\,dt = \int_{\alpha}^{\beta} u(t)\,dt + \left(\int_{\alpha}^{\beta} v(t)\,dt \right) i\,.$$

Mit komplexwertigen Funktionen einer reellen Variablen beschreiben wir Kurven in der Gaußschen Ebene. Man schreibt dann $z(t) = x(t) + y(t)\,i$. Eine Kurve $z(t)$ heißt glatt, wenn in jedem Punkt eine Tangente existiert, d.h. wenn stets $z'(t) = x'(t) + y'(t)\,i \neq 0$ gilt. Eine stückweise glatte Kurve wird aus glatten Teilstücken zusammengesetzt.

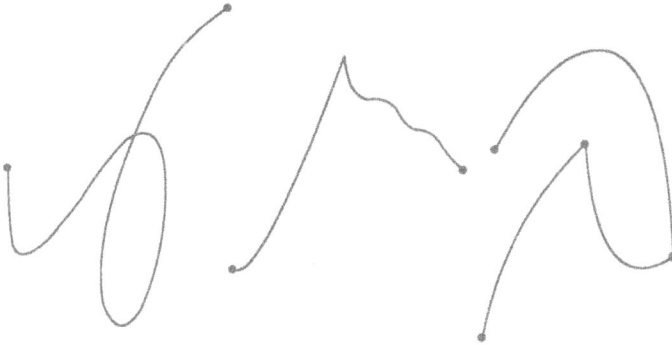

Bild 1.14: *Glatte Kurve*
$z'(t) \neq 0$ (links), nicht
glatte Kurve: in der
Spitze existiert keine
eindeutige Tangente
(Mitte), stückweise glatte
Kurve: drei glatte
Kurvenstücke werden
zusammengesetzt (rechts)

Analog zum reellen Kurvenintegral können wir damit das Integral einer komplexen Funktion längs einer Kurve in der komplexen Ebene erklären.

Kurvenintegral:

Sei $D \subseteq \mathbb{C}$ ein Gebiet, $f : D \to \mathbb{C}$ eine stetige Funktion und durch $t \to z(t), t \in [\alpha, \beta]$, werde eine glatte Kurve $\Gamma \subseteq D$ gegeben. Dann heißt:

$$\int_\Gamma f(z)\, dz = \int_\alpha^\beta f(z(t))\, z'(t)\, dt$$

das Kurvenintegral von f längs Γ. Wenn eine stückweise glatte Kurve aus endlich vielen glatten Kurvenstücken $\Gamma_1(t), \Gamma_2(t), \dots, \Gamma_n(t)$ besteht, definiert man entsprechend:

$$\int_\Gamma f(z)\, dz = \sum_{k=1}^n \int_{\Gamma_k} f(z)\, dz .$$

Es gilt:

$$\left| \int_\Gamma f(z)\, dz \right| \leq \int_\alpha^\beta |z'(t)|\, dt \max_{z \in \Gamma} |f(z)| .$$

Das Integral

$$\int_\alpha^\beta |z'(t)|\, dt = \int_\alpha^\beta \sqrt{(x'(t))^2 + (y'(t))^2}\, dt$$

stellt die Länge der Kurve dar. Der Betrag des Kurvenintegrals wird durch das Produkt aus der Kurvenlänge und dem Maximum des Betrags der Funktionswerte auf der Kurve beschränkt.

Beispiel 1.10

Zusammenhang zwischen komplexen und reellen Kurvenintegralen:

Ein komplexes Kurvenintegral kann in zwei reelle Kurvenintegrale zerlegt werden:

$$\int_\Gamma f(z)\,dz \;=\; \int_\Gamma (u(x,y)\,dx - v(x,y)\,dy)$$

$$+\left(\int_\Gamma (v(x,y)\,dx + u(x,y)\,dy)\right)i\,.$$

Nach Definition des Integrals einer Funktion von $\mathbb{R}$ nach $\mathbb{C}$ besteht das Kurvenintegral aus einer Summe, die mit zwei reellen Integralen bzw. Kurvenintegralen gebildet wird. Mit $f(z) = f(x+yi) = u(x,y) + v(x,y)\,i$ und $z(t) = x(t) + y(t)\,i, t \in [\alpha, \beta]$, ergibt sich dann:

$$\int_\Gamma f(z)\,dz \;=\; \int_\alpha^\beta (u(x(t),y(t)) + v(x(t),y(t))\,i)\,(x'(t) + y'(t)i)\,dt$$

$$=\; \int_\alpha^\beta (u(x(t),y(t))\,x'(t) - v(x(t),y(t))\,y'(t))\,dt$$

$$+\int_\alpha^\beta (u(x(t),y(t))\,y'(t) + v(x(t),y(t))\,x'(t))\,dt\,i$$

$$=\; \int_\Gamma (u(x,y)\,dx - v(x,y)\,dy) + \int_\Gamma (v(x,y)\,dx + u(x,y)\,dy)\,i\,.$$

Wie im Reellen lässt sich das Kurvenintegral sehr einfach angeben, wenn man eine Stammfunktion hat.

Kurvenintegral mit Stammfunktionen berechnen:

Sei $f : D \longrightarrow \mathbb{C}$ eine holomorphe Funktion mit der Stammfunktion F und $t \to z(t), t \in [\alpha, \beta]$ eine glatte Kurve $\Gamma \subset D$. Dann gilt:

$$\int_\Gamma f(z)\,dz = F(z(\beta)) - F(z(\alpha))\,.$$

Man überlegt sich zuerst:

$$\frac{d}{dt} F(z(t)) = f(z(t))\,z'(t)\,.$$

Ist nämlich $z(t) = x(t) + y(t)i$ und $F(z) = u(x, y) + v(x, y)i$ so gilt nach den Cauchy-Riemannschen Differenzialgleichungen:

$$
\begin{aligned}
\frac{d}{dt}F(z(t)) &= \frac{d}{dt}u(x(t), y(t)) + \frac{d}{dt}v(x(t), y(t))\,i \\
&= \frac{\partial}{\partial x}u(x(t), y(t))\,x'(t) + \frac{\partial}{\partial y}u(x(t), y(t))\,y'(t) \\
&\quad + \left(\frac{\partial}{\partial x}v(x(t), y(t))\,x'(t) + \frac{\partial}{\partial y}v(x(t), y(t))\,y'(t)\right)i \\
&= \frac{\partial}{\partial x}u(x(t), y(t))\,(x'(t) + y'(t)\,i) \\
&\quad + \frac{\partial}{\partial x}v(x(t), y(t))\,(-y'(t) + x'(t)\,i) \\
&= \left(\frac{\partial}{\partial x}u(x(t), y(t)) + \frac{\partial}{\partial x}v(x(t), y(t))\,i\right)(x'(t) + y'(t)\,i) \\
&= f(z(t))\,z'(t)\,.
\end{aligned}
$$

Mit der Zerlegung in Real- und Imaginärteil ergibt sich nun:

$$
\begin{aligned}
\int_{\Gamma} f(z)\,dz &= \int_{\alpha}^{\beta} f(z(t))\,z'(t)\,dt = \int_{\alpha}^{\beta} \frac{d}{dt}F(z(t))\,dt \\
&= \int_{\alpha}^{\beta} \frac{d}{dt}\Re(F(z(t)))\,dt + \int_{\alpha}^{\beta} \frac{d}{dt}\Im(F(z(t)))\,dt\,i \\
&= \Re(F(z(\beta))) - \Re(F(z(\alpha))) + (\Im(F(z(\beta))) - \Im(F(z(\alpha))))\,i\,.
\end{aligned}
$$

Beispiel 1.11
Kurvenintegrale mit einer Stammfunktion und nach Definition berechnen:

Die Kurve Γ werde gegeben durch: $z(t) = 1 + e^{t\,i}$, $0 \le t \le \pi$. Wir berechnen folgende Kurvenintegrale:

$$
\int_{\Gamma} \bar{z}\,dz \quad \text{bzw.} \quad \int_{\Gamma} \cos(z)\,dz\,.
$$

Beim ersten Integral gehen wir nach Definition und beim zweiten mithilfe einer Stammfunktion vor. Nach Definition des Kurvenintegrals ergibt sich:

$$
\begin{aligned}
\int_{\Gamma} \bar{z}\,dz &= \int_{0}^{\pi}\left(1 + e^{-t\,i}\right)i\,e^{t\,i}\,dt = \int_{0}^{\pi}\left(e^{t\,i}\,i + i\right)dt \\
&= e^{t\,i}\Big|_{0}^{\pi} + t\,i\big|_{0}^{\pi} = -2 - \pi\,i\,.
\end{aligned}
$$

Mit der Stammfunktion $-\sin(z)$ bekommen wir:

$$\int_\Gamma \cos(z)\,dz = -\sin\left(1 + e^{\pi i}\right) + \sin\left(1 + e^{0i}\right) = \sin(1).$$

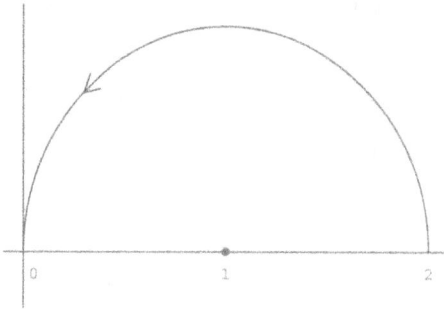

Bild 1.15: *Der Integrationsweg* $z(t) = 1 + e^{t\,i}, \ 0 \le t \le \pi$

Beispiel 1.12
Kurvenintegrale mit einer Stammfunktion und nach Definition berechnen:

Sei $m \in \mathbb{Z}$, $z_0 \in \mathbb{C}$ und $r > 0$. Wir zeigen für das Kurvenintegral über den Kreis um z_0 mit dem Radius r:

$$\int_{|z-z_0|=r} (z - z_0)^m\,dz = \begin{cases} 0 & \text{, falls } m \in \mathbb{Z}, \ m \ne -1, \\ 2\pi i & \text{, falls } m = -1. \end{cases}$$

Für $m = -1$ schreiben wir mit $z(t) = z_0 + r\,e^{ti}, t \in [0, 2\pi]$:

$$\int_{|z-z_0|=r} (z - z_0)^{-1}\,dz = \int_0^{2\pi} r^{-1} e^{-ti}\,i\,r\,e^{ti}\,dt = \int_0^{2\pi} i\,dt = 2\pi i.$$

Für $m \ne -1$ liegt in dem Gebiet $\mathbb{C} \setminus \{z_0\}$ eine Stammfunktion vor:

$$\frac{d}{dz} \frac{(z - z_0)^{m+1}}{m + 1} = (z - z_0)^m, \quad m \ne -1.$$

Da Anfangs- und Endpunkt der Kurve übereinstimmen folgt:

$$\int_{|z-z_0|=r} (z - z_0)^m\,dz = z(2\pi) - z(0) = 0.$$

Wir zeichnen eindeutige, doppelpunktfreie Kurven aus. Sind solche Kurven geschlossen, so beranden sie beschränkte, einfach zusammenhängende Gebiete.

Jordan-Kurve:

Ist die Abbildung $\Gamma : t \to z(t)$, $\Gamma : [\alpha, \beta] \to \mathbb{C}$, umkehrbar, so heißt Γ Jordan-Kurve. Stimmen Anfangs- und Endpunkt einer Jordan-Kurve überein, so bezeichnet man die Kurve als geschlossen. Eine geschlossene Jordankurve Γ ist positiv orientiert, wenn beim Durchlaufen von Γ das von der Kurve berandete, einfach zusammenhängende Gebiet stets auf der linken Seite liegt.

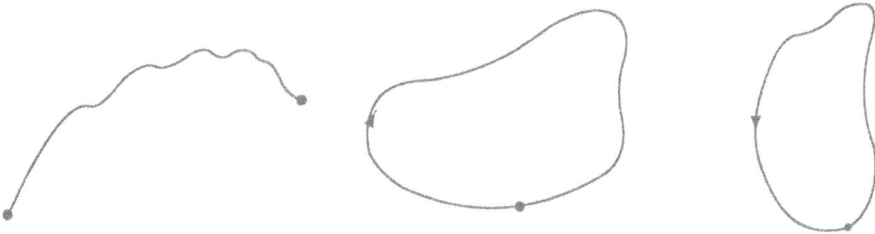

Bild 1.16: *Jordan-Kurve: es treten keine Doppelpunkte auf (links), geschlossene, positiv orientierte Jordan-Kurve (Mitte), geschlossene, negativ orientierte Jordan-Kurve (rechts),*

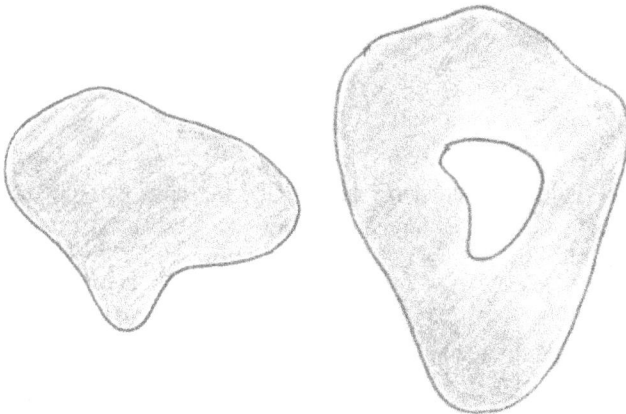

Bild 1.17: *Einfach zusammenhängendes Gebiet (links), nicht einfach zusammenhängendes Gebiet (rechts),*

Der Cauchysche Integralsatz liefert die Grundlage für die Wegunabhängigkeit des Kurvenintegrals.

Cauchyscher Integralsatz, Wegunabhängigkeit des Kurvenintegrals:

Sei $D \subset \mathbb{C}$ ein einfach zusammenhängendes Gebiet und f eine in D holomorphe Funktion. Dann gilt für jede glatte, geschlossene Jordankurve $\Gamma \subset D$:

$$\int_{\Gamma} f(z)\,dz = 0.$$

Stimmen Anfangs- und Endpunkt zweier Kurven Γ_1 und Γ_2 überein, so gilt:

$$\int_{\Gamma_1} f(z)\,dz = \int_{\Gamma_2} f(z)\,dz.$$

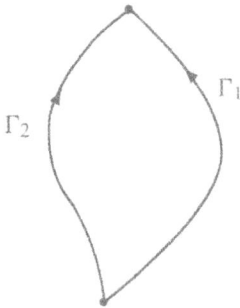

Bild 1.18: *Kurven Γ_1 und Γ_2 mit jeweils übereinstimmendem Anfangs- und Endpunkt*

Der Cauchysche Integralsatz ist eine Folgerung aus den Cauchy-Riemannschen Differenzialgleichungen und dem Greenschen Satz aus der Vektoranalysis. Der Cauchysche Integralsatz kann oft zur Berechnung reeller Integrale herangezogen werden.

Beispiel 1.13
Ein reelles Integral mithilfe des Cauchyschen Integralsatzes berechnen:

Wir integrieren die Funktion $\dfrac{e^{a\,i\,z}}{z}$ über einen Halbkreis mit Mittelpunkt null in der oberen Halbebene und zeigen, dass für alle $a > 0$ gilt:

$$\int_0^{\infty} \frac{\sin(a\,t)}{t}\,dt = \frac{\pi}{2}\,, \qquad \int_0^{\infty} \frac{\cos(a\,t)}{t}\,dt = 0.$$

Wir integrieren über einen im positiven Sinn durchlaufenen Halbkreis Γ_r, der die Punkte $z = r$ und $z = -r$, $z = re^{i\varphi}$ miteinander verbindet:

$$\int_{\Gamma_r} \frac{e^{a\,i\,z}}{z}\,dz = i \int_0^{\pi} e^{a\,i\,r\,\cos(\varphi)}\, e^{-a\,r\,\sin(\varphi)}\,d\varphi.$$

Hieraus schließen wir:

$$\lim_{r\to 0}\int_{\Gamma_r}\frac{e^{aiz}}{z}\,dz = \pi i \quad\text{und}\quad \lim_{r\to\infty}\int_{\Gamma_r}\frac{e^{aiz}}{z}\,dz = 0\,.$$

Die erste Behauptung ist klar. Zum Nachweis der zweiten schätzen wir ab und benutzen den Mittelwertsatz der Integralrechnung:

$$\left|\int_{\Gamma_r}\frac{e^{aiz}}{z}\,dz\right| \le \int_0^\pi e^{-ar\sin(\varphi)}\,d\varphi = \pi\,e^{-ar\sin(\tilde\varphi)}$$

mit einer Zwischenstelle $0 < \tilde\varphi < \pi$. Für wachsende r fallen die Funktionen $e^{-ar\sin(\varphi)}$ und damit die Integrale. Somit fallen auch die Zwischenstellen gegen die Minimalstelle der Funktionen $\frac{\pi}{2}$ und die Behauptung folgt.

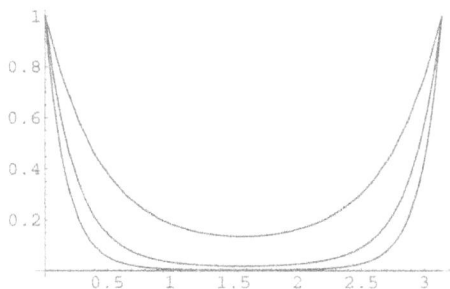

Bild 1.19: *Die Funktionen $e^{-ar\sin(\varphi)}$ für wachsende r.*

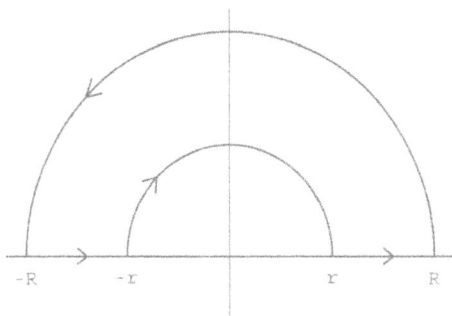

Bild 1.20: *Integrationsweg zur Bestimmung des uneigentlichen Integrals*
$$\int_0^\infty \frac{\sin(at)}{t}\,dt$$

Integrieren wir nun über einen geschlossenen Weg $\Gamma_R \cup \Gamma_1 \cup (-\Gamma_r) \cup \Gamma_2$, der $z = 0$ nicht enthält, so folgt nach dem Cauchyschen Integralsatz:

$$\lim_{R \to \infty} \int_{-R}^{R} \frac{e^{ait}}{t}\, dt = \pi\, i\,.$$

Durch Zerlegung des Integrals in Real- und Imaginärteil folgen die behaupteten Beziehungen. Wir bemerken noch, dass die Grenzübergänge gleichmäßig in a erfolgen, wenn man sich auf $a \geq a_0 > 0$ einschränkt.

MAPLE:

Reelle Integrale werden mit `int` berechnet.

```
int(sin(a*t)/t,t=0..infinity);
```

$$\int_0^\infty \frac{\sin(a\,t)}{t}\, dt = \frac{1}{2}\, \text{signum}(a)\, \pi$$

MATLAB:

Reelle Integrale werden analog mit `int` berechnet.

```
syms a t
latex(int(sin(a*t)./t,t,0,inf))
```

$$1/2\, \text{signum}(a)\pi$$

Die Wegunabhängigkeit des Kurvenintegrals nach dem Cauchyschen Integralsatz ist schließlich entscheidend dafür, dass man für jede holomorphe Funktion Stammfunktionen bekommen kann.

Stammfunktion durch Kurvenintegrale:

Sei $D \subset \mathbb{C}$ ein einfach zusammenhängendes Gebiet und f eine in D holomorphe Funktion. Wir bezeichnen das Integral längs einer glatten, die Punkte $z_0, z \in D$ verbindenden Kurve Γ mit:

$$\int_\Gamma f(z)\, dz = \int_{z_0}^{z} f(\zeta)\, d\zeta\,.$$

Das Kurvenintegral: $\displaystyle\int_{z_0}^{z} f(z)\, dz$ bildet eine Stammfunktion von f:

$$\frac{d}{dz} \int_{z_0}^{z} f(z)\, dz = f(z)\,.$$

Die erste wichtige Konsequenz aus dem Cauchyschen Integralsatz stellt die Cauchysche Integralformel dar. Die Werte einer holomorphen Funktion im Inneren eines einfachen zusammenhängenden Gebiets sind bereits durch die Werte auf dem Rand bestimmt.

Cauchysche Integralformel:

Sei D ein einfach zusammenhängendes Gebiet, f eine in D holomorphe Funktion und $\Gamma \subset D$ eine geschlossene Jordankurve mit positiver Orientierung. Dann gilt für alle Punkte z aus dem Inneren der Kurve Γ:

$$f(z) = \frac{1}{2 \pi i} \int_{\Gamma} \frac{f(\zeta)}{\zeta - z} d\zeta .$$

Zunächst wird das Integral über die Kurve Γ durch ein Integral über einen Kreis $|\zeta - z| = r$ dargestellt.

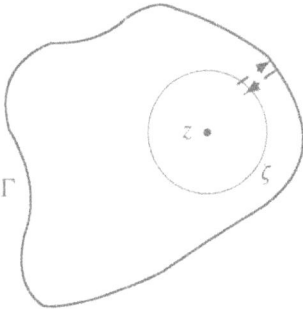

Bild 1.21: *Integrationsweg bei der Cauchyschen Integralformel. Der Kreis um z wird durch ein Geradenstück mit der Kurve Γ verbunden. Das Geradenstück wird zweimal durchlaufen. Die beiden Integrationen heben sich auf.*

Nach dem Cauchyschen Integralsatz gilt:

$$\int_{\Gamma} \frac{f(\zeta)}{\zeta - z} d\zeta = \int_{|\zeta - z| = r} \frac{f(\zeta)}{\zeta - z} d\zeta .$$

Mit der Parametrisierung $\zeta = z + r\, e^{t\, i}$ folgt:

$$\int_{|\zeta - z| = r} \frac{f(\zeta)}{\zeta - z} d\zeta = \int_0^{2\pi} \frac{f(z + r\, e^{t\, i})}{r\, e^{t\, i}} i\, r\, e^{t\, i}\, dt = i \int_0^{2\pi} f(z + r\, e^{t\, i})\, dt .$$

Schließlich geht $r \to 0$: $\displaystyle\int_{\Gamma} \frac{f(\zeta)}{\zeta - z} d\zeta = 2 \pi i\, f(z) .$

Ein wesentlicher Unterschied zur reellen Analysis besteht darin, dass eine einmal differenzierbare komplexe Funktion beliebig oft differenzierbar ist und in eine Taylorreihe entwickelt werden kann. Die Cauchysche Integralformel kann nämlich wie folgt verallgemeinert werden. Im Inneren der Kurve Γ besitzt f stetige Ableitungen beliebig hoher Ordnung, und es gilt für alle $n \in \mathbb{N}$:

$$f^{(n)}(z) = \frac{n!}{2 \pi i} \int_{\Gamma} \frac{f(\zeta)}{(\zeta - z)^{n+1}} d\zeta .$$

Hieraus ergibt sich die Taylorentwicklung.

Taylorreihe:

Die Funktion f sei in der Kreisscheibe: $\{z \mid |z - z_0| < r\,,\ 0 < r\}$ holomorph. Dann ist f in diesem Gebiet beliebig oft differenzierbar und lässt sich in eine Taylorreihe entwickeln:

$$f(z) = \sum_{\nu=0}^{\infty} a_\nu (z - z_0)^\nu .$$

Die Reihe konvergiert absolut und gleichmäßig in jeder Teilscheibe $|z - z_0| \leq \tilde{r} < r$, und die Koeffizienten a_ν, $\nu \geq 0$, ergeben sich als Integrale über einen im entgegengesetzten Uhrzeigersinn durchlaufenen Kreis mit Radius $\rho < r$:

$$a_\nu = \frac{f^\nu(z_0)}{\nu!} = \frac{1}{2\pi i} \int\limits_{|z-z_0|=\rho} \frac{f(z)}{(z - z_0)^{\nu+1}}\, dz .$$

Der Grundgedanke der Taylorentwicklung besteht zunächst in der Reihenentwicklung

$$\begin{aligned} \frac{1}{\zeta - z} &= \frac{1}{\zeta - z_0 - (z - z_0)} = \frac{1}{\zeta - z_0} \frac{1}{1 - \frac{z-z_0}{\zeta-z_0}} \\ &= \sum_{\nu=0}^{\infty} \frac{(z - z_0)^\nu}{(\zeta - z_0)^{\nu+1}}\,, \end{aligned}$$

die man in die Cauchysche Integralformel einsetzt:

$$\begin{aligned} f(z) &= \frac{1}{2\pi i} \int\limits_{|\zeta-z_0|=r} f(\zeta) \sum_{\nu=0}^{\infty} \frac{(z - z_0)^\nu}{(\zeta - z_0)^{\nu+1}}\, d\zeta \\ &= \sum_{\nu=0}^{\infty} \left(\frac{1}{2\pi i} \int\limits_{|\zeta-z_0|=r} \frac{f(\zeta)}{(\zeta - z_0)^{\nu+1}}\, d\zeta \right) (z - z_0)^\nu . \end{aligned}$$

Nimmt man eine Taylorentwicklung vor, so muss man also nicht wie im reellen Fall den Konvergenzradius ermitteln. Die Taylorreihe konvergiert in einem Kreis um den Entwicklungspunkt z_0, solange man dabei ganz im Holomorphiegebiet bleibt.

Beispiel 1.14
Taylorentwicklung vornehmen:

Wir entwickeln die Funktion:

$$f(z) = \log(1 + z)$$

in eine Taylorreihe um $z = 0$. Durch Differenzieren bekommen wir:

$$f'(z) = \frac{1}{1+z}, \quad f''(z) = -\frac{1}{(1+z)^2}, \quad f'''(z) = \frac{2}{(1+z)^3}, \ldots$$

Mit vollständiger Induktion kann man nun sehen, dass gilt:

$$f^\nu(0) = (-1)^{\nu+1} (\nu - 1)!.$$

Die Taylorreihe nimmt damit die folgende Gestalt an:

$$\log(1+z) = \sum_{\nu=1}^{\infty} \frac{(-1)^{\nu+1}}{\nu} z^\nu.$$

Die Funktion $f(z) = \log(1+z)$ ist in einer Kreisscheibe um $z_0 = 0$ mit dem Radius $r = 1$ holomorph, und damit konvergiert die Taylorentwicklung absolut und gleichmäßig innerhalb jeder Kreisscheibe $|z - z_0| \leq \tilde{r} < r$.

Eine wichtige Folgerung der Taylorentwicklung ist der Identitätssatz. Zwei holomorphe Funktionen f und g stimmen in einem Gebiet D genau dann überein, wenn ihre sämtlichen Ableitungen $f^{(n)}(z_0) = g^{(n)}(z_0)$ in einem beliebigen Entwicklungspunkt $z_0 \in D$ übereinstimmen. Eine dazu äquivalente Bedingung lautet, dass $f(z_n) = g(z_n)$ gilt, für die Glieder einer konvergenten Folge $z_n \in D$, deren Grenzwert auch in D liegt.
Wir betrachten Funktionen, die in einem Kreisring holomorph sind. Anstelle der Taylorentwicklung, bekommen wir nun eine Laurententwicklung.

Laurentreihe:

Die Funktion f sei im Kreisring: $\{z \mid r < |z - z_0| < R, 0 < r < R\}$ holomorph. Dann lässt sich f in diesem Gebiet in eine Laurentreihe entwickeln:

$$\begin{aligned} f(z) &= \sum_{\nu=0}^{\infty} a_\nu (z - z_0)^\nu + \sum_{\nu=1}^{\infty} \frac{a_{-\nu}}{(z - z_0)^\nu} \\ &= \sum_{\nu=-\infty}^{\infty} a_\nu (z - z_0)^\nu. \end{aligned}$$

Beide Reihen konvergieren absolut und gleichmäßig in jedem Teilring $r < \tilde{r} \leq |z - z_0| \leq \tilde{R} < R$, und die Koeffizienten a_ν, $\nu \in \mathbb{Z}$, ergeben sich als Integrale über einen im entgegengesetzten Uhrzeigersinn durchlaufenen Kreis mit Radius $r < \rho < R$:

$$a_\nu = \frac{1}{2\pi i} \int_{|z-z_0|=\rho} \frac{f(z)}{(z - z_0)^{\nu+1}} \, dz.$$

Man kann sich eine Laurentreihe als Summe zweier holomorpher Funktionen vorstellen. Nehmen wir der Einfachheit halber $z_0 = 0$. Der analytische Teil $\sum_{\nu=0}^{\infty} a_\nu z^\nu$ stellt eine innerhalb des äußeren Kreises $|z| < R$ holomorphe Funktion dar. Der Hauptteil $\sum_{\nu=-\infty}^{-1} a_\nu z^\nu$ stellt eine außerhalb des inneren Kreises $r < |z|$ holomorphe Funktion dar. Ersetzt man z durch $\frac{1}{z}$, so wird der Hauptteil zu einer analytischen Funktion im Kreis um den Nullpunkt mit dem Radius $\frac{1}{r}$. Man spricht deshalb beim Hauptteil auch von einer Entwicklung um den unendlich fernen Punkt bzw. um Unendlich.

Ist eine Funktion f in einer Kreisscheibe mit Ausnahme des Mittelpunkts holomorph, so sprechen wir von einer isolierten Singularität.

Polstelle:

Die Laurent-Entwicklung um die isolierte Singularität z_0 besitze die Gestalt:

$$f(z) = \sum_{v=-\infty}^{\infty} a_v (z - z_0)^v, \quad 0 < |z - z_0| < r.$$

Die isolierte Singularität z_0 wird als Pol der Ordnung $m \geq 1$ bezeichnet, wenn im Hauptteil $a_{-m} \neq 0$ und $a_{-v} = 0$ für alle $v > m$.

Beispiel 1.15
Laurententwicklung vornehmen:

Wir entwickeln die Funktion:

$$f(z) = \frac{1}{z-3} + \frac{1}{z+i}$$

um die Stelle $z_0 = 0$ in eine Laurentreihe im Gebiet (a) $|z| < 1$, (b) $1 < |z| < 3$, (c) $3 < |z|$.
Wir entwickeln für $|z| < 3$:

$$\frac{1}{z-3} = -\frac{1}{3}\frac{1}{1-\frac{z}{3}} = -\sum_{v=0}^{\infty} \frac{1}{3^{v+1}} z^v = \sum_{v=0}^{\infty} \left(-3^{-v-1}\right) z^v$$

und für $3 < |z|$:

$$\frac{1}{z-3} = \frac{1}{z}\frac{1}{1-\frac{3}{z}} = \sum_{v=0}^{\infty} 3^v z^{-v-1} = \sum_{v=-\infty}^{-1} 3^{-v+1} z^v.$$

Genauso entwickeln wir für $|z| < 1$:

$$\frac{1}{z+i} = -i\frac{1}{1-iz} = \sum_{v=0}^{\infty} \left(-i^{v+1}\right) z^v$$

und für $1 < |z|$:

$$\frac{1}{z+i} = \frac{1}{z}\frac{1}{1+\frac{i}{z}} = \sum_{v=0}^{\infty} (-i)^v z^{-v-1} = \sum_{v=-\infty}^{-1} (-i)^{-v+1} z^v.$$

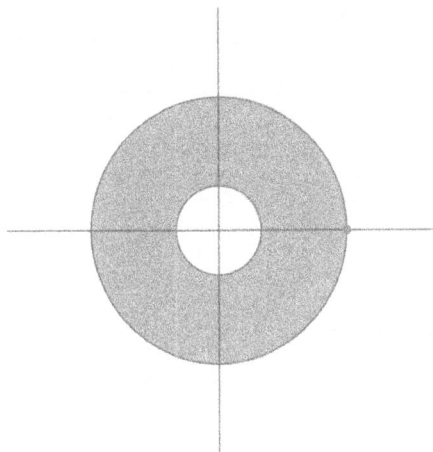

Bild 1.22: *Entwicklungspunkt $z_0 = 0$, Pole und Entwicklungsgebiete der Funktion*
$$f(z) = \frac{1}{z-3} + \frac{1}{z+i}$$

Insgesamt ergibt sich nun im Fall (a):

$$f(z) = \sum_{\nu=0}^{\infty} \left(-3^{-\nu-1} - i^{\nu+1}\right) z^\nu,$$

im Fall (b):

$$f(z) = \sum_{\nu=0}^{\infty} \left(-3^{-\nu-1}\right) z^\nu + \sum_{\nu=-\infty}^{-1} (-i)^{-\nu+1} z^\nu,$$

im Fall (c):

$$f(z) = \sum_{\nu=-\infty}^{-1} \left(3^{-\nu+1} + (-i)^{-\nu+1}\right) z^\nu.$$

MAPLE:

```
series(1/(z-3)+1/(z+I),z=0,5);
```

$$\text{Series}(\frac{1}{z-3} + \frac{1}{z+I}, z = 0, 5) =$$

$$-\frac{1}{3} - I + \frac{8}{9}z + (\frac{-1}{27} + I)z^2 - \frac{82}{81}z^3 + (\frac{-1}{243} - I)z^4 + O(z^5)$$

```
series(1/(z-3),z=0,5)+series(1/(z-3)+1/(z+I),z=infinity,5);
```

$$\text{Series}(\frac{1}{z-3}, z = 0, 5) + \text{Series}(\frac{1}{z-3} + \frac{1}{z+I}, z = \infty, 5) =$$

$$(-\frac{1}{3} - \frac{1}{9}z - \frac{1}{27}z^2 - \frac{1}{81}z^3 - \frac{1}{243}z^4 + O(z^5))$$

$$+\frac{2}{z} + \frac{3-I}{z^2} + \frac{8}{z^3} + \frac{27+I}{z^4} + O(\frac{1}{z^5})$$

```
series(1/(z-3)+1/(z+I),z=infinity,5);
```

$$\text{Series}(\frac{1}{z-3} + \frac{1}{z+I}, \ z = \infty, 5) =$$

$$2\frac{1}{z} + \frac{3-I}{z^2} + \frac{8}{z^3} + \frac{27+I}{z^4} + O(\frac{1}{z^5})$$

MATLAB:

```
syms z
latex(taylor(1./(z - 3)+ 1./(z + i), 5, 0))
```

$$-1/3 - \sqrt{-1} + \frac{8}{9}z + \left(-1/27 + \sqrt{-1}\right)z^2 - \frac{82}{81}z^3 + \left(-\frac{1}{243} - \sqrt{-1}\right)z^4$$

```
latex(taylor(1./(z-3),5,0) + taylor(1./(z-3)+1./(z+i),5,inf))
```

$$-1/3 - 1/9z - 1/27z^2 - \frac{1}{81}z^3 - \frac{1}{243}z^4 + 2z^{-1} + \frac{3-\sqrt{-1}}{z^2} + 8z^{-3} + \frac{27+\sqrt{-1}}{z^4}$$

```
latex(taylor(1./(z - 3) + 1./(z + i), 5, inf))
```

$$2z^{-1} + \frac{3-\sqrt{-1}}{z^2} + 8z^{-3} + \frac{27+\sqrt{-1}}{z^4}$$

Bei der Partialbruchzerlegung stellt man eine gebrochen rationale Funktion als Summe der Hauptteile der jeweiligen Laurent-Entwicklung um die einzelnen Polstellen dar.

Partialbruchzerlegung:

Gegeben sei eine gebrochen rationale Funktion:

$$f(z) = \frac{p(z)}{q(z)}$$

mit Polynomen $p(z)$ und $q(z)$. Der Grad des Zählerpolynoms sei echt kleiner als der des Nennerpolynoms. Der Nenner $q(z)$ besitze n verschiedene Nullstellen $z_1, \ldots, z_n$ mit Vielfachheiten $m_k, k = 1, \ldots, m$. Der Hauptteil der Laurent-Entwicklung von f um z_k werde mit $H_k, k = 1, \ldots, n$ bezeichnet:

$$H_k(z) = \frac{a_{k,-m_k}}{(z-z_1)^{m_k}} + \frac{a_{k,-m_k+1}}{(z-z_1)^{m_k-1}} + \cdots + \frac{a_{k,-1}}{z-z_1}.$$

Dann gilt in $\mathbb{C}$ mit Ausnahme der Polstellen: $f(z) = \sum\limits_{k=1}^{n} H_k(z)$.

Zieht man die Hauptteile von f ab, so entsteht eine in ganz $\mathbb{C}$ holomorphe Funktion:

$h(z) = f(z) - \sum\limits_{k=1}^{n} H_k(z)$. Man kann sich überlegen, dass diese Funktion beschränkt ist. Der Satz von Liouville besagt dann, dass h konstant sein muss. Damit ist h identisch gleich Null. Der Satz von Liouville garantiert also die Zerlegbarkeit einer rationalen Funktion in Partialbrüche.

Dem Koeffizienten mit dem Index -1 kommt bei der Laurent-Entwicklung um eine isolierte Singularität eine besondere Bedeutung zu. Das liegt daran, dass Kurvenintegrale beim Umlaufen eines Pols erster Ordnung nicht verschwinden.

Residuum:

Sei f in einer punktierten Kreisscheibe $0 < |z - z_0| < r$ holomorph mit der Laurent-Entwicklung:

$$f(z) = \sum_{\nu=1}^{\infty} \frac{a_{-\nu}}{(z-z_0)^{\nu}} + \sum_{\nu=0}^{\infty} a_{\nu}(z-z_0)^{\nu}.$$

Der Koeffizient a_{-1} von $(z - z_0)^{-1}$ heißt Residuum von f in z_0: $\mathrm{Res}(f, z_0) = a_{-1}$.
Das Residuum kann durch Integration über einen im umgekehrten Uhrzeigersinn durchlaufenen Kreis mit Radius $0 < \rho < r$ berechnet werden:

$$\mathrm{Res}(f, z_0) = \frac{1}{2\pi i} \int\limits_{|z-z_0|=\rho} f(z)\,dz.$$

Integriert man f über einen Kreis um z_0 mit dem Radius $\rho < r$, so ergibt sich gerade aus der Laurententwicklung: $\displaystyle\int\limits_{|z-z_0|=\rho} f(z)\,dz = 2\pi i\,a_{-1}$. Man kann dies verallgemeinern zu einem Kurvenintegral, bei welchem mehrere Singularitäten von einer beliebigen geschlossenen Kurve umlaufen werden. Das Integral einer Funktion f über eine geschlossene Kurve lässt sich durch die Summe der Residuen der umlaufenen Singularitäten von f ausdrücken.

Residuensatz:

Die Funktion f sei im Gebiet D mit Ausnahme endlich vieler isolierter Singularitäten holomorph. Die stückweise glatte, einfach geschlossene Kurve $\Gamma \subset D$ umlaufe die Singularitäten $z_1, \dots, z_n$ im positiven Sinn. Dann gilt:

$$\int\limits_{\Gamma} f(z)\,dz = 2\pi i \sum_{k=1}^{n} \operatorname{Res}(f, z_k)\,.$$

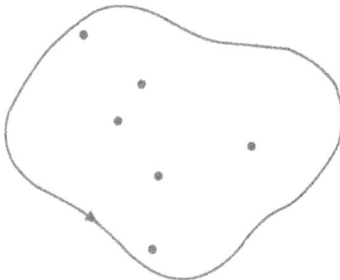

Bild 1.23: *Singularitäten umlaufende Kurve beim Residuensatz*

Beispiel 1.16
Residuum eines Pols durch Ableiten berechnen:

In der punktierten Kreisscheibe $0 < |z - z_0| < r$ besitze die Funktion f folgende Darstellung:

$$f(z) = \frac{g(z)}{(z - z_0)^n}\,, \qquad n \in \mathbb{N},$$

mit einer in $|z - z_0| < r$ holomorphen Funktion g. Ferner sei $g(z_0) \neq 0$. Wir zeigen, dass sich das Residuum durch Ableiten des Zählers berechnen lässt:

$$\operatorname{Res}(f, z_0) = \frac{1}{(n-1)!}\, g^{(n-1)}(z_0)\,,$$

bzw.

$$\operatorname{Res}(f, z_0) = \frac{1}{(n-1)!} \lim_{z \to z_0} \frac{d^{n-1}}{dz^{n-1}}\left((z - z_0)^n f(z)\right)\,.$$

Wir wenden die Cauchysche Integralformel auf die Funktion g an. Integrieren wir dabei über einen positiv orientierten Kreis $|z - z_0| = \rho < r$, so ergibt sich:

$$
\begin{aligned}
g^{(n-1)}(z_0) &= \frac{(n-1)!}{2\pi i} \int\limits_{|z-z_0|=\rho} \frac{g(z)}{(z-z_0)^n}\, dz \\
&= \frac{(n-1)!}{2\pi i} \int\limits_{|z-z_0|=\rho} f(z)\, dz = (n-1)!\,\mathrm{Res}(f, z_0)\,.
\end{aligned}
$$

Hieraus folgt sofort die Behauptung.

Beispiel 1.17
Residuensatz anwenden:

Wir berechnen das Kurvenintegral $\int_\Gamma h(z)\, dz$ der Hilfsfunktion:

$$
h(z) = \frac{e^{zi}}{1+z^2}
$$

über den Weg Γ, der von $-R$ nach R längs der reellen Achse führt und dann von R nach $-R$ längs eines Halbkreises durch die obere Halbebene. Anschließend zeigen wir , dass gilt:

$$
\int\limits_0^\infty \frac{\cos(t)}{1+t^2}\, dt = \frac{\pi}{2e}\,.
$$

In der oberen Halbebene hat $h(z)$ einen einfachen Pol bei $z = i$ mit dem Residuum:

$$
\lim_{z\to i}(z - i)\,h(z) = \frac{e^{-1}}{2i}\,.
$$

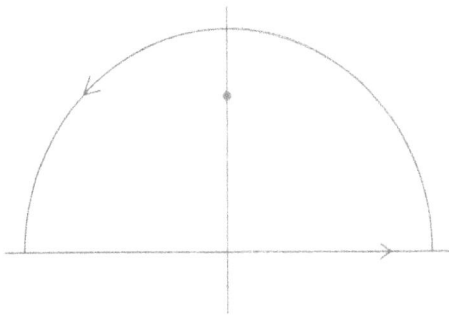

Bild 1.24: *Integrationsweg mit Polstelle beim Integral:*

$$
\int\limits_\Gamma \frac{e^{zi}}{1+z^2}\, dz
$$

Nach dem Residuensatz gilt dann: $\displaystyle\int\limits_\Gamma \frac{e^{zi}}{1+z^2}\, dz = \pi\, e^{-1}\,.$

Längs des Halbkreises $z = Re^{i\varphi}$, $0 \leq \varphi \leq \pi$, können wir mit $|1 + z^2| \geq |z^2| - 1$ abschätzen:

$$\left| \frac{e^{zi}}{1 + z^2} \right| \leq \frac{e^{-R\,\sin(\varphi)}}{R^2 - 1}.$$

Damit ergibt sich für das Integral über den Halbkreis HK bei $t \geq 0$:

$$\left| \int_{HK} h(z)\,dz \right| \leq \frac{R\,\pi}{R^2 - 1}.$$

Das heißt, für $R \to \infty$ strebt das Integral über den Halbkreis gegen 0, und wir bekommen:

$$\lim_{R \to \infty} \int_{-R}^{R} \frac{e^{ti}}{1 + t^2}\,dt = \pi\,e^{-1}, \quad t \geq 0.$$

Betrachtet man den Realteil, so folgt die Behauptung.

MAPLE: `int(cos(t)/(1+t^2),t=0..infinity);`

$$\int_0^\infty \frac{\cos(t)}{1 + t^2}\,dt = \frac{1}{2}\pi\,(-\sinh(1) + \cosh(1))$$

MATLAB:
```
syms t
latex(int(cos(t)./(1+t.^2), 0, inf))
```

$$-1/2\,\pi\,\sinh(1) - 1/2\,\sqrt{-1}Shi(1)\sinh(1) + 1/2\,\cosh(1)\pi + 1/2\,Si(\sqrt{-1})\sinh(1)$$

2 Fourierreihen

2.1 Eigenschaften der Fourierreihe

Bei der Fourierentwicklung werden periodische Funktionen durch trigonometrische Polynome angenähert. Im Grenzfall können wir periodische Funktionen durch eine Fourierreihe (trigonometrische Reihe) ersetzen. Eine komplexwertige Funktion einer reellen Variablen der Gestalt:

$$p(t) = \sum_{j=-n}^{n} c_j \left(e^{\omega t i} \right)^j = \sum_{j=-n}^{n} c_j e^{i j \omega t}$$

bezeichnet man als trigonometrisches Polynom. Man kann ein solches Polynom sowohl in der Exponential- als auch in der harmonischen Darstellung angeben.

$$p(t) = \sum_{j=-n}^{n} c_j e^{i j \omega t} = \frac{a_0}{2} + \sum_{j=1}^{n} (a_j \cos(j \omega t) + b_j \sin(j \omega t))$$

Aus der Eulerschen Formel folgt:

$$\cos(j \omega t) = \frac{e^{i j \omega t} + e^{-i j \omega t}}{2}, \quad \sin(j \omega t) = -i \frac{e^{i j \omega t} - e^{-i j \omega t}}{2}.$$

Einsetzen in die harmonische Darstellung ergibt:

$$
\begin{aligned}
p(t) &= \frac{a_0}{2} + \sum_{j=1}^{n} a_j \frac{e^{i j \omega t} + e^{-i j \omega t}}{2} + \sum_{j=1}^{n} b_j (-i) \frac{e^{i j \omega t} - e^{-i j \omega t}}{2} \\
&= \frac{a_0}{2} + \sum_{j=1}^{n} (a_j - i b_j) \frac{e^{i j \omega t}}{2} + \sum_{j=-1}^{-n} (a_{-j} + i b_{-j}) \frac{e^{i j \omega t}}{2}.
\end{aligned}
$$

Die Exponentialdarstellung bekommt man nun, indem man setzt:

$$c_0 = \frac{a_0}{2}, \quad c_j = \frac{a_j - b_j i}{2}, \quad c_{-j} = \frac{a_j + b_j i}{2}, \quad j = 1, \ldots, n,$$

Die meisten Signale lassen sich durch stückweise glatte Funktionen beschreiben. Wir ordnen nun stückweise glatten, periodischen Funktionen Fourier-Koeffizienten zu.

Fourier-Koeffizienten:

Sei $f: \mathbb{R} \longrightarrow \mathbb{C}$ eine stückweise glatte Funktion mit der Periode $T > 0$ und $\omega = \dfrac{2\pi}{T}$. Die komplexen Zahlen:

$$c_j = \frac{1}{T} \int_0^T f(t)\,e^{-ij\omega t}\,dt\,, \quad j \in \mathbb{Z}\,,$$

$$a_j = \frac{2}{T} \int_0^T f(t)\,\cos(j\omega t)\,dt\,, \; j \in \mathbb{N}_0\,, \quad b_j = \frac{2}{T} \int_0^T f(t)\,\sin(j\omega t)\,dt\,, \; j \in \mathbb{N}\,,$$

werden als Fourier-Koeffizienten von f bezeichnet. Der Zusammenhang zwischen Exponential- und harmonischer Darstellung lautet:

$$c_0 = \frac{a_0}{2}\,, \quad c_j = \frac{a_j - b_j\,i}{2}\,, \quad c_{-j} = \frac{a_j + b_j\,i}{2}\,, \quad j = 1,\dots,n\,,$$

bzw.

$$a_0 = 2\,c_0\,, \quad a_j = c_j + c_{-j}\,, \quad b_j = (c_j - c_{-j})\,i\,, \quad j = 1,\dots,n\,.$$

Ist p reellwertig, also $a_j, b_j \in \mathbb{R}$, so gilt ferner: $c_j = \overline{c_{-j}}\,, \quad j = 1,\dots,n\,.$

Offensichtlich kann man die Fourier-Koeffizienten durch Integration über ein beliebiges Periodenintervall berechnen:

$$c_j = \frac{1}{T} \int_0^T f(t)\,e^{-ij\omega t}\,dt = \frac{1}{T} \int_\tau^{\tau+T} f(t)\,e^{-ij\omega t}\,dt\,.$$

Es gibt durchaus Anwendungen, bei welchen die Forderung der stückweisen Glattheit zu stark ist. Man kann diese Forderung abschwächen und lediglich verlangen, dass die Funktion absolut integrierbar ist: $\int_0^T |f(t)|\,dt < \infty$. Dies genügt, um Fourierkoeffizienten zu definieren:

$$\left| \int_0^T f(t)\,e^{-ij\omega t}\,dt \right| \leq \int_0^T \left| f(t)\,e^{-ij\omega t} \right|\,dt = \int_0^T |f(t)|\,dt < \infty\,.$$

Die meisten der folgenden Überlegungen können ebenfalls auf der Basis der Integrierbarkeit durchgeführt werden. Von größter Bedeutung sind die Voraussetzungen bei der Frage nach der Konvergenz der Fourierreihe.

Beispiel 2.1
Orthogonalität des trigonometrischen Systems:

Für die trigonometrischen Exponentialfunktionen gilt die Orthogonalitätsrelation:

$$\frac{1}{T} \int_0^T e^{i\,j\,\omega t}\, e^{-i\,k\,\omega t}\, dt = \begin{cases} 1 & ,\ j = k, \\ 0 & ,\ j \neq k, \end{cases} \qquad \omega = \frac{2\pi}{T}.$$

Berücksichtigen wir $T = \dfrac{2\pi}{\omega}$, so ergibt sich:

$$\int_0^T e^{i\,(j-k)\,\omega t}\, dt \;=\; \begin{cases} T & ,\ j = k, \\[2mm] \dfrac{e^{i\,(j-k)\,\omega T} - e^{i\,(j-k)\,\omega 0}}{i\,(j-k)\,\omega} = 0 & ,\ j \neq k, \end{cases}$$

$$\;=\; \begin{cases} T & ,\ j = k, \\[2mm] \dfrac{e^{i\,(j-k)\,2\pi} - 1}{i\,(j-k)\,\omega} = 0 & ,\ j \neq k. \end{cases}$$

Mit

$$e^{i\,(j-k)\,2\pi} = \cos((j-k)\,2\pi) + i\,\sin((j-k)\,2\pi) = 1$$

bekommt man daraus sofort die Orthogonalitätsrelationen.
Man kann dies auch direkt für das reelle trigonometrische System zeigen. Aus den trigonometrischen Formeln

$$\begin{aligned} 2\,\sin(j\,\omega t)\,\sin(k\,\omega t) &= \cos((j-k)\,\omega t) - \cos((j+k)\,\omega t), \\ 2\,\cos(j\,\omega t)\,\cos(k\,\omega t) &= \cos((j-k)\,\omega t) + \cos((j+k)\,\omega t), \\ 2\,\sin(j\,\omega t)\,\cos(k\,\omega t) &= \sin((j-k)\,\omega t) + \sin((j+k)\,\omega t), \end{aligned}$$

folgt:

$$\int_0^T \sin(j\,\omega t)\,\sin(k\,\omega t)\, dt = \begin{cases} \frac{T}{2} & ,\ j = k, \\[2mm] 0 & ,\ j \neq k, \end{cases}$$

$$\int_0^T \cos(j\,\omega t)\,\cos(k\,\omega t)\, dt = \begin{cases} \frac{T}{2} & ,\ j = k \neq 0, \\[2mm] 0 & ,\ j \neq k, \end{cases}$$

$$\int_0^T \sin(j\,\omega t)\,\cos(k\,\omega t)\, dt = 0, \quad \text{für alle } j, k.$$

Beispiel 2.2
Fourierkoeffizienten eines trigonometrischen Polynoms:

Gegeben sei das trigonometrische Polynom

$$p(t) = \sum_{j=-n}^{n} c_j \, e^{i \, j \, \omega t} = \frac{a_0}{2} + \sum_{j=1}^{n} (a_j \cos(j \, \omega t) + b_j \sin(j \, \omega t)), \quad \omega = \frac{2\pi}{T}.$$

Wir zeigen, dass gilt: $c_k = \dfrac{1}{T} \displaystyle\int_{0}^{T} p(t) \, e^{-i \, k \omega t} \, dt, \quad k = -n, \ldots, n.$

Multipliziert man $p(t)$ mit $\dfrac{e^{-i k \omega}}{T}$ und integriert anschließend, so ergibt sich:

$$\int_{0}^{T} p(t) \, e^{-i k \omega t} \, dt \;=\; \int_{0}^{T} \sum_{j=-n}^{n} c_j \, e^{i \, j \omega t} \, e^{-i k \omega t} \, dt$$

$$=\; \sum_{j=-n}^{n} c_j \int_{0}^{T} e^{i \, j \omega t} \, e^{-i k \omega t} \, dt$$

$$=\; T \sum_{j=-n}^{n} c_j \, \delta_{jk} = T \, c_k.$$

Insgesamt bedeutet dies $p(t) = \displaystyle\sum_{j=-n}^{n} \left(\frac{1}{T} \int_{0}^{T} p(t) \, e^{-i \, j \omega t} \, dt \right) e^{i \, j \omega t}$,

bzw. in harmonischer Form:

$$p(t) \;=\; \frac{1}{T} \int_{0}^{T} p(t) \, dt + \sum_{j=1}^{n} \left(\frac{2}{T} \int_{0}^{T} p(t) \, \cos(j \, \omega t) \, dt \right) \cos(j \, \omega t)$$

$$+ \sum_{j=1}^{n} \left(\frac{2}{T} \int_{0}^{T} p(t) \, \sin(j \, \omega t) \, dt \right) \sin(j \, \omega t).$$

Zur Berechnung der Fourier-Koeffizienten einer periodischen Funktion braucht man die Funktion nur auf einem Periodenintervall. Hat man eine zunächst nur auf einem Intervall erklärte Funktion $f : [0, T] \longrightarrow \mathbb{R}$, so kann man f definitionsgemäß Fourierkoeffizienten zuordnen. Diese Fourier-Koeffizienten entsprechen aber den Koeffizienten einer T-periodischen Funktion, die durch direkte periodische Fortsetzung aus f entsteht.

Direkte Periodische Fortsetzung:

Die Funktion

$$\tilde{f}(t) = f(t - kT), \quad kT \le t < (k+1)T, \quad k \in \mathbb{Z},$$

wird als direkte periodische Fortsetzung der Funktion $f : [0, T] \longrightarrow \mathbb{C}$ bezeichnet.

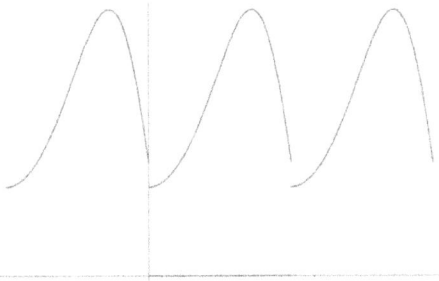

Bild 2.1: *Direkte periodische Fortsetzung: Ist $f(0) \ne f(T)$, so entsteht bei der direkten Fortsetzung jeweils bei kT, $k \in \mathbb{Z}$, eine Unstetigkeitsstelle.*

Bildet man zunächst ohne Konvergenzbetrachtungen eine trigonometrische Reihe, so erhält man die zu f gehörige Fourierreihe.

Fourierreihe:

Mit der folgenden Beziehung halten wir fest, dass f die Fourier-Koeffizienten c_j bzw. a_j, b_j besitzt:

$$f(t) \sim S_f(t) = \sum_{j=-\infty}^{\infty} c_j\, e^{i\, j\, \omega t} = \frac{a_0}{2} + \sum_{j=1}^{\infty} (a_j \cos(j\,\omega t) + b_j \sin(j\,\omega t)).$$

Die n-te Teilsumme der Fourierreihe können wir einer Funktion aber exakt zuordnen:

$$S_f(t, n) = \sum_{j=-n}^{n} c_j\, e^{i\, j\, \omega t} = \frac{a_0}{2} + \sum_{j=1}^{n} (a_j \cos(j\,\omega t) + b_j \sin(j\,\omega t)).$$

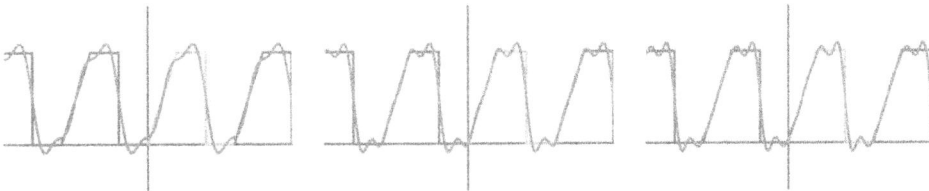

Bild 2.2: *Teilsummen der Fourierreihe einer Impulsfunktion*

Beispiel 2.3
Fourier-Koeffizienten einer reellwertigen Funktion berechnen:

Gegeben sei die reellwertige Funktion:

$$f(t) = \begin{cases} 1 & ,\ 0 \le t \le \frac{1}{2} \\ 0 & ,\ \frac{1}{2} < t < 1 . \end{cases}$$

Durch direkte periodische Fortsetzung entsteht eine Impulsfunktion mit der Periode 1 und $\omega = 2\pi$. Da f reellwertig ist, geben wir die Koeffizienten in harmonischer Form an:

$$a_j = 2 \int_0^1 f(t) \cos(2\,j\,\pi\,t)\,dt = 2 \int_0^{\frac{1}{2}} \cos(2\,j\,\pi\,t)\,dt$$

und

$$b_j = 2 \int_0^1 f(t) \sin(2\,j\,\pi\,t)\,dt = 2 \int_0^{\frac{1}{2}} \sin(2\,j\,\pi\,t)\,dt .$$

Hieraus ergibt sich:

$$a_0 = 1$$

und für $j > 0$

$$a_j = \frac{1}{j\,\pi}\,\sin(j\,\pi) = 0 ,$$

$$b_j = -\frac{1}{j\,\pi}\,(\cos(j\,\pi) - 1) = \frac{1}{j\,\pi}\left(1 - (-1)^j\right) .$$

Die n-ten Teilsummen der Fourierreihe nehmen also folgende Gestalt an:

$$S_f(t, n) = \frac{1}{2} + \sum_{j=1}^{n} \frac{1}{j\,\pi}\left(1 - (-1)^j\right)\sin(2\,j\,\pi\,t) ,$$

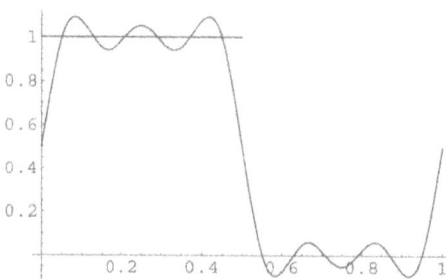

Bild 2.3: *Die Funktion*
$f(t) = 1 , 0 \le t \le \frac{1}{2}, f(t) = 0, \frac{1}{2} < t < 1$
und die Teilsumme ihrer Fourierreihe $S_f(n, 5)$
gezeichnet im Intervall $[0, 1]$

Bei geraden bzw. ungeraden Funktionen braucht jeweils nur ein Satz von Koeffizienten berechnet werden. Die Fourierreihe einer geraden Funktion wird zu einer Cosinusreihe. Die Fourierreihe einer ungeraden Funktion wird zu einer Sinusreihe.

Fourier-Koeffizienten gerader und ungerader Funktionen:

Sei $f : \mathbb{R} \longrightarrow \mathbb{C}$ eine stückweise glatte Funktion mit der Periode $T > 0$. Dann gilt:

$$a_j = \frac{4}{T} \int_0^{\frac{T}{2}} f(t) \cos(j\,\omega\,t)\,dt\,, \quad b_j = 0\,,$$

für gerades f und

$$a_j = 0\,, \quad b_j = \frac{4}{T} \int_0^{\frac{T}{2}} f(t) \sin(j\,\omega\,t)\,dt\,,$$

für ungerades f. Für gerades bzw. ungerades f ergibt sich eine Cosinus- bzw. Sinusreihe:

$$f(t) \sim \frac{a_0}{2} + \sum_{j=1}^{\infty} a_j \cos(j\,\omega\,t)\,, \quad \text{bzw.} \quad f(t) \sim \sum_{j=1}^{\infty} b_j \sin(j\,\omega\,t)\,.$$

Diese Überlegung beruht darauf, dass die Produkte $g(t) = f(t)\cos(j\,\omega\,t)$ bzw. $g(t) = f(t)\sin(j\,\omega\,t)$ gerade bzw. ungerade Funktionen sind. Wir bemerken noch, dass sich die Symmetrie einer T-periodischen Funktion f auf den Punkt $\frac{T}{2}$ überträgt. Aus $f(t) = f(t+T)$ und $f(-t) = f(t)$ folgt:

$$f\left(\frac{T}{2} - t\right) = f\left(t - \frac{T}{2}\right) = f\left(\frac{T}{2} + t\right)$$

und aus $f(t) = f(t+T)$ und $f(-t) = -f(t)$ folgt:

$$f\left(\frac{T}{2} - t\right) = -f\left(t - \frac{T}{2}\right) = -f\left(\frac{T}{2} + t\right)\,.$$

Beispiel 2.4
Fourier-Koeffizienten bei weiteren Symmetrien:

Besitzt eine gerade Funktion $f(-t) = f(t)$ eine ungerade Symmetrie
$$f\left(\frac{T}{4} - t\right) = -f\left(\frac{T}{4} + t\right)\,, \text{ so treten in der Cosinusreihe nur ungerade Anteile auf:}$$

$$f(t) \sim \frac{a_0}{2} + \sum_{j=1}^{\infty} a_{2j-1} \cos((2\,j-1)\,\omega t)\,, \quad a_{2j-1} = \frac{8}{T} \int\limits_0^{\frac{T}{4}} f(t)\,\cos((2\,j-1)\,\omega t)\,dt\,.$$

Dies ergibt sich aus der geraden Symmetrie

$$f\left(\frac{T}{4} - t\right) \cos\left((2\,j-1)\,\omega\left(\frac{T}{4} - t\right)\right) = f\left(\frac{T}{4} + t\right) \cos\left((2\,j-1)\,\omega\left(\frac{T}{4} + t\right)\right)$$

bzw. der ungeraden Symmetrie:

$$f\left(\frac{T}{4} - t\right) \cos\left(2\,j\,\omega\left(\frac{T}{4} - t\right)\right) = -f\left(\frac{T}{4} + t\right) \cos\left(2\,j\,\omega\left(\frac{T}{4} + t\right)\right)\,.$$

Besitzt eine ungerade Funktion $f(-t) = -f(t)$ eine gerade Symmetrie
$f\left(\frac{T}{4} - t\right) = f\left(\frac{T}{4} + t\right)$, so treten in der Sinusreihe nur gerade Anteile auf:

$$f(t) \sim \sum_{j=1}^{\infty} b_{2j}\,\sin(2\,j\,\omega t)\,, \quad b_{2j} = \frac{8}{T} \int\limits_0^{\frac{T}{4}} f(t)\,\sin(2\,j\,\omega t)\,dt\,.$$

Dies ergibt sich aus der geraden Symmetrie

$$f\left(\frac{T}{4} - t\right) \sin\left(2\,j\,\omega\left(\frac{T}{4} - t\right)\right) = f\left(\frac{T}{4} + t\right) \sin\left(2\,j\,\omega\left(\frac{T}{4} + t\right)\right)$$

bzw. der ungeraden Symmetrie:

$$f\left(\frac{T}{4} - t\right) \sin\left(2\,(j-1)\,\omega\left(\frac{T}{4} - t\right)\right) = -f\left(\frac{T}{4} + t\right) \sin\left(2\,(j-1)\,\omega\left(\frac{T}{4} + t\right)\right)\,.$$

Beispiel 2.5
Fourier-Koeffizienten einer Sägezahnfunktion berechnen:

Durch direkte Fortsetzung der Funktion

$$f(t) = \begin{cases} \frac{1}{2}(\pi - t) & ,\quad 0 < t < 2\pi\,, \\ 0 & ,\quad t = 0\,, \end{cases}$$

entsteht eine Sägezahnfunktion. Wir berechnen ihre Fourier-Koeffizienten a_j, b_j.

Die Sägezahnfunktion $f(t)$ stellt eine ungerade Funktion der Periode 2π dar. Für alle j gilt $a_j = 0$. Wir ermitteln die Koeffizienten:

$$b_j = \frac{2}{\pi} \int_0^\pi f(t) \, \sin(j\,t)\,dt = \frac{1}{\pi} \int_0^\pi (\pi - t) \, \sin(j\,t)\,dt$$

mit der Stammfunktion:

$$\int (\pi - t) \, \sin(j\,t)\,dt = \frac{1}{j} t \, \cos(j\,t) - \frac{1}{j} \pi \, \cos(j\,t) - \frac{1}{j^2} \sin(j\,t)$$

zu:

$$b_j = \frac{1}{j}\,.$$

Die n-te Teilsumme der Fourierreihe lautet damit:

$$S_f(t, n) = \sum_{j=1}^n \frac{1}{j} \sin(j\,t)\,.$$

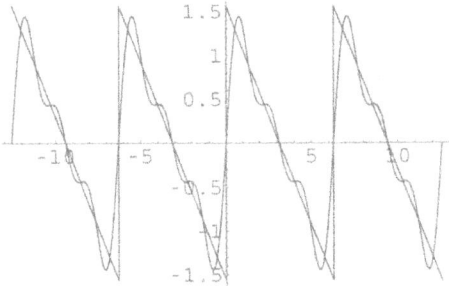

Bild 2.4: *Die Sägezahn-Funktion $f(t)$ mit der dritten Teilsumme der Fourierreihe $S_f(t, 3)$ gezeichnet im Intervall $[-4\pi, 4\pi]$*

Eine komplexwertige Funktion einer reellen Variablen kann in Real- und Imaginärteil zerlegt werden. Dem entsprechend kann die Fourierreihe aus der Fourierreihe des Realteils und der Fourierreihe des Imaginärteils zusammengesetzt werden.

Real- und Imaginärteil der Fourierreihe einer komplexwertigen Funktion:

Sei $f : \mathbb{R} \longrightarrow \mathbb{C}$, $f = \Re(f) + \Im(f)\,i$ eine stückweise glatte Funktion mit der Periode $T > 0$:

$$f(t) = \Re(f(t)) + \Im(f(t))\,i\,.$$

Wir zeigen für beliebiges $n \geq 0$:

$$S_f(t, n) = S_{\Re(f)}(t, n) + S_{\Im(f)}(t, n)\,i\,.$$

Durch die Zerlegung des Funktionswerts $f(t)$ in Real- und Imaginärteil entstehen zwei reellwertige Funktionen (mit reellwertigen Teilsummen der Fourierreihen): deren Zusammensetzung f ergibt: $f(t) = u(t) + v(t)\,i$.

Betrachtet man nun die Teilsummen der Fourierreihen in Exponentialdarstellung:

$$S_f(t,n) \;=\; \sum_{j=-n}^{n} c_{f,j}\, e^{i\,j\,\omega t}\,,$$

$$S_{\mathfrak{R}(f)}(t,n) \;=\; \sum_{j=-n}^{n} c_{\mathfrak{R}(f),j}\, e^{i\,j\,\omega t}\,,$$

$$S_{\mathfrak{I}(f)}(t,n) \;=\; \sum_{j=-n}^{n} c_{\mathfrak{I}(f),j}\, e^{i\,j\,\omega t}\,,$$

so ergibt sich die Behauptung sofort aus der folgenden Überlegung:

$$c_{f,j} \;=\; \frac{1}{T} \int_0^T f(t)\, e^{-i\,j\,\omega t}\, dt$$

$$=\; \frac{1}{T} \int_0^T \big(u(t) + v(t)\,i\big)\, e^{-i\,j\,\omega t}\, dt$$

$$=\; \frac{1}{T} \int_0^T u(t)\, e^{-i\,j\,\omega t}\, dt + \frac{1}{T} \left(\int_0^T v(t)\, e^{-i\,j\,\omega t}\, dt \right) i$$

$$=\; c_{\mathfrak{R}(f),j} + c_{\mathfrak{I}(f),j}\, i\,.$$

Dies gilt ganz analog für die Fourier-Koeffizienten in der harmonischen Darstellung:

$$a_{f,j} \;=\; \frac{2}{T} \int_0^T f(t)\, \cos(i\,j\,\omega t)\, dt$$

$$=\; \frac{2}{T} \int_0^T \big(u(t) + v(t)\,i\big)\, \cos(i\,j\,\omega t)\, dt$$

$$=\; \frac{2}{T} \int_0^T u(t)\, \cos(i\,j\,\omega t)\, dt + \frac{2}{T} \left(\int_0^T v(t)\, \cos(i\,j\,\omega t) \right) i$$

$$=\; a_{\mathfrak{R}(f),j} + a_{\mathfrak{I}(f),j}\, i\,,$$

bzw.

$$b_{f,j} = \frac{2}{T} \int_0^T f(t)\, \sin(i\, j\, \omega\, t)\, dt$$

$$= \frac{2}{T} \int_0^T (u(t) + v(t)\, i)\, \sin(i\, j\, \omega\, t)\, dt$$

$$= \frac{2}{T} \int_0^T u(t)\, \sin(i\, j\, \omega\, t)\, dt + \frac{2}{T} \left(\int_0^T v(t)\, \sin(i\, j\, \omega\, t) \right) i$$

$$= b_{\Re(f),j} + b_{\Im(f),j}\, i \, .$$

Oft sind andere Fortsetzungen als die direkte von Vorteil, nämlich die gerade und die ungerade Fortsetzung, bei welcher jeweils eine Funktion der Periode $2T$ erzeugt wird. Bei der geraden Fortsetzung entstehen keine zusätzlichen Unstetigkeitsstellen. Durch das Zusammensetzen der Funktion können aber Unstetigkeiten in der Ableitung hervorgerufen werden. Bei der ungeraden Fortsetzung können wieder Unstetigkeiten durch das Aneinanderfügen entstehen. Ist die Funktion f stetig differenzierbar und $f(0) = 0$, so vermeidet die ungerade Fortsetzung eine Sprungstelle der Ableitung bei $t = 0$.

Gerade und ungerade Fortsetzung:

Sei $f : [0, T] \longrightarrow \mathbb{C}$ stückweise glatt. Man definiert $\tilde{f}$ zunächst auf $[-T, T)$ durch

$$\tilde{f}(t) = \begin{cases} f(t) & , \quad 0 \le t < T, \\ f(-t) & , \quad -T \le t < 0, \end{cases}$$

bei der geraden Fortsetzung bzw. durch

$$\tilde{f}(t) = \begin{cases} f(t) & , \quad 0 \le t < T, \\ -f(-t) & , \quad -T \le t < 0, \end{cases}$$

bei der ungeraden Fortsetzung. Anschließend setzt man direkt und periodisch auf ganz $\mathbb{R}$ fort.

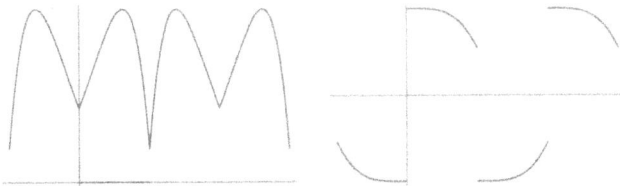

Bild 2.5: *Gerade Fortsetzung (links) und ungerade Fortsetzung (rechts)*

Beispiel 2.6
Gerade und ungerade Fortsetzung mit direkter Fortsetzung vergleichen:

Gegeben sei die Funktion: $f(t) = t, \quad 0 \le t < 1$.

Wir setzen f direkt 1-periodisch fort und entwickeln in eine Fourierreihe. Anschließend setzen wir f sowohl gerade als auch ungerade 2-periodisch fort und entwickeln jeweils wieder in eine Fourierreihe.

Durch direkte Fortsetzung von f entsteht eine Funktion f_d mit der Periode 1, die in eine Fourierreihe entwickelt wird:

$$f_d(t) \sim \frac{a_0}{2} + \sum_{j=1}^{\infty}(a_j \cos(2\,j\,\pi\,t) + b_j \sin(2\,j\,\pi\,t)),$$

mit

$$a_j = 2\int_0^1 t\,\cos(2\,j\,\pi\,t)\,dt\,, \quad b_j = 2\int_0^1 t\,\sin(2\,j\,\pi\,t)\,dt\,,$$

Auswerten der Integrale ergibt:

$$f_d(t) \quad \sim \quad \frac{1}{2} - \frac{1}{\pi}\,\sin(2\,\pi\,t) - \frac{1}{2\,\pi}\,\sin(4\,\pi\,t)$$

$$- \frac{1}{3\,\pi}\,\sin(6\,\pi\,t) - \frac{1}{4\,\pi}\,\sin(8\,\pi\,t) - \frac{1}{5\,\pi}\,\sin(10\,\pi\,t)\cdots.$$

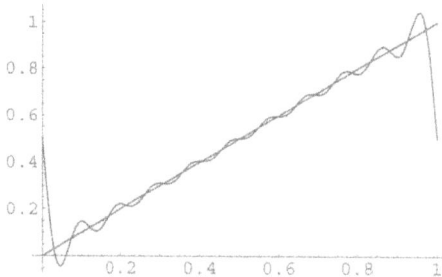

Bild 2.6: *Die Funktion $f_d(t)$ gezeichnet im Intervall $[0, 1]$ mit der Teilsumme der Fourierreihe für $n = 10$*

Durch gerade Fortsetzung von f entsteht eine gerade Funktion f_g mit der Periode 2, die in eine Cosinusreihe entwickelt wird:

$$f_g(t) \sim \frac{a_0}{2} + \sum_{j=1}^{\infty} a_j \cos(j\,\pi\,t)\,,$$

mit $a_j = 2\int_0^1 t\,\cos(j\,\pi\,t)\,dt$. Auswerten der Integrale ergibt:

$$f_g(t) \quad \sim \quad \frac{1}{2} - \frac{4}{\pi^2}\,\cos(\pi\,t) - \frac{4}{9\,\pi^2}\,\cos(3\,\pi\,t)$$

$$- \frac{4}{25\,\pi^2}\,\cos(5\,\pi\,t) - \frac{4}{49\,\pi^2}\,\cos(7\,\pi\,t)\cdots.$$

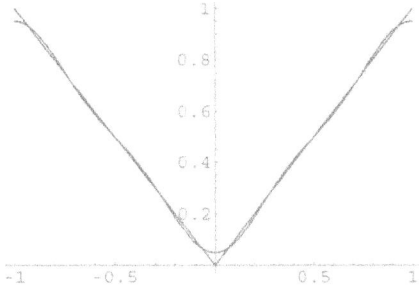

Bild 2.7: *Die Funktion f_g*
gezeichnet im Intervall $[-1, 1]$
mit der Teilsumme der
Fourierreihe von f_g für $n = 3$

Durch ungerade Fortsetzung von f entsteht eine ungerade Funktion f_g mit der Periode 2, die in eine Sinusreihe entwickelt wird:

$$f_u(t) \sim \sum_{j=1}^{\infty} b_j \, \sin (j \, \pi \, t) \, ,$$

mit

$$b_j = 2 \int_0^1 t \, \sin(j \, \pi \, t) \, dt \, .$$

Auswerten der Integrale ergibt:

$$
\begin{aligned}
f_u(t) \quad \sim \quad & \frac{2}{\pi} \, \sin(\pi \, t) - \frac{1}{\pi} \, \sin(2 \, \pi \, t) \\
& + \frac{2}{3 \, \pi} \, \sin(3 \, \pi \, t) - \frac{2}{5 \, \pi} \, \sin(4 \, \pi \, t) \\
& + \frac{2}{5 \, \pi} \, \sin(5 \, \pi \, t) - \frac{1}{6 \, \pi} \, \sin(6 \, \pi \, t) \cdots \, .
\end{aligned}
$$

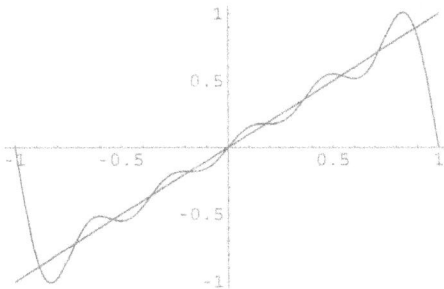

Bild 2.8: *Die Funktion f_u*
gezeichnet im Intervall $[-1, 1]$
mit der Teilsumme der
Fourierreihe von f_u für $n = 5$

Bei polynomialen Funktionen kann man die Fourierkoeffizienten direkt mithilfe der Sprungstellen der höheren Ableitungen angeben.

Sprungstellenverfahren zur Berechnung der Fourier-Koeffizienten:

Sei $0 = t_0 < t_1 < \cdots < t_{n-1} < t_n = T$ und $p_1, p_2, \ldots, p_n$ Polynome mit Koeffizienten aus $\mathbb{C}$. Die Funktion $f : [0, T] \longrightarrow \mathbb{C}$ besitze die Eigenschaft:

$$f(t) = p_k(t), \quad t \in [t_{k-1}, t_k], \quad k = 1, \ldots, n.$$

Mit $s_k^{(l)} = f^{(l)}(t_k^+) - f^{(l)}(t_k^-)$ ergeben sich folgende Formeln für die Fourier-Koeffizienten ($j \geq 1$):

$$\begin{aligned}
a_j &= \frac{2}{T}\frac{1}{j\omega}\left(-\sum_{k=0}^{n-1} s_k \sin(j\omega t_k) - \frac{1}{j\omega}\sum_{k=0}^{n-1} s_k' \cos(j\omega t_k)\right.\\
&\quad \left.+\frac{1}{j^2\omega^2}\sum_{k=0}^{n-1} s_k'' \sin(j\omega t_k) + \frac{1}{j^3\omega^3}\sum_{k=0}^{n-1} s_k''' \cos(j\omega t_k) - \cdots - \cdots\right),
\end{aligned}$$

$$\begin{aligned}
b_j &= \frac{2}{T}\frac{1}{j\omega}\left(\sum_{k=0}^{n-1} s_k \cos(j\omega t_k) - \frac{1}{j\omega}\sum_{k=0}^{n-1} s_k' \sin(j\omega t_k)\right.\\
&\quad \left.-\frac{1}{j^2\omega^2}\sum_{k=0}^{n-1} s_k'' \cos(j\omega t_k) + \frac{1}{j^3\omega^3}\sum_{k=0}^{n-1} s_k''' \sin(j\omega t_k) + \cdots - \cdots\right).
\end{aligned}$$

Der Koeffizient $a_0 = \frac{2}{T}\int_0^T f(t)\,dt$ kann nicht durch partielle Integration umgeformt werden.

Für die übrigen Fourier-Koeffizienten ($j \geq 1$) gilt zunächst:

$$a_j = \frac{2}{T}\int_0^T f(t)\cos(j\omega t)\,dt \quad \text{und} \quad b_j = \frac{2}{T}\int_0^T f(t)\sin(j\omega t)\,dt.$$

Mit partieller Integration erhalten wir:

$$\begin{aligned}
a_j &= \frac{2}{T}\sum_{k=0}^{n-1}\int_{t_k}^{t_{k+1}} f(t)\cos(j\omega t)\,dt\\
&= \frac{2}{T}\frac{1}{j\omega}\sum_{k=0}^{n-1}\left((f(t)\sin(j\omega t))\big|_{t_k}^{t_{k+1}} - \int_{t_k}^{t_{k+1}} f'(t)\sin(j\omega t)\,dt\right).
\end{aligned}$$

Nun müssen links- bzw. rechtsseitige Grenzwerte an den möglichen Sprungstellen berücksichtigt werden:

$$
\begin{aligned}
\sum_{k=0}^{n-1} f(t)\,\sin(j\,\omega\,t)\Big|_{t_k}^{t_{k+1}} &= \sum_{k=0}^{n-1}\big(f(t_{k+1}^-)\,\sin(j\,\omega\,t_{k+1}) - f(t_k^+)\,\sin(j\,\omega\,t_k)\big) \\
&= \sum_{k=0}^{n-1}\big(f(t_k^-) - f(t_k^+)\big)\,\sin(j\,\omega\,t_k) \\
&= -\sum_{k=0}^{n-1} s_k\,\sin(j\,\omega\,t_k)\,,
\end{aligned}
$$

mit

$$
s_k = f(t_k^+) - f(t_k^-)\,.
$$

Insgesamt bekommen wir:

$$
a_j = \frac{2}{T}\,\frac{1}{j\,\omega}\left(-\sum_{k=0}^{n-1} s_k\,\sin(j\,\omega\,t_k) - \sum_{k=0}^{n-1}\int_{t_k}^{t_{k+1}} f'(t)\,\sin(j\,\omega\,t)\,dt\right)\,.
$$

Wendet man dieselbe Überlegung auf das Integral auf der rechten Seite wieder an, so ergibt
sich:

$$
\begin{aligned}
a_j &= \frac{2}{T}\,\frac{1}{j\,\omega}\left(-\sum_{k=0}^{n-1} s_k\,\sin(j\,\omega\,t_k) - \frac{1}{j\,\omega}\sum_{k=0}^{n-1} s_k'\,\cos(j\,\omega\,t_k)\right. \\
&\quad\left. -\frac{1}{j\,\omega}\sum_{k=0}^{n-1}\int_{t_k}^{t_{k+1}} f''(t)\,\cos(j\,\omega\,t)\,dt\right)\,,
\end{aligned}
$$

mit

$$
s_k' = f'(t_k^+) - f'(t_k^-)\,.
$$

Setzt man das Verfahren fort, bis der höchste Polynomgrad abgebaut ist, so ergibt sich die
Behauptung.
Die Herstellung der Fourier-Koeffizienten ist eine lineare Operation. Die Fourierkoeffizienten
einer Summe ergeben sich als Summe der Fourierkoeffizienten.

Linearität der Fourierreihe:

Für beliebige $a, b \in \mathbb{C}$ gilt:

$$a\,f(t) + b\,g(t) \sim \sum_{j=-\infty}^{\infty} (a\,c_{j,f} + b\,c_{j,g})\,e^{i\,j\,\omega\,t},$$

falls $f(t) \sim \displaystyle\sum_{j=-\infty}^{\infty} c_{j,f}\,e^{i\,j\,\omega\,t}, \quad g(t) \sim \sum_{j=-\infty}^{\infty} c_{j,g}\,e^{i\,j\,\omega\,t}.$

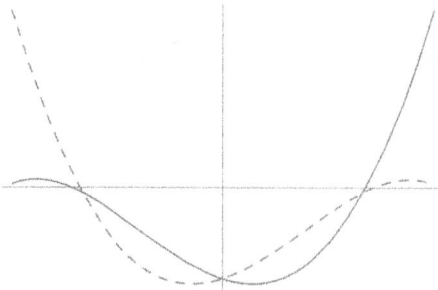

Konjugation:

Aus $f(t) \sim \displaystyle\sum_{j=-\infty}^{\infty} c_j\,e^{i\,j\,\omega\,t}$ folgt $\overline{f(t)} \sim \displaystyle\sum_{j=-\infty}^{\infty} \overline{c_{-j}}\,e^{i\,j\,\omega\,t}.$

Zeitumkehr:

Aus $f(t) \sim \displaystyle\sum_{j=-\infty}^{\infty} c_j\,e^{i\,j\,\omega\,t}$ folgt $f(-t) \sim \displaystyle\sum_{j=-\infty}^{\infty} c_{-j}\,e^{i\,j\,\omega\,t}.$

Durch einen Streckungsfaktor in der Zeit gehen aus einer Funktion ähnliche Funktionen hervor.

Ist $f(t)$ eine T-periodische Funktion und $\lambda > 0$, dann ist $g(t) = f(\lambda t)$ eine Funktion mit der Periode $\dfrac{T}{\lambda}$.

Ähnlichkeitssatz für Fourierreihen:

Besitzt f die Fourierreihe: $f(t) \sim \displaystyle\sum_{j=-\infty}^{\infty} c_j\, e^{i\,j\,\omega t}$, $\quad \omega = \dfrac{2\pi}{T}$,

dann besitzt $f(\lambda t)$ die Fourierreihe:

$$f(\lambda t) \sim \sum_{j=-\infty}^{\infty} c_j\, e^{j\,\lambda\,\omega i\,t}.$$

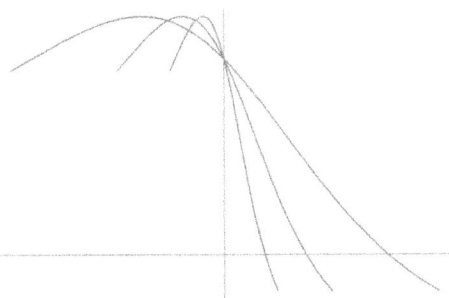

Bild 2.10: *Eine Funktion $f(t)$ mit gestreckten Funktionen $f(\lambda t)$, für $\lambda > 1$ und $\lambda < 1$*

Der Ähnlichkeitssatz ergibt sich durch Substitution:

$$\frac{1}{\frac{T}{\lambda}} \int_0^{\frac{T}{\lambda}} f(\lambda t)\, e^{-i\,j\,\lambda\,\omega t}\, dt = \frac{1}{T} \int_0^{T} f(t)\, e^{-i\,j\,\omega t}\, dt\,.$$

Beispiel 2.7
Ähnlichkeitssatz anwenden:

Wir berechnen die Fourier-Koeffizienten der Funktion mit der Periode $T = \dfrac{2\pi}{\lambda}$, $(\lambda > 0)$, die gegeben wird durch:

$$g(t) = |\sin(\lambda t)|\,, \quad -\frac{\pi}{\lambda} \le t \le \frac{\pi}{\lambda}\,.$$

Die 2π-periodische, gerade Funktion $f(t) = |\sin(t)|$ wird in eine Cosinusreihe entwickelt:

$$f(t) \sim \frac{a_0}{2} + \sum_{j=1}^{\infty} a_j \cos(j\,t)\,,$$

wobei $a_0 = \dfrac{4}{\pi}$, $a_1 = 0$, und

$$a_j = \begin{cases} 0 & \text{, falls } j \text{ ungerade,} \\[2mm] \frac{4}{(1-4\,j^2)\,\pi} & \text{, falls } j \text{ gerade,} \end{cases}$$

für $j > 1$. Umrechnen in die Exponentialdarstellung ergibt:

$$f(t) \sim \sum_{j=-\infty}^{\infty} c_j\, e^{j i t},$$

wobei

$$c_j = \begin{cases} \frac{a_j}{2} & \text{, für } j = 0, 1, 2, \ldots \\[2mm] \frac{a_{-j}}{2} & \text{, für } j = -1, -2, \ldots \end{cases}$$

Der Ähnlichkeitssatz liefert nun:

$$g(t) \sim \sum_{j=-\infty}^{\infty} c_j\, e^{i\,j\,\lambda\,t}.$$

Rechnet man in die harmonische Darstellung zurück, so bekommt man:

$$g(t) \sim \frac{a_0}{2} + \sum_{j=1}^{\infty} a_j\, \cos(j\,\lambda\,t),$$

mit Koeffizienten a_j der Funktion $f(t)$.

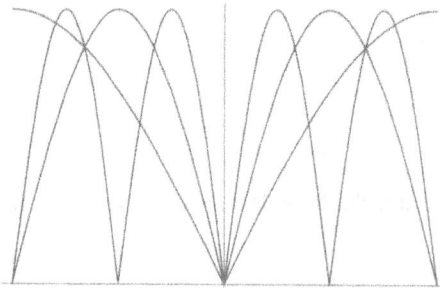

Bild 2.11: *Die Funktion*
$f(t) = |\sin(t)|$ mit gestreckten
Funktionen
$f(\lambda t)$, für $\lambda > 1$ und $\lambda < 1$

Geht man von einer Funktion $f(t)$ zu $f(t+a)$ über, so spricht man von einer Verschiebung im Zeitbereich, multipliziert man $f(t)$ mit $e^{k\omega i t}$, so bewirkt man eine Verschiebung im Frequenzbereich.

Verschiebungssätze für Fourierreihen:

Besitzt f die Fourierreihe:

$$f(t) \sim \sum_{j=-\infty}^{\infty} c_j e^{ij\omega t}, \quad \omega = \frac{2\pi}{T},$$

dann gilt für beliebiges $a \in \mathbb{R}$ (Verschiebung im Zeitbereich):

$$f(t + a) \sim \sum_{j=-\infty}^{\infty} e^{ij\omega a} c_j e^{ij\omega t}$$

und für beliebiges $k \in \mathbb{Z}$ (Verschiebung im Frequenzbereich):

$$e^{ik\omega t} f(t) \sim \sum_{j=-\infty}^{\infty} c_{j-k} e^{ij\omega t}.$$

Wegen der T-Periodizität des Integranden gilt:

$$
\begin{aligned}
\int_0^T f(t+a) e^{-ij\omega t}\, dt &= \int_a^{T+a} f(t) e^{-j\omega(t-a)i}\, dt \\[2mm]
&= e^{j\omega a i} \int_a^{T+a} f(t) e^{-ij\omega t}\, dt \\[2mm]
&= e^{ij\omega a} \int_0^T f(t) e^{-ij\omega t}\, dt .
\end{aligned}
$$

Beispiel 2.8
Verschiebung im Frequenzbereich und Linearität anwenden:

Für die T-periodische Funktion f gelte:

$$f(t) \sim \sum_{j=-\infty}^{\infty} c_j e^{ij\omega t}, \quad \omega = \frac{2\pi}{T}.$$

Wir berechnen die Fourier-Koeffizienten der Funktion $g(t) = \cos(\omega k t)\, f(t)$ mit $k \in \mathbb{N}$.
Mit den Eulerschen Formeln schreiben wir:

$$g(t) = \frac{1}{2} e^{ik\omega t} f(t) + \frac{1}{2} e^{-ik\omega t} f(t)$$

und bekommen:

$$g(t) \quad \sim \quad \frac{1}{2} \sum_{j=-\infty}^{\infty} c_{j-k} \, e^{i\,j\,\omega\,t} + \frac{1}{2} \sum_{j=-\infty}^{\infty} c_{j+k} \, e^{i\,j\,\omega\,t}$$

$$= \quad \sum_{j=-\infty}^{\infty} \frac{c_{j-k} + c_{j+k}}{2} \, e^{i\,j\,\omega\,t} \,.$$

Liegt die Entwicklung einer reellwertigen Funktion f in harmonischer Darstellung vor

$$f(t) \sim \frac{a_0}{2} + \sum_{j=1}^{\infty} (a_j \, \cos(j\,\omega\,t) + b_j \, \sin(j\,\omega\,t)) \,,$$

so gehen wir zunächst zur Exponentialdarstellung über:

$$f(t) \sim \sum_{j=-\infty}^{\infty} c_j \, e^{i\,j\,\omega\,t} \,,$$

mit

$$c_0 = \frac{a_0}{2} \,, \quad c_j = \frac{a_j - b_j\,i}{2} \,, \quad c_{-j} = \overline{c_j} \,, \quad j = 1, \ldots, n \,.$$

Hieraus folgt:

$$g(t) \quad \sim \quad \frac{c_{-k} + c_k}{2} + \sum_{j=1}^{\infty} \frac{c_{j-k} + c_{j+k}}{2} \, e^{i\,j\,\omega\,t} + \sum_{j=1}^{\infty} \frac{c_{-j-k} + c_{-j+k}}{2} \, e^{-i\,j\,\omega\,t}$$

$$= \quad \Re(c_k) + \sum_{j=1}^{\infty} \Re\left(c_{j-k} \, e^{i\,j\,\omega\,t}\right) + \sum_{j=1}^{\infty} \Re\left(c_{j+k} \, e^{i\,j\,\omega\,t}\right) \,.$$

Ist die Funktion f gerade mit der Entwicklung

$$f(t) \sim \frac{a_0}{2} + \sum_{j=1}^{\infty} a_j \, \cos(j\,\omega\,t) \,,$$

so ergibt sich:

$$g(t) \sim \frac{a_k}{2} + \sum_{j=1}^{\infty} \frac{a_{|j-k|} + a_{j+k}}{2} \, \cos(j\,\omega\,t) \,.$$

Die Fourierkoeffizienten der Ableitung können aus den Koeffizienten der Funktion ermittelt werden.

Differenziationssatz für Fourierreihen:

Die T-periodische Funktion f sei auf $[0, T]$ stückweise glatt mit der Fourierreihe:

$$f(t) \sim \sum_{j=-\infty}^{\infty} c_j\, e^{i\,j\,\omega\,t}\,, \quad \omega = \frac{2\,\pi}{T}\,.$$

Im Periodenintervall besitze f die Unstetigkeitsstellen $0 \le t_0 < t_1 < \ldots < t_n \le T$. Dann gilt:

$$f'(t) \sim \sum_{j=-\infty}^{\infty} c_j'\, e^{i\,j\,\omega\,t}\,, \quad \omega = \frac{2\,\pi}{T}$$

mit

$$c_j' = i\,j\,\omega\,c_j - \frac{1}{T} \sum_{k=1}^{n} (f(t_k^+) - f(t_k^-))\, e^{-i\,j\,\omega\,t_k}\,.$$

Im Spezialfall, dass die stückweise glatte Funktion f auf $[0, T]$ stetig ist, ergibt sich die Fourierreihe:

$$f'(t) \sim \sum_{j=-\infty}^{\infty} i\,j\,\omega\,c_j\, e^{i\,j\,\omega\,t}\,.$$

In harmonischer Darstellung ergibt sich aus:

$$f(t) \sim \frac{a_0}{2} + \sum_{j=1}^{\infty} (a_j\, \cos(j\,\omega\,t) + b_j\, \sin(j\,\omega\,t))$$

die Fourierreihe der Ableitung:

$$f'(t) \sim \sum_{j=1}^{\infty} j\,\omega\,(b_j\, \cos(j\,\omega\,t) - a_j\, \sin(j\,\omega\,t))\,.$$

Die Fourierreihe der Ableitung f' erhält man also durch formales Differenzieren der Fourierreihe von f, wenn keine Unstetigkeitsstellen im Intervall $[0, T]$ vorliegen.
Wir nehmen an, dass f eine einzige Unstetigkeitstelle $0 < t_1 < T$ besitzt. In zwei Teilintervallen kann partielle Integration angewendet werden für $j \ne 0$:

$$c_j = \frac{1}{T} \int_0^T e^{-i\,j\,\omega\,t}\, f(t)\, dt$$

$$= \frac{1}{T} \left(\int_0^{t_1} e^{-i\,j\,\omega\,t}\, f(t)\, dt + \int_{t_1}^T e^{-i\,j\,\omega\,t}\, f(t)\, dt \right)$$

$$= -\frac{1}{i\,j\,\omega\,t} \left(e^{-i\,j\,\omega\,t}\, f(t)\Big|_0^{t_1} + e^{-i\,j\,\omega\,t}\, f(t)\Big|_{t_1}^T \right)$$

$$+ \frac{1}{i\,j\,\omega\,t} \left(\int_0^{t_1} e^{-i\,j\,\omega\,t}\, f'(t)\, dt + \int_{t_1}^T e^{-i\,j\,\omega\,t}\, f'(t)\, dt \right)$$

$$= -\frac{1}{i\,j\,\omega\,t} (f(t_1^-) - f(t_1^+))\, e^{-i\,j\,\omega\,t_1} + \frac{1}{i\,j\,\omega}\, c_j'.$$

Für $j = 0$ findet man direkt:

$$c_0' = \frac{1}{T} \int_0^T f'(t)\, dt = \frac{1}{T} (f(t_1^-) - f(0) + f(T) - f(t_1^+))$$

$$= -\frac{1}{T} (f(t_1^+) - f(t_1^-)).$$

Dies lässt sich nun leicht auf den Fall von mehreren Unstetigkeitsstellen verallgemeinern. Geht man von einer T-periodischen Funktion $f(t)$ zum Integral $F(t) = \int_0^t f(\tau)d\tau$ über, so erhält man wieder eine T-periodische Funktion, wenn gilt: $\int_0^T f(t)\, dt = 0$. Analog zum Diffe-renziationssatz gilt nun der Integrationssatz.

Integrationssatz für Fourierreihen:

Ist f stückweise glatt und stetig in $[0, T]$ mit der Fourierreihe: $f(t) \sim \sum_{j=-\infty}^{\infty} c_j\, e^{i\,j\,\omega\,t}$,

$\omega = \frac{2\pi}{T}$, und gilt: $c_0 = \frac{1}{T} \int_0^T f(t)\, dt = 0$. Dann ergibt sich die Entwicklung:

$$\int_0^t f(\tau)\, d\tau \sim -\frac{1}{T} \int_0^T t\, f(t)\, dt - \sum_{\substack{j=-\infty \\ j\neq 0}}^{\infty} \frac{i\,c_j}{j\,\omega}\, e^{i\,j\,\omega\,t}.$$

Der Integrationssatz folgt sofort durch partielle Integration. Für die harmonische Entwicklung

$$f(t) \sim \frac{a_0}{2} + \sum_{j=1}^{\infty} (a_j \cos(j \omega t) + b_j \sin(j \omega t))$$

gilt

$$\int_0^t f(\tau) \, d\tau \sim -\frac{1}{T} \int_0^T t \, f(t) \, dt - \sum_{j=1}^{\infty} \left(\frac{b_j}{j \omega} \cos(j \omega t) - \frac{a_j}{j \omega} \sin(j \omega t) \right).$$

Die Fourierreihe des Integrals erhält man wieder durch formales Integrieren der Fourierreihe, wenn keine Unstetigkeitsstellen im Intervall $[0, T]$ vorliegen.

Bei der Frage nach dem Produkt der Fourierkoeffizienten zweier Funktionen stößt man auf die Faltung.

Periodische Faltung:

Die periodische Faltung zweier stückweise stetigen, T-periodischen Funktionen wird erklärt durch:

$$(f * g)(t) = \frac{1}{T} \int_0^T f(\tau) \, g(t - \tau) \, d\tau.$$

Die periodische Faltung liefert eine T-periodische, stetige Funktion, und es gilt:

$$(f * g)(t) = (g * f)(t).$$

Der Nachweis der Stetigkeit geschieht mit einem schwierigen Kompaktheitsschluss.

Beispiel 2.9
Eigenschaft der periodischen Faltung nachweisen:

Seien f stückweise stetig und g T-periodisch. Ist f gerade und g ungerade, dann ist die periodische Faltung $f * g$ ungerade. Sind f und g beide gerade (ungerade), dann ist die periodische Faltung $f * g$ gerade.

Wir greifen einen Fall heraus, und nehmen an, dass f und g ungerade sind. Für die periodische Faltung ergibt sich dann:

$$
\begin{aligned}
(f * g)(t) \;&=\; \frac{1}{T} \int_0^T f(\tau)\, g(t-\tau)\, d\tau \\[2mm]
&=\; \frac{1}{T} \int_0^T f(-\tau)\, g(-t+\tau)\, d\tau \\[2mm]
&=\; \frac{1}{T} \int_0^{-T} f(s)\, g(-t-s)\, (-1)\, ds \\[2mm]
&=\; \frac{1}{T} \int_{-T}^0 f(s)\, g(-t-s)\, ds \\[2mm]
&=\; \frac{1}{T} \int_0^T f(\tau)\, g(-t-\tau)\, d\tau \\[2mm]
&=\; (f * g)(-t)\,.
\end{aligned}
$$

Die Fourier-Koeffizienten der Faltung $f * g$ ergeben sich nun als Produkt der Fourier-Koeffizienten von f und g.

Faltungssatz für Fourierreihen:

Seien f und g stückweise stetige, T-periodische Funktionen mit den Fourierreihen:

$$
f(t) \sim \sum_{j=-\infty}^{\infty} c_{j,f}\, e^{ij\omega t}, \qquad g(t) \sim \sum_{j=-\infty}^{\infty} c_{j,g}\, e^{ij\omega t},
$$

Dann ergeben sich die Fourierkoeffizienten der Faltung durch Multiplikation:

$$
(f * g)(t) \sim \sum_{j=-\infty}^{\infty} c_{j,f}\, c_{j,g}\, e^{ij\omega t}\,.
$$

Der Faltungssatz folgt durch Vertauschung der Integrationsreihenfolge mit der Periodizität der Faltung.

Beispiel 2.10
Faltungssatz anwenden:

Durch direkte Fortsetzung der Funktion

$$f(t) = \begin{cases} \frac{1}{2}(\pi - t) & , \quad 0 < t < 2\pi, \\ \\ 0 & , \quad t = 0, \end{cases}$$

entsteht eine 2π-periodische Sägezahnfunktion mit der Fourierreihe

$$f(t) \sim \sum_{j=1}^{\infty} \frac{1}{j} \sin(jt).$$

Wir berechnen die Faltung $f * f$ und geben ihre Fourier-Koeffizienten an.
Mit

$$f(t) = \frac{1}{2}(-\pi - t), \quad -2\pi < t < 0,$$

bekommen wir für die Faltung der Funktion f mit sich selbst zunächst für $0 < t < 2\pi$:

$$\begin{aligned}
(f * f)(t) &= \frac{1}{2\pi} \int_0^{2\pi} f(\tau)\, f(t - \tau)\, d\tau \\
&= \frac{1}{2\pi} \int_0^t \frac{1}{2}(\pi - \tau) \frac{1}{2}(\pi - t + \tau)\, d\tau \\
&\quad + \frac{1}{2\pi} \int_t^{2\pi} \frac{1}{2}(\pi - t) \frac{1}{2}(-\pi - t + \tau)\, d\tau \\
&= \frac{1}{8\pi} \int_0^t (\pi - \tau)(\pi - t + \tau)\, d\tau \\
&\quad + \frac{1}{8\pi} \int_t^{2\pi} (\pi - \tau)(-\pi - t + \tau)\, d\tau \\
&= -\frac{1}{8}t^2 + \frac{1}{4}\pi t - \frac{1}{12}\pi^2.
\end{aligned}$$

Insgesamt ergibt sich die Faltung nun durch direkte periodische Fortsetzung. Wegen

$$(f * f)(0) = (f * f)(2\pi) = -\frac{1}{12}\pi^2$$

ist die Faltung $f * f$ eine stetige Funktion auf $\mathbb{R}$.

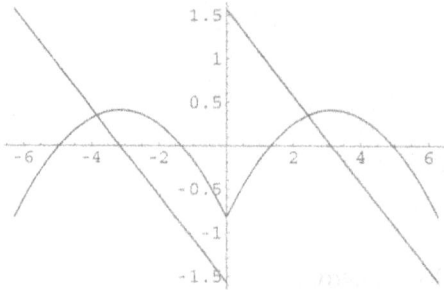

Bild 2.12: *Die*
Sägezahn-Funktion $f(t)$ mit
der periodischen Faltung $f * f$
gezeichnet im Intervall
$[-2\pi, 2\pi]$

Zur Anwendung des Faltungssatzes schreiben wir die Fourierreihe von f zunächst in exponentieller Form:

$$f(t) \sim \sum_{j=-\infty}^{\infty} c_j\, e^{j i t},$$

mit $c_0 = 0$ und

$$c_j = -\frac{1}{2j}\,i \quad \text{bzw.} \quad c_{-j} = \frac{1}{2j}\,i$$

für $j > 1$. Hiermit liefert der Faltungssatz:

$$
\begin{aligned}
(f * f)(t) \;\;\sim\;\; & \sum_{j=-\infty}^{\infty} c_j^2\, e^{j i t} = - \sum_{j=-\infty}^{\infty} \frac{1}{4 j^2}\, e^{j i t} \\
= \;\; & \cdots - \frac{1}{4}\frac{1}{9}\, e^{-3 i t} - \frac{1}{4}\frac{1}{4}\, e^{-2 i t} - \frac{1}{4}\frac{1}{1}\, e^{-1 i t} \\
& - \frac{1}{4}\frac{1}{1}\, e^{1 i t} - \frac{1}{4}\frac{1}{4}\, e^{2 i t} - \frac{1}{4}\frac{1}{9}\, e^{3 i t} + \cdots,
\end{aligned}
$$

bzw. $(f * f)(t) \sim -\displaystyle\sum_{j=1}^{\infty} \frac{1}{2 j^2}\, \cos(j t)$.

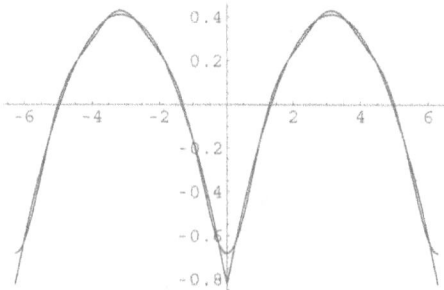

Bild 2.13: *Die periodische*
Faltung $f * f$ der
Sägezahn-Funktion $f(t)$ mit
der Teilsumme ihrer
Fourierreihe $S_{f*f}(t, 3)$
gezeichnet im Intervall
$[-2\pi, 2\pi]$

Wir bemerken zum Schluss dieses Abschnitts noch, dass sich die Rechenregeln mit Ausnahme des Differenziationssatzes auf absolut integrierbare Funktionen übertragen lassen. Insbesondere stellt die periodische Faltung zweier absolut integrierbarer Funktionen eine stetige Funktion dar, und es gilt der Faltungssatz.

2.2   Konvergenz der Fourierreihe

Das Riemannsche Lemma besagt, dass die Fourier-Koeffizienten jeweils Nullfolgen bilden. Die Fourier-Koeffizienten klingen also für große Indizes ab.

Riemannsches Lemma:

Sei f eine stückweise stetige und T-periodische Funktion, dann gilt:

$$\lim_{j \to \infty} \frac{1}{T} \int_0^T f(t)\, e^{-ij\omega t}\, dt = \lim_{j \to \infty} \frac{1}{T} \int_0^T f(t)\, e^{ij\omega t}\, dt = 0$$

bzw.

$$\lim_{j \to \infty} \frac{1}{T} \int_0^T f(t)\, \cos(j\,\omega t)\, dt = \lim_{j \to \infty} \frac{1}{T} \int_0^T f(t)\, \sin(j\,\omega t)\, dt = 0.$$

Wir berechnen zunächst:

$$\frac{1}{T} \int_0^T |f(t) - S_f(t,n)|^2\, dt = \frac{1}{T} \int_0^T |f(t)|^2\, dt - \frac{1}{T} \int_0^T S_f(t,n)\, \overline{f(t)}\, dt$$

$$- \frac{1}{T} \int_0^T f(t)\, \overline{S_f(t,n)}\, dt + \frac{1}{T} \int_0^T S_f(t,n)\, \overline{S_f(t,n)}\, dt$$

und

$$\frac{1}{T} \int_0^T S_f(t,n)\, \overline{f(t)}\, dt = \frac{1}{T} \int_0^T \sum_{j=-n}^{n} c_j\, e^{ij\omega t}\, \overline{f(t)}\, dt$$

$$= \sum_{j=-n}^{n} c_j\, \overline{\frac{1}{T} \int_0^T f(t)\, e^{-ij\omega t}\, dt}$$

$$= \sum_{j=-n}^{n} |c_j|^2.$$

Mit der Orthogonalität des trigonometrischen Systems bekommen wir:

$$\frac{1}{T} \int\limits_0^T f(t) \, \overline{S_f(t,n)} \, dt \;=\; \sum_{j=-n}^n |c_j|^2,$$

$$\frac{1}{T} \int\limits_0^T S_f(t,n) \, \overline{S_f(t,n)} \, dt \;=\; \frac{1}{T} \int\limits_0^T \sum_{j=-n}^n c_j \, e^{i\,j\,\omega t} \sum_{k=-n}^n \overline{c_k} \, e^{-i\,k\,\omega t} \, dt$$

$$=\; \sum_{j=-n}^n \sum_{k=-n}^n c_j \, \overline{c_k} \, \frac{1}{T} \int\limits_0^T e^{i\,j\,\omega t} \, e^{-i\,k\,\omega t} \, dt$$

$$=\; \sum_{j=-n}^n |c_j|^2 .$$

Dies ergibt insgesamt:

$$\frac{1}{T} \int\limits_0^T |f(t) - S_f(t,n)|^2 \, dt = \frac{1}{T} \int\limits_0^T |f(t)|^2 \, dt - \sum_{j=-n}^n |c_j|^2 .$$

Da die linke Seite stets nichtnegativ ist, folgt:

$$\sum_{j=-n}^n |c_j|^2 \le \frac{1}{T} \int\limits_0^T |f(t)|^2 \, dt$$

und die Behauptung. (Die letzte Ungleichung heißt Besselsche Ungleichung). Den zweiten Teil der Behauptung bekommen wir mit $c_j = a_j + b_j \, i$ und $|c_j|^2 = a_j^2 + b_j^2$ zunächst für reellwertige Funktionen. Da der Real- und Imaginärteil einer komplexwertigen Funktion aber reellwertig ist, gilt der zweite Teil auch allgemein.

Beispiel 2.11
Wachstumsverhalten der Fourier-Koeffizienten:

Sind die Voraussetzungen des Differenziationssatzes gegeben, so kann das Wachstumsverhalten der Fourier-Koeffizienten näher beschrieben werden.
Ist f k-mal differenzierbar und $f^{(k)}$ auf $[0, T]$ stückweise glatt, so gibt es eine Konstante M mit:

$$|c_j| < \frac{M}{|j|^{k+1}}, \quad j = \pm 1, \pm 2, \dots,$$

bzw.

$$|a_j| < \frac{M}{|j|^{k+1}}, \quad \text{und} \quad |b_j| < \frac{M}{|j|^{k+1}}, \quad j = 0, 1, 2, \dots.$$

Im Fall einer stetigen und stückweise glatten Funktion, $(k = 0)$, besagt der Differenziationssatz:

$$c_j = \frac{1}{T} \int\limits_0^T f(t)\, e^{-i\,j\,\omega t}\, dt = \frac{1}{i\,j\,\omega t} \int\limits_0^T f'(t)\, e^{-i\,j\,\omega t}\, dt\,, \quad \omega = \frac{2\pi}{T}\,.$$

Wegen der Glattheit gibt es eine Konstante C, sodass für alle $t \in [0, T]$ gilt: $|f'(t)| \le C$. Hieraus folgt dann $|c_j| < \frac{M}{|j|}$ mit einer Konstanten M. Wendet man den Differenziationssatz mehrfach an, so bekommt man die Behauptung.

Man kann die Teilsummen der Fourierreihe auch berechnen, ohne dass man zuerst die Fourier-Koeffizienten ermittelt. Man fasst dazu die Teilsummen der Fourierreihe als periodische Faltung der Funktion mit Dirichlet-Kernen auf.
Für eine stückweise stetige, 2π-periodische Funktion f gilt:

$$S_f(t, n) = \frac{1}{\pi} \int\limits_{-\pi}^{\pi} f(t - \tau)\, D(\tau, n)\, d\tau\,.$$

Hierbei sind die Dirichlet-Kerne erklärt durch:

$$D(t, n) = \frac{1}{2} + \sum_{j=1}^{n} \cos(j\,t) = \begin{cases} \dfrac{\sin\left(\left(n + \dfrac{1}{2}\right) t\right)}{2 \sin\left(\dfrac{t}{2}\right)} & ,\, t \ne 2\,k\,\pi\,, k \in \mathbb{Z}, \\[4mm] \dfrac{2\,n + 1}{2} & ,\, t = 2\,k\,\pi\,, k \in \mathbb{Z}. \end{cases}$$

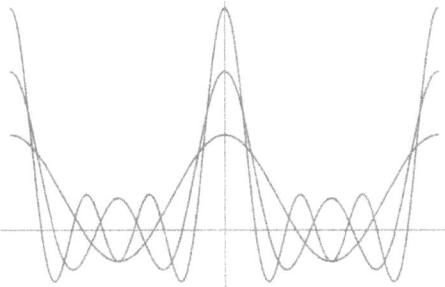

Bild 2.14: *Dirichlet-Kerne*

Durch Faltung mit den Dirichlet-Kernen kann man nun zeigen, dass die Fourierreihe einer stückweise glatten Funktion f in jedem Stetigkeitspunkt gegen f konvergiert.

Darstellungssatz:

Sei f eine stückweise glatte und T-periodische Funktion, dann gilt für jedes $t \in \mathbb{R}$:

$$\lim_{n \to \infty} S_f(t, n) = \frac{f(t^-) + f(t^+)}{2}\,.$$

Beispiel 2.12

Wert einer Reihe mit dem Darstellungssatz ermitteln:

Mit der Fourierreihe der Funktion

$$f(t) = \begin{cases} t & , & 0 \le t < \pi \\ \pi - t & , & \pi \le t < 2\pi \end{cases}$$

und dem Darstellungssatz zeigen wir, dass gilt:

$$\sum_{j=1}^{\infty} \frac{1}{(2j-1)^2} = 1 + \frac{1}{3^2} + \frac{1}{5^2} + \frac{1}{7^2} + \cdots = \frac{\pi^2}{8}.$$

Durch gerade Fortsetzung der Funktion f entsteht eine 2π-periodische stetige, stückweise glatte Funktion mit der Fourierreihe:

$$\begin{aligned} f(t) &= \frac{\pi}{2} - \frac{4}{\pi} \sum_{j=1}^{\infty} \frac{1}{(2j-1)^2} \cos((2j-1)t) \\ &= \frac{\pi}{2} - \frac{4}{\pi} \left(\cos(t) + \frac{1}{3^2} \cos(3t) + \frac{1}{5^2} \cos(5t) + \frac{1}{7^2} \cos(7t) \cdots \right). \end{aligned}$$

Nach dem Darstellungssatz stimmt die Funktion f in jedem Punkt t mit ihrer Fourierreihe überein. Insbesondere folgt für $t = 0$ wegen $f(0) = 0$:

$$0 = \frac{\pi}{2} - \frac{4}{\pi} \sum_{j=1}^{\infty} \frac{1}{(2j-1)^2}.$$

Hieraus ergibt sich sofort die Behauptung.

MAPLE:

```
sum(1/(2*j-1)^2,j=1..infinity);
```

$$\sum_{j=1}^{\infty} \frac{1}{(2j-1)^2} = \frac{1}{8}\pi^2$$

MATLAB:

```
syms k
latex(
symsum(1./(2*k-1).^2, 1, Inf))
```

$$1/8\,\pi^2$$

Bei stetigen Funktionen haben wir nicht nur punktweise, sondern gleichmäßige Konvergenz.

> **Gleichmäßige Konvergenz der Fourierreihe:**
>
> Sei f eine stetige, stückweise glatte und T-periodische Funktion. Dann konvergiert die Fourierreihe $S_f(t)$ auf $\mathbb{R}$ gleichmäßig gegen f.

Man benötigt hierzu, den Differenziationssatz, die Besselsche Ungleichung und den Identitätssatz, der besagt, dass stetige Funktionen mit gleichen Fourierkoeffizienten übereinstimmen.

Beispiel 2.13
Gibbsches Phänomen:

Anhand der Sägezahn-Funktion:

$$f(t) = \begin{cases} \frac{1}{2}(\pi - t) & , \quad 0 < t < 2\pi \\ 0 & , \quad t = 0 \end{cases}$$

bestätigen wir, dass die Fourierreihe einer Funktion mit Unstetigkeitsstellen nicht gleichmäßig konvergiert.

Mit direkter Fortsetzung ergibt sich eine stückweise glatte, ungerade Funktion f der Periode 2π. Für diese Funktion kann man zeigen:

$$S_f\left(\frac{\pi}{n+\frac{1}{2}}, n\right) - f\left(\frac{\pi}{n+\frac{1}{2}}\right) > \mathrm{Si}(\pi) - \frac{\pi}{2} \sim 0.1789 \cdot \frac{\pi}{2}$$

mit dem Integralsinus: $\mathrm{Si}(t) = \displaystyle\int_0^t \frac{\sin(\tau)}{\tau}\, d\tau$. Diese Gleichung besagt, dass man die Funktion durch die Fourierreihe nicht gleichmäßig annähern kann. Legt man einen beliebig dünnen Schlauch um den Funktionsgraphen, so gibt es hinreichend nahe bei $t = 0$ stets Argumente t_n, sodass der Wert $S_f(t, n)$ außerhalb des Schlauchs liegt. Durch das Überschwingen der Reihe an den Sprungstellen wird die gleichmäßige Konvergenz verhindert. Dieses Phänomen tritt auch bei anderen Funktionen auf und heißt Gibbsches Phänomen.

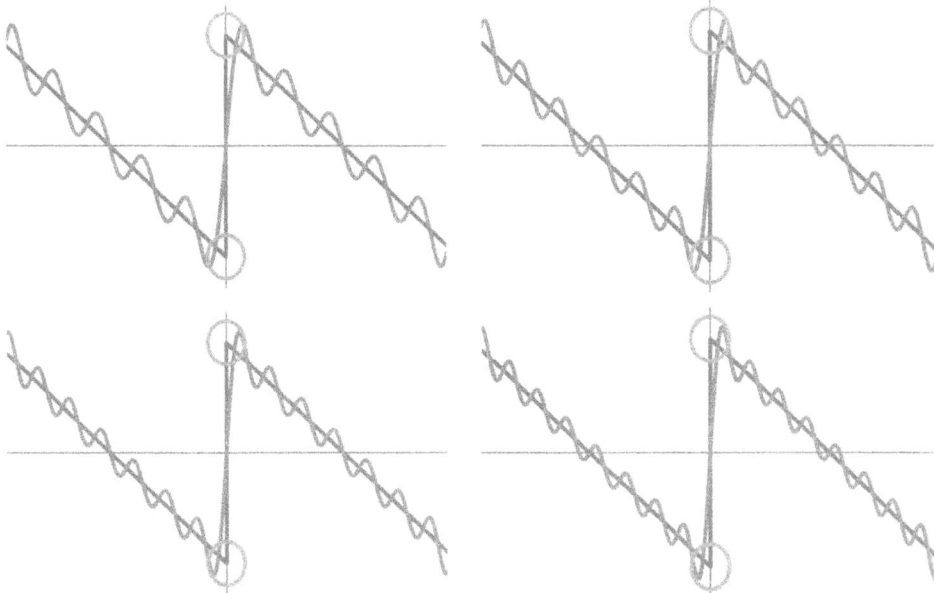

Bild 2.15: *Der Grenzwert $f(0^+)$ bzw. $f(0^-)$ wird nahe bei Null für genügend große n stets um den festen Wert $\mathrm{Si}(\pi) - \frac{\pi}{2}$ über- bzw. unterschritten. Die Fourierreihe konvergiert nicht gleichmäßig.*

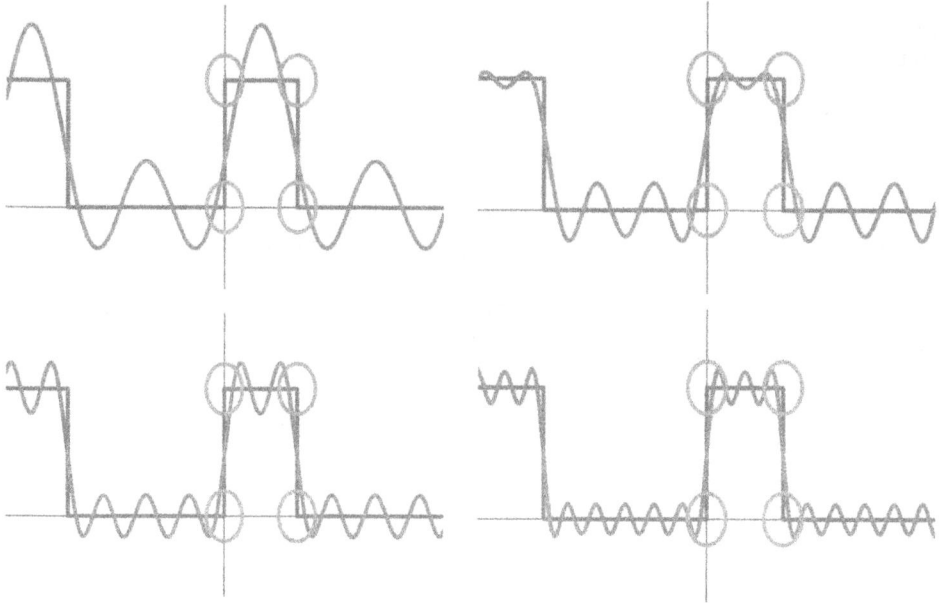

Bild 2.16: *Gibbsches Phänomen bei einem Rechteckimpuls*

Beispiel 2.14
Eine Differenzialgleichung durch eine Fourierreihe lösen:

Mit dem Ansatz $y(t) = \sum\limits_{j=-\infty}^{\infty} c_{y,j}\, e^{j\,\omega t\, i}$ gebe man eine Lösung der folgenden Differenzial-

gleichung an:

$$ y'' - \frac{1}{2}\, y = r(t), \quad -\pi \le t \le \pi\,. $$

Im Intervall $t \in [-\pi, \pi]$ stellen wir die Funktion r durch ihre Fourierreihe dar:

$$ r(t) = \sum_{j=-\infty}^{\infty} c_{r,j}\, e^{i\,j\,\omega t} $$

mit

$$ c_{r,0} = \frac{1}{3}\pi^2 $$

$$ c_{r,j} = (-1)^j\,\frac{2}{j^2}\,, \quad j \ne 0\,. $$

(Die Fourierreihe konvergiert gleichmäßig auf $[-\pi, \pi]$). Man entwickelt $f(t)$ in eine Cosinus-
reihe:

$$ f(t) = \frac{a}{2} + \sum_{j=1}^{\infty} a_j\, \cos(j\,t) $$

mit den Koeffizienten:

$$a_0 = \frac{2}{3}\pi^2,$$

$$a_j = (-1)^j \frac{4}{j^2}, \quad j \geq 1.$$

Hieraus ergeben sich die Koeffizienten c_j mit den Umrechnungsformeln. Wir machen nun den folgenden Ansatz für eine Lösung

$$y(t) = \sum_{j=-\infty}^{\infty} c_{y,j}\, e^{i\,j\,\omega\,t}.$$

Formal erhält man nach dem Differenziationssatz:

$$y''(t) = -\sum_{j=-\infty}^{\infty} j^2 c_{y,j}\, e^{i\,j\,\omega\,t}$$

und damit durch Einsetzen in die Differenzialgleichung:

$$-\sum_{j=-\infty}^{\infty} j^2 c_{y,j}\, e^{i\,j\,\omega\,t} - \frac{1}{2}\sum_{j=-\infty}^{\infty} c_{y,j}\, e^{i\,j\,\omega\,t} = \sum_{j=-\infty}^{\infty} c_{r,j}\, e^{i\,j\,\omega\,t}.$$

Aus dieser Bedingung ergeben sich zunächst formal folgende Koeffizienten:

$$c_{y,j} = -\frac{c_{r,j}}{j^2 + \frac{1}{2}} = -2\,\frac{c_{r,j}}{2\,j^2 + 1}.$$

Man kann sich nun leicht davon überzeugen, dass alle Reihen von der Fourierreihe von r majorisiert werden und somit absolut konvergieren. Wir bekommen schließlich die Cosinus-Reihe

$$y(t) = -\frac{2}{3}\pi^2 - \sum_{j=1}^{\infty}(-1)^j\,\frac{8}{j^2\,(2\,j^2+1)}\,\cos(j\,t)$$

als Lösung.

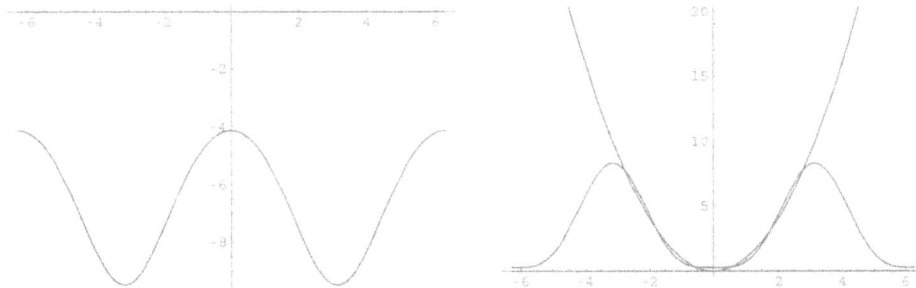

Bild 2.17: *Eine Teilsumme der Fourierreihe von $y(t)$ (links) und $r(t)$ mit einer Teilsumme der Fourierreihe von $y''(t) - \frac{1}{2}y(t)$ (rechts) gezeichnet im Intervall $[-2\pi, 2\pi]$. Bei den Teilsummen wird jeweils $n = 2$ gewählt.*

Die Differenzialgleichung kann mit der Ansatzmethode oder durch Variation der Konstanten gelöst werden:

$$y(t) = \gamma_1 \sinh\left(\frac{1}{2}\sqrt{2}\,t\right) + \gamma_2 \cosh\left(\frac{1}{2}\sqrt{2}\,t\right) + 2\,t^2 - 8$$

mit beliebigen Konstanten γ_1, γ_2. Die Methode der Fourierreihen greift aus der allgemeinen Lösung nun diejenige heraus, welche die periodischen Randbedingungen erfüllt:

$$y(-\pi) = y(\pi), \quad y'(-\pi) = y'(\pi).$$

Die Parseval-Plancherel-Gleichung besagt, dass das Skalarprodukt der Fourier-Koeffizienten zweier Funktionen mit ihrem Skalarprodukt übereinstimmt. Diese Gleichung stellt den Schlüssel zu einem neuen Konvergenzbegriff dar.

Parseval-Plancherel-Gleichung:

Seien f und g stückweise stetige und T-periodische Funktionen mit Fourier-Koeffizienten $c_{f,j}$ und $c_{g,j}$, dann gilt:

$$\sum_{j=-\infty}^{\infty} c_{f,j}\,\overline{c_{g,j}} = \frac{1}{T}\int_0^T f(t)\,\overline{g(t)}\,dt.$$

Durch Konjugation und Zeitumkehr bekommen wir:

$$\overline{g(-t)} \sim \sum_{j=-\infty}^{\infty} \bar{c}_{g,j}\,e^{ij\omega t}.$$

Weiter liefert der Faltungssatz:

$$h(t) = \frac{1}{T}\int_0^T f(\tau)\overline{g(-(t-\tau))}\,d\tau \sim \sum_{j=-\infty}^{\infty} c_{j,f}\,\overline{c_{j,g}}\,e^{ij\omega t}.$$

Nun ist aber die Faltung $h(t)$ eine stetige, stückweise glatte Funktion. Die Fourierreihe konvergiert damit gleichmäßig gegen h. Insbesondere gilt:

$$h(0) = \frac{1}{T}\int_0^T f(\tau)\,\overline{g(\tau)}\,d\tau = \sum_{j=-\infty}^{\infty} c_{j,f}\,\overline{c_{j,g}}.$$

Durch Spezialisierung ergibt sich aus der Parseval-Plancherel-Gleichung sofort die Parseval-Gleichung.

Parseval-Gleichung:

Sei f eine stückweise stetige und T-periodische Funktion, dann gilt:

$$\sum_{j=-\infty}^{\infty} |c_j|^2 = \frac{|a_0|^2}{4} + \frac{1}{2} \sum_{j=1}^{\infty} (|a_j|^2 + |b_j|^2) = \frac{1}{T} \int_0^T |f(t)|^2 \, dt \,.$$

Beispiel 2.15
Parseval-Gleichung zur Berechnung einer Summe verwenden:

Wir betrachten die Fourierreihe der Funktion:

$$f(t) = \begin{cases} \frac{1}{2}(\pi - t) & , \quad 0 < t < 2\pi \,, \\ 0 & , \quad t = 0 \,. \end{cases}$$

Mithilfe der Parseval-Gleichung zeigen wir, dass gilt:

$$\sum_{j=1}^{\infty} \frac{1}{j^2} = \frac{\pi^2}{6} \,.$$

Durch direkte Fortsetzung der Funktion f entsteht eine 2π-periodische Sägezahnfunktion mit der Fourierreihe:

$$S_f(t) = \sum_{j=1}^{n} \frac{1}{j} \sin(jt) \,.$$

Die Parsevalsche Gleichung besagt:

$$\frac{1}{2\pi} \int_0^{2\pi} \left(\frac{1}{2}(\pi - t) \right)^2 dt = \frac{1}{2} \sum_{j=1}^{\infty} \frac{1}{j^2} \,.$$

Mit dem Integral:

$$\int_0^{2\pi} (\pi - t)^2 \, dt = -\left. \frac{(\pi - t)^3}{3} \right|_0^{2\pi} = \frac{2}{3} \pi^3$$

folgt:

$$\sum_{j=1}^{\infty} \frac{1}{j^2} = \frac{\pi^2}{6} \,.$$

MAPLE:

```
sum(1/j^2,j=1..infinity);
```

$$\sum_{j=1}^{\infty} \frac{1}{j^2} = \frac{1}{6}\pi^2$$

MATLAB:

```
syms k
latex(symsum(1/k^2, 1, Inf))
```

$$1/6\,\pi^2$$

Mit der Parseval-Gleichung ergibt sich nun, dass der mittlere quadratische Abstand der Funktion von den Teilsummen ihrer Fourierreihe gegen null konvergiert.

Konvergenz der Fourierreihe im quadratischen Mittel:

Die Fourierreihe einer stückweise stetigen, T-periodischen Funktion f konvergiert im quadratischen Mittel gegen f, d.h.:

$$\lim_{n \to \infty} \frac{1}{T} \int_0^T |f(t) - S_f(t, n)|^2\, dt = 0.$$

Beim Nachweis des Riemannschen Lemmas ergab sich die Beziehung:

$$\frac{1}{T} \int_0^T |f(t) - S_f(t, n)|^2\, dt = \frac{1}{T} \int_0^T |f(t)|^2\, dt - \sum_{j=-n}^{n} |c_j|^2.$$

Mit der Parseval-Gleichung ergibt sich die Konvergenz der rechten Seite gegen null.
Die Konvergenz der Fourierreihe im quadratischen Mittel erfordert wesentlich geringere Voraussetzungen als die stückweise Stetigkeit. Im Folgenden soll die Konvergenzfrage auf der Basis der Integrabilität besprochen werden. Die punktweise Konvergenz der Fourierreihe kann man dabei nicht aufrecht erhalten. Es werden stets Ausnahmemengen vom Maß Null auftreten, die man bei der Integration im Sinne von Lebesgue vernachlässigen kann. Wenn zwei Funktionen f und g mit Ausnahme einer Nullmenge übereinstimmen, dann sagt man ohne nähere Bezeichnung dieser Nullmenge $f(t) = g(t)$ für fast alle t. Eine stückweise stetige oder sogar glatte Funktion ist im Sinne von Lebesgue intergrierbar, während die Umkehrung natürlich nicht gilt.
Der Identitätssatz für absolut integrierbare Funktionen nimmt folgende Gestalt an:

$$\int_0^T |f(t)|\, dt < \infty \text{ und } c_j = 0 \text{ für alle } j \in \mathbb{Z} \implies f(t) = 0 \text{ für fast alle } t.$$

Ist die Folge der Fourierkoeffizienten absolut summierbar: $\displaystyle\sum_{j=-\infty}^{\infty} |c_j| < \infty$, so konvergiert die entsprechende Fourierreihe $\sum_{j=-\infty}^{\infty} c_j\, e^{i\,j\,\omega t} < \infty$ gleichmäßig und stellt eine stetige Funktion dar, welche nach dem Identitätssatz fast überall mit der Ausgangsfunktion übereinstimmt.

Konvergenz der Fourierreihe einer absolut integrierbaren Funktion:

Sei $\int_0^T |f(t)|\, dt < \infty$ und $\sum_{j=-\infty}^{\infty} |c_j| < \infty$. Dann gilt für fast alle t:

$$f(t) = \sum_{j=-\infty}^{\infty} c_j\, e^{i\,j\,\omega t}.$$

Als Folge der Cauchy-Schwarzschen Ungleichung erhält man die Abschätzung:

$$\left(\int_0^T |f(t)|\, dt \right)^2 \leq T \int_0^T |f(t)|^2\, dt.$$

Die Menge der quadrat-integrierbaren Funktionen bildet deshalb eine Teilmenge der absolut-integrierbaren Funktionen. Auf quadrat-integrierbare Funktionen kann man die Parseval-Plancherel, die Parseval-Gleichung sowie den Satz von der Konvergenz im quadratischen Mittel sofort übertragen. Hinsichtlich der punktweisen Konvergenz gilt folgender Satz. Ist $\int_0^T |f(t)|^2\, dt < \infty$,

dann gilt $f(t) = \sum_{j=-\infty}^{\infty} c_j\, e^{i\,j\,\omega t}$ für fast alle t.

Man kann die Ermittlung der Fourier-Koeffizienten als Transformation einer zeitkontinuierlichen Funktion in eine Funktion diskreter Frequenzen auffassen:

$$f(t) \longrightarrow c_j.$$

Einer 2π-periodischen Funktion $f(t)$ ordnen wir die Folge ihrer Fourier-Koeffizienten zu:

$$c_j = \frac{1}{2\pi} \int_0^{2\pi} f(t)\, e^{-i\,j\,t}\, dt.$$

Unter geeigneten Bedingungen kann man die Funktion aus dem Bild rekonstruieren:

$$f(t) = \sum_{j=-\infty}^{\infty} c_j\, e^{i\,j\,t}.$$

Nun transformieren wir umgekehrt eine zeitdiskrete Funktion in eine 2π-periodische Funktion kontinuierlicher Frequenzen:

$$F(\omega) = \sum_{n=-\infty}^{\infty} f_n\, e^{-i\,n\,\omega}\,.$$

Man belegt diese Operation mit folgendem Symbol.

Fouriertransformation von Folgen:

Die Folge $\{f_n\}_{n=-\infty}^{\infty}$, $\displaystyle\sum_{n=-\infty}^{\infty} |f_n| < \infty$, besitzt die Fouriertransformierte:

$$\mathcal{F}(f_n)(\omega) = \sum_{n=-\infty}^{\infty} f_n\, e^{-i\,n\,\omega}\,.$$

Wenn die Folge absolut summierbar ist $\displaystyle\sum_{n=-\infty}^{\infty} |f_n| < \infty$, dann ist Transformierte $F(\omega)$ stetig.

Man braucht häufig die schwächere Voraussetzung $\displaystyle\sum_{n=-\infty}^{\infty} |f_n|^2 < \infty$. Wegen der Jensenschen Ungleichung:

$$\left(\sum_{n=-\infty}^{\infty} |f_n|^s \right)^{\frac{1}{s}} \le \left(\sum_{n=-\infty}^{\infty} |f_n|^r \right)^{\frac{1}{r}} < \infty \quad \text{für} \quad 0 < r \le s$$

ist die absolute Summierbarkeit stärker als die quadratische Summierbarkeit. Im Fall der quadratischen Summierbarkeit wird die Bildfunktion $\mathcal{F}(f_n)(\omega)$ nur bis auf eine Nullmenge festgelegt.
Stets gilt die Umkehrung:

$$f_n = \frac{1}{2\pi} \int\limits_{0}^{2\pi} \mathcal{F}(f_n)(\omega)\, e^{i\,n\,\omega}\, d\omega\,.$$

Die Voraussetzung der quadratischen Summierbarkeit ist aber oft angemessen, da sie in einem umkehrbar eindeutigen Zusammenhang mit der quadratischen Integrierbarkeit steht.

3 Fouriertransformation

3.1 Eigenschaften der Fouriertransformation

Bei der Fouriertransformation von Funktionen wird einer zeitkontinuierlichen Funktion eine Funktion kontinuierlicher Frequenzen zugeordnet. Wir legen nun oft Funktionen zugrunde, die stückweise glatt und auf ganz $\mathbb{R}$ absolut integrierbar sind. Bei den Fourierreihen bzw. bei der Fouriertransformation von Folgen wird nur über ein Periodenintervall integriert und die Forderung nach der Integrierbarkeit entfällt wegen der Kompaktheit des Integrationsintervalls bei stückweise glatten Funktionen.

Stückweise glatte Funktion:

Sei $f : \mathbb{R} \to \mathbb{C}$ eine Funktion. Die Funktion f ist stückweise glatt, wenn f auf jedem Teilintervall $-\infty < a < b < \infty$ von $\mathbb{R}$ stückweise glatt ist. Die stückweise glatte Funktion $f : \mathbb{R} \longrightarrow \mathbb{C}$ ist auf $\mathbb{R}$ absolut integrierbar, wenn das uneigentliche Integral existiert:

$$\int_{-\infty}^{\infty} |f(t)| \, dt.$$

Analog zu der Fouriertransformierten einer Folge führen wir nun Fouriertransformierte einer Funktion ein. Ein stückweise glattes Signal, also ein Signal, das aus differenzierbaren Teilstücken zusammengesetzt wird, kann man sich besser vorstellen. Die schwächere Voraussetzung der absoluten Integrierbarkeit genügt jedoch, um die Fouriertransformierte zu erklären.

Fouriertransformierte:

Sei $f : \mathbb{R} \to \mathbb{C}$ auf $\mathbb{R}$ absolut integrierbar. Die Funktion $F : \mathbb{R} \to \mathbb{C}$, die durch:

$$F(\omega) = \frac{1}{\sqrt{2\pi}} \int_{-\infty}^{\infty} f(t) \, e^{-i\omega t} \, dt$$

erklärt wird, heißt Fouriertransformierte von f. Die Abbildung $f(t) \longrightarrow \mathcal{F}(f(t))(\omega) = F(\omega)$, welche der Originalfunktion $f(t)$ die Bildfunktion $F(\omega)$ zuordnet, heißt Fouriertransformation.

Für die meisten Rechenregeln genügt die absolute Integrierbarkeit ebenfalls. Man kann sogar zur quadratischen Integrierbarkeit übergehen. Der Faktor vor der eigentlichen Integraltransformation ist nicht entscheidend für die Theorie. Die Faktoren eins bzw. $\dfrac{1}{2\pi}$ sind ebenfalls gebräuchlich. Man sieht leicht, dass die Fouriertransformierte beschränkt ist. Etwas schwieriger ist die Stetigkeit zu bekommen.

Stetigkeit der Fouriertransformierten:

Sei $f : \mathbb{R} \to \mathbb{C}$ auf $\mathbb{R}$ absolut integrierbar und besitze die Fouriertransformierte $F(\omega)$. Die Fouriertransformierte ist beschränkt und stetig auf $\mathbb{R}$. Ferner gilt:
$\lim\limits_{\omega \to -\infty} F(\omega) = \lim\limits_{\omega \to \infty} F(\omega) = 0.$

Die Beschränktheit sieht man sofort aus der Abschätzung:

$$|F(\omega)| \leq \frac{1}{\sqrt{2\pi}} \int\limits_{-\infty}^{\infty} |f(t)|\, dt\,.$$

Offensichtlich genügt hier die absolute Integrierbarkeit von f. Aber auch die weiteren Aussagen lassen sich daraus herleiten, wenn man Lebesque's Satz von der dominierten Konvergenz benutzt. Sei f_n eine Folge absolut integrierbarer Funktionen. Für fast alle $t \in \mathbb{R}$ gelte $\lim\limits_{n \to \infty} f_n(t) = f(t)$. Für alle n gelte $|f_n(t)| \leq g(t)$ mit einer absolut integrierbaren Funktion g. Dann ist die Grenzfunktion f ebenfalls absolut integrierbar und Integration und Grenzübergang dürfen vertauscht werden:

$$\lim\limits_{n \to \infty} \int\limits_{-\infty}^{\infty} f_n(t)\, dt = \int\limits_{-\infty}^{\infty} f(t)\, dt\,.$$

Mit diesem Satz und den Abschätzungen

$$|F(\omega + \Delta\omega) - F(\omega)| \leq \frac{1}{\sqrt{2\pi}} \int\limits_{-\infty}^{\infty} \left| e^{-i\Delta\omega t} - 1 \right| |f(t)|\, dt\,,$$

$$\left| e^{-i\Delta\omega t} - 1 \right| \leq 2\,,$$

folgt die Stetigkeit. Mit der Substitution $t = s + \dfrac{\pi}{\omega}$ und $e^{-\pi i} = -1$ berechnen wir:

$$\int\limits_{-\infty}^{\infty} f(t)\, e^{-i\omega t}\, dt = -\int\limits_{-\infty}^{\infty} f\left(s + \frac{\pi}{\omega}\right) e^{-i\omega s}\, ds$$

bzw.

$$2\int\limits_{-\infty}^{\infty} f(t)\, e^{-i\omega t}\, dt = \int\limits_{-\infty}^{\infty} \left(f(t) - f\left(t + \frac{\pi}{\omega}\right) \right) e^{-i\omega t}\, dt\,.$$

Hieraus folgt die Abschätzung:

$$|F(\omega)| = \frac{1}{2} \left| \int_{-\infty}^{\infty} \left(f(t) - f\left(t + \frac{\pi}{\omega}\right) \right) e^{-i\omega t} \, dt \right|$$

$$\leq \frac{1}{2} \int_{-\infty}^{\infty} \left| f(t) - f\left(t + \frac{\pi}{\omega}\right) \right| \, dt \, .$$

Nun benutzen wir den Satz, dass für absolut integrierbares f gilt:

$$\lim_{\Delta t \to 0} \int_{-\infty}^{\infty} |f(t + \Delta t) - f(t)| \, dt = 0$$

und bekommen das Abklingen der Fouriertransformierten im Unendlichen.

Das Riemannsche Lemma besagt für absolut integrierbare und T-periodische Funktionen, dass die Fourier-Koeffizienten Nullfogen bilden:

$$\lim_{j = \pm \infty} \int_{0}^{T} f(t) \, e^{-ij\frac{2\pi}{T} t} \, dt = 0$$

bzw.

$$\lim_{j = \infty} \int_{0}^{T} f(t) \, \cos\left(j \frac{2\pi}{T} t \right) \, dt = \lim_{j = \infty} \int_{0}^{T} f(t) \, \sin\left(j \frac{2\pi}{T} t \right) \, dt = 0 \, .$$

Wenn wir eine auf einem beliebigen Intervall absolut integrierbare Funktion f haben, können wir f auf ganz $\mathbb{R}$ fortsetzen, indem wir die Funktionswerte außerhalb des Intervalls gleich Null setzen. Das Verschwinden der Fouriertransformierten im Unendlichen liefert dann die folgende allgemeinere Version des Riemannschen Lemmas.

Allgemeine Form des Riemannschen Lemmas:

Ist $f : [a, b] \to \mathbb{C}$, $-\infty \leq a < b \leq \infty$, absolut integrierbar, dann gilt für alle $a \leq T_1 < T_2 \leq b$:

$$\lim_{\omega \to \pm \infty} \int_{T_1}^{T_2} f(t) \, e^{-i\omega t} \, dt = 0$$

bzw. $\lim\limits_{\omega \to \pm\infty} \int_{T_1}^{T_2} f(t) \, \cos(\omega t) \, dt = \lim\limits_{\omega \to \pm\infty} \int_{T_1}^{T_2} f(t) \, \sin(\omega t) \, dt = 0 \, .$

Durch Einschränkung des Grenzübergangs auf die Folge $\omega = j \dfrac{2\pi}{T}$ ergibt sich die spezielle Form.

Beispiel 3.1
Fouriertransformierte berechnen:

Wir berechnen die Fouriertransformierte folgender Funktionen

$$f(t) = e^{-a\,|t|}$$

und

$$f(t) = \begin{cases} e^{-a\,t} & , \quad t \geq 0, \\ 0 & , \quad t < 0, \end{cases}$$

mit einer Konstanten $a > 0$.

Im ersten Fall erhalten wir eine reellwertige Fouriertransformierte:

$$
\begin{aligned}
F(\omega) &= \frac{1}{\sqrt{2\pi}} \int\limits_{-\infty}^{\infty} e^{-a\,|t|}\, e^{-i\,\omega\,t}\, dt \\[2mm]
&= \frac{1}{\sqrt{2\pi}} \int\limits_{-\infty}^{0} e^{(a-i\,\omega)\,t}\, dt + \frac{1}{\sqrt{2\pi}} \int\limits_{0}^{\infty} e^{-(a+i\,\omega)\,t}\, dt \\[2mm]
&= \frac{1}{\sqrt{2\pi}} \left. \frac{e^{(a-i\,\omega)\,t}}{a-i\,\omega} \right|_{-\infty}^{0} - \frac{1}{\sqrt{2\pi}} \left. \frac{e^{-(a+i\,\omega)\,t}}{a+i\,\omega} \right|_{0}^{\infty} \\[2mm]
&= \frac{1}{\sqrt{2\pi}} \frac{1}{a-i\,\omega} + \frac{1}{\sqrt{2\pi}} \frac{1}{a+i\,\omega} \\[2mm]
&= \frac{\sqrt{2}}{\sqrt{\pi}} \frac{a}{a^2+\omega^2}.
\end{aligned}
$$

Im zweiten Fall ergibt sich die komplexwertige Fouriertransformierte:

$$
\begin{aligned}
F(\omega) &= \frac{1}{\sqrt{2\pi}} \int\limits_{-\infty}^{\infty} f(t)\, e^{-i\,\omega\,t}\, dt = \frac{1}{\sqrt{2\pi}} \int\limits_{0}^{\infty} e^{-(a+i\,\omega)\,t}\, dt \\[2mm]
&= \frac{1}{\sqrt{2\pi}} \left(-\frac{e^{-(a+i\,\omega)\,t}}{(a+i\,\omega)} \right) \Bigg|_{0}^{\infty} \\[2mm]
&= \frac{1}{\sqrt{2\pi}} \frac{1}{a+i\,\omega} \\[2mm]
&= \frac{1}{\sqrt{2\pi}} \frac{a}{a^2+\omega^2} - \frac{1}{\sqrt{2\pi}} \frac{i\,\omega}{a^2+\omega^2}.
\end{aligned}
$$

Man kann $f(t)$ auch mithilfe der Heavisideschen Sprungfunktion

$$u(t) = \begin{cases} 1 & , \quad t \geq 0, \\ 0 & , \quad t < 0. \end{cases}$$

schreiben:

$$f(t) = u(t)\, e^{-at}.$$

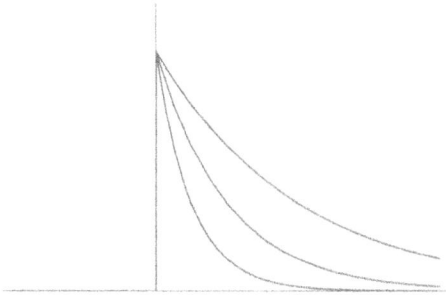

Bild 3.1: *Die Funktion*
$f(t) = u(t)\, e^{-at}$
für verschiedene Konstante a

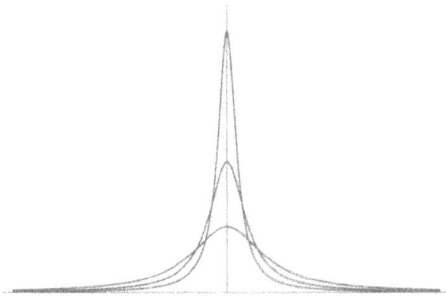

Bild 3.2: *Realteil der*
Fouriertransformierten der
Funktion $f(t) = u(t)\, e^{-at}$
für verschiedene Konstante a

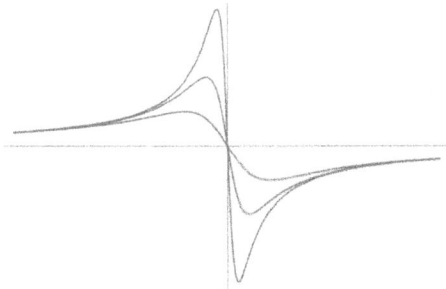

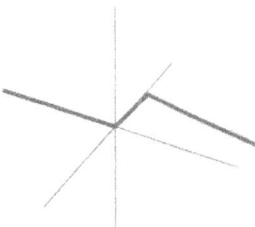

Bild 3.3: *Imaginärteil der*
Fouriertransformierten der
Funktion $f(t) = u(t)\, e^{-at}$
für verschiedene Konstante a

Bild 3.4: *Die Funktion $f(t) = u(t)\,e^{-a\,t}$ (links) und ihre Fouriertransformierte (rechts) für verschiedene Konstante a. Gezeichnet in $\mathbb{R} \times \mathbb{C}$.*

MAPLE: Man lädt das Paket inttrans und berechnet die Fouriertransformierte mit dem Befehl fourier. Neben der Funktion muss die Zeit- und die Frequenzvariable angegeben werden. Der Faktor $\dfrac{1}{\sqrt{2\pi}}$ muss hinzugefügt werden. Die Heavisidesche Sprungfunktion wird mit dem Befehl heaviside aufgerufen.

```
assume(a>0);

(1/(sqrt(2*Pi)))*int(exp(-a*abs(t))*exp(-omega*I*t),
t=-infinity..infinity);
```

$$\frac{\displaystyle\int_{-\infty}^{\infty} e^{(-a^{\sim}|t|)}\, e^{(-I\,\omega\,t)}\,dt}{\mathrm{Sqrt}(2\,\pi)} = \frac{\sqrt{2}\,a^{\sim}}{\sqrt{\pi}\,(\omega + I\,a^{\sim})(\omega - I\,a^{\sim})}$$

```
with(inttrans):

(1/(sqrt(2*Pi)))*fourier(exp(-a*abs(t)),t,omega);
```

$$\frac{\sqrt{2}\,a^{\sim}}{\sqrt{\pi}\,(a^{\sim 2} + \omega^2)}$$

```
(1/(sqrt(2*Pi)))*fourier(Heaviside(t)*exp(-a*t),t,omega);
```

$$\frac{1}{2}\,\frac{\sqrt{2}}{\sqrt{\pi}\,(a^{\sim} + I\,\omega)}$$

MATLAB: Die Funktion fourier berechnet wie Maple die Fouriertransformierte in symbolischer Form.

```
syms a t omega pi
1/sqrt(2*pi)*int(exp(-a*abs(t))*exp(-omega*i*t),t,-inf,inf)
Warning: Explicit integral could not be found.
```

```
ans =

1/2*2^(1/2)/pi^(1/2)*int(exp(-a*abs(t))*exp(-i*omega*t),
t = -inf .. inf)

latex(1/sqrt(2*pi)*(int(exp(a*t)*exp(-omega*i*t),t,-inf,0)+...
    int(exp(-a*t)*exp(-omega*i*t),t,0,inf)))
```

$$1/2\sqrt{2}\left(\lim_{t\to\infty}\frac{e^{-t(a-\sqrt{-1}\omega)}}{-a+\sqrt{-1}\omega}+\left(a-\sqrt{-1}\omega\right)^{-1}\right.$$
$$\left.+\lim_{t\to\infty}\frac{e^{-t(a+\sqrt{-1}\omega)}}{-a-\sqrt{-1}\omega}+\left(a+\sqrt{-1}\omega\right)^{-1}\right)\frac{1}{\sqrt{\pi}}$$

```
latex(1/sqrt(2*pi)*fourier(exp(-a*abs(t)), t, omega))
```

$$ans=1/2\frac{\sqrt{2}fourier(e^{-a|t|},t,\omega)}{\sqrt{\pi}}$$

Beispiel 3.2
Fouriertransformierte des Rechteckimpulses:

Wir berechnen die Fouriertransformierte des Rechteckimpulses

$$f(t)=\begin{cases}1&,|t|\le\frac{T}{2},\\[2mm]0&,\text{sonst},\end{cases}$$

Ausrechnen der Fouriertransformierten ergibt für $\omega=0$:

$$F(0)=\frac{T}{\sqrt{2\pi}}$$

und für $\omega\neq0$:

$$F(\omega)\quad=\quad\frac{1}{\sqrt{2\pi}}\int_{-\infty}^{\infty}f(t)\,e^{-i\omega t}\,dt=\frac{1}{\sqrt{2\pi}}\int_{-\frac{T}{2}}^{\frac{T}{2}}e^{-i\omega t}\,dt$$

$$=\quad\frac{\sqrt{2}}{\sqrt{\pi}\,\omega}\sin\left(\frac{\omega T}{2}\right).$$

Mit der Spaltfunktion (Shannon-Funktion):

$$\text{sinc}(t)=\begin{cases}\frac{\sin(t)}{t}&,\quad t\neq0,\\[2mm]1&,\quad t=0.\end{cases}$$

fassen wir zusammen:

$$F(\omega) = \frac{T}{\sqrt{2\pi}} \operatorname{sinc}\left(\frac{\omega T}{2}\right).$$

Mithilfe der Heavisideschen Sprungfunktion können wir den Rechteckimpuls auch schreiben als:

$$f(t) = u\left(t + \frac{T}{2}\right) - u\left(t - \frac{T}{2}\right).$$

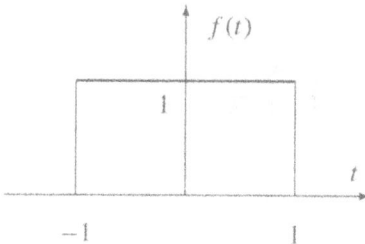

Bild 3.5: *Der Rechteckimpuls* $f(t)$, $T = 2$

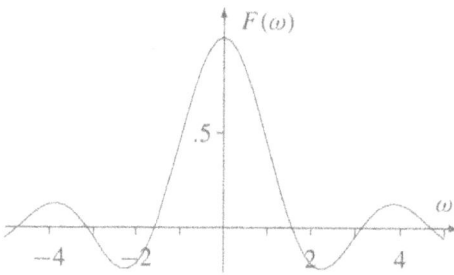

Bild 3.6: *Fouriertransformierte des Rechteckimpulses* $f(t)$, $T = 2$

MAPLE:

```
with(inttrans):
```

```
simplify((1/(sqrt(2*Pi)))
*fourier(Heaviside(t+T/2)-Heaviside(t-T/2),t,omega));
```

$$\frac{\sqrt{2}\sin(\frac{1}{2}T\,\omega)}{\sqrt{\pi}\,\omega}$$

Beispiel 3.3
Fouriertransformierte des Dreieckimpulses:

Wir berechnen die Fouriertransformierte des Dreieckimpulses:

$$f(t) = \begin{cases} 1 - \frac{|t|}{T} & , |t| \leq T, \\ 0 & , \text{sonst}. \end{cases}$$

Wir spalten das Fourierintegral in zwei Teile auf:

$$F(\omega) = \frac{1}{\sqrt{2\pi}} \int\limits_{-\infty}^{\infty} f(t)\, e^{-i\omega t}\, dt$$

$$= \frac{1}{\sqrt{2\pi}} \int\limits_{-T}^{0} \left(1+\frac{t}{T}\right) e^{-i\omega t}\, dt + \frac{1}{\sqrt{2\pi}} \int\limits_{0}^{T} \left(1-\frac{t}{T}\right) e^{-i\omega t}\, dt\,.$$

Wir benutzen für $a \neq 0$ die Stammfunktion: $\int t\, e^{at}\, dt = \dfrac{a\,t-1}{a^2}\, e^{at} + c$ und bekommen:

$$\int\limits_{-T}^{0} \left(1+\frac{t}{T}\right) e^{-i\omega t}\, dt = \frac{-e^{i\omega t}+\omega\, T\, i + 1}{\omega^2\, T}$$

sowie

$$\int\limits_{0}^{T} \left(1-\frac{t}{T}\right) e^{-i\omega t}\, dt = \frac{-e^{-i\omega t}-\omega\, T\, i + 1}{\omega^2\, T}\,.$$

Insgesamt ergibt sich:

$$F(\omega) = \frac{1}{\sqrt{2\pi}} \left(\frac{-e^{i\omega t}+\omega\, T\, i + 1}{\omega^2\, T} + \frac{-e^{-i\omega t}-\omega\, T\, i + 1}{\omega^2\, T}\right)$$

$$= \frac{\sqrt{2}}{\sqrt{\pi}}\, \frac{1-\cos(\omega\, T)}{\omega^2\, T}\,.$$

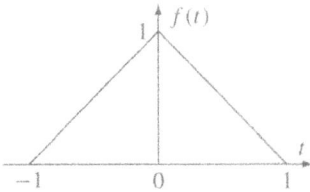

Bild 3.7: *Der Dreieckimpuls*
$f(t)$, $T=1$

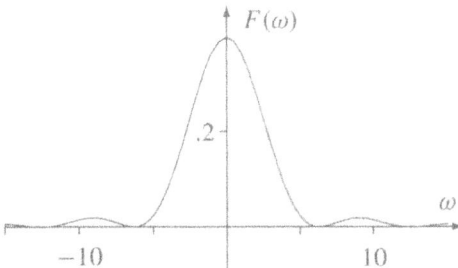

Bild 3.8: *Fouriertransformier-*
te des Dreieckimpulses $f(t)$,
$T=1$

Fouriertransformierte gerader und ungerader Funktionen lassen sich analog zu den Fourierreihen als Cosinus- bzw. Sinustransformation darstellen.

Cosinus- und Sinustransformation:

Die Funktion $f : \mathbb{R} \to \mathbb{C}$ sei stückweise glatt. Ist f gerade, $f(t) = -f(t)$, so gilt:

$$\mathcal{F}(f(t))(\omega) = \frac{\sqrt{2}}{\sqrt{\pi}} \int\limits_0^\infty f(t)\,\cos(\omega t)\,dt\,.$$

Ist f ungerade, $f(t) = -f(-t)$, so gilt:

$$\mathcal{F}(f(t))(\omega) = -\frac{\sqrt{2}\,i}{\sqrt{\pi}} \int\limits_0^\infty f(t)\,\sin(\omega t)\,dt\,.$$

Ist f gerade (ungerade), so ist die Fouriertransformierte ebenfalls gerade (ungerade). Ist f reellwertig und gerade, so ist die Fouriertransformierte ebenfalls reellwertig und gerade. Ist f reellwertig und ungerade, so nimmt die Fouriertransformierte rein imaginäre Werte an und ist ungerade.

Wir spalten das Fourierintegral auf und bekommen für gerades f:

$$
\begin{aligned}
\mathcal{F}(f(t))(\omega) \;&=\; \frac{1}{\sqrt{2\pi}} \int\limits_{-\infty}^\infty f(t)\,e^{-i\omega t}\,dt \\[2ex]
&=\; \frac{1}{\sqrt{2\pi}} \int\limits_0^\infty f(t)\,e^{-i\omega t}\,dt + \frac{1}{\sqrt{2\pi}} \int\limits_{-\infty}^0 f(t)\,e^{-i\omega t}\,dt \\[2ex]
&=\; \frac{1}{\sqrt{2\pi}} \int\limits_0^\infty f(t)\,e^{-i\omega t}\,dt + \frac{1}{\sqrt{2\pi}} \int\limits_0^\infty f(-t)\,e^{i\omega t}\,dt \\[2ex]
&=\; \frac{1}{\sqrt{2\pi}} \int\limits_0^\infty f(t)\,e^{-i\omega t}\,dt + \frac{1}{\sqrt{2\pi}} \int\limits_0^\infty f(t)\,e^{i\omega t}\,dt \\[2ex]
&=\; \frac{1}{\sqrt{2\pi}} \int\limits_0^\infty f(t)\left(e^{-i\omega t} + e^{i\omega t}\right)dt \\[2ex]
&=\; \frac{\sqrt{2}}{\sqrt{\pi}} \int\limits_0^\infty f(t)\,\cos(\omega t)\,dt
\end{aligned}
$$

Entsprechend bekommt man für ungerades f:

$$\mathcal{F}(f(t))(\omega) \;=\; \frac{1}{\sqrt{2\pi}} \int\limits_{-\infty}^{\infty} f(t)\, e^{-i\,\omega\,t}\, dt$$

$$=\; \frac{1}{\sqrt{2\pi}} \int\limits_{0}^{\infty} f(t)\, e^{-i\,\omega\,t}\, dt \;+\; \frac{1}{\sqrt{2\pi}} \int\limits_{-\infty}^{0} f(t)\, e^{-i\,\omega\,t}\, dt$$

$$=\; \frac{1}{\sqrt{2\pi}} \int\limits_{0}^{\infty} f(t)\, e^{-i\,\omega\,t}\, dt \;+\; \frac{1}{\sqrt{2\pi}} \int\limits_{0}^{\infty} f(-t)\, e^{i\,\omega\,t}\, dt$$

$$=\; \frac{1}{\sqrt{2\pi}} \int\limits_{0}^{\infty} f(t)\, e^{-i\,\omega\,t}\, dt \;-\; \frac{1}{\sqrt{2\pi}} \int\limits_{0}^{\infty} f(t)\, e^{i\,\omega\,t}\, dt$$

$$=\; \frac{1}{\sqrt{2\pi}} \int\limits_{0}^{\infty} f(t)\, \left(e^{-i\,\omega\,t} - e^{i\,\omega\,t} \right) dt$$

$$=\; -\frac{\sqrt{2}\,i}{\sqrt{\pi}} \int\limits_{0}^{\infty} f(t)\, \sin(\omega\,t)\, dt$$

Beispiel 3.4
Fouriertransformierte mit dem Cauchyschen Integralsatz berechnen:

Mithilfe des Cauchyschen Integralsatzes berechnen wir die Fouriertransformierte der Funktion

$$f(t) = e^{-\frac{t^2}{2}}$$

und bekommen:

$$\mathcal{F}(f(t))(\omega) = e^{-\frac{\omega^2}{2}}\,.$$

Wir integrieren dazu die Funktion $f(z) = e^{-\frac{z^2}{2}}$ über einen geschlossenen Weg in der komplexen Ebene:

$$\Gamma = \Gamma_1 + \Gamma_2 + \Gamma_3 + \Gamma_4\,,$$

mit den Wegstücken

$$\Gamma_1 : t \longrightarrow t, \quad -R \le t \le R\,,$$
$$\Gamma_2 : t \longrightarrow R + t\,i, \quad 0 \le t \le \omega\,,$$
$$\Gamma_3 : t \longrightarrow -t + i\,\omega, \quad -R \le t \le R\,,$$
$$\Gamma_4 : t \longrightarrow -R - t\,i, \quad 0 \le t \le \omega\,.$$

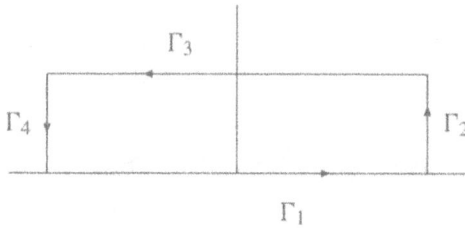

Γ_3

Γ_4 Γ_2

Γ_1

Bild 3.9: *Integrationsweg Γ bei der Integration der Funktion*

$$f(t) = e^{-\frac{t^2}{2}}$$

Nach dem Cauchyschen Integralsatz gilt:

$$\int_{\Gamma} f(z)\,dz = \int_{\Gamma_1} f(z)\,dz + \int_{\Gamma_2} f(z)\,dz + \int_{\Gamma_3} f(z)\,dz + \int_{\Gamma_4} f(z)\,dz = 0\,.$$

Für das Integral über Γ_1 ergibt sich:

$$\int_{\Gamma_1} f(z)\,dz = \int_{-R}^{R} e^{-\frac{t^2}{2}}\,dt$$

und im Grenzfall benutzen wir das Integral:

$$\int_{-\infty}^{\infty} e^{-\frac{t^2}{2}}\,dt = \sqrt{2}\,\sqrt{\pi}\,.$$

Das Integral über Γ_3 schreibt man als:

$$\int_{\Gamma_3} f(z)\,dz \;=\; -\int_{-R}^{R} e^{-\frac{(t+i\,\omega)^2}{2}}\,dt = -\int_{-R}^{R} e^{-\frac{t^2}{2}}\,e^{-\omega t\,i}\,e^{\frac{\omega^2}{2}}\,dt$$

$$=\; -e^{\frac{\omega^2}{2}}\int_{-R}^{R} e^{-\frac{t^2}{2}}\,e^{-\omega t\,i}\,dt\,.$$

Die Integrale über Γ_2 und Γ_4 formen wir zunächst um:

$$\int_{\Gamma_2} f(z)\,dz = \int_0^\omega e^{-\frac{(R+ti)^2}{2}}\,dt = \int_0^\omega e^{-\frac{R^2}{2}}\,e^{-Rti}\,e^{\frac{t^2}{2}}\,dt$$

$$= e^{-\frac{R^2}{2}} \int_0^\omega e^{-Rti}\,e^{\frac{t^2}{2}}\,dt \,,$$

$$\int_{\Gamma_4} f(z)\,dz = -\int_0^\omega e^{-\frac{(-R+ti)^2}{2}}\,dt = -\int_0^\omega e^{-\frac{R^2}{2}}\,e^{Rti}\,e^{\frac{t^2}{2}}\,dt$$

$$= -e^{-\frac{R^2}{2}} \int_0^\omega e^{Rti}\,e^{\frac{t^2}{2}}\,dt$$

und bekommen folgende Abschätzungen:

$$\left| \int_{\Gamma_2} f(z)\,dz \right| \le e^{-\frac{R^2}{2}} \int_0^\omega e^{\frac{t^2}{2}}\,dt \quad \text{und} \quad \left| \int_{\Gamma_4} f(z)\,dz \right| \le e^{-\frac{R^2}{2}} \int_0^\omega e^{\frac{t^2}{2}}\,dt \,.$$

Da R hierbei beliebig war, folgt: $\displaystyle \lim_{R\to\infty} \int_\Gamma f(z)\,dz = 0$

bzw. $\displaystyle \lim_{R\to\infty} \int_{-R}^{R} f(t)\,e^{-\omega t i}\,dt = \sqrt{2}\,\sqrt{\pi}\,e^{-\frac{\omega^2}{2}} \,.$

MAPLE:

```
with(inttrans):
(1/(sqrt(2*Pi)))*fourier(exp(-t^2/2),t,omega);
```

$$e^{(-1/2\,\omega^2)}$$

MATLAB:

```
syms t omega pi
latex(1/sqrt(2*pi)*fourier(exp(-t^2/2), t, omega))
```

$$e^{-1/2\,\omega^2}$$

Man kann aus einer auf $\mathbb{R}$ erklärten, nichtperiodischen Funktion stets durch Summation eine periodische Funktion herstellen.

Periodisierung einer Funktion:

Sei $f : \mathbb{R} \to \mathbb{C}$ auf $\mathbb{R}$ absolut integrierbar. Dann stellt die Reihe

$$f_T(t) = \sum_{n=-\infty}^{\infty} f(t + nT)$$

eine auf $\mathbb{R}$ absolut integrierbare, T-periodische Funktion dar.

Es gilt folgender Satz von B. Levi. Wenn die Funktionen $\phi_n(t)$ im Intervall $[\alpha, \beta]$ absolut integrierbar sind, und wenn gilt:

$$\sum_{n=-\infty}^{\infty} \int_{\alpha}^{\beta} |\phi_n(t)| \, dt < \infty,$$

dann konvergiert die Reihe $\displaystyle\sum_{n=-\infty}^{\infty} \phi_n(t)$ für fast alle $t \in \mathbb{R}$. Die Reihe stellt eine auf $\mathbb{R}$ absolut integrierbare Funktion dar und Integration und Summation dürfen vertauscht werden:

$$\sum_{n=-\infty}^{\infty} \int_{\alpha}^{\beta} \phi_n(t) \, dt = \int_{\alpha}^{\beta} \left(\sum_{j=-\infty}^{\infty} \phi_n(t) \right) dt \, .$$

Wendet man diesen Satz nun auf die Funktionen $\phi_n(t) = f(t + nT)$ an, so folgt:

$$\int_{-\infty}^{\infty} |f(t)| \, dt \ = \ \sum_{n=-\infty}^{\infty} \int_{nT}^{(n+1)T} |f(t)| \, dt = \sum_{n=-\infty}^{\infty} \int_{0}^{T} |f(t + nT)| \, dt$$

$$= \ \int_{0}^{T} \left(\sum_{n=-\infty}^{\infty} |f(t + nT)| \right) dt \geq \int_{0}^{T} |f_T(t)| \, dt \, .$$

Entwickelt man die Periodisierung in eine Fourierreihe, so erhält man einen Zusammenhang zwischen Abtastwerten der Funktion und Abtastwerten ihrer Fouriertransformierten.

Poissonsche Summenformel:

Sei f auf $\mathbb{R}$ absolut integrierbar und

$$\sum_{k=-\infty}^{\infty} \left| F\left(k\frac{2\pi}{T}\right) \right| < \infty .$$

mit $F(\omega) = \mathcal{F}(f(t))(\omega)$. Dann gilt für fast alle $t \in \mathbb{R}$ die Poissonsche Summenformel:

$$\sum_{n=-\infty}^{\infty} f(t+nT) = \frac{\sqrt{2\pi}}{T} \sum_{k=-\infty}^{\infty} F\left(k\frac{2\pi}{T}\right) e^{ik\frac{2\pi}{T}t} .$$

Ist f stetig und wird die gleichmäßige Konvergenz der Reihe $\displaystyle\sum_{n=-\infty}^{\infty} f(t+nT)$ vorausge-

setzt, so gilt die Poissonsche Summenformel für alle $t \in \mathbb{R}$, insbesondere für $t = 0$:

$$\sum_{n=-\infty}^{\infty} f(nT) = \frac{\sqrt{2\pi}}{T} \sum_{k=-\infty}^{\infty} F\left(k\frac{2\pi}{T}\right) .$$

Zum Nachweis der Summenformel teilen wir zunächst das Fourier-Integral in Teilintegrale über Intervalle der Länge T auf (und berücksichtigen den Satz von B. Levi):

$$
\begin{aligned}
F\left(k\frac{2\pi}{T}\right) &= \frac{1}{\sqrt{2\pi}} \int_{-\infty}^{\infty} f(t)\,e^{-ik\frac{2\pi}{T}t}\,dt \\[2mm]
&= \frac{1}{\sqrt{2\pi}} \sum_{n=-\infty}^{\infty} \int_{nT}^{(n+1)T} f(t)\,e^{-ik\frac{2\pi}{T}t}\,dt \\[2mm]
&= \frac{1}{\sqrt{2\pi}} \sum_{n=-\infty}^{\infty} \int_{0}^{T} f(t+nT)\,e^{-ik\frac{2\pi}{T}t}\,dt \\[2mm]
&= \frac{1}{\sqrt{2\pi}} \int_{0}^{T} \left(\sum_{n=-\infty}^{\infty} f(t+nT) \right) e^{-ik\frac{2\pi}{T}t}\,dt .
\end{aligned}
$$

Aus der Gleichung:

$$\frac{\sqrt{2\pi}}{T} F\left(k\frac{2\pi}{T}\right) = \frac{1}{T} \int_{0}^{T} \left(\sum_{n=-\infty}^{\infty} f(t+nT) \right) e^{-ik\frac{2\pi}{T}t}\,dt$$

folgt nun die Poissonsche Summenformel durch Entwickeln der T-periodischen Funktion

$$f_T(t) = \sum_{n=-\infty}^{\infty} f(t+nT)$$

in eine Fourierreihe. Unter den zusätzlichen Voraussetzungen stellt f_T sogar eine stetige Funktion dar, deren Fourierreihe absolut konvergiert und mit f_T überall übereinstimmt.
Die Fouriertransformation ist eine lineare Zuordnung.

Linearität der Fouriertransformation:

Sind $f, g : \mathbb{R} \to \mathbb{C}$ auf $\mathbb{R}$ absolut integrierbar, dann gilt für alle $a, b \in \mathbb{C}$:

$$\mathcal{F}(a\, f(t) + b\, g(t))(\omega) = a\, \mathcal{F}(f(t))(\omega) + b\, \mathcal{F}(g(t))(\omega).$$

Beispiel 3.5
Fouriertransformierte der zeitbegrenzten Cosinusfunktion:

Wir berechnen die Fouriertransformierte der zeitbegrenzten Cosinusfunktion:

$$f(t) = \begin{cases} \cos(\omega_0 t) & , |t| \le \frac{T}{2}, \\ 0 & , \text{sonst}. \end{cases}$$

Dazu betrachten wir die zeitbegrenzten Exponentialfunktionen:

$$f_\pm(t) = \begin{cases} e^{\pm i \omega_0 t} & , |t| \le \frac{T}{2}, \\ 0 & , \text{sonst}. \end{cases}$$

Ausrechnen der Fouriertransformierten der Exponentialfunktion ergibt:

$$\mathcal{F}(f_\pm(t))(\omega) = \frac{1}{\sqrt{2\pi}} \int_{-\infty}^{\infty} f_\pm(t)\, e^{-i\omega t}\, dt = \frac{1}{\sqrt{2\pi}} \int_{-\frac{T}{2}}^{\frac{T}{2}} e^{-i(\omega \mp \omega_0)t}\, dt$$

$$= \frac{T}{\sqrt{2\pi}} \operatorname{sinc}\left(\frac{(\omega \mp \omega_0)T}{2}\right).$$

Mit den Eulerschen Formeln erhalten wir $f_+(t) + f_-(t) = 2\, f(t)$ und somit:

$$F(\omega) = \frac{T}{2\sqrt{2\pi}} \left(\operatorname{sinc}\left(\frac{(\omega - \omega_0)T}{2}\right) + \operatorname{sinc}\left(\frac{(\omega + \omega_0)T}{2}\right) \right)$$

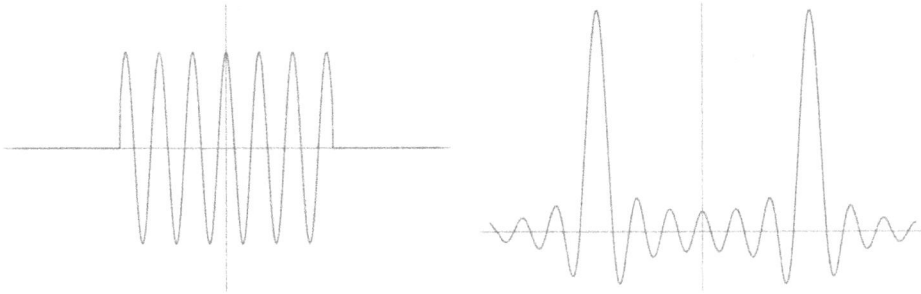

Bild 3.10: *Die zeitbegrenzte Cosinusfunktion, T = 2, (links), und ihre Fouriertransformierte (rechts)*

Die Fouriertransformierte ähnlicher Funktionen erhält man analog zu den Fourier-Koeffizienten ähnlicher Funktionen.

Ähnlichkeitssatz:

Für $\lambda \neq 0$ gilt: $\mathcal{F}(f(\lambda t))(\omega) = \dfrac{1}{|\lambda|} \mathcal{F}(f(t)) \left(\dfrac{\omega}{\lambda}\right)$.

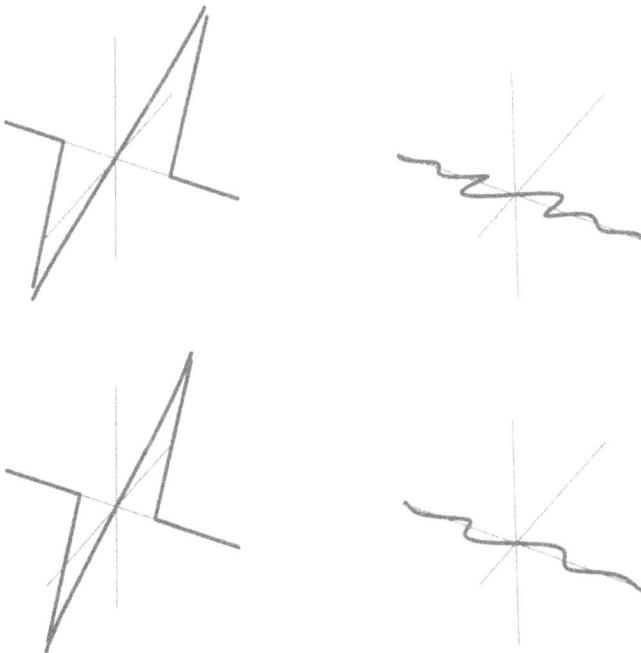

Bild 3.11: *Oberes Bild: Eine komplexwertige Funktion $f(t)$ (links) und ihre Fouriertransformierte (rechts). Unteres Bild: Die Funktion $f(\lambda t)$ mit $\lambda > 1$ (links) und ihre Fouriertransformierte (rechts).*

Beispiel 3.6
Konjugation und Ähnlichkeit bestätigen:

Wir bestätigen folgende Regeln:

$$\mathcal{F}(\overline{f(t)})(-\omega) = \overline{\mathcal{F}(f(t))(\omega)}$$

und (bei $\lambda \neq 0$)

$$\mathcal{F}(f(\lambda t))(\omega) = \frac{1}{|\lambda|}\,\mathcal{F}(f(t))\left(\frac{\omega}{\lambda}\right), \quad \lambda \neq 0.$$

Die Konjugation ergibt sich sofort aus der Überlegung:

$$\int\limits_{-\infty}^{\infty} \overline{f(t)}\,e^{i\,\omega t}\,dt = \int\limits_{-\infty}^{\infty} \overline{f(t)\,e^{-i\,\omega t}}\,dt = \overline{\int\limits_{-\infty}^{\infty} f(t)\,e^{-i\,\omega t}\,dt}.$$

Offenbar gilt für reellwertiges f:

$$\mathcal{F}(f(t))(-\omega) = \overline{\mathcal{F}(f(t))(\omega)},$$

sodass man die Fouriertransformierte für negative Frequenzen durch Konjugation erhält.

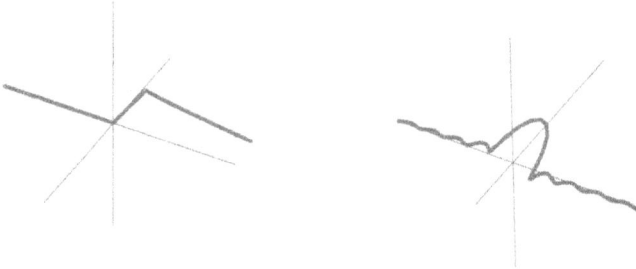

Bild 3.12: *Fouriertransformierte einer reellwertigen Funktion: Konjugation*

Mit einer einfachen Substitution bekommt man die Ähnlichkeit:

$$
\begin{aligned}
\mathcal{F}(f(\lambda t))(\omega) &= \frac{1}{\sqrt{2\pi}} \int\limits_{-\infty}^{\infty} f(\lambda t)\,e^{-i\,\omega t}\,dt \\
&= \frac{1}{|\lambda|}\,\frac{1}{\sqrt{2\pi}} \int\limits_{-\infty}^{\infty} f(\tau)\,e^{-i\,\frac{\omega}{\lambda}\tau}\,d\tau = \frac{1}{|\lambda|}\,\mathcal{F}(f(t))\left(\frac{\omega}{\lambda}\right).
\end{aligned}
$$

Anders als bei den Fourierreihen kann man im Zeit- und im Frequenzbereich eine Verschiebung vornehmen und bekommt unmittelbar:

Verschiebungssätze:

Sei $f : \mathbb{R} \to \mathbb{C}$ auf $\mathbb{R}$ absolut integrierbar, dann gilt für $a \in \mathbb{R}$:

$$\mathcal{F}(f(t+a))(\omega) = e^{i\,\omega\,a}\,\mathcal{F}(f(t))(\omega)$$

(Verschiebung im Zeitbereich) und

$$\mathcal{F}(e^{i\,a\,t}\,f(t))(\omega) = \mathcal{F}(f(t))(\omega - a)$$

(Verschiebung im Frequenzbereich).

Durch die Verschiebung im Zeitbereich bewirkt man eine Drehung des Graphen der Fouriertransformierten.

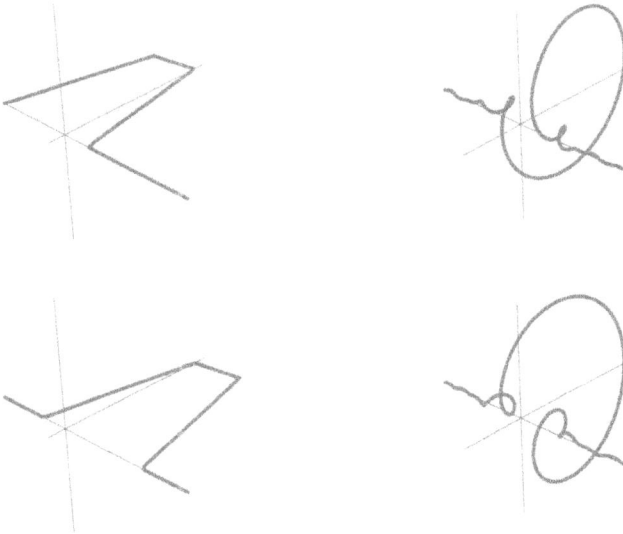

Bild 3.13: *Oberes Bild: Eine komplexwertige Funktion $f(t)$ (links) und ihre Fouriertransformierte (rechts). Unteres Bild: Die Funktion $f(t+a)$ (links) und ihre Fouriertransformierte (rechts).*

Beispiel 3.7
Linearität und Verschiebung im Frequenzbereich anwenden:

Wir berechnen die Fouriertransformierte von:

$$f(t) = \cos(\omega_0\,t)\,e^{-a\,|t|}, \quad a > 0, \quad \omega_0 \in \mathbb{R}.$$

Wir schreiben

$$f(t) = \frac{1}{2}\,e^{i\,\omega_0\,t}\,e^{-a\,|t|} + \frac{1}{2}\,e^{-i\,\omega_0\,t}\,e^{-a\,|t|}$$

und benutzen die Fouriertransformierte:

$$\mathcal{F}\left(e^{-a|t|}\right)(\omega) = \frac{1}{\pi}\frac{a}{a^2+\omega^2}\,.$$

Linearität und Verschiebung im Frequenzbereich ergeben:

$$\mathcal{F}\left(\cos(\omega_0 t)\,e^{-a|t|}\right)(\omega) = \frac{1}{2}\mathcal{F}\left(e^{i\omega_0 t}\,e^{-a|t|}\right)(\omega) + \frac{1}{2}\mathcal{F}\left(e^{-i\omega_0 t}\,e^{-a|t|}\right)(\omega)$$

$$= \frac{1}{\sqrt{2\pi}}\left(\frac{a}{a^2+(\omega-\omega_0)^2} + \frac{a}{a^2+(\omega+\omega_0)^2}\right)\,.$$

Beispiel 3.8
Linearität und Verschiebung im Zeitbereich anwenden:

Wir berechnen die Fouriertransformierte der Impulsfunktion:

$$f(t) = \begin{cases} 1 & ,0 \le t < \frac{1}{2}\,, \\ -1 & ,\frac{1}{2} \le t < 1\,, \\ 0 & ,\text{sonst}\,, \end{cases}$$

zunächst auf direktem Wege. Dann gehen wir von der Fouriertransformierten

$$G(\omega) = \frac{1}{\sqrt{2\pi}}\,\text{sinc}\left(\frac{\omega}{2}\right)$$

des Rechteckimpulses aus:

$$g(t) = \begin{cases} 1 & ,|t| \le \frac{T}{2}\,, \\ 0 & ,\text{sonst}\,, \end{cases}$$

und benützen Linearität, Ähnlichkeit und Verschiebung im Zeitbereich.
Es gilt (zunächst für $\omega \ne 0$):

$$F(\omega) \quad = \quad \frac{1}{\sqrt{2\pi}} \int\limits_{-\infty}^{\infty} f(t)\, e^{-i\omega t}\, dt$$

$$= \quad \frac{1}{\sqrt{2\pi}} \left(\int\limits_{0}^{\frac{1}{2}} e^{-i\omega t}\, dt - \int\limits_{\frac{1}{2}}^{1} e^{-i\omega t}\, dt \right)$$

$$= \quad \frac{1}{\sqrt{2\pi}} \frac{1}{-i\omega} \left(e^{-i\omega t} \Big|_{t=0}^{t=\frac{1}{2}} - e^{-i\omega t} \Big|_{t=\frac{1}{2}}^{t=1} \right)$$

$$= \quad \frac{i}{\sqrt{2\pi}} \frac{1}{\omega} \left(e^{-i\frac{\omega}{2}} - 1 - e^{-i\omega} + e^{-i\frac{\omega}{2}} \right)$$

$$= \quad \frac{i}{\sqrt{2\pi}} \frac{e^{-i\frac{\omega}{2}}}{\omega} \left(2 - e^{i\frac{\omega}{2}} - e^{-i\frac{\omega}{2}} \right)$$

$$= \quad \frac{i}{\sqrt{2\pi}} \frac{e^{-i\frac{\omega}{2}}}{\omega} \left(2 - 2\cos\left(\frac{\omega}{2}\right) \right)$$

$$= \quad \frac{i}{\sqrt{2\pi}} e^{-i\frac{\omega}{2}} \frac{\left(\sin\left(\frac{\omega}{4}\right)\right)^2}{\frac{\omega}{4}} .$$

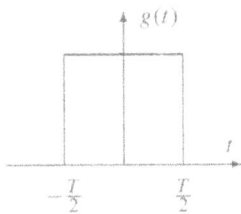

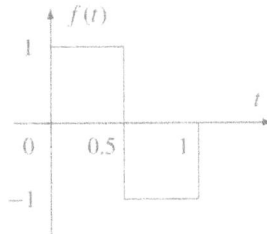

Bild 3.14: *Die Impulse* $g(t)$ *(links) und* $f(t)$ *(rechts)*

Wir schreiben:

$$f(t) = g\left(2\left(t - \frac{1}{4}\right)\right) - g\left(2\left(t - \frac{3}{4}\right)\right)$$

und bekommen:

$$
\begin{aligned}
\mathcal{F}(f(t))(\omega) &= \frac{1}{2}\mathcal{F}\left(g\left(t-\frac{1}{4}\right)\right)\left(\frac{\omega}{2}\right) - \frac{1}{2}\mathcal{F}\left(g\left(t-\frac{3}{4}\right)\right)\left(\frac{\omega}{2}\right) \\
&= \frac{1}{2}e^{-\frac{\omega}{4}i}\,\mathcal{F}(g(t))\left(\frac{\omega}{2}\right) - \frac{1}{2}e^{-\frac{3\omega}{4}i}\,\mathcal{F}(g(t))\left(\frac{\omega}{2}\right) \\
&= \frac{1}{2}e^{-\frac{\omega}{4}i}\,\frac{1}{\sqrt{2\pi}}\,\mathrm{sinc}\left(\frac{\omega}{4}\right) - \frac{1}{2}e^{-i\omega}\,\frac{1}{\sqrt{2\pi}}\,\mathrm{sinc}\left(\frac{\omega}{4}\right) \\
&= \frac{1}{4\pi}\,\mathrm{sinc}\left(\frac{\omega}{4}\right)e^{-i\frac{\omega}{2}}\left(e^{\frac{\omega}{4}i} - e^{\frac{\omega}{4}i}\right) \\
&= \frac{i}{\sqrt{2\pi}}\,e^{-i\frac{\omega}{2}}\,\mathrm{sinc}\left(\frac{\omega}{4}\right)\sin\left(\frac{\omega}{4}\right) \\
&= \frac{i}{\sqrt{2\pi}}\,e^{-i\frac{\omega}{2}}\,\frac{\left(\sin\left(\frac{\omega}{4}\right)\right)^2}{\frac{\omega}{4}}\,.
\end{aligned}
$$

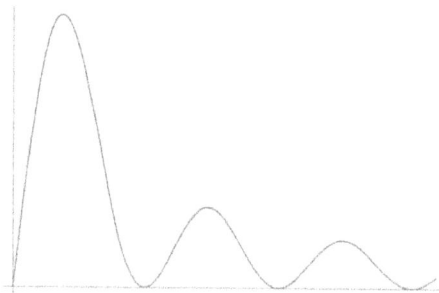

Bild 3.15: *Der Betrag der Fouriertransformierten des Impulses $f(t)$*

MAPLE:

```
with(inttrans);
g:=t->Heaviside(t+1/2)-Heaviside(t-1/2);
f:=t->g(2*(t-1/4))-g(2*(t-3/4));
```

$$
g := t \to \mathrm{Heaviside}(t + \frac{1}{2}) - \mathrm{Heaviside}(t - \frac{1}{2})
$$

$$
f := t \to g(2t - \frac{1}{2}) - g(2t - \frac{3}{2})
$$

```
simplify((1/sqrt(2*Pi))*fourier(f(t),t,omega));
```

$$
\frac{\frac{1}{2}I\sqrt{2}\,(-1 + 2\,e^{(-1/2\,I\,\omega)} - e^{(-I\,\omega)})}{\sqrt{\pi}\,\omega}
$$

Beispiel 3.9
Verschiebung im Frequenzbereich und Linearität anwenden:

Für die absolut integrierbare Funktion f gelte:

$$\mathcal{F}(f(t))(\omega) = F(\omega)\,.$$

Wir berechnen die Fouriertransformierte der Funktion $g(t) = \cos(\omega_0\, t)\, f(t)$ mit $k \in \mathbb{N}$.
Mit den Eulerschen Formeln schreiben wir:

$$g(t) = \frac{1}{2}\, e^{\omega_0\, t}\, f(t) + \frac{1}{2}\, e^{-\omega_0\, t}\, f(t)$$

und bekommen:

$$\mathcal{F}(g(t))(\omega) = \frac{1}{2}\, (F(\omega - \omega_0) + F(\omega + \omega_0))\,.$$

Die Differenziation im Zeitbereich bewirkt die Multiplikation mit dem Faktor $i\,\omega$ im Frequenzbereich.

Differenziation im Zeitbereich:

Sei $f : \mathbb{R} \to \mathbb{C}$ eine stetige, stückweise glatte Funktion, und es seien f und f' auf $\mathbb{R}$ absolut integrierbar. Dann gilt:

$$\mathcal{F}(f'(t))(\omega) = i\,\omega\,\mathcal{F}(f(t))(\omega)\,.$$

Sei $f : \mathbb{R} \to \mathbb{C}$ stückweise glatt und seien f, f' auf $\mathbb{R}$ absolut integrierbar. Die Funktion f besitze n Unstetigkeitsstellen $t_1, t_2, \ldots, t_n$ in $\mathbb{R}$. Dann gilt:

$$\begin{aligned}
\mathcal{F}(f'(t))(\omega) &= (i\,\omega)\,\mathcal{F}(f(t))(\omega) \\
&\quad - \frac{1}{\sqrt{2\,\pi}} \sum_{k=1}^{n} (f(t_k^+) - f(t_k^-))\, e^{-i\,\omega\, t_k}\,.
\end{aligned}$$

Wie bei den Fourierreihen sieht man dies durch partielle Integration. Mit wachsender Frequenz $\omega \to \pm\infty$ strebt die Fouriertransformierte einer stückweise glatten Funktion gegen Null. Ist die Funktion mehrmals differenzierbar (und die höchste Ableitung stückweise glatt), klingt die Fouriertransformierte schneller ab. Ist f k-mal differenzierbar und f^k stückweise glatt in $\mathbb{R}$, und seien $f, f', \ldots, f^{(k)}$ auf $\mathbb{R}$ absolut integrierbar. Dann existiert eine Konstante M mit

$$|\mathcal{F}(f(t))(\omega)| \le \frac{M}{|\omega|^{k+1}}\,.$$

Die Fouriertransformierte kann unter bestimmten Voraussetzungen differenziert werden. Differenziation im Frequenzbereich bewirkt Multiplikation mit dem Faktor $-i\,t$ im Zeitbereich.

Differenziation im Frequenzbereich:

Sei $f : \mathbb{R} \to \mathbb{C}$ auf $\mathbb{R}$ absolut integrierbar, und es existiere zusätzlich $\int_{-\infty}^{\infty} |t f(t)| dt$. Dann gilt:

$$\frac{d}{d\omega} \mathcal{F}(f(t))(\omega) = -i\, \mathcal{F}(t\, f(t))(\omega).$$

Man kann zunächst zeigen, dass für beliebiges $n \in \mathbb{N}$ gilt:

$$\lim_{\omega \to \omega_0} \int_{-n}^{n} f(t) \left(\frac{e^{-i\omega t} - e^{-i\omega_0 t}}{\omega - \omega_0} + i\, t\, e^{-i\omega_0 t} \right) dt = 0,$$

d. h.

$$\frac{d}{d\omega} \int_{-n}^{n} f(t)\, e^{-i\omega t} dt = -i \int_{-n}^{n} t\, f(t)\, e^{-i\omega t} dt.$$

Anschließend kann man den Grenzübergang $n \to \infty$ vollziehen:

$$\lim_{n \to \infty} \frac{d}{d\omega} \int_{-n}^{n} f(t)\, e^{-i\omega t} dt = -i \int_{-\infty}^{\infty} t\, f(t)\, e^{-i\omega t} dt.$$

Beispiel 3.10
Rücktransformation von Polen:

Sei

$$u(t) = \begin{cases} 1 & , \quad t \geq 0, \\ 0 & , \quad t < 0, \end{cases}$$

die Heavisidesche Sprungfunktion und $m \in \mathbb{N}_0$. Dann gilt für komplexe $c \neq 0$:

$$\mathcal{F}\left(\text{sign}(\Re(c))\, u(\text{sign}(\Re(c))\, t)\, \frac{\sqrt{2\pi}}{m!}\, t^m\, e^{-ict} \right)(\omega) = \frac{1}{(c + i\omega)^{m+1}}.$$

(Da die Frequenzen ω reell sind, besitzen diese Bildfunktionen natürlich keine Polstelle im Reellen. Lediglich bei $\Re(c) = 0$ läge eine reelle Polstelle vor. Dies ist aber bei einer Fouriertransformierten einer absolut integrierbaren Funktion nicht möglich.)
Für $a > 0$ berechnet man nach Definition:

$$\mathcal{F}\left(u(t)\, e^{-at} \right)(\omega) = \frac{1}{\sqrt{2\pi}}\, \frac{1}{a + i\omega}.$$

Durch Zeitumkehr erhalten wir:

$$\mathcal{F}\left(u(-t)\,e^{a\,t}\right)(\omega) = \frac{1}{\sqrt{2\,\pi}} \frac{1}{a - i\,\omega},$$

bzw.

$$\mathcal{F}\left(u(-t)\,e^{-(-a)\,t}\right)(\omega) = \frac{1}{\sqrt{2\,\pi}} \frac{1}{-(-a) - i\,\omega}.$$

Für $a < 0$ gilt somit:

$$\mathcal{F}\left(-u(-t)\,e^{-a\,t}\right)(\omega) = \frac{1}{\sqrt{2\,\pi}} \frac{1}{a + i\,\omega}.$$

Differenziation im Frequenzbereich liefert bei $a > 0$:

$$\mathcal{F}\left(u(t)\,t\,e^{-a\,t}\right)(\omega) = i\,\frac{d}{d\omega}\,\frac{1}{\sqrt{2\,\pi}}\,\frac{1}{a + i\,\omega} = \frac{1}{\sqrt{2\,\pi}}\,\frac{1}{(a + i\,\omega)^2}.$$

Setzt man das Verfahren fort, so erhält man:

$$\mathcal{F}\left(u(t)\,t^m\,e^{-a\,t}\right)(\omega) = \frac{m!}{\sqrt{2\,\pi}}\,\frac{1}{(a + i\,\omega)^{m+1}}.$$

Im Fall $\Re(c) > 0$ bekommen wir durch Verschiebung im Frequenzbereich:

$$\begin{aligned}
\mathcal{F}\left(u(t)\,t^m\,e^{-i\,c\,t}\right)(\omega) &= \mathcal{F}\left(e^{-i\,\Im(c)\,t}\,u(t)\,t^m\,e^{-\Re(c)\,t}\right)(\omega) \\
&= \frac{m!}{\sqrt{2\,\pi}}\,\frac{1}{(c + i\,\omega)^{m+1}}.
\end{aligned}$$

Bei $a < 0$ ergibt sich analog:

$$\mathcal{F}\left(-u(-t)\,t^m\,e^{-a\,t}\right)(\omega) = \frac{m!}{\sqrt{2\,\pi}}\,\frac{1}{(a + i\,\omega)^{m+1}}$$

und im Fall $\Re(c) < 0$ durch Verschiebung im Frequenzbereich:

$$\begin{aligned}
\mathcal{F}\left(-u(-t)\,t^m\,e^{-i\,c\,t}\right)(\omega) &= \mathcal{F}\left(-e^{-i\,\Im(c)\,t}\,u(-t)\,t^m\,e^{-\Re(c)\,t}\right)(\omega) \\
&= \frac{m!}{\sqrt{2\,\pi}}\,\frac{1}{(c + i\,\omega)^{m+1}}.
\end{aligned}$$

Der Fall $\Re(c) = 0$ muss mithilfe der Distributionentheorie behandelt werden.

MAPLE:

```
with(inttrans):
```

```
c:=4+9*I;
```

```
simplify(1/(sqrt(2*Pi))*fourier(Heaviside(t)*(sqrt(2*Pi)/4!)*t^4
*exp(-c*t),t,omega));
```

$$\frac{1}{(4+9I+I\omega)^5}$$

```
simplify(1/(sqrt(2*Pi))*fourier(-Heaviside(-t)*(sqrt(2*Pi)/4!)*t^4
*exp(-c*t),t,omega));
```

$$\frac{1}{(-4+9I+I\omega)^5}$$

Analog zur periodischen Faltung erklären wir die Faltung auf $\mathbb{R}$ absolut intergrierbarer Funktionen.

Faltung auf $\mathbb{R}$ absolut integrierbarer Funktionen:

Sind $f : \mathbb{R} \to \mathbb{C}$ und $g : \mathbb{R} \to \mathbb{C}$ auf $\mathbb{R}$ absolut integrierbar, so wird ihre Faltung durch:

$$(f * g)(t) = \frac{1}{\sqrt{2\pi}} \int_{-\infty}^{\infty} f(\tau)\, g(t-\tau)\, d\tau$$

dargestellt. Die Reihenfolge der Funktionen kann bei der Faltung vertauscht werden:

$$(f * g)(t) = (g * f)(t).$$

Die Faltung stellt eine auf $\mathbb{R}$ stetige und absolut integrierbare Funktion dar.

Beispiel 3.11
Faltung berechnen:

Gegeben seien die Funktionen:

$$f(t) = e^{-a\,|t|} \quad \text{und} \quad g(t) = \begin{cases} e^{-b\,t}, & t \geq 0, \\ 0 & t < 0. \end{cases}$$

mit $a > 0, b > 0, a \neq b$. Wir berechnen die Faltung $f * g$.
Wir unterscheiden die Fälle $t < 0$ und $t \geq 0$. Im ersten Fall gilt:

$$\int_{-\infty}^{\infty} f(\tau)\, g(t-\tau)\, d\tau = \int_{-\infty}^{t} e^{a\tau}\, e^{-b\,(t-\tau)}\, d\tau$$

$$= e^{-b\,t} \int_{-\infty}^{t} e^{(a+b)\,\tau}\, d\tau = e^{-b\,t}\, \frac{e^{(a+b)\,t}}{a+b}$$

$$= \frac{e^{a\,t}}{a+b}.$$

Im zweiten Fall gilt:

$$\int\limits_{-\infty}^{\infty} f(\tau)\,g(t-\tau)\,d\tau \;=\; \int\limits_{-\infty}^{0} e^{a\,\tau}\,e^{-b\,(t-\tau)}\,d\tau + \int\limits_{0}^{t} e^{-a\,\tau}\,e^{-b\,(t-\tau)}\,d\tau$$

$$=\; \frac{e^{-bt}}{a+b} + \frac{e^{-at}}{b-a} - \frac{e^{-bt}}{b-a}\,.$$

Insgesamt bekommt man die Faltung:

$$(f*g)(t) = \begin{cases} \dfrac{1}{\sqrt{2\pi}}\,\dfrac{e^{at}}{a+b}\,, & t<0\,,\\[3mm] \dfrac{1}{\sqrt{2\pi}}\left(\dfrac{e^{-at}}{b-a}+\dfrac{2\,a\,e^{-bt}}{a^2-b^2}\right) & t\geq 0\,. \end{cases}$$

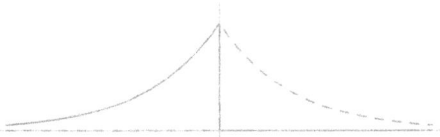

Bild 3.16: *Die Funktionen* $g(\tau)$ *(gestrichelt) und* $g(-\tau)$ *über der* τ*-Achse gezeichnet.*

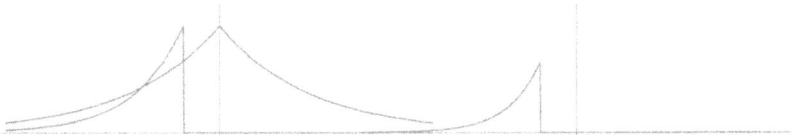

Bild 3.17: *Die Funktionen* $f(\tau)$, $g(t-\tau)$ *(links) und das Produkt* $f(\tau)\,g(t-\tau)$ *(rechts) für ein* $t<0$ *über der* τ*-Achse gezeichnet .*

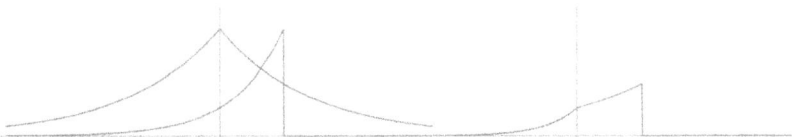

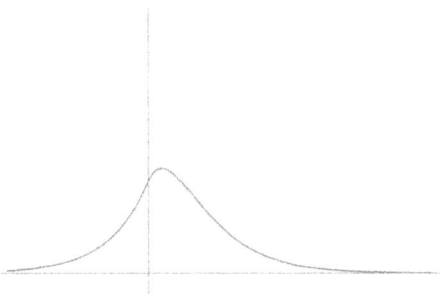

Bild 3.18: *Die Funktionen* $f(\tau)$, $g(t-\tau)$ *(links) und das Produkt* $f(\tau)\,g(t-\tau)$ *(rechts) für ein* $t>0$ *über der* τ*-Achse gezeichnet .*

Bild 3.19: *Die Faltung der Funktionen* f *und* g

Beispiel 3.12
Faltung zweier Rechteckimpulse, Faltung eines Dreieck- mit einem Rechteckimpuls:
Gegeben sei der Rechteckimpuls:

$$f(t) = \begin{cases} 1 & , |t| \leq \frac{1}{2}, \\ 0 & , \text{sonst}. \end{cases}$$

Wir berechnen die Faltungen $f * f$ sowie $f * f * f$.
Es gilt $f(-\tau) = f(\tau)$. Ist t negativ (positiv), so verschieben wir die Funktion $f(-\tau)$ um $|t|$
nach links (rechts) und erhalten $f(t - \tau)$. Wir unterscheiden vier Intervalle: $t \leq -1, -1 < t \leq$
$0, 0 \leq t < 1$ und $t \geq 1$. Im ersten und im vierten Intervall gilt für alle τ: $f(\tau) f(t - \tau) = 0$.
Im zweiten Intervall überschneiden sich die Rechteckimpulse $f(\tau)$ und $f(t - \tau)$ über dem
Intervall $-\frac{1}{2} \leq \tau \leq \frac{1}{2} + t$. Das Faltungsintegral ergibt (auch aus geometrischen Gründen):

$$\int\limits_{-\infty}^{\infty} f(\tau) g(t - \tau) \, d\tau = \int\limits_{-\frac{1}{2}}^{\frac{1}{2}+t} f(\tau) g(t - \tau) \, d\tau = 1 + t .$$

Im dritten Intervall überschneiden sich die Rechteckimpulse $f(\tau)$ und $f(t - \tau)$ über dem
Intervall $-\frac{1}{2} + t \leq \tau \leq \frac{1}{2}$. Das Faltungsintegral ergibt (auch aus geometrischen Gründen):

$$\int\limits_{-\infty}^{\infty} f(\tau) g(t - \tau) \, d\tau = \int\limits_{-\frac{1}{2}+t}^{\frac{1}{2}} f(\tau) g(t - \tau) \, d\tau = 1 - t .$$

Insgesamt bekommt man folgende Faltung:

$$(f * f)(t) = \begin{cases} \frac{1}{\sqrt{2\pi}} (1 + t) & , -1 < t \leq 0, \\ \frac{1}{\sqrt{2\pi}} (1 - t) & , 0 < t \leq 1, \\ 0 & , \text{sonst}. \end{cases}$$

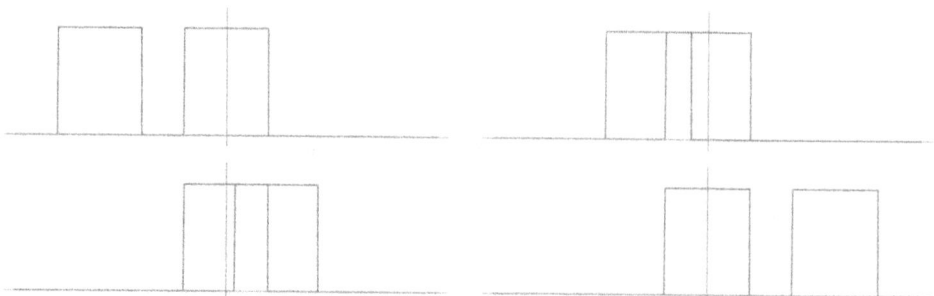

Bild 3.20: *Die Funktionen $f(\tau)$, $f(t - \tau)$ für verschiedene t über der τ-Achse gezeichnet.*

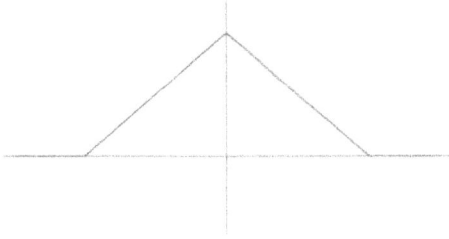

Bild 3.21: *Die Faltung $f * f$*

Wir benutzen die Faltung $f * f$ und bilden $f * f * f = (f * f) * f$:

$$(f * f * f)(t) \;=\; \frac{1}{2\pi} \int\limits_{-\infty}^{\infty} (f * f)(\tau)\, f(t - \tau)\, d\tau$$

$$= \begin{cases}
0 & ,\ t \leq -\tfrac{3}{2}, \\[2mm]
\frac{1}{2\pi} \int_{-1}^{t+\frac{1}{2}} (1 + \tau)\, d\tau & ,\ -\tfrac{3}{2} < t \leq -\tfrac{1}{2}, \\[2mm]
\frac{1}{2\pi} \left(\int_{t-\frac{1}{2}}^{0} (1 + \tau)\, d\tau + \int_{0}^{t+\frac{1}{2}} (1 - \tau)\, d\tau \right) & ,\ -\tfrac{1}{2} < t \leq 0, \\[2mm]
(f * f * f)(-t) & ,\ t > 0,
\end{cases}$$

$$= \begin{cases}
0 & ,\ t \leq -\tfrac{3}{2}, \\[2mm]
\frac{(2t+3)^2}{16\pi} & ,\ -\tfrac{3}{2} < t \leq -\tfrac{1}{2}, \\[2mm]
\frac{-4t^2+3}{8\pi} & ,\ -\tfrac{1}{2} < t \leq 0, \\[2mm]
(f * f * f)(-t) & ,\ t > 0.
\end{cases}$$

Bild 3.22: *Die Funktionen $(f * f)(\tau)$, $f(t - \tau)$ für verschiedene t über der τ-Achse gezeichnet.*

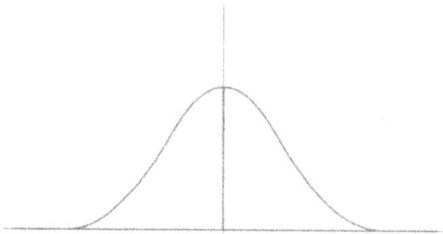

Faltungssatz:

Sind $f : \mathbb{R} \to \mathbb{C}$ und $g : \mathbb{R} \to \mathbb{C}$ auf $\mathbb{R}$ absolut integrierbar, so gilt:

$$\mathcal{F}((f * g)(t))(\omega) = \mathcal{F}(f(t))(\omega) \, \mathcal{F}(g(t))(\omega).$$

Beispiel 3.13
Faltungssatz anwenden:

Wir berechnen die Faltung $f * g$ des Rechteckimpulses

$$f(t) = \begin{cases} 1 & , 0 \le t \le 1, \\ 0 & , \text{sonst}, \end{cases}$$

mit der Funktion

$$g(t) = \begin{cases} t & , 0 \le t \le 1, \\ 0 & , \text{sonst}, \end{cases}$$

und geben die Fouriertransformierte der Faltung an.
Bei der Berechnung der Faltung unterscheiden wir vier Intervalle: $t \le 0, 0 < t \le 1, 1 < t \le 2$
und $t > 2$. Im ersten und im vierten Intervall liegt sowohl der Schnittpunkt der Funktionen
$\tilde{f}(\tau) = 1$ und $\tilde{g}(\tau) = t - \tau$ als auch der Schnittpunkt von $\tilde{g}(\tau) = t - \tau$ mit der τ-Achse
außerhalb des Intervalls $0 < \tau < 1$. Die Intervalle, in denen $f(\tau)$ und $g(t - \tau)$ beide nicht
verschwinden sind disjunkt. Das Faltungsintegral ergibt Null. Im zweiten Intervall liegt der
Schnittpunkt der Funktionen $\tilde{f}(\tau) = 1$ und $\tilde{g}(\tau) = t - \tau$ außerhalb des Intervalls $0 < \tau < 1$,
aber der Schnittpunkt von $\tilde{g}(\tau) = t - \tau$ mit der τ-Achse liegt bei $\tau = t$ innerhalb des Intervalls
$0 < \tau < 1$. Das Faltungsintegral ergibt:

$$\int_{-\infty}^{\infty} f(\tau) \, g(t - \tau) \, d\tau = \int_0^t (t - \tau) \, d\tau = \left(t\,\tau - \frac{\tau^2}{2} \right) \Bigg|_{\tau=0}^{\tau=t}$$

$$= \frac{t^2}{2}.$$

Im dritten Intervall liegt der Schnittpunkt der Funktionen $\tilde{f}(\tau) = 1$ und $\tilde{g}(\tau) = t - \tau$ bei $\tau = t - 1$ innerhalb des Intervalls $0 < \tau < 1$, aber der Schnittpunkt von $\tilde{f}(\tau) = 1$ und $\tilde{g}(\tau) = t - \tau$ liegt außerhalb des Intervalls $0 < \tau < 1$. Das Faltungsintegral ergibt:

$$\int_{-\infty}^{\infty} f(\tau) g(t - \tau) \, d\tau \;=\; \int_{t-1}^{1} (t - \tau) \, d\tau = \left(t\tau - \frac{\tau^2}{2} \right) \Bigg|_{\tau = t-1}^{\tau = 1} = t - \frac{t^2}{2}.$$

Insgesamt ergibt sich:

$$(f * g)(t) = \begin{cases} 0, & -\infty < t \leq 0, \\ \frac{1}{\sqrt{2\pi}} \frac{t^2}{2} & 0 < t \leq 1, \\ \frac{1}{\sqrt{2\pi}} \left(t - \frac{t^2}{2} \right) & 1 < t \leq 2, \\ 0, & 2 < t < \infty, \end{cases}$$

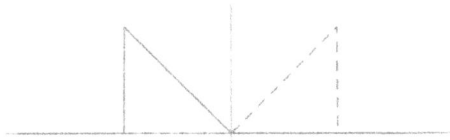

Bild 3.24: *Die Funktionen $g(\tau)$ (gestrichelt) und $g(-\tau)$ über der τ-Achse gezeichnet.*

Bild 3.25: *Die Funktionen $f(\tau)$, $g(t - \tau)$ für verschiedene t über der τ-Achse gezeichnet.*

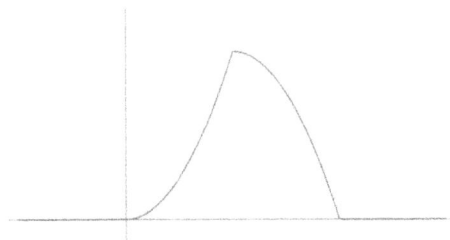

Bild 3.26: *Die Faltung der Funktionen f und g*

Mithilfe der Verschiebung im Zeitbereich bekommt man die Fouriertransformierte von f. Ist h ein Rechteckimpuls

$$h(t) = \begin{cases} 1 & , |t| \leq \frac{1}{2}, \\ 0 & , \text{sonst}, \end{cases}$$

mit der Fouriertransformierten

$$\mathcal{F}(h(t))(\omega) = \frac{1}{\sqrt{2\pi}} \operatorname{sinc}\left(\frac{\omega}{2}\right),$$

so besitzt $f(t) = h\left(t - \frac{1}{2}\right)$ die Fouriertransformierte

$$\mathcal{F}(f(t))(\omega) = \frac{1}{\sqrt{2\pi}} e^{-i\frac{\omega}{2}} \operatorname{sinc}\left(\frac{\omega}{2}\right).$$

Wir können die Hilfsfunktion h wieder mit der Heavisideschen Sprungfunktion schreiben als:

$$h(t) = u\left(t + \frac{1}{2}\right) + u\left(t - \frac{1}{2}\right).$$

Nach dem Differenziationssatz im Zeitbereich besteht zwischen den Fouriertransformierten von f und g folgende Beziehung:

$$\mathcal{F}(f(t)) = i\,\omega\,\mathcal{F}(g(t)) + \frac{1}{\sqrt{2\pi}} e^{-i\omega}.$$

Hieraus ergibt sich:

$$
\begin{aligned}
\mathcal{F}(g(t)) &= \frac{1}{i\,\omega}\left(\mathcal{F}(f(t)) - \frac{1}{\sqrt{2\pi}} e^{-i\omega}\right) \\
&= \frac{e^{-i\frac{\omega}{2}}}{\sqrt{2\pi}\,i\,\omega}\left(\operatorname{sinc}\left(\frac{\omega}{2}\right) - e^{-i\frac{\omega}{2}}\right).
\end{aligned}
$$

Die Fouriertransformierte der Faltung lautet dann:

$$\mathcal{F}((f * g)(t))(\omega) = -\frac{i}{2\pi} \operatorname{sinc}\left(\frac{\omega}{2}\right) \frac{e^{-i\omega}}{\omega}\left(\operatorname{sinc}\left(\frac{\omega}{2}\right) - e^{-i\frac{\omega}{2}}\right).$$

3.2 Das Fourier-Integraltheorem und Folgerungen

Wie bei den Fourierreihen stellt sich die Frage nach der Darstellung einer Funktion mithilfe ihrer Fouriertransformierten.

Das Fourier-Integraltheorem:

Sei $f : \mathbb{R} \to \mathbb{C}$ auf $\mathbb{R}$ absolut integrierbar, stückweise glatt und besitze die Fouriertransformierte:

$$F(\omega) = \frac{1}{\sqrt{2\pi}} \int_{-\infty}^{\infty} f(t)\, e^{-i\omega t}\, dt\,.$$

Dann gilt für alle $t \in \mathbb{R}$:

$$\frac{1}{2}\left(f(t^-) + f(t^+)\right) = \frac{1}{\sqrt{2\pi}} \lim_{R\to\infty} \int_{-R}^{R} F(\omega)\, e^{i\omega t}\, d\omega\,.$$

Ist f zusätzlich stetig, dann gilt:

$$f(t) = \frac{1}{\sqrt{2\pi}} \lim_{R\to\infty} \int_{-R}^{R} F(\omega)\, e^{i\omega t}\, d\omega\,.$$

Aus dem Fourier-Integraltheorem folgt sofort der Identitätssatz. Besitzen zwei Funktionen f und g mit sämtlichen obigen Eigenschaften dieselbe Fouriertransformierte

$$\mathcal{F}(f(t))(\omega) = \mathcal{F}(g(t))(\omega) \quad \text{(für alle } \omega\text{)},$$

so sind die Funktionen gleich: $f(t) = g(t)$ (für alle t). Der Beweis des Integraltheorems beruht auf dem Riemannschen Lemma und dem Integral:

$$\int_{0}^{\infty} \frac{\sin(Rs)}{s}\, ds = \frac{\pi}{2}\,.$$

Wir bemerken ausdrücklich, dass die Fouriertransformierte nicht absolut integrierbar sein muss. Der Grenzwert

$$\lim_{R\to\infty} \int_{-R}^{R} F(\omega)\, e^{i\omega t}\, d\omega$$

stellt in einem solchen Fall nicht das Fourierintegral auf der Frequenzachse dar. Nur im Fall absolut integrierbarer Funktionen $F(\omega)$ gilt

$$\lim_{R\to\infty} \int\limits_{-R}^{R} F(\omega)\, e^{i\,\omega\,t}\, d\omega = \int\limits_{-\infty}^{\infty} F(\omega)\, e^{i\,\omega\,t}\, d\omega\,.$$

Beispiel 3.14
Cosinus- und Sinus-Spektrum:

Die Funktion $f : \mathbb{R} \to \mathbb{C}$ auf $\mathbb{R}$ absolut integrierbar und stückweise glatt. Man bezeichnet:

$$a(\omega) = \frac{1}{\sqrt{2\pi}} \int\limits_{-\infty}^{\infty} f(t)\, \cos(\omega\, t)\, dt\,, \quad b(\omega) = \frac{1}{\sqrt{2\pi}} \int\limits_{-\infty}^{\infty} f(t)\, \sin(\omega\, t)\, dt\,,$$

als Cosinus- bzw. Sinus-Spektrum von f. Wir zeigen, dass eine stetige Funktion f analog zur Fourierreihe durch das Fourierintegral ersetzt werden darf:

$$f(t) = \frac{\sqrt{2}}{\sqrt{\pi}} \int\limits_{0}^{\infty} (a(\omega) \cos(\omega\, t) + b(\omega) \sin(\omega\, t))\, d\omega\,.$$

Es gilt zunächst:

$$\begin{aligned}
F(\omega) &= \frac{1}{\sqrt{2\pi}} \int\limits_{-\infty}^{\infty} f(t)\, e^{-i\,\omega\,t}\, dt \\[2mm]
&= \frac{1}{\sqrt{2\pi}} \int\limits_{-\infty}^{\infty} f(t)\, \cos(\omega\, t)\, dt - \frac{i}{\sqrt{2\pi}} \int\limits_{-\infty}^{\infty} f(t)\, \sin(\omega\, t)\, dt \\[2mm]
&= a(\omega) - i\, b(\omega)\,.
\end{aligned}$$

Mit dem Fourier-Integraltheorem folgt nun:

$$\begin{aligned}
f(t) &= \frac{1}{\sqrt{2\pi}} \lim_{R\to\infty} \int\limits_{-R}^{R} F(\omega)\, e^{i\,\omega\,t}\, d\omega \\[2mm]
&= \frac{1}{\sqrt{2\pi}} \lim_{R\to\infty} \int\limits_{-R}^{R} (a(\omega) - i\, b(\omega))\, e^{i\,\omega\,t}\, d\omega \\[2mm]
&= \frac{1}{\sqrt{2\pi}} \lim_{R\to\infty} \int\limits_{-R}^{R} (a(\omega) \cos(\omega\, t) + b(\omega) \sin(\omega\, t))\, dt \\[2mm]
&\quad + \frac{1}{\sqrt{2\pi}} \lim_{R\to\infty} \int\limits_{-R}^{R} (a(\omega) \sin(\omega\, t) - b(\omega) \cos(\omega\, t))\, dt
\end{aligned}$$

Das Cosinus-Spektrum ist stets eine gerade Funktion, und das Sinus-Spektrum ist stets eine ungerade Funktion. Hieraus ergeben sich die Beziehungen:

$$\lim_{R \to \infty} \int_{-R}^{R} a(\omega) \cos(\omega t) \, d\omega = 2 \lim_{R \to \infty} \int_{0}^{R} a(\omega) \cos(\omega t) \, d\omega,$$

$$\lim_{R \to \infty} \int_{-R}^{R} b(\omega) \cos(\omega t) \, d\omega = 0,$$

$$\lim_{R \to \infty} \int_{-R}^{R} a(\omega) \sin(\omega t) \, d\omega = 0,$$

$$\lim_{R \to \infty} \int_{-R}^{R} b(\omega) \sin(\omega t) \, d\omega = 2 \lim_{R \to \infty} \int_{0}^{R} b(\omega) \sin(\omega t) \, d\omega.$$

Unter Verwendung dieser Beziehungen bekommen wir sofort die Behauptung.

Beispiel 3.15
Gibbsches Phänomen:

Besitzt eine periodische Funktion eine Unstetigkeitsstelle, so ist eine gleichmäßige Approximation der Funktion durch die Fourierreihe nicht gegeben. In der Nähe der Unstetigkeit schwingt die Fourierreihe mit einem durch den Integralsinus gegebenen Maß über. Ein ähnliches Phänomen beobachtet man bei der inversen Fouriertransformation.
Wir nehmen an, $t_0 = 0$ sei eine Unstetigkeitsstelle von f. Die Funktion:

$$h(t) = f(t) - (f(0^+) - f(0^-)) \, u(t)$$

besitzt in $t_0 = 0$ den links- und den rechtsseitigen Grenzwert $f(0^-)$ und ist somit stetig. Wir spalten die Funktion $f(t)$ auf

$$f(t) = h(t) + (f(0^+) - f(0^-)) \, u(t)$$

und wenden das Fourier-Integraltheorem an. Wir schreiben zunächst mit $F(\omega) = \mathcal{F}(f(t))(\omega)$:

$$\int_{-R}^{R} F(\omega) \, e^{i \omega t} \, d\omega = \frac{\sqrt{2}}{\sqrt{\pi}} \int_{-\infty}^{\infty} f(\tau) \, \frac{\sin(R \, (t - \tau))}{t - \tau} \, d\tau$$

$$= \frac{\sqrt{2}}{\sqrt{\pi}} \int_{-\infty}^{\infty} h(\tau) \, \frac{\sin(R \, (t - \tau))}{t - \tau} \, d\tau$$

$$+ \frac{\sqrt{2}}{\sqrt{\pi}} \, (f(0^+) - f(0^-)) \int_{0}^{\infty} \frac{\sin(R \, (t - \tau))}{t - \tau} \, d\tau.$$

Beim Grenzübergang gilt für das erste Integral:

$$\lim_{R \to \infty} \frac{\sqrt{2}}{\sqrt{\pi}} \int_{-\infty}^{\infty} h(\tau) \frac{\sin(R\,(t - \tau))}{t - \tau}\, d\tau = \sqrt{2\pi}\, h(t)\,.$$

Das zweite Integral formen wir um:

$$\int_{0}^{\infty} \frac{\sin(R\,(t - \tau))}{t - \tau}\, d\tau \;=\; \int_{-\infty}^{R\,t} \frac{\sin(s)}{s}\, ds = \int_{-\infty}^{0} \frac{\sin(s)}{s}\, ds + \int_{0}^{R\,t} \frac{\sin(s)}{s}\, ds$$

$$=\; \frac{\pi}{2} + \mathrm{Si}(R\,t)\,.$$

Auf der positiven Halbachse besitzt der Integralsinus $\mathrm{Si}(t)$ ein absolutes Maximum bei $t = \pi$.

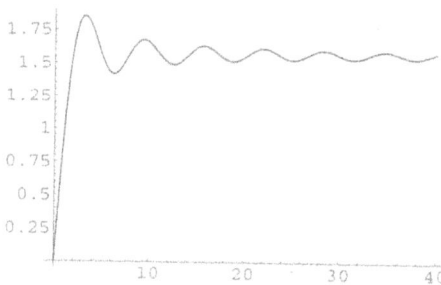

Bild 3.27: *Der Integralsinus*
Si(t)

Die Funktion $\mathrm{Si}(R\,t)$ besitzt dann bei $t = \dfrac{\pi}{R}$ ein absolutes Maximum. Somit gilt für alle $R > 0$:

$$\int_{0}^{\infty} \frac{\sin(R\,(t - \tau))}{t - \tau}\, d\tau \geq \frac{\pi}{2} + \mathrm{Si}(\pi)\,.$$

Insgesamt bekommen wir:

$$\frac{1}{\sqrt{2\pi}} \lim_{R \to \infty} \int_{-R}^{R} F(\omega)\, e^{i\,\omega\,t}\, d\omega \geq h(t) + \frac{1}{\pi}\,(f(0^{+}) - f(0^{-}))\,\mathrm{Si}(\pi)\,.$$

Analog zur Parseval-Plancherel-Gleichung bei Fourierreihen gilt folgende Beziehung zwischen den Integralen über das Quadrat einer Funktion bzw. ihrer Fouriertransformierten.

Parseval-Plancherel-Gleichung:

Seien $f, g : \mathbb{R} \to \mathbb{C}$ auf $\mathbb{R}$ stückweise glatt und absolut integrierbar. Dann gilt die Parseval-Plancherel-Gleichung:

$$\int\limits_{-\infty}^{\infty} \mathcal{F}(f(t))(\omega)\,\overline{\mathcal{F}(g(t))(\omega)}\,d\omega = \int\limits_{-\infty}^{\infty} f(t)\,\overline{g(t)}\,dt$$

und die Parseval-Gleichung:

$$\int\limits_{-\infty}^{\infty} |\mathcal{F}(f(t))(\omega)|^2\,d\omega = \int\limits_{-\infty}^{\infty} |f(t)|^2\,dt\,.$$

Zum Nachweis der Parseval-Plancherel-Gleichung betrachten wir die Faltung zweier auf $\mathbb{R}$ absolut integrierbarer Funktionen f und h:

$$(f * h)(t) = \frac{1}{\sqrt{2\pi}} \int\limits_{-\infty}^{\infty} f(\tau)\,h(t - \tau)\,d\tau\,.$$

Die Faltung ist eine stetige, auf $\mathbb{R}$ absolut integrierbare Funktion und nach dem Faltungssatz gilt:

$$\mathcal{F}((f * h)(t))(\omega) = \mathcal{F}(f(t))(\omega)\,\mathcal{F}(h(t))(\omega)\,.$$

Wenn f und h glatte Funktionen sind, dann ist auch die Faltung glatt, und wir können das Fourier-Integraltheorem anwenden:

$$\int\limits_{-\infty}^{\infty} \mathcal{F}(f(t))(\omega)\,\mathcal{F}(h(t))(\omega)\,e^{i\,\omega\,t}\,d\omega = \int\limits_{-\infty}^{\infty} f(\tau)\,h(t - \tau)\,d\tau\,.$$

Setzen wir $t = 0$, so bekommen wir folgende Gestalt der Parseval-Plancherel-Gleichung:

$$\int\limits_{-\infty}^{\infty} \mathcal{F}(f(t))(\omega)\,\mathcal{F}(h(t))(\omega)\,d\omega = \int\limits_{-\infty}^{\infty} f(\tau)\,h(-\tau)\,d\tau\,.$$

Setzen wir nun $h(t) = \overline{g(-t)}$ bzw. $h(-t) = \overline{g(t)}$, so folgt die Parseval-Plancherel-Gleichung wegen $\mathcal{F}(h(t))(\omega) = \overline{\mathcal{F}(g(t))(\omega)}$.

Das Fourier-Integraltheorem kann mit schwächeren Voraussetzungen bewiesen werden. Sind $f(t)$ und $\mathcal{F}(f(t))(\omega)$ absolut integrierbar, so gilt

$$f(t) = \frac{1}{\sqrt{2\pi}} \int\limits_{-\infty}^{\infty} \mathcal{F}(f(t))(\omega)\,e^{i\,\omega\,t}\,d\omega \quad \text{für fast alle} \quad t \in \mathbb{R}\,.$$

Hieraus ergibt sich folgender Identitätssatz. Ist $f(t)$ absolut integrierbar und

$$\mathcal{F}(f(t))(\omega) \equiv 0,$$

dann folgt $f(t) = 0$ für fast alle t. Als weitere Konsequenz des Integraltheorems ergibt sich die Gültigkeit der Parseval-Plancherel-Gleichung für absolut integrierbare Funktionen. Dem Raum der absolut-integrierbaren Funktionen fehlt eine gewisse Vollständigkeit, die im Raum der quadrat-integrierbaren Funktionen herrscht. Deshalb werden bei vielen Anwendungen quadrat-integrierbare Funktionen zugrunde gelegt. Auf der Basis der Quadrat-Integrierbarkeit einer Funktion kann man aber das Fourier-Integral noch nicht erklären. Man muss quadrat-integrierbare Funktionen durch eine Folge von Funktionen annähern, die sowohl absolut als auch quadrat-integrierbar sind. Über diesen Grenzprozess kann man dann auch die Fouriertransformation auf quadrat-integrierbare Funktionen ausdehnen. Die Parseval-Plancherel-Gleichung bleibt dabei bestehen.

Beispiel 3.16
Parseval-Gleichung zur Berechnung von Integralen heranziehen:

Mithilfe der Parseval-Gleichung und der Fouriertransformierten der Funktion $f(t) = e^{-a\,|t|}$, $a > 0$ zeigen wir:

$$\int_0^\infty \frac{a^2}{(a^2 + \omega^2)^2}\, d\omega = \frac{\pi}{4\,a}.$$

Das Integral über die Funktion $|f(t)|^2$ ergibt:

$$\int_{-\infty}^\infty |f(t)|^2\, dt = 2 \int_0^\infty e^{-2\,a\,t}\, dt = -2\left.\frac{e^{-2\,a\,t}}{2\,a}\right|_{t=0}^{t=\infty} = \frac{1}{a}.$$

Die Funktion $f(t)$ besitzt die Fouriertransformierte:

$$F(\omega) = \frac{\sqrt{2}}{\sqrt{\pi}} \frac{a}{a^2 + \omega^2}.$$

Nach der Parseval-Gleichung gilt dann:

$$\int_0^\infty \frac{a^2}{(a^2 + \omega^2)^2}\, d\omega = \frac{1}{2} \int_{-\infty}^\infty \frac{a^2}{(a^2 + \omega^2)^2}\, d\omega = \frac{\pi}{4\,a}.$$

MAPLE:

```
assume(a>0):

integrate(a^2/(a^2+omega^2)^2,omega=0..infinity);
```

$$\int\limits_0^\infty \frac{a^{-2}}{(a^{-2}+\omega^2)^2}\,d\omega = \frac{1}{4}\frac{\pi}{a^{-}}$$

MATLAB:
```
syms a  omega
latex(int(a^2/(a^2 + omega^2)^2,omega,0,inf))
```

$$1/4\,\frac{csgn(conjugate(a))\pi}{a}$$

Beispiel 3.17
Spektrale Leistungsdichte:

Die Parseval-Gleichung:

$$E = \int\limits_{-\infty}^\infty |f(t)|^2\,dt = \int\limits_{-\infty}^\infty |\mathcal{F}(f(t))(\omega)|^2\,d\omega$$

kann folgendermaßen interpretiert werden. Auf der linken Seite steht die Energie E des Signals $f(t)$. Die Funktion

$$PSD(\omega) = |\mathcal{F}(f(t))(\omega)|^2$$

beschreibt dann die Energieverteilung über der Frequenz und heißt deshalb spektrale Leistungsdichte (power spectrum density=psd) des (determinierten) Signals $f(t)$.

Beispiel 3.18
Das Wiener-Khintchine-Theorem:

Analog zur Faltung zweier absolut integrierbarer Funktionen definieren die Korrelation:

$$r_{fg}(t) = \int\limits_{-\infty}^\infty f(\tau)\,g(t+\tau)\,d\tau\,.$$

Die Korrelationsfunktion dient grob gesprochen der Erfassung von Abhängigkeiten von Signalen. Aus der einfachen Rechnung:

$$\int\limits_{-\infty}^\infty f(\tau)\,g(t+\tau)\,d\tau = \int\limits_{-\infty}^\infty f(-\tau)\,g(t-\tau)\,d\tau$$

entnimmt man mit $f_-(t) = f(-t)$ den Zusammenhang:

$$r_{fg}(t) = \sqrt{2\pi}\,(f_- * g)(t)\,.$$

Man spiegelt die Funktion f also an der y-Achse und faltet anschließend mit g. Die Korrelation ist deshalb im Gegensatz zur Faltung keine kommutative Operation:

$$r_{fg}(t) = \int\limits_{-\infty}^{\infty} f(\tau)\, g(t+\tau)\, d\tau = \int\limits_{-\infty}^{\infty} g(\tau)\, f(-t+\tau)\, d\tau = r_{gf}(-t)\,.$$

Nach der Parseval-Plancherel-Gleichung gilt nun:

$$r_{fg}(t) = \int\limits_{-\infty}^{\infty} \mathcal{F}(f(t))(\omega)\, \mathcal{F}(g(t))(-\omega)\, e^{-i\,\omega t}\, d\omega\,.$$

Für die Autokorrelation folgt zunächst:

$$r_{ff}(t) = \int\limits_{-\infty}^{\infty} \mathcal{F}(f(t))(\omega)\, \mathcal{F}(f(t))(-\omega)\, e^{-i\,\omega t}\, d\omega\,.$$

Schließlich ergibt sich mit $\overline{\mathcal{F}(f(t))(\omega)} = \mathcal{F}(f(t))(-\omega)$ bei reellwertigem f das Wiener-Khintchine-Theorem:

$$r_{ff}(t) = \int\limits_{-\infty}^{\infty} |\mathcal{F}(f(t))(\omega)|^2\, e^{i\,\omega t}\, d\omega\,.$$

Bei reellwertigen Signalen stellt die Autokorrelationsfunktion also bis auf den Faktor $\dfrac{1}{\sqrt{2\pi}}$ die inverse Fouriertransformierte der spektralen Leistungsdichte dar.

Beispiel 3.19
Orthogonalitätsrelation für die verschobenen Spaltfunktionen nachweisen:

Für die verschobenen Spaltfunktionen gilt folgende Orthogonalitätsrelation:

$$\int\limits_{-\infty}^{\infty} \operatorname{sinc}(t-k)\, \operatorname{sinc}(t-j)\, dt = \delta_{kj}\,.$$

Wir zeigen im Frequenzbereich:

$$\int\limits_{-\infty}^{\infty} \operatorname{sinc}(\omega-k)\, \operatorname{sinc}(\omega-j)\, d\omega = \delta_{kj}\,.$$

Der Rechteckimpuls $f(t) = \begin{cases} 1 & ,\ |t| \leq \pi\,, \\ 0 & ,\ \text{sonst}\,, \end{cases}$ besitzt als Fouriertransformierte gerade die Spaltfunktion:

$$\mathcal{F}(f(t))(\omega) = \sqrt{2\pi}\,\operatorname{sinc}(\omega) = \sqrt{2\pi}\,\frac{\sin(\omega)}{\omega}\,.$$

Durch Verschiebung im Frequenzbereich erhalten wir dann:

$$\mathcal{F}(e^{ikt}\,f(t))(\omega) = \sqrt{2\pi}\,\operatorname{sinc}(\omega - k)\,.$$

Die Parseval-Plancherel-Gleichung besagt:

$$\int_{-\infty}^{\infty} \mathcal{F}\left(e^{ikt}\,f(t)\right)(\omega)\,\overline{\mathcal{F}\left(e^{ijt}\,f(t)\right)(\omega)}\,d\omega = \int_{-\infty}^{\infty} e^{ikt}\,f(t)\,\overline{e^{ijt}\,f(t)}\,dt\,,$$

bzw.

$$\int_{-\infty}^{\infty} \operatorname{sinc}(\omega - k)\,\operatorname{sinc}(\omega - j)\,d\omega = \frac{1}{2\pi}\int_{-\pi}^{\pi} e^{(k-j)it}\,dt\,.$$

Für $k = j$ gilt:

$$\int_{-\pi}^{\pi} e^{i(k-j)t}\,dt = 2\pi$$

und $k \neq j$ gilt:

$$\int_{-\pi}^{\pi} e^{i(k-j)t}\,dt = \left.\frac{e^{i(k-j)t}}{(k-j)i}\right|_{t=-\pi}^{t=\pi} = 0\,.$$

Hieraus folgt die Behauptung.

Eine Funktion, deren Fouriertransformierte $F(\omega)$ außerhalb eines endlichen Frequenzbereichs verschwindet, nennt man bandbegrenzt. Das Theorem von Shannon besagt, dass man unter gewissen Bedingungen eine Funktion $f(t)$ aus den Abtastwerten an diskreten Stellen rekonstruieren kann. Eine wesentliche Rolle spielt dabei die Spalt- oder Shannonfunktion.

Abtasttheorem (Theorem von Shannon):

Sei $f : \mathbb{R} \to \mathbb{C}$ auf $\mathbb{R}$ absolut integrierbar, stetig, stückweise glatt, und es existiere $\int_{-\infty}^{\infty} |t f(t)|\,dt$. Ferner sei f bandbegrenzt:

$$F(\omega) = \mathcal{F}(f(t))(\omega) = 0\,, \quad |\omega| > \Omega_0 > 0\,.$$

Ist $\Omega \geq \Omega_0$, dann gilt für alle $t \in \mathbb{R}$:

$$f(t) = \sum_{j=-\infty}^{\infty} f\left(j\frac{\pi}{\Omega}\right)\operatorname{sinc}(\Omega t - j\pi)\,.$$

Der Beweis des Abtasttheorems besteht aus einer Kombination des Darstellungssatzes für Fourierreihen mit dem Fourierintegral-Theorem. Man kann das Abtasttheorem auch so interpretieren, dass eine bandbegrenzte Funktion durch eine Basis dargestellt wird, die aus verschobenen Spaltfunktionen besteht.

Beispiel 3.20
Band- und zeitbegrenzte Funktionen:

Eine wichtige Konsequenz aus dem Abtasttheorem ist die Tatsache, dass eine nichttriviale Funktion nicht zugleich bandbegrenzt und zeitbegrenzt sein kann. Nehmen wir an, die Funktion f sei bandbegrenzt. Dann gilt nach dem Abtasttheorem die Darstellung:

$$f(t) = \sum_{j=-\infty}^{\infty} f\left(j\frac{\pi}{\Omega}\right) \operatorname{sinc}(\Omega t - j\pi).$$

Wenn die Funktion f nun zusätzlich außerhalb eines endlichen Zeitintervalls verschwindet: $f(t) = 0$, $|t| > T_0 > 0$, dann bekommen wir aus dem Abtasttheorem eine endliche Summe:

$$f(t) = \sum_{j=-N}^{N} f\left(j\frac{\pi}{\Omega}\right) \operatorname{sinc}(\Omega t - j\pi), \quad N > \frac{\Omega}{\pi}.$$

Da die Spaltfunktion $\operatorname{sinc}(z)$ eine in der ganzen komplexen Ebene holomorphe Funktion darstellt, stellt $f(t)$ die Restriktion einer ganzen Funktion $f(z)$ auf die reelle Achse dar. Die Funktion $f(z)$ besitzt aber wegen der Zeitbegrenzung Nullstellen, die nicht isoliert sind. Damit muss f identisch verschwinden.
Wir bemerken noch, dass eine endliche Summe nicht ansolut integrierbar ist und schon deshalb im Widerspruch zu den Voraussetzungen des Abtasttheorems steht.

Ist f bandbegrenzt mit der Frequenz $\Omega_0 > 0$ dann gilt für alle $t \in \mathbb{R}$:

$$f(t) = \sum_{j=-\infty}^{\infty} f\left(j\frac{\pi}{\Omega_0}\right) \operatorname{sinc}(\Omega_0 t - j\pi).$$

Die Funktion darf höchstens mit der Periode $\frac{\pi}{\Omega_0}$ abgetastet werden. Anders ausgedrückt, die Abtastrate muss mindestens die Nyquist-Rate $\frac{\Omega_0}{\pi}$ betragen:

$$\frac{1}{T} \geq \frac{\Omega_0}{\pi} \quad \Longleftrightarrow \quad \frac{2\pi}{T} \geq 2\Omega_0.$$

Wenn $F(\omega)$ in eine Fourierreihe entwickelt wird, wird zunächst das Frequenzband $[-\Omega_0, \Omega_0]$ periodisch fortgesetzt. Nimmt man stattdessen ein größeres Band $[-\Omega, \Omega]$, so stellt die Fourierreihe immer noch $F(\omega)$ dar innerhalb $[-\Omega_0, \Omega_0]$. Wenn man bei der Fortsetzung ein zu kleines Band wählt, dann ist die Übereinstimmung der Fourierreihe mit der Fouriertransformierten nicht mehr gewährleistet, und es kommt zu Aliasing-Effekten. Durch die Reihe:

$$\sum_{j=-\infty}^{\infty} f\left(j\frac{\pi}{\Omega}\right) \operatorname{sinc}(\Omega t - j\pi)$$

wird nicht die Funktion f dargestellt.

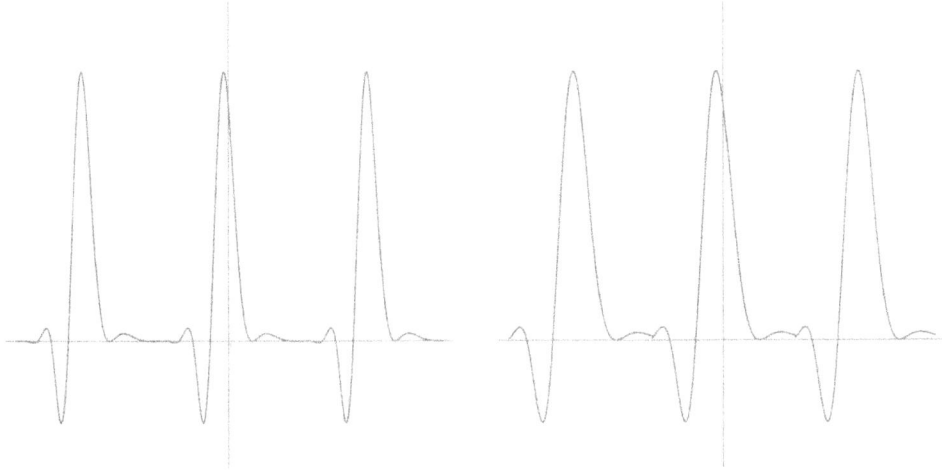

Bild 3.28: *Das Frequenzband $[-\Omega_0, \Omega_0]$ der Fouriertransformierten einer bandbegrenzten Funktion wird periodisch fortgesetzt (links). Das Frequenzband $[-\Omega, \Omega]$ wird zu klein gewählt (rechts).*

Beispiel 3.21
Undersampling und Aliasing:

Den Einfluss der unterdrückten Anteile des Spektrums beim Undersampling kann man so interpretieren: Die durch eine zu geringe Abtastrate erhaltenen Abtastwerte der Funktion f entsprechen den mit einer ausreichenden Rate abgetasteten Werten einer Funktion g. Dieses Phänomen wird Aliasing genannt.

Nach dem Fourierintegral-Theorem gilt für alle Zeiten:

$$f(t) = \frac{1}{\sqrt{2\pi}} \int_{-\Omega_0}^{-\Omega_0} F(\omega)\, e^{i\omega t}\, d\omega.$$

Wir betrachten nun Abtastzeiten $j\frac{\pi}{\Omega}$, $\Omega < \Omega_0$, deren Abtastrate unterhalb der Nyquist-Rate liegt. Für diese Zeiten gilt nun insbesondere:

$$f\left(j\frac{\pi}{\Omega}\right) = \frac{1}{\sqrt{2\pi}} \int_{-\Omega_0}^{-\Omega_0} F(\omega)\, e^{i\omega j \frac{\pi}{\Omega}}\, d\omega.$$

Nehmen wir weiter an, es sei: $\Omega < \Omega_0 < (2N+1)\Omega$, so können wir die Integration aufteilen:

$$f\left(j\,\frac{\pi}{\Omega}\right) \;=\; \frac{1}{\sqrt{2\,\pi}} \int\limits_{-(2\,N+1)\,\Omega}^{(2\,N+1)\,\Omega} F(\omega)\,e^{i\,\omega\,j\,\frac{\pi}{\Omega}}\,d\omega$$

$$=\; \frac{1}{\sqrt{2\,\pi}} \sum_{n=-N}^{N} \int\limits_{(2\,n-1)\,\Omega}^{(2n+1)\,\Omega} F(\omega)\,e^{i\,\omega\,j\,\frac{\pi}{\Omega}}\,d\omega\,.$$

Substituiert man $\omega \rightarrow \omega \pm 2\,n\,\Omega$ und berücksichtigt $e^{\pm i\,j\,n\,2\pi} = 1$, so folgt:

$$f\left(j\,\frac{\pi}{\Omega}\right) = \frac{1}{\sqrt{2\,\pi}} \int\limits_{-\Omega}^{\Omega} \sum_{n=-N}^{N} F(\omega + 2\,n\,\Omega)\,e^{i\,\omega\,j\,\frac{\pi}{\Omega}}\,d\omega\,.$$

Wenn wir die Funktion

$$G(\omega) = \begin{cases} \displaystyle\sum_{n=-N}^{N} F(\omega + 2\,n\,\Omega) & ,\ |\omega| \le \Omega\,, \\[2mm] 0 & ,\ \text{sonst}\,, \end{cases}$$

als Fouriertransformierte einer mit Ω bandbegrenzten Funktion $g(t)$ auffassen, so gilt:

$$f\left(j\,\frac{\pi}{\Omega}\right) = g\left(j\,\frac{\pi}{\Omega}\right)\,.$$

(Die Funktion g könnte wegen der Unstetigkeitsstellen bei $\pm\Omega$ nicht stückweise glatt sein).

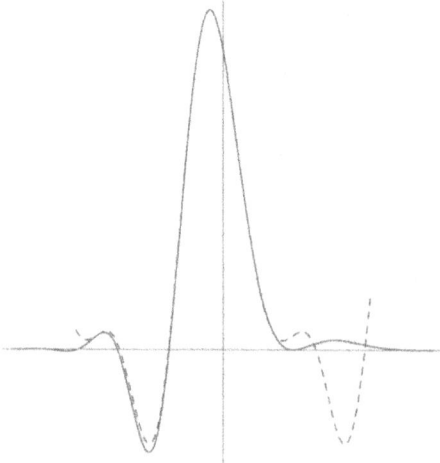

Bild 3.29: *Fouriertransformierte F(ω) einer bandbegrenzten Funktion und eine durch Aliasing entstandene Funktion*
$$\sum_{n=-N}^{N} F(\omega + 2\,n\,\Omega)$$
(gestrichelt).

Man kann die Darstellung der periodisierten Fouriertransformierten als Fourierreihe auch auf die Poissonsche Summenformel zurückführen.

Die Fourierreihe einer periodisierten Fouriertransformierten:

Sei f auf $\mathbb{R}$ absolut integrierbar, stetig mit:

$$\sum_{k=-\infty}^{\infty} \left| \mathcal{F}(f(t)) \left(k \frac{2\pi}{T} \right) \right| < \infty.$$

Die Reihe $\sum_{n=-\infty}^{\infty} f(t + nT)$ konvergiere gleichmäßig, dann folgt:

$$\sum_{k=-\infty}^{\infty} \mathcal{F}(f(t)) \left(\frac{\omega + 2\pi k}{T} \right) = \frac{T}{\sqrt{2\pi}} \sum_{n=-\infty}^{\infty} f(-nT) e^{in\omega}.$$

Die Poissonsche Summenformel für eine Funktion $f(t)$ besagt:

$$\sum_{n=-\infty}^{\infty} f(nT) = \frac{\sqrt{2\pi}}{T} \sum_{k=-\infty}^{\infty} \mathcal{F}(f(t)) \left(k \frac{2\pi}{T} \right).$$

Ersetzt man $f(t)$ durch $f(t) e^{-i\frac{\omega}{T}t}$ und berücksichtigt den Verschiebungssatz im Frequenzbereich, so folgt die Behauptung.
Sei nun $f(t)$ bandbegrenzt mit dem Frequenzband Ω:

$$F(\omega) = \mathcal{F}(f(t))(\omega) = 0 \quad \text{für} \quad |\omega| \geq \Omega,$$

so gilt:

$$F\left(\frac{\omega}{T}\right) = 0 \quad \text{für} \quad |\omega| \geq T\Omega.$$

Damit dieses Frequenzband innerhalb des Periodenintervalls $[-\pi, \pi]$ liegt, muss gelten:

$$\pi \geq T\Omega \quad \longleftrightarrow \quad \frac{\pi}{T} \geq \Omega.$$

Wenn wir also die Abtastrate mindestens so groß wie die Nyquist-Rate $\frac{\Omega}{\pi}$ wählen, wird die 2π-periodische Funktion $\sum_{k=-\infty}^{\infty} F\left(\frac{\omega + 2\pi k}{T}\right)$ durch die Fourierreihe dargestellt. Wird die Abtastrate kleiner als die Nyquist-Rate gewählt, entsteht ein Aliasing-Effekt. Im Periodenintervall $[-\pi, \pi]$ wird die 2π-periodische Funktion

$$\sum_{k=-\infty}^{\infty} F\left(\frac{\omega + 2\pi k}{T}\right)$$

nicht mehr dargestellt.

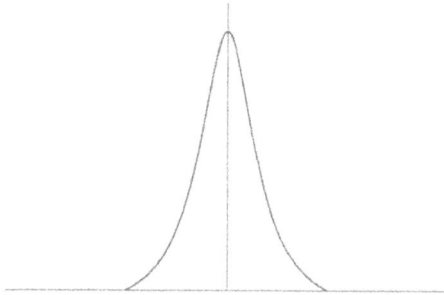

Bild 3.30: *Fouriertransformierte $F(\omega)$ mit Frequenzband $\Omega = W$*

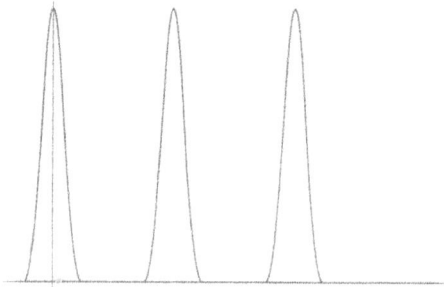

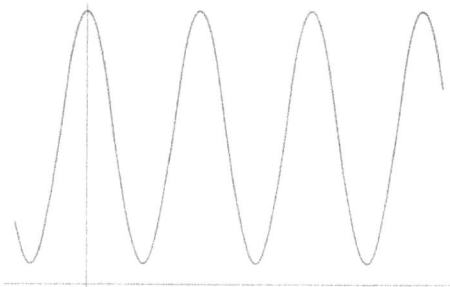

Bild 3.31: *Die 2π-periodische Funktion $\displaystyle\sum_{k=-\infty}^{\infty} F\left(\dfrac{\omega + 2\pi k}{T}\right)$ bei $\frac{2\pi}{T} \geq \Omega$ (links) und bei $\frac{2\pi}{T} < \Omega$ (rechts), Aliasing.*

4 Laplacetransformation

4.1 Eigenschaften der Laplacetransformation

Wie die Fouriertransformation stellt auch die Laplacetransformation eine Integraltransformation dar. Die Kernfunktion enthält bei der Laplacetransformation aber einen Dämpfungsfaktor.

Laplace-transformierbare Funktion:

Sei $f : [0, \infty) \longrightarrow \mathbb{C}$ stückweise glatt. Wenn das Laplace-Integral

$$L(s) = \int_0^\infty e^{-st} f(t)\, dt$$

für ein komplexes s konvergiert, bezeichnen wir f als Laplace-transformierbar.

Im Unterschied zur Fouriertransformierten, die für alle ω im (reellen) Frequenzbereich existiert, ist die Laplacetransformierte im Allgemeinen nur in Teilgebieten der komplexen Ebene erklärt. Genauer kann man Folgendes zeigen. Wenn das Laplace-Integral einer stückweise glatten Funktion für $s = s_0$ konvergiert, dann konvergiert es in der Halbebene $\Re(s) > \Re(s_0)$. Das Laplace-Integral kann für alle $s \in \mathbb{C}$, für kein $s \in \mathbb{C}$ konvergieren, oder es existiert das Infimum b aller reellen s, für die das Laplace-Integral konvergiert. Man bezeichnet dann die Halbebene $\Re(s) > b$ als Konvergenzhalbebene.

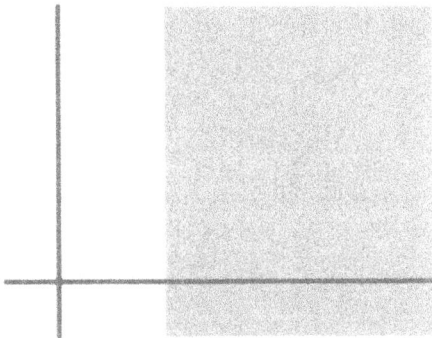

Bild 4.1: *Konvergenzhalbebene*

Bei der Laplacetransformation wird einer Originalfunktion $f(t)$ eine Bildfunktion $L(s)$ zugeordnet. Die s-Ebene heißt auch Bildbereich.

Laplacetransformation:

Die folgende Zuordnung heißt Laplacetransformation:

$$f(t) \longrightarrow \mathcal{L}(f(t))(s) = L(s).$$

Beispiel 4.1
Laplacetransformierte berechnen:

Wir berechnen die Laplacetransformierte der Funktion:

$$f(t) = 1, \quad t \geq 0.$$

Falls $s \neq 0$ ist, gilt:

$$\int_0^{t_0} e^{-st} dt = -\frac{1}{s} e^{-st} \Big|_0^{t_0} = -\frac{1}{s} e^{-s t_0} + \frac{1}{s}.$$

Genau dann gilt $\lim_{t_0 \to \infty} e^{-s t_0} = 0$, wenn $\Re(s) > 0$ ist. Andernfalls existiert der Grenzwert nicht. Damit bekommen wir:

$$L(s) = \frac{1}{s}, \quad \Re(s) > 0.$$

Man kann dies auch so sehen, dass wir die Heavisidesche Sprungfunktion der Laplacetransformation unterworfen haben.

MAPLE: Man lädt das Paket `inttrans` und berechnet die Laplacetransformierte mit dem Befehl `laplace`. Neben der Funktion muss die Zeit- und die Bildvariable angegeben werden.

```
with(inttrans):
laplace(1,t,s);
```

$$\frac{1}{s}$$

MATLAB: Die Funktion `laplace` berechnet die Laplacetransformierte in symbolischer Form. Als Standardnotation für die Zeitvariable gibt man t ein.

```
syms t;
latex(laplace(t.^0))
```

$$ans = s^{-1}$$

Beispiel 4.2
Laplacetransformierte berechnen:

Sei a eine beliebige komplexe Zahl. Wir berechnen die Laplacetransformierte der Exponentialfunktion

$$f(t) = e^{at}, \quad a \in \mathbb{C}.$$

Wir berechnen für $\mathfrak{R}(s) > \mathfrak{R}(a)$:

$$\int_0^\infty e^{-st} e^{at} \, dt \;=\; \int_0^\infty e^{-(s-a)t} \, dt = -\frac{1}{s-a} e^{-(s-a)t}\Big|_0^\infty$$

$$=\; \frac{1}{s-a}.$$

Somit gilt:

$$\mathcal{L}\left(e^{at}\right)(s) = \frac{1}{s-a}, \quad \mathfrak{R}(s) > \mathfrak{R}(a).$$

MAPLE:

```
with(inttrans):
laplace(exp(a*t),t,s);
```

$$\frac{1}{s-a}$$

MATLAB:

```
syms a t; latex(laplace(exp(a*t)))
```

$$ans = (s-a)^{-1}$$

Für Funktionen von exponentieller Ordnung kann man leicht eine Halbebene angeben, die in
der Konvergenzhalbebene enthalten ist.

Funktionen von exponentieller Ordnung:

Die stückweise glatte Funktion $f : [0, \infty) \longrightarrow \mathbb{C}$ heißt von exponentieller Ordnung b,
wenn es Konstanten $a > 0$ und $b \in \mathbb{R}$ gibt, sodass für alle $t \geq 0$ die Abschätzung gilt:

$$|f(t)| \leq a\, e^{bt}.$$

Für Funktionen exponentieller Ordnung existiert das Laplace-Integral für alle $s \in \mathbb{C}$ mit
$\mathfrak{R}(s) > b$. Ferner gilt: $\lim_{\mathfrak{R}(s) \to \infty} L(s) = 0$.

Sei $s = \sigma + i\,\omega$, dann gilt:

$$L(s) = \int\limits_0^\infty e^{-st}\, f(t)\, dt = \int\limits_0^\infty e^{-\sigma t}\, e^{-i\omega t}\, f(t)\, dt\,,$$

und wir bekommen die Abschätzung:

$$|L(s)| \le \int\limits_0^\infty e^{-\sigma t}\, |e^{-i\omega t}|\,|f(t)|\, dt \le a \int\limits_0^\infty e^{-\sigma t}\, e^{bt}\, dt\,.$$

Das letzte Integral existiert, falls $\sigma > b$ ist. Die Konvergenzhalbebene enthält somit die Halbebene $\Re(s) > b$. Für die Laplacetransformierte ergibt sich die Abschätzung

$$|L(s)| \le \frac{a}{\sigma - b}$$

und das Abklingverhalten für $\sigma \to \infty$.

Beispiel 4.3
Laplace-Integral berechnen:

Gegeben sei die Funktion: $f(t) = \sqrt{t}\,, \quad t > 0\,.$

Mit dem Integral: $\int\limits_0^\infty e^{-\sigma^2}\, d\sigma = \dfrac{\sqrt{\pi}}{2}$ zeigen wir:

$$L(s) = \frac{\sqrt{\pi}}{2\,s\,\sqrt{s}}\,, \quad \Re(s) > 0\,.$$

Die Funktion $f(t)$ ist von exponentieller Ordnung. Für reelles $s > 0$ bekommen wir zunächst:

$$\begin{aligned}
L(s) &= \int\limits_0^\infty e^{-st}\,\sqrt{t}\, dt = \frac{1}{s\,\sqrt{s}} \int\limits_0^\infty e^{-\tau}\,\sqrt{\tau}\, d\tau = \frac{1}{s\,\sqrt{s}} \int\limits_0^\infty 2\sigma\, e^{-\sigma^2}\, \sigma\, d\sigma \\[2mm]
&= -\frac{1}{s\,\sqrt{s}}\, e^{-\sigma^2} \Big|_{\sigma=0}^{\infty} + \frac{1}{s\,\sqrt{s}} \int\limits_0^\infty e^{-\sigma^2}\, d\sigma \\[2mm]
&= \frac{\sqrt{\pi}}{2\,s\,\sqrt{s}}\,.
\end{aligned}$$

Damit konvergiert das Laplace-Integral auch für alle $s \in \mathbb{C}$ mit $\Re(s) > 0$ und dieselbe Rechnung liefert die Behauptung. Für $s = 0$ gilt:

$$\int\limits_0^{t_0} \sqrt{t}\, dt = \frac{2}{3}\, t_0 \sqrt{t_0}\,.$$

Offenbar konvergiert das Laplace-Integral für $s = 0$ nicht. Damit stellt $\Re(s) > 0$ die Konvergenzhalbebene dar.

MAPLE:

```
with(inttrans):
laplace(sqrt(t),t,s);
```

$$\frac{1}{2} \frac{\sqrt{\pi}}{s^{(3/2)}}$$

MATLAB:

```
syms t; latex(laplace(sqrt(t)))
```

$$ans = 1/2 \frac{\sqrt{\pi}}{s^{3/2}}$$

Wir bezeichnen das Integral

$$L_2(s) = \int\limits_{-\infty}^{\infty} e^{-st}\, f(t)\, dt$$

als zweiseitiges Laplace-Integral. Das uneigentliche Integral

$$\int\limits_{-\infty}^{\infty} e^{-st}\, f(t)\, dt$$

konvergiert genau dann, wenn die beiden Integrale (jedes für sich) konvergieren:

$$\int\limits_{-\infty}^{0} e^{-st}\, f(t)\, dt \quad \text{und} \quad \int\limits_{0}^{\infty} e^{-st}\, f(t)\, dt\,.$$

Man könnte dabei auch einen beliebigen anderen Zwischenpunkt nehmen, es empfiehlt sich aber auf einseitige Laplace-Integrale hin zu arbeiten. Das Laplace-Integral

$$\int\limits_{0}^{\infty} e^{-st}\, f(t)\, dt$$

besitzt die Konvergenzhalbebene $\Re(s) > \underline{b}$. Wir fassen nun das erste Integral ebenfalls als Laplace-Integral auf:

$$\int\limits_{-\infty}^{0} e^{-st} f(t)\, dt = \int\limits_{0}^{\infty} e^{st} f(t)\, dt = \int\limits_{0}^{\infty} e^{-(-s)t} f(-t)\, dt\,.$$

Dieses Integral kann für alle $s \in \mathbb{C}$, für kein $s \in \mathbb{C}$ konvergieren, oder es existiert das Infimum $\overline{b}$ aller reellen $-s$, für welche dieses Laplace-Integral konvergiert. Man bekommt dann die Konvergenzhalbebene $\Re(-s) > \overline{b}$ bzw. $\Re(s) < -\overline{b}$. Nur in dem Fall $\underline{b} < -\overline{b}$ ergibt sich ein Streifen in der komplexen Ebene, in dem beide Integrale konvergieren und somit die zweiseitige Laplacetransformierte existiert.

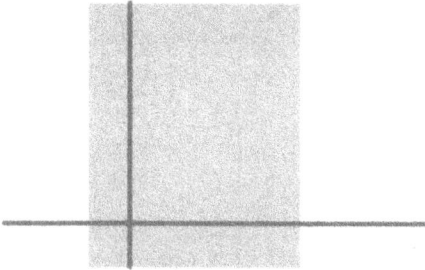

Bild 4.2: *Konvergenzstreifen bei der zweiseitigen Laplacetransformierten*

Für $f(t) = 1$ gilt:

$$\int\limits_{0}^{\infty} e^{-st}\, dt = \frac{1}{s}\,, \quad \Re(s) > 0\,,$$

und

$$\int\limits_{0}^{\infty} e^{-(-s)t}\, dt = -\frac{1}{s}\,, \quad \Re(-s) > 0\,.$$

Für $f(t) = t$ gilt:

$$\int\limits_{0}^{\infty} e^{-st} t\, dt = \frac{1}{s^2}\,, \quad \Re(s) > 0\,,$$

und

$$\int\limits_{0}^{\infty} e^{-(-s)t}\, (-t)\, dt = -\frac{1}{s^2}\,, \quad \Re(-s) > 0\,,$$

d.h. es gibt in beiden Fällen kein gemeinsames Konvergenzgebiet und keine zweiseitige Laplacetransformierte. Für $f(t) = e^{-|t|}$ gilt:

$$\int\limits_{0}^{\infty} e^{-st} e^{-|t|}\, dt = \frac{1}{s+1}\,, \quad \Re(s) > -1\,,$$

und

$$\int\limits_0^\infty e^{-(-s)\,t}\, e^{-|t|}\, dt = \frac{1}{-s+1}\,, \quad \Re(-s) > -1\,,$$

d.h. es gibt das gemeinsame Konvergenzgebiet $-1 < \Re(s) < 1$ und die zweiseitige Laplacetransformierte:

$$L_2(s) = \int\limits_{-\infty}^\infty e^{-s\,t}\, e^{-|t|}\, dt = \frac{1}{s+1} + \frac{1}{-s+1} = -\frac{2}{s^2-1}\,.$$

Zwischen der Laplace- und der Fouriertransformation besteht ein enger Zusammenhang. Man kann die Laplacetransformierte als Fouriertransformierte auffassen, wenn man den Realteil des Exponentialfaktors bei der Fouriertransformation als Bestandteil zur Funktion nimmt.

Zusammenhang zwischen der Laplace- und der Fouriertransformation:

Sei $f : [0, \infty) \to \mathbb{C}$ eine stückweise glatte Funktion von exponentieller Ordnung b. Für festes $\sigma > b$ erklären wir die Funktion:

$$f_\sigma(t) = \begin{cases} 0 & ,\ t < 0 \\ e^{-\sigma t} f(t) & ,\ t \geq 0. \end{cases}$$

Dann gilt für jedes $\sigma > b$:

$$\mathcal{L}(f(t))(\sigma + \omega i) = \sqrt{2\pi}\ \mathcal{F}(f_\sigma(t))(\omega)\,.$$

Zunächst überlegt man sich, dass f_σ auf $\mathbb{R}$ absolut integrierbar ist und schreibt die Laplacetransformierte:

$$\frac{1}{\sqrt{2\pi}}\, \mathcal{L}(f(t))(\sigma + \omega i) = \frac{1}{\sqrt{2\pi}} \int\limits_0^\infty e^{-(\sigma + \omega i)\,t}\, f(t)\, dt$$

$$= \frac{1}{\sqrt{2\pi}} \int\limits_{-\infty}^\infty f_\sigma(t)\, e^{-i\,\omega t}\, dt$$

Die Fouriertransformierte kann unter gewissen Voraussetzungen nach der Frequenz differenziert werden. Eine analoge Differenziationsformel gilt bei der Laplacetransformierten. Allerdings durchläuft die Bildvariable einen Teil der komplexen Ebene. Man kann zeigen, dass die Laplacetransformierte innerhalb der Konvergenzhalbebene komplex differenzierbar ist.

Differenziation im Bildbereich:

Sei f in $[0, \infty)$ stückweise glatt und von exponentieller Ordnung b. Dann ist die Laplacetransformierte $\mathcal{L}(t\, f(t))(s)$ in der Halbebene $\Re(s) > b$ komplex differenzierbar, und es gilt:

$$\frac{d}{ds}\mathcal{L}(f(t))(s) = -\mathcal{L}(t\, f(t))(s).$$

Beispiel 4.4

Laplacetransformierte berechnen, partielle Integration oder Differenziation im Bildbereich benutzen:

Man zeige durch vollständige Induktion:

$$\mathcal{L}(t^n)(s) = \frac{n!}{s^{n+1}}, \quad \Re(s) > 0, \quad n \in \mathbb{N}.$$

Für $n = 1$ transformieren wir $f(t) = t$:

$$
\begin{aligned}
\mathcal{L}(t)(s) &= \int_0^\infty e^{-st} t\, dt = \int_0^\infty t\, \frac{d}{dt}\left(-\frac{1}{s} e^{-st}\right) dt \\
&= t\left(-\frac{1}{s} e^{-st}\right)\Big|_0^\infty - \int_0^\infty \left(-\frac{1}{s} e^{-st}\right) dt \\
&= \frac{1}{s} \int_0^\infty e^{-st}\, dt = \frac{1}{s^2}.
\end{aligned}
$$

Nehmen wir nun an, die Behauptung sei für ein beliebiges n richtig. Partielle Integration ergibt:

$$
\begin{aligned}
\mathcal{L}(t^{n+1})(s) &= \int_0^\infty e^{-st} t^{n+1}\, dt = \int_0^\infty t^{n+1} \frac{d}{dt}\left(-\frac{1}{s} e^{-st}\right) dt \\
&= t^{n+1}\left(-\frac{1}{s} e^{-st}\right)\Big|_0^\infty - \int_0^\infty (n+1) t^n \left(-\frac{1}{s} e^{-st}\right) dt \\
&= \frac{n+1}{s} \int_0^\infty e^{-st} t^n\, dt = \frac{n+1}{s}\, \frac{n!}{s^{n+1}} \\
&= \frac{(n+1)!}{s^{n+2}}.
\end{aligned}
$$

Der Induktionsschritt kann auch mit dem Satz über die Differenziation im Bildbereich gemacht werden:

$$
\begin{aligned}
\mathcal{L}(t^{n+1})(s) &= \mathcal{L}(t\,t^n)(s) = -\frac{d}{ds}\mathcal{L}(t^n)(s) \\
&= -\frac{d}{ds}\frac{n!}{s^{n+1}} = \frac{(n+1)!}{s^{n+2}}\,.
\end{aligned}
$$

MAPLE:

```
with(inttrans):
assume(n>0);
laplace(t^n,t,s);
```

$$
s^{(-n^{\sim}-1)}\,\Gamma(n^{\sim}+1)
$$

MATLAB:

```
syms n  t; maple('assume(n>0)');
latex(laplace(t.^n))
```

$$
ans = \frac{\Gamma(\,{}^{\backprime}n\ {}^{\backprime})\,{}^{\backprime}n\ {}^{\backprime}}{s\,{}^{\backprime}n\ {}^{\backprime}s}
$$

Beispiel 4.5
Differenziation im Bildbereich anwenden:

Wir zeigen durch vollständige Induktion:

$$
\mathcal{L}(t^n\,e^{at})(s) = \frac{n!}{(s-a)^{n+1}}\,, \quad \Re(s) > \Re(a)\,, \quad n \geq 0\,.
$$

Für $n = 0$ ist bekannt:
$$
\mathcal{L}(e^{at})(s) = \frac{1}{s-a}\,, \quad \Re(s) > \Re(a)\,.
$$

Nehmen wir nun an, die Behauptung sei für ein beliebiges n richtig. Differenziation im Bildbereich ergibt:

$$
\begin{aligned}
\mathcal{L}(t^{n+1}\,e^{at})(s) &= \mathcal{L}(t\,t^n\,e^{at})(s) \\
&= -\frac{d}{ds}\mathcal{L}(t^n\,e^{at})(s) = -\frac{d}{ds}\frac{n!}{(s-a)^{n+1}} \\
&= \frac{(n+1)!}{(s-a)^{n+2}}\,.
\end{aligned}
$$

MAPLE:

```
with(inttrans):
assume(n>0);
laplace(t^n*exp(a*t),t,s);
```

$$\Gamma(n^{\sim} + 1)\,(s - a)^{(-n^{\sim}-1)}$$

MATLAB:

```
syms a  n  t; maple('assume(n>0)');
latex(laplace(t.^n*exp(a*t)))
```

$$ans = \frac{\Gamma(\text{'n '})\text{'n '}}{(s - a)^{\text{'n '}}(s - a)}$$

Mithilfe des Fourier-Integraltheorems kann man eine Funktion aus ihrer Laplacetransformierten rekonstruieren. Man bedient sich dabei des Zusammenhangs zwischen Fourier- und Laplacetransformierter.

Umkehrsatz der Laplacetransformation:

Die stückweise glatte Funktion $f : [0, \infty) \to \mathbb{C}$ sei von exponentieller Ordnung b und es sei $f(0) = 0$. Dann gilt für ein beliebiges $\sigma > b$:

$$\frac{1}{2\pi i} \lim_{R\to\infty} \int_{\sigma-Ri}^{\sigma+Ri} e^{st}\, L(s)\, ds = \begin{cases} \frac{1}{2}(f(t^-) + f(t^+)) & , \quad t > 0, \\ \frac{1}{2} f(0^+) & , \quad t = 0, \\ 0 & , \quad t < 0. \end{cases}$$

Besitzen zwei stetige, stückweise glatte Funktionen $f, g : [0, \infty) \to \mathbb{C}$ von exponentieller Ordnung b dieselbe Laplacetransformierte, so stimmen sie überein.

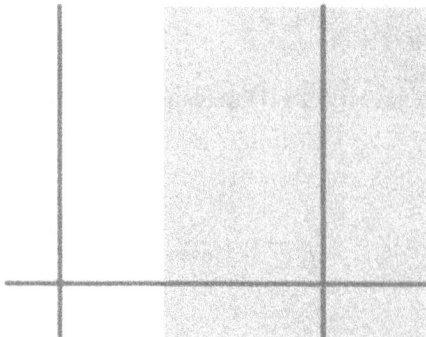

Die Rücktransformation mit der Umkehrformel ist wenig praktisch. Günstiger ist es, auf bekannte Korrespondenzen zurück zu greifen. Die Methode der Potenzreihenentwicklung beruht auf der gliedweisen Berechnung des Laplace-Integrals.

Rücktransformation durch Potenzreihenentwicklung:

Die Funktion $L(s)$ besitze die Laurententwicklung:

$$L(s) = \sum_{\nu=0}^{\infty} \frac{a_\nu}{s^{\nu+1}}, \quad |s| > R > 0.$$

Dann ist die Potenzreihe:

$$f(t) = \sum_{\nu=0}^{\infty} \frac{a_\nu}{\nu!} t^\nu$$

für alle $t \geq 0$ absolut konvergent. Die Rücktransformation kann gliedweise erfolgen:

$$\mathcal{L}(f(t))(s) = L(s), \quad \Re(s) > R.$$

Beispiel 4.6
Rücktransformation durch Potenzreihenentwicklung vornehmen:

Mit der Methode der Potenzreihenentwicklung ermitteln wir die Urbildfunktionen folgender Laplacetransformierter:

$$L(s) = \frac{1}{s-1}, \quad \text{und} \quad L(s) = \arctan\left(\frac{1}{s}\right), \quad \Re(s) > 1.$$

Die Funktion: $L(s) = \dfrac{1}{s-1}$ ist holomorph im Gebiet $|s| > 1$ und besitzt die Laurententwicklung:

$$
\begin{aligned}
L(s) &= \frac{1}{s} \frac{1}{1-\frac{1}{s}} \\
&= \frac{1}{s} \sum_{n=0}^{\infty} \left(\frac{1}{s}\right)^\nu \\
&= \sum_{\nu=0}^{\infty} \frac{1}{s^{\nu+1}}.
\end{aligned}
$$

Damit kann gliedweise transformiert werden:

$$\mathcal{L}\left(\sum_{v=0}^{\infty} \frac{t^v}{v!}\right)(s) = \mathcal{L}(e^t)(s) = L(s), \, \Re(s) > 1.$$

Die Funktion:

$$L(s) = \arctan\left(\frac{1}{s}\right)$$

besitzt die Laurententwicklung:

$$L(s) = \sum_{v=0}^{\infty} \frac{(-1)^v}{(2\,v+1)} \frac{1}{s^{2v+1}}, \quad |s| > 1,$$

die sich aus der Taylorentwicklung des Arcustangens ergibt:

$$\arctan(z) = \sum_{v=0}^{\infty} \frac{(-1)^v}{2\,v+1} z^{2v+1}, \quad |z| < 1,$$

Damit kann wieder gliedweise transformiert werden, und es gilt mit $\Re(s) > 1$:

$$\mathcal{L}\left(\frac{\sin t}{t}\right)(s) = \mathcal{L}\left(\sum_{v=0}^{\infty} \frac{(-1)^v}{(2\,v+1)!} t^{2v}\right)(s) = L(s),$$

4.2   Rechenregeln und Differenzialgleichungen

Analog zu den Rechenregeln für Fouriertransformierte gelten folgende Regeln für Laplace-transformierte.

> **Linearität der Laplacetransformation:**
>
> Seien f und g auf $[0, \infty]$ stückweise stetige Funktionen von exponentieller Ordnung b. Dann gilt für $\Re(s) > b$ und alle $\alpha, \beta \in \mathbb{C}$:
>
> $$\mathcal{L}(\alpha\, f(t) + \beta\, g(t))(s) = \alpha\, \mathcal{L}(f(t))(s) + \beta\, \mathcal{L}(g(t))(s).$$

Beispiel 4.7
Linearität der Laplacetransformation anwenden:

Wir zeigen für $\omega \in \mathbb{R}$ und $\Re(s) > 0$:

$$\mathcal{L}(\cos(\omega t))(s) = \frac{s}{s^2 + \omega^2}, \quad \mathcal{L}(\sin(\omega t))(s) = \frac{\omega}{s^2 + \omega^2},$$

und für $\omega \in \mathbb{R}$ und $\Re(s) > |\omega|$:

$$\mathcal{L}(\cosh(\omega t))(s) = \frac{s}{s^2 - \omega^2}, \quad \mathcal{L}(\sinh(\omega t))(s) = \frac{\omega}{s^2 - \omega^2}.$$

Mit der Exponentialdarstellung:

$$\cos(\omega t) = \frac{1}{2}\left(e^{\omega i t} + e^{-\omega i t}\right), \quad \sin(\omega t) = \frac{1}{2i}\left(e^{\omega i t} - e^{-\omega i t}\right),$$

und

$$\mathcal{L}\left(e^{a t}\right)(s) = \frac{1}{s - a}$$

folgt wegen der Linearität bei $\omega \in \mathbb{R}$ für $\Re(s) > 0$:

$$
\begin{aligned}
\mathcal{L}(\cos(\omega t))(s) &= \frac{1}{2}\left(\frac{1}{s - \omega i} + \frac{1}{s + \omega i}\right) \\
&= \frac{s}{s^2 + \omega^2},
\end{aligned}
$$

bzw.

$$
\begin{aligned}
\mathcal{L}(\sin(\omega t))(s) &= \frac{1}{2i}\left(\frac{1}{s - \omega i} - \frac{1}{s + \omega i}\right) \\
&= \frac{\omega}{s^2 + \omega^2}.
\end{aligned}
$$

Wegen der Einseitigkeit der Laplacetransformation kommen bei der Ähnlichkeit nur positive Streckungsfaktoren in Frage.

Ähnlichkeitssatz:

Sei f in $[0, \infty)$ stückweise glatt und von exponentieller Ordnung b. Dann gilt für $\lambda > 0$:

$$\mathcal{L}(f(\lambda t))(s) = \frac{1}{\lambda}\mathcal{L}(f(t))\left(\frac{s}{\lambda}\right), \quad \Re(s) > \lambda b.$$

Im Unterschied zur Fouriertransformation macht es bei der Verschiebung im Zeitbereich nur Sinn, nach rechts zu verschieben. Man kann sich dazu die Funktion durch die Nullfunktion auf die negative Zeitachse fortgesetzt denken.

Verschiebung im Zeitbereich:

Sei f in $[0, \infty)$ stückweise glatt und von exponentieller Ordnung b und $a > 0$. Dann besitzt die Funktion:

$$h(t) = u(t - a)\, f(t - a)$$

die Laplacetransformierte:

$$\mathcal{L}(h(t))(s) = e^{-a s}\, \mathcal{L}(f(t))(s), \quad \Re(s) > b.$$

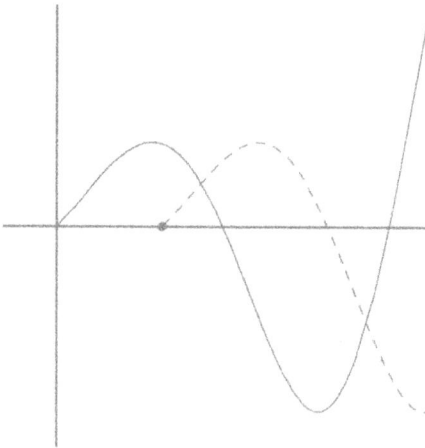

Bild 4.4: *Verschiebung im Zeitbereich*

Beispiel 4.8
Linearität und Verschiebungssatz anwenden:

Wir berechnen die Laplacetransformierte folgender Funktion:

$$f(t) = \begin{cases} \sin(t) & , 0 \le t \le 2\pi, \\ 0 & , \text{sonst}. \end{cases}$$

Der direkte Weg führt über partielle Integration

$$\mathcal{L}(f(t))(s) = \int_0^{2\pi} e^{-s t}\, \sin(t)\, dt = \frac{1 - e^{-2\pi s}}{s^2 + 1}, \quad \Re(s) > 0.$$

Berücksichtigen wir jedoch:

$$\mathcal{L}(h_1(t))(s) = \mathcal{L}(\sin(t))(s) = \frac{1}{s^2 + 1}, \quad \Re(s) > 0,$$

so ergibt Verschiebung im Zeitbereich:

$$\mathcal{L}(h_2(t))(s) = e^{-2\pi s}\frac{1}{s^2+1}\,,\quad \Re(s) > 0\,,$$

für die Funktion

$$h_2(t) = \begin{cases} 0 & ,\quad t < 2\pi\,, \\ f_1(t - 2\pi) & ,\quad t \ge 2\pi\,. \end{cases}$$

Aus der Beziehung

$$f(t) = h_1(t) - h_2(t)$$

folgt dann für $\Re(s) > 0$:

$$\mathcal{L}(f(t))(s) = \frac{1}{s^2+1} - e^{-2\pi s}\frac{1}{s^2+1} = \frac{1 - e^{-2\pi s}}{s^2+1}\,.$$

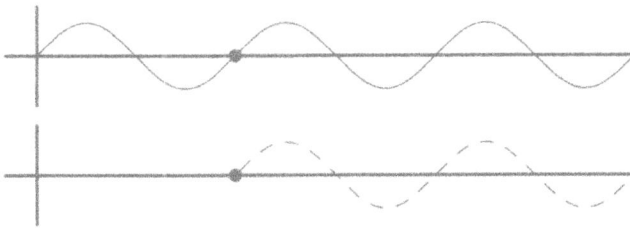

Bild 4.5: *Verschiebung der Sinusfunktion im Zeitbereich*

Die Verschiebung der s-Ebene um die komplexe Zahl a bewirkt die Multiplikation mit einem e-Faktor im Zeitbereich.

Verschiebung im Bildbereich:

Sei f in $[0, \infty)$ stückweise stetig und von exponentieller Ordnung b. Dann gilt:

$$\mathcal{L}\left(e^{at}f(t)\right)(s) = \mathcal{L}(f(t))(s - a)\,,\quad \Re(s) > b + \Re(a)\,.$$

Die Regel ergibt sich sofort aus:

$$\begin{aligned} \mathcal{L}\left(e^{at}f(t)\right)(s) &= \int_0^\infty e^{-st}e^{at}f(t)\,dt \\ &= \int_0^\infty e^{-(s-a)t}f(t)\,dt \\ &= \mathcal{L}(f(t))(s - a)\,. \end{aligned}$$

Beispiel 4.9

Rücktransformation gebrochen rationaler Funktionen durch Partialbruchzerlegung:

Mithilfe der Laplacetransformierten $\mathcal{L}(t^n\, e^{at})(s) = \dfrac{n!}{(s-a)^{n+1}}$ und Partialbruchzerlegung bestimmen wir die Originalfunktion folgender Bildfunktionen:

$$L(s) = \frac{1}{s^2+1} \quad \text{und} \quad L(s) = \frac{2s}{s^2+2s+5}\,.$$

Mit der Partialbruchzerlegung:

$$L(s) = \frac{1}{s^2+1} = \frac{i}{2}\frac{1}{s+i} - \frac{i}{2}\frac{1}{s-i}\,, \quad \Re(s) > 0\,,$$

ergibt sich die Originalfunktion:

$$f(t) = \frac{i}{2}\,e^{-it} - \frac{i}{2}\,e^{it} = \sin(t)\,.$$

Mit der Partialbruchzerlegung:

$$L(s) = \frac{1+\frac{1}{2}i}{s-(-1+2i)} + \frac{1-\frac{1}{2}i}{s-(-1-2i)}\,, \quad \Re(s) > -1\,,$$

ergibt sich die Originalfunktion:

$$
\begin{aligned}
f(t) &= \left(1-\frac{1}{2}i\right)e^{(-1-2i)t} + \left(1+\frac{1}{2}i\right)e^{(-1+2i)t}\\
&= e^{-t}\,e^{2it} - \frac{1}{2}i\,e^{-t}\,e^{2it} + e^{-t}\,e^{-2it} + \frac{1}{2}i\,e^{-t}\,e^{-2it}\\
&= e^{-t}\left(2\cos(2t) - \sin(2t)\right)\,.
\end{aligned}
$$

MAPLE: Man lädt das Paket `inttrans` und berechnet die Laplacetransformierte mit dem Befehl `invlaplace`. Neben der Funktion muss die Bild- und die Zeitvariable angegeben werden.

```
invlaplace((2*s)/(s^2+2*s+5),s,t);
```

$$2\,e^{(-t)}\cos(2t) - e^{(-t)}\sin(2t)$$

MATLAB: Mit dem Befehl `ilaplace` wird die Laplacetransformierte in symbolischer Form invertiert. Als Standardnotation für die Bildvariable gibt man s ein.

```
syms s; latex(ilaplace((2*s)/(s^2 + 2*s + 5)))
```

$$ans = 2\,e^{-t}\cos(2t) - e^{-t}\sin(2t)$$

Bei der Differenziation im Zeitbereich spielt im Gegensatz zur Fouriertransformation der Anfangswert eine Rolle.

Differenziation im Zeitbereich:

Ist f $(n-1)$-mal stetig differenzierbar, $f^{(n)}$ stückweise glatt und sind die Ableitungen bis zur $(n-1)$-ten Ordnung alle von exponentieller Ordnung b, so gilt für $\Re(s) > b$:

$$\mathcal{L}(f^{(n)}(t))(s) = s^n \, \mathcal{L}(f)(t)(s) - \sum_{k=0}^{n-1} s^{n-1-k} \, f^{(k)}(0) \,.$$

Partielle Integration ergibt zunächst:

$$\int_0^R e^{-st} f'(t)\, dt = e^{-st} f(t)\big|_0^R + s \int_0^R e^{-st} f(t)\, dt \,.$$

Lässt man R gegen Unendlich streben, so folgt:

$$\mathcal{L}(f'(t))(s) = s \, \mathcal{L}(f)(t)(s) - f(0) \,.$$

Wendet man diese Regel auf die Funktion $f''(t)$ an, so ergibt sich:

$$\mathcal{L}(f''(t))(s) = s \, \mathcal{L}(f')(t)(s) - f'(0) = s^2 \, \mathcal{L}(f)(t)(s) - s \, f(0) - f'(0) \,.$$

Dieses Verfahren kann durch Induktion fortgesetzt werden.
Hat man anstelle der Stetigkeit von f nur die stückweise Stetigkeit und besitzt f die Unstetigkeitsstellen $0, t_1, t_2, \ldots, t_n$ in $[0, \infty)$. Dann gilt:

$$\mathcal{L}(f'(t))(s) = s \, \mathcal{L}(f(t))(s) - f(0^+) - \sum_{k=1}^{n} \left(f(t_k^+) - f(t_k^-) \right) e^{-s\,t_k} \,.$$

Aus der Laplacetransformierten kann man auf den Anfangs- und Endwert der Funktion schließen.

Anfangs- und Endwertsatz:

Sei $f : [0, \infty) \to \mathbb{C}$ eine stetige, stückweise glatte Funktion von exponentieller Ordnung b, und f' sei ebenfalls von exponentieller Ordnung. Dann gilt der Anfangswertsatz:

$$\lim_{t \to 0} f(t) = \lim_{\Re(s) \to \infty} s \, \mathcal{L}(f(t))(s) \,.$$

Ist die exponentielle Ordnung $b < 0$, dann gilt der Endwertsatz:

$$\lim_{t \to \infty} f(t) = \lim_{s \to 0} s \, \mathcal{L}(f(t))(s) \,.$$

Sei zunächst g eine stückweise glatte Funktion von exponentieller Ordnung b und $s = \sigma + \omega i$, dann gilt:

$$\mathcal{L}(g(t)(s)) = \int\limits_0^\infty e^{-st} g(t) \, dt = \int\limits_0^\infty e^{-\sigma t} e^{-\omega i t} g(t) \, dt \,.$$

Damit bekommen wir die Abschätzung:

$$|\mathcal{L}(g(t)(s))| \leq \int\limits_0^\infty e^{-\sigma t} |e^{-\omega i t}| \, |g(t)| \, dt \leq a \int\limits_0^\infty e^{-\sigma t} e^{bt} \, dt \,.$$

Das letzte Integral existiert, falls $\sigma > b$:

$$|\mathcal{L}(g(t)(s))| \leq \frac{\alpha}{\sigma - b} \,.$$

Hieraus folgt, dass die Laplacetransformierte abklingt:

$$\lim_{\Re(s) \to \infty} \mathcal{L}(g(t)(s)) = 0 \,.$$

Aus dem Differenziationssatz:

$$\mathcal{L}(f'(t))(s) = s \, \mathcal{L}(f(t))(s) - f(0)$$

erhält man den Differenziationssatz mit:

$$\lim_{\Re(s) \to \infty} \mathcal{L}(f'(t))(s) = 0 \,.$$

Zum Nachweis des Endwertsatzes gehen wir wieder vom Differenziationssatz aus:

$$\mathcal{L}(f'(t))(s) = s \, \mathcal{L}(f(t))(s) - f(0) \,.$$

Wegen

$$\mathcal{L}(f'(t))(0) = \int\limits_0^\infty f'(t) \, dt = \lim_{t \to \infty} f(t) - f(0)$$

folgt die Behauptung.
Der Integration im Zeitbereich bewirkt die Multiplikation mit $\frac{1}{s}$ im Bildbereich. Die Umkehrung gilt entsprechend.

Integrationssssatz:

Sei $f : [0, \infty) \to \mathbb{C}$ eine stückweise glatte Funktion von exponentieller Ordnung $b > 0$. Dann gilt (Integration im Zeitbereich):

$$\mathcal{L}\left(\int_0^t f(\tau)\,d\tau\right)(s) = \frac{1}{s}\,\mathcal{L}(f(t))(s)\,, \quad \Re(s) > \Re(b)\,.$$

Die Funktion $\dfrac{f(t)}{t}$ sei ebenfalls stückweise stetig und von exponentieller Ordnung b. Dann gilt (Integration im Bildbereich):

$$\mathcal{L}\left(\frac{f(t)}{t}\right)(s) = \int_s^\infty \mathcal{L}(f(t))(\sigma)\,d\sigma\,.$$

Die Integrationssätze ergeben sich als Umkehrung der entsprechenden Differenziationssätze dar.

Ähnlich wie bei der Fouriertransformation gilt der Faltungssatz.

Faltungssatz:

Sind $f : [0, \infty) \to \mathbb{C}$ und $g : [0, \infty) \to \mathbb{C}$ stückweise stetige Funktionen, so wird ihre Faltung erklärt durch:

$$(f * g)(t) = \int_0^t f(\tau)\,g(t - \tau)\,d\tau\,, \quad t \geq 0\,.$$

Die Faltung ist eine stetige Funktion. Sind f und g von exponentieller Ordnung b, dann gilt für $\Re(s) > b$:

$$\mathcal{L}((f * g)(t))(s) = \mathcal{L}(f(t))(s)\,\mathcal{L}(g(t))(s)\,.$$

Beispiel 4.10
Faltung zweier Funktionen berechnen, Faltungssatz anwenden:

Wir berechnen die Faltung der Funktionen:

$$f(t) = \sin(t)\,, \quad g(t) = \cos(t)\,,$$

sowie die Laplacetransformierte der Faltung.
Nach Definition der Faltung schreiben wir:

$$(f * g)(t) = \int_0^t \sin(\tau) \, \cos(t - \tau) \, d\tau , \quad t \geq 0 .$$

Umformen ergibt:

$$
\begin{aligned}
(f * g)(t) &= \int_0^t \left(\frac{1}{2} \sin(t) + \frac{1}{2} \sin(2\,\tau - t) \right) d\tau \\[2mm]
&= \frac{1}{2} \int_0^t \sin(t) \, d\tau + \frac{1}{2} \int_0^t \sin(2\tau - t) \, d\tau \\[2mm]
&= \frac{1}{2} \sin(t) \int_0^t d\tau - \frac{1}{4} \left(\cos(2\tau - t) \right)_0^t \\[2mm]
&= \frac{1}{2} t \, \sin(t) - \frac{1}{4} (\cos(t) - \cos(-t)) \\[2mm]
&= \frac{1}{2} t \, \sin(t) .
\end{aligned}
$$

Wegen

$$\mathcal{L}(t)(s) = \frac{1}{s^2} \quad \text{und} \quad \mathcal{L}(\sin(t))(s) = \frac{1}{s^2 + 1}$$

erhält man nach dem Faltungssatz:

$$\mathcal{L}\left(\frac{1}{2} t \, \sin(t) \right)(s) = \frac{1}{2} \frac{1}{s^4 + s^2} , \quad \Re(s) > 0 .$$

Ein wichtiges Anwendungsgebiet der Laplacetransformation stellen die linearen Differenzial-gleichungen mit konstanten Koeffizienten dar. Wir beginnen mit der homogenen Gleichung.

Grundlösung einer homogenen, linearen Differenzialgleichung mit konstanten Koeffizienten:

Gegeben sei die homogene, lineare Differenzialgleichung mit konstanten (reellen) Koeffizienten:

$$y^{(n)} + a_{n-1}\, y^{(n-1)} + \cdots + a_1\, y' + a_0\, y = 0\,.$$

Sei $y_g(t)$ diejenige Lösung, welche die Anfangsbedingungen erfüllt:

$$y_g(0) = y_g'(0) = \cdots = y_g^{(n-2)}(0) = 0\,, \quad y_g^{(n-1)}(0) = 1\,.$$

Mit dem charakteristischen Polynom

$$P(s) = s^n + a_{n-1}\, s^{n-1} + \cdots + a_1\, s + a_0$$

gilt dann:

$$\mathcal{L}(y_g(t))(s) = \frac{1}{P(s)}\,.$$

Die Laplacetransformierte ist dabei für alle s zu betrachten, deren Realteil größer als das Maximum der Realteile aller Nullstellen von $P(s)$ ist.

Der Aufbau des Lösungsraumes zeigt, dass jede Lösung mitsamt ihren Ableitungen beliebiger Ordnung höchstens exponentiell anwachsen und mithilfe des Differenziationssatzes transformiert werden können. Mit den Anfangsbedingungen erhalten wir:

$$
\begin{aligned}
\mathcal{L}(y_g(t))(s) &= Y_g(s)\,, \\
\mathcal{L}(y_g'(t))(s) &= s\, Y_g(s)\,, \\
\mathcal{L}(y_g''(t))(s) &= s^2\, Y_g(s)\,, \\
&\ \ \vdots \\
\mathcal{L}(y_g^{(n-1)}(t))(s) &= s^{n-1}\, Y_g(s)\,, \\
\mathcal{L}(y_g^{(n)}(t))(s) &= s^n\, Y_g(s) - 1\,.
\end{aligned}
$$

Die Laplacetransformierte $Y(s)$ muss somit folgende Gleichung erfüllen:

$$s^n\, Y_g(s) + a_{n-1}\, s^{n-1}\, Y_g(s) + \cdots + a_1\, s\, Y_g(s) + a_0\, Y_g(s) = 1\,,$$

d.h. $P(s)\, Y_g(s) = 1$.

Beispiel 4.11

Die inhomogene, lineare Differenzialgleichung mit konstanten Koeffizienten:

Gegeben sei die inhomogene, lineare Differenzialgleichung mit konstanten (reellen) Koeffizienten:

$$y^{(n)} + a_{n-1} y^{(n-1)} + \cdots + a_1 y' + a_0 y = u(t).$$

Die rechte Seite sei stetig und wachse höchstens exponentiell. Sei $y_g(t)$ diejenige Lösung der homogenen Gleichung:

$$y^{(n)} + a_{n-1} y^{(n-1)} + \ldots + a_1 y' + a_0 y = 0,$$

welche die Anfangsbedingungen erfüllt:

$$y_g(0) = y_g'(0) = \cdots = y_g^{(n-2)}(0) = 0 , \; y_g^{(n-1)}(0) = 1$$

Dann wird durch $y_p(t) = \displaystyle\int_0^t y_g(t-\tau) u(\tau) \, d\tau$

eine partikuläre Lösung der inhomogenen Gleichung gegeben, welche die Anfangsbedingungen erfüllt:

$$y_p(0) = y_p'(0) = \cdots = y_p^{(n-2)}(0) = y_p^{(n-1)}(0) = 0.$$

Sei $\mathcal{L}(y_p(t))(s) = Y_p(s)$ und $\mathcal{L}(u(t))(s) = U(s)$. Die Laplacetransformierte $Y_p(s)$ muss somit folgende Gleichung erfüllen:

$$s^n Y_p(s) + a_{n-1} s^{n-1} Y_p(s) + \cdots + a_1 s Y_p(s) + a_0 Y_p(s) = U(s).$$

Mit dem charakteristischen Polynom

$$P(s) = s^n + a_{n-1} s^{n-1} + \cdots + a_1 s + a_0$$

ergibt sich wieder: $\mathcal{L}(y_p(t))(s) = \dfrac{U(s)}{P(s)}$.

Wendet man nun den Faltungssatz an, so erhält man:

$$y_p(t) = \int_0^t y_g(\tau) u(t-\tau) \, d\tau = \int_0^t y_g(t-\tau) u(\tau) \, d\tau.$$

Beispiel 4.12

Die homogene, lineare Differenzialgleichung mit konstanten Koeffizienten:

Gegeben sei die homogene, lineare Differenzialgleichung mit konstanten (reellen) Koeffizienten: $y^{(n)} + a_{n-1} y^{(n-1)} + \cdots + a_1 y' + a_0 y = 0$.

Sei $y_g(x)$ diejenige Lösung, welche die Anfangsbedingungen erfüllt:

$y_g(0) = y_g'(0) = \cdots = y_g^{(n-2)}(0) = 0 , \; y_g^{(n-1)}(0) = 1,$

und

$$C = \begin{pmatrix} a_1 & a_2 & a_3 & a_4 & \cdots & a_{n-1} & 1 \\ a_2 & a_3 & a_4 & a_5 & \cdots & 1 & 0 \\ \vdots & \vdots & \vdots & \vdots & \cdots & \vdots & \vdots \\ a_{n-2} & a_{n-1} & 1 & 0 & \cdots & \vdots & \vdots \\ a_{n-1} & 1 & 0 & 0 & \cdots & 0 & 0 \\ 1 & 0 & 0 & 0 & \cdots & 0 & 0 \end{pmatrix}.$$

Mithilfe der Laplacetransformation zeigen wir, dass die Lösung des Anfangswertproblems

$$y(0) = y_0 , \, y'(0) = y_0' , \cdots , y^{(n-1)}(0) = y_0^{(n-1)}$$

gegeben wird durch:

$$y(x) = \left(y_g(x) , \ldots , y_g^{(n-1)}(x) \right) C \left(y_0 , \ldots , y_0^{(n-1)} \right)^T .$$

Sei

$$P(s) = s^n + a_{n-1} s^{n-1} + \cdots + a_1 s + a_0$$

das charakteristische Polynom. Sei $y(t)$ die gesuchte Lösung des Anfangswertproblems und $\mathcal{L}(y(t))(s) = Y(s)$, dann gilt nach dem Differenziationssatz für $1 \leq m \leq n$:

$$\mathcal{L}(y^{(m)}(t))(s) = s^m Y(s) - \sum_{k=0}^{m-1} s^{m-1-k} y_0^{(k)} .$$

Setzt man dies in die Differenzialgleichung ein, so ergibt sich:

$$\begin{aligned} P(s) Y(s) \quad = \quad & y_0 \, (s^{n-1} + a_{n-1} s^{n-2} + \cdots + a_2 s + a_1) \\ & + y_0' \, (s^{n-2} + a_{n-1} s^{n-3} + \cdots + a_2) \\ & \quad\vdots \\ & + y_0^{(n-2)} \, (s + a_{n-1}) \\ & + y_0^{(n-1)} , \end{aligned}$$

bzw.

$$\begin{aligned} Y(s) \quad = \quad & (s^{n-1} + a_{n-1} s^{n-2} + \cdots + a_2 s + a_1) \frac{1}{P(s)} \, y_0 \\ & + (s^{n-2} + a_{n-1} s^{n-3} + \cdots + a_2) \frac{1}{P(s)} \, y_0' \\ & \quad\vdots \\ & + (s + a_{n-1}) \frac{1}{P(s)} \, y_0^{(n-2)} + \frac{1}{P(s)} \, y_0^{(n-1)} . \end{aligned}$$

Mit

$$\frac{1}{P(s)} = \mathcal{L}(y_g(t))(s)$$

und dem Differenziationssatz erhält man:

$$\frac{s}{P(s)} = \mathcal{L}(y_g'(t))(s),$$

$$\frac{s^2}{P(s)} = \mathcal{L}(y_g'(t))(s),$$

$$\vdots$$

$$\frac{s^{n-1}}{P(s)} = \mathcal{L}(y_g^{(n-1)}(t))(s).$$

Hieraus folgt schließlich:

$$\begin{aligned}
Y(s) = &\left(a_1 \mathcal{L}(y_g(t))(s) + a_2 \mathcal{L}(y_g'(t))(s) + \cdots \right.\\
&\left. + a_{n-1} \mathcal{L}(y_g^{(n-2)}(t))(s) + \mathcal{L}(y_g^{(n-1)}(t))(s)\right) y_0\\
&+ \left(a_2 \mathcal{L}(y_g(t))(s) + a_{n-1} \mathcal{L}(y_g^{(n-3)}(t))(s) + \cdots \right.\\
&\left. + \mathcal{L}(y_g^{(n-2)}(t))(s)\right) y_0'\\
&\vdots\\
&+ \left(a_{n-1} \mathcal{L}(y_g(t))(s) + \mathcal{L}(y_g'(t))(s)\right) y_0^{(n-2)} + \mathcal{L}(y_g(t))(s) y_0^{(n-1)},
\end{aligned}$$

und dies ist gleichbedeutend mit der Behauptung.

Beispiel 4.13
Eine partikuläre Lösung einer Differenzialgleichung mithilfe der Laplacetransformation finden:

Mithilfe der Laplacetransformation finden wir eine partikuläre Lösung der inhomogenen Differenzialgleichung: $y'' + 4\,y = \sin(3\,t)$.
Wir unterwerfen $y_p(t)$ der Laplacetransformation: $\mathcal{L}(y_p(t))(s) = Y_p(s)$.
Mit dem Differenziationssatz bekommt man:

$$\mathcal{L}(y_p''(t))(s) = s^2 Y_p(s) - s\, y_p(0) - y_p'(0).$$

Da eine partikuläre Lösung gesucht wird, entscheiden wir uns für diejenige welche $y_p(0) = 0$ und $y_p'(0) = 0$ erfüllt. Berücksichtigen wir noch die Transformation

$$\mathcal{L}(\sin(\lambda\, t))(s) = \frac{\lambda}{s^2 + \lambda^2}\,, \quad \lambda > 0\,,$$

so ergibt sich folgende Gleichung im Bildraum:

$$s^2\, Y_p(s) + 4\, s = \frac{3}{s^2 + 9}$$

mit der Lösung

$$Y_p(s) = \frac{3}{(s^2 + 4)\,(s^2 + 9)} = \frac{3}{5}\,\frac{1}{s^2 + 4} - \frac{3}{5}\,\frac{1}{s^2 + 9}\,.$$

Die Rücktransformation ergibt die Lösung

$$y_p(t) = \frac{3}{10}\,\sin(2\,t) - \frac{1}{5}\,\sin(3\,t)\,.$$

Beispiel 4.14
Eine Differenzialgleichung mithilfe der Laplacetransformation lösen:

Mithilfe der Laplacetransformation bestimmen wir die Lösung $y(t)$ für folgendes Anfangswert-problem :

$$y'' - 2\,y' + 2\,y = 5\,t\,, \quad y(0) = 0\,, y'(0) = 2\,.$$

Wir setzen $\mathcal{L}(y(t))(s) = Y(s)$ und bekommen für die Ableitungen:

$$\mathcal{L}(y'(t))(s) = s\,Y(s)\,, \quad \mathcal{L}(y''(t))(s) = s^2\,Y(s) - 2\,.$$

Mit der Korrespondenz $\mathcal{L}\,(t)\,(s) = \dfrac{1}{s^2}\,, \Re(s) > 0$
können wir die Differenzialgleichung in den Bildraum übertragen:

$$s^2\,Y(s) - 2 - 2\,s\,Y(s) + 2\,Y(s) = \frac{5}{s^2}$$

bzw.

$$(s^2 - 2\,s + 2)\,Y(s) = \frac{5}{s^2} + 2\,.$$

Das charakteristische Polynom $P(s) = s^2 - 2\,s + 2$
besitzt die Nullstellen: $1 - i$ und $1 + i$, sodass für die Laplacetransformierte der gesuchten
Lösung gelten muss:

$$Y(s) = \frac{\frac{5}{s^2} + 2}{s^2 - 2\,s + 2} = \frac{2\,s^2 + 5}{s^2\,(s^2 - 2\,s + 2)}\,, \quad \Re(s) > 1\,.$$

Partialbruchzerlegung ergibt:

$$\frac{2s^2+5}{s^2\,(s^2-2s+2)}=\frac{\frac{5}{2}}{s}+\frac{\frac{5}{2}}{s^2}+\frac{-\frac{5}{4}+i}{s-(1-i)}+\frac{-\frac{5}{4}-i}{s-(1+i)}.$$

Hieraus erhält man sofort die Rücktransformierte:

$$\begin{aligned}
y(t) &= \mathcal{L}^{-1}(Y(s))(t)\\[4pt]
&= \frac{5}{2}+\frac{5}{2}t+\left(-\frac{5}{4}+i\right)e^{(1-i)t}+\left(-\frac{5}{4}-i\right)e^{(1+i)t}\\[4pt]
&= \frac{5}{2}+\frac{5}{2}t-\frac{5}{2}e^t\cos(t)+2\,e^t\sin(t).
\end{aligned}$$

Während man sich hier auf die Korrespondenz $\mathcal{L}(t^n\,e^{at})(s)=\dfrac{n!}{(s-a)^{n+1}}$
stützt, kann man auch durch andere Zerlegungen zum Ziel kommen:

$$\begin{aligned}
Y(s) &= \frac{2}{s^2-2s+2}+\frac{5}{s^2\,(s^2-2s+2)}\\[6pt]
&= \frac{2}{(s-1)^2+1}+5\left(\frac{\frac{1}{2}}{s}+\frac{\frac{1}{2}}{s^2}+\frac{-\frac{1}{2}s+\frac{1}{2}}{(s-1)^2+1}\right)\\[6pt]
&= \frac{5}{2}\frac{1}{s}+\frac{5}{2}\frac{1}{s^2}-\frac{5}{2}\frac{s-1}{(s-1)^2+1}+2\frac{1}{(s-1)^2+1}.
\end{aligned}$$

Mit den Korrespondenzen $\mathcal{L}(\cos(t))(s)=\dfrac{s}{s^2+1}$, $\quad\mathcal{L}(\sin(t))(s)=\dfrac{1}{s^2+1}$,
und dem Verschiebungssatz im Bildbereich erhalten wir wieder die obige Rücktransformierte.

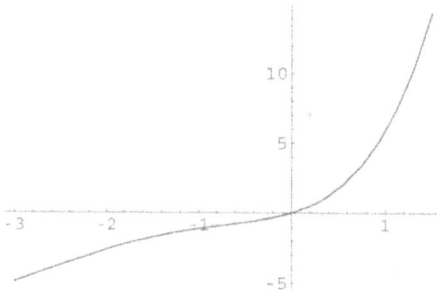

Bild 4.6: *Die Lösung des Anfangswertproblems*
$y''-2y'+2y=5t$
$y(0)=0,\,y'(0)=2$

MAPLE: Mit dsolve kann man Differenzialgleichungen lösen. Neben der Gleichung und den Anfangsbedingungen muss die gesuchte Funktion angegeben werden.

```
with(inttrans): invlaplace((2*s^2+5)/(s^2*(s^2-2*s+2)),s,t);
```

$$\frac{5}{2}t+\frac{5}{2}-\frac{5}{2}e^t\cos(t)+2\,e^t\sin(t)$$

```
dsolve({diff(y(t),t$2)-2*diff(y(t),t)+2*y(t)=5*t,
y(0)=0,D(y)(0)=2},y(t));
```

$$\text{Dsolve}(\{\frac{\partial^2}{\partial t^2} y(t) - 2 \frac{\partial}{\partial t} y(t) + 2 y(t) = 5 t,$$

$$y(0) = 0, \text{D}(y)(0) = 2\}, y(t))$$

$$= (y(t) = \frac{5}{2} + \frac{5}{2} t + 2 e^t \sin(t) - \frac{5}{2} e^t \cos(t))$$

MATLAB: Man benutzt wie bei Maple dsolve.

```
syms s; latex(ilaplace((2*s^2+5)/(s^2*(s^2 - 2*s + 2)))))
```

$$ans = 5/2 t + 5/2 - 5/2 e^t \cos(t) + 2 e^t \sin(t)$$

```
latex(dsolve('D2y - 2*Dy+2*y=5*t', 'y(0) = 0, Dy(0) = 2'))
```

$$ans = 5/2 t + 5/2 - 5/2 e^t \cos(t) + 2 e^t \sin(t)$$

Analog zu den Differenzialgleichungen höherer Ordnung lassen sich lineare Systeme von Differenzialgleichungen mit konstanten Koeffizienten behandeln.

Transitionsmatrix:

Gegeben sei das homogene, lineare System: $y' = A y$
mit der konstanten $n \times n$-Matrix A. Unter der Transitionsmatrix $\Phi(t)$ versteht man die matrixwertige Lösung: $\Phi'(t) = A \Phi(t)$, welche die Anfangsbedingung $\Phi(0) = E$ erfüllt. (E ist die $n \times n$-Einheitsmatrix). Es gilt: $\mathcal{L}(\Phi(t))(s) = (s E - A)^{-1}$.

Wendet man die Laplacetransformation auf die Matrixdifferenzialgleichung $\Phi' = A \Phi$ an, so ergibt sich:

$$s \mathcal{L}(\Phi(t))(s) - E = A \mathcal{L}(\Phi(t))(s), \quad \text{bzw.} \quad (s E - A) \mathcal{L}(\Phi(t))(s) = E.$$

(Die Laplacetransformation wirkt elementweise auf eine Matrix). Dort wo das charakteristische Polynom $\det(A - s E)$ nicht verschwindet, kann die charakteristische Matrix $s E - A$ invertiert werden, und wir bekommen:

$$\mathcal{L}(\Phi(t))(s) = (s\,E - A)^{-1}\,.$$

Die Konvergenzhalbebene der Laplacetransformierten der Transitionsmatrix $\mathcal{L}(\Phi(t))(s)$ wird durch die Nullstelle des charakteristischen Polynoms mit dem größten Realteil bestimmt. Die Lösung des Anfangswertproblems $\Phi'(t) = A\Phi(t)$, $\Phi(0) = E$, wird durch die Matrix-Exponentialfunktion gegeben:

$$\Phi(t) = e^{At} = \sum_{\nu=0}^{\infty} \frac{A^{\nu}}{\nu!}\,t^{\nu}\,.$$

Offensichtlich stellt die Matrix-Exponentialfunktion die Rücktransformierte der Matrix $(s\,E - A)^{-1}$ dar:

$$e^{At} = \mathcal{L}^{-1}\left((s\,E - A)^{-1}\right)(t)\,.$$

Man kann die Inverse der charakteristischen Matrix $\tilde{A} = s\,E - A$ mit der Cramerschen Regel unter Verwendung der Adjunkten $\tilde{A}_{jk}$ berechnen:

$$\tilde{A}^{-1} = \left(\tilde{a}_{jk}^{(-1)}\right)_{\substack{j=1,\dots,n \\ k=1,\dots,n,}} = \left(\frac{\tilde{A}_{kj}}{\det(\tilde{A})}\right)_{\substack{k=1,\dots,n \\ j=1,\dots,n,}}\,.$$

Hieraus ersieht man, dass die Einträge der Matrix $(s\,E - A)^{-1}$ rationale Funktionen der komplexen Variablen s sind. Im Nenner steht jeweils das charakteristische Polynom. Sein Grad stimmt mit der Dimension n des Zustandsraums überein.

Beispiel 4.15
Das inhomogene, lineare System mit konstanten Koeffizienten:

Die Lösung des inhomogenen Systems $y' = A\,y + u(t)$
mit homogenen Anfangsbedingungen $y(0) = (0,\dots,0)$ lautet:

$$y_p(t) = \int_0^t e^{A\,(t-\tau)}\,u(\tau)\,d\tau\,.$$

Wendet man die Laplacetransformation auf das inhomogene System an, so ergibt sich:

$$s\,\mathcal{L}(y_p(t))(s) = A\,\mathcal{L}(y_p(t))(s)\,\mathcal{L}(u(t))(s)\,,$$

bzw.

$$(s\,E - A)\,\mathcal{L}(y_p(t))(s) = \mathcal{L}(u(t))(s)\,.$$

Durch Auflösen erhält man: $\mathcal{L}(y_p(t))(s) = (s\,E - A)^{-1}\,\mathcal{L}(u(t))(s)\,.$
Rücktransformieren mit dem Faltungssatz liefert dann die Behauptung.

5 Distributionen

5.1 Begriff der Distribution

Mit den Distributionen wird eine Erweiterung des Funktionsbegriffs im klassischen Sinn vorgenommen. Grundlage der Distributionentheorie bilden die so genannten Testfunktionen. Aus den Funktionen werden Funktionale, die auf Testfunktionen wirken. Der praktisch sehr effiziente Kalkül mit Sprung- und Deltafunktionen wird damit auf eine tragfähige Basis gestellt.

Testfunktionen:

Die Funktion $\phi : \mathbb{R} \to \mathbb{C}$ verschwinde außerhalb eines abgeschlossenen Intervalls. (Der Träger von ϕ ist kompakt). Ferner sei ϕ beliebig oft differenzierbar. Dann heißt ϕ Testfunktion. Der Vektorraum aller Testfunktionen wird mit $\mathcal{D}$ bezeichnet.

Zur Einführung der Distributionen benötigen wir einen Konvergenzbegriff im Raum $\mathcal{D}$ der Testfunktionen.

Konvergenz von Testfunktionen:

Sei ϕ_n, $n \in \mathbb{N}$, eine Folge von Testfunktionen, die alle außerhalb eines gemeinsamen Intervalls $[-r, r]$ verschwinden. Die Folge heißt konvergent gegen $0 \in \mathcal{D}$:

$$\mathcal{D} - \lim_{n \to \infty} \phi_n(t) = 0,$$

wenn für alle $k \geq 0$ gilt: $\lim_{n \to \infty} \max_{t \in \mathbb{R}} |\phi_n^{(k)}(t)| = 0.$

Mit diesem Konvergenzbegriff wird die Erklärung stetiger Funktionen von $\mathcal{D}$ nach $\mathbb{C}$ möglich, insbesondere die Erklärung stetiger Funktionale. Unter einem Funktional versteht man eine lineare Abbildung eines Vektorraums nach $\mathbb{R}$ oder $\mathbb{C}$.

Distributionen:

Eine lineare, stetige Funktion $T : \mathcal{D} \to \mathbb{C}$ heißt Distribution. Die Stetigkeit ist gleichbedeutend mit folgender Eigenschaft: $\mathcal{D} - \lim_{n \to \infty} \phi_n(t) = 0 \implies \lim_{n \to \infty} T(\phi_n)(t) = 0$.

Bei jeder linearen Abbildung zwischen zwei Vektorräumen kann die Stetigkeit im ganzen De-
finitionsraum durch eine einfache Überlegung auf die Stetigkeit im Nullvektor zurück geführt
werden. Eine lineare Funktion auf $\mathcal{D}$ ist somit stetig, wenn mit jeder gegen die Nullfunktion
konvergenten Folge von Testfunktionen auch die zugehörige Folge der Funktionswerte in $\mathbb{C}$
gegen Null konvergiert.

Jeder stückweise stetigen Funktion f können wir eine Distribution zuordnen.

Reguläre Distribution:

Einer stückweise stetigen Funktion $f : \mathbb{R} \to \mathbb{C}$ wird eine reguläre Distribution durch
folgende Vorschrift zugeordnet:

$$T_f(\phi) = \int\limits_{-\infty}^{\infty} f(t)\,\phi(t)\,dt\,, \quad \phi \in \mathcal{D}\,.$$

Die Linearität einer regulären Distribution sieht man sofort. Die Stetigkeit ergibt sich aus der
Abschätzung:

$$|T_f(\phi_n)| \le \int\limits_{-r}^{r} |f(t)\,\phi_n(t)|\,dt \le \int\limits_{-r}^{r} |f(t)|\,dt\ \max_{t\in\mathbb{R}} |\phi_n(t)|\,.$$

Die wichtigste Distribution stellt die so genannte Delta-Funktion dar. Gemeint ist damit jedoch
keine reguläre Distribution sondern dasjenige Funktional, welches jeder Testfunktion $\phi \in \mathcal{D}$
den Wert $\phi(0)$ zuordnet.

Delta-Funktion:

Die durch folgende Vorschrift erklärte Distribution heißt (Diracsche) Delta-Funktion:

$$T_\delta(\phi) = \phi(0)\,, \quad \phi \in \mathcal{D}\,.$$

Man verwendet oft die Schreibweisen:

$$T_\delta(\phi) = \int\limits_{-\infty}^{\infty} \delta(t)\,\phi(t)\,dt = \phi(0)$$

bzw. $T_\delta(\phi) = \delta(t)(\phi(t)) = \phi(0)$.

Die Linearität der Delta-Distribution ergibt sich wiederum unmittelbar.
Ist $\mathcal{D} - \lim\limits_{n\to\infty} \phi_n(t) = 0$, so gilt $\lim_{n\to\infty} T_\delta(\phi_n) = 0$ wegen:

$$|T_f(\phi_n)| = |\phi_n(0)| \le \max_{t\in\mathbb{R}} |\phi_n(t)|\,.$$

Dass man mit der Delta-Distribution wie mit einer regulären Distribution umgeht, ist ein rein formaler Akt, der nur durch eine gewisse Bequemlichkeit in der Schreibweise und im Kalkül gerechtfertigt werden kann.

Distributionen können mit Funktionen multipliziert werden. Die Multiplikation wird dabei auf die Testfunktionen übergewälzt.

Multiplikation einer Funktion mit einer Distribution:

Sei $f : \mathbb{R} \to \mathbb{C}$ eine beliebig oft differenzierbare Funktion und $T : \mathcal{D} \to \mathbb{C}$ eine Distribution. Als Produkt der Funktion f mit der Distribution T erhält man eine Distribution fT, die wie folgt auf Testfunktionen wirkt:

$$f T : \phi \longrightarrow T(f\,\phi)\,.$$

Da die Funktion f beliebig oft differenzierbar ist, stellt das Produkt $f\phi$ wiederum eine Testfunktion dar. Offenbar ist die Abbildung $fT : \mathcal{D} \to \mathbb{C}$ linear. Weiter überlegt man sich, dass aus $\mathcal{D} - \lim_{n\to\infty} \phi_n(t) = 0$ die Konvergenz $\mathcal{D} - \lim_{n\to\infty} f(t)\,\phi_n(t) = 0$ folgt. Damit ist die lineare Abbildung fT auch stetig. Ist f die konstante Funktion $f(t) = c$, so gilt wegen der Linearität von T:

$$c\,T : \phi \longrightarrow T(c\,\phi) = c\,T(\phi)\,.$$

Beispiel 5.1
Multiplikation einer Funktion mit der Delta-Funktion:

Das Produkt einer Funktion f mit der Delta-Funktion T_δ wirkt folgendermaßen auf Testfunktionen:

$$f\,T_\delta(\phi) = T_\delta(f\,\phi) = f(0)\,\phi(0) = f(0)\,T_\delta(\phi)\,.$$

Das heißt: $f\,T_\delta = f(0)\,T_\delta$.
Wir können das Ergebnis auch so ausdrücken:

$$
\begin{aligned}
f\,T_\delta(\phi) &= \int_{-\infty}^{\infty} f(t)\,\delta(t)\,\phi(t)\,dt \\[2mm]
&= \int_{-\infty}^{\infty} \delta(t)\,\phi(t)\,f(t)\,dt \\[2mm]
&= f(0)\,\phi(0) \\[2mm]
&= f(0) \int_{-\infty}^{\infty} \delta(t)\,\phi(t)\,dt\,.
\end{aligned}
$$

MAPLE: Die Delta-Funktion wird mit `dirac` aufgerufen.

```
with(inttrans);
simplify(f(t)*Dirac(t));
```

$$\text{f}(0)\,\text{Dirac}(t)$$

Die Distributionen können ihrerseits als Vektorraum $\mathcal{D}'$ betrachtet werden.

Vektorraum der Distributionen:

Seien T, T_1 und T_2 aus $\mathcal{D}'$ und $c \in \mathbb{C}$. Dann wird durch:

$$(T_1 + T_2)(\phi) = T_1(\phi) + T_2(\phi)\,, \quad \phi \in \mathcal{D}\,,$$

und

$$(c\,T)(\phi) = c\,T(\phi)\,, \quad \phi \in \mathcal{D}\,,$$

die Summe zweier Distributionen und das Produkt einer Zahl mit einer Distribution erklärt.

Im Raum der Distributionen $\mathcal{D}'$ führen wir folgenden Konvergenzbegriff ein.

Konvergenz in $\mathcal{D}'$:

Eine Folge von Distributionen T_n, $n \in \mathbb{N}$, heißt konvergent gegen $T \in \mathcal{D}'$:

$$\mathcal{D}' - \lim_{n \to \infty} T_n = T\,,$$

wenn für alle $\phi \in \mathcal{D}$ gilt:

$$\lim_{n \to \infty} T_n(\phi) = T(\phi)\,.$$

Beispiel 5.2
Die Delta-Funktion als Grenzwert von Rechteckimpulsen:

Mit dem Rechteckimpuls

$$g(t) = \begin{cases} 1 & ,\ |t| \le \frac{1}{2}\,, \\ \\ 0 & ,\ \text{sonst}\,, \end{cases}$$

bilden wir die Funktionenfolge $f_n(t) = n\,g(n\,t)$. Man kann in diesem Fall leicht direkt zeigen:

$$\mathcal{D}' - \lim_{n \to \infty} T_{f_n} = T_\delta\,.$$

Die Funktion f_n verschwindet für $|t| > \dfrac{1}{2\,n}$. Daraus ergibt sich für eine beliebige Testfunktion:

$$T_{f_n}(\phi) \;=\; \int\limits_{-\infty}^{\infty} f_n(t)\,\phi(t)\,dt = \int\limits_{-\frac{1}{2n}}^{\frac{1}{2n}} f_n(t)\,\phi(t)\,dt$$

$$=\; n \int\limits_{-\frac{1}{2n}}^{\frac{1}{2n}} \phi(t)\,dt\,.$$

Das Integral auf der rechten Seite schreiben wir als Rechtecksfläche:

$$T_{f_n}(\phi) = n\,\phi(\xi_n)\,\frac{1}{n}$$

mit einer Zwischenstelle

$$-\frac{1}{2\,n} < \xi_n < \frac{1}{2\,n}\,.$$

Insgesamt gilt:

$$\lim_{n\to\infty} T_{f_n}(\phi) = T_\delta(\phi) = \phi(0)\,.$$

Wir können wieder kurz schreiben:

$$g(t) = u\left(t + \frac{1}{2}\right) - u\left(t - \frac{1}{2}\right)\,.$$

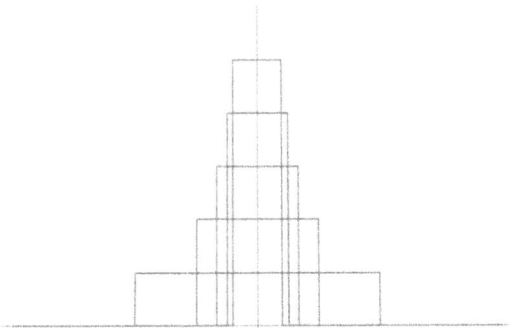

Bild 5.1: *Die Impulse*
$$f_n(t) = n\left(u\left(t + \frac{1}{2}\right) - u\left(t - \frac{1}{2}\right)\right)$$

Im klassischen Sinn konvergiert die Funktionenfolge $f_n(t)$ punktweise gegen die Nullfunktion:

$$\lim_{n\to\infty} f_n(t) = 0 \quad \text{für alle} \quad t \in \mathbb{R}\,.$$

Diese Konvergenz ist nicht gleichmäßig, weil der Grenzwert der Normen Unendlich ist:

$$\lim_{n\to\infty} \max_{t\in\mathbb{R}} f_n(t) = \infty\,.$$

Aber im Distributionensinn konvergiert die Funktionenfolge $f_n(t)$ gegen die Delta-Funktion.

Dass die Delta-Distribution als Grenzwert regulärer Distributionen aufgefasst werden kann, ist ein Grund für die Bedeutung dieser Distribution.

Konvergenz regulärer Distribution gegen die Delta-Funktion:

Die Funktion $g : \mathbb{R} \to \mathbb{C}$ sei absolut intergrierbar, mit $\int_{-\infty}^{\infty} g(t)\, dt = 1$. Für die Funktionen-

folge $f_n(t) = n\, g(n\, t)$ gilt dann:

$$\mathcal{D}' - \lim_{n \to \infty} T_{f_n} = T_\delta \,.$$

Für eine beliebige Testfunktion ϕ schreiben wir:

$$\int_{-\infty}^{\infty} f_n(t)\, \phi(t)\, dt \;=\; \int_{-\infty}^{\infty} f_n(t)\, (\phi(t) - \phi(0))\, dt + \phi(0) \int_{-\infty}^{\infty} f_n(t)\, dt$$

$$= \int_{-\infty}^{\infty} n\, g(n\, t)\, (\phi(t) - \phi(0))\, dt + \phi(0) \int_{-\infty}^{\infty} n\, g(n\, t)\, dt$$

$$= \int_{-\infty}^{\infty} g(t) \left(\phi\left(\frac{t}{n}\right) - \phi(0) \right) dt + \phi(0) \int_{-\infty}^{\infty} g(t)\, dt$$

$$= \int_{-\infty}^{\infty} g(t) \left(\phi\left(\frac{t}{n}\right) - \phi(0) \right) dt + \phi(0) \,.$$

Streng genommen darf man diese Umformung nur vornehmen, wenn die Konvergenz des verbleibenden Integrals gesichert ist. Wir werden diesen Nachweis nun nachholen und gleichzeitig zeigen, dass das Integral für n gegen Unendlich gegen null geht.

Da $\int_{-\infty}^{\infty} |g(t)|\, dt < \infty$ ist, gilt für genügend großes r

$$\int_{|t|>r} |g(t)|\, dt < \epsilon \,.$$

Ferner ergeben sich aus den Eigenschaften einer Testfunktion Konstanten K und K', sodass für alle $t \in \mathbb{R}$:

$$\left| \phi\left(\frac{t}{n}\right) - \phi(0) \right| \le K$$

und

$$|\phi'(t)| \le K' \,.$$

Nach dem Mittelwertsatz bekommem wir:

$$\left| \phi\left(\frac{t}{n}\right) - \phi(0) \right| \leq K' \frac{1}{n} |t| \, .$$

Damit können wir wie folgt abschätzen:

$$\left| \int\limits_{-\infty}^{\infty} g(t) \left(\phi\left(\frac{t}{n}\right) - \phi(0) \right) dt \right| \leq \int\limits_{|t| \leq r} |g(t)| \left| \phi\left(\frac{t}{n}\right) - \phi(0) \right| dt$$

$$+ \int\limits_{|t| > r} |g(t)| \left| \phi\left(\frac{t}{n}\right) - \phi(0) \right| dt$$

$$\leq \left(\int\limits_{-\infty}^{\infty} |g(t)| \, dt \right) K' r \frac{1}{n} + \epsilon K \, .$$

Insgesamt gilt:

$$\lim_{n \to \infty} \int\limits_{-\infty}^{\infty} f_n(t) \, \phi(t) \, dt = \phi(0) \, .$$

Beispiel 5.3
Konvergenz regulärer Distribution gegen die Delta-Funktion:

Die Gaußsche Funktion:

$$g(t) = \frac{1}{\sqrt{\pi}} e^{-t^2}$$

und die Funktion

$$g(t) = \frac{1}{\pi} \frac{1}{1 + t^2}$$

erfüllen die obigen Voraussetzungen. Die jeweils der Folge $f_n(t) = ng(nt)$ zugeordneten regulären Distributionen konvergieren gegen die Diracsche Delta-Funktion.

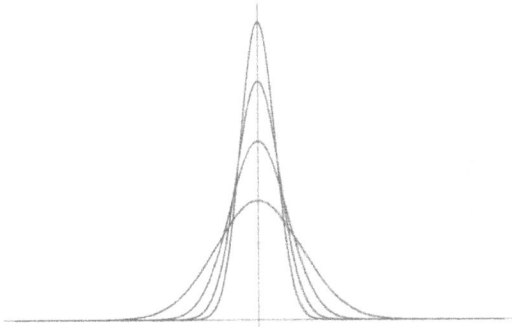

Bild 5.2: *Die Funktionen*
$$f_n(t) = \frac{n}{\sqrt{\pi}} e^{-n^2 t^2}$$

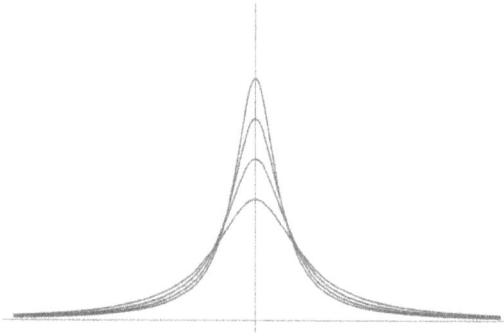

Bild 5.3: *Die Funktionen*
$$f_n(t) = \frac{1}{\pi}\, n\, \frac{1}{1+(n\,t)^2}$$

Beispiel 5.4
Konvergenz der Exponentialfunktionen gegen die Nulldistribution:
Für die Funktionenfolge
$$f_n(t) = e^{-n\,t\,i}$$
zeigen wir: $\mathcal{D}' - \lim\limits_{n\to\infty} T_{f_n} = T_0 = 0$.
Die Fouriertransformierte einer absolut integrierbaren Funktion verschwindet im Unendlichen.
Für eine beliebige Testfunktion gilt also:

$$\lim_{\omega\to\pm\infty} \frac{1}{\sqrt{2\,\pi}} \int\limits_{-\infty}^{\infty} e^{-\omega\,t\,i}\,\phi(t)\,dt = 0\,.$$

Hieraus folgt sofort:

$$\lim_{n\to\pm\infty} \int\limits_{-\infty}^{\infty} e^{-n\,t\,i}\,\phi(t)\,dt = 0\,.$$

Beispiel 5.5
Konvergenz der Spaltfunktionen gegen die Delta-Funktion:

Wir benutzen das folgende uneigentliche Integral $\displaystyle\int\limits_{0}^{\infty} \frac{\sin(n\,t)}{t}\,dt = \frac{\pi}{2}$ und zeigen

$\mathcal{D}' - \lim\limits_{n\to\infty} T_{f_n} = T_\delta$ für die Funktionenfolge

$$f_n(t) = \frac{\sin(n\,t)}{\pi\,t}\,.$$

Das heißt, dass für alle Testfunktionen gilt:

$$\lim_{n\to\infty} \frac{1}{\pi} \int\limits_{-\infty}^{\infty} \frac{\sin(n\,t)}{t}\,\phi(t)\,dt = \int\limits_{-\infty}^{\infty} \delta(t)\,\phi(t)\,dt = \phi(0)\,.$$

Da das Integral $\displaystyle\int\limits_{-\infty}^{\infty}\frac{\sin(n\,t)}{t}\,dt$ nicht absolut konvergiert betrachten wir eine beliebige Testfunktion ϕ. Außerhalb eines Intervalls $|t| \leq r$ verschwindet ϕ und mit irgendeinem $R \geq r$ wird das Integral aufgeteilt:

$$
\int\limits_{-\infty}^{\infty} f_n(t)\,\phi(t)\,dt \;=\; \int\limits_{-R}^{R} f_n(t)\,\phi(t)\,dt
$$

$$
= \;\frac{1}{\pi}\int\limits_{-R}^{R}\sin(n\,t)\,\frac{\phi(t)-\phi(0)}{t}\,dt + \frac{\phi(0)}{\pi}\int\limits_{-R}^{R}\frac{\sin(n\,t)}{t}\,dt
$$

$$
= \;\frac{1}{\pi}\int\limits_{-R}^{R}\sin(n\,t)\,\frac{\phi(t)-\phi(0)}{t}\,dt + 2\,\frac{\phi(0)}{\pi}\int\limits_{0}^{R}\frac{\sin(n\,t)}{t}\,dt\,.
$$

Wegen der Differenzierbarkeit der Testfunktion ist $\dfrac{\phi(t)-\phi(0)}{\pi\,t}$ stetig und nach dem Riemannschen Lemma gilt:

$$
\lim_{n\to\infty}\int\limits_{-R}^{R}\sin(n\,t)\,\frac{\phi(t)-\phi(0)}{\pi\,t}\,dt = 0\,.
$$

Ferner benutzen wir die Konvergenz

$$
\lim_{R\to\infty}\int\limits_{0}^{R}\frac{\sin(n\,t)}{t}\,dt = \frac{\pi}{2}\,,
$$

welche gleichmäßig in n erfolgt.

$$
\left|\int\limits_{-\infty}^{\infty} f_n(t)\,\phi(t)\,dt - \phi(0)\right|
$$

$$
\leq \;\frac{1}{\pi}\left|\int\limits_{-R}^{R}\sin(n\,t)\,\frac{\phi(t)-\phi(0)}{t}\,dt\right| + \phi(0)\left|\frac{2}{\pi}\int\limits_{0}^{R}\frac{\sin(n\,t)}{t}\,dt - 1\right|\,.
$$

Gibt man ein $\epsilon > 0$ vor und wählt ein R, sodass der zweite Summand kleiner als $\dfrac{\epsilon}{2}$ wird. Mit diesem R kann man dann ein n_0 finden, sodass für alle $n \geq n_0$ der erste Summand ebenfalls kleiner als $\dfrac{\epsilon}{2}$ wird.

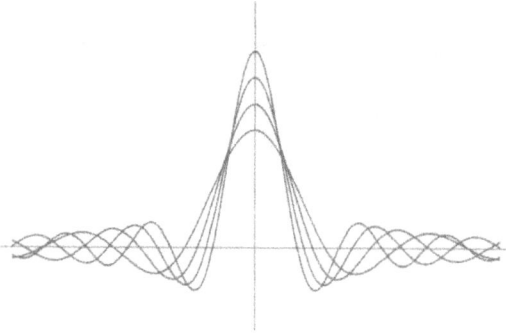

Bild 5.4: *Die Funktionen*
$$f_n(t) = \frac{1}{\pi} n \, sinc(n \, t)$$

Beispiel 5.6

Das Fourier-Integral-Theorem und die Delta-Funktion:

Aus der Konvergenz der Spaltfunktionen gegen die Delta-Funktion folgern wir:

$$\lim_{n \to \infty} \frac{1}{\pi} \int_{-\infty}^{\infty} \frac{\sin(n\,(t-\tau))}{t-\tau} \phi(\tau)\,d\tau = \int_{-\infty}^{\infty} \delta(t-\tau)\,\phi(\tau)\,d\tau = \phi(t)\,.$$

Das Fourier-Integral-Theorem besagt, dass diese Beziehung sogar für eine stetige, stückweise glatte, absolut integrierbare Funktion ϕ gilt.

Sei

$$g(t) = \frac{1}{\pi} \, sinc(t) = \frac{1}{\pi} \frac{\sin(t)}{t}\,.$$

Mit der Funktionenfolge $f_n(t) = n \, g(n\,t)$ gilt dann die Beziehung:

$$\mathcal{D}' - \lim_{n \to \infty} T_{f_n} = T_\delta\,.$$

Also gilt für jede Testfunktion ϕ:

$$\lim_{n \to \infty} \int_{-\infty}^{\infty} f_n(t)\,\phi(t)\,dt = \lim_{n \to \infty} \frac{1}{\pi} \int_{-\infty}^{\infty} \frac{\sin(n\,t)}{t}\,\phi(t)\,dt = \phi(0)\,.$$

Hieraus folgt schließlich:

$$\lim_{n \to \infty} \frac{1}{\pi} \int_{-\infty}^{\infty} \frac{\sin(n\,(t-\tau))}{t-\tau}\,\phi(\tau)\,d\tau = \phi(t) = \int_{-\infty}^{\infty} \delta(t-\tau)\,\phi(\tau)\,d\tau\,.$$

Mit dem Fourier-Integral-Theorem zeigen wir, dass diese Beziehung für eine stetige, stückweise glatte, absolut integrierbare Funktion ϕ gilt und benutzen dazu:

$$f_n(t) = \frac{\sin(n\,t)}{\pi\,t} = \frac{1}{2\pi} \int_{-n}^{n} e^{\omega t i}\,d\omega\,.$$

Ist nun $\Phi(\omega)$ die Fouriertransformierte von ϕ, so gilt zunächst:

$$\int_{-n}^{n} \Phi(\omega)\, e^{i\,\omega t}\, d\omega \;=\; \int_{-n}^{n} \left(\frac{1}{\sqrt{2\pi}} \int_{-\infty}^{\infty} \phi(\tau)\, e^{-i\,\omega \tau}\, d\tau \right) e^{i\,\omega t}\, d\omega$$

$$=\; \frac{1}{\sqrt{2\pi}} \int_{-\infty}^{\infty} \phi(\tau) \int_{-n}^{n} e^{i\,\omega\,(t-\tau)}\, d\omega$$

$$=\; \frac{2}{\sqrt{2\pi}} \int_{-\infty}^{\infty} \phi(\tau)\, \frac{\sin(n\,(t-\tau))}{t-\tau}\, d\tau$$

und mit dem Fourier-Integral-Theorem folgt:

$$\lim_{n\to\infty} \frac{1}{\sqrt{2\pi}} \int_{-n}^{n} \Phi(\omega)\, e^{i\,\omega t}\, d\omega = \lim_{n\to\infty} \frac{1}{\pi} \int_{-\infty}^{\infty} \frac{\sin(n\,(t-\tau))}{t-\tau}\, \phi(\tau)\, d\tau = \phi(t)\,.$$

Distributionen können im Zeitbereich einer Skalierung unterworfen werden, indem man die inverse Skalierung im **Raum der Testfunktionen** vornimmt.

Skalierung einer Distribution:

Sei $T \in \mathcal{D}'$, $a \neq 0$ eine komplexe Zahl und für $\phi \in \mathcal{D}$: $\phi_a(t) = \phi(a\,t)$. Die Distribution T_a, die durch:

$$T_a(\phi) = \frac{1}{|a|}\, T\left(\phi_{\frac{1}{a}}\right)\,, \quad \phi \in \mathcal{D}\,,$$

erklärt wird, heißt skalierte Distribution.

Beispiel 5.7
Skalierung regulärer Distributionen und der Delta-Funktion beschreiben:

Sei $f : \mathbb{R} \to \mathbb{C}$ eine stückweise stetige Funktion. Wir zeigen:

$$\left(T_f\right)_a = T_{f_a}\,.$$

Für die Delta-Funktion weisen wir nach:

$$(T_\delta)_a = \frac{1}{|a|}\, T_\delta\,.$$

Durch eine einfache Substitution ergibt sich die erste Behauptung:

$$\left(T_f\right)_a (\phi) = \frac{1}{|a|} \int_{-\infty}^{\infty} f(t)\, \phi\left(\frac{t}{a}\right)\, dt = \int_{-\infty}^{\infty} f(a\,t)\, \phi(t)\, dt = T_{f_a}(\phi)\,.$$

Für die Delta-Funktion gilt definitionsgemäß:

$$(T_\delta)_a(\phi) = \frac{1}{|a|}\, T_\delta\left(\phi_{\frac{1}{a}}\right) = \frac{1}{|a|}\,\phi_{\frac{1}{a}}(0) = \frac{1}{|a|}\,\phi(0) = \frac{1}{|a|}\, T_\delta(\phi)\,.$$

Formal schreiben wir:

$$(T_\delta)_a(\phi) = \frac{1}{|a|}\int\limits_{-\infty}^{\infty} \delta(t)\,\phi\left(\frac{t}{a}\right) dt = \int\limits_{-\infty}^{\infty} \delta(a\,t)\,\phi(t)\,dt$$

bzw.

$$\delta(a\,t) = \frac{1}{|a|}\,\delta(t)\,.$$

Distributionen können im Zeitbereich verschoben werden, indem man die inverse Operation aus dem Raum der Testfunktionen übernimmt.

> **Translation einer Distribution:**
>
> Sei $T \in \mathcal{D}'$ und für $\phi \in \mathcal{D}$: $\phi_{t_0}(t) = \phi(t - t_0)$. Die Distribution T_{t_0}, die durch:
>
> $$T_{t_0}(\phi) = T(\phi_{-t_0})\,, \quad \phi \in \mathcal{D}\,.$$
>
> erklärt wird, heißt um t_0 verschobene Distribution.

Beispiel 5.8
Translation regulärer Distributionen und der Delta-Funktion beschreiben:
Sei $f : \mathbb{R} \to \mathbb{C}$ eine stückweise stetige Funktion. Wir zeigen:

$$\left(T_f\right)_{t_0} = T_{f_{t_0}}\,.$$

Für die Delta-Funktion weisen wir nach:

$$(T_\delta)_{t_0}(\phi) = \phi(t_0)\,, \quad \phi \in \mathcal{D}\,.$$

Durch eine einfache Substitution erhält man:

$$\left(T_f\right)_{t_0}(\phi) = \int\limits_{-\infty}^{\infty} f(t)\,\phi(t + t_0)\,dt = \int\limits_{-\infty}^{\infty} f(t - t_0)\,\phi(t)\,dt = T_{f_{t_0}}(\phi)\,.$$

Im Fall der Delta-Funktion gilt:

$$(T_\delta)_{t_0}(\phi) = T_\delta(\phi_{-t_0}) = \phi_{-t_0}(0) = \phi(t_0)$$

oder in formaler Integralschreibweise:

$$(T_\delta)_{t_0}(\phi) = \int\limits_{-\infty}^{\infty} \delta(t)\,\phi(t+t_0)\,dt = \int\limits_{-\infty}^{\infty} \delta(t-t_0)\,\phi(t)\,dt = \phi(t_0)\,.$$

Beispiel 5.9
Delta-Funktion verschieben und Reihe bilden:

Seien c_k komplexe Zahlen. Man überlegt sich, dass durch folgende Reihe eine Distribution gegeben wird:

$$T = \sum_{k=-\infty}^{\infty} c_k\,\delta(t-k)\,.$$

Ist ϕ eine beliebige Testfunktion, die außerhalb eines Intervalls $|t| \geq r$ verschwindet, so sind nur endlich viele Summanden von null verschieden, und die Summe ist endlich:

$$T(\phi) = \sum_{k=-\infty}^{\infty} c_k\,\delta(t-k)(\phi) = \sum_{|k|\leq r} c_k\,\phi(k)\,.$$

Sind ϕ_1 und ϕ_2 Testfunktion, die außerhalb eines Intervalls $|t| \geq r$ verschwinden, so gilt für beliebige $a_1, a_2 \in \mathbb{C}$:

$$T(a_1\,\phi_1 + a_2\,\phi_2) = \sum_{|k|\leq r} c_k\,(a_1\,\phi_1 + a_2\,\phi_2)(k) = a_1\,T(\phi_1) + a_2\,T(\phi_2)\,.$$

Damit ist $T : \mathcal{D} \longrightarrow \mathbb{C}$ eine lineare Abbildung. Es bleibt noch die Stetigkeit zu zeigen. Verschwinden die Testfunktionen ϕ_n alle außerhalb eines Intervalls $|t|$, so ergibt sich:

$$|T(\phi_n)| \leq \sum_{|k|\leq r} |c_k|\,|\phi_n(k)| \leq \left(\sum_{|k|\leq r} |c_k|\right) \max_{t\in\mathbb{R}} |\phi_n(t)|\,.$$

Das heißt:

$$\lim_{n\to\infty} \max_{t\in\mathbb{R}} |\phi_n(t)| = 0 \quad\Longrightarrow\quad \lim_{n\to\infty} T(\phi_n) = 0\,.$$

Beispiel 5.10
Faltung von Distributionen:

Wie bei der Translation und der Skalierung soll die Faltung regulärer Distributionen auf die Faltung der entsprechenden Funktionen zurückgehen. Man muss dabei allerdings die Existenz der Faltung durch die Voraussetzung der absoluten Integrabilität der Funktionen sicher stellen. Analog zu der Translation bzw. Skalierung regulärer Distributionen $(T_f)_{t_0} = T_{f_{t_0}}$ bzw. $(T_f)_a = T_{f_a}$ erklären wir:

$$T_{f_1} * T_{f_2} = T_{f_1 * f_2} \, .$$

Das heißt:

$$(T_{f_1} * T_{f_2})(\phi) \;=\; \int\limits_{-\infty}^{\infty} (f_1 * f_2)(t)\,\phi(t)\,dt$$

$$=\; \int\limits_{-\infty}^{\infty} \frac{1}{\sqrt{2\pi}} \left(\int\limits_{-\infty}^{\infty} f_1(\tau)\,f_2(t-\tau)\,d\tau \right) \phi(t)\,dt \, .$$

Offensichtlich gilt:

$$T_{f_1} * T_{f_2} = T_{f_2} * T_{f_1} \, .$$

Wenn man die Integration vertauscht, ergibt sich:

$$(T_{f_1} * T_{f_2})(\phi) \;=\; \frac{1}{\sqrt{2\pi}} \int\limits_{-\infty}^{\infty} f_1(\tau) \left(\int\limits_{-\infty}^{\infty} f_2(t-\tau)\,\phi(t)\,dt \right) d\tau$$

$$=\; \frac{1}{\sqrt{2\pi}} \int\limits_{-\infty}^{\infty} f_1(\tau) \left(\int\limits_{-\infty}^{\infty} f_2(t)\,\phi(t+\tau)\,dt \right) d\tau$$

$$=\; \frac{1}{\sqrt{2\pi}} T_{f_1}(T_{f_2}(\phi_{-\tau})) \, .$$

Die letzte Form könnte auf beliebige Distributionen verallgemeinert werden:

$$(T_1 * T_2)(\phi) = \frac{1}{\sqrt{2\pi}} T_1(T_2(\phi_{-\tau})) \, .$$

Dies ergibt aber nur dann einen Sinn, wenn für jede Testfunktion $\phi(t)$ die Funktion $\psi(\tau) = T_2(\phi_{-\tau})$ wieder eine Testfunktion darstellt. Zwei verschobene Delta-Distributionen können auf diese Weise gefaltet werden. Wir berechnen zunächst

$$(T_\delta)_{t_2}(\phi_{-\tau}) = \int\limits_{-\infty}^{\infty} \delta(t-t_2)\,\phi(t+\tau)\,dt = \phi(t_2+\tau) \, ,$$

$$(T_\delta)_{t_1}((T_\delta)_{t_2}(\phi_{-\tau})) = \int\limits_{-\infty}^{\infty} \delta(\tau-t_1)\,\phi(t_2+\tau)\,d\tau = \phi(t_1+t_2) \, ,$$

und bekommen:

$$\big((T_\delta)_{t_1} * (T_\delta)_{t_2}\big)(\phi) = \frac{1}{\sqrt{2\pi}}\,\phi(t_1+t_2) = \frac{1}{\sqrt{2\pi}} \int\limits_{-\infty}^{\infty} \delta(t-(t_1+t_2))\,\phi(t)\,dt \, ,$$

d.h.

$$(T_\delta)_{t_1} * (T_\delta)_{t_2} = \frac{1}{\sqrt{2\pi}} (T_\delta)_{t_1+t_2} \,.$$

Die Delta-Distribution können wir mit jeder Distribution T falten:

$$(T * T_\delta)(\phi) = T(T_\delta(\phi_{-\tau})) = \frac{1}{\sqrt{2\pi}} T\left(\int\limits_{-\infty}^{\infty} \delta(t)\,\phi(t+\tau)\,dt\right) = \frac{1}{\sqrt{2\pi}} T(\phi(\tau))$$

$$= \frac{1}{\sqrt{2\pi}} T(\phi)\,,$$

$$(T_\delta * T)(\phi) = \frac{1}{\sqrt{2\pi}} T_\delta(T(\phi_{-\tau})) = \frac{1}{\sqrt{2\pi}} \int\limits_{-\infty}^{\infty} \delta(t)\,T(\phi(t+\tau))\,dt = \frac{1}{\sqrt{2\pi}} T(\phi(\tau))$$

$$= \frac{1}{\sqrt{2\pi}} T(\phi)\,.$$

Für alle Distributionen T gilt also:

$$T * T_\delta = T_\delta * T = \frac{1}{\sqrt{2\pi}} T\,.$$

Beispiel 5.11
Regularisierung von Distributionen:

Jede beliebige Distribution T kann als Grenzwert regulärer Distributionen aufgefasst werden. Dazu diskutieren wir die Faltung einer Distribution T mit einer regulären Distribution T_g. Formal bekommen wir zunächst:

$$(T * T_g)(\phi) = \frac{1}{\sqrt{2\pi}} T(T_g)(\phi_{-\tau}) = \frac{1}{\sqrt{2\pi}} T\left(\int\limits_{-\infty}^{\infty} g(t)\,\phi(t+\tau)\,dt\right).$$

Diese Gleichung ist nur dann sinnvoll, wenn

$$\psi(\tau) = \int\limits_{-\infty}^{\infty} g(t)\,\phi(t+\tau)\,dt$$

eine Testfunktion darstellt. Dies kann man mit einer beliebig oft differenzierbaren Funktion g sicher stellen, die außerhalb eines endlichen Intervalls verschwindet. Als Beispiel einer solchen Funktion geben wir die Funktion an:

$$h(t) = \begin{cases} e^{-\frac{1}{1-t^2}} & ,\quad |t| < 1, \\ 0 & ,\quad |t| \geq 1. \end{cases}$$

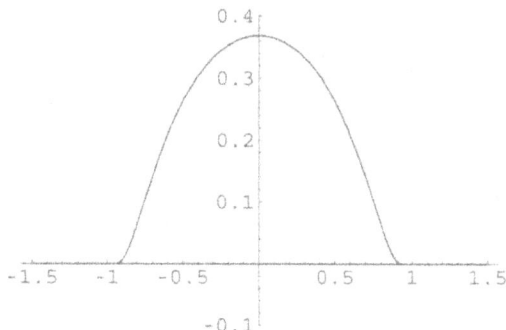

Bild 5.5: *Die Funktion h(t)*

Im allgemeinen Fall ist die Faltungsoperation kommutativ, und es gilt:

$$T * T_g = T_g * T$$

bzw.

$$T\left(\int_{-\infty}^{\infty} g(t)\,\phi(t+\tau)\,dt\right) = \int_{-\infty}^{\infty} g(t)\,T(\phi(t+\tau))\,dt\,.$$

Zum Nachweis dieser Gleichung approximiert man $\phi(t+\tau)$ durch Linearkombinationen aus Produkten $\alpha(t)\,\beta(\tau)$ und zeigt im nächsten Schritt:

$$(T * T_g)(\phi) = \frac{1}{\sqrt{2\pi}} \int_{-\infty}^{\infty} T(g(t-\tau))\,\phi(t)\,dt = \frac{1}{\sqrt{2\pi}}\,T_{T(g_{-\tau})}(\phi)\,.$$

Damit ist die Faltung einer Distribution T mit einer regulären Distribution g mit den obigen Eigenschaften wieder eine reguläre Distribution, die von der Funktion $T(g_{-\tau})$ erzeugt wird. Betrachten wir nun die Funktion

$$g(t) = \frac{h(t)}{\int_{-\infty}^{\infty} h(t)\,dt}$$

und die Folge

$$f_n(t) = n\,g(n\,t)\,.$$

Dann sind die Distributionen

$$T * T_{f_n} = \frac{1}{\sqrt{2\pi}}\,T_{(T(f_n))_\tau}$$

regulär, und es gilt mit der Stetigkeit von T:

$$\lim_{n\to\infty} \left(T * T_{f_n}\right)(\phi) = \frac{1}{\sqrt{2\pi}} \lim_{n\to\infty} T\left(\int\limits_{-\infty}^{\infty} f_n(t)\,\phi(t+\tau)\,dt\right)$$

$$= \frac{1}{\sqrt{2\pi}} T\left(\lim_{n\to\infty} \int\limits_{-\infty}^{\infty} f_n(t)\,\phi(t+\tau)\,dt\right)$$

$$= \frac{1}{\sqrt{2\pi}} T\left(\int\limits_{-\infty}^{\infty} \delta(t)\,\phi(t+\tau)\,dt\right)$$

$$= \frac{1}{\sqrt{2\pi}} T(\phi(\tau)) = \frac{1}{\sqrt{2\pi}} T(\phi)\,.$$

Der Zugang zur Ableitung von Distributionen führt zweckmäßigerweise nicht über den Konvergenzbegriff. Die Operationen werden wieder in den Raum der Testfunktionen übertragen. Dabei berücksichtigt man partielle Integration.

Ableitung von Distributionen:

Sei $T \in \mathcal{D}'$. Die durch die Vorschrift:

$$T'(\phi) = -T(\phi')\,, \quad \phi \in \mathcal{D}\,,$$

erklärte Distribution, heißt Ableitung von T. Eine Distribution kann beliebig oft abgeleitet werden.

Die Definition wird durch folgende Überlegung gerechtfertigt. Ist $f : \mathbb{R} \to \mathbb{C}$ eine stetig differenzierbare Funktion und T_f die zugeordnete reguläre Distribution, so gilt:

$$(T_f)' = T_{f'}\,.$$

Etwas allgemeiner können wir Folgendes zeigen.

Ableitung von regulären Distributionen:

Ist $f : \mathbb{R} \to \mathbb{C}$ stückweise glatt und besitzt die Sprungstelle t_0, so gilt:

$$(T_f)' = T_{f'} + (f(t_0^+) - f(t_0^-))\,\delta(t - t_0)\,.$$

Für eine außerhalb $[-r, r]$ verschwindende Testfunktion ϕ ergibt sich mit partieller Integration:

$$\int\limits_{-r}^{r} f(t)\,\phi'(t)\,dt = f(t)\,\phi(t)\big|_{-r}^{r} - \int\limits_{-r}^{r} f'(t)\,\phi(t)\,dt\,,$$

also

$$\int\limits_{-\infty}^{\infty} f(t)\,\phi'(t)\,dt = -\int\limits_{-\infty}^{\infty} f'(t)\,\phi(t)\,dt \,,$$

d.h.

$$T_f(\phi') = -T_{f'}(\phi)\,.$$

Besitzt f eine Sprungstelle, so berechnen wir:

$$\int\limits_{-r}^{r} f(t)\,\phi'(t)\,dt \;=\; \int\limits_{-r}^{t_0} f(t)\,\phi'(t)\,dt + \int\limits_{t_0}^{r} f(t)\,\phi'(t)\,dt$$

$$=\; f(t)\phi(t)\big|_{-r}^{t_0} - \int\limits_{-r}^{t_0} f'(t)\,\phi(t)\,dt$$

$$+ f(t)\phi(t)\big|_{t_0}^{r} - \int\limits_{t_0}^{r} f'(t)\,\phi(t)\,dt\,.$$

Hieraus ergibt sich:

$$\int\limits_{-\infty}^{\infty} f(t)\,\phi'(t)\,dt \;=\; -\int\limits_{-\infty}^{\infty} f'(t)\,\phi(t)\,dt + (f(t_0^-) - f(t_0^+))\,\phi(t_0)$$

$$=\; -T_{f'}(\phi) - (f(t_0^+) - f(t_0^-))\int\limits_{-\infty}^{\infty} \delta(t - t_0)\,\phi(t)\,dt\,.$$

Beispiel 5.12
Ableitung von Sprung- und Knickfunktionen berechnen:

Gegeben sei die Heavisidesche Sprungfunktion

$$u(t) = \begin{cases} 0 & , \quad t < 0, \\ 1 & , \quad 1 \geq 0, \end{cases}$$

sowie die Knickfunktion:

$$f(t) = \begin{cases} 0 & , \quad t < 0, \\ t & , \quad t \geq 0. \end{cases}$$

Wir betrachten jeweils die zugeordnete reguläre Distribution T_f und berechnen ihre Ableitung. Nach der allgemeinen Regel ergibt sich sofort: $(T_u)' = T_\delta$ und $(T_f)' = T_u$.

Nach Definition der Ableitung von Distributionen ergibt sich:

$$(T_u)'(\phi) \;=\; -T_u(\phi') = -\int_0^\infty \phi'(t)\,dt = -\phi(t)\big|_0^\infty$$

$$=\;\; \phi(0) = T_\delta(\phi)\,.$$

Mit der Heavisideschen Sprungfunktion können wir f schreiben als:

$$f(t) = t\,u(t)\,.$$

Die f zugeordnete reguläre Distribution wirkt auf Testfunktionen ϕ durch:

$$T_f(\phi) = \int_{-\infty}^\infty f(t)\,\phi(t)\,dt = \int_0^\infty t\,\phi(t)\,dt\,.$$

Nun berechnen wir:

$$(T_f)'(\phi) \;=\; -T_f(\phi') = -\int_0^\infty t\,\phi'(t)\,dt$$

$$=\;\; -t\,\phi(t)\big|_0^\infty + \int_0^\infty \phi(t)\,dt = \int_0^\infty \phi(t)\,dt$$

$$=\;\; \int_{-\infty}^0 0\cdot\phi(t)\,dt + \int_0^\infty 1\cdot\phi(t)\,dt$$

$$=\;\; \int_{-\infty}^\infty u(t)\,\phi(t)\,dt = T_u(\phi)\,.$$

MAPLE:

```
with(inttrans):
simplify(diff(Heaviside(t),t));
```

$$\text{Simplify}(\frac{\partial}{\partial t}\,\text{Heaviside}(t)) = \text{Dirac}(t)$$

```
simplify(diff(t*Heaviside(t),t));
```

$$\text{Simplify}(\frac{\partial}{\partial t}\,t\,\text{Heaviside}(t)) = \text{Heaviside}(t)$$

5.2   Fouriertransformation von Distributionen

Damit die Fouriertransformation auf Distributionen erweitert werden kann, gehen wir zunächst zu allgemeineren Testfunktionen über und geben die Forderung nach einem kompakten Träger auf.

Testfunktionen aus $\mathcal{S}$:

Der Raum der Testfunktionen $\mathcal{S}$ (Schwartzscher Raum) besteht aus beliebig oft differenzierbaren Funktionen

$$\phi : \mathbb{R} \to \mathbb{C}$$

mit folgender Eigenschaft. Für alle $j \geq 0, k \geq 0$ gilt:

$$\sup_{t \in \mathbb{R}} |t^j \phi^{(k)}(t)| < \infty.$$

Der Übergang vom Maximum zum Supremum wird erforderlich, da die Testfunktionen aus $\mathcal{S}$ nicht außerhalb eines kompakten Intervalls verschwinden müssen. Ein Maximum im Wertebereich muss dann nicht als Funktionswert angenommen werden. Offensichtlich gilt $\mathcal{D} \subset \mathcal{S}$. Man kann sich leicht davon überzeugen, dass die Fouriertransformation nicht aus dem Raum $\mathcal{S}$ hinausführt.

Zunächst muss auch der Konvergenzbegriff im Raum $\mathcal{S}$ etwas angepasst werden. Eine Folge $\phi_n \in \mathcal{S}$, $n \in \mathbb{N}$, von Testfunktionen heißt konvergent gegen $0 \in \mathcal{S}$:

$$\mathcal{S} - \lim_{n \to \infty} \phi_n(t) = 0,$$

wenn es zunächst zu je zwei Indizes $j \geq 0, k \geq 0$ eine Zahl $\alpha_{j,k} > 0$ gibt, so dass für alle n gilt:

$$\sup_{t \in \mathbb{R}} |t^j \phi_n^{(k)}(t)| \leq \alpha_{j,k}.$$

Ferner muss für alle $k \geq 0$ gelten:

$$\lim_{n \to \infty} \sup_{t \in \mathbb{R}} |\phi_n^{(k)}(t)| = 0.$$

Nun können wir Distributionen auf $\mathcal{S}$ erklären.

Temperierte Distributionen:

Eine lineare, stetige Funktion: $T : \mathcal{S} \to \mathbb{C}$ heißt temperierte Distribution. Den Raum der temperierten Distributionen bezeichnet man mit S'.

Beispiel 5.13
Temperierte Distribution als Reihe mit der Delta-Funktion bilden:

Seien c_k komplexe Zahlen mit $\displaystyle\sum_{k=-\infty}^{\infty} |c_k| < \infty$. Man überlegt sich, dass durch folgende Reihe eine Distribution gegeben wird:

$$T = \sum_{k=-\infty}^{\infty} c_k \, \delta(t-k) \,.$$

Eine beliebige Testfunktion $\phi \in \mathcal{S}$ ist beschränkt und deshalb existiert die Summe:

$$|T(\phi)| = \left| \sum_{k=-\infty}^{\infty} c_k \, \delta(t-k)(\phi) \right| \leq \sum_{|k| \leq r} |c_k| \, |\phi(k)| \leq \left(\sum_{|k| \leq r} |c_k| \right) \sup_{t \in \mathbb{R}} |\phi(t)| \,.$$

Die Linearität ergibt sich analog zu den nicht temperierten Distributionen. Bei der Stetigkeit operiert man wieder mit dem Supremum anstatt dem Maximum:

$$|T(\phi_n)| \leq \sum_{k=-\infty}^{\infty} |c_k| \, |\phi_n(k)| \leq \left(\sum_{k=-\infty}^{\infty} |c_k| \right) \sup_{t \in \mathbb{R}} |\phi_n(t)| \,.$$

Das heißt:

$$\lim_{n \to \infty} \sup_{t \in \mathbb{R}} |\phi_n(t)| = 0 \quad \Longrightarrow \quad \lim_{n \to \infty} T(\phi_n) = 0 \,.$$

Beispiel 5.14
Die Comb-Distribution (Impulskamm oder Impulsreihe):

Die folgende temperierte Distribution:

$$A(t) = \sum_{n=-\infty}^{\infty} \delta(t - n\,p) \,,$$

kann als eine Abtastung betrachtet werden. Man bezeichnet sie auch als Comb-Distribution. Mit der absoluten Konvergenz der Summe der Koeffizienten kann man nicht argumentieren. Aber das Abklingverhalten der Testfunktionen $\sup\limits_{t \in \mathbb{R}} |t^j \, \phi(t)| < \infty$ sorgt dafür, dass A erklärt ist.

Nun sei f eine beschränkte Funktion. Wir zeigen, dass die Multiplikation der Funktion f mit der Distribution A als Abtastung von f aufgefasst werden kann:

$$f(t)\,A(t) = \sum_{n=-\infty}^{\infty} f(n\,p)\,\delta(t - n\,p) \,.$$

Offensichtlich gilt für eine Testfunktion:

$$(f(t)\, A(t))(\phi(t)) \;=\; \sum_{n=-\infty}^{\infty} (\delta(t-n\,p))(f(t)\,\phi(t))$$

$$=\; \sum_{n=-\infty}^{\infty} f(n\,p)\,\phi(n\,p)$$

$$=\; \sum_{n=-\infty}^{\infty} f(n\,p)\,(\delta(t-n\,p))(\phi(t))$$

$$=\; \left(\sum_{n=-\infty}^{\infty} f(n\,p)\,\delta(t-n\,p)\right)(\phi(t))\,.$$

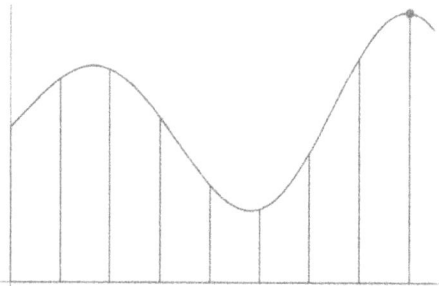

Bild 5.6: *Zur Distribution*
$$A = \sum_{n=0}^{\infty} f(n)\,\delta(t-n\,p)$$

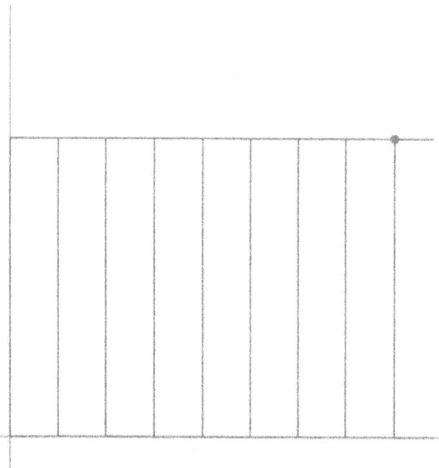

Bild 5.7: *Zur Comb-Distribution* $(f(t)=1)$
$$A = \sum_{n=0}^{\infty} \delta(t-n\,p)$$

Die Fouriertransformierte einer temperierten Distribution können wir durch Überwälzen der Fouriertransformation auf die Testfunktionen definieren.

Fouriertransformierte temperierter Distributionen:

Unter der Fouriertransformierten der temperierten Distribution $T \in \mathcal{S}'$ verstehen wir die lineare Abbildung:

$$\mathcal{F}(T)(\phi) = T(\mathcal{F}(\phi)),$$

die $\mathcal{S}$ nach $\mathbb{C}$ abbildet.

Beispiel 5.15
Fouriertransformierte einer Konstanten:

Bei einer konstanten Funktion ergibt das Fourierintegral keinen Sinn. Man kann aber die einer Konstanten zugeordnete Distribution der Fouriertransformation unterwerfen. Im Distributionensinn besitzt die konstante Funktion

$$f(t) = c, \quad c \in \mathbb{C},$$

die Fouriertransformierte:

$$\mathcal{F}(T_c) = \sqrt{2\pi}\, c\, T_\delta.$$

Es gilt mit dem Fourier-Integraltheorem:

$$
\begin{aligned}
\mathcal{F}(T_c)(\phi) &= T_c(\mathcal{F}(\phi)) \\
&= c \int_{-\infty}^{\infty} \mathcal{F}(\phi(t))(\omega)\, d\omega \\
&= c \int_{-\infty}^{\infty} \mathcal{F}(\phi(t))(\omega)\, e^{i\,\omega 0}\, d\omega = \sqrt{2\pi}\, c\, \phi(0) \\
&= \sqrt{2\pi}\, c\, T_\delta(\phi).
\end{aligned}
$$

Insbesondere gilt:

$$\mathcal{F}\left(T_{\frac{1}{\sqrt{2\pi}}}\right)(\phi) = T_\delta(\phi).$$

MAPLE:

```
with(inttrans):

(1/(sqrt(2*Pi)))*fourier(c,t,omega);
```

$$\sqrt{2}\,\sqrt{\pi}\, c\, \mathrm{Dirac}(\omega)$$

Beispiel 5.16
Fouriertransformierte der Diracschen Deltafunktion:

Wir zeigen umgekehrt:

$$\mathcal{F}(\delta) = T_{\frac{1}{\sqrt{2\pi}}} \,.$$

Definitionsgemäß gilt:

$$\begin{aligned}
\mathcal{F}(T_\delta)(\phi) &= T_\delta(\mathcal{F}(\phi)) = \mathcal{F}(\phi(t))(0) \\
&= \frac{1}{\sqrt{2\pi}} \int\limits_{-\infty}^{\infty} \phi(t)\, e^{-i\,t\,0}\, dt = \int\limits_{-\infty}^{\infty} \frac{1}{\sqrt{2\pi}}\, \phi(t)\, dt \\
&= T_{\frac{1}{\sqrt{2\pi}}}(\phi) \,.
\end{aligned}$$

Betrachten wir die verschobene Deltafunktion, so ergibt sich:

$$\begin{aligned}
\mathcal{F}((T_\delta)_{t_0})(\phi) &= (T_\delta)_{t_0}(\mathcal{F}(\phi)) = \mathcal{F}(\phi(t))(t_0) \\
&= \frac{1}{\sqrt{2\pi}} \int\limits_{-\infty}^{\infty} \phi(t)\, e^{-i\,t\,t_0}\, dt \\
&= \int\limits_{-\infty}^{\infty} \frac{e^{-i\,t_0\,t}}{\sqrt{2\pi}}\, \phi(t)\, dt = T_f(\phi)
\end{aligned}$$

mit

$$f(t) = \frac{e^{-i\,t_0\,t}}{\sqrt{2\pi}} \,.$$

MAPLE:

```
with(inttrans):
```

```
(1/(sqrt(2*Pi)))*fourier(Dirac(t-t_0),t,omega);
```

$$\frac{1}{2}\, \frac{\sqrt{2}\, e^{(-I\,t\_0\,\omega)}}{\sqrt{\pi}}$$

Ist $f : \mathbb{R} \to \mathbb{C}$ stückweise stetig und auf $\mathbb{R}$ absolut integrierbar, so gilt für die f zugeordnete temperierte Distribution T_f:

$$\mathcal{F}(T_f) = T_{\mathcal{F}(f)} \,.$$

Dies zeigt folgende Rechnung:

$$\mathcal{F}(T_f)(\phi) = T_f(\mathcal{F}(\phi))$$

$$= \int_{-\infty}^{\infty} f(\omega)\,\mathcal{F}(\phi(t))(\omega)\,d\omega$$

$$= \int_{-\infty}^{\infty} f(\omega) \left(\frac{1}{\sqrt{2\pi}} \int_{-\infty}^{\infty} \phi(t)\,e^{-i\,\omega\,t}\,dt \right) d\omega$$

$$= \int_{-\infty}^{\infty} \left(\frac{1}{\sqrt{2\pi}} \int_{-\infty}^{\infty} f(\omega)\,e^{-i\,\omega\,t}\,d\omega \right) \phi(t)\,dt$$

$$= \int_{-\infty}^{\infty} \mathcal{F}(f(\omega))(t)\,\phi(t)\,dt$$

$$= T_{\mathcal{F}(f)}(\phi).$$

Die Distributionentheorie fällt also in diesem Fall mit dem klassischen Ergebnis zusammen. Man unterdrückt deshalb auch in anderen Fällen den Distributionenhintergrund und schreibt beispielsweise:

$$\mathcal{F}(c)(\omega) = \sqrt{2\pi}\,c\,\delta(\omega),$$

$$\mathcal{F}(\delta(t))(\omega) = \frac{1}{\sqrt{2\pi}},$$

$$\mathcal{F}(\delta(t - t_0))(\omega) = \frac{e^{-i\,t_0\,\omega}}{\sqrt{2\pi}}.$$

Beispiel 5.17
Fouriertransformierte von Exponential- und trigonometrischen Funktionen:

Wir zeigen:

$$\mathcal{F}\left(c\,e^{i\,\omega_0\,t}\right)(\omega) = \sqrt{2\pi}\,c\,\delta(\omega - \omega_0)$$

und

$$\mathcal{F}(\sin(\omega_0\,t))(\omega) = -i\,\frac{\sqrt{\pi}}{\sqrt{2}}\,(\delta(\omega - \omega_0) - \delta(\omega + \omega_0)),$$

$$\mathcal{F}(\cos(\omega_0\,t))(\omega) = \frac{\sqrt{\pi}}{\sqrt{2}}\,(\delta(\omega - \omega_0) + \delta(\omega + \omega_0)).$$

Es gilt wieder mit dem Fourier-Integraltheorem:

$$\mathcal{F}\left(T_{c\,e^{i\,\omega_0 t}}\right)(\phi) \;=\; T_{c\,e^{i\,\omega_0 t}}(\mathcal{F}(\phi)) = c \int\limits_{-\infty}^{\infty} e^{i\,\omega_0\,\omega}\, \mathcal{F}(\phi(t))(\omega)\, d\omega$$

$$= \;\sqrt{2\pi}\, c\,\phi(\omega_0) = \sqrt{2\pi}\, c \int\limits_{-\infty}^{\infty} \delta(\omega - \omega_0)\,\phi(\omega)\, d\omega.$$

Zum Nachweis des zweiten Teils benutzt man die Eulerschen Formeln:

$$\sin(\omega_0 t) = \frac{1}{2i}\left(e^{i\,\omega_0 t} - e^{-i\,\omega_0 t}\right), \quad \cos(\omega_0 t) = \frac{1}{2}\left(e^{i\,\omega_0 t} + e^{-i\,\omega_0 t}\right).$$

Beispiel 5.18
Fouriertransformierte der Spaltfunktion:

Wir betrachten die Spaltfunktion:

$$\operatorname{sinc}(t) = \frac{\sin(t)}{t}$$

und zeigen für $a \neq 0$:

$$\mathcal{F}(\operatorname{sinc}(a\,t))(\omega) = \frac{\sqrt{\pi}}{a\sqrt{2}}\,(u(\omega + a) - u(\omega - a)).$$

Wir benutzen

$$\frac{\sin(\omega)}{\omega} = \frac{1}{2}\int\limits_{-1}^{1} e^{i\,\omega t}\, dt$$

sowie das Fourier-Integraltheorem und geben folgende grobe Beweisskizze (für $a = 1$):

$$\mathcal{F}(T_{\operatorname{sinc}})(\phi) \;=\; T_{\operatorname{sinc}}(\mathcal{F}(\phi))$$

$$= \int\limits_{-\infty}^{\infty} \operatorname{sinc}(\omega)\,\mathcal{F}(\phi(t))(\omega))\, d\omega$$

$$= \int\limits_{-\infty}^{\infty} \left(\frac{1}{2}\int\limits_{-1}^{1} e^{i\,\omega t}\, dt\right) \Phi(\omega)\, d\omega$$

$$= \int\limits_{-1}^{1} \frac{1}{2}\left(\int\limits_{-\infty}^{\infty} e^{i\,\omega t}\, \Phi(\omega)\, d\omega\right) dt$$

$$= \int\limits_{-1}^{1} \frac{\sqrt{2\pi}}{2}\,\phi(t)\, dt$$

$$= T_f(\phi)$$

mit $\mathcal{F}(\phi)(\omega) = \Phi(\omega)$ und

$$f(t) = \frac{\sqrt{\pi}}{\sqrt{2}} \left(u(t+1) - u(t-1) \right).$$

Beispiel 5.19
Fouriertransformierte der Signum- und der Heaviside-Funktion:
Wir betrachten die Signum-Funktion:

$$\text{sign}(t) = \begin{cases} -1 & , & t < 0, \\ 1 & , & t \geq 0. \end{cases}$$

und zeigen:

$$\mathcal{F}(\text{sign}(t))(\omega) = \frac{\sqrt{2}}{\sqrt{\pi}} \frac{1}{i\,\omega}.$$

Mit $u(t) = \dfrac{1}{2}\left(\text{sign}(t) + 1\right)$ ergibt sich daraus für die Heaviside-Funktion:

$$\mathcal{F}(u(t))(\omega) = \frac{\sqrt{\pi}}{\sqrt{2}} \delta(\omega) + \frac{1}{\sqrt{2\pi}} \frac{1}{i\,\omega}.$$

Wir geben folgende grobe Beweisskizze:

$$
\begin{aligned}
\mathcal{F}(T_{\text{sign}})(\phi) &= T_{\text{sign}}(\mathcal{F}(\phi)) \\[2mm]
&= \int_{-\infty}^{\infty} \text{sign}(\omega)\,\mathcal{F}(\phi(t))(\omega))\,d\omega \\[2mm]
&= \int_{0}^{\infty} \left(\mathcal{F}(\phi(t))(\omega)) - \mathcal{F}(\phi(t))(-\omega)) \right) d\omega \\[2mm]
&= \frac{1}{\sqrt{2\pi}} \int_{0}^{\infty} \left(\int_{-\infty}^{\infty} \phi(t)\left(e^{-i\omega t} - e^{i\omega t} \right) dt \right) d\omega \\[2mm]
&= \frac{1}{\sqrt{2\pi}} \int_{-\infty}^{\infty} \phi(t) \left(\int_{0}^{\infty} \left(e^{-i\omega t} - e^{i\omega t} \right) d\omega \right) dt \\[2mm]
&= \lim_{R\to\infty} \frac{1}{\sqrt{2\pi}} \int_{-\infty}^{\infty} \phi(t) \left(\int_{0}^{R} \left(e^{-i\omega t} - e^{i\omega t} \right) d\omega \right) dt\,.
\end{aligned}
$$

Mithilfe des Integrals:

$$\int\limits_0^R \left(e^{-i\omega t} - e^{i\omega t}\right) d\omega = \frac{2}{it} - \frac{2}{it}\cos(Rt)$$

kann man weiter umformen:

$$\mathcal{F}(T_{\text{sign}})(\phi) = \frac{\sqrt{2}}{\sqrt{\pi}\,i} \lim_{\eta\to\infty,\,\epsilon\to 0^+} \left(\int\limits_{-\eta}^{-\epsilon} \frac{\phi(t)}{t}\,dt + \int\limits_{-\epsilon}^{\eta} \frac{\phi(t)}{t}\,dt\right)$$

$$= \frac{\sqrt{2}}{\sqrt{\pi}\,i}\,HW \int\limits_{-\infty}^{\infty} \frac{\phi(t)}{t}\,dt\,.$$

Man muss dabei auf den Cauchyschen Hauptwert ausweichen, weil die Funktion $\frac{1}{t}$ bei $t = 0$ nicht erklärt ist und nicht als Basis einer regulären Distribution infrage kommt.
Damit kann man sich auch überlegen, dass im Distributionensinn folgende Gleichung gilt:

$$\lim_{n\to\infty} \mathcal{F}\left(u(t)\,e^{-\frac{1}{n}t}\right)(\omega) = \mathcal{F}(u(t))(\omega)\,.$$

Wir gehen aus von der Korrespondenz ($a > 0$):

$$\mathcal{F}\left(u(t)\,e^{-at}\right)(\omega) = \frac{1}{\sqrt{2\pi}}\frac{a}{a^2+\omega^2} - \frac{1}{\sqrt{2\pi}}\frac{i\omega}{a^2+\omega^2}$$

und formen den Realteil um:

$$\frac{1}{\sqrt{2\pi}}\frac{a}{a^2+\omega^2} = \frac{\sqrt{\pi}}{\sqrt{2}}\frac{1}{\pi}\frac{a}{a^2+\omega^2} = \frac{\sqrt{\pi}}{\sqrt{2}}\frac{1}{\pi}\frac{1}{a}\frac{1}{1+\left(\frac{1}{a}\omega\right)^2}\,.$$

Wenn man den Parameter a durch $\frac{1}{n}$ ersetzt, folgt:

$$\mathcal{F}\left(u(t)\,e^{-\frac{1}{n}t}\right)(\omega) = \frac{\sqrt{\pi}}{\sqrt{2}}\frac{1}{\pi}\,n\,\frac{1}{1+(n\omega)^2} - \frac{1}{\sqrt{2\pi}}\frac{i\omega}{\left(\frac{1}{n}\right)^2+\omega^2}\,.$$

Im Distributionensinn konvergiert die Funktionenfolge $\dfrac{1}{\pi}\,n\,\dfrac{1}{1+(n\omega)^2}$ nun gegen $\delta(\omega)$ und die

Folge $\dfrac{\omega}{\left(\frac{1}{n}\right)^2+\omega^2}$ mit der Hauptwertbetrachtung gegen $\dfrac{1}{\omega}$.

Beispiel 5.20
Konvergenzerzeugende Faktoren, Fouriertransformierte als Grenzwert:

Sei $f(t)$ absolut integrierbar, $h(t), \phi(t)$ seien Testfunktionen. Die Fouriertransformierte von $\phi(t)$ sei $\Phi(\omega)$ und $h(0) = 1$. Wir verwenden zunächst die Tatsache, dass die Delta-Funktion als Grenzwert regulärer Distributionen aufgefasst werden kann:

$$\lim_{n\to\infty} \int_{-\infty}^{\infty} n\, f(n\,\omega)\, \Phi(n\,\omega)\, h(\omega)\, d\omega \;=\; \int_{-\infty}^{\infty} f(\omega)\, \Phi(\omega)\, d\omega \int_{-\infty}^{\infty} \delta(\omega)\, h(\omega)\, d\omega$$

$$= \int_{-\infty}^{\infty} f(\omega)\, \Phi(\omega)\, d\omega\; h(0)$$

$$= \int_{-\infty}^{\infty} f(\omega)\, \Phi(\omega)\, d\omega$$

$$= \mathcal{F}(T_f)(\phi)\,.$$

Substitution von $n\omega$ ergibt die Beziehung:

$$\lim_{n\to\infty} \int_{-\infty}^{\infty} f(\omega)\, h\left(\frac{1}{n}\,\omega\right)\, \Phi(\omega)\, d\omega = \mathcal{F}(T_f)(\phi)\,.$$

Betrachten wir nun eine nicht absolut integrierbare Funktion $f(t)$ und nehmen an, dass eine Funktion $h(t)$ existiert mit $h(0) = 0$ und

$$\int_{-\infty}^{\infty} \left| f(t)\, h\left(\frac{1}{n}\,t\right)\right| dt < \infty\,, \quad \text{für alle } n \in \mathbb{N}\,.$$

Man bezeichnet die Funktion $h(t)$ als konvergenzerzeugenden Faktor und erhält mit geeigneten Theorieerweiterungen im Distributionensinn die Gleichung:

$$\lim_{n\to\infty} \mathcal{F}\left(f(t)\, h\left(\frac{1}{n}\,t\right)\right)(\omega) = \mathcal{F}(f(t))(\omega)\,.$$

Nehmen wir beispielsweise die nicht integrierbare Funktion $f(t) = 1$ und $h(t) = e^{-|t|}$ als konvergenzerzeugenden Faktor. Aus

$$\lim_{n\to\infty} \int_{-\infty}^{\infty} e^{-\frac{1}{n}|\omega|}\, \Phi(\omega)\, d\omega = \int_{-\infty}^{\infty} \Phi(\omega)\, d\omega = \int_{-\infty}^{\infty} \Phi(\omega)\, e^{i\,\omega 0}\, d\omega$$

folgt mit dem Fourier-Integraltheorem:

$$\lim_{n\to\infty} \int_{-\infty}^{\infty} e^{-\frac{1}{n}|\omega|}\, \Phi(\omega)\, d\omega = \sqrt{2\pi}\, \phi(0) = \sqrt{2\pi} \int_{-\infty}^{\infty} \delta(\omega)\, \phi(\omega)\, d\omega\,,$$

bzw.

$$\lim_{n\to\infty} \mathcal{F}\left(e^{-\frac{1}{n}|t|}\right)(\omega) = \sqrt{2\pi}\, \delta(\omega)\,.$$

Beispiel 5.21

Abtasttheorem und Comb-Distribution:

Sei f eine Funktion, welche die Voraussetzungen der Poissonschen Summenformel erfüllt. Hieraus ergibt sich insbesondere die Beschränktheit der Folge $f(np)$, sodass auch die Distribution

$$f(t)\, A(t) = \sum_{n=-\infty}^{\infty} f(n\, p)\, \delta(t - n\, p).$$

erklärt ist

Die Fouriertransformierte der Distribution fA ergibt:

$$\mathcal{F}(f(t)\, A(t))(\omega) = \sum_{n=-\infty}^{\infty} f(n\, p)\, \frac{1}{\sqrt{2\pi}}\, e^{-i\, n\, p\, \omega}$$

$$= \frac{1}{\sqrt{2\pi}} \sum_{n=-\infty}^{\infty} f(-n\, p)\, e^{i\, n\, p\, \omega}.$$

Die Fourierreihe auf der rechten Seite stimmt mit der periodisierten Fouriertransformierten überein:

$$\frac{1}{\sqrt{2\pi}} \sum_{n=-\infty}^{\infty} f(-n\, p)\, e^{i\, n\, p\, \omega} = \frac{1}{p} \sum_{n=-\infty}^{\infty} \mathcal{F}(f(t)) \left(\frac{p\, \omega + 2\, \pi\, n}{p} \right),$$

und wir bekommen:

$$\mathcal{F}(f(t)\, A(t))(\omega) = \frac{1}{p} \sum_{n=-\infty}^{\infty} \mathcal{F}(f(t)) \left(\frac{p\, \omega + 2\, \pi\, n}{p} \right).$$

Ist die Funktion f mit dem Frequenzband $|\omega| \leq \Omega$ begrenzt, so können wir bei $\dfrac{1}{p} \geq \dfrac{\Omega}{\pi}$ schreiben:

$$\mathcal{F}(f(t))(\omega) = \left(\sum_{n=-\infty}^{\infty} \mathcal{F}(f(t)) \left(\omega + \frac{2\, \pi\, n}{p} \right) \right) H(\omega)$$

bzw.

$$\mathcal{F}(f(t))(\omega) = T\, \mathcal{F}(f(t)\, A(t))(\omega)\, H(\omega)$$

mit

$$H(\omega) = \begin{cases} 1 & , \quad |\omega| \leq \Omega\,, \\ 0 & , \quad \text{sonst}\,. \end{cases}$$

Übertragen wir nun diese Beziehung in den Zeitbereich und berücksichtigen den Faltungssatz und die Korrespondenz

$$\mathcal{F}(\text{sinc}(\Omega\, t))(\omega) = \frac{\sqrt{\pi}}{\Omega\, \sqrt{2}}\, (u(\omega + \Omega) - u(\omega - \Omega))\,,$$

so ergibt sich:

$$f(t) = p\,(f(t)\,A(t)) * \left(\frac{\sqrt{2}\,\Omega}{\sqrt{\pi}}\,\mathrm{sinc}(\Omega\,t)\right).$$

Auswerten der Faltung liefert formal:

$$
\begin{aligned}
f(t) &= \frac{\sqrt{2}\,\Omega\,p}{\sqrt{\pi}}\,\frac{1}{\sqrt{2\,\pi}}\int_{-\infty}^{\infty}\sum_{n=-\infty}^{\infty} f(n\,p)\,\delta(\tau - n\,p)\,\mathrm{sinc}(\Omega\,(t-\tau))\,d\tau \\[2mm]
&= \frac{\Omega\,p}{\pi}\sum_{n=-\infty}^{\infty} f(n\,p)\int_{-\infty}^{\infty}\delta(\tau - n\,p)\,\mathrm{sinc}(\Omega\,(t-\tau))\,d\tau \\[2mm]
&= \frac{\Omega\,p}{\pi}\sum_{n=-\infty}^{\infty} f(n\,p)\,\mathrm{sinc}(\Omega\,(t - n\,p)).
\end{aligned}
$$

Verfolgt man diese Herleitung sorgfältig, so kann man die Voraussetzungen abschwächen und das Abtasttheorem auf unstetige Funktionen ausdehnen.

Beispiel 5.22
Die Comb-Distribution als verallgemeinerte Fourierreihe:

Wir nehmen eine Testfunktion und betrachten die Poissonsche Summenformel:

$$\sum_{n=-\infty}^{\infty}\phi(n\,p) = \frac{\sqrt{2\,\pi}}{p}\sum_{k=-\infty}^{\infty}\mathcal{F}(\phi(t))\left(k\,\frac{2\,\pi}{p}\right).$$

Die linke Seite können wir als Wirkung der Comb-Distribution auf die Testfunktion ϕ auffassen:

$$\sum_{n=-\infty}^{\infty}\phi(n\,p) = \left(\sum_{n=-\infty}^{\infty}\delta(t - n\,p)\right)(\phi(t)).$$

Die rechte Seite schreiben wir als:

$$
\begin{aligned}
\frac{\sqrt{2\,\pi}}{p}\sum_{k=-\infty}^{\infty}\mathcal{F}(\phi(t))\left(k\,\frac{2\,\pi}{p}\right) &= \frac{\sqrt{2\,\pi}}{p}\sum_{k=-\infty}^{\infty}\frac{1}{\sqrt{2\,\pi}}\int_{-\infty}^{\infty}\phi(t)\,e^{-i\,k\,\frac{2\,\pi}{p}\,t}\,dt \\[2mm]
&= \frac{1}{p}\sum_{k=-\infty}^{\infty}\int_{-\infty}^{\infty} e^{-i\,k\,\frac{2\,\pi}{p}\,t}\,\phi(t)\,dt \\[2mm]
&= \frac{1}{p}\sum_{k=-\infty}^{\infty} A_{e^{-i\,k\,\frac{2\,\pi}{p}\,t}}(\phi(t)),
\end{aligned}
$$

wobei $A_{e^{-i\,k\,\frac{2\,\pi}{p}\,t}}$ den Funktionen $e^{-i\,k\,\frac{2\,\pi}{p}\,t}$ zugeordnete reguläre Distributionen darstellen.

In Kurzform schreibt man oft: $\displaystyle\sum_{n=-\infty}^{\infty} \delta(t - n\,p) = \frac{1}{p} \sum_{k=-\infty}^{\infty} e^{i\,k\,\frac{2\pi}{p}\,t}$.

Beispiel 5.23
Abtasttheorem und Faltung mit der Comb-Distribution:

Wir zeigen, dass die Beziehung im Frequenzbereich:

$$\mathcal{F}(f(t)\,A(t))(\omega) = \frac{1}{p} \sum_{n=-\infty}^{\infty} \mathcal{F}(f(t)) \left(\omega + \frac{2\pi n}{p}\right)$$

als Faltung aufgefasst werden kann:

$$\mathcal{F}(f(t)\,A(t))(\omega) = \mathcal{F}(f(t))(\omega) * \mathcal{F}(A(t))(\omega).$$

Wir überlegen zunächst, dass gilt:

$$T_f * (T_\delta)_{t_0} = \frac{1}{\sqrt{2\pi}}\, T_{f-t_0}.$$

Denn die Wirkung auf Testfunktionen ergibt:

$$
\begin{aligned}
T_f * (T_\delta)_{t_0}(\phi) &= \frac{1}{\sqrt{2\pi}}\, T_f (T_\delta)_{t_0}(\phi_{-\tau})) = \frac{1}{\sqrt{2\pi}}\, T_f(\phi(t_0 + \tau)) \\
&= \frac{1}{\sqrt{2\pi}} \int_{-\infty}^{\infty} f(\tau)\,\phi(t_0 + \tau)\,d\tau = \frac{1}{\sqrt{2\pi}} \int_{-\infty}^{\infty} f(\tau + t_0)\,\phi(\tau)\,d\tau.
\end{aligned}
$$

Mit der Umformung

$$
\begin{aligned}
\mathcal{F}(A(t))(\omega) &= \frac{1}{\sqrt{2\pi}} \sum_{n=-\infty}^{\infty} e^{i\,n\,p\,\omega} = \frac{1}{\sqrt{2\pi}} \sum_{n=-\infty}^{\infty} e^{i\,n\,2\pi\,\frac{p}{2\pi}\,\omega} \\
&= \frac{1}{\sqrt{2\pi}}\,\frac{2\pi}{p} \sum_{n=-\infty}^{\infty} \delta\left(\omega - n\,\frac{2\pi}{p}\right)
\end{aligned}
$$

erhalten wir:

$$
\begin{aligned}
\mathcal{F}(f(t))(\omega) * \mathcal{F}(A(t))(\omega) &= T_{\mathcal{F}(f(t))(\omega)} * \mathcal{F}(A(t))(\omega) \\
&= \frac{1}{\sqrt{2\pi}}\,\frac{1}{\sqrt{2\pi}}\,\frac{2\pi}{p} \sum_{n=-\infty}^{\infty} \mathcal{F}(f(t)) \left(\omega + n\,\frac{2\pi}{p}\right).
\end{aligned}
$$

Beispiel 5.24
Fouriertransformation eines Produkts von Distributionen:

Durch formale Rechnung zeigen wir für eine Funktion f und eine Distribution T den Faltungssatz:

$$\mathcal{F}(f\,T) = \mathcal{F}(T) * \mathcal{F}(T_f)\,.$$

Nach Definition wirkt die Fouriertransformierte auf Testfunktionen:

$$(\mathcal{F}(f\,T))(\phi) = (f\,T)(\mathcal{F}(\phi)) = T(f\,\mathcal{F}(\phi))\,.$$

Mit dem Urbild unter der Fouriertransformation

$$f = \mathcal{F}(g)\,, \quad g(\tau) = \frac{1}{\sqrt{2\pi}} \int\limits_{-\infty}^{\infty} f(\omega)\,e^{-\omega\tau i}\,d\omega\,,$$

ergibt sich nach dem klassischen Faltungssatz:

$$(\mathcal{F}(f\,T))(\phi) = T(\mathcal{F}(g * \phi)) = (\mathcal{F}(T))(g * \phi)\,.$$

Wir formen um:

$$
\begin{aligned}
(g * \phi)(t) &= \frac{1}{\sqrt{2\pi}} \int\limits_{-\infty}^{\infty} g(\tau)\,\phi(t-\tau)\,d\tau \\[2mm]
&= \frac{1}{\sqrt{2\pi}} \int\limits_{-\infty}^{\infty} \left(\frac{1}{\sqrt{2\pi}} \int\limits_{-\infty}^{\infty} f(\omega)\,e^{-\omega\tau i}\,d\omega \right) \phi(t-\tau)\,d\tau \\[2mm]
&= \frac{1}{\sqrt{2\pi}} \int\limits_{-\infty}^{\infty} f(\omega) \left(\frac{1}{\sqrt{2\pi}} \int\limits_{-\infty}^{\infty} \phi(t-\tau)\,e^{-\omega\tau i}\,d\tau \right) d\omega \\[2mm]
&= \frac{1}{\sqrt{2\pi}} \int\limits_{-\infty}^{\infty} f(\omega) \left(\frac{1}{\sqrt{2\pi}} \int\limits_{-\infty}^{\infty} \phi(t+\tau)\,e^{\omega\tau i}\,d\tau \right) d\omega \\[2mm]
&= \frac{1}{\sqrt{2\pi}} \int\limits_{-\infty}^{\infty} f(\omega)\,\mathcal{F}(\phi(t+\tau))(\omega)\,d\omega \\[2mm]
&= \frac{1}{\sqrt{2\pi}} (T_f)(\mathcal{F}(\phi_{-\tau})) \\[2mm]
&= \frac{1}{\sqrt{2\pi}} (\mathcal{F}(T_f))(\phi_{-\tau})\,.
\end{aligned}
$$

und bekommen insgesamt:

$$(\mathcal{F}(f\,T))(\phi) = \frac{1}{\sqrt{2\pi}} (\mathcal{F}(T))((\mathcal{F}(T_f))(\phi_{-\tau}))\,.$$

Beispiel 5.25

Fourier-Koeffizienten periodischer Distributionen:

Die Comb-Distribution können wir als eine p-periodische Distribution auffassen:

$$\left(\sum_{n=-\infty}^{\infty} \delta(t - n\,p) \right) (\phi(t - p)) \;=\; \sum_{n=-\infty}^{\infty} \phi(n\,p - p)$$

$$=\; \sum_{n=-\infty}^{\infty} \phi(n\,p)$$

$$=\; \left(\sum_{n=-\infty}^{\infty} \delta(t - n\,p) \right) (\phi(t))\,.$$

Für alle Testfunktionen gilt:

$$A(\phi(t)) = A(\phi(t - p))\,.$$

Diese Eigenschaft

$$T(\phi(t)) = T(\phi(t - p))$$

definiert eine p-periodische Funktion. Die Delta-Funktion selbst ist nicht periodisch:

$$\int_{-\infty}^{\infty} \delta(t)\,\phi(t)\,dt = \phi(0)$$

und

$$\int_{-\infty}^{\infty} \delta(t)\,\phi(t - p)\,dt = \phi(-p)\,.$$

Die Schwierigkeit mit den Fourier-Koeffizienten liegt nun darin, dass Testfunktionen nicht periodisch sind und der Integrationsbereich bei Distributionen stets über die ganze reelle Achse erstreckt wird.

Die Fourier-Koeffizienten einer p-periodischen Funktion $f(t)$ lauten:

$$c_j = \frac{1}{p} \int_0^p f(t)\,e^{-i\,j\,\frac{2\pi}{p}\,t}\,dt\,.$$

Mit einer Hilfsfunktion $\rho(t)$ mit der Eigenschaft

$$\sum_{n=-\infty}^{\infty} \rho(t + n\,p) = 1$$

lässt sich die Integration auf die ganze Achse ausdehnen:

$$c_j = \frac{1}{p} \int_0^p f(t) e^{-i j \frac{2\pi}{p} t} dt$$

$$= \frac{1}{p} \int_0^p f(t) \sum_{n=-\infty}^{\infty} \rho(t + n\,p) e^{-i j \frac{2\pi}{p} t} dt$$

$$= \frac{1}{p} \sum_{n=-\infty}^{\infty} \int_{n\,p}^{(n+1)\,p} f(t) \rho(t) e^{-i j \frac{2\pi}{p} (t - n\,p)} dt$$

$$= \frac{1}{p} \sum_{n=-\infty}^{\infty} \int_{n\,p}^{(n+1)\,p} f(t) \rho(t) e^{-i j \frac{2\pi}{p} t} dt$$

$$= \frac{1}{p} \int_{-\infty}^{\infty} f(t) \rho(t) e^{-i j \frac{2\pi}{p} t} dt\,.$$

Diese Formel kann man nun auf Distributionen übertragen:

$$c_j = \frac{1}{p} T\left(\rho(t) e^{-i j \frac{2\pi}{p} t}\right)\,.$$

Die Wahl der Hilfsfunktion $\rho(t)$ spielt keine Rolle. Für reguläre Distributionen erhält man im Distributionensinn die klassischen Fourier-Koeffizienten.

Beispiel 5.26
Laplacetransformation und Distributionen:

Am einfachsten lassen sich die bisherigen Ergebnisse bei der zweiseitigen Transformation heranziehen:

$$\int_{-\infty}^{\infty} e^{-s t} \delta(t)\, dt = 1\,.$$

Diese formale Rechnung kann jedoch nicht auf den einseitigen Fall übernommen werden. Eine zweite Möglichkeit besteht darin, die Delta-Funktion als Grenzwert regulärer Distributionen aufzufassen. Man kann sich dieses Resultat mithilfe der Impulse:

$$f_n(t) = \begin{cases} n & ,\ 0 \leq t < \frac{1}{n}, \\ 0 & ,\ \text{sonst}, \end{cases}$$

veranschaulichen.

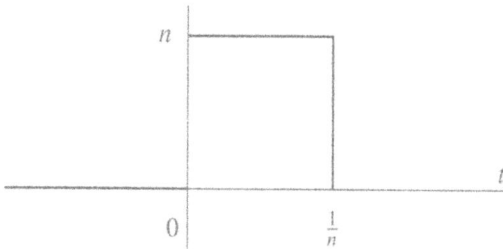

Bild 5.8: *Die Funktion $f_n(t)$*

Im Distributionensinn konvergieren die Impulse f_n gegen die Delta-Funktion und wir erklären die einseitige Laplacetransformation:

$$\mathcal{L}(\delta(t))(s) = \lim_{n \to \infty} \mathcal{L}(f_n(t))(s).$$

Die Laplacetransformierte von f_n ergibt:

$$
\begin{aligned}
\mathcal{L}(f_n(t))(s) &= \int_0^\infty e^{-st} f_n(t)\,dt = n \int_0^{\frac{1}{n}} e^{-st}\,dt \\[2mm]
&= \frac{1 - e^{-\frac{1}{n}s}}{\frac{1}{n}s} \\[2mm]
&= 1 - \frac{\frac{1}{n}s}{2!} + \frac{(\frac{1}{n}s)^2}{3!} - \cdots,
\end{aligned}
$$

und es zeigt sich:

$$\mathcal{L}(\delta(t))(s) = 1.$$

Um eine exakte Definition der Laplacetransformation von Distributionen vorzunehmen, müsste man die Theorie der Distributionen der Einseitigkeit des Laplaceintegrals anpassen.

6 Diskrete Fouriertransformation

6.1 Grundbegriffe und Eigenschaften

Bei der Fouriertransformation einer Folge:

$$\mathcal{F}(f_n)(\omega) = \sum_{n=-\infty}^{\infty} f_n \, e^{-i n \omega},$$

wird einer unendlichen Folge eine periodische Funktion kontinuierlicher Frequenzen zugeordnet. Die Fouriertransformation einer endlichen Folge bzw. eines Vektors wird analog erklärt, beinhaltet aber diskrete Frequenzen.

Diskrete Fouriertransformation:

Die Abbildung einer endlichen Folge $f = \{f_0, \dots, f_{N-1}\} \subset \mathbb{C}$ auf eine Bildfolge $d = \{d_0, \dots, d_{N-1}\} \subset \mathbb{C}$ mit Elementen:

$$d_k = \mathcal{DFT}(f_n)(k) = \sum_{n=0}^{N-1} f_n \, e^{-i k \frac{2\pi}{N} n}, \quad k = 0, \dots, N-1.$$

heißt diskrete Fouriertransformation.

Man kann die diskrete Fouriertransformierte natürlich für beliebige $k \in \mathbb{Z}$ erklären. Es gilt dann die Periodizität:

$$\mathcal{DFT}(f_n)(k+N) = \sum_{n=0}^{N-1} f_n \, e^{-i \, (k+N) \frac{2\pi}{N} n} = \sum_{n=0}^{N-1} f_n \, e^{-i k \frac{2\pi}{N} n} = \mathcal{DFT}(f_n)(k).$$

Häufig skaliert man die diskrete Fouriertransformierte mit dem Faktor $\dfrac{1}{N}$. Dieser Faktor hat selbstverständlich keinen Einfluss auf die Theorie.

Beispiel 6.1
Diskrete Fouriertransformation und Fourierreihen:

Wir beobachten ein Signal über eine endliche Zeitspanne, indem wir die Signalwerte in gleichbleibenden Zeitabständen erfassen. Will man den Signalabschnitt $[0, T]$ als Fourierreihe darstellen, so muss man von folgender Situation ausgehen. Wir haben eine T-periodische Funktion $f(t)$, deren Werte in den äquidistanten Zeitpunkten

$$t_n = \frac{T}{N} n, \quad n = 0, 1, \dots, N-1,$$

bekannt sind. Die Fourier-Koeffizienten können nur berechnet werden, indem wir die Integrale:

$$T c_j = \int_0^T f(t) e^{-i j \frac{2\pi}{T} t} dt, \quad j \in \mathbb{Z},$$

numerisch auswerten:

$$T c_j \approx \frac{1}{N} \sum_{n=0}^{N-1} f(t_n) e^{-i j \frac{2\pi}{T} t_n}.$$

Da $f(0) = f(T)$ gesetzt wird und die Exponentialterme T-periodisch sind, gilt:

$$f(0) e^{-i j \frac{2\pi}{T} 0} = \frac{1}{2} \left(f(0) e^{-i j \frac{2\pi}{T} 0} + f(T) e^{-i j \frac{2\pi}{T} T} \right).$$

Die Näherung ergibt sich also mit der summierten Trapezregel:

$$T c_j \approx \frac{1}{2N} \left(f(0) e^{-i j \frac{2\pi}{T} 0} + f(T) e^{-i j \frac{2\pi}{T} T} \right) + \frac{1}{N} \sum_{n=1}^{N-1} f(t_k) e^{-i j \frac{2\pi}{T} t_n}.$$

Beispiel 6.2
Zusammenhang zwischen diskreter und kontinuierlicher Fouriertransformation:
Von einem Signal $f(t)$ gehen wir wieder durch Abtasten an äquidistanten Zeitpunkten

$$t_n = \frac{T}{N} n, \quad n = 0, 1, \dots, N-1,$$

zu einer endlichen Folge über. Wir bilden die Distribution: $\sum_{n=0}^{N-1} f(t_n) \delta(t - t_n)$. Die Fourier-transformation dieser Distribution ergibt:

$$\mathcal{F} \left(\sum_{n=0}^{N-1} f(t_n) \delta(t - t_n) \right) (\omega) = \sum_{n=0}^{N-1} f(t_n) \frac{1}{\sqrt{2\pi}} e^{-i t_n \omega}.$$

Also gilt für $\omega = \frac{2\pi}{T} k$:

$$\mathcal{F} \left(\sum_{n=0}^{N-1} f(t_n) \delta(t - t_n) \right) \left(\frac{2\pi}{T} k \right) = \frac{1}{\sqrt{2\pi}} \mathcal{DFT}(f(t_n))(k).$$

Mit der Bezeichnung

$$w_N = e^{i\frac{2\pi}{N}}$$

kann man die diskrete Fouriertransformierte wie folgt schreiben:

$$d_k = \sum_{n=0}^{N-1} f_n \, \overline{w_N^{kn}}, \quad k = 0, \ldots, N-1.$$

Offenbar stellen die Koeffizienten w_N^n, $n = 0, 1, \ldots, N-1$ die N-ten Einheitswurzeln dar.

Fourier-Matrix:

In Matrizenschreibweise nimmt die diskrete Fouriertransformierte die Gestalt an:

$$\begin{pmatrix} d_0 \\ \vdots \\ d_{N-1} \end{pmatrix} = \frac{1}{N} \, \overline{F_N} \begin{pmatrix} f_0 \\ \vdots \\ f_{N-1} \end{pmatrix}$$

mit der $N \times N$-Fourier-Matrix:

$$F_N = \begin{pmatrix} 1 & 1 & 1 & \cdots & 1 \\ 1 & w_N & w_N^2 & \cdots & w_N^{N-1} \\ 1 & w_N^2 & w_N^4 & \cdots & w_N^{2(N-1)} \\ \vdots & \vdots & \vdots & \vdots & \vdots \\ 1 & w_N^{N-1} & w_N^{2(N-1)} & \cdots & w_N^{(N-1)^2} \end{pmatrix}$$

Die Fourier-Matrix besitzt die Gestalt einer Vandermonde-Matrix. Jede Zeile besteht jeweils aus Potenzenen eines einzigen Elements. Die Determinante verschwindet nicht, wenn diese Elemente paarweise verschieden sind.

Beispiel 6.3
Fourier-Matrizen erzeugen:
Wir stellen die Fourier-Matrizen F_N für $N = 3$ und $N = 4$ her.

MAPLE: Wir erzeugen Fourier-Matrizen mithilfe des folgenden Programms. Alternativ können wir auch die Funktion vandermonde benutzen.

```
FourierMatrix:= proc(n)
local sol, i, j, k,zj, z0, fnmat;
sol:=[seq(evalc(exp(2*(k-1)*Pi*I/n)), k=1..n)];
for j to n do zj:= sol[j];
if not zj = 1 then z0:= zj; break fi od;
fnmat:=[seq([seq(evalc(z0^((i-1)*(j-1))),i=1..n)],j=1..n)];
evalc(array(fnmat)) end:
F(3) := FourierMatrix(3); F(4) := FourierMatrix(4);
```

$$
F(3) := \begin{bmatrix} 1 & 1 & 1 \\ 1 & -\dfrac{1}{2}+\dfrac{1}{2}I\sqrt{3} & -\dfrac{1}{2}-\dfrac{1}{2}I\sqrt{3} \\ 1 & -\dfrac{1}{2}-\dfrac{1}{2}I\sqrt{3} & -\dfrac{1}{2}+\dfrac{1}{2}I\sqrt{3} \end{bmatrix}
$$

$$
F(4) := \begin{bmatrix} 1 & 1 & 1 & 1 \\ 1 & I & -1 & -I \\ 1 & -1 & 1 & -1 \\ 1 & -I & -1 & I \end{bmatrix}
$$

```
with(linalg):
FourierMatrix:= proc(n)
local ri,fn,i,k;
ri:=[seq(evalc(exp(2*(k-1)*Pi*I/n)), k=1..n)];
fn := evalc(vandermonde(ri));
fn:=array([seq([seq(expand(fn[i,j]),i=1..n)],j=1..n)]); end:
F(3) := FourierMatrix(3);
```

Die konjugiert komplexe Fourier-Matrix erzeugen wir mit dem folgenden Programm:

```
FourierMatrConjug:= proc(n)
local sol, i, j, k,zj, z0, fnmat;
sol:=[seq(evalc(exp(2*(k-1)*Pi*I/n)), k=1..n)];
for j to n do zj:= sol[j];
if not zj = 1 then z0:= zj; break fi od;
fnmat:=[seq([seq(conjugate(evalc(z0^((i-1)*(j-1)))),
i=1..n)], j=1..n)];
evalc(array(fnmat)) end: Fconj(3) := FourierMatrConjug(3);
```

$$
Fconj(3) := \begin{bmatrix} 1 & 1 & 1 \\ 1 & -\dfrac{1}{2}-\dfrac{1}{2}I\sqrt{3} & -\dfrac{1}{2}+\dfrac{1}{2}I\sqrt{3} \\ 1 & -\dfrac{1}{2}+\dfrac{1}{2}I\sqrt{3} & -\dfrac{1}{2}-\dfrac{1}{2}I\sqrt{3} \end{bmatrix}
$$

MATLAB: Die Funktion dftmtx(n) berechnet die komplexe Fourier-Matrix F_n.

```
a = dftmtx(3)
a = 1.0000       1.0000            1.0000
    1.0000      -0.5000 - 0.8660i  -0.5000 + 0.8660i
    1.0000      -0.5000 + 0.8660i  -0.5000 - 0.8660i
```

Mit den Teilsummen der geometrischen Reihe ergibt sich:

$$
\sum_{k=0}^{N-1} w_N^{kn} = \sum_{k=0}^{N-1} e^{i\frac{2\pi}{N}kn} = \begin{cases} N, & n=0, \\ \dfrac{1-e^{i2\pi n}}{1-e^{i\frac{2\pi}{N}kn}}, & n=1,\dots,N-1. \end{cases}
$$

Hieraus erhält man die Orthogonalitätsrelation:

$$\sum_{k=0}^{N-1} w_N^{k\,j}\,\overline{w_N^{k\,l}} = N\,\delta_{jl}, \quad j, l = 0, 1, \ldots, N - 1.$$

Diese Beziehung bedeutet:

$$F_N\,\overline{F_N} = N\,E_N,$$

wobei E_N die $N \times N$-Einheitsmatrix ist. Damit können wir die Inverse der Fourier-Matrix angeben:

$$F_N^{-1} = \frac{1}{N}\,\overline{F_N}$$

und anschließend die diskrete Fouriertransformation invertieren.

Inverse diskrete Fouriertransformation:

Die diskrete Fouriertransformation

$$d = \overline{F_N}\,f$$

wird invertiert durch:

$$f = \frac{1}{N}\,F_N\,d.$$

Wir haben folgendes Transformationspaar:

$$d_k = \sum_{n=0}^{N-1} f_n\,e^{-i\,k\,\frac{2\pi}{N}\,n}, \quad f_k = \frac{1}{N}\sum_{n=0}^{N-1} d_n\,e^{i\,k\,\frac{2\pi}{N}\,n}, \quad k = 0, \ldots, N - 1.$$

Die Inversionsbeziehung zeigt, dass wir beide Folgen für alle $k \in \mathbb{Z}$ erklären können. Man erhält dann N-periodische Folgen. Wir denken uns eine endliche Eingabefolge f_n der Länge N stets mit der Periode N fortgesetzt: $f_{n+N} = f_n$.

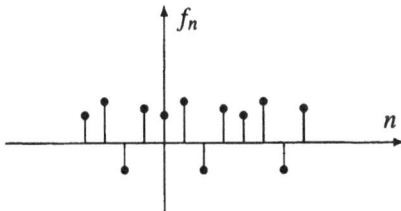

Bild 6.1: *Periodische Fortsetzung einer Folge* f_n, *($N = 3$),*

Die verschiedenen Formen der Fourieranalyse stellen wir in einer Tabelle der Transformationspaare zusammen:

Zeitkontinuierliche Fourieranalyse

Fourierreihe eines T-periodischen Signals, $\omega = \dfrac{2\pi}{T}$:

$$c_j = \frac{1}{T} \int_0^T f(t)\, e^{-ij\omega t}\, dt \quad \longleftrightarrow \quad f(t) = \sum_{k=-\infty}^{\infty} c_k\, e^{ik\omega t}$$

Fouriertransformation eines aperiodisches Signals:

$$F(\omega) = \frac{1}{\sqrt{2\pi}} \int_{-\infty}^{\infty} f(t)\, e^{-i\omega t}\, dt \quad \longleftrightarrow \quad f(t) = \frac{1}{\sqrt{2\pi}} \int_{-\infty}^{\infty} F(\omega)\, e^{i\omega t}\, dt$$

Zeitdiskrete Fourieranalyse

Fouriertransformation einer N-periodischen Signalfolge:

$$d_k = \sum_{n=0}^{N-1} f_n\, e^{-ik\frac{2\pi}{N}n} \quad \longleftrightarrow \quad f_k = \frac{1}{N} \sum_{n=0}^{N-1} d_n\, e^{ik\frac{2\pi}{N}n}$$

Fouriertransformation einer aperiodischen Signalfolge:

$$F(\omega) = \sum_{n=-\infty}^{\infty} f_n\, e^{-in\omega} \quad \longleftrightarrow \quad f_n = \frac{1}{2\pi} \int_0^{2\pi} F(\omega)\, e^{in\omega}\, d\omega$$

Beispiel 6.4

Diskrete Fouriertransformation berechnen:

Wir betrachten die 2π-periodische Sägezahn-Funktion:

$$f(t) = \begin{cases} 0 & ,\, t = 0\,, \\ \frac{1}{2}(t-\pi) & ,\, 0 < t < 2\pi\,, \\ 0 & ,\, t = 2\pi\,. \end{cases}$$

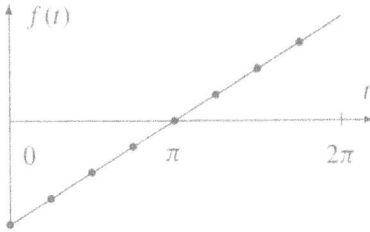

Bild 6.2: *Abtastwerte der Sägezahn-Funktion.*

Wir wählen acht äquidistante Abtastpunkte, d.h. $N = 8$ und $t_n = \dfrac{2\pi}{8} n$, $n = 0, 1, \ldots, 7$ und bekommen Abtastwerte:

$$f = \left(\frac{1}{2}\pi, \frac{3}{8}\pi, \frac{1}{4}\pi, \frac{1}{8}\pi, 0, -\frac{1}{8}\pi, -\frac{1}{4}\pi, -\frac{3}{8}\pi\right).$$

MAPLE:

```
N := 8: f := [seq(1/2*(Pi-2*Pi*(k-1)/N), k=1..N)];
fconj := FourierMatrConjug(N): with(linalg):
d:= evalm(fconj&*f): d := [seq(simplify(d[i]),i=1..N)];
```

$$f := \left[\frac{1}{2}\pi, \frac{3}{8}\pi, \frac{1}{4}\pi, \frac{1}{8}\pi, 0, -\frac{1}{8}\pi, -\frac{1}{4}\pi, -\frac{3}{8}\pi\right]$$

Wir bekommen also:

$$\begin{aligned}
d = \Bigl(&\frac{1}{2}\pi, \frac{1}{2}\pi - \frac{1}{2}i\pi\sqrt{2} - \frac{1}{2}i\pi, \frac{1}{2}\pi - \frac{1}{2}i\pi, \frac{1}{2}\pi - \frac{1}{2}i\pi\sqrt{2} + \frac{1}{2}i\pi, \frac{1}{2}\pi, \\
&\frac{1}{2}\pi + \frac{1}{2}i\pi\sqrt{2} - \frac{1}{2}i\pi, \frac{1}{2}\pi + \frac{1}{2}i\pi, \frac{1}{2}\pi + \frac{1}{2}i\pi\sqrt{2} + \frac{1}{2}i\pi\Bigr).
\end{aligned}$$

Zur Probe wenden wir auch die inverse diskrete Fouriertransformation an und stellen die Ausgangsdaten wieder her:

```
fnk:= FourierMatrix(N): f1:= evalm(fnk&*d):
f:=(1/N)*[seq(simplify(f1[j]), j=1..N)];
```

$$f := \left[\frac{1}{2}\pi, \frac{3}{8}\pi, \frac{1}{4}\pi, \frac{1}{8}\pi, 0, -\frac{1}{8}\pi, -\frac{1}{4}\pi, -\frac{3}{8}\pi\right]$$

Man kann die Elemente der Bildfolge (Komponenten des Vektors) d auch als Gleitkommazahlen ausgeben:

```
d := evalf(d);
```

$$\begin{aligned}
d := [&1.570796327, 1.570796327 - 3.792237796\,I, 1.570796327 - 1.570796327\,I, \\
&1.570796327 - .650645142\,I, 1.570796327, 1.570796327 + .650645142\,I, \\
&1.570796327 + 1.570796327\,I, 1.570796327 + 3.792237796\,I]
\end{aligned}$$

MATLAB:

Die MATLAB-Funktion f f t berechnet die diskrete Fouriertransformation. Falls die Länge von $\vec{f}$ eine Zweierpotenz ist, wird der Algorithmus der schnellen Fouriertransformation (fast fourier transform) eingesetzt. Die Funktion d = fft(f, N) berechnet die diskrete Fouriertransformation mit N Abtastpunkten.

```
j = 0:1:7; N = 8; f = 0.5*(pi - 2*pi*j/N)
d = fft(f)
```

```
f =
    1.5708       1.1781       0.7854       0.3927        0    -0.3927    -0.7854
   -1.1781
```

```
d =
    1.5708    1.5708 - 3.7922i    1.5708 - 1.5708i    1.5708 - 0.6506i
    1.5708    1.5708 + 0.6506i    1.5708 + 1.5708i    1.5708 + 3.7922i
```

Der Aufruf ai = conj(dftmtx(n))/n berechnet die Matrix der inversen Fouriertransformation. Man kann also die ursprüngliche Folge f mit MATLAB wie folgt bestimmen:

```
f1 = d*conj(dftmtx(N))/N
Fehler = norm(f - f1)
```

```
f1 =
    1.5708              1.1781-0.0000i    0.7854-0.0000i    0.3927-0.0000i
   -0.0000+0.0000i     -0.3927+0.0000i   -0.7854-0.0000i   -1.1781+0.0000i
```

```
Fehler =
    2.8159e-015
```

Beispiel 6.5
Symmetrie der diskreten Fouriertransformation:

Wir betrachten das Transformationspaar:

$$d_k = \sum_{n=0}^{N-1} f_n\, e^{-i\,k\,\frac{2\pi}{N}\,n}\,, \quad f_k = \frac{1}{N} \sum_{n=0}^{N-1} d_n\, e^{i\,k\,\frac{2\pi}{N}\,n}\,, \quad k = 0, \ldots, N-1\,.$$

Beide Folgen können für alle $k \in \mathbb{Z}$ erklärt werden. Aus der Beziehung:

$$f_{-k} = \frac{1}{N} \sum_{n=0}^{N-1} d_n\, e^{-i\,k\,\frac{2\pi}{N}\,n} = \sum_{n=0}^{N-1} \frac{1}{N}\, d_n\, e^{-i\,k\,\frac{2\pi}{N}\,n}\,, \quad k = 0, \ldots, N-1\,,$$

folgt die Symmetrie:

$$\mathcal{DFT} \left(\frac{1}{N}\, d_n \right)(k) = f_{-k}\,.$$

Analog zum kontinuierlichen Fall erhält man Rechenregeln für diskrete Fourier-Koeffizienten. Bei Rechenoperationen mit endlichen Folgen geht man stets von einer gemeinsamen Länge N aus. Falls erforderlich setzen wir eine Folge f mit der Periode N fort: $f_{n+N} = f_n$.

Rechenregeln für die diskrete Fouriertransformation:

Für die diskrete Fouriertransformation gelten folgende Regeln:

1) Linearität:

$$\mathcal{DFT}(\alpha\, f_n + \beta\, g_n)(k) = \alpha\, \mathcal{DFT}(f_n)(k) + \beta\, \mathcal{DFT}(g_n)(k)\,, \quad \alpha, \beta \in \mathbb{C}\,,$$

2) Verschiebungssatz:

$$\mathcal{DFT}(f_{n+l})(k) = w_N^{kl}\, \mathcal{DFT}(f_n)(k)\,,$$

3) Faltungssatz:

$$\mathcal{DFT}((f * g)_n)(k) = \mathcal{DFT}\left(\sum_{j=0}^{N-1} f_j\, g_{n-j}\right)(k) = \mathcal{DFT}(f_n)_k\, \mathcal{DFT}(g_n)_k\,,$$

4) Parseval-Plancherel-Gleichung:

$$\sum_{k=0}^{N-1} \mathcal{DFT}(f_n)(k)\, \overline{\mathcal{DFT}(g_n)(k)} = N \sum_{n=0}^{N-1} f_n\, \overline{g_n}\,.$$

Die Linearität ist klar. Mit der Vereinbarung über die Periodizität der Originalfolgen ergibt sich der Verschiebungssatz:

$$
\begin{aligned}
\mathcal{DFT}(f_{n+l})(k) &= \sum_{n=0}^{N-1} f_{n+l}\, e^{-i k \frac{2\pi}{N} n} = \sum_{n=-l}^{N-1-l} f_n\, e^{-i k \frac{2\pi}{N}(n-l)} \\[2mm]
&= e^{i k \frac{2\pi}{N} l} \sum_{n=-l}^{N-1-l} f_n\, e^{-i k \frac{2\pi}{N} n} = w_N^{kl} \sum_{n=0}^{N-1} f_n\, e^{-i k \frac{2\pi}{N} n} \\[2mm]
&= w_N^{kl}\, \mathcal{DFT}(f_n)(k)\,.
\end{aligned}
$$

Der Faltungssatz beruht auf der selben Überlegung:

$$
\begin{aligned}
\mathcal{DFT}((f*g)_n)(k) &= \sum_{n=0}^{N-1}\left(\sum_{j=0}^{N-1} f_j\, g_{n-j}\right) e^{-ik\frac{2\pi}{N}n} = \sum_{j=0}^{N-1}\left(\sum_{n=0}^{N-1} f_j\, g_{n-j}\, e^{-ik\frac{2\pi}{N}n}\right) \\
&= \left(\sum_{j=0}^{N-1} f_j\, e^{-ik\frac{2\pi}{N}j}\right)\left(\sum_{n=0}^{N-1} g_{n-j}\, e^{-ik\frac{2\pi}{N}(n-j)}\right) \\
&= \left(\sum_{j=0}^{N-1} f_j\, e^{-ik\frac{2\pi}{N}j}\right)\left(\sum_{n=0}^{N-1} g_n\, e^{-ik\frac{2\pi}{N}n}\right) \\
&= (\mathcal{DFT}(f_n))(k)\,(\mathcal{DFT}(g_n))(k)\,.
\end{aligned}
$$

Die Parseval-Plancherel-Gleichung zeigt man mit der Orthogonalitätsrelation:

$$
\begin{aligned}
\sum_{k=0}^{N-1} & \mathcal{DFT}(f_n)(k)\,\overline{\mathcal{DFT}(g_n)(k)} \\
&= \sum_{k=0}^{N-1}\left(\sum_{n=0}^{N-1} f_n\, \overline{w_N^{kn}}\sum_{m=0}^{N-1}\overline{g_m}\, w_N^{km}\right) = \sum_{n=0}^{N-1}\sum_{m=0}^{N-1} f_n\, \overline{g_m}\left(\sum_{k=0}^{N-1}\overline{w_N^{kn}}\, w_N^{km}\right) \\
&= N\sum_{n=0}^{N-1}\sum_{m=0}^{N-1} f_n\, \overline{g_m}\,\delta_{nm} = N\sum_{n=0}^{N-1} f_n\, \overline{g_n}\,.
\end{aligned}
$$

Als Spezialfall erhalten wir wieder die Parseval-Gleichung:

$$
\sum_{k=0}^{N-1}|\mathcal{DFT}(f_n)(k)|^2 = N\sum_{n=0}^{N-1}|f_n|^2\,.
$$

Beispiel 6.6
Zeitumkehr:

Analog zum kontinuierlichen Fall gilt die Regel:

$$
\mathcal{DFT}(f_{-n})(k) = \mathcal{DFT}(f_n)(-k)\,.
$$

Beim Nachweis benutzt man die Vereinbarung über die Periodizität:

$$
\begin{aligned}
\mathcal{DFT}(f_{-n})(k) &= \sum_{n=0}^{N-1} f_{-n}\, e^{-ik\frac{2\pi}{N}n} = \sum_{n=-N+1}^{0} f_n\, e^{ik\frac{2\pi}{N}n} = \sum_{n=0}^{N-1} f_n\, e^{ik\frac{2\pi}{N}n} \\
&= \mathcal{DFT}(f_n)(-k)\,.
\end{aligned}
$$

Beispiel 6.7
Konjugation und Folgerungen:

Bei der Konjugation einer Folge der Periode N gilt:

$$\mathcal{DFT}(\overline{f_n})(k) = \overline{\mathcal{DFT}(f_{N-n})(k)}.$$

Wir benutzen die Periodizität und rechnen nach:

$$\mathcal{DFT}(\overline{f_n})(k) = \sum_{n=0}^{N-1} \overline{f_n}\, e^{-ik\frac{2\pi}{N}n} = \overline{\sum_{n=0}^{N-1} f_n\, e^{ik\frac{2\pi}{N}n}}$$

$$= \overline{\sum_{n=-(N-1)}^{0} f_{-n}\, e^{-ik\frac{2\pi}{N}n}} = \overline{\sum_{n=-(N-1)}^{0} f_{N-n}\, e^{-ik\frac{2\pi}{N}n}}$$

$$= \overline{\sum_{n=0}^{N-1} f_{N-n}\, e^{-ik\frac{2\pi}{N}n}} = \overline{\mathcal{DFT}(f_{N-n})(k)}.$$

Man kann die Konjugationsregel auch wie im kontinuierlichen Fall formulieren:

$$\mathcal{DFT}(\overline{f_n})(k) = \overline{\mathcal{DFT}(f_n)(-k)}.$$

Mithilfe der Linearität können wir Real- und Imaginärteil einer Folge transformieren:

$$\mathcal{DFT}(\Re(f_n))(k) = \frac{1}{2}\left(\mathcal{DFT}(f_n)(k) + \overline{\mathcal{DFT}(f_{N-n})(k)}\right),$$

$$\mathcal{DFT}(\Im(f_n))(k) = -\frac{i}{2}\left(\mathcal{DFT}(f_n)(k) - \overline{\mathcal{DFT}(f_{N-n})(k)}\right).$$

Für eine gerade Folge: $f_{N-n} = f_{-n} = f_n$ ergibt sich nun:

$$\mathcal{DFT}(\Re(f_n))(k) = \frac{1}{2}\left(\mathcal{DFT}(f_n)(k) + \overline{\mathcal{DFT}(f_n)(k)}\right).$$

Für eine ungerade Folge: $f_{N-n} = f_{-n} = -f_n$ ergibt sich analog:

$$\mathcal{DFT}(\Re(f_n))(k) = \frac{1}{2}\left(\mathcal{DFT}(f_n)(k) - \overline{\mathcal{DFT}(f_n)(k)}\right).$$

Hieraus liest man für reelle gerade Folgen ab:

$$\mathcal{DFT}(f_n)(k) = \sum_{n=0}^{N-1} f_n \cos\left(k\frac{2\pi}{N}n\right),$$

und für reelle ungerade Folgen:

$$\mathcal{DFT}(f_n)(k) = -i \sum_{n=0}^{N-1} f_n \sin\left(k \frac{2\pi}{N} n\right).$$

Beispiel 6.8
Spektrale Leistungsdichte:

Wie bei kontinuierlichen Signalen interpretieren wir die Parseval-Gleichung:

$$\sum_{n=0}^{N-1} |f_n|^2 = \frac{1}{N} \sum_{k=0}^{N-1} |\mathcal{DFT}(f_n)(k)|^2.$$

Auf der linken Seite steht die Energie E der Signalfolge f. Die Funktion

$$PSD(k) = \frac{1}{N} |\mathcal{DFT}(f_n)(k)|^2$$

heißt wieder spektrale Leistungsdichte des Signals f. Es gilt:

$$PSD(k) = \frac{1}{N} \left| \sum_{n=0}^{N-1} f_n\, e^{-i k \frac{2\pi}{N} n} \right|^2 = \frac{1}{N} |d_k|^2.$$

Die spektrale Leistungsdichte ist für $k \in \mathbb{Z}$ erklärt und N-periodisch.

Beispiel 6.9
Das Wiener-Khintchine-Theorem:

Wie im kontinuierlichen Fall definieren wir die Korrelation:

$$(r_{fg})_n = \sum_{j=0}^{N-1} f_j\, g_{n+j}.$$

Die Korrelationsfunktion dient wiederum der Erfassung von Abhängigkeiten von Signalen. Mithilfe der Periodizität stellen wir folgenden Zusammenhang zur Faltung her:

$$(r_{fg})_n = \sum_{j=0}^{N-1} f_j\, g_{n+j} = \sum_{j=0}^{N-1} f_{-j}\, g_{n-j} = (f_- * g)_n.$$

(Hierbei steht f_- für die durch Zeitumkehr entstandene Folge: $(f_-)_n = f_{-n}$). Nach der Parseval-Plancherel-Gleichung gilt nun:

$$N\left(r_{fg}\right)_n = \sum_{k=0}^{N-1} \mathcal{DFT}(f_j)(k)\,\overline{\mathcal{DFT}(\overline{g_{j+n}})(k)}$$

$$= \sum_{k=0}^{N-1} \mathcal{DFT}(f_j)(k)\,\overline{\mathcal{DFT}(\overline{g_j})(k)}\,e^{-in\frac{2\pi}{N}k}$$

$$= \sum_{k=0}^{N-1} \mathcal{DFT}(f_j)(k)\,\mathcal{DFT}(g_j)(-k)\,e^{-in\frac{2\pi}{N}k}.$$

Für die Autokorrelation folgt hieraus mit der Periodizität:

$$\left(r_{ff}\right)_n = \frac{1}{N}\sum_{k=0}^{N-1} \mathcal{DFT}(f_j)(k)\,\mathcal{DFT}(f_j)(-k)\,e^{-in\frac{2\pi}{N}k}$$

$$= \frac{1}{N}\sum_{k=0}^{N-1} \mathcal{DFT}(f_j)(k)\,\mathcal{DFT}(f_j)(-k)\,e^{in\frac{2\pi}{N}k}.$$

Berücksichtigt man die Beziehung $\mathcal{DFT}(f_j)(-k) = \overline{\mathcal{DFT}(f_j)(k)}$ für reellwertige Signale, so ergibt sich das Wiener-Khintchine-Theorem:

$$\left(r_{ff}\right)_n = \frac{1}{N}\sum_{k=0}^{N-1} |\mathcal{DFT}(f_j)(k)|^2\,e^{in\frac{2\pi}{N}k}.$$

Bei reellwertigen Signalen stellt die Autokorrelationsfunktion also wieder bis auf den Faktor $\frac{1}{N}$ die inverse diskrete Fouriertransformierte der spektralen Leistungsdichte dar.

6.2 Anwendungen

Da die Berechnung der direkten diskreten Fouriertransformation N^2 Multiplikationen erfordert, ergibt sich für große N ein sehr hoher Rechenaufwand. Wir schildern nun eine einfache Idee, mit der sich dieser Aufwand reduzieren lässt. Ist N eine gerade Zahl $N = 2M$, dann kann die diskrete Fouriertransformierte einer Folge der Länge $2M$ aus den diskreten Fouriertransformierten von zwei Folgen gewonnen werden, deren Länge jeweils M beträgt. Man kommt mit $2M^2 + M$ anstatt $4M^2$ Multiplikationen aus und spricht deshalb von der schnellen Fouriertransformation (fast Fourier transform=FFT). Die FFT ist eine der wichtigsten Operationen der digitalen Signalverarbeitung.

Die schnelle Fouriertransformation:

Sei $f = \{f_k\}_{k=0}^{2M-1}$ eine Folge der Länge $2M$ mit der Fouriertransformierten:

$$f = \{f_n\}_{n=0}^{2M-1} \xrightarrow{\mathcal{DFT}} d = \left\{d_n^{[2M]}\right\}_{n=0}^{2M-1} .$$

Mit den Transformationspaaren:

$$f_g = \{f_{2n}\}_{n=0}^{M-1} \xrightarrow{\mathcal{DFT}} d_g = \left\{d_{g,n}^{[M]}\right\}_{n=0}^{M-1} ,$$

$$f_u = \{f_{2n+1}\}_{n=0}^{M-1} \xrightarrow{\mathcal{DFT}} d_u = \left\{d_{u,n}^{[M]}\right\}_{n=0}^{M-1} ,$$

wird die gesamte Fouriertransformierte aufgebaut:

$$d_n^{[2M]} = d_{g,n}^{[M]} + e^{-i\frac{\pi}{M}n} d_{u,n}^{[M]} , \quad n = 0, \ldots, M-1 ,$$

$$d_{M+n}^{[2M]} = d_{g,n}^{[M]} - e^{-i\frac{\pi}{M}n} d_{u,n}^{[M]} , \quad n = 0, \ldots, M-1 .$$

Der Grundgedanke besteht darin, die Summe:

$$d_k^{[2M]} = \sum_{n=0}^{2M-1} f_n e^{-ik\frac{\pi}{M}n} , \quad k = 0, \ldots, 2M-1$$

in Summanden mit geraden und ungeraden Indizes aufzuspalten. Für $k = 0, \ldots, M-1$ ergibt sich zunächst:

$$\begin{aligned}
d_k^{[2M]} &= \sum_{n=0}^{M-1} f_{2n} e^{-ik\frac{\pi}{M}2n} + \sum_{n=0}^{M-1} f_{2n+1} e^{-ik\frac{\pi}{M}(2n+1)} \\
&= \sum_{n=0}^{M-1} f_{2n} e^{-ik\frac{2\pi}{M}n} + e^{-ik\frac{\pi}{M}} \sum_{n=0}^{M-1} f_{2n+1} e^{-ik\frac{2\pi}{M}n} \\
&= d_{g,k}^M + e^{-i\frac{\pi}{M}k} d_{u,k}^{[M]} .
\end{aligned}$$

Bei derselben Überlegung für die Indizes $M + k$, $k = 0, \ldots, M-1$, tritt innerhalb der ersten Summe der zusätzliche Faktor auf

$$e^{-iM\frac{\pi}{M}2n} = 1$$

und innerhalb der zweiten Summe

$$e^{-iM\frac{\pi}{M}(2n+1)} = -1 .$$

Berücksichtigt man, dass die Fouriertransformierte für alle $k \in \mathbb{Z}$ betrachtet werden kann, so können wir die Beziehung der Fouriertransformierten d, d_g und d_u auch in einer einzigen Gleichung zum Ausdruck bringen:

$$d_n^{[2M]} = d_{g,n}^{[M]} + e^{-i\frac{\pi}{M}n} d_{u,n}^{[M]}, \quad n = 0, \dots 2N - 1.$$

Das Matrizenprodukt $\overline{F_{2M}}\, f$ kann somit in zwei Produkte $\overline{F_M}\, f_g$ und $\overline{F_M}\, f_u$ mit jeweils M^2 Multiplikationen aufgeteilt werden. Die Zusammensetzung der gesuchten Bildfolge d erfordert dann noch einmal M Multiplikationen.

Mit ähnlichen Bezeichnungen erhalten wir Formeln für die schnelle inverse diskrete Fouriertransformation.

Schnelle inverse Fouriertransformation:

$$f_n^{[2M]} = \frac{1}{2}\left(f_{g,n}^{[M]} + e^{i\frac{\pi}{M}n}\, f_{u,n}^{[M]}\right), \quad n = 0, \dots, M - 1.$$

$$f_{M+n}^{[2M]} = \frac{1}{2}\left(f_{g,n}^{[M]} - e^{i\frac{\pi}{M}n}\, f_{u,n}^{[M]}\right), \quad n = 0, \dots, M - 1.$$

Spaltet man wieder in Summanden mit geraden und ungeraden Indizes auf, so ergibt sich nämlich für $k = 0, \dots, M - 1$:

$$
\begin{aligned}
f_k^{[2M]} &= \frac{1}{2M}\left(\sum_{n=0}^{M-1} d_{2n}\, e^{ik\frac{\pi}{M}2n} + \sum_{n=0}^{M-1} d_{2n+1}\, e^{ik\frac{\pi}{M}(2n+1)}\right) \\
&= \frac{1}{2}\left(\frac{1}{M}\sum_{n=0}^{M-1} d_{2n}\, e^{ik\frac{2\pi}{M}n} + e^{ik\frac{\pi}{M}}\frac{1}{M}\sum_{n=0}^{M-1} d_{2n+1}\, e^{ik\frac{2\pi}{M}n}\right) \\
&= \frac{1}{2}\left(f_{g,k}^{M} + e^{i\frac{\pi}{M}k}\, f_{u,k}^{[M]}\right).
\end{aligned}
$$

Statt des Matrizenproduktes $\dfrac{1}{2M}F_{2M}\, d$ müssen hier die beiden Produkte $F_M\, d_g$ und $F_M\, d_u$ berechnet werden.

Die nächste Idee besteht darin, dass man durch fortgesetztes Halbieren die diskrete Fouriertransformation auf immer kleinere Folgenlängen der Eingabevektoren zurückführt. Ist $N = 2^m$, so kann man bis auf Folgen mit einem Element absteigen. Man muss dann anstatt 2^{2m} nur $\dfrac{1}{2}2^m m$ Multiplikationen durchführen, wenn man die Fouriertransformation aus m aufeinanderfolgenden Transformationen zusammensetzt.

$$\{f_0\} \searrow$$
$$\{f_0, f_4\} \searrow$$
$$\{f_4\} \nearrow$$
$$\{f_0, f_2, f_4, f_6\} \searrow$$
$$\{f_2\} \searrow$$
$$\{f_2, f_6\} \nearrow$$
$$\{f_6\} \nearrow$$
$$\{f_0, f_1, f_2, f_3, f_4, f_5, f_6, f_7\}$$
$$\{f_1\} \searrow$$
$$\{f_1, f_5\} \searrow$$
$$\{f_5\} \nearrow$$
$$\{f_1, f_3, f_5, f_7\} \nearrow$$
$$\{f_3\} \searrow$$
$$\{f_3, f_7\} \nearrow$$
$$\{f_7\} \nearrow$$

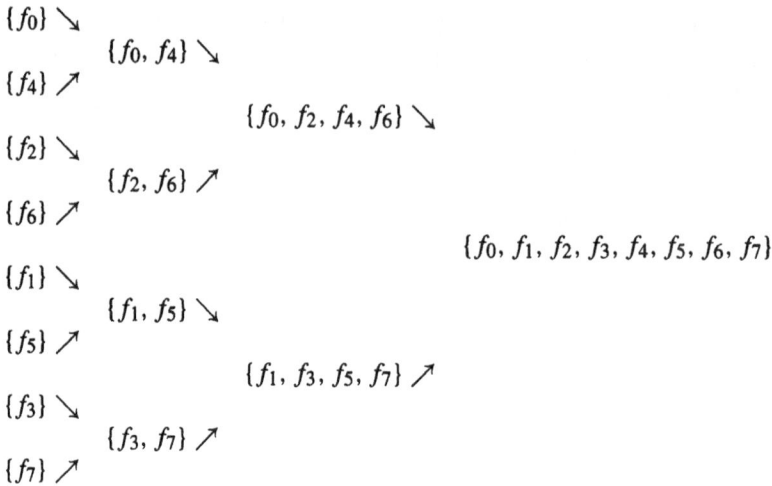

Bild 6.3: *Im Fall $m = 3$, $N = 2^3 = 8$, berechnet man die Fouriertransformierte der Folge $\{f_0, f_1, f_2, f_3, f_4, f_5, f_6, f_7\}$ in drei Schritten. Man beginnt mit einelementigen Folgen, und transformiert dann nacheinander Folgen mit 2^1 und 2^2.*

Analog zu den Zweierpotenzen $N = 2^M$ kann man die schnelle Fouriertransformation mit beliebigen Basen $N = b^M$ betrachten. Bei Zweierpotenzen ist der Rechenaufwand natürlich am geringsten.

Beispiel 6.10
Schnelle Fouriertransformation berechnen:

Wir betrachten die Eingabefolge $f = \{1, 1, 1, 1, 0, 0, 0, 0\}$ und berechnen die Fouriertransformierte.

Die schnelle Fouriertransformation der Folge f erfordert nur $\dfrac{1}{2} \cdot 4 \cdot 3 = 12$ anstatt 64 Multiplikationen.

MAPLE:
Mit dem folgenden Maple-Programm kann die schnelle Fouriertransformation und die inverse im Falle $N = 2^m$ berechnet werden.

```
schnelleFT:= proc(m0, idft, y0) local rew,imw,temp1,temp2,
n,n1,n2,phi,fakt,i,j,k,kk,m,m1,mm,xi,rey,imy,si,co,y;
#  n = 2^m; falls idft = 0, wird die DFT berechnet;
#  falls idft = 1 wird die IDFT berechnet.
m:= m0; y:=y0;n:= 2^m; n1:=n-1; n2:= n/2; phi:= Pi/n2;
fakt:= 1;
if idft = 1 then phi:= -phi; fakt:= 1/n fi;
rey:= [seq(fakt*Re(y[i]), i=1..n)];
imy:= [seq(fakt*Im(y[i]), i=1..n)];
si:= [seq(simplify(convert(-sin((i-1)*phi),radical)), i=1..n2)];
co:= [seq(simplify(convert(cos((i-1)*phi), radical)), i=1..n2)];
# ----- Anfangsschritt -----
j:= 0;
for i from 2 to n do .
m1:= n2;
```

```
while j>= m1 do j:= j-m1; m1:= m1/2 od;
j:= j + m1;
if j> i - 1 then
xi:= rey[i]; rey[i]:= rey[j+1]; rey[j+1]:=xi;
xi:= imy[i]; imy[i]:= imy[j+1]; imy[j+1]:=xi fi od;
mm:= 1;
while mm < n do
m1:= mm; mm:= m1 + m1;
for k from 0 to m1 - 1 do
kk:= k*n2 + 1; rew:= co[kk]; imw:= si[kk];
for i from k to n1 by mm do
j:= i+m1+1; temp1:= rew*rey[j]-imw*imy[j];
temp2:= imw*rey[j] + rew*imy[j];
rey[j]:= rey[i+1] - temp1; imy[j]:= imy[i+1] - temp2;
rey[i+1]:= rey[i+1] + temp1;
imy[i+1]:= imy[i+1] + temp2 od od;
n2:= n2/2 od;
# ------- Ausgabe -------
y:= [seq(evalc(rey[i] + I*imy[i]), i=1..n)];
y end:

y:= [1,1,1,1,0,0,0,0]; d:= schnelleFT(3,0, y);
```

$$y := [1, 1, 1, 1, 0, 0, 0, 0]$$

$$d := [4, 1+I(-1-\sqrt{2}), 0, 1+I(1-\sqrt{2}), 0, 1+I(\sqrt{2}-1), 0, 1+I(\sqrt{2}+1)]$$

Wenn wir die inverse diskrete Fouriertransformation der transformierten Folge d berechnen, erhalten wir die Eingabefolge f.

```
y := schnelleFT(3,1,d);
```

$$y := [1, 1, 1, 1, 0, 0, 0, 0]$$

MATLAB:

Der Algorithmus der schnellen Fouriertransformation ist in der MATLAB-Funktion `fft` für die Verarbeitung reeller Daten im Falle $N = 2^M$ optimiert. Falls komplexe Daten vorliegen, wird die komplexe Fouriertransformation implementiert. Falls die Länge des Eingabevektors keine Zweierpotenz ist, wird die Zahl N in Primfaktoren zerlegt und dann die entsprechenden schnellen Transformationen angewendet.

```
f = [1 1 1 1 0 0 0 0]; d = fft(f)

d =
   4.0000   1.0000 - 2.4142i   0   1.0000 - 0.4142i
        0   1.0000 + 0.4142i   0   1.0000 + 2.4142i
```

Die MATLAB-Funktion `ifft(d)` berechnet die inverse diskrete Fouriertransformation des Vektors d. Die Funktion `f = ifft(d, n)` berechnet die inverse diskrete Fouriertransformation mit n Punkten. Falls `length(d)` < n, werden die fehlenden Elemente des Feldes d wieder mit Nullen aufgefüllt. Andernfalls werden die überflüssigen Elemente unterdrückt.

```
f1 = ifft(d)


f1 =
       1      1      1      1      0      0      0      0
```

Typische Problemstellungen der Signalverarbeitung ergeben sich aus der Überlagerung eines
Signals durch Störungen. Zur Bestimmung der Hauptfrequenzen eines gestörten Signals wird
die spektrale Leistungsdichte eingesetzt, und dabei erweist sich die diskrete Fouriertransformation als effizientes Hilfsmittel.

Beispiel 6.11
Hauptfrequenzen eines gestörten Signals bestimmen:

Wir betrachten ein Signal, das die Summe zweier Sinuskurven mit den Frequenzen 60 und 120
Hz darstellt:

$$f(t) = \sin(2\pi\,60\,t) + \sin(2\pi\,120\,t)\,.$$

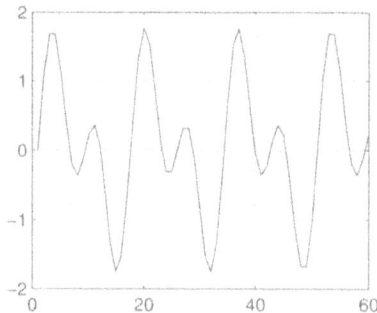

Bild 6.4: *Das ungestörte Signal* $\{f_k\}_{k=0}^{59}$

Nun wird das Signal durch eine zufällige Überlagerung gestört.

MATLAB: Wir erzeugen eine zufällige Überlagerung mithilfe der Funktion
                         randn.

```
t = 0:0.001:0.6;
f = sin(2*pi*60*t) + sin(2*pi*120*t);
fs = f + 2*randn(size(t));
subplot(2,2,1),plot(fs(1:60)),grid
```

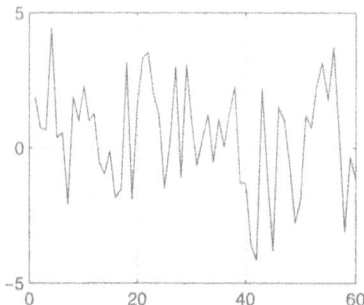

Bild 6.5: *Das gestörte Signal* $\{\tilde{f}_k\}_{k=0}^{59}$. *Im
gestörten Signal* $\tilde{f}$ *kann man keine Frequenzen
mehr erkennen. Mit der spektralen
Leistungsdichte kann die Energie
verschiedener Frequenzen geschätzt werden.*

MATLAB:

```
d = fft(fs,512); sld = d.*conj(d)/512;
sd = 1000*(0:255)/512;
subplot(2,2,1),plot(sd,sld(1:256)),grid
```

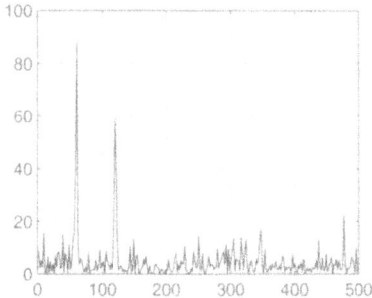

Bild 6.6: *Die spektrale Leistungsdiche wird unter dem Einsatz der schnellen Fouriertransformation mit N = 512 Punkten berechnet. Man erkennt deutlich zwei Hauptfrequenzen mit maximaler Leistungsdichte: 60 Hz und 120 Hz.*

Oft ist es zweckmäßig, eine Umgruppierung der Ausgangsfelder vorzunehmen und die Nullfrequenz in das Zentrum des Spektrums zu rücken.

Die MATLAB-Funktion fftshift nimmt eine zyklische Permutation der rechten und linken Hälfte eines Vektors vor:

d	fftshift(d)
1 2 3 4 5	4 5 1 2 3

Die Funktion d = ifftshift führt die inverse Operation aus.

Wir betrachten dasselbe ungestörte Signal f und überlagern zusätzlich mit einer additiven Störkomponente. Anschließend identifizieren wir drei Hauptfrequenzen 0 Hz, 60 Hz, 122.5 Hz.:

MATLAB:

```
t = 0:0.001:0.6;
x = sin(2*pi*60*t) + sin(2*pi*120*t);
f = x + 2*randn(size(t)) + 0.5;
d = fft(fs,512); sld = d.*conj(d)/512;
freq = 1000*(0:255)/512;
subplot(2,2,1),plot(freq,sld(1:256)),grid
d = fftshift(d); sld = d.*conj(d)/512;
subplot(2,2,1),plot(sld), grid
```

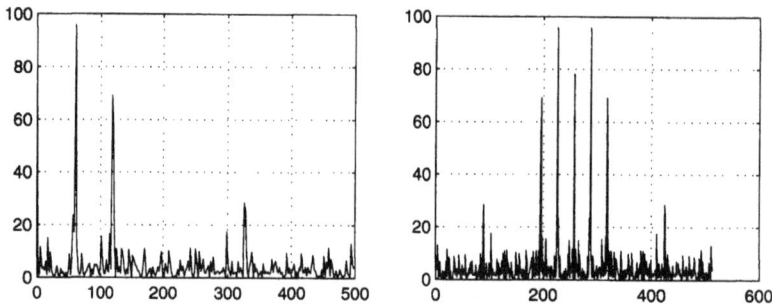

Bild 6.7: *Umgruppierung der Fouriertransformierten: die ursprüngliche spektrale Leistungsdichte (links) und die umgruppierte spektrale Leistungsdichte mit der Nullfrequenz in der Mitte des Spektrums (rechts).*

MATLAB: Mit der Funktion `psd` kann die spektrale Leistungsdichte eines Signals direkt berechnet werden. Wir betrachten wieder die Summe zweier Sinuskurven mit Frequenzen 60 und 120 Hz als ungestörtes Signal und stören mit einer zufälligen Überlagerung.

```
t = 0:0.001:0.6; T = 1000;
x = sin(2*pi*60*t) + sin(2*pi*120*t);
fs = x + 2*randn(size(t));
subplot(2,2,1),plot(fs(1:60)),grid
[pdd,fs] = psd(fs,512,T);
subplot(2,2,1),plot(fs,pdd),grid
subplot(2,2,1),psd(fs,512,T)
```

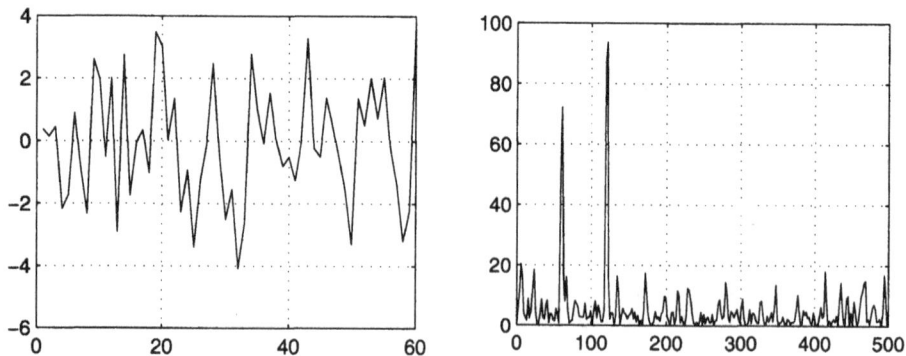

Bild 6.8: *Das gestörte Signal (links), die spektrale Leistungsdichte (rechts).*

Die Cepstrum-Analyse gehört eigentlich zu den Methoden der nichtlinearen Signalverarbeitung. Mithilfe des Cepstrums können Hauptmerkmale eines Signals herausgefiltert werden, die für einen nachfolgenden praktischen Einsatz von Bedeutung sind. Für die Speicherung cepstraler Daten wird deshalb wesentlich weniger Platz benötigt als zur Speicherung der ursprünglichen Signaldaten. Das Wort Cepstrum wurde aus dem englischen Wort spectrum durch Permutation der ersten vier Buchstaben gebildet.

Die Cepstrum-Analyse wird insbesondere auf Gebieten wie der Sprechsignalverarbeitung, der Seismologie und der Hydroakustik angewandt.

Cepstrum einer endlichen Folge:

Sei $f = \{f_0, \ldots, f_{N-1}\}$ eine endliche reelle Folge mit der diskreten Fouriertransformierten d:

$$d_k = \sum_{n=0}^{N-1} f_n \, e^{-ik\frac{2\pi}{N}n}, \quad k = 0, \ldots, N-1.$$

Unter dem reellen Cepstrum der Folge f versteht man den Realteil der inversen diskreten Fouriertransformierten des Logarithmus des Betrages von d:

$$S_j = \Re\left(\frac{1}{N} \sum_{k=0}^{N-1} \ln|d_n| \, e^{ik\frac{2\pi}{N}n}\right), \quad k = 0, \ldots, N-1.$$

Unter dem komplexen Cepstrum der Folge f versteht man den Realteil der inversen diskreten Fouriertransformierten des komplexen Logarithmus von d:

$$S_k = \Re\left(\frac{1}{N} \sum_{k=0}^{N-1} (\ln(|d_n|) + i \arg(d_n)) \, e^{ik\frac{2\pi}{N}n}\right), \quad k = 0, \ldots, N-1.$$

Beispiel 6.12
Reelles Cepstrum eines Signals berechnen:

Ein Sprechsignal werde durch 256 Abtastwerte in einem Vektor $f = (f_0, \ldots, f_{255})$ abgespeicherten Abtastwerte gegeben.

MATLAB:
Die MATLAB-Funktion s = rceps(f) berechnet das reelle Cepstrum der reellen Folge $f = \{f_0, \ldots, f_{N-1}\}$. In dieser Funktion wird ein Algorithmus implementiert, welcher der Zeile s1 = real(ifft(log(abs(fft(f))))) des folgenden Programms entspricht:

```
t = (0:1:(length(f)-1))*25.5/(length(f)-1)
 figure(1)
 subplot(2,2,1),plot(t, f, 'k'), ylabel('Sprechsignal'),...
 xlabel('Zeit, msek.')

s = rceps(f);
figure(2)
subplot(2,2,1),plot(t, s, 'k'),
ylabel('Cepstrum'), xlabel('Zeit, msek.')

s1 = real(ifft(log(abs(fft(f))))); norm(s - s1)
```

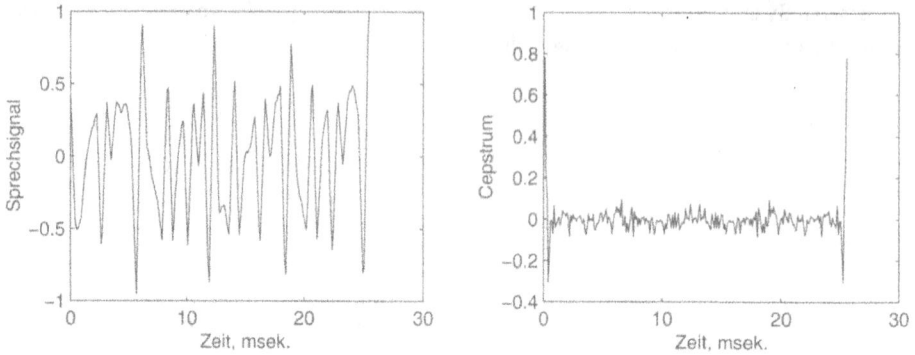

Bild 6.9: *Das ursprüngliche Sprechsignal (links) und das reelle Cepstrum (rechts). Das Ausgangssignal beinhaltet 256 Abtastwerte. Das Maximum des Cepstrums im Zeitpunkt $t \approx 6.7msek.$ entspricht der Periode des Haupttons des gegebenen Signals, die man auch im Bild links erkennen kann.*

Die MATLAB-Funktion s = cceps(f) berechnet das komplexe Cepstrum einer reellen Folge f.

7 z-Transformation

7.1 Begriff der z-Transformation

Die z-Transformation liefert ein weiteres wichtiges Werkzeug zur Untersuchung linearer, zeit-diskreter Vorgänge. Sie operiert auf dem Raum der Folgen und bildet in die komplexwertigen Funktionen ab. Für den Umgang mit Folgen bietet die z-Transformation ähnliche Regeln wie die Laplacetransformation für Funktionen.

Wir legen Folgen von komplexen Zahlen zugrunde:

$$\{f_n\}_{n=-\infty}^{\infty}, \quad f_n \in \mathbb{C}.$$

Eine solche Folge kann man sich wieder dadurch entstanden denken, dass eine Funktion $f(t)$ zu den diskreten Zeitpunkten nT, $n \in \mathbb{Z}$, abgetastet wird: $f_n = f(nT)$. Man kann T als Abtast-periode und den Kehrwert $\frac{1}{T}$ als Abtastrate auffassen. Im Spezialfall können alle Folgenglieder reell sein.

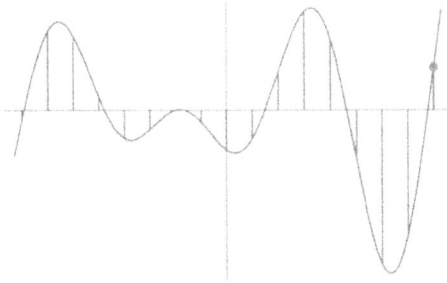

Bild 7.1: *Eine durch Abtasten einer (reellen) Funktion $f(t)$ entstandene Folge:*

$$f_n = f(nT), \quad n \in \mathbb{Z}$$

Wir bezeichnen eine Folge als kausal, wenn Folgenglieder mit negativen Indizes verschwin-den. Umgekehrt werden Folgen als antikausal bezeichnet, wenn alle Folgenglieder, deren Index nichtnegativ ist, verschwinden.

Kausale und antikausale Folgen:

Die Folge $\{f_n\}_{n=-\infty}^{\infty}$ mit $f_n = 0$, für $n < 0$, heißt kausale Folge.
Man schreibt auch kurz: $\{f_n\}_{n=0}^{\infty}$.
Die Folge $\{f_n\}_{n=-\infty}^{\infty}$ mit $f_n = 0$, für $n \geq 0$, heißt antikausale Folge.

Folgen, die weder kausal noch antikausal sind, heißen nichtkausal oder akausal.

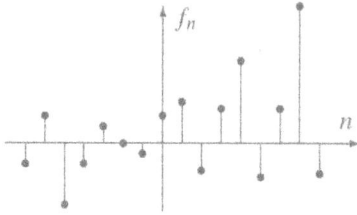

Bild 7.2: *Eine nichtkausale Folge* $\{f_n\}_{n=-\infty}^{\infty}$

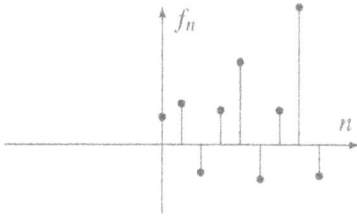

Bild 7.3: *Kausaler Teil* $\{f_n\}_{n=0}^{\infty}$ *der Folge*
$\{f_n\}_{n=-\infty}^{\infty}$

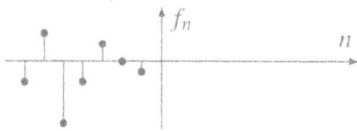

Bild 7.4: *Antikausaler Teil* $\{f_n\}_{n=-\infty}^{-1}$ *der*
Folge $\{f_n\}_{n=-\infty}^{\infty}$

Wir erklären nun die z-Transformierte für beliebige, also nichtkausale Folgen. Man spricht wegen der Ausdehnung der Folgen in die positive und negative Richtung von der zweiseitigen z-Transformation.

Zweiseitige z-Transformierte:

Die zweiseitige z-Transformierte einer Folge $\{f_n\}_{n=-\infty}^{\infty}$ von komplexen Zahlen lautet:

$$\mathcal{Z}_2(f_n)(z) = \sum_{n=-\infty}^{\infty} f_n z^{-n}.$$

Sie besitzt ein Konvergenzgebiet der Gestalt:

$$\{z \in \mathbb{C} \mid 0 \leq r < |z| < R \leq \infty\}.$$

Eine meromorphe Funktion kann um einen singulären Punkt in eine Laurentreihe entwickelt werden. Die z-Transformation geht den umgekehrten Weg. Aus einer gegebenen Folge von Koeffizienten der Laurententwicklung um den singulären Punkt $z_0 = 0$ soll die Funktion rekonstruiert werden:

$$F_2(z) = \sum_{n=-\infty}^{\infty} f_n z^{-n}.$$

Bei der Frage nach der Konvergenz der Laurentreihe, müssen zwei Teilreihen gesondert betrachtet werden. Der kausale Teil

$$\sum_{n=0}^{\infty} f_n z^{-n}$$

besitzt ein Konvergenzgebiet $0 \leq r < |z|$. Der antikausale Teil

$$\sum_{n=-\infty}^{-1} f_n \, z^{-n}$$

besitzt ein Konvergenzgebiet $|z| < R \leq \infty$. Die Fälle $r \geq R$, sowie $R = 0$ oder $r = \infty$ können auftreten. Dann liegt keine Konvergenz der Reihe $Z_2(f_n)(z) = F_2(z)$ vor. Man kann zeigen, dass die zweiseitige z-Transformierte genau dann ein Konvergenzgebiet der Gestalt $\{z \,|\, 0 \leq r < |z| < R \leq \infty\}$ besitzt, wenn Konstante $a > 0$ und $b \geq 0$ und $c > b$ existieren mit:

$$|f_n| \leq a\,b^n, \quad |f_{-n}| \leq a\,c^n, \quad n \geq 0.$$

Wir zerlegen die zweiseitige Z-Tansformierte in den Haupt- und den analytischen Teil:

$$F_2(z) = \sum_{n=0}^{\infty} f_n \, z^{-n} + \sum_{n=1}^{\infty} f_{-n} \, z^n,$$

Aus der Ungleichung $|f_n| \leq a\,b^n, n \geq 0$ folgt:

$$\sqrt[n]{|f_n|} \leq \sqrt[n]{a}\,b$$

und

$$\limsup_{n \to \infty} \sqrt[n]{|f_n|} \leq b.$$

Damit konvergiert die Potenzreihe

$$\sum_{n=0}^{\infty} f_n \, z^n$$

nach dem Wurzelkriterium absolut für

$$|z| < \frac{1}{b},$$

und der Hauptteil konvergiert absolut für

$$\frac{1}{|z|} < \frac{1}{b} \iff b < |z|.$$

Aus der Ungleichung $|f_{-n}| \leq a\,c^n, n > 0$ folgt:

$$\sqrt[n]{|f_{-n}|} \leq \sqrt[n]{a}\,c$$

und

$$\limsup_{n \to \infty} \sqrt[n]{|f_{-n}|} \leq c.$$

Damit konvergiert die Potenzreihe (bzw. der analytische Teil)

$$\sum_{n=1}^{\infty} f_{-n} \, z^n$$

absolut für

$$|z| < c.$$

Die z-Transformierte $F_2(z)$ konvergiert somit absolut für $b < |z| < c$. Die Umkehrung dieser Überlegung ergibt sich ebenfalls aus dem Wurzelkriterium.

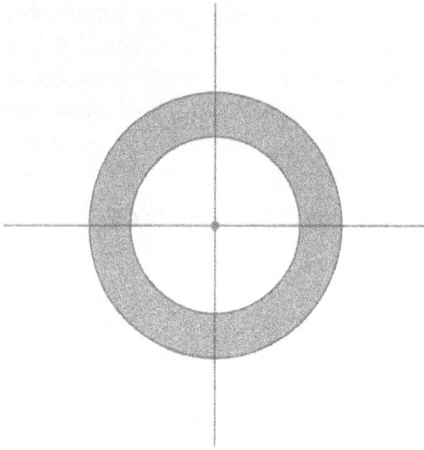

Bild 7.5: *Konvergenzgebiet der zweiseitigen z-Transformierten. Im Allgemeinen konvergiert die zweiseitige z-Transformierte in einem Kreisring mit dem Nullpunkt als Zentrum.*

Bei vielen Anwendungen genügt die einseitige z-Transformation oder kurz z-Transformation, welche die Spezialisierung der zweiseitigen z-Transformation auf kausale Folgen darstellt.

z-Transformierte:

Die z-Transformierte einer Folge $\{f_n\}_{n=0}^{\infty}$ von komplexen Zahlen lautet:

$$\mathbb{Z}(f_n)(z) = \sum_{n=0}^{\infty} f_n \, z^{-n}.$$

Für die einseitige z-Transformierte ergibt sich stets ein Konvergenzgebiet der Gestalt: $\{z \in \mathbb{C} \mid 0 \leq r < |z|\}$. Wiederum liegt ein solches Konvergenzgebiet genau dann vor, wenn Konstante $a > 0$ und $b \geq 0$ existieren mit: $|f_n| \leq a\,b^n$, $n \geq 0$.

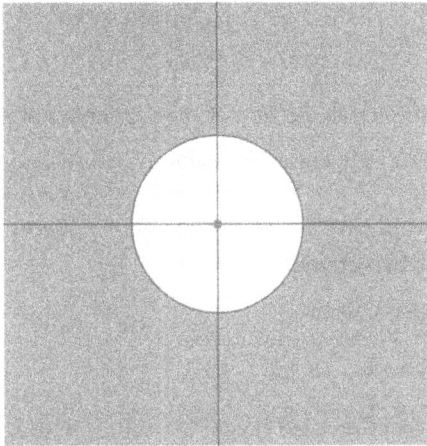

Bild 7.6: *Konvergenzgebiet der z-Transformierten. Im Allgemeinen konvergiert die z-Transformierte außerhalb einer Kreisscheibe mit dem Mittelpunkt null.*

Es stellt sich noch die Frage, weshalb man bei der Definition der z-Transformierten einer Folge f_n nicht unmittelbar zur Laurentreihe $\sum\limits_{n=-\infty}^{\infty} f_n\, z^n$ bzw. zur Taylorreihe $\sum\limits_{n=0}^{\infty} f_n\, z^n$ übergeht. Das liegt daran, dass diese letztere Form dem Hauptanwendunggebiet der Differenzengleichungen unangemessen wäre. Betrachten wir eine verschobene Folge f_{n+k}, so ergäbe sich:

$$\sum_{n=-\infty}^{\infty} f_{n+k}\, z^n = z^{-k} \sum_{n=-\infty}^{\infty} f_{n+k}\, z^{n+k}\,.$$

Bei der Behandlung einer Differenzengleichung analog zur Anwendung der Laplacetranformation auf eine Differenzialgleichung träte dann der Faktor $P(z^{-1})$ anstatt $P(z)$ auf.
Bei der z-Transformation wird einer kausalen bzw. nichtkausalen Originalfolge f_n eine Bildfunktion $F(z)$ bzw. $F_2(z)$ mit der Bildvariablen z zugeordnet.

---

z-Transformation:

Die folgende Zuordnung heißt z-Transformation:

$$f_n \;\longrightarrow\; \mathcal{Z}(f_n)(z) = \sum_{n=0}^{\infty} f_n\, z^{-n}\,.$$

Die folgende Zuordnung heißt zweiseitige z-Transformation:

$$f_n \;\longrightarrow\; \mathcal{Z}_2(f_n)(z) = \sum_{n=-\infty}^{\infty} f_n\, z^{-n}\,.$$

Man kann die zweiseitige z-Transformation auch durch die einseitige ausdrücken:

$$\mathcal{Z}_2\left(\{f_{-n}\}_{n=-\infty}^{\infty}\right)(z) = \sum_{n=0}^{\infty} f_n\, z^{-n} + \sum_{n=-\infty}^{-1} f_n\, z^{-n} = \mathcal{Z}\left(\{f_n\}_{n=0}^{\infty}\right)(z) + \mathcal{Z}\left(\{f_{-n}\}_{n=1}^{\infty}\right)\left(\frac{1}{z}\right).$$

Besitzt eine einseitige Folge f_n, $n \geq 0$, eine z-Transformierte, die für $0 < r < |z|$ holomorph ist, dann muss $F(\frac{1}{z})$ für $|z| < \frac{1}{r}$, also insbesondere für $z = 0$, holomorph sein.

Beispiel 7.1
z-Transformierte mithilfe der geometrischen Reihe berechnen:

Wir berechnen jeweils die z-Transformierte der kausalen Folgen:

$$f_n = 1, \quad f_n = (-1)^n, \quad f_n = n, \quad n \geq 0,$$

und fragen, ob die zweiseitige z-Transformierte der nichtkausalen Folge $f_n = 1$, $n \in \mathbb{Z}$, existiert?
Mithilfe der geometrischen Reihe ergibt sich:

$$\mathcal{Z}(1)(z) = \sum_{n=0}^{\infty} z^{-n} = \sum_{n=0}^{\infty}\left(\frac{1}{z}\right)^n = \frac{1}{1-\frac{1}{z}} = \frac{z}{z-1}$$

und analog

$$\begin{aligned}
\mathcal{Z}\left((-1)^n\right)(z) &= \sum_{n=0}^{\infty}(-1)^n\, z^{-n} = \sum_{n=0}^{\infty}(-z)^{-n} \\
&= \frac{1}{1+\frac{1}{z}} = \frac{z}{z+1}.
\end{aligned}$$

Das Konvergenzgebiet wird jeweils gegeben durch: $\left|\dfrac{1}{z}\right| < 1 \quad \Longleftrightarrow \quad 1 < |z|$.

Im nichtkausalen Fall ergibt sich bei der Folge $f_n = 1$:

$$\sum_{n=-\infty}^{\infty} z^{-n} = \sum_{n=0}^{\infty} z^{-n} + \sum_{n=-\infty}^{-1} z^{-n}.$$

Der kausale Teil besitzt das Konvergenzgebiet $1 < |z|$. Der antikausale Teil

$$\sum_{n=-\infty}^{-1} z^{-n} = \sum_{n=1}^{\infty} z^{n} = \sum_{n=0}^{\infty} z^{n} - 1 = -\frac{z}{z-1}$$

besitzt das Konvergenzgebiet $|z| < 1$. Kausaler Teil und antikausaler Teil besitzen disjunkte Konvergenzgebiete. Es existiert keine zweiseitige z-Transformierte.
Differenziert man die geometrische Reihe, so folgt für $|q| < 1$:

$$\frac{d}{dq}\frac{1}{1-q} = \frac{1}{(1-q)^2}$$

$$= \frac{d}{dq}\left(\sum_{n=0}^{\infty}q^n\right) = \sum_{n=1}^{\infty}n\,q^{n-1}$$

bzw.

$$\frac{q}{(1-q)^2} = \sum_{n=0}^{\infty}n\,q^n$$

Hieraus ergibt sich durch Ersetzen von q durch $\frac{1}{z}$:

$$\frac{z}{(z-1)^2} = \sum_{n=0}^{\infty}n\,z^{-n}\;.$$

Dies bedeutet aber gerade:

$$\mathcal{Z}(n)(z) = \frac{z}{(z-1)^2}\;.$$

Wiederum wird das Konvergenzgebiet gegeben durch: $1 < |z|$.

MAPLE: Man lädt das Paket inttrans und benutzt ztrans. Das Folgenglied, der Index und die Bildvariable müssen angegeben werden. Ztrans kennt nur die einseitige z-Transformation!

MATLAB: Die einseitige z-Transformation wird mit ztrans berechnet. Die Variablen n, z müssen vor dem Zugriff als symbolisch Variablen deklariert werden.

```
with(inttrans):
ztrans(1,n,z);
```

```
syms n z
latex(ztrans(1, n, z))
```

$$\text{Ztrans}(1,\ n,\ z) = \frac{z}{z-1}$$

$$\frac{z}{z-1}$$

```
ztrans((-1)^n,n,z);
```

```
latex(ztrans((-1).^n, n, z))
```

$$\text{Ztrans}((-1)^n,\ n,\ z) = -\frac{z}{-z-1}$$

$$\frac{z}{z+1}$$

```
ztrans(n,n,z);
```

```
latex(ztrans(n, n, z))
```

$$\text{Ztrans}(n,\ n,\ z) = \frac{z}{(z-1)^2}$$

$$\frac{z}{(z-1)^2}$$

Beispiel 7.2
z-Transformierte einer Potenzreihenentwicklung entnehmen:

Wir berechnen die z-Transformierte der kausalen Folge:

$$f_n = \frac{1}{n!}, \quad n \geq 0.$$

Wir benutzen die Potenzreihenentwicklung der Exponentialfunktion:

$$e^z = \sum_{n=0}^{\infty} \frac{1}{n!} z^n, \quad z \in \mathbb{C}.$$

Hieraus folgt, wenn wir z durch $\frac{1}{z}$ ersetzen:

$$e^{\frac{1}{z}} = \sum_{n=0}^{\infty} \frac{1}{n!} z^{-n}$$

und

$$\mathcal{Z}\left(\frac{1}{n!}\right)(z) = e^{\frac{1}{z}}, \quad |z| > 0.$$

MAPLE:
```
with(inttrans):
ztrans(1/n!,n,z);
```
$$\mathrm{Ztrans}(\frac{1}{n!}, n, z) = e^{\left(\frac{1}{z}\right)}$$

MATLAB:
```
syms n z
latex(ztrans(
1./gam-
ma(n+1),n,z))
```
$$e^{z^{-1}}$$

Beispiel 7.3
Linearität der z-Transformation benutzen:

Mithilfe der Darstellung

$$\cos(n) = \frac{e^{ni} + e^{-ni}}{2}, \quad \sin(n) = \frac{e^{ni} - e^{-ni}}{2i},$$

berechnet man die z-Transformierte der Folgen:

$$f_n = \cos(n), \quad f_n = \sin(n), \quad n \geq 0.$$

Für $1 < |z|$ berechnet man sofort:

$$\mathcal{Z}\left(e^{ni}\right)(z) = \sum_{n=0}^{\infty} e^{ni} z^{-n} = \sum_{n=0}^{\infty} \left(\frac{e^i}{z}\right)^n$$

$$= \frac{1}{1 - \frac{e^i}{z}}$$

und

$$\mathcal{Z}\left(e^{-ni}\right)(z) = \sum_{n=0}^{\infty} e^{-ni} z^{-n} = \sum_{n=0}^{\infty} \left(\frac{e^{-i}}{z}\right)^n$$

$$= \frac{1}{1 - \frac{e^{-i}}{z}}.$$

Da die z-Transformation offenbar eine lineare Operation ist, gilt:

$$\mathcal{Z}(\cos(n))(z) = \frac{1}{2} \mathcal{Z}\left(e^{ni}\right)(z) + \frac{1}{2} \mathcal{Z}\left(e^{-ni}\right)(z)$$

$$= \frac{1}{2} \frac{1}{1 - \frac{e^{i}}{z}} + \frac{1}{2} \frac{1}{1 - \frac{e^{-i}}{z}}$$

$$= \frac{z\,(z - \cos(1))}{z^2 - 2\cos(1)\,z + 1}$$

und

$$\mathcal{Z}(\sin(n))(z) = \frac{1}{2i} \mathcal{Z}\left(e^{ni}\right)(z) - \frac{1}{2i} \mathcal{Z}\left(e^{-ni}\right)(z)$$

$$= \frac{1}{2i} \frac{1}{1 - \frac{e^{i}}{z}} - \frac{1}{2i} \frac{1}{1 - \frac{e^{i}}{z}}$$

$$= \frac{\sin(1)\,z}{z^2 - 2\cos(1)\,z + 1}.$$

Die (einseitigen) z-Transformierten der Folgen $\{\cos(-n)\}_{n=0}^{\infty}$ und $\{\sin(-n)\}_{n=0}^{\infty}$ existieren wegen $\mathcal{Z}(\cos(-n))(z) = \mathcal{Z}(\cos(n))(z)$ und $\mathcal{Z}(\sin(-n))(z) = -\mathcal{Z}(\sin(n))(z)$ im Gebiet $1 < |z|$. Damit ist $\mathcal{Z}(\cos(-n))\left(\frac{1}{z}\right)$ und $\mathcal{Z}(\sin(-n))\left(\frac{1}{z}\right)$ für $|z| < 1$ holomorph. Da kein gemeinsames Konvergenzgebiet vorliegt, kann es keine zweiseitige z-Transformierte der Folgen $\{\cos(-n)\}_{n=-\infty}^{\infty}$ und $\{\sin(-n)\}_{n=-\infty}^{\infty}$ geben.

MAPLE:

```
ztrans(cos(n),n,z);
```

MATLAB:

```
syms n z
latex(ztrans(
cos(n),n,z))
```

$$\text{Ztrans}(\cos(n),\ n,\ z) = \frac{z\,(z - \cos(1))}{z^2 - 2\,z\cos(1) + 1}$$

$$\frac{z\,(-\cos(1) + z)}{1 - 2\,z\cos(1) + z^2}$$

```
ztrans(sin(n),n,z);
```

```
latex(ztrans(sin(n), n, z))
```

$$\text{Ztrans}(\sin(n),\ n,\ z) = \frac{z\,\sin(1)}{z^2 - 2\,z\cos(1) + 1}$$

$$\frac{\sin(1)z}{1 - 2\,z\cos(1) + z^2}$$

Zwischen der z-Transformation und der Fourierreihe besteht ein ähnlicher Zusammenhang wie zwischen der Laplace- und der Fouriertransformation.

Zusammenhang zwischen Fourierreihe und z-Transformation:

Wird die Funktion $f: [0, T] \longrightarrow \mathbb{C}$ in eine Fourierreihe entwickelt

$$f(t) = \sum_{n=-\infty}^{\infty} c_n e^{i n \omega t}, \quad \omega = \frac{2\pi}{T}, \quad \text{mit} \quad \sum_{n=-\infty}^{\infty} |c_n| < \infty, \text{ dann gilt:}$$

$$\sum_{n=-\infty}^{\infty} c_n e^{i n \omega t} = \mathcal{Z}_2(c_n) \left(e^{-i \omega t} \right).$$

Sei $f : [0, T] \longrightarrow \mathbb{C}$ eine quadrat-integrierbare Funktion. Die Fourierreihe konvergiert im quadratischen Mittel gegen f:

$$f(t) = \sum_{n=-\infty}^{\infty} c_n e^{i n \omega t},$$

mit den Fourierkoeffizienten:

$$c_n = \frac{1}{T} \int_0^T f(t) e^{-i n \omega t} \, dt, \quad \omega = \frac{2\pi}{T}.$$

Die Folge der Koeffizienten ist quadrat-summierbar:

$$\sum_{n=-\infty}^{\infty} |c_n|^2 = \frac{1}{T} \int_0^T |f(t)|^2 \, dt.$$

Setzen wir die Konvergenz der Reihe $\sum_{n=-\infty}^{\infty} |c_n|$ voraus, so konvergiert die Fourierreihe gleichmäßig, und man kann die Fourierreihe auch als Fouriertransformierte der Folge $\{c_n\}_{n=-\infty}^{\infty}$ auffassen. Wegen der Ungleichung

$$\sum_{n=-\infty}^{\infty} |c_n|^2 \leq \left(\sum_{n=-\infty}^{\infty} |c_n| \right)^2$$

folgt die quadratische Summierbarkeit auch, und es gilt:

$$\sum_{n=-\infty}^{\infty} c_n e^{i n \omega t} = \sum_{n=-\infty}^{\infty} c_n \left(e^{i \omega t} \right)^n = \mathcal{Z}_2(c_n) \left(e^{-i \omega t} \right).$$

Bilden wir die Fouriertransformierte einer Folge f_n mit $\sum_{n=-\infty}^{\infty} |f_n| < \infty$, dann gilt analog:

$$\mathcal{Z}_2(f_n)\left(e^{i\,\omega}\right) = \sum_{n=-\infty}^{\infty} f_n\, e^{-i\,n\,\omega} = \mathcal{F}(f_n)(\omega)\,.$$

Beispiel 7.4

Zusammenhang zwischen diskreter Fouriertransformation und z-Transformation:

Bei der diskreten Fouriertransformation wird die endliche Folge $f = \{f_0, , \dots, f_{N-1}\} \in \mathbb{C}^N$ auf die Folge $d = \{d_0, , \dots, d_{N-1}\} \in \mathbb{C}^N$ abgebildet mit

$$d_k = \sum_{n=0}^{N-1} f_n\, e^{-i\,k\,\frac{2\pi}{N}\,n}\,, \quad k = 0, \dots, N-1\,.$$

Wir führen eine unendliche, kausale Folge ein

$$g_n = \begin{cases} f_n & , \quad 0 \le n \le N-1\,, \\ 0 & , \quad n \ge N\,, \end{cases}$$

und beschreiben die Komponenten d_j mithilfe der Z-Transformation:

$$\begin{aligned} d_k &= \sum_{n=0}^{N-1} f_n\, e^{-i\,k\,\frac{2\pi}{N}\,n} = \sum_{n=0}^{N-1} f_n \left(e^{i\,k\,\frac{2\pi}{N}}\right)^{-n} \\ &= \mathcal{Z}(g_n)\left(e^{i\,k\,\frac{2\pi}{N}}\right)\,. \end{aligned}$$

Wir schreiben dafür in Kurzform:

$$d_k = \mathcal{DFT}(f_n)\left(e^{i\,k\,\frac{2\pi}{N}}\right)\,.$$

Auf der rechten Seite dieser Gleichung haben wir also die z-Transformierte der endlichen Folge f_n, die aus der gegebenen Funktion durch Abtasten in N Punkten des Einheitskreises mit gleichem Winkelabstand entsteht.

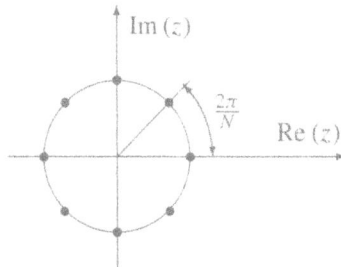

Bild 7.7: *N Abtastpunkte auf dem Einheitskreis mit gleichem Winkelabstand.*

Beispiel 7.5

Diskrete Fouriertransformation mithilfe der z-Transformation berechnen:

Wir betrachten wieder die 2π-periodische Sägezahn-Funktion:

$$f(t) = \begin{cases} \frac{1}{2}(\pi - t) & , \quad 0 < t < 2\pi , \\ 0 & , \quad t = 0 . \end{cases}$$

MATLAB:

Für die Berechnung der diskreten Fouriertransformation dieser Funktion benutzen wir die MATLAB-Funktion `czt(x)` und vergleichen mit `fft`.

```
j = 0:1:7; N = 8;
f = 0.5*(pi - 2*pi*j/N)
d = fft(f)
d1 = czt(f)
```

Die Funktion `czt(x)` liefert dieselbe diskrete Fouriertransformierte wie die Funktion `fft`:

```
f = 1.5708 1.1781 0.7854 0.3927 0 -0.3927 -0.7854
   -1.1781

d =1.5708 1.5708-3.7922i 1.5708-1.5708i 1.5708-0.6506i
   1.5708 1.5708+0.6506i 1.5708+1.5708i 1.5708+3.7922i

d1 =1.5708-0.0000i 1.5708-3.7922i 1.5708-1.5708i 1.5708-0.6506i
   1.5708+0.0000i 1.5708+0.6506i 1.5708+1.5708i 1.5708+3.7922i
```

Die Poissonsche Summenformel beinhaltet den Zusammenhang zwischen der kontinuierlichen Fouriertransformation und der z-Transformation. Man bekommt dies sofort, wenn man die Fourierreihe der periodisierten Fouriertransformierten betrachtet und den Zusammenhang zwischen Fourierreihe und z-Transformation benutzt.

Zusammenhang zwischen Fouriertransformation und z-Transformation:

Sei f auf $\mathbb{R}$ absolut integrierbar und stetig mit:

$$\sum_{k=-\infty}^{\infty} \left| \mathcal{F}(f(t))\left(k\frac{2\pi}{T}\right)\right| < \infty .$$

Die Reihe $\sum_{n=-\infty}^{\infty} f(t + nT)$ konvergiere gleichmäßig, dann folgt:

$$Z_2(f(nT))\left(e^{i\omega}\right) = \frac{\sqrt{2\pi}}{T} \sum_{k=-\infty}^{\infty} \mathcal{F}(f(t))\left(\frac{\omega + 2\pi k}{T}\right) .$$

Ist $f(t) = 0$ für $t < 0$, so ergibt sich aus der Beziehung zwischen Fouriertransformation und z-Transformation auch der folgende Zusammenhang zwischen der (einseitigen) z-Transformation und der Laplacetransformation:

$$\mathcal{Z}(f(n\,T))\left(e^{i\,\omega}\right) = \frac{1}{T} \sum_{k=-\infty}^{\infty} \mathcal{L}(f(t))\left(i\,\frac{\omega + 2\,\pi\,k}{T}\right).$$

Im Distributionensinn nimmt diese Beziehung folgende Gestalt an.

Zusammenhang zwischen Laplacetransformation und z-Transformation:

Gegeben sei eine stückweise glatte Funktion $f : [0, \infty) \longrightarrow \mathbb{C}$ von höchstens exponentieller Ordnung. Bildet man mit der Diracschen Deltafunktion die Distribution

$$T = \sum_{n=0}^{\infty} f(n)\,\delta(t - n),$$

dann gilt:

$$\mathcal{L}(T)(s) = \mathcal{Z}(f(n))\left(e^{s}\right).$$

Die Funktion f ist von exponentieller Ordnung: $|f(t)| \leq a\,e^{bt}$, $t \geq 0$. Hieraus folgt

$$|f(n)| \leq a\,e^{bn}, \quad n \geq 0.$$

Das heißt, die z-Transformierte

$$\mathcal{Z}(f(n)) = \sum_{n=0}^{\infty} f(n)\,z^{-n}$$

konvergiert mindestens außerhalb eines Kreises:

$$|z| \geq e^{b}.$$

Verwendet man nun den Verschiebungssatz im Zeitbereich bei Distributionen, so gilt:

$$
\begin{aligned}
\mathcal{L}(T)(s) &= \sum_{n=0}^{\infty} f(n)\,\mathcal{L}(\delta(t - n))(s) = \sum_{n=0}^{\infty} f(n)\,e^{-n\,s}\,\mathcal{L}(\delta(t))(s) \\
&= \sum_{n=0}^{\infty} f(n)\,e^{-n\,s} = \mathcal{Z}(f(n))\left(e^{s}\right).
\end{aligned}
$$

Ist die Konvergenz gesichert, so stellt die Laurentreihe im Konvergenzgebiet eine holomorphe Funktion dar. Die Laurentreihe $\mathcal{Z}_2(f_n)(z) = \sum_{n=-\infty}^{\infty} f_n\,z^{-n}$

kann gliedweise differenziert werden, und wir bekommen:

$$\frac{d}{dz} \mathcal{Z}_2(f_n)(z) \;=\; \sum_{n=-\infty}^{\infty} (-n)\, f_n\, z^{-n-1} = -\frac{1}{z} \sum_{n=-\infty}^{\infty} n\, f_n\, z^{-n}$$

$$=\; -\frac{1}{z}\, \mathcal{Z}_2(n\, f_n)(z)\,.$$

Differenziationssatz:

Die z-Transformierte der Folge $\{f_n\}_{n=-\infty}^{\infty}$ ist in ihrem Konvergenzgebiet holomorph:

$$\mathcal{Z}_2(n\, f_n)(z) = -z\, \frac{d}{dz}\, \mathcal{Z}_2(f_n)(z)\,.$$

Der Differenziationssatz gilt auch für die einseitige z-Transformation:

$$\mathcal{Z}(n\, f_n)(z) = -z\, \frac{d}{dz}\, \mathcal{Z}(f_n)(z)\,.$$

Man kann sich direkt davon überzeugen oder eine gegebene kausale Folge mit lauter Nullen im antikausalen Bereich ergänzen.

Mit der Darstellung der Koeffizienten einer Laurent-Reihe durch Kurvenintegrale können wir die zweiseitige z-Transformation umkehren. Die einseitige z-Transformation wird dabei als Sonderfall mitberücksichtigt.

Umkehrung der z-Transformation:

Die Funktion $F(z)$ sei in dem Gebiet $0 \leq r < |z| < R$ holomorph. Dann wird die Folge:

$$f_n = \frac{1}{2\pi i} \int\limits_{|z|=\rho} F(z)\, z^{n-1}\, dz\,, \qquad n = \ldots, -2, -1, 0, 1, 2, \ldots$$

durch die zweiseitige z-Transformation in $F(z)$ überführt: $F(z) = \displaystyle\sum_{n=-\infty}^{\infty} f_n\, z^{-n}$.

(Hierbei ist $r < \rho < R$ und der Kreis $|z| = \rho$ wird bei der Integration im positiven Sinn durchlaufen). Die Folge f_n ist die einzige Folge mit dieser Eigenschaft.

Nach Voraussetzung besitzt F im Kreisring $r < |z| < R$ die Laurententwicklung:

$$F(z) = \sum_{\nu=0}^{\infty} a_\nu\, z^\nu + \sum_{\nu=1}^{\infty} \frac{a_{-\nu}}{z^\nu}$$

mit den Koeffizienten:

$$a_\nu = \frac{1}{2\pi i} \int_{|z|=\rho} \frac{F(z)}{z^{\nu+1}} dz.$$

Der Kreis mit Radius $R > \rho > r$ wird bei der Integration im entgegengesetzten Uhrzeigersinn durchlaufen. Damit stellt die Folge:

$$f_n = a_{-n} = \frac{1}{2\pi i} \int_{|z|=\rho} F(z) z^{n-1} dz$$

die zweiseitige z-Transformierte von F dar. Die Eindeutigkeit der Folge f_n ergibt sich aus dem Identitätssatz für holomorphe Funktionen.

Beispiel 7.6
Urbild einer z-Transformierten ermitteln, Reihenentwicklung und Umkehrformel benutzen:

Sei a eine beliebige komplexe Zahl. Die Funktion

$$F(z) = \frac{1}{(z-a)^2}$$

ist sowohl in dem Gebiet $|z| < |a|$ als auch in dem Gebiet $|a| < |z|$ holomorph. Wir ermitteln jeweils diejenige Folge $f_n, n \in \mathbb{Z}$ welche durch die zweiseitige z-Transformation in $F(z)$, $|z| < |a|$, bzw. in $F(z)$, $|a| < |z|$ überführt wird. Wir gehen (a) mithilfe einer Reihenentwicklung und (b) mit der Umkehrformel und dem Residuensatz vor.
(a) In dem Gebiet $|z| < |a|$ entwickeln wir in eine Taylorreihe:

$$\begin{aligned}
\frac{1}{(z-a)^2} &= \frac{1}{a-z}\frac{1}{a-z} = \frac{1}{a^2}\frac{1}{1-\frac{z}{a}}\frac{1}{1-\frac{z}{a}} \\
&= \frac{1}{a^2}\sum_{\nu=0}^{\infty}\frac{1}{a^\nu}z^\nu \sum_{\mu=0}^{\infty}\frac{1}{a^\mu}z^\mu = \frac{1}{a^2}\sum_{n=0}^{\infty}\left(\sum_{\nu=0}^{n}\frac{1}{a^\nu}\frac{1}{a^{n-\nu}}\right)z^n \\
&= \frac{1}{a^2}\sum_{n=0}^{\infty}(n+1)\frac{1}{a^n}z^n \\
&= \sum_{n=0}^{\infty}\frac{n+1}{a^{n+2}}z^n.
\end{aligned}$$

Wir bekommen also die Urbildfolge: $f_n = \begin{cases} 0 & , \quad n > 0, \\ (-n+1)a^{n-2} & , \quad n \leq 0. \end{cases}$

In dem Gebiet $|a| < |z|$ entwickeln wir in eine Laurentreihe:

$$\frac{1}{(z-a)^2} = \frac{1}{z-a}\frac{1}{z-a} = \frac{1}{z^2}\frac{1}{1-\frac{a}{z}}\frac{1}{1-\frac{a}{z}}$$

$$= \frac{1}{z^2}\sum_{n=0}^{\infty}(n+1)\,a^n\,z^{-n}$$

$$= \sum_{n=2}^{\infty}(n-1)\,a^{n-2}\,z^{-n}\,.$$

Hier bekommen wir folgende Urbildfolge:

$$f_n = \begin{cases} (n-1)\,a^{n-2} &,\quad n > 1, \\ 0 &,\quad n \le 1. \end{cases}$$

Die Folge

$$f_n = \begin{cases} (n-1)\,a^{n-2} &,\quad n > 1, \\ 0 &,\quad n = 0,1. \end{cases}$$

stellt nun zugleich das Urbild der Funktion unter der einseitigen z-Transformation dar: $\mathcal{Z}(f_n) = F(z)$, $|z| > |a|$.

(b) Mit der Umkehrformel ergibt sich folgende Urbildfolge:

$$f_n = \frac{1}{2\pi i}\int\limits_{|z|=\rho}\frac{z^{n-1}}{(z-a)^2}\,dz\,, \quad n = \ldots, -2, -1, 0, 1, 2, \ldots\,,$$

wobei der Kreis mit dem Radius ρ ganz in dem Gebiet verlaufen muss, in dem $F(z)$ holomorph ist. Betrachten wir also $F(z)$ im Gebiet $|z| < |a|$, so muss $0 < \rho < |a|$ sein. Betrachten wir aber $F(z)$ im Gebiet $|a| < |z|$, so muss $|a| < \rho$ sein.

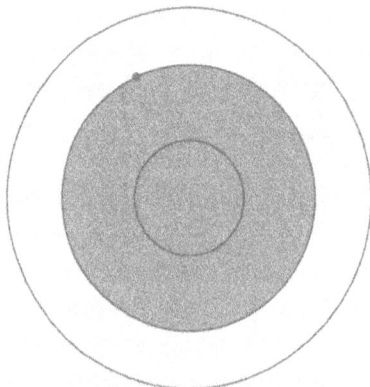

Bild 7.8: *Singularitäten und Integrationswege bei der Umkehrung von*
$$F(z) = \frac{1}{(z-a)^2}$$

Im Gebiet $|z| < |a|$ umlaufen wir lediglich bei $n \le 0$ den Pol $z_0 = 0$ der Ordnung $-n+1$ und bekommen

$$f_n = \operatorname{Res}\left(\frac{\frac{1}{(z-a)^2}}{z^{-n+1}}, 0\right)$$

$$= \frac{1}{(-n)!}\frac{d^{(-n)}}{dz^{(-n)}}\frac{1}{(z-a)^2}\Bigg|_{z=0}$$

$$= \frac{1}{(-n)!}(-2)\cdot(-3)\cdots(n-1)\frac{1}{(z-a)^{2-n}}\Bigg|_{z=0}$$

$$= (-1)^n(-1)^{2-n}(-n+1)a^{n-2} = (-n+1)a^{n-2}.$$

Bei $n > 0$ wird keine Singularität umlaufen, und es ergibt sich $f_n = 0$.
Im Gebiet $|a| < |z|$ umlaufen wir zwei Pole und zwar bei $n \leq 0$ den Pol $z_0 = 0$ und bei beliebigem $n \in \mathbb{Z}$ den Pol $z_0 = a$ der Ordnung zwei. Das Residuum des Pols $z_0 = 0$ können wir von oben übernehmen, das Residuum des Pols $z_0 = a$ ergibt sich zu:

$$\operatorname{Res}\left(\frac{z^{n-1}}{(z-a)^2}, a\right) = \frac{d}{dz}z^{n-1}\Bigg|_{z=a} = (n-1)a^{n-2}.$$

Schließlich liefert die Summe der Residuen die Urbildfolge:

$$f_n = \operatorname{Res}\left(\frac{z^{n-1}}{(z-a)^2}, 0\right) + \operatorname{Res}\left(\frac{z^{n-1}}{(z-a)^2}, a\right)$$

$$= \begin{cases} (n-1)a^{n-2} & , \quad n > 1, \\ 0 & , \quad n \leq 1. \end{cases}$$

MAPLE: Man lädt das Paket inttrans und berechnet die inverse z-Transformierte mit dem Befehl Invztrans.
Invztrans kennt wiederum nur die einseitige z-Transformation.

```
series(1/(z-a)^2,z=0,5);
```

$$\operatorname{Series}(\frac{1}{(z-a)^2}, z = 0, 5)$$

$$= \frac{1}{a^2} + 2\frac{1}{a^3}z + 3\frac{1}{a^4}z^2 + 4\frac{1}{a^5}z^3 + 5\frac{1}{a^6}z^4 + O(z^5)$$

```
series(1/(z-a)^2,z=infinity,5);
```

$$\operatorname{Series}(\frac{1}{(z-a)^2}, z = \infty, 5) = \frac{1}{z^2} + \frac{2a}{z^3} + \frac{3a^2}{z^4} + O(\frac{1}{z^5})$$

```
invztrans(1/(z-a)^2,z,n);
```

$$\text{Invztrans}(\frac{1}{(z-a)^2}, z, n) = \frac{charfcn_0(n) - a^n + a^n n}{a^2}$$

MATLAB: MATLAB kann die einseitige z-Transformation symbolisch mit `iztrans` invertieren.

```
syms n z a
latex(iztrans(1./(z-a).^2, z, n))
```

$$\frac{\Delta(n) - a^n + a^n n}{a^2}$$

Beispiel 7.7
Urbild einer z-Transformierten ermitteln, Definitionsgebiet beachten:

Die Funktion

$$F(z) = \frac{3 z^3 + 8 z^2 + (6 + 2i) z + 1}{z^2 + z}$$

ist sowohl in dem Gebiet $1 < |z|$ als auch in dem Gebiet $0 < |z| < 1$ holomorph. Wir berechnen jeweils diejenige Folge f_n, $n \in \mathbb{Z}$ welche durch die zweiseitige z-Transformation in $F(z)$, $1 < |z|$, bzw. in $F(z)$, $0 < |z| < 1$ überführt wird.

Mithilfe von einer Partialbruchzerlegung erhalten wir zunächst:

$$F(z) = 5 + 3z + \frac{1}{z} + \frac{2i}{1+z}.$$

(a) Inversion im Gebiet $1 < |z|$.

Wir entwickeln den vierten Summanden in eine Laurentreihe um den Nullpunkt und beachten $1 < |z|$:

$$\frac{2i}{1+z} = 2i \frac{1}{z} \frac{1}{1 + \frac{1}{z}} = 2i \frac{1}{z} \sum_{\nu=0}^{\infty} (-1)^{\nu} z^{-\nu} = 2i \sum_{n=1}^{\infty} (-1)^{n-1} z^{-n}.$$

Damit ergibt sich folgendes Urbild:

$$f_n = \begin{cases} 0 & , \quad n < -1, \\ -3 & , \quad n = -1, \\ 5 & , \quad n = 0, \\ 1 + 2i & , \quad n = 1, \\ -(-1)^n 2i & , \quad n > 1. \end{cases}$$

Eine einseitige Folge kommt als Urbild von $F(z)$, $1 < |z|$, unter der einseitigen z-Transformation nicht in Frage. Sonst müsste $F(\frac{1}{z})$ für $|z| < 1$ holomorph sein. Einsetzen zeigt aber, dass

$$F\left(\frac{1}{z}\right) = 5 + 3\frac{1}{z} + z + \frac{2iz}{1+z}$$

im Nullpunkt nicht holomorph sein kann.

(b) Inversion im Gebiet $0 < |z| < 1$.

Wir entwickeln den vierten Summanden in eine Laurentreihe um den Nullpunkt und beachten $0 < 1 < |z|$:

$$\frac{2\,i}{1+z} = 2\,i\,\sum_{n=0}^{\infty}(-1)^n\,z^n\,.$$

Damit ergibt sich folgendes Urbild:

$$f_n = \begin{cases} (-1)^n\,2\,i & , \quad n < -1\,, \\ -3 - 2\,i & , \quad n = -1\,, \\ 5 + 2\,i & , \quad n = 0\,, \\ 1 & , \quad n = 1\,, \\ 0 & , \quad n > 1\,. \end{cases}$$

Wiederum kommt eine einseitige Folge als Urbild von $F(z), 0 < |z| < 1$, unter der einseitigen z-Transformation nicht in Frage.

Die z-Transformierte bei Maple als auch bei MATLAB funktioniert nur einseitig, das heisst, nur Folgen $f_n, n = 0, \ldots, \infty$ können transformiert werden. Die inverse einseitige Transformation kann deshalb nicht auf alle $F(z)$ wirken.

Dieses Beispiel behandelt aber gerade eine Funktion $F(z)$, die kein Urbild unter der einseitigen Transformation besitzt. Darum wird im nachfolgenden Maple-Programm die Funktion `Series` benutzt und nicht `invztrans`. Diese Schwierigkeit stellt einen großen Stolperstein für Anwender dar.

MAPLE:

```
series((3*z^3+8*z^2+(6+2*I)*z+1)/(z^2+z),z=infinity,5);
```

$$\text{Series}(\frac{3\,z^3 + 8\,z^2 + (6 + 2\,I)\,z + 1}{z^2 + z}, z = \infty,\ 5) =$$

$$3z + 5 + \frac{1 + 2\,I}{z} - \frac{2\,I}{z^2} + \frac{2\,i}{z^3} - \frac{2\,I}{z^4} + \mathrm{O}(\frac{1}{z^5})$$

```
series((3*z^3+8*z^2+(6+2*I)*z+1)/(z^2+z),z=0,5);
```

$$\text{Series}(\frac{3\,z^3 + 8\,z^2 + (6 + 2\,I)\,z + 1}{z^2 + z}, z = 0,\ 5) =$$

$$z^{-1} + 5 + 2\,I + (3 - 2\,I)\,z + 2\,I\,z^2 - 2\,I\,z^3 + \mathrm{O}(z^4)$$

```
convert((3*z^3+8*z^2+(6+2*I)*z+1)/(z^2+z),parfrac,z);
```

$$\text{Convert}(\frac{3\,z^3 + 8\,z^2 + (6+2\,i)\,z + 1}{z^2 + z}, \; \textit{parfrac}, \; z)$$

$$= 5 + 3\,z + \frac{1}{z} + \frac{2\,i}{z+1}$$

Die Anwendung der Maple-Funktion `invztrans` sowie der MATLAB-Funktion `iztrans` führt zu falschen Ergebnissen:

```
invztrans((3*z^3+8*z^2+(6+2*I)*z+1)/(z^2+z),z,n);
```

$$\text{Invztrans}(\frac{3\,z^3 + 8\,z^2 + (6+2\,i)\,z + 1}{z^2 + z}, \; z, \; n) =$$

$$5\,\textit{charfcn}_0(n) + 2\,I\,\textit{charfcn}_0(n) + \textit{charfcn}_1(n) + \text{invztrans}(3\,z, \; z, \; n)$$

$$-2\,\text{RootOf}(\_Z^2 + 1, \; \textit{index} = 1)\,(-1)^n$$

MATLAB:

```
syms n z
latex(iztrans((3*z.^3+8*z.^2+(6+2i)*z+1)./(z.^2+z), z, n))
```

$$5\,\Delta(n) + 2\,\sqrt{-1}\,\Delta(n) + \Delta(n-1) + \textit{iztrans}(3\,z, z, n) - 2\,\sqrt{-1}\,(-1)^n$$

7.2   Eigenschaften der z-Transformation

Der Umgang mit z-Transformierten wird wieder durch einige Regeln erleichtert.

Konjugation und Zeitumkehr bei der z-Transformation:

Gegeben sei eine Folge $\{f_n\}_{n=-\infty}^{\infty}$ mit der z-Transformierten $\mathcal{Z}_2(f_n)(z), r < |z| < R$. Dann gilt mit dem Konvergenzgebiet $r < |z| < R$: $\mathcal{Z}_2(\overline{f_n})(z) = \overline{\mathcal{Z}_2(f_n)(\overline{z})}$ und mit dem Konvergenzgebiet $\frac{1}{R} < |z| < \frac{1}{r}$: $\mathcal{Z}_2(f_{-n})(z) = \mathcal{Z}(f_n)\left(\frac{1}{z}\right)$.

Man bestätigt dies durch Nachrechnen:

$$\mathcal{Z}_2(\overline{f_n})(z) \;=\; \sum_{n=-\infty}^{\infty} \overline{f_n}\, z^{-n} \;=\; \overline{\sum_{n=-\infty}^{\infty} f_n\, \overline{z}^{-n}} \;=\; \overline{\mathcal{Z}_2(f_n)(\overline{z})}\,,$$

$$\mathcal{Z}_2(f_{-n})(z) \;=\; \sum_{n=-\infty}^{\infty} f_{-n}\, z^{-n} \;=\; \sum_{n=-\infty}^{\infty} f_n\, z^{n} \;=\; \sum_{n=-\infty}^{\infty} f_n \left(\frac{1}{z}\right)^{-n} \;=\; \mathcal{Z}(f_n)\left(\frac{1}{z}\right).$$

Wird der Folgenindex herauf- oder herabgesetzt, so kann man die z-Transformierte aus der Originalfolge mit den Verschiebungssätzen bekommen.

Verschiebungssätze:

Gegeben sei eine Folge $\{f_n\}_{n=0}^{\infty}$ mit der z-Transformierten $\mathcal{Z}(f_n)(z)$, $0 \le r < |z|$. Für beliebiges $k = 1, 2, 3, \ldots$ werden neue Folgen erklärt

$$g_n^{+} = f_{n+k}\,, \quad n \ge 0\,, \quad \text{bzw.} \quad g_n^{-} = \begin{cases} 0 & , \quad n < k\,, \\ f_{n-k} & , \quad n \ge k\,. \end{cases}$$

Dann gilt mit dem Konvergenzgebiet $r < |z|$:

$$\mathcal{Z}(g_n^{+})(z) = z^k \left(\mathcal{Z}(f_n)(z) - \sum_{\nu=0}^{k-1} f_\nu\, z^{-\nu} \right)$$

bzw. $\mathcal{Z}(g_n^{-})(z) = z^{-k}\, \mathcal{Z}(f_n)(z)\,.$

Nach Definition gilt:

$$\begin{aligned} \mathcal{Z}(g_n^{+})(z) &= \sum_{n=0}^{\infty} g_n^{+}\, z^{-n} = \sum_{n=0}^{\infty} f_{n+k}\, z^{-n} \\[2mm] &= \sum_{n=0}^{\infty} f_{n+k}\, z^{-(n+k)}\, z^{k} = z^{k} \sum_{n=k}^{\infty} f_n\, z^{-n} \\[2mm] &= z^{k} \left(\mathcal{Z}(f_n)(z) - \sum_{n=0}^{k-1} f_n\, z^{-n} \right) \end{aligned}$$

und

$$\begin{aligned} \mathcal{Z}(g_n^{-})(z) &= \sum_{n=0}^{\infty} g_n^{-}\, z^{-n} = \sum_{n=k}^{\infty} f_{n-k}\, z^{-n} \\[2mm] &= \sum_{n=k}^{\infty} f_{n-k}\, z^{-(n-k)}\, z^{-k} = z^{-k} \sum_{n=0}^{\infty} f_n\, z^{-n}\,. \end{aligned}$$

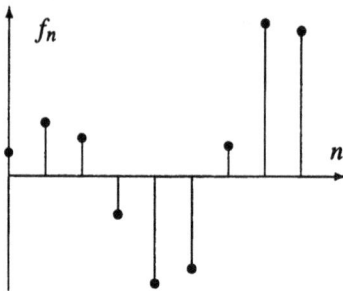

Bild 7.9: *Eine Folge f_n*

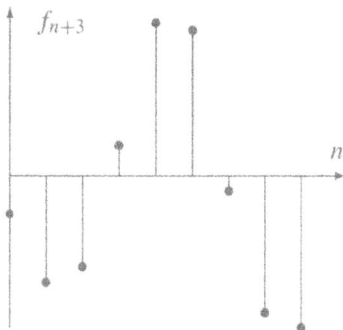

Bild 7.10: *Die nach links verschobene Folge $g_n^+ = f_{n+3}$*

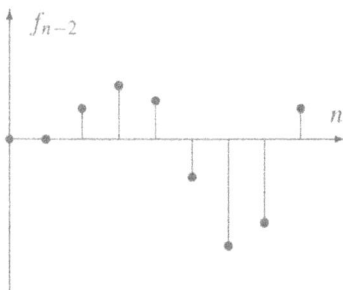

Bild 7.11: *Die nach rechts verschobene Folge $g_n^- = f_{n-2}$*

Die Transformation verschobener Folgen gestaltet sich bei der zweiseitigen z-Transformation einfacher.

Verschiebungssatz bei der zweiseitigen z-Transformation:

Sei $\{f_n\}_{n=-\infty}^{\infty}$ eine Folge mit der z-Transformierten $\mathbb{Z}(f_n)(z)$, $0 \leq r < |z| < R$. Dann gilt für beliebiges $k \in \mathbb{Z}$:

$$\mathbb{Z}_2(f_{n-k})(z) = z^{-k}\, \mathbb{Z}_2(f_n)(z)\,.$$

Wir rechnen direkt nach:

$$\mathcal{Z}_2(f_{n-k})(z) = \sum_{n=-\infty}^{\infty} f_{n-k}\, z^{-n} = \sum_{n=-\infty}^{\infty} f_n\, z^{-(n+k)} = z^{-k} \sum_{n=-\infty}^{\infty} f_n\, z^{-n}$$
$$= z^{-k}\, \mathcal{Z}_2(f_n)(z)\,.$$

Beispiel 7.8
z-Transformierte von Differenzen berechnen:

Gegeben sei eine Folge $\{f_n\}_{n=0}^{\infty}$ mit der z-Transformierten $\mathcal{Z}(f_n)(z)$. Wir berechnen die z-Transformierte der Differenzen

$$\Delta f_n = f_{n+1} - f_n \quad \text{und} \quad \Delta^2 f_n = \Delta(\Delta f_n) = f_{n+2} - 2\, f_{n+1} + f_n\,.$$

Mit dem Verschiebungssatz für die (einseitige) z-Transformation bekommen wir:

$$\begin{aligned}
\mathcal{Z}(\Delta f_n)(z) &= \mathcal{Z}(f_{n+1})(z) - \mathcal{Z}(f_n)(z) \\
&= z\,(\mathcal{Z}(f_n)(z) - f_0) - \mathcal{Z}(f_n)(z) \\
&= (z-1)\,\mathcal{Z}(f_n)(z) - f_0\, z
\end{aligned}$$

und

$$\begin{aligned}
\mathcal{Z}(\Delta^2 f_n)(z) &= \mathcal{Z}(\Delta f_{n+1})(z) - \mathcal{Z}(\Delta f_n)(z) \\
&= (z-1)\,\mathcal{Z}(f_{n+1})(z) - f_1\, z - (z-1)\,\mathcal{Z}(f_n)(z) + f_0\, z \\
&= (z-1)\,z\,(\mathcal{Z}(f_n)(z) - f_0) - f_1\, z - (z-1)\,\mathcal{Z}(f_n)(z) + f_0\, z \\
&= (z-1)^2\,\mathcal{Z}(f_n)(z) - f_0\, z\,(z-1) - \Delta f_0\, z\,.
\end{aligned}$$

MAPLE:

```
ztrans(f(n+1)-f(n),n,z);
```

$$z\,\mathrm{ztrans}(f(n),\, n,\, z) - f(0)\, z - \mathrm{ztrans}(f(n),\, n,\, z)$$

MATLAB:

```
syms n z
latex(ztrans(sym('f(n+1)-f(n)')))
```

$$ztrans(f(n), n, z) - f(0)z - ztrans(f(n), n, z)$$

Beispiel 7.9
z-Transformierte der Partialsummen einer Folge berechnen:

Gegeben sei eine Folge $\{f_n\}_{n=0}^{\infty}$ mit der z-Transformierten $\mathcal{Z}(f_n)(z), 0 < r < |z|$. Wir bilden die Folge der Partialsummen:

$$s_n = \sum_{v=0}^{n} f_v, \quad n \geq 0, \quad \text{bzw.} \quad s_{n-1} = \sum_{v=0}^{n-1} f_v, \quad n \geq 1.$$

Wir zeigen, dass mit dem Konvergenzgebiet $\max\{1, r\} < |z|$ gilt:

$$\mathcal{Z}(s_n)(z) = \frac{z}{z-1} \mathcal{Z}(f_n)(z) \quad \text{bzw.} \quad \mathcal{Z}(s_{n-1})(z) = \frac{1}{z-1} \mathcal{Z}(f_n)(z).$$

Wir führen zunächst formal folgende Rechnung durch und ordnen die Summation in Gestalt von Diagonalsummen:

$$\begin{aligned}
\mathcal{Z}(s_n)(z) &= \sum_{n=0}^{\infty} s_n z^{-n} = \sum_{n=0}^{\infty} \left(\sum_{v=0}^{n} f_v \right) z^{-n} \\
&= f_0 z^0 \\
&\quad + (f_0 + f_1) z^{-1} \\
&\quad + (f_0 + f_1 + f_2) z^{-2} \\
&\quad + (f_0 + f_1 + f_2 + f_3) z^{-3} \\
&\quad + \cdots \\
&= \sum_{v=0}^{\infty} \left(\sum_{n=0}^{\infty} f_n z^{-n-v} \right) = \sum_{v=0}^{\infty} z^{-v} \mathcal{Z}(f_n)(z) \\
&= \mathcal{Z}(f_n)(z) \frac{1}{1 - \frac{1}{z}} = \frac{z}{z-1} \mathcal{Z}(f_n)(z).
\end{aligned}$$

Liest man die Gleichungskette von unten nach oben, so erkennt man sofort, dass für $\max\{1, r\} < |z|$ eine absolut konvergente Doppelreihe vorliegt, bei der beliebig umgeordnet werden darf. Die zweite Behauptung ergibt sich sofort mit dem Verschiebungssatz, wenn man die Folge der Partialsummen s_n um $k = 1$ nach rechts verschiebt.

MAPLE:

```
Ztrans(sum(f(nu),nu=0..n),n,z)=ztrans(sum(f(nu),nu=0..n),n,z);
```

$$\text{Ztrans}(\sum_{v=0}^{n} f(v), n, z) = \frac{z \, \text{ztrans}(f(n), n, z)}{z - 1}$$

Beispiel 7.10
z-Transformierte von Partialsummen benutzen:
Wir benutzen $\mathcal{Z}(1)(z) = \dfrac{z}{z-1}$ und die z-Transformierte von Partialsummen um eine Folge
$\{f_n\}_{n=0}^{\infty}$ zu finden, für die gilt:

$$\mathcal{Z}(f_n)(z) = \frac{z}{(z-1)^k}\,, \quad k \geq 2, \quad 1 < |z|.$$

Hat man eine Folge f_n und bildet die Folge der Partialsummen: $s_{n-1} = \displaystyle\sum_{v=0}^{n-1} f_v, \quad n \geq 1$,

so wird die z-Transformierte mit dem Faktor $\frac{1}{z-1}$ multipliziert:

$$\mathcal{Z}(s_{n-1})(z) = \frac{1}{z-1}\,\mathcal{Z}(f_n)(z)\,.$$

Hieraus folgt zuerst mit $f_n = 1$:

$$\mathcal{Z}(n)(z) = \frac{z}{(z-1)^2}\,.$$

Als Nächstes ergibt sich:

$$\mathcal{Z}\left(\sum_{v=0}^{n-1} v\right)(z) = \mathcal{Z}\left(\binom{n}{2}\right)(z) = \frac{z}{(z-1)^3}\,.$$

Setzt man das Verfahren fort und benutzt den Aufbau des Pascalschen Dreiecks, so ergibt sich schließlich:

$$\mathcal{Z}(f_n)(z) = \frac{z}{(z-1)^k}$$

mit

$$f_n = \binom{n}{k-1} u(n-k+1) = \begin{cases} 0 & , \quad n < k-1, \\ \binom{n}{k-1} & , \quad n \geq k-1. \end{cases}$$

MAPLE: `ztrans(binomial(n,k-1),n,z);`

$$\text{Ztrans(binomial}(n, k-1), n, z) =$$

$$\left(\begin{array}{cc} 1 & k-1=0 \\ \frac{\sin(\pi\,(k-1))}{\pi\,(k-1)} & otherwise \end{array} \right) \text{hypergeom}([1, 1], [2-k], \tfrac{1}{z})$$

`invztrans(z/((z-1)^k),z,n);`

$$\text{Invztrans}(\frac{z}{(z-1)^k}, z, n) = \text{invztrans}(\frac{z}{(z-1)^k}, z, n)$$

```
invztrans(z/((z-1)^4),z,n);
```

$$\text{Invztrans}(\frac{z}{(z-1)^4}, z, n) = \frac{1}{3}n - \frac{1}{2}n^2 + \frac{1}{6}n^3$$

MATLAB:

```
syms n k z
latex(ztrans(gamma(n+1)./(gamma(k)*gamma(n-k+2)),n,z))
```

$$-\frac{\sin(\pi k)hypergeom([1,1],[-k+2],z^{-1})}{\pi(-1+k)}$$

```
latex(iztrans(z./(z-1).^k, z, n))
```

$$iztrans(\frac{z}{(z-1)^k}, z, n)$$

```
latex(iztrans(z./(z - 1).^4, z, n))
```

$$1/3\,n - 1/2\,n^2 + 1/6\,n^3$$

Multipliziert man eine Folge mit einem Dämpfungsfaktor, so bewirkt man im Bildbereich eine Skalierung.

> **Dämpfungssatz:**
> Die Folge $\{f_n\}_{n=-\infty}^{\infty}$ besitze die z-Transformierte $\mathbb{Z}_2(f_n)(z)$, $0 \le r < |z| < R$. Dann gilt für beliebiges $0 \ne a \in \mathbb{C}$ und $\frac{r}{|a|} < |z| < \frac{R}{|a|}$:
>
> $$\mathbb{Z}(a^{-n}f_n)(z) = \mathbb{Z}(f_n)(a z).$$

Wir bestätigen den Dämpfungssatz, indem wir für $\frac{r}{|a|} < |z| < \frac{R}{|a|}$ nachrechnen:

$$\mathbb{Z}_2(f_n)(a z) = \sum_{n=0}^{\infty} f_n (a z)^{-n} = \sum_{n=0}^{\infty} a^{-n} f_n z^{-n} = \mathbb{Z}_2(a^{-n} f_n)(z).$$

Beispiel 7.11
Verschiebungssatz und Dämpfungssatz anwenden:

Seien $a \neq 0$ und b komplexe Zahlen. Wir berechnen diejenige Folge $\{f_n\}_{n=0}^{\infty}$, für welche gilt:

$$\mathcal{Z}(f_n)(z) = \frac{z}{z-a} \quad \text{bzw.} \quad \mathcal{Z}(f_n) = \frac{b}{z-a}, \quad |a| < |z|.$$

Wir benutzen $\mathcal{Z}(1)(z) = \dfrac{z}{z-1}$ und formen zunächst um:

$$\frac{z}{z-a} = \frac{\frac{z}{a}}{\frac{z}{a}-1} = \mathcal{Z}(1)\left(\frac{z}{a}\right).$$

Hieraus folgt mit dem Dämpfungssatz:

$$\mathcal{Z}(a^n)(z) = \frac{z}{z-a}.$$

Wir formen wieder um:

$$\frac{b}{z-a} = b\frac{1}{a}\frac{1}{\frac{z}{a}-1} = \frac{b}{a}\left(\frac{z}{a}\right)^{-1}\frac{\frac{z}{a}}{\frac{z}{a}-1}.$$

Nach dem Verschiebungssatz gilt für die Folge:

$$g_1^- = \begin{cases} 0 & , \quad n < 1, \\ 1 & , \quad n \geq 1 \end{cases}$$

die Beziehung:

$$\mathcal{Z}(g_1^-)(z) = z^{-1}\frac{z}{z-1}.$$

Nach dem Dämpfungssatz gilt schließlich:

$$\mathcal{Z}(a^n g_1^-)(z) = \left(\frac{z}{a}\right)^{-1}\frac{\frac{z}{a}}{\frac{z}{a}-1}.$$

Insgesamt ergibt sich folgende Urbildfolge:

$$f_n = \begin{cases} 0 & , \quad n < 1, \\ b\,a^{n-1} & , \quad n \geq 1. \end{cases}$$

MAPLE: `invztrans(b/(z-a),z,n);`

$$\text{Invztrans}(\frac{b}{z-a},\, z,\, n) = \frac{-charfcn_0(n)\,b + b\,a^n}{a}$$

MATLAB: `syms n b a z`
                `latex(iztrans(b./(z-a),z,n))`

$$\frac{-\Delta(n)b + b a^n}{a}$$

Wir betrachten gebrochen rationale Funktionen:

$$\frac{B(z)}{A(z)} = \frac{\sum\limits_{k=0}^{N_B} b_k\, z^{-k}}{\sum\limits_{k=0}^{N_A} a_k\, z^{-k}}\,, \quad N_A > N_B\,.$$

Bei der Partialbruchzerlegung nach z^{-1} treten Hauptteile der folgenden Gestalt auf:

$$\frac{c_1}{1-a\,z^{-1}} + \frac{c_2}{(1-a\,z^{-1})^2} + \cdots + \frac{c_l}{(1-a\,z^{-1})^l}\,.$$

Rücktransformation von Partialbrüchen:

Die kausale Folge

$$f_n = a^n \begin{pmatrix} n+k-1 \\ k-1 \end{pmatrix} u(n)\,, \quad n \in \mathbb{Z}\,,$$

besitzt für $k \in \mathbb{N}$ die z-Transformierte:

$$\mathcal{Z}_2(f_n)(z) = \frac{1}{(1-a\,z^{-1})^k}\,, \quad |a| < |z|\,.$$

Die nichtkausale Folge

$$f_n = a^n\,(-1)^k \begin{pmatrix} -n-1 \\ k-1 \end{pmatrix} u(-n-k)\,, \quad n \in \mathbb{Z}\,,$$

besitzt für $k \in \mathbb{N}$ die z-Transformierte:

$$\mathcal{Z}_2(f_n)(z) = \frac{1}{(1-a\,z^{-1})^k}\,, \quad |z| < |a|\,.$$

Offensichtlich besagt die Behauptung, dass im ersten Fall mit der einseitigen z-Transformierten gilt

$$\mathcal{Z}(f_n)(z) = \frac{1}{(1-a\,z^{-1})^k}\,, \quad |a| < |z|\,,$$

für die Folge:

$$f_n = a^n \begin{pmatrix} n+k-1 \\ k-1 \end{pmatrix}\,, \quad n \geq 0\,.$$

Bei der Herleitung des gesamten Resultats gehen wir schrittweise vor.
1.) Die Folge

$$g_n = \begin{pmatrix} n \\ k-1 \end{pmatrix} u(n-k+1)\,, \quad n \in \mathbb{Z}\,,$$

besitzt die z-Transformierte:

$$\mathcal{Z}_2(g_n)(z) = \frac{z}{(z-1)^k}, \quad 1 < |z|.$$

2.) Verschiebung um $k-1$ nach links ergibt:

$$\mathcal{Z}_2(h_n)(z) = \frac{z^k}{(z-1)^k} = \frac{1}{(1-z^{-1})^k}, \quad 1 < |z|,$$

für die Folge

$$h_n = \binom{n+k-1}{k-1} u(n), \quad n \in \mathbb{Z}.$$

3.) Wir nehmen eine Zeitumkehr vor:

$$\mathcal{Z}_2(h_{-n})(z) = \frac{1}{(1-z)^k} = \frac{1}{(-1)^k z^k} \frac{1}{(1-z^{-1})^k}, \quad |z| < 1,$$

und erhalten durch Verschiebung nach links:

$$\mathcal{Z}_2((-1)^k h_{-n-k})(z) = z^k \mathcal{Z}_2((-1)^k h_{-n})(z) = \frac{1}{(1-z^{-1})^k}, \quad |z| < 1.$$

4.) Anwendung des Dämpfungssatzes liefert nun die Behauptung.

Aus dem Verschiebungssatz ergibt sich der Faltungssatz.

Faltungssatz:

Gegeben seien die Folgen $\{f_n\}_{n=-\infty}^{\infty}$ und $\{g_n\}_{n=-\infty}^{\infty}$ mit der z-Transformierten

$$\mathcal{Z}_2(f_n)(z) \quad \text{bzw.} \quad \mathcal{Z}_2(g_n)(z). \quad 0 \le r < |z| < R.$$

Für die Faltung

$$f_n * g_n = \sum_{\nu=-\infty}^{\infty} f_\nu g_{n-\nu}$$

gilt dann mit dem Konvergenzgebiet $r < |z| < R$:

$$\mathcal{Z}_2(f_n * g_n)(z) = \mathcal{Z}_2(f_n)(z) \, \mathcal{Z}_2(g_n)(z).$$

Wir ordnen die absolut konvergente Doppelsumme um:

$$\mathcal{Z}_2(f_n)(z)\,\mathcal{Z}(g_n)(z) \;=\; \sum_{\nu=-\infty}^{\infty} f_\nu\, z^{-\nu} \sum_{\mu=-\infty}^{\infty} g_\mu\, z^{-\mu}$$

$$=\; \sum_{\nu=-\infty}^{\infty} \sum_{\mu=-\infty}^{\infty} f_\nu\, g_\mu\, z^{-(\nu+\mu)}$$

$$=\; \sum_{n=-\infty}^{\infty} \left(\sum_{\nu=-\infty}^{\infty} f_\nu g_{n-\nu} \right) z^{-n}$$

$$=\; \mathcal{Z}_2 \left(\sum_{\nu=-\infty}^{\infty} f_\nu\, g_{n-\nu} \right)(z)\,.$$

Wenn die Konvergenzfrage geklärt ist, kann man auch mit dem Verschiebungssatz für die zweiseitige z-Transformation argumentieren:

$$\mathcal{Z}_2(f_n)(z)\,\mathcal{Z}(g_n)(z) \;=\; \sum_{\nu=-\infty}^{\infty} f_\nu\, z^{-\nu}\,\mathcal{Z}(g_n)(z) = \sum_{\nu=-\infty}^{\infty} f_\nu\, \mathcal{Z}_2(g_{n-\nu})(z)$$

$$=\; \sum_{\nu=-\infty}^{\infty} f_\nu \left(\sum_{n=-\infty}^{\infty} g_{n-\nu}\, z^{-n} \right)$$

$$=\; \sum_{n=-\infty}^{\infty} \left(\sum_{\nu=-\infty}^{\infty} f_\nu g_{n-\nu} \right) z^{-n}\,.$$

Durch Spezialisierung erhält man nun den Faltungssatz für die einseitige z-Transformation. Wenn die Folgen $\{f_n\}_{n=0}^{\infty}$ und $\{g_n\}_{n=0}^{\infty}$ die z-Transformierten $\mathcal{Z}(f_n)(z)$ bzw. $\mathcal{Z}(g_n)(z), 0 \le r < |z|$ besitzen, so gilt für $r < |z|$:

$$\mathcal{Z}(f_n * g_n)(z) = \mathcal{Z}\left(\sum_{\nu=0}^{n} f_\nu\, g_{n-\nu} \right)(z) = \mathcal{Z}(f_n)(z)\,\mathcal{Z}(g_n)(z)\,.$$

Dies kann man auch direkt einsehen. Wir bilden das Cauchy-Produkt zweier absolut konvergenter Reihen, d. h. wir summieren über Diagonalen:

$$\mathcal{Z}(f_n)(z)\,\mathcal{Z}(g_n)(z) = \sum_{n=0}^{\infty} f_n\, z^{-n} \sum_{m=0}^{\infty} g_m\, z^{-m}$$

$$=\; f_0\, g_0 + f_0\, g_1\, z^{-1} + f_0\, g_2\, z^{-2} + f_0\, g_3\, z^{-3} + \cdots +$$
$$+ f_1\, g_0\, z^{-1} + f_1\, g_1\, z^{-2} + f_1\, g_2\, z^{-3} + f_1\, g_3\, z^{-4} + \cdots +$$
$$+ f_1\, g_0\, z^{-2} + f_1\, g_1\, z^{-3} + f_1\, g_2\, z^{-4} + f_1\, g_3\, z^{-5} + \cdots + \cdots$$

$$=\; \sum_{n=0}^{\infty} \left(\sum_{\nu=0}^{n} f_\nu\, z^{-\nu}\, g_{n-\nu}\, z^{-(n-\nu)} \right) = \sum_{n=0}^{\infty} \left(\sum_{\nu=0}^{n} f_\nu\, g_{n-\nu} \right) z^{-n}$$

$$=\; \mathcal{Z}(f_n * g_n)(z)\,.$$

In jedem Fall ist die Faltung kommutativ:

$$f_n * g_n = g_n * f_n \, .$$

Die Faltung endlicher Folgen hängt eng mit der Multiplikation von Polynomen zusammen. Sind $\{f_n\}_{n=0}^{\infty}$ und $\{g_n\}_{n=0}^{\infty}$ Folgen mit $f_n = 0$ für $n > n_f$ und $g_n = 0$ für $n > n_g$, dann liefert die Faltung gerade die Koeffizienten des Produkts der Polynome:

$$\sum_{n=0}^{n_f} f_n \, \zeta^n \sum_{n=0}^{n_g} g_n \, \zeta^n \, .$$

Das Produkt stellt ein Polynom dar, dessen Grad höchstens $n_f + n_g$ beträgt, und es gilt $(f * g)_n = 0$ für $n > n_f + n_g$.

Beispiel 7.12
Faltung als Matrizenprodukt angeben:

Die Faltung zweier Folgen

$$h_n = f_n * g_n = \sum_{\nu=-\infty}^{\infty} f_\nu \, g_{n-\nu} = \sum_{\nu=-\infty}^{\infty} f_{n-\nu} \, g_\nu$$

kann man auch mithilfe einer unendlichen Matrix schreiben:

$$\begin{pmatrix} \vdots \\ h_{-2} \\ h_{-1} \\ h_0 \\ h_1 \\ h_2 \\ \vdots \end{pmatrix} = \begin{pmatrix} & & \vdots & & & \\ \cdots & f_1 & f_0 & f_{-1} & f_{-2} & f_{-3} & \cdots \\ \cdots & f_2 & f_1 & f_0 & f_{-1} & f_{-2} & \cdots \\ \cdots & f_3 & f_2 & f_1 & f_0 & f_{-1} & \cdots \\ & & \vdots & & & \end{pmatrix} \begin{pmatrix} \vdots \\ g_{-2} \\ g_{-1} \\ g_0 \\ g_1 \\ g_2 \\ \vdots \end{pmatrix} \, .$$

Schränken wir uns auf einseitige (kausale) Folgen ein, so bekommen wir eine untere Dreiecksmatrix:

$$\begin{pmatrix} h_0 \\ h_1 \\ h_2 \\ h_3 \\ h_4 \\ \vdots \end{pmatrix} = \begin{pmatrix} f_0 & 0 & \cdots & & & \\ f_1 & f_0 & 0 & \cdots & & \\ f_2 & f_1 & f_0 & 0 & \cdots & \\ f_3 & f_2 & f_1 & f_0 & 0 & \cdots \\ f_4 & f_3 & f_2 & f_1 & f_0 & 0 & \cdots \\ & & & & \vdots & \end{pmatrix} \begin{pmatrix} g_0 \\ g_1 \\ g_2 \\ g_3 \\ g_4 \\ \vdots \end{pmatrix} \, .$$

Ist $f_0 \neq 0$, so kann man diese Matrix umkehren und die Faltung invertieren (Entfaltung).
In den Anwendungen benötigt man oft die Faltung zweier Vektoren:

$$(f_1, \ldots, f_{n_f}) \quad \text{und} \quad (g_1, \ldots, g_{n_g}).$$

Die Nummerierung der Komponenten beginnt dabei meist bei eins und nicht bei null. Man hätte also zwei Polynome vom Grad $n_f - 1$ und $n_g - 1$ zu multiplizieren und bekäme ein Polynom vom Grad $n_f + n_g - 2$ mit $n_f + n_g - 1$ Koeffizienten. Als Ergebnis der Faltung erhält man entsprechend einen Vektor der Länge $n_f + n_g - 1$ mit den Komponenten:

$$h(n) = \sum_{v=\max(1,n+1-n_g)}^{\min(n+1,n_f)} f_v\, g_{n+1-v}, \quad n = 1, \ldots, n_f + n_g - 1.$$

MATLAB:

Mit dem Befehl conv können endliche Folgen (Vektoren) gefaltet werden. Die Funktion deconv führt die Entfaltung durch: g = deconv(conv(f, g), f). Im Allgemeinen gibt deconv einen Ergebnisvektor und einen Rest gemäß h = conv(f, g) + r aus.

```
f = [1 2 3 4]; g = [5 6 7 8];
h = conv(f, g)
[g,r] = deconv(h, f)
```

Hier wird der Ergebnisvektor h der Länge $4 + 4 - 1 = 7$ ausgegeben:

```
h =
      5     16     34     60     61     52     32
```

Der Einsatz der Funktion deconv ergibt:

```
g =
      5      6      7      8
```

```
r =
      0      0      0      0      0      0      0
```

Beispiel 7.13
Dezimation einer Folge:

Ein Signal $f(t)$ werde mit der Periode T abgetastet. Dadurch entsteht eine Folge $x_n = f(n\,T)$. Durch Abtasten mit der Periode NT entsteht dann die Folge $x_{nN} = f(n\,N\,T)$. Bei der Dezimation wird die Abtastperiode erhöht und die Abtastrate reduziert. Wir zeigen, dass gilt:

$$\mathcal{Z}_2(x_{nN})(z) = \frac{1}{N} \sum_{k=0}^{N-1} \mathcal{Z}_2(x_n) \left(e^{i\frac{2\pi}{N}k} z^{\frac{1}{N}} \right).$$

Ist die Z-Transformierte der Ausgangsfolge für $r < |z| < R$ erklärt, so muss nun $r^N < |z| < R^N$ genommen werden.
Beim Nachweis gehen wir von der bekannten Relation aus:

$$\frac{1}{N} \sum_{k=0}^{N-1} e^{i\frac{2\pi}{N}kl} = \begin{cases} 1 & , \quad l = n\,N, \quad n \in \mathbb{Z}, \\ 0 & , \quad \text{sonst}. \end{cases}$$

Für eine beliebige Folge u_l gilt somit:

$$\frac{1}{N} \sum_{l=0}^{N-1} \sum_{k=0}^{N-1} u_l\, e^{i\,\frac{2\pi}{N}\,kl} = u_0$$

Nun kann man mit $u_l = x_{nN-l}\, z^{-\frac{nN-l}{N}}$ und $e^{-i\,2\pi\,kn} = 1$ umformen:

$$
\begin{aligned}
\mathcal{Z}_2(x_{nN})(z) &= \sum_{n=-\infty}^{\infty} x_{nN}\, z^{-n} = \sum_{n=-\infty}^{\infty} x_{nN}\, z^{-\frac{nN}{N}} \\[2mm]
&= \sum_{n=-\infty}^{\infty} \frac{1}{N} \sum_{l=0}^{N-1} \sum_{k=0}^{N-1} x_{nN-l}\, z^{-\frac{nN-l}{N}}\, e^{i\,\frac{2\pi}{N}\,kl} \\[2mm]
&= \frac{1}{N} \sum_{k=0}^{N-1} \sum_{l=0}^{N-1} \sum_{n=-\infty}^{\infty} x_{nN-l}\, z^{-\frac{nN-l}{N}}\, e^{i\,\frac{2\pi}{N}\,kl} \\[2mm]
&= \frac{1}{N} \sum_{k=0}^{N-1} \sum_{l=0}^{N-1} \sum_{n=-\infty}^{\infty} x_{nN-l}\, z^{-\frac{nN-l}{N}}\, e^{-i\,\frac{2\pi}{N}\,k\,(nN-l)} \; .
\end{aligned}
$$

Berücksichtigt man nun noch die Aufteilung der Folge $\{x_n\}_{n=-\infty}^{\infty}$ in N Teilfolgen $\{x_{nN}\}_{n=-\infty}^{\infty}$, $\{x_{nN-1}\}_{n=-\infty}^{\infty}$, $\{x_{nN-2}\}_{n=-\infty}^{\infty}$, ..., $\{x_{nN-(N-1)}\}_{n=-\infty}^{\infty}$, so ergibt sich schließlich:

$$
\begin{aligned}
\mathcal{Z}_2(x_{nN})(z) &= \frac{1}{N} \sum_{k=0}^{N-1} \sum_{n=-\infty}^{\infty} x_n\, z^{-\frac{n}{N}}\, e^{-i\,\frac{2\pi}{N}\,kn} \\[2mm]
&= \frac{1}{N} \sum_{k=0}^{N-1} \sum_{n=-\infty}^{\infty} x_n \left(z^{\frac{1}{N}}\, e^{i\,\frac{2\pi}{N}\,k} \right)^{-n} = \frac{1}{N} \sum_{k=0}^{N-1} \mathcal{Z}_2(x_n) \left(e^{i\,\frac{2\pi}{N}\,k}\, z^{\frac{1}{N}} \right) .
\end{aligned}
$$

Wir können die obige Relation auch mit dem Kronecker-Delta bzw. mit der Delta-Funktion so schreiben:

$$\frac{1}{N} \sum_{k=0}^{N-1} e^{i\,\frac{2\pi}{N}\,kl} = \sum_{n=-\infty}^{\infty} \delta_{nN,l} = \sum_{n=-\infty}^{\infty} \delta(nN - l) \; .$$

Genauso kann man die durch Dezimation entstandene Folge schreiben:

$$y_n = \sum_{l=-\infty}^{\infty} \delta_{nN,l}\, x_n = \sum_{l=-\infty}^{\infty} \delta(n\,N - l)\, x_l \; .$$

Man faltet also die Folgen $\delta(n)$ und x_n und nimmt danach eine Dezimation mit dem Faktor N vor. Man kann dies auch als Matrizenoperation darstellen:

$$\underline{y} = D\,\underline{x}$$

mit der Dezimationsmatrix: $D_{n,l} = \delta_{nN,l}$.

Die Dezimationsmatrix ist orthogonal $D^{-1} = D^{tr}$, denn es gilt:

$$\sum_{l=-\infty}^{\infty} \delta_{nN,l}\, \delta_{l,mN} = \delta_{n,m} \,.$$

Für $N = 2$ schreiben wir noch ausführlich:

$$\begin{pmatrix} \vdots \\ y_{-2} \\ y_{-1} \\ y_0 \\ y_1 \\ y_2 \\ \vdots \end{pmatrix} = \begin{pmatrix} & & \vdots & & & \\ \cdots & 0 & 0 & 1 & 0 & 0 & \cdots & \\ & \cdots & 0 & 0 & 1 & 0 & 0 & \cdots \\ & & \cdots & 0 & 0 & 1 & 0 & 0 & \cdots \\ & & & \vdots & & & \end{pmatrix} \begin{pmatrix} \vdots \\ x_{-2} \\ x_{-1} \\ x_0 \\ x_1 \\ x_2 \\ \vdots \end{pmatrix} \,.$$

Die Dezimation einer Folge x mit dem Faktor N wird oft mit dem Symbol $x_{\downarrow N}$ belegt.

Beispiel 7.14
Interpolation einer Folge:

Bei der Interpolation werden zwischen je zwei aufeinander folgenden Gliedern einer Folge $N - 1$ Nullen eingesetzt. Dadurch wird die Abtastperiode reduziert und die Abtastrate erhöht. Aus einer Eingangsfolge x_n wird die Ausgangsfolge hergestellt:

$$y_n = \begin{cases} x_{\frac{n}{N}} \,, & n = lN, \quad l \in \mathbb{Z}, \\ 0 \,, & \text{sonst}. \end{cases}$$

Wir zeigen, dass gilt:

$$\mathcal{Z}_2(y_n)(z) = \mathcal{Z}_2(x_n)\left(z^N\right) \,.$$

Ist die Z-Transformierte der Ausgangsfolge für $r < |z| < R$ erklärt, so muss nun $r^{\frac{1}{N}} < |z| < R^{\frac{1}{N}}$ genommen werden.
Man rechnet direkt nach:

$$\begin{aligned} \mathcal{Z}_2(y_n)(z) &= \sum_{n=-\infty}^{\infty} y_n\, z^{-n} = \sum_{n=-\infty}^{\infty} x_n\, z^{-nN} = \sum_{n=-\infty}^{\infty} x_n \left(z^N\right)^{-n} \\ &= \mathcal{Z}_2(x_n)\left(z^N\right) \,. \end{aligned}$$

Wir können die durch Interpolation entstandene Folge wieder schreiben:

$$y_n = \sum_{l=-\infty}^{\infty} \delta_{n,lN}\, x_n = \sum_{l=-\infty}^{\infty} \delta(n-l\,N)\, x_l\,.$$

Die letzte Summe lässt sich als Faltungssumme darstellen:

$$y_n = \sum_{l=-\infty}^{\infty} \delta(n-l\,N)\, x_l + \sum_{l=-\infty}^{\infty} \delta(n-l\,(N-1))\,0\cdots + \sum_{l=-\infty}^{\infty} \delta(n-l\,(N-(N-1)))\,0\,.$$

Man setzt also Nullen ein und faltet anschließend mit der Folge $\delta(n)$. Dies kann wieder als Matrizenoperation aufgefasst werden:

$$\underline{y} = Int\,\underline{x}$$

mit der Interpolationsmatrix $Int_{n,l} = \delta_{n,lN}$. Für $N = 2$ schreiben wir noch ausführlich:

$$
\begin{pmatrix} \vdots \\ y_{-2} \\ y_{-1} \\ y_0 \\ y_1 \\ y_2 \\ \vdots \end{pmatrix}
=
\begin{pmatrix}
 & & & \vdots & & & & \\
\cdots & 0 & 1 & 0 & \cdots & & & \\
\cdots & 0 & 0 & 0 & 0 & \cdots & & \\
\cdots & 0 & 0 & 1 & 0 & 0 & \cdots & \\
\cdots & 0 & 0 & 0 & 0 & 0 & \cdots & \\
\cdots & 0 & 0 & 0 & 1 & 0 & 0 & \cdots \\
 & & & \vdots & & & &
\end{pmatrix}
\begin{pmatrix} \vdots \\ x_{-2} \\ x_{-1} \\ x_0 \\ x_1 \\ x_2 \\ \vdots \end{pmatrix}\,.
$$

Offenbar stellt die Interpolationsmatrix die transponierte der Dezimationsmatrix dar. Die Interpolation einer Folge x mit $N-1$ Nullen wird oft mit dem Symbol $x_{\uparrow N}$ belegt.

Der Produktbildung im Folgenbereich entspricht auf der Funktionenseite keine einfache Faltungsoperation.

Zweiseitige z-Transformierte eines Produkts von Folgen:

Seien $\{f_n\}_{n=-\infty}^{\infty}$ und $\{g_n\}_{n=-\infty}^{\infty}$ Folgen mit den zweiseitigen z-Transformierten:

$$\mathcal{Z}_2(f_n)(z) = F_2(z)\,, \quad 0 < r_f < |z| < R_f\,,$$

$$\mathcal{Z}_2(g_n)(z) = G_2(z)\,, \quad 0 < r_g < |z| < R_g\,.$$

Dann gilt für $0 < r_f\, r_g < |z| < R_f\, R_g$:

$$\mathcal{Z}_2(f_n\, g_n)(z) = \frac{1}{2\pi i} \int\limits_{|\zeta|=\rho} F_2(\zeta)\, G_2\left(\frac{z}{\zeta}\right) \frac{1}{\zeta}\, d\zeta\,.$$

Der Kreis mit Radius ρ wird im positiven Sinn durchlaufen, und es muss gelten $r_f < \rho < \frac{z}{r_g}$, $R_f > \rho > \frac{z}{R_g}$.

Auf dem Kreis mit dem Radius ρ gilt erstens $|\zeta| = \rho > r_f$ und

$$\left| \frac{z}{\zeta} \right| = \frac{|z|}{\rho} > r_g$$

und zweitens $|\zeta| = \rho < R_f$ und

$$\left| \frac{z}{\zeta} \right| = \frac{|z|}{\rho} < R_g \, .$$

Damit sind alle Operationen erklärt, die für die Bildung des Integrals benötigt werden. Nach Definition der zweiseitigen z-Transformation erhalten wir:

$$F_2(\zeta) \, G_2\left(\frac{z}{\zeta}\right) \frac{1}{\zeta} = \sum_{n=-\infty}^{\infty} f_n \, \zeta^{-n} \sum_{m=-\infty}^{\infty} g_m \left(\frac{z}{\zeta}\right)^{-m} \frac{1}{\zeta}$$

$$= \sum_{n=-\infty}^{\infty} \sum_{m=-\infty}^{\infty} f_n \, g_m \, \zeta^{m-n-1} \, z^{-m} \, .$$

Da gleichmäßige Konvergenz vorliegt, darf gliedweise integriert werden. Nach dem Cauchy-schen Integralsatz verschwinden alle Kurvenintegrale über Potenzen, deren Exponent ungleich -1 ist:

$$\frac{1}{2\pi i} \int\limits_{|\zeta|=\rho} F_2(\zeta) \, G_2\left(\frac{z}{\zeta}\right) \frac{1}{\zeta} \, d\zeta$$

$$= \sum_{n=-\infty}^{\infty} \sum_{m=-\infty}^{\infty} f_n \, g_m \, \frac{1}{2\pi i} \int\limits_{|\zeta|=\rho} \zeta^{m-n-1} \, d\zeta \, z^{-m}$$

$$= \sum_{n=-\infty}^{\infty} f_n \, g_n \, \frac{1}{2\pi i} \, 2\pi i \, z^{-n} = \sum_{n=-\infty}^{\infty} f_n \, g_n \, z^{-n}$$

$$= \mathcal{Z}_2(f_n \, g_n)(z) \, .$$

Ersetzt man in der Produktformel z durch e^z und substituiert $\zeta = e^{\sigma}$, so geht die Integration über den Kreis mit dem Radius ρ in ein Integral längs einer zur imaginären Achse parallel verlaufenden Strecke der Länge 2π über:

$$\mathcal{Z}_2(f_n \, g_n)\left(e^z\right) = \frac{1}{2\pi i} \int\limits_{\ln(\rho)-\pi i}^{\ln(\rho)+\pi i} F_2(e^{\sigma}) \, G_2\left(e^{z-\sigma}\right) d\sigma \, .$$

Diese Form des Produktsatzes wird auch als Faltung im Bildbereich betrachtet.
Wegen $\mathcal{Z}_2(f_n \, \overline{g_n})(1) = \sum_{n=-\infty}^{\infty} f_n \overline{g_n}$ und der Konjugationsregel bekommen wir aus dem Produktsatz eine Parseval-Plancherel-Formel.

Parseval-Plancherel-Gleichung für z-Transformierte:

Liegt $z = 1$ im Konvergenzgebiet der Produktfolge aus $\{f_n\}_{n=-\infty}^{\infty}$ und $\{g_n\}_{n=-\infty}^{\infty}$, so gilt die Parseval-Plancherel-Gleichung:

$$\sum_{n=-\infty}^{\infty} f_n \overline{g_n} = \frac{1}{2\pi i} \int\limits_{|\zeta|=\rho} F_2(\zeta)\, \overline{G_2\left(\frac{1}{\overline{\zeta}}\right)}\, \frac{1}{\zeta}\, d\zeta \,.$$

Aus der Laurentreihenentwicklung

$$\mathcal{Z}(f_n)(z) = \sum_{n=0}^{\infty} f_n\, z^{-n}$$

folgt sofort der Anfangswertsatz für die einseitige z-Transformation, der analog zur Laplacetransformation gilt.

Anfangswertsatz:

Die Folge $\{f_n\}_{n=0}^{\infty}$ besitze die z-Transformierte

$$\mathcal{F}(f_n)(z) = F(z)\,, \quad 0 < r < |z|\,.$$

Dann gilt:

$$f_0 = \lim_{z \to \infty} F(z)\,.$$

Mit der Umkehrformel bekommt man auch einen Endwertsatz. Er wird aber genau wie der Anfangswertsatz nur für die einseitige z-Transformation aufgestellt.

Endwertsatz:

Die Folge $\{f_n\}_{n=0}^{\infty}$ besitze die z-Transformierte:

$$F(z) = \sum_{n=0}^{\infty} f_n\, z^{-n}\,, \quad 1 < |z|\,.$$

Darüber hinaus sei $F(z)$ in ganz $\mathbb{C}$ holomorph bis auf endlich viele Singularitäten in $|z| < 1$ und einem Pol höchstens erster Ordnung im Punkt $z_0 = 1$. Dann gilt:

$$\lim_{n \to \infty} f_n = \lim_{z \to 1} (z - 1)\, F(z)\,.$$

Nach der Umkehrformel gilt mit $\rho > 1$:

$$f_n = \frac{1}{2\pi i} \int\limits_{|z|=\rho} F(z)\, z^{n-1}\, dz\,, \quad n = 0, 1, 2, \ldots .$$

Nach dem Residuensatz stellen wir das Integral auf der rechten Seite als Summe der Residuen dar:

$$f_n = \sum_{k=0}^{N+1} \text{Res}(F(z)\, z^{n-1}, z_k)$$

(mit $z_{N+1} = 0$). Jede Singularität z_k innerhalb des Einheitskreises können wir auf kleinen Kreisen K_k mit Radien r_k umlaufen, in deren Innerem keine weitere Singularität mehr liegt:

$$\text{Res}(F(z)\, z^{n-1}, z_k) = \frac{1}{2\pi i} \int\limits_{K_k} F(z)\, z^{n-1}\, dz\,.$$

Wir können die Kreise K_k außerdem so wählen, dass sie im Inneren des Einheitskreises liegen. Hieraus ergibt sich die Abschätzung:

$$\left| \text{Res}(F(z)\, z^{n-1}, z_k) \right| \leq \max_{z \in K_k} \left| F(z)\, z^{n-1} \right| r_k\,, \quad k = 1, \ldots N+1\,,$$

und der Grenzwert

$$\lim_{n \to \infty} \text{Res}(F(z)\, z^{n-1}, z_k) = 0\,, \quad k = 1, \ldots N+1\,.$$

Für die Polstelle $z_0 = 1$ ist diese Überlegung nicht möglich. Dort gilt:

$$\text{Res}(F(z)\, z^{n-1}, 1) = \lim_{z \to 1}(z - 1)\, F(z)\, z^{n-1} = \lim_{z \to 1}(z - 1)\, F(z)\,.$$

Insgesamt folgt:

$$\lim_{n \to \infty} f_n = \lim_{z \to 1}(z - 1)\, F(z)\,.$$

Beispiel 7.15
Voraussetzungen des Endwertsatzes überprüfen:

Man überprüfe die Aussage des Endwertsatzes für folgende z-Transformierte:

$$F(z) = \frac{z}{z - 1} \quad \text{und} \quad F(z) = \frac{z}{z + 1}\,, \quad |z| > 1\,.$$

Die z-Transformierte

$$F(z) = \frac{z}{z - 1}$$

besitzt bei $z = 1$ einen einfachen Pol und die Urbildfolge $f_n = 1$. Der Endwertsatz besagt hier:

$$\lim_{n \to \infty} f_n = \lim_{z \to 1}(z - 1)\, F(z) = 1\,.$$

Die z-Transformierte

$$F(z) = \frac{z}{z+1}$$

besitzt bei $z = -1$ einen einfachen Pol und die Urbildfolge $f_n = (-1)^n$. Die Voraussetzungen des Endwertsatzes sind nicht erfüllt. Der Grenzwert $\lim\limits_{n \to \infty} f_n$ existiert nicht, obwohl $\lim\limits_{z \to 1} (z - 1)\, F(z) = 0$ gilt.

7.3   Differenzengleichungen

Bei einer linearen Differenzengleichung k-ter Ordnung mit konstanten Koeffizienten wird eine Folge y_n gesucht, welche die Gleichung löst:

$$y_{n+k} + a_{k-1}\, y_{n+k-1} + \cdots + a_1\, y_{n+1} + a_0\, y_n = u_n \, .$$

Dabei ist u_n eine gegebene Folge und a_j sind Koeffizienten aus $\mathbb{C}$.

> **Anfangswertproblem für Differenzengleichungen:**
>
> Gegeben sei eine Folge $\{u_n\}_{n=0}^{\infty}$. Gesucht wird eine Folge $\{y_n\}_{n=0}^{\infty}$, welche die Differenzengleichung
>
> $$y_{n+k} + a_{k-1}\, y_{n+k-1} + \cdots + a_1\, y_{n+1} + a_0\, y_n = u_n$$
>
> mit den Anfangsbedingungen löst $y_0 = \bar{y}_0$, $y_1 = \bar{y}_1$, ..., $y_{k-1} = \bar{y}_{k-1}$.

Die Lösung einer Differenzengleichung verläuft analog zu den Differenzialgleichungen. Da man die Lösung des Anfangswertproblems rekursiv berechnen kann, ist die eindeutige Lösbarkeit allerdings sofort klar. Die Lösung des Anfangswertproblems wird additiv aus einer Lösung der homogenen Gleichung mit den gegebenen Anfangswerten und der Lösung des inhomogenen Gleichung mit homogenen Anfangsbedingungen aufgebaut. Dies kann analog zur Lösung einer Differenzialgleichung mit der Laplacetransformation und einer Grundlösung nachvollzogen werden. Dabei liefert die Grundlösung der ensprechenden Differenzialgleichung die Grundlösung der Differenzengleichung.

Grundlösung einer Differenzengleichung:

Sei $y_g(t)$ diejenige Lösung

$$y^{(k)} + a_{k-1}\, y^{(k-1)} + \cdots + a_1\, y' + a_0\, y = 0\,,$$

der Differenzialgleichung, welche die Anfangsbedingungen erfüllt:

$$y_g(0) = y_g'(0) = \cdots = y_g^{(k-2)}(0) = 0\,, y_g^{(k-1)}(0) = 1\,.$$

Dann stellt die Folge $(y_g)_n = y_g^{(n)}(0)$, $n \geq 0$, die Lösung der Differenzengleichung

$$y_{n+k} + a_{k-1}\, y_{n+k-1} + \cdots + a_1\, y_{n+1} + a_0\, y_n = 0$$

mit den Anfangsbedingungen $y_0 = y_1 = \cdots = y_{k-2} = 0\,, y_{k-1} = 1$, dar. Für die z-Transformierte der Grundlösung gilt:

$$\mathbb{Z}((y_g)_n)(z) = \frac{z}{P(z)}$$

mit $P(z) = z^k + a_{k-1}\, z^{k-1} + \cdots + a_1\, z + a_0$. Die z-Transformierte ist dabei für alle z erklärt, deren Betrag größer als das Maximum der Beträge aller Nullstellen von $P(z)$ ist.

Setzt man die Grundlösung $y_g(t)$ in die Differenzialgleichung ein, differenziert n-mal und setzt anschließend $t = 0$, so folgt:

$$y^{(n+k)}(0) + a_{k-1}\, y^{(n+k-1)}(0) + \cdots + a_1\, y^{(n+1)}(0) + a_0\, y^{(n)}(0) = 0$$

und damit der erste Teil der Behauptung. Mit den Anfangsbedingungen erhalten wir:

$$
\begin{aligned}
\mathbb{Z}((y_g)_n)(z) &= Y_g(z)\,, \\
\mathbb{Z}((y_g)_{n+1})(z) &= z\, Y_g(z)\,, \\
\mathbb{Z}((y_g)_{n+2})(z) &= z^2\, Y_g(z)\,, \\
&\;\;\vdots \\
\mathbb{Z}((y_g)_{n+k-1})(z) &= z^{k-1}\, Y_g(z)\,, \\
\mathbb{Z}((y_g)_{n+k})(z) &= z^k\, Y_g(z) - z\,.
\end{aligned}
$$

Für die z-Transformierte $Y_g(z)$ bekommen wir nun die Gleichung im Bildbereich:

$$z^k\, Y_g(z) + a_{k-1}\, z^{k-1}\, Y_g(z) + \cdots + a_1\, z\, Y_g(z) + a_0\, Y_g(z) = z$$

bzw. $P(z)\, Y_g(z) = z$.

Die Lösung einer inhomogenen Gleichung mit homogenen Anfangsbedingungen erhält man wie bei den Differenzialgleichungen durch Faltung der Inhomogenität mit der Grundlösung.

Die inhomogene Differenzengleichung mit homogenen Anfangsbedingungen:

Sei u_n, $n \geq 0$ eine Folge mit der z-Transformierten $U(z)$. Die Lösung y_n, $n \geq 0$, der Differenzengleichung

$$y_{n+k} + a_{k-1} y_{n+k-1} + \cdots + a_1 y_{n+1} + a_0 y_n = u_n$$

mit den Anfangsbedingungen: $y_0 = y_1 = \cdots = y_{k-2} = y_{k-1} = 0$, erhält man mit der Grundlösung $(y_g)_n$ und $(y_g)_{-1} = 0$:

$$y_n = \sum_{\nu=0}^{n-1} (y_g)_\nu \, u_{n-1-\nu} \, .$$

Für die z-Transformierte $\mathbb{Z}(y_n)(z) = Y(z)$ gilt: $Y(z) = \dfrac{1}{P(z)} \, U(z)$.

Durch Übersetzen des Problems in den Bildbereich bekommen wir sofort:

$$Y(z) = \frac{1}{P(z)} \, U(z) = z^{-1} \frac{z}{P(z)} \, U(z) = z^{-1} \, \mathbb{Z}((y_g)_n)(z) \, \mathbb{Z}(u_n)(z) \, .$$

Der Faltungssatz und die Verschiebung nach rechts (bei der einseitigen z-Transformation) liefern dann die Rücktransformierte:

$$y_n = \sum_{\nu=0}^{n-1} (y_g)_\nu \, u_{n-1-\nu} \, .$$

Mithilfe der Grundlösung lässt sich wieder in Analogie zu den Differenzialgleichungen die allgemeine Lösung der homogenen Gleichung herstellen.

Die homogene Differenzengleichung mit inhomogenen Anfangsbedingungen:

Die Lösung y_n, $n \geq 0$, der Differenzengleichung

$$y_{n+k} + a_{k-1} y_{n+k-1} + \cdots + a_1 y_{n+1} + a_0 y_n = 0$$

mit den Anfangsbedingungen: $y_0 = \bar{y}_0$, $y_1 = \bar{y}_1$, ..., $y_{k-1} = \bar{y}_{k-1}$, erhält man mit der Grundlösung $(y_g)_n$: $y = ((y_g)_n, \ldots, (y_g)_{n+k-1}) \, C \, (\bar{y}_0, \ldots, \bar{y}_{k-1})^T$

und der Matrix: $C = \begin{pmatrix} a_1 & a_2 & a_3 & a_4 & \cdots & a_{k-1} & 1 \\ a_2 & a_3 & a_4 & a_5 & \cdots & 1 & 0 \\ \vdots & \vdots & \vdots & \vdots & \cdots & \vdots & \vdots \\ a_{k-2} & a_{k-1} & 1 & 0 & \cdots & \vdots & \vdots \\ a_{k-1} & 1 & 0 & 0 & \cdots & 0 & 0 \\ 1 & 0 & 0 & 0 & \cdots & 0 & 0 \end{pmatrix}$.

Mit $\mathcal{Z}(y_n)(z) = Y(z)$ und dem Verschiebungssatz

$$\mathcal{Z}(y_{n+l})(z) = z^l\, Y(z) - z \sum_{\nu=0}^{l-1} \bar{y}_\nu\, z^{l-1-\nu}, \quad l = 0, 1, \ldots, k,$$

ergibt sich im Bildbereich:

$$
\begin{aligned}
P(z)\,Y(z) \;=\;\; & z\,\bar{y}_0\,(z^{k-1} + a_{k-1}\,z^{k-2} + \cdots + a_2\,z + a_1) \\
& + z\,\bar{y}_1\,(z^{k-2} + a_{k-1}\,z^{k-3} + \cdots + a_2) \\
& \;\;\vdots \\
& + z\,\bar{y}_{k-2}\,(z + a_{k-1}) \\
& + z\,\bar{y}_{k-1}\,,
\end{aligned}
$$

bzw.

$$
\begin{aligned}
Y(z) \;=\;\; & (z^{k-1} + a_{k-1}\,z^{k-2} + \cdots + a_2\,z + a_1)\,\frac{z}{P(z)}\,\bar{y}_0 \\
& + (z^{k-2} + a_{k-1}\,z^{k-3} + \cdots + a_2)\,\frac{z}{P(z)}\,\bar{y}_1 \\
& \;\;\vdots \\
& + (z + a_{k-1})\,\frac{z}{P(z)}\,\bar{y}_{k-2} \\
& + \frac{z}{P(z)}\,\bar{y}_{k-1}\,.
\end{aligned}
$$

Mit $\mathcal{Z}((y_g)_n)(z) = \dfrac{z}{P(z)}$ und dem Verschiebungssatz erhält man nun:

$$
\begin{aligned}
\mathcal{Z}((y_g)_{n+1})(z) &= z\,\frac{z}{P(z)}\,, \\
\mathcal{Z}((y_g)_{n+2})(z) &= z^2\,\frac{z}{P(z)}\,, \\
&\;\;\vdots \\
\mathcal{Z}((y_g)_{n+k-1})(z) &= z^{k-1}\,\frac{z}{P(z)}\,.
\end{aligned}
$$

Wie bei der Laplacetransformation und den Differenzialgleichungen bekommt man hieraus die angegebene Form der Lösung. In der Praxis empfiehlt es sich jedoch, die Differenzialgleichung direkt in den Bildbereich zu übersetzen und dann die Lösung etwa mittels Partialbruchzerlegung zurück zu transformieren.

Beispiel 7.16
Differenzengleichung zweiter Ordnung lösen:

Wir suchen eine Folge $\{y_n\}_{n=0}^n$, welche $y_{n+2} - 2\,y_{n+1} - y_n = 0$, löst, wenn die Anfangswerte $y_0 = 3$, $y_1 = 4$ vorgeschrieben werden.

Wir setzen $\mathcal{Z}(y_n)(z) = Y(z)$ und unterwerfen die Differenzengleichung der z-Tansformation. Mit dem Verschiebungssatz (Verschiebung nach links) folgt dann:

$$\mathcal{Z}(y_{n+1})(z) = z\,(Y(z) - 3) \quad \text{und} \quad \mathcal{Z}(y_{n+2})(z) = z^2\left(Y(z) - 3 - 4\frac{1}{z}\right).$$

Einsetzen in die Differenzengleichung liefert:

$$z^2\,Y(z) - 3\,z^2 - 4\,z - 2\,(z\,Y(z) - 3\,z) - Y(z) = 0.$$

Wir setzen

$$P(z) = z^2 - 2\,z - 1$$

und erhalten:

$$Y(z) = 3\,\frac{z\,(z-2)}{P(z)} + 4\,\frac{z}{P(z)}.$$

Man erhält folgende Partialbruchzerlegung:

$$\frac{1}{P(z)} = \frac{1}{2\sqrt{2}}\left(\frac{1}{z - (1 + \sqrt{2})} - \frac{1}{z - (1 - \sqrt{2})}\right)$$

bzw.

$$\frac{z}{P(z)} = \frac{1}{2\sqrt{2}}\left(\frac{z}{z - (1 + \sqrt{2})} - \frac{z}{z - (1 - \sqrt{2})}\right).$$

Die zu

$$H(z) = \frac{z}{P(z)}, \quad |z| > 1 + \sqrt{2},$$

gehörige Originalfolge lautet:

$$h_n = \frac{(1 + \sqrt{2})^n - (1 - \sqrt{2})^n}{2\sqrt{2}}.$$

Nach dem Verschiebungssatz (Verschiebung nach links) und wegen $h_0 = 0$ gilt:

$$\mathcal{Z}(h_{n+1})(z) = \frac{z^2}{P(z)}.$$

Damit können wir schreiben:

$$Y(z) = \mathcal{Z}(3\,h_{n+1} - 6\,h_n + 4\,h_n)(z),$$

und man kann sich rückwärts davon überzeugen, dass die Folge

$$y_n = \frac{3 + \frac{1}{2}\sqrt{2}}{2}\left(1 + \sqrt{2}\right)^n + \frac{3 - \frac{1}{2}\sqrt{2}}{2}\left(1 - \sqrt{2}\right)^n$$

die gegebene Differenzengleichung löst.

MAPLE: Differenzengleichungen kann man mit dem Befehl rsolve lösen.
               Man gibt die Gleichung zusammen mit den Anfangsbedingungen ein.

```
P:=z->z^2-2*z-1; Y:=z->(3*z*(z-2)+4*z)/P(z);
```

$$P := z \rightarrow z^2 - 2z - 1$$

$$Y := z \rightarrow \frac{3z(z-2) + 4z}{P(z)}$$

```
invztrans(Y(z),z,n);
```

$$\sum_{\_\alpha=\%1} \left(\frac{1}{4} \frac{(\frac{1}{\_\alpha})^n + 5(\frac{1}{\_\alpha})^n \_\alpha}{\_\alpha} \right)$$

$$\%1 := \text{RootOf}(-1 + 2\_Z + \_Z^2)$$

```
rsolve({y(n+2)-2*y(n+1)-y(n)=0,y(0)=3,y(1)=4},y);
```

$$\frac{(1 - \frac{5}{4}\sqrt{2})(-\frac{1}{1-\sqrt{2}})^n}{1 - \sqrt{2}} + \frac{(\frac{5}{4}\sqrt{2}+1)(-\frac{1}{1+\sqrt{2}})^n}{1 + \sqrt{2}}$$

MATLAB:
```
syms n z Y
lhs = ztrans(sym('y(n + 2) - 2*y(n + 1) - y(n)'))
lhs = subs(lhs,{'y(0)','y(1)'}, {3, 4})
lhs = subs(lhs, 'ztrans(y(n),n,z)', Y)
Z1 = solve(lhs, Y)
latex(iztrans(Z1, z, n))
```

$$\frac{1}{4} \frac{(\sqrt{2}+1)^n \sqrt{2} + 6(\sqrt{2}+1)^n + 6(-1)^n (\sqrt{2}-1)^n - (-1)^n (\sqrt{2}-1)^n \sqrt{2}}{(\sqrt{2}-1)^n (\sqrt{2}+1)^n}$$

Analog zu Systemen von Differenzialgleichungen mit der Laplacetransformation behandelt man lineare Systeme von Differenzengleichungen. Die Rolle der Laplacetransformation übernimmt nun die z-Transformation.

Homogene lineare Systeme von Differenzengleichungen mit konstanten Koeffizienten:

Die Lösung der Matrixdifferenzengleichung:

$$\Phi_{n+1} = A\,\Phi_n\,,\qquad \Phi_0 = E\,,$$

mit der konstanten $n \times n$-Matrix E und der $n \times n$-Einheitsmatrix E lautet: $\Phi_n = A^n$. Es gilt:

$$\mathcal{Z}(\Phi_n)(z) = \sum_{n=0}^{\infty} A^n\, z^{-n} = z\,(z\,E - A)^{-1}\,.$$

Wendet man die z-Transformation auf die Matrixdifferenzengleichung

$$\Phi_{n+1} = A\,\Phi_n$$

an, so ergibt sich:

$$z\,\mathcal{Z}(\Phi_n)(z) - z\,E = A\,\mathcal{Z}(\Phi_n)(z)\,,$$

bzw.

$$(z\,E - A)\,\mathcal{Z}(\Phi_n)(z) = z\,E\,.$$

(Die z-Transformation wirkt elementweise auf eine Matrix). Durch Multiplikation mit der inversen Matrix bekommen wir wieder:

$$\mathcal{Z}(\Phi_n)(z) = z\,(z\,E - A)^{-1}\,.$$

Das Konvergenzgebiet der z-Transformierten wird durch das Äußere der Kreisscheibe gegeben, auf deren Rand die am weitesten vom Nullpunkt entfernte Nullstelle des charakteristischen Polynoms $\det(A - z\,E)$ liegt.
Die Rücktransformierte der Matrix $(s\,E - A)^{-1}$ unter der Laplacetransformation ergibt die Lösung des Anfangswertproblems $\Phi'(t) = A\Phi(t)$, $\Phi(0) = E$. Die Rücktransformierte der Matrix $z\,(z\,E - A)^{-1}$ unter der z-Transformation ergibt die Lösung des Anfangswertproblems $\Phi_{n+1} = A\Phi_n$, $\Phi_0 = E$.

Beispiel 7.17
Das inhomogene, lineare System mit konstanten Koeffizienten:

Die Lösung des inhomogenen Systems

$$y_{n+1} = A\,y_n + u_n$$

mit homogenen Anfangsbedingungen $y_0 = (0, \dots, 0)$ lautet:

$$(y_p)_n = \sum_{\nu=0}^{\infty} \Phi_{\nu-1}\,u_{n-\nu}\,,\qquad \Phi_{-1} = 0\,.$$

Wendet man die z-Transformation auf das inhomogene System an, so ergibt sich:

$$z\, \mathcal{Z}((y_p)_n)(z) = A\, \mathcal{Z}((y_p)_n)(s)\, \mathcal{Z}(u_n)(s)\,,$$

bzw.

$$(z\, E - A)\, \mathcal{Z}((y_p)_n)(z) = \mathcal{Z}(u_n)(z)\,.$$

Durch Auflösen erhält man:

$$\mathcal{Z}((y_p)_n)(z) = z^{-1}\, z\, (z\, E - A)^{-1}\, \mathcal{Z}(u_n)(z)\,.$$

Rücktransformieren mit dem Faltungssatz liefert dann die Behauptung.

8 Übertragungssysteme

8.1 Zustandsgleichungen und Übertragungsfunktionen

Unter einem System verstehen wir eine technische Vorrichtung, die Signale empfangen, verarbeiten und weiterleiten kann. Typische Beispiele sind RC-Ketten, Feder-Masse-Systeme, elektrische Antriebssysteme, Netzwerke oder digitale Filter. Man unterscheidet zunächst zwei große Klassen von Systemen:

- kontinuierliche Systeme, (Systeme mit kontinuierlicher Zeit),

- diskrete Systeme, (Systeme mit diskreter Zeit).

Kontinuierliche Systeme werden mithilfe von Differenzialgleichungen modelliert. Häufig geht man auf numerischem Weg zu diskreten Systemen über. Der Beschreibung eines Systems liegt der Zustandsraum (oder Phasenraum) zugrunde, der alle möglichen Zustandsvektoren des Systems umfasst. Im Allgemeinen hat man Teilmengen der Vektorräume $\mathbb{R}^n$ oder $\mathbb{C}^n$ als Zustandsraum. Der Zustand $x(t)$ zum Zeitpunkt t ist dann ein n-dimensionaler Vektor mit Komponenten $x_k(t)$. Im Folgenden nehmen wir an, dass sich ein kontinuierliches System durch ein System gewöhnlicher Differenzialgleichungen modellieren lässt:

$$
\begin{aligned}
x'(t) &= f(x(t), u(t), t), \\
x(t_0) &= x_0, \quad t \geq t_0, \\
y(t) &= g(x(t), u(t), t).
\end{aligned}
$$

Die Funktionen f und g sind auf Teilmengen des $\mathbb{R}^N \times \mathbb{R}^M$ ($\mathbb{C}^N \times \mathbb{C}^M$) erklärt und nehmen Werte in $\mathbb{R}^N$ ($\mathbb{C}^N$) bzw. $\mathbb{R}^L$ ($\mathbb{C}^L$) an. Die erste Gleichung ist eine Evolutionsgleichung und stellt die eigentliche Zustandsgleichung dar. Sie beschreibt die Änderung des Zustandes in der Zeit $t \in \mathbb{R}$ in Abhängigkeit von den Anfangsbedingungen zur Zeit t_0 und vom Eingang $u(t)$. Die zweite Gleichung verbindet Zustandsvektoren $x(t)$ und Eingangvektoren $u(t)$ einerseits mit den Ausgangsvektoren $y(t)$ andererseits. Eine große Rolle spielen die linearen Systeme.

Kontinuierliches lineares System:

Ein kontinuierliches System der folgenden Gestalt heißt linear:

$$
\begin{aligned}
x'(t) &= A(t)\,x(t) + B(t)\,u(t)\,, \quad x(t_0) = x_0\,, \quad t \geq t_0\,, \\
y(t) &= C(t)\,x(t) + D(t)\,u(t)\,.
\end{aligned}
$$

Dabei sind A, $(N \times N)$, B, $(N \times M)$, C, $(L \times N)$, D, $(L \times M)$, stetige Matrizen.

Bei einem linearen System besteht ein linearer Zusammenhang zwischen Eingabe- und Ausgabegröße. Antwortet das System auf die Eingabe $u(t) = u_1(t)$ mit $y_1(t)$ und auf $u(t) = u_2(t)$ mit $y_2(t)$, so bewirkt die Eingabe

$$
u(t) = c_1\,u_1(t) + c_2\,u_2(t)\,, \quad c_1, c_2 \quad \text{konstant}\,,
$$

die linear zusammengesetzte Ausgabe:

$$
y(t) = c_1\,y_1(t) + c_2\,y_2(t)\,.
$$

Beispiel 8.1
Linearisierung eines Systems:

In realen Systemen treten immer nichtlineare Effekte auf, sodass man nichtlineare Modellgleichungen erhält:

$$
\begin{aligned}
x'(t) &= f(x(t), u(t), t)\,, \quad x(t_0) = x_0\,, \quad t \geq t_0\,, \\
y(t) &= g(x(t), u(t), t)\,.
\end{aligned}
$$

Nichtlineare Systeme sind wesentlich schwieriger zu behandeln als lineare. Man ersetzt deshalb das nichtlineare System häufig durch ein lineares Näherungssystem. Wir führen zunächst Stützfunktionen $x^*(t) \in \mathbb{R}^n$ und $u^*(t) \in \mathbb{R}^m$ ein und setzen

$$
x(t) = x^*(t) + \Delta x(t)\,, \quad u(t) = u^*(t) + \Delta u(t)\,,
$$

mit den Abweichungen vom Zustandsvektor und vom Eingabevektor. Durch Taylorentwicklung der rechten Seiten um die Stützfunktionen ergibt sich:

$$
\begin{aligned}
(x^*)'(t) + (\Delta x)'(t) &= f(x^*(t), u^*(t), t) + A(t)\,\Delta x(t) + B(t)\,\Delta u(t) \\
&\quad + O((\Delta x(t))^2) + O(\Delta x(t)\,\Delta u(t)) + O((\Delta u(t))^2)\,, \\
y(t) &= g(x^*(t), u^*(t), t) + C(t)\,\Delta x(t) \\
&\quad + D(t)\,u(t) + O((\Delta x(t))^2) + O(\Delta x(t)\,\Delta u(t)) + O((\Delta u(t))^2)\,,
\end{aligned}
$$

wobei die Jacobi-Matrizen

$$A(t) = \frac{\partial f(\cdot)}{\partial x}\Big|_*, \quad B(t) = \frac{\partial f(\cdot)}{\partial u}\Big|_*, \quad C(t) = \frac{\partial g(\cdot)}{\partial x}\Big|_*, \quad D(t) = \frac{\partial g(\cdot)}{\partial u}\Big|_*,$$

in den Punkten $(x^*(t), u^*(t), t)$ genommen werden.
Durch Umschreiben bekommt man folgende Gleichungen für die Inkremente:

$$\begin{aligned}
(\Delta x)'(t) &= A(t)\,\Delta x(t) + B(t)\,\Delta u(t) + f^*((x^*(t), u^*(t), t)) - (x^*)'(t) \\
&+ O((\Delta x(t))^2) + O(\Delta x(t)\,\Delta u(t)) + O((\Delta u(t))^2), \\
\Delta y(t) &= C(t)\,\Delta x(t) + D(t)\,\Delta u(t) \\
&+ O((\Delta x(t))^2) + O(\Delta x(t)\,\Delta u(t)) + O((\Delta u(t))^2).
\end{aligned}$$

Bei hinreichend kleinen Abweichungen von $x(t)$ und $u(t)$ von den Stütztfunktionen $x^*(t), u^*(t)$ kann man die kleinen Größen höherer Ordnung vernachlässigen:

$$\begin{aligned}
(\Delta x)'(t) &= A(t)\,\Delta x(t) + B(t)\,\Delta u(t) + f^*((x^*(t), u^*(t), t)) - (x^*)'(t), \\
\Delta y(t) &= C(t)\,\Delta x(t) + D(t)\,\Delta u(t).
\end{aligned}$$

Die konkrete Form des linearisierten Modells hängt nun von der Wahl der Stützbewegung $x^*(t)$, $u^*(t)$ ab. Wählen wir eine Zustandsfunktion $(x^*)'(t) = f(x^*(t), u^*(t), t)$, so hat das linearisierte Modell die folgende Form:

$$\begin{aligned}
(\Delta x)'(t) &= A(t)\,\Delta x(t) + B(t)\,\Delta u(t), \\
\Delta y(t) &= C(t)\,\Delta x(t) + D(t)\,\Delta u(t).
\end{aligned}$$

(Zur Anfangszeit $t = t_0$ gilt $x(t_0) = x^*(t_0)$). Wählen wir den konstanten Systemzustand $x^*(t) \equiv x^*$, $u^*(t) \equiv u^*$ als Stützbewegung, dann hat das linearisierte Modell die folgende Form:

$$\begin{aligned}
(\Delta x)'(t) &= A(t)\,\Delta x(t) + B(t)\,\Delta u(t) + f^*(x^*, u^*, t), \\
\Delta y(t) &= C(t)\,\Delta x(t) + D(t)\,\Delta u(t).
\end{aligned}$$

Eine weitere Spezialisierung stellen die autonomen oder zeitinvarianten Systeme (time invariant system = LTI-Sytem) dar, bei welchen die Koeffizientenmatrizen konstant sind. LTI-Systeme sind invariant unter zeitlichen Verschiebungen.

Kontinuierliches LTI-Sytem:

Ein kontinuierliches System der folgenden Gestalt heißt LTI-System:

$$\begin{aligned}
x'(t) &= A\,x(t) + B\,u(t), \quad x(t_0) = x_0, \quad t \geq t_0, \\
y(t) &= C\,x(t) + D\,u(t).
\end{aligned}$$

Dabei sind $A, (N \times N)$, $B, (N \times M)$, $C, (L \times N)$, $D, (L \times M)$, konstante Matrizen.

Auf die verschobene Eingabe $u(t+c)$ antwortet das LTI-System mit der um dieselbe Konstante verschobenen Ausgabe $x(t+c)$. Dabei wird die Anfangszeit in entgegengesetzter Richtung verschoben: $x(t_0 - c) = x_0, t \geq t_0 - c$. Man kann sich deshalb auf die Anfangszeit $t_0 = 0$ beschränken.

Beispiel 8.2
Zustandsgleichungen eines RC-Glieds:

Wir betrachten das folgende RC-Glied:

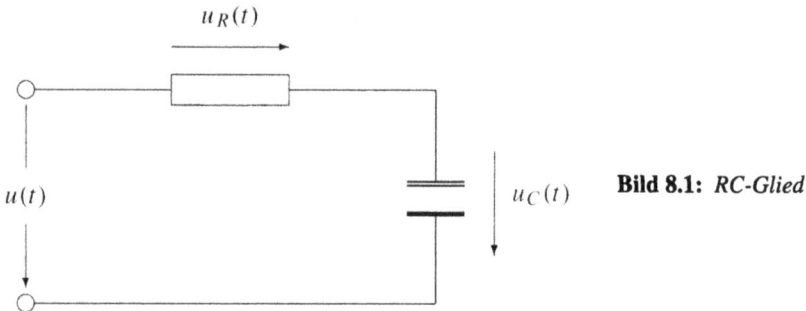

Bild 8.1: *RC-Glied*

Das RC-Glied wird durch die folgende Gleichung beschrieben:

$$R C u'_C(t) + u_C(t) = u(t).$$

Die angelegte Spannung $u(t)$ stellt die Eingangsgröße dar. Mit $T = R C$ bezeichnen wir die zeitliche Konstante des Systems und setzen $x(t) = u_C(t)$. Es liegt ein skalares System mit $n = 1$ vor. Als Ausgangsgröße des Systems betrachten wir 1.) die Spannung am Kondensator $u_C(t)$ und 2.) die Spannung am Widerstand $u_R(t)$.

1.) Wir erhalten die folgenden Zustandsgleichungen:

$$x'(t) = A x(t) + B u(t), \quad y(t) = C x(t), \quad x(0) = x_0, \quad t \geq 0,$$

mit den Konstanten $A = -\frac{1}{T}, B = \frac{1}{T}, C = 1$.

2.) Die Gleichung für den Ausgang ergibt sich aus:

$$y(t) = u_R(t) = u(t) - u_C(t) = u(t) - x(t).$$

Die Zustandsgleichungen lauten nun:

$$x'(t) = A x(t) + B u(t), \quad y(t) = C x(t) + D u(t), \quad x(0) = x_0, \quad t \geq 0,$$

mit den Konstanten $A = -\frac{1}{T}, B = \frac{1}{T}, C = 1$.

Beispiel 8.3
Zustandsgleichungen eines Schwingkreises:

Wir betrachten den folgenden Schwingkreis:

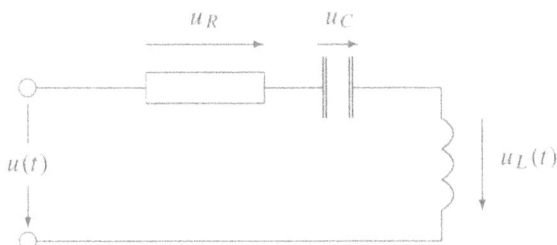

Bild 8.2: *Schwingkreis*

Der Schwingkreis wird durch folgende Gleichungen beschrieben:

$$L\,I'(t) \;=\; u_L(t)\,, \quad C\,u_C' = I(t)\,,$$
$$u_R(t) \;=\; R\,I(t)\,, \quad u(t) = u_L(t) + u_C(t) + u_R(t)\,,$$

mit der Stromstärke $I(t)$. Die angelegte Spannung $u(t)$ stellt wieder den Eingang dar. Als Ausgangssignal betrachten wir die Spannung $u_L(t)$ an der Induktionsspule.
Wir definieren den Zustandsvektor $x(t) = (x_1(t), x_2(t)) = (I(t), u_C(t))$ und den Ausgang $y(t) = u_L(t)$ und erhalten das folgende Gleichungssystem:

$$x_1'(t) \;=\; \frac{1}{L}\,(u(t) - R\,x_1(t) - x_2(t))\,, \quad x_2'(t) = \frac{1}{C}\,x_1(t)\,,$$
$$y(t) \;=\; -R\,x_1(t) - x_2(t) + u(t)\,.$$

Es gilt $n = 2, m = l = 1$, und die Zustandsgleichungen nehmen die Gestalt an:

$$x'(t) = A\,x(t) + B\,u(t)\,, \quad y(t) = C\,x(t) + D\,u(t)\,,$$

mit den Matrizen

$$A = \begin{pmatrix} -\frac{R}{L} & -\frac{1}{L} \\ \frac{1}{C} & 0 \end{pmatrix}, \quad B = \begin{pmatrix} \frac{1}{L} \\ 0 \end{pmatrix}, \quad C = (-R, -1)\,, \quad D = 1.$$

Beispiel 8.4
Zustandsgleichungen eines Antriebssystems:

Wir betrachten ein Antriebssystem, dessen Dynamik durch folgende Gleichungen modelliert werden:

$$\alpha'(t) \;=\; \omega(t)\,,$$
$$L\,I'(t) + R\,I(t) \;=\; e(t) - C_e\,\omega(t)\,,$$
$$J\,\omega'(t) \;=\; C_M\,I(t) - M(t)\,.$$

Die angelegte Spannung $e(t)$ und das Moment auf der Antriebswelle $M(t)$ bilden den Eingang des Systems. Der Drehwinkel des Rotors $\alpha(t)$ und der Ankerstrom $I(t)$ bilden den Ausgang. $\omega(t)$ bezeichnet die Winkelgeschwindigkeit der Drehung der Antriebswelle. L ist die Induktion und R der Widerstand des Ankers, J das Trägheitsmoment des Rotors, C_e und C_M sind weitere Konstante.

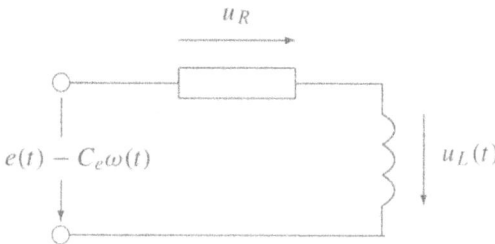

Bild 8.3: *Ersatzschaltbild eines Antriebssystems*

Wir führen den Zustands-, Eingangs- und Ausgangsvektor wie folgt ein:

$$x(t) = (\alpha(t), I(t), \omega(t)) \in \mathbb{R}^3 ,$$

$$u(t) = (e(t), M(t)) \in \mathbb{R}^2 , y(t) = (\alpha(t), I(t))^T \in \mathbb{R}^2 .$$

Insgesamt nehmen die Zustandsgleichungen ($n = 3, m = l = 2$) nun folgende Gestalt an:

$$x'(t) = A\, x(t) + B\, u(t), \quad y(t) = C\, x(t),$$

mit den Matrizen

$$A = \begin{pmatrix} 0 & 0 & 1 \\ 0 & -\frac{R}{L} & -\frac{C_e}{L} \\ 0 & \frac{C_M}{J} & 0 \end{pmatrix}, \; B = \begin{pmatrix} 0 & 0 \\ \frac{1}{L} & 0 \\ 0 & -\frac{1}{J} \end{pmatrix}, \; C = \begin{pmatrix} 1 & 0 & 0 \\ 0 & 1 & 0 \end{pmatrix}.$$

Die Zustandsgleichungen diskreter linearer Systeme können ähnlich in Gestalt einer Vektordifferenzengleichung formuliert werden.

$$\begin{aligned} x(n+1) &= A(n)\, x(n) + B(n)\, u(n), & x(n_0) = x_0, \quad n \geq n_0, \\ y(n) &= C(n)\, x(n) + D(n)\, u(n). \end{aligned}$$

Hier sind $n = n_0, n_0 + 1, n_0 + 2, \ldots$ diskrete Zeitpunkte und $x(n) \in \mathbb{R}^N$, $y(n) \in \mathbb{R}^L$, $u(n) \in \mathbb{R}^M$, stellen den Zustands-, den Ausgangs- bzw. den Eingabevektor dar. Die Matrizen $A(n)$, $B(n)$, $C(n)$, $D(n)$ haben die Dimensionen $N \times N, N \times M, L \times N, L \times M$. Der Fall konstanter Matrizen A, B, C, D ist von großer Bedeutung. Wir haben dann wieder ein LTI-Sytem mit derselben zeitlichen Verschiebungsinvarianz wie im kontinuierlichen Fall.

Diskretes LTI-Sytem:

Ein diskretes System der folgenden Gestalt heißt LTI-System:

$$x(n+1) = A x(n) + B u(n), \quad x(n_0) = x_0, \quad n \geq n_0,$$
$$y(n) = C x(n) + D u(n).$$

Dabei sind $A, (N \times N), B, (N \times M), C, (L \times N), D, (L \times M)$, konstante Matrizen.

Ein solches LTI-System heißt nichtrekursiv, weil nur die Werte des Eingangssignals zum Zeitpunkt $t = n$ zur Berechnung des Ausgangssignal benötigt werden. Bei rekursiven Systemen werden zur Berechnung des Ausgangs zum Zeitpunkt $t = n$ auch Ausgangswerte zu vorangehenden Zeiten $t < n$ verwendet.

Beispiel 8.5
Zustandsgleichungen eines digitalen nichtrekursiven Filters:

Durch eine Anordnung von Speicherelementen werde ein Filter dargestellt. Das erste Element soll dabei das Eingangssignal aufnehmen. In jedem folgenden Schritt wird der Inhalt eines Speicherelements zum nächsten übertragen. Bei vier Arbeitsschritten werde der Prozess durch folgende Differenzengleichungen beschrieben:

$$x_1(n+1) = u_1(n),$$
$$x_2(n+1) = x_1(n),$$
$$x_3(n+1) = x_2(n),$$
$$x_4(n+1) = x_3(n),$$
$$y(n) = \frac{1}{4} (x_1(n) + x_2(n) + x_3(n) + x_4(n)).$$

Hieraus ergeben sich die folgenden Zustandsgleichungen:

$$x(n+1) = A x(n) + B u(n), \quad x(n_0) = x_0, \quad n \geq n_0,$$
$$y(n) = C x(n)$$

mit dem Zustands- und Eingangsvektor

$$x(n) = (x_1(n), x_2(n), x_3(n), x_4(n)), \quad u(n) = (u_1(n), 0, 0, 0),$$

sowie dem Ausgangsvektor: $y(n) = (y_1(n), y_2(n), y_3(n), y_4(n))$, und den Matrizen

$$A = \begin{pmatrix} 0 & 0 & 0 & 0 \\ 1 & 0 & 0 & 0 \\ 0 & 1 & 0 & 0 \\ 0 & 0 & 1 & 0 \end{pmatrix}, \quad B = \begin{pmatrix} 1 \\ 0 \\ 0 \\ 0 \end{pmatrix}, \quad C = \left(\frac{1}{4}, \frac{1}{4}, \frac{1}{4}, \frac{1}{4} \right).$$

Auf die Modellgleichungen wendet man Transformationsmethoden an und kann damit typische Reaktionen des Systems beschreiben. Ein wesentliches Hilfsmittel ist dabei die Übertragungsfunktion, deren Eigenschaften das System vollständig charakterisieren. Für die Herleitung der Übertragungsfunktion kontinuierlicher und diskreter Systeme benötigt man unterschiedliche Methoden. Man erhält aber in der Regel in beiden Fällen gebrochen rationale Funktionen. Die Analyse der Übertragungsfunktionen kann deshalb mithilfe derselben Computerprogramme ausgeführt werden.

Wir betrachten das kontinuierliche lineare zeitinvariante System mit homogenen Anfangsbedingungen $x(0) = 0$:

$$x'(t) = A\,x(t) + B\,u(t)\,, \quad y(t) = C\,x(t) + D\,u(t)\,, \quad t \geq 0\,,$$

wobei $x \in \mathbb{R}^n$, $y \in \mathbb{R}^l$, $u \in \mathbb{R}^m$ $(n, l, m \geq 1)$. Im Spezialfall $B = C = E$, $D = 0$, haben wir ein inhomogenes System mit homogenen Anfangsbedingungen. Die Lösung wird dann durch die Rücktransformierte der Matrix $(s\,E - A)^{-1}$ gegeben. Wir wenden die Laplacetransformation auf das System an und setzen:

$$X(s) = \mathcal{L}(x(t))(s)\,, \quad U(s) = \mathcal{L}(u(t))(s)\,, \quad Y(s) = \mathcal{L}(y(t))(s)\,.$$

(hierbei wirkt die Laplacetransformation komponentenweise auf einen Vektor). Mit dem Differenziationssatz bekommen wir das System im Bildbereich:

$$s\,X(s) = A\,X(s) + B\,U(s)\,, \quad Y(s) = C\,X(s) + D\,U(s)\,.$$

Wir führen die $N \times N$ Einheitsmatrix E ein und schreiben die erste Gleichung um:

$$(s\,E - A)\,X(s) = B\,U(s)\,.$$

Für solche s, für welche das charakteristische Polynom $P(s) = \det(A - s\,E)$ nicht verschwindet, können wir $X(s)$ berechnen

$$X(s) = (s\,E - A)^{-1}\,B\,U(s)$$

und bekommen anschließend:

$$Y(s) = \left(C\,(s\,E - A)^{-1}\,B + D\right)\,U(s)\,.$$

Übertragungsfunktion eines kontinuierlichen LTI-Systems:

Die matrixwertige Funktion:

$$H(s) = C\,(s\,E - A)^{-1}\,B + D$$

heißt Übertragungsfunktion des Systems

$$x'(t) = A\,x(t) + B\,u(t)\,, \quad y(t) = C\,x(t) + D\,u(t)\,.$$

Die Einträge der Übertragungsmatrix $H(s)$ sind wieder rationale Funktionen der komplexen Variablen s. Im Nenner steht jeweils das charakteristische Polynom. Die Konvergenzhalbebene der Übertragungsfunktion liegt rechts von der Polstelle mit dem größten Realteil.

Beispiel 8.6
Die Übertragungsfunktion des RC-Glieds:

Wir übersetzen die Gleichung des RC-Glieds $(T = RC)$

$$T\, u_C'(t) + u_C(t) = u(t), \quad u_C(0) = 0.$$

in den Bildbereich und bekommen:

$$T\, s\, U_C(s) + U_C(s) = U(s) \quad \Longleftrightarrow \quad (T\, s + 1)\, U_C(s) = U(s).$$

Betrachten wir die Ausgangsgleichung

$$y(t) = u_C(t),$$

so ergibt sich folgende Übertragungsfunktion:

$$H(s) = \frac{1}{T\, s + 1}.$$

Wenn die Spannung

$$u_R(t) = u(t) - u_C(t)$$

als Ausgang genommen wird, erhalten wir die Übertragungsfunktion:

$$H(s) = 1 - \frac{1}{T\, s + 1} = \frac{T\, s}{T\, s + 1}.$$

Führen wir die Übertragungsfunktion

$$H_x(s) = (s\, E - A)^{-1}\, B$$

für den Zustandsvektor ein, dann können wir schreiben:

$$H(s) = C\, H_x(s) + D.$$

$H_x(s)$ ist eine $N \times M$-Matrix. Geht man durch eine lineare Transformation mit einer nichtsingulären Matrix zu neuen Zustandsvariablen über:

$$x^* = Q\, x,$$

so nimmt das gegebene System

$$x'(t) = A\, x(t) + B\, u(t), \quad y(t) = C\, x(t) + D\, u(t)$$

die folgende Gestalt an:

$$(x^*)'(t) = A^* \, x^*(t) + B^* \, u(t), \quad y(t) = C^* \, x^*(t) + D \, u(t),$$

wobei

$$A^* = Q \, A \, Q^{-1}, \quad B^* = Q \, B, \quad C^* = C \, Q^{-1}.$$

Man kann nun leicht zeigen, dass sich die Übertragungsfunktion bei dieser Variablentransformation nicht ändert. Es gilt nämlich die Übertragungsfunktion des transformierten Systems:

$$\begin{aligned}
H^*(s) &= C^* \left(s \, E - A^*\right)^{-1} B^* + D \\
&= C \, Q^{-1} \left(s \, E - Q \, A \, Q^{-1}\right)^{-1} Q \, B + D \\
&= C \, Q^{-1} \left(Q \, (s \, E - A) \, Q^{-1}\right)^{-1} Q \, B + D \\
&= C \, Q^{-1} Q \, (s \, E - A)^{-1} \, Q^{-1} Q \, B + D \\
&= C \, (s \, E - A)^{-1} \, B + D \\
&= H(s).
\end{aligned}$$

Beispiel 8.7
Die Übertragungsfunktion des Schwingkreises:

Die Zustandsgleichungen für einen Schwingkreis können in die folgende Gestalt gebracht werden:

$$x'(t) = A \, x(t) + B \, u(t), \quad y(t) = C \, x(t) + D \, u(t),$$

mit den Matrizen

$$A = \begin{pmatrix} -\frac{R}{L} & -\frac{1}{L} \\ \frac{1}{C} & 0 \end{pmatrix}, \quad B = \begin{pmatrix} \frac{1}{L} \\ 0 \end{pmatrix}, \quad C = (-R, -1), \quad D = 1.$$

Das charakteristische Polynom lautet:

$$P(s) = \det(A - s \, E) = -(L \, C \, s^2 + R \, C \, s + 1).$$

Dort wo das charakteristische Polynom nicht verschwindet, kann die Inverse der charakteristischen Matrix berechnet werden. Man erhält (mit der Cramerschen Regel):

$$(s \, E - A)^{-1} = \begin{pmatrix} \frac{s \, L \, C}{s^2 \, C \, L + s \, C \, R + 1} & -\frac{C}{s^2 \, C \, L + s \, C \, R + 1} \\ \frac{L}{s^2 \, C \, L + s \, C \, R + 1} & \frac{(s \, L + R) \, C}{s^2 \, C \, L + s \, C \, R + 1} \end{pmatrix}.$$

und damit die Übertragungsfunktion für die Zustandsvektoren:

$$H_x(s) = (s\,E - A)^{-1}\,B = \begin{pmatrix} \dfrac{s\,C}{s^2\,C\,L + s\,C\,R + 1} \\[2ex] \dfrac{1}{s^2\,C\,L + s\,C\,R + 1} \end{pmatrix}.$$

Die Übertragungsfunktion nimmt schließlich folgende Form an:

$$H(s) \;=\; C\,H_x(s) + D = \frac{-R\,C\,s - 1 + L\,C\,s^2 + R\,C\,s + 1}{L\,C\,s^2 + R\,C\,s + 1}$$

$$=\; \frac{K\,s^2}{T^2\,s^2 + 2\,\xi\,T\,s + 1}\,,$$

mit

$$T = \sqrt{L\,C}, \quad K = L\,C = T^2, \quad \xi = \frac{R}{2}\sqrt{\frac{C}{L}}.$$

MAPLE:

```
with(linalg):
# Eingabe der Matrizen A,B,C,D
A := array( [[-R/L,-1/L], [1/C,0]] );
B := array( [[1/L],[0]] );
C1 := [-R,-1]; d := 1;
# Eingabe von der n x n - Einheitseitsmatrix
n := rowdim(A); I_n := array(1..n, 1..n):
E_n := [seq( [seq(0, j=1..n )], i=1..n)]:
for i to n do E_n[i,i] := 1: od:
# Die Uebertragungsfunktion:
H := simplify(multiply(multiply(C1,inverse(s*E_n-A)),B)+d);
```

$$A := \begin{bmatrix} -\dfrac{R}{L} & -\dfrac{1}{L} \\[2ex] \dfrac{1}{C} & 0 \end{bmatrix}$$

$$B := \begin{bmatrix} \dfrac{1}{L} \\[2ex] 0 \end{bmatrix}$$

$$C1 := [-R,\,-1]$$

$$d := 1$$

$$n := 2$$

$$H := \left[-\frac{s\,C\,R + 1}{s^2\,C\,L + s\,C\,R + 1} \right] + 1$$

MATLAB:

Wenn man numerische Werte von R, L und C hat, kann man die Koeffizienten des Zählers und des Nenners der Übertragungsfunktion mithilfe der MATLAB-Funktion ss2tf.m berechnen.

```
L = 4.3; R = 820.0; C = 10e-6; % Schwingkreisdaten
a = [-R./L -1./L; 1./C 0]
b = [1./L; 0]
c = [-R -1]
d = 1;
[num,den] = ss2tf(a,b,c,d)
```

Man erhält folgende Ausgabe:

```
a =
  1.0e+004 *
   -0.0191    -0.0000
   10.0000          0

b =
    0.2326
         0

c =
   -820      -1

num =
    1.0000    0.0000         0

den =
  1.0e+004 *
    0.0001    0.0191    2.3256
```

Die Übertragungsfunktion hat somit die Form:

$$H(s) = \frac{s^2}{10^4\,(0.0001\,s^2 + 0.0191\,s + 2.3256)} = \frac{s^2}{s^2 + 191\,s + 23256}.$$

Umgekehrt kann man von der Übertragungsfunktion ausgehen und mit der MATLAB-Funktion tf2ss(num, den) ein Modell eines LTI-Systems im Zustandsraum konstruieren. Die Koeffizienten von Zähler und Nenner der Übertragungsfunktion müssen in den Vektoren num bzw. den nach fallenden Potenzen von s geordnet sein. Wir zeigen nun wie die Funktion tf2ss sich auf die Übertragungsfunktion des Schwingkreises anwenden lässt.

```
num = [1 0 0]; den = [1 191 23256];
[As,Bs,Cs,Ds] = tf2ss(num,den)
[num,den] = ss2tf(As,Bs,Cs,Ds)
```

Wir erhalten folgende Matrizen A^*, B^*, C^*, D^*:

```
As =
         -191         -23256
            1              0

Bs =
      1
      0

Cs =
         -191         -23256
Ds =
      1
```

Offensichtlich unterscheiden sich diese Matrizen von den obigen Matrizen A, B, C. Die Anwendung der MATLAB-Funktion ss2tf.m liefert aber wieder dieselbe Übertragungsfunktion des Schwingkreises:

```
num =
      1        0        0

den =
      1       191      23256
```

Dieses Ergebnis erklärt sich dadurch, dass die Übertragungsfunktion bei der Transformation $X^* = Qx$, $A^* = QAQ^{-1}$, $B^* = QB$, $C^* = CQ^{-1}$ erhalten bleibt.

Beispiel 8.8
Die Übertragungsfunktion eines Antriebssystems:

Aus den folgenden Zustandsgleichungen eines Antriebssystems:

$$x'(t) = A x(t) + B u(t), \quad y(t) = C x(t),$$

mit den Matrizen

$$A = \begin{pmatrix} 0 & 0 & 1 \\ 0 & -\frac{R}{L} & -\frac{C_e}{L} \\ 0 & \frac{C_M}{J} & 0 \end{pmatrix}, \ B = \begin{pmatrix} 0 & 0 \\ \frac{1}{L} & 0 \\ 0 & -\frac{1}{J} \end{pmatrix}, \ C = \begin{pmatrix} 1 & 0 & 0 \\ 0 & 1 & 0 \end{pmatrix},$$

entnimmt man die Übertragungsfunktion:

$$H(s) = C (s E - A)^{-1} B = \begin{pmatrix} \frac{C_M}{s(s^2 JL + s JR + C_e)} & -\frac{s L + R}{s(s^2 JL + s JR + C_e)} \\ \frac{s J}{s^2 JL + s JR + C_e} & \frac{C_e}{s^2 JL + s JR + C_e} \end{pmatrix}.$$

Man bestätigt dies mit Maple:

MAPLE:

```
with(linalg):
A:=array( [[0,0,1], [0,-R/L,-C_e/L],[0,C_M/J,0]] ):
B :=array( [[0,0], [1/L,0], [0,-1/J]] ):
C := array( [[1,0,0], [0,1,0]] ):
n := rowdim(A):
E_n := array(1..n, 1..n):
E_n := [seq( [seq(0, j=1..n )], i=1..n)]:
for i to n do E_n[i,i] := 1: od:
H := multiply(multiply(C,inverse(s*E_n-A)),B);
```

$$H := \begin{bmatrix} \dfrac{C\_M}{s\,\%1} & -\dfrac{s\,L+R}{s\,\%1} \\[2mm] \dfrac{s\,J}{\%1} & \dfrac{C\_e}{\%1} \end{bmatrix}$$

$$\%1 := s^2\,J\,L + s\,J\,R + C\_e\,C\_M$$

Beispiel 8.9

Nullstellen, Pole und Verstärkung der Übertragungsfunktion mit MATLAB berechnen:

Gegeben sei ein System mit der Übertragungsfunktion:

$$\frac{num(s)}{den(s)} = \frac{num(1)\,s^{n_{num}} + \cdots + num(n_{num})\,s + num(n_{num}+1)}{den(1)\,s^{n_{den}} + \cdots + den(n_{den})s + den(n_{den}+1)}.$$

Die MATLAB-Funktion `tf2zp(num, den)` ermittelt die Nullstellen, Pole und den Verstärkungskoeffizienten und bringt die Übertragungsfunktion in die Form:

$$H(s) = k\,\frac{(s-z(1))(s-z(2))\cdots(s-z(n_{num}))}{(s-p(1))(s-p(2))\cdots(s-p(n_{den}))}.$$

Der Vektor den enthält die Koeffizienten des Nenners. Die Matrix num enthält die Koeffizienten des Zählers.

Betrachten wir konkret:

$$H(s) = \frac{2\,s^2 + s + 1}{0.8\,s^2 - 0.3\,s + 0.2}.$$

MATLAB:

```
num = [2 1 1]; den = [0.8 -0.3 0.2];
[z, p, k] = tf2zp(num, den)


z =
  -0.2500 + 0.6614i
  -0.2500 - 0.6614i
```

```
p =
   0.1875 + 0.4635i
   0.1875 - 0.4635i

k =
   2.5000
```

Die MATLAB-Funktion zp2tf leistet die Umkehrung. Gibt man die Nullstellen und Pole sowie den Verstärkungskoeffizienten ein, so wird die Übertragungsfunktion als Quotient zweier Polynome geordnet nach fallenden Potenzen von s ausgegeben. Die Funktion zp2tf benötigt als Eingabe den Spaltenvektor p der Pole und die Matrix z der Nullstellen. Der Spaltenvektor k enthält die Verstärkungskoeffizienten des Systems. (Das System kann mehrere Ausgänge besitzen). Die Nullstellen und Pole müssen als Paare konjugiert komplexer Zahlen oder als reelle Zahlen eingegeben werden.

Betrachten wir konkret die Nullstellen:

$$z_{1,2} = -0.6 \pm 0.7\,i\,, \quad z_{3,4} = 0.5 \pm 0.8\,i\,,$$

die Pole:

$$p_{1,2} = -0.5 \pm 0.1\,i\,, \quad p_{3,4} = 0.6 \pm 0.8\,i\,,$$

und die Verstärkung

$$k = 0.28\,.$$

```
z = [-0.6+0.7i; -0.6-0.7i; 0.5+0.8i; 0.5-0.8i];
p = [-0.5+0.1i; -0.5-0.1i; 0.6+0.8i; 0.6-0.8i]; k = 0.28;
[num, den] = zp2tf(z, p, k)

num =
   0.2800    0.0560    0.1512    0.0610    0.2118

den =
   1.0000   -0.2000    0.0600    0.6880    0.2600
```

MAPLE:
Dieselbe Aufgabe kann mit Maple im skalaren Fall wie folgt gelöst werden.

```
z := [-0.6+0.7*I,-0.6-0.7*I,0.5+0.8*I,0.5-0.8*I];
p := [-0.5+0.1*I,-0.5-0.1*I,0.6+0.8*I,0.6-0.8*I];
H := expand(product((s-z[i]), i=1..nops(z)))/
     expand(product((s-p[i]), i=1..nops(p)));
```

$$H := \frac{.28\,s^4 + .056\,s^3 + .1512\,s^2 + .06104\,s + .211820}{s^4 - .2\,s^3 + .06\,s^2 + .688\,s + .2600}$$

Analog zum kontinuierlichen Fall betrachten wir diskrete LTI-Systeme:

$$x(n+1) = A\,x(n) + B\,u(n)\,, \quad y(n) = C\,x(n) + D\,u(n)\,.$$

Wir unterwerfen dieses System der zweiseitigen z-Transformation, die wir wieder komponentenweise auf Vektoren wirken lassen. Bei der Anwendung der zweiseitigen z-Transformation werden keine Anfansbedingungen benötigt. Man gibt eine Erregung ein und berechnet die Antwort des Systems im Bildbereich. Mit dem Verschiebungssatz ergibt sich:

$$z\,X(z) = A\,X(z) + B\,U(z)\,, \quad Y(z) = C\,X(z) + D\,U(z)\,,$$

wobei

$$X(z) = \mathcal{Z}_2(x(n))(z)\,, \quad Y(z) = \mathcal{Z}_2(y(n))(z)\,, \quad U(z) = \mathcal{Z}_2(u(n))(z)\,.$$

Nimmt man die Polstellen aus, so gilt wie im kontinuierlichen Fall:

$$Y(z) = (C\,(z\,E - A)^{-1}\,B + D)\,U(z)\,.$$

Wir entnehmen hieraus die Übertragungsfunktion.

Übertragungsfunktion eines diskreten LTI-Systems:

Die matrixwertige Funktion:

$$H(z) = C\,(z\,E - A)^{-1}\,B + D$$

heißt Übertragungsfunktion des Systems:

$$x(n+1) = A\,x(n) + B\,u(n), \quad y(n) = C\,x(n) + D\,u(n)\,.$$

Im Bildbereich nimmt das System also die einfache Gestalt an:

$$Y(z) = H(z)\,U(z)\,.$$

Die Übertragungsfunktion $H(z)$ ist eine rationale Funktion mit endlich vielen Polstellen. Wir stellen uns vor, dass diese Polstellen in einem Kreisring $R \leq |z| \leq r$ liegen. Wir können $H(z)$ dann für $|z| < R$ oder in einer Kreisscheibe ohne Pole oder für $r < |z|$ betrachten. Die ersten beiden Fälle sind nichtkausal, der dritte ist kausal. Im kausalen Fall kann man das Äußere einer Kreisscheibe, auf deren Rand der am weitesten von null entfernte Pol liegt, als Konvergenzgebiet der Übertragungsfunktion nehmen. Physikalisch realisierbar ist der kausale Fall. Gilt

$$\mathcal{Z}_2(h(n))(z) = H(z)\,, \quad \mathcal{Z}_2(u(n))(z) = U(z)\,,$$

mit $h(n) = 0$ für $n < 0$, so ergibt sich nach dem Faltungssatz die Ausgangsvektorfolge:

$$y(n) = \sum_{\nu=-\infty}^{\infty} h(\nu)\,u(n-\nu) = \sum_{\nu=0}^{\infty} h(\nu)\,u(n-\nu)\,.$$

Es gilt das Kausalitätsprinzip. Zur Berechnung der Ausgangsfolge zur Zeit n werden nur Glieder der Eingabefolge zu vorausgehenden Zeiten $n-\nu$ benötigt. Wird eine kausale Eingangsfolge gegeben, so stellt der Ausgang ebenfalls eine kausale Folge dar.

Nimmt man im kausalen Fall die Spezialisierung $B = C = E$, $D = 0$ vor, so ergibt sich das inhomogene System

$$y_{n+1} = A\, y_n + u_n$$

mit homogenen Anfangsbedingungen. Die Lösung lautet mit $\Phi(n) = A^n$:

$$y(n) = \sum_{\nu=0}^{\infty} \Phi_{\nu-1}\, u_{n-\nu}\,, \quad \Phi_{-1} = 0\,.$$

Beispiel 8.10
Übertragungsfunktion eines digitalen nichtrekursiven Filters:

Wir betrachten das folgende System:

$$x(n+1) = A\, x(n) + B\, u(n)\,, \quad y(n) = C\, x(n)\,,$$

$$A = \begin{pmatrix} 0 & 0 & 0 & 0 \\ 1 & 0 & 0 & 0 \\ 0 & 1 & 0 & 0 \\ 0 & 0 & 1 & 0 \end{pmatrix}, \quad B = \begin{pmatrix} 1 \\ 0 \\ 0 \\ 0 \end{pmatrix}, \quad C = \left(\frac{1}{4}, \frac{1}{4}, \frac{1}{4}, \frac{1}{4} \right).$$

Hieraus ergibt sich die Übertragungsfunktion:

$$H(z) = \frac{1 + z + z^2 + z^3}{4\, z^4}\,.$$

Da ein einziger Pol bei $z = 0$ vorliegt, bleibt nur der kausale Fall $|z| > 0$.

MAPLE:

```
with(linalg):
A:=array( [[0,0,0,0], [1,0,0,0],[0,1,0,0],[0,0,1,0]] ):
B :=array( [[1], [0], [0],[0]] ):
C := array( [1/4,1/4,1/4,1/4] ):
n := rowdim(A):
E_n := array(1..n, 1..n):
E_n := [seq( [seq(0, j=1..n )], i=1..n)]:
for i to n do E_n[i,i] := 1: od:
H := multiply(multiply(C,inverse(z*E_n-A)),B);
```

$$H := \left[\frac{1}{4}\frac{1}{z} + \frac{\frac{1}{4}}{z^2} + \frac{\frac{1}{4}}{z^3} + \frac{\frac{1}{4}}{z^4} \right]$$

Wir betrachten nun noch skalare LTI-Systeme, bei welchen der Zusammenhang zwischen Eingangs- und Ausgangsgröße durch eine Differenzengleichung höherer Ordnung hergestellt wird.

LTI-Systeme und Differenzengleichungen höherer Ordnung:

Durch eine Differenzengleichung höherer Ordnung:

$$\sum_{k=0}^{N_a} a_k \, y(n-k) = \sum_{k=0}^{N_b} b_k \, u(n-k)$$

mit konstanten Koeffizienten a_k und b_k wird ein LTI-System beschrieben. Man gibt eine Eingangsfolge $\{u(n)\}_{n=-\infty}^{\infty}$ ein und berechnet die Ausgangsfolge $\{y(n)\}_{n=-\infty}^{\infty}$.

Man erkennt unmittelbar, dass das System auf die verschobene Eingangsfolge $u(n+l)$ mit der verschobenen Folge $y(n+l)$ antwortet. Das System ist rekursiv. Wir benötigen Eingangswerte zur Zeit $t < n$, um den Ausgang $y(n)$ zu berechnen.

Das geeignete Werkzeug für dieses Problem ist wieder die zweiseitige z-Transformation. Sei $\mathbb{Z}_2(y(n))(z) = Y(z)$ und $\mathbb{Z}_2(u(n))(z) = U(z)$, so liefert der Verschiebungssatz:

$$\sum_{k=0}^{N_a} a_k \, z^{-k} \, Y(z) = \sum_{k=0}^{N_b} b_k \, z^{-k} \, U(z),$$

bzw.

$$Y(z) = H(z) \, U(z).$$

Übertragungsfunktion und Differenzengleichungen höherer Ordnung:

Die Funktion

$$H(z) = \frac{\displaystyle\sum_{k=0}^{N_b} b_k \, z^{-k}}{\displaystyle\sum_{k=0}^{N_a} a_k \, z^{-k}}$$

heißt Übertragungsfunktion des Systems

$$\sum_{k=0}^{N_a} a_k \, y(n-k) = \sum_{k=0}^{N_b} b_k \, u(n-k).$$

Die Funktion $H(z)$ wird durch einen Quotienten zweier Polynome in z^{-1} gegeben. Wir können im Zähler und Nenner faktorisieren:

$$H(z) = \frac{b_{N_b}}{b_{N_a}} \frac{\prod\limits_{k=1}^{N_b} \left(z^{-1} - c_k \right)}{\prod\limits_{k=1}^{N_a} \left(z^{-1} - d_k \right)} .$$

Falls $c_k \neq 0$ bzw. $d_k \neq 0$ ist, können wir schreiben:

$$z^{-1} - c_k = -\frac{1}{c_k} \left(1 - c_k\, z^{-1} \right) \quad \text{bzw.} \quad z^{-1} - d_k = -\frac{1}{d_k} \left(1 - d_k\, z^{-1} \right) .$$

Die Übertragungsfunktion kann insgesamt in die Form gebracht werden

$$H(z) = a\, \frac{\prod\limits_{k=1}^{N_b} \left(1 - c_k\, z^{-1} \right)}{\prod\limits_{k=1}^{N_a} \left(1 - d_k\, z^{-1} \right)} ,$$

mit einem Faktor a. Jeder der Faktoren

$$1 - \frac{c_k}{z}$$

im Zähler ergibt eine Nullstelle $z = c_k$, jeder Faktor im Nenner

$$1 - \frac{d_k}{z}$$

ergibt eine Polstelle $z = d_k$ der Übertragungsfunktion. Die Nullstelle $z = 0$ bzw. die Polstelle $z = 0$ kann dann noch als Polstelle des Nenners bzw. Polstelle des Zählers hinzukommen. Die Übertragungsfunktion kann also bis auf einen Faktor a vollständig durch das Bild von Polen und Nullstellen in der z-Ebene beschrieben werden. Das Konvergenzgebiet der Übertragungsfunktion muss wieder festgelegt werden. Beim kausalen Fall wird die Übertragungsfunktion in einem Konvergenzgebiet der Gestalt $r < |z|$ betrachtet und beim nichtkausalen in einem Gebiet $|z| < R$.

Beispiel 8.11
Nullstellen und Pole der Übertragungsfunktion berechnen:
Wir betrachten die Übertragungsfunktion in der Form

$$H(z) = \frac{b(1) + b(2)\, z^{-1} + \cdots + b(n_b + 1)\, z^{-n_b}}{a(1) + a(2)\, z^{-1} + \cdots + a(n_a + 1)\, z^{-n_a}}$$

und berechnen jeweils die Nullstellen des Zählers und des Nenners. Falls an der Stelle $z = 0$ eine Nullstelle oder ein Pol vorliegt, wird sie dadurch allerdings nicht erfasst. Nehmen wir konkret die Übertragungsfunktion

$$H(z) = \frac{3.6 - 4.8\,z^{-1} + 2.5\,z^{-2}}{1 + 2\,z^{-1} + 2\,z^{-2} + z^{-3}}$$

und berechnen die Nullstellen und Pole mit MATLAB. Die MATLAB-Funktion zplane (a, b) benötigt dazu die Koeffizienten des Nenners und des Zählers der Übertragungsfunktion, die als Vektoren a und b eingegeben werden.

MATLAB:

```
a = [1 2 2 1]; b = [3.6 -4.8 2.5];
zplane(b, a);
```

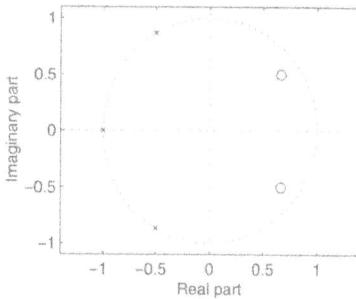

Bild 8.4: *Die Funktion* zplane (a, b) *erzeugt einen Pol/Nullstellenplan. Nullstellen werden mit dem Symbol 'o' gekennzeichnet, Pole werden mit 'x'. Die Vielfachheit wird an die Nullstelle oder den Polstelle angeheftet. Das Bild zeigt auch den Einheitskreis und die reelle und imaginäre Achse. (Die Nullstelle $z = 0$ wird nicht betrachtet).*

In manchen Fällen, wenn beispielsweise Nullstellen oder Pole dicht beisammen liegen, kann man den Maßstab mit einer der folgenden Funktionen einstellen:

```
axis([xmin xmax ymin ymax])
set(gca, 'ylim', [ymin ymax])
set(gca, 'xlim',[xmin xmax]),
```

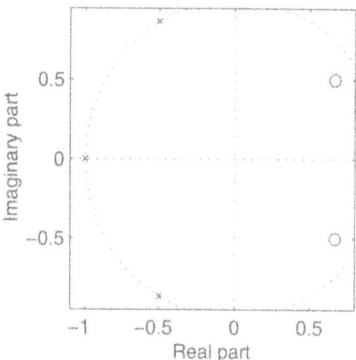

Bild 8.5: *Nullstellen (o) und Pole (x) mit neuem Maßstab:*

```
a = [1 2 2 1]; b = [3.6 -4.8 2.5];
zplane(b, a);
axis([-1.1 0.8 -0.95 0.95])
```

Maple besitzt keine eigene Funktion für die Berechnung der Nullstellen und Pole der gegebenen Übertragungsfunktion. Man kann aber leicht solve einsetzen.

MAPLE:

```
Hnum := proc(z) (36/10-48/10/z+25/10/z^2) end;
Hden := proc(z) 1+2/z+2/z^2+1/z^3 end;
Nullstellen := solve(Hnum(z), {z});
Pole := solve(Hden(z), {z});
```

$$Nullstellen := \{z = \frac{2}{3} + \frac{1}{2} I\}, \{z = \frac{2}{3} - \frac{1}{2} I\}$$

$$Pole := \{z = -1\}, \{z = -\frac{1}{2} + \frac{1}{2} I \sqrt{3}\}, \{z = -\frac{1}{2} - \frac{1}{2} I \sqrt{3}\}$$

Hat man umgekehrt eine bestimmte Verteilung von Polen und Nullstellen gegeben, so kann man ihren Plan ebenfalls mit der MATLAB-Funktion zplane graphisch darstellen.
Gegeben seien folgende Daten:

Nullstellen: $-0.8 \pm 0.3\,i,\ 0.4 \pm 0.2\,i$;
Pole: $0.5 \pm 0.7\,i,\ -0.6 \pm 0.8\,i$

MATLAB:

```
z = [-0.8 + 0.3i; -0.8 - 0.3i; 0.4 + 0.2i; 0.4 - 0.2i];
p = [0.5 + 0.7i; 0.5 - 0.7i; -0.6 + 0.8i; -0.6 - 0.8i];
zplane(z, p);
```

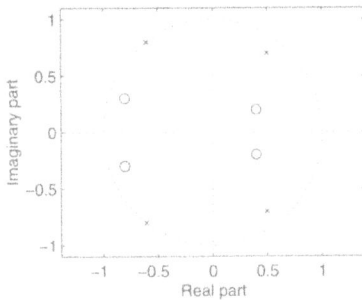

Bild 8.6: *Die Funktion* zplane(z, p) *zeichnet die Nullstellen und Pole, die im Vektor* z *bzw. im Vektor* p *gespeichert sind. (Das Bild zeigt auch den Einheitskreis und Koordinatenachsen).*

Beispiel 8.12
Kaskadierte Systeme:

Die Faktorisierung oder Kaskadisierung der Übertragungsfunktion

$$H(z) = \prod_{k=1}^{L} H_k(z)$$

kann durch eine Serienschaltung von Untersystemen realisiert werden.

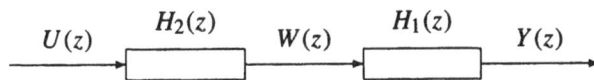

Bild 8.7: *Kaskadiertes System mit der Übertragungsfunktion:*
$H(z) = H_1(z)\,H_2(z)$.

Sei nun eine Übertragungsfunktion in Kaskadenform als Produkt von Blöcken zweiter Ordnung gegeben:

$$H(z) = \prod_{l=1}^{L} H_l(z) = \prod_{k=1}^{L} \frac{b_{0l} + b_{1l}\, z^{-1} + b_{2l}\, z^{-2}}{a_{0l} + a_{1l}\, z^{-1} + a_{2l}\, z^{-2}}.$$

Wir wollen hieraus mit dem MATLAB-Paket sos die Nullstellen, Pole und den Verstärkungs-koeffizienten k berechnen, um die Übertragungsfunktion $H(z)$ in der folgenden Form dar-zustellen:

$$H(z) = k\, \frac{(z - z_1)(z - z_2)\cdots(z - z_n)}{(z - p_1)(z - p_2)\cdots(z - p_m)}.$$

Die Parameter der Kaskadendarstellung werden in der Matrix sos eingegeben, die aus L Zeilen und 6 Spalten besteht:

$$sos = \begin{pmatrix} b_{01} & b_{11} & b_{21} & a_{01} & a_{11} & a_{21} \\ b_{02} & b_{12} & b_{22} & a_{02} & a_{12} & a_{22} \\ \vdots & \vdots & \vdots & \vdots & \vdots & \vdots \\ b_{0L} & b_{1L} & b_{2L} & a_{0L} & a_{1L} & a_{2L} \end{pmatrix}.$$

Konkret betrachten wir das durch die folgende Matrix kaskadierte System:

$$sos = \begin{pmatrix} -1 & 2 & 1 & 3.6 & -4.8 & 2.5 \\ 1 & 1 & 2 & 1 & 8 & 1 \end{pmatrix}.$$

MATLAB:
Die folgende Eingabe liefert die Nullstellen, Pole und den Verstärkungskoeffizienten:

```
sos = [-1 2 1 3.6 -4.8 2.5; 1 1 2 1 8 1];
[z, p, k] = sos2zp(sos)


z =
  -1.0000
  -1.0000
  -0.5000 + 1.3229i
  -0.5000 - 1.3229i

p =
   0.6667 + 0.5000i
   0.6667 - 0.5000i
  -7.8730
  -0.1270

k =
   0.2778
```

MAPLE:
Dasselbe Problem lässt sich mit Maple wie folgt lösen.

```
Hnum1 := proc(z) (1+2/z+1/z^2) end;
Hnum2 := proc(z) (1+1/z+2/z^2) end;
Hden1 := proc(z) 36/10-48/10/z+25/10/z^2 end;
Hden2 := proc(z) 1+8/z+1/z^2 end;
```

```
Nullstellen := solve(Hnum1(z), {z}),solve(Hnum2(z), {z});
Pole := solve(Hden1(z), {z}),solve(Hden2(z), {z});
H1 := subs({z=1/p},expand(Hnum1(z)*Hnum2(z)/(Hden1(z)*Hden2(z)))):
k := subs({p=0},H1);
```

$$Nullstellen := \{z = -1\},\ \{z = -1\},\ \{z = -\frac{1}{2} + \frac{1}{2}I\sqrt{7}\},\ \{z = -\frac{1}{2} - \frac{1}{2}I\sqrt{7}\}$$

$$Pole := \{z = \frac{2}{3} + \frac{1}{2}I\},\ \{z = \frac{2}{3} - \frac{1}{2}I\},$$

$$\{z = -4 + \sqrt{15}\},\ \{z = -4 - \sqrt{15}\}$$

$$k := \frac{5}{18}$$

Beispiel 8.13
Kaskadenform eines Systems herstellen:

Ist die Übertragungsfunktion eines Systems in der Form gegeben:

$$H(z) = k\,\frac{(z - z_1)\,(z - z_2)\cdots(z - z_n)}{(z - p_1)\,(z - p_2)\cdots(z - p_m)},$$

so kann man mit der MATLAB-Funktion zp2sos die Kaskadenform herstellen:

$$H(z) = \prod_{l=1}^{L} H_l(z) = \prod_{k=1}^{L} \frac{b_{0l} + b_{1l}\,z^{-1} + b_{2l}\,z^{-2}}{a_{0l} + a_{1l}\,z^{-1} + a_{2l}\,z^{-2}}.$$

Beim Aufruf der Funktion zp2sos(z, p, k) werden mit den Vektoren z und p die Nullstellen und Pole der Übertragungsfunktion übergeben. Der skalare reelle Wert k ist die gegebene Verstärkung. Die Nullstellen und Pole müssen wieder als Paare konjugiert komplexer Zahlen oder als reelle Zahlen eingegeben werden. Die Parameter der Kaskadendarstellung werden in der Matrix sos ausgegeben:

$$sos = \begin{pmatrix} b_{01} & b_{11} & b_{21} & a_{01} & a_{11} & a_{21} \\ b_{02} & b_{12} & b_{22} & a_{02} & a_{12} & a_{22} \\ \vdots & \vdots & \vdots & \vdots & \vdots & \vdots \\ b_{0L} & b_{1L} & b_{2L} & a_{0L} & a_{1L} & a_{2L} \end{pmatrix}.$$

Betrachten wir konkret eine Übertragungsfunktion mit Nullstellen:

$$z_{1,2} = -0.6 \pm 0.7\,i\,, \quad z_{3,4} = 0.5 \pm 0.8\,i\,,$$

Polen:

$$p_{1,2} = -0.5 \pm 0.1\,i, \quad p_{3,4} = 0.6 \pm 0.8\,i,$$

und der Verstärkung:

$$k = 0.36.$$

MATLAB:
```
z = [-0.6+0.7i -0.6-0.7i 0.5+0.8i 0.5-0.8i];
p = [-0.5+0.1i -0.5-0.1i 0.6+0.8i 0.6-0.8i];
k = 0.36; [sos] = zp2sos(z,p,k)
```

```
sos =
    0.4000    0.4801    0.3400    1.0000    1.0000    0.2600
    0.8999   -0.8999    0.8009    1.0000   -1.2000    1.0000
```

Beispiel 8.14
Übertragungsfunktion in Partialbrüche zerlegen:

Gegeben sei eine Übertragungsfunktion

$$H(z) = \frac{b(z)}{a(z)}$$

mit

$$
\begin{aligned}
b(z) &= b_1 + b_2\,z^{-1} + \cdots + b_{m+1}\,z^{-m}, \\
a(z) &= a_1 + a_2\,z^{-1} + \cdots + a_{n+1}\,z^{-n}\,..
\end{aligned}
$$

Das MATLAB-Paket residuez zerlegt die Übertragungsfunktion in Partialbrüche. Falls keine mehrfachen Pole existieren und $m > n - 1$ gilt, hat die Zerlegung die folgende Gestalt:

$$\frac{b(z)}{a(z)} = \frac{r(1)}{1 - p(1)\,z^{-1}} + \cdots + \frac{r(n)}{1 - p(n)\,z^{-1}} + k(1) + k(2)\,z^{-1} + \cdots + k(m - n + 1)\,z^{-(m-n)}.$$

Beim Aufruf

$$[r, \ p, \ k] = \text{residuez}(b, \ a)$$

übergibt man die Koeffizienten des Zählers und des Nenners. Als Ausgabe erhält man einen Vektor r mit den Residuen und einen Vektor p mit den Polen. Der Vektor k enthält die Koeffizienten der rationalen Funktion. Die Anzahl der Pole wird aus der Gleichung bestimmt:

$$n = \text{length}\,(a) - 1 = \text{length}\,(r) = \text{length}\,(p).$$

Betrachten wir konkret:

$$
\begin{aligned}
a(z) &= 1 + \frac{3}{z} + \frac{5}{z^2} + \frac{5}{z^3} + \frac{2}{z^4}, \\
b(z) &= 3.6 + \frac{24}{z} - \frac{32.3}{z^2} + \frac{18.8}{z^3} - \frac{2.3}{z^4} + \frac{2.5}{z^5}.
\end{aligned}
$$

MATLAB:
```
a = [1 3 5 5 2]; b = [3.6 24.0 -32.3 18.8 -2.3 2.5];
[r, p, k] = residuez(b,a)
```

```
r =
   9.9500 +10.6869i
   9.9500 -10.6869i
  26.1250 - 0.0000i
 -38.1500 + 0.0000i


p =
  -0.5000 + 1.3229i
  -0.5000 - 1.3229i
  -1.0000 + 0.0000i
  -1.0000 - 0.0000i


k =
  -4.2750    1.2500
```

MAPLE:
Die Partialbruchzerlegung lässt sich mit Maple wie folgt berechnen.

```
a := 1+3/z+5/z^2+5/z^3+2/z^4;
b := 3.6+24/z-32.3/z^2+18.8/z^3-2.3/z^4+2.5/z^5;
H:= subs({z=1/p},b/a); H2 := 0:
H1 := convert(H, parfrac, p, complex);
for j to nops(H1) do hj := op(j, H1): den := denom(hj):
num := numer(hj): den2 := subs({p=0},den):
num1 := num/den2: den1 := expand(den/den2):
H2 := H2+num1/den1: od: H := subs({p=1/z},H2);
```

$$
H := 1.250000000 \frac{1}{z} - 4.275000000 + \frac{-38.15000000 + .4275000000\,10^{-9}\,I}{1.\frac{1}{z^2} + 2.\frac{1}{z} + 1.}
$$

$$
+ \frac{26.12500000 - .9562500000\,10^{-9}\,I}{1.\frac{1}{z} + 1.}
$$

$$
+ \frac{9.949999995 + 10.68694547\,I}{.5000000000\frac{1}{z} + .9999999997 + .1\,10^{-9}\,I - 1.322875655\frac{I}{z}}
$$

$$
+ \frac{9.949999995 - 10.68694547\,I}{.5000000000\frac{1}{z} + .9999999997 - .1\,10^{-9}\,I + 1.322875655\frac{I}{z}}
$$

Die MATLAB-Funktion [b, a] = residuez(r, p, k) berechnet umgekehrt die Koeffizienten der Polynome $b(z)$ und $a(z)$ in der Darstellung $H(z) = \frac{b(z)}{a(z)}$ aus den Daten r und p der Partialbruchzerlegung. Geben wir diese Daten ein, so erhalten wir die Polynome a und b.

MATLAB:

```
r = [9.9500+10.6869i; 9.9500-10.6869i;
     26.1250-0.0000i; -38.1500+0.0000i];
```

```
p = [-0.5000+1.3229i; -0.5000-1.3229i;
     -1.0000+0.0000i; -1.0000-0.0000i];
k = [-4.2750 1.2500];
[b, a] = residuez(r, p, k)


b =
     3.6000    23.9996   -32.3018    18.8008    -2.3001    2.5001


a =
     1.0000     3.0000     5.0001     5.0001     2.0001
```

Die kleinen Abweichungen sind auf numerische Ungenauigkeiten bei der Eingabe zurück-
zuführen.

8.2   Frequenzcharakteristiken

Die Anwort eines LTI-Systems auf das spezielle periodische Signal $u(t) = e^{i\omega t}$ bzw. $u(n) = e^{i\omega n}$ gibt einen wichtigen Einblick in das gesamte Übertragungsverhalten und führt zunächst auf den Begriff des Frequenzgangs. Wir beginnen wieder mit kontinuierlichen Systemen.

Frequenzgang eines kontinuierlichen LTI-Systems:

Gegeben sei das System

$$x'(t) = A\, x(t) + B\, u(t), \quad y(t) = C\, x(t) + D\, u(t),$$

mit der Übertragungsfunktion:

$$H(s) = C\, (s\, E - A)^{-1}\, B + D.$$

Die imaginäre Achse liege in der Konvergenzhalbebene von H. Dann bezeichnen wir die komplexwertige Funktion der Frequenz $H(i\,\omega)$, $\omega \in \mathbb{R}$, als Frequenzgang (Frequenzcharakteristik) des Systems.

Im Bildbereich ergibt sich die Antwort des kontinuierlichen LTI-Systems mit der Beziehung:

$$Y(s) = H(s)\, U(s).$$

Hierbei liegt allerdings die Annahme zugrunde, dass der Zustand die Anfangsbedingung $x(0) = 0$ erfüllt. Unter dieser Annahme berechnen wir die Antwort des Systems auf die Eingabe

$$u(t) = u_0\, e^{i\omega t}, \quad u_0 \in \mathbb{C}^m,$$

durch Rücksetzen in den Zeitbereich mit der Laplacetransformation unter Berücksichtigung des Faltungssatzes:

$$y(t) \;=\; h(t) * u(t) = \int\limits_0^t h(\tau)\,u_0\,e^{i\,\omega\,(t-\tau)}\,d\tau$$

$$= \left(\int\limits_0^t h(\tau)\,e^{-i\,\omega\,\tau}\,d\tau \right) u_0\,e^{i\,\omega\,t}$$

$$= \left(\int\limits_0^t h(\tau)\,e^{-i\,\omega\,\tau}\,d\tau \right) u(t)\,,$$

bzw.

$$y(t) = \left(H(i\,\omega) + \int\limits_t^{\infty} h(\tau)\,e^{-i\,\omega\,\tau}\,d\tau \right) u(t)\,.$$

Mit der Anfangsbedingung $x(0) = 0$ im Zustandsraum ergibt sich also ein transienter (unter geeigneten Bedingungen im Unendlichen verschwindender) Anteil:

$$\left(\int\limits_t^{\infty} h(\tau)\,e^{-i\,\omega\,\tau}\,d\tau \right) u(t)\,.$$

Beispiel 8.15
Ansatzmethode und Frequenzgang:

Man kann den Frequenzgang des Systems

$$x'(t) = A\,x(t) + B\,u(t)\,, \quad y(t) = C\,x(t) + D\,u(t)\,,$$

auch ohne die Laplacetransformation bekommen. Bei der Ansatzmethode untersucht man, ob sich eine partikuläre Lösung der Zustandsgleichungen der Form

$$x(t) = x_0\,e^{i\,\omega\,t}\,, \quad x_0 \in \mathbb{C}^n\,, s \in \mathbb{C}\,,$$

als Antwort auf die Inhomogenität

$$u(t) = u_0\,e^{i\,\omega\,t}\,, \quad u_0 \in \mathbb{C}^m\,,$$

ergibt. Setzt man den Ansatz in die Zustandsgleichung ein, so erhält man folgende Gleichung:

$$i\,\omega\,x_0\,e^{i\,\omega\,t} = A\,x_0\,e^{i\,\omega\,t} + B\,u_0\,e^{i\,\omega\,t}$$

bzw.:

$$(i\,\omega\,E - A)\,x_0\,e^{i\,\omega\,t} = B\,u_0\,e^{i\,\omega\,t}\,.$$

Division durch $e^{i\,\omega\,t}$ ergibt schließlich: $(i\,\omega\,E - A)\,x_0 = B\,u_0\,.$

Wir nehmen an, dass der Resonanzfall nicht betrachtet wird, d.h. $i\,\omega$ fällt nicht mit einem Eigenwert der Matrix A zusammen. Es gilt also:

$$\det(i\,\omega\,E - A) \neq 0\,,$$

und wir bekommen eine eindeutige Lösung:

$$x_0 = (i\,\omega\,E - A)^{-1}\,B\,u_0\,.$$

Die Zustandsgleichung besitzt somit eine partikuläre Lösung:

$$x(t) = (i\,\omega\,E - A)^{-1}\,B\,u_0\,e^{i\,\omega t}\,.$$

Das ist nicht derjenige Zustand, welcher sich durch die Rücktransformation aus der Gleichung $X(s) = (s\,E - A)^{-1}\,B\,U(s)$ ergibt und die Anfangsbedingung $x(0) = 0$ erfüllt. Zwei partikuläre Lösungen der inhomogenen Gleichung $x'(t) = A\,x(t) + B\,u(t)$ können sich aber nur durch eine Lösung der homogenen Gleichung $x'(t) = A\,x(t)$ unterscheiden. Wir setzen nun $x(t)$ in die Gleichung für den Ausgang ein und bekommen:

$$
\begin{aligned}
y(t) &= C\,x(t) + D\,u(t) \\
&= C\,(i\,\omega\,E - A)^{-1}\,B\,u_0\,e^{i\,\omega t} + D\,u_0\,e^{i\,\omega t} \\
&= (C\,(i\,\omega\,E - A)^{-1}\,B + D)\,u_0\,e^{i\,\omega t} \\
&= H(i\,\omega)\,u(t)\,.
\end{aligned}
$$

Wenn man auf die Anfangsbedingung $x(0) = 0$ im Zustandsraum verzichtet, dann antwortet das System auf die Eingabe $u(t) = u_0\,e^{i\omega t}$, $u_0 \in \mathbb{C}^m$, mit der Ausgabe: $y(t) = H(i\,\omega)\,u(t)$. Man bezeichnet die Funktionen $u(t) = u_0\,e^{i\omega t}$ deshalb auch wieder als Eigenfunktionen des Systems.

Der Frequenzgang $H(i\omega)$ (bzw. jedes Element der Frequenzgangsmatrix) kann in Polar- oder cartesischer Form dargestellt werden:

$$H(i\,\omega) = A(\omega)\,e^{i\,\varphi(\omega)} = U(\omega) + V(\omega)\,i\,.$$

Wir führen damit weitere Charakteristiken ein.

Amplituden- und Phasengang:

Sei $H(s)$ die Übertragungsfunktion eines LTI-Systems und $H(i\,\omega)$ der Frequenzgang. Dann bezeichnet

$$A(\omega) = |H(i\,\omega)| \quad \text{bzw.} \quad \varphi(\omega) = \arg(H(i\,\omega))$$

den Amplituden- bzw. den Phasengang.

$$U(\omega) = \Re(H(i\,\omega)) \quad \text{bzw.} \quad V(\omega) = \Im(H(i\,\omega))$$

stellt die reelle bzw. imaginäre Frequenzcharakteristik dar.

Die Übertragungsfunktion $H(s)$ ist eine gebrochen rationale Funktion. Bei einem reellen System gilt deshalb:

$$H(-i\,\omega) = \overline{H(i\,\omega)} \quad \Longleftrightarrow \quad U(-\omega) = U(\omega)\,, \quad V(\omega) = -V(\omega)$$

bzw. in Polarkoordinaten:

$$A(-\omega) = A(\omega)\,, \quad \varphi(-\omega) = -\varphi(\omega)\,.$$

Beispiel 8.16
Berechnung des Arguments mit dem Arcustangens:

Das Argument einer komplexen Zahl $z = x + y\,i \neq 0$ kann mit Umkehrfunktion arccos von $\cos : [0, \pi] \to [-1, 1]$ durch Unterscheidung der oberen und unteren Halbebene beschrieben werden durch:

$$\varphi = \arg(z) = \begin{cases} \arccos\left(\frac{x}{|z|}\right) & ,\ y \geq 0\,, \\[2mm] -\arccos\left(\frac{x}{|z|}\right) & ,\ y < 0\,. \end{cases}$$

In der Technik wird meist die Beziehung

$$\tan(\varphi) = \frac{y}{x} \quad \text{für } x \neq 0$$

als Ausgangspunkt für die Berechnung des Arguments genommen. Man darf aber diese Beziehung genau wie die Cosinusbeziehung nicht einfach umkehren. Die Umkehrfunktion arctan nimmt ihre Werte nur im Intervall $[-\frac{\pi}{2}, \frac{\pi}{2}]$ an. Man muss deshalb zwischen der rechten und der linken Halbebene unterscheiden und erhält:

$$\varphi = \begin{cases} \arctan\left(\frac{y}{x}\right) & ,\ x > 0\,, \\[1mm] \frac{\pi}{2}\,\mathrm{sign}(y) & ,\ x = 0,\ y \neq 0\,, \\[1mm] \arctan\left(\frac{y}{y}\right) + \pi\,\mathrm{sign}(y) & ,\ x < 0,\ y \neq 0\,. \end{cases}$$

Beispiel 8.17
Fouriertransformation und Frequenzgang:

Behandelt man das System

$$x'(t) = A\,x(t) + B\,u(t)\,, \quad y(t) = C\,x(t) + D\,u(t)\,,$$

mit der Fouriertransformation, so spielen die Anfangsbedingungen ebenfalls keine Rolle. Die Transformation der Zustandsgleichung ergibt mit dem Differenziationssatz:

$$i\,\omega\,\mathcal{F}(x(t))(\omega) = A\,\mathcal{F}(x(t))(\omega) + B\,\mathcal{F}(u(t))(\omega)\,,$$

bzw:

$$\mathcal{F}(x(t))(\omega) = \left(C\,(i\,\omega\,E - A)^{-1}\,B\right)\,\mathcal{F}(u(t))(\omega)\,.$$

Transformieren und Einsetzen in die Gleichung für den Ausgang liefert dann:

$$\mathcal{F}(y(t))(\omega) = \left(C\,(i\,\omega\,E - A)^{-1}\,B + D\right)\,\mathcal{F}(u(t))(\omega) = H(i\,\omega)\,\mathcal{F}(u(t))(\omega)\,.$$

Betrachten wir nun die Antwort eines Übertragungssystems, das im Frequenzbereich beschrieben wird durch:

$$\mathcal{F}(y(t))(\omega) = H(i\,\omega)\,\mathcal{F}(u(t))(\omega)\,.$$

Mit der Fouriertransformierten

$$\mathcal{F}\left(e^{i\,\omega_0\,t}\right)(\omega) = \sqrt{2\,\pi}\,\delta(\omega - \omega_0)$$

bekommen wir auf die Eingabe

$$u(t) = e^{i\,\omega_0\,t}$$

folgende Antwort im Frequenzbereich:

$$\mathcal{F}(y(t))(\omega) = H(i\,\omega)\,\sqrt{2\,\pi}\,\delta(\omega - \omega_0)\,.$$

Im Zeitbereich lautet die Antwort mit dem Faltungssatz:

$$
\begin{aligned}
y(t) &= \sqrt{2\,\pi}\int_{-\infty}^{\infty} h(\tau)\,e^{i\,\omega_0\,(t-\tau)}\,d\tau \\[2mm]
&= \left(\sqrt{2\,\pi}\int_{-\infty}^{\infty} h(\tau)\,e^{-i\,\omega_0\,\tau}\,d\tau\right)\,e^{i\,\omega_0\,t} \\[2mm]
&= \mathcal{F}(h(t))(i\,\omega_0)\,u(t)\,,
\end{aligned}
$$

also:

$$y(t) = H(i\,\omega_0)\,u(t)\,.$$

Bei der Fouriertransformation gibt es somit keinen Unterschied zwischen Übertragungsfunktion und Frequenzgang.

Ist der Eingang eine periodische Funktion mit der Fourierreihe:

$$u(t) = \sum_{j=-\infty}^{\infty} c_j\,e^{i\,j\,\frac{2\pi}{T}\,t}\,,$$

so erhalten wir aufgrund der Linearität den Ausgang:

$$y(t) = \sum_{j=-\infty}^{\infty} c_j\,H\left(i\,j\,\frac{2\,\pi}{T}\right)\,e^{i\,j\,\frac{2\pi}{T}\,t}\,.$$

Auf eine Cosinusschwingung

$$u(t) = u_0 \cos(\omega_0 t)$$

antwortet das System mit einer Phasenverschiebung:

$$
\begin{aligned}
y(t) &= \frac{1}{2} \left(H(i\,\omega_0)\, e^{i\,\omega_0\,t} + H(i\,\omega_0)\, e^{-i\,\omega_0\,t} \right) \bar{u}_0 \\
&= \frac{1}{2} A(\omega) \left(e^{i\,(\varphi(\omega_0)+\omega_0\,t)} + e^{-i\,(\varphi(\omega_0)+\omega_0\,t)} \right) \\
&= \frac{1}{2} A(\omega) \cos(\omega_0\,t + \varphi(\omega_0)) \,.
\end{aligned}
$$

Kann ein aperiodischer Eingang mit der Fouriertransformierten

$$U(\omega) = \frac{1}{\sqrt{2\pi}} \int_{-\infty}^{\infty} u(t)\, e^{-i\,\omega\,t}\, dt \,,$$

geschrieben werden als:

$$u(t) = \frac{1}{\sqrt{2\pi}} \int_{-\infty}^{\infty} U(\omega)\, e^{i\,\omega\,t}\, d\omega \,,$$

so folgt für den Ausgang:

$$y(t) = \frac{1}{\sqrt{2\pi}} \int_{\infty}^{\infty} U(\omega)\, H(i\,\omega)\, e^{i\,\omega\,t}\, d\omega \,.$$

Beispiel 8.18
Impulsantwort (Sprungantwort) und Stabilität eines LTI-Systems:

Die Antwort eines (skalaren) kontinuierlichen Systems mit der Übertragungsfunktion $H(s)$ auf den Einheitsimpuls

$$u(t) = \delta(t)$$

wird als Impulsantwort bezeichnet und besitzt eine ähnlich große Bedeutung wie der Frequenzgang.
Wegen

$$Y(s) = H(s)\, U(s)$$

und

$$\mathcal{L}(\delta(t))(s) = 1$$

stellt die Impulsantwort gerade die Rücktransformierte der Übertragungsfunktion dar:

$$h(t) = \mathcal{L}^{-1}(H(s))(t) \,.$$

Im Allgemeinen bildet die Übertragungsfunktion eine gebrochen rationale Funktion. Damit eine Rücktransformierte von exponentieller Ordnung existiert, muss der Grad des Zählers echt kleiner als der Grad des Nenners sein. Andernfalls könnte die Beziehung $\lim\limits_{\Re(s)\to 0} H(s) = 0$ nicht gelten. Nun zerlegen wir $H(s)$ in Partialbrüche und transformieren Pole zurück:

$$\mathcal{L}\left(\frac{1}{s-a)^n}\right) = \frac{t^{n-1}}{(n-1)!} e^{at}.$$

Damit die Impulsantwort für große Zeiten abklingt:

$$\lim_{t\to\infty} h(t) = 0,$$

müssen alle Pole von $H(s)$ in der linken Halbebene liegen.

Diese Bedingung garantiert zugleich die BIBO-Stabilität. (bounded input - bounded output). Auf ein beschränktes Eingabesignal antwortet das System mit einem beschränkten Ausgabesignal. Denn aus $|u(t)| \leq c$ für alle t folgt durch Faltung:

$$|y(t)| = \left|\int_0^t h(\tau)\,u(t-\tau)\,d\tau\right| \leq \int_0^t |h(\tau)|\,|u(t-\tau)|\,d\tau \leq c \int_0^\infty |h(t)|\,dt.$$

Das letzte Integral ist endlich, da $h(t)$ von exponentieller Ordnung ist, und die Laplacetransformierte für $s = 0$ existiert.

Zur graphischen Darstellung der Frequenzcharakteristik verwendet man Nyquist- bzw. Bode-Kurven.

Orts- oder Nyquistkurve, Bode-Diagramm:

Die Kurve $H(i\omega)$ in der komplexen Ebene für $\omega \in [\omega_0, \omega_1]$ heißt Ortskurve oder Nyquistkurve.

Die logarithmische Amplitudencharakteristik

$$L(\omega) = 20 \log_{10}(A(\omega))$$

heißt Bode-Diagramm.

Die Nyquistkurve wird gewöhnlich auf der positiven reellen Achse $\omega_0 = 0, \omega_1 = \infty$ gezeichnet. Beim Bode-Diagramm wird die in Dezibel ausgedrückte, logarithmierte Amplitude in Abhängigkeit von der Frequenz aufgetragen.

Beispiel 8.19
Frequenzcharakteristik des Schwingkreises:

Mit den Abkürzungen

$$T = \sqrt{LC}, \quad K = LC = T^2, \quad \xi = \frac{R}{2}\sqrt{\frac{C}{L}},$$

lautet die Übertragungsfunktion des Schwingkreises:

$$H(s) = \frac{K\,s^2}{T^2\,s^2 + 2\,\xi\,T\,s + 1}\,.$$

Durch Einsetzen von $s = i\omega$, $\omega \in \mathbb{R}$, erhalten wir zunächst den Frequenzgang und daraus den Phasengang:

$$\begin{aligned}
A(\omega) \;=\; |H(i\omega)| &= \frac{K\,\omega^2}{\sqrt{(1 - T^2\,\omega^2)^2 + 4\,\xi^2\,T^2\,\omega^2}} \\
&= \frac{L\,C\,\omega^2}{\sqrt{(1 - L\,C\,\omega^2)^2 + R^2\,C^2\,\omega^2}}\,.
\end{aligned}$$

Der Phasengang wird für $\omega \geq 0$ beschrieben durch:

$$\varphi(\omega) = \begin{cases}
\pi - \arctan\left(\frac{R\,C\,\omega}{1 - LC\omega^2}\right) & ,\quad L\,C\,\omega^2 < 1\,, \\[2mm]
\frac{\pi}{2} & ,\quad L\,C\,\omega^2 = 1\,, \\[2mm]
\arctan\left(\frac{R\,C\,\omega}{-1 + L\,C\,\omega^2}\right) & ,\quad L\,C\,\omega^2 > 1\,.
\end{cases}$$

MATLAB:
Der Phasengang des Schwingkreises kann mit dem folgenden Programm berechnet werden.

```
L = 4.3; R = 820; C = 10e-6; % Parametereingabe
T = sqrt(L*C); xi = R./2*sqrt(C./L); K = L*C;
% Eingabe der Werte der Frequenz omega:
ommax = 600; omega = 0:ommax/100:ommax;
  s = i*omega; % Definition des Argumentes s = i*omega
W = K*s.^2./(T.^2*s.^2 + 2*xi*T*s+1); % Substitution von s in W(s)
A = abs(W);   % Die Berechnung von AFC
% Graphik von A = A(omega):
plot(omega, A, 'k'), grid, axis([0,ommax,0,1.2]),...
ylabel('A(\omega)'),xlabel('\omega, 1/s')
```

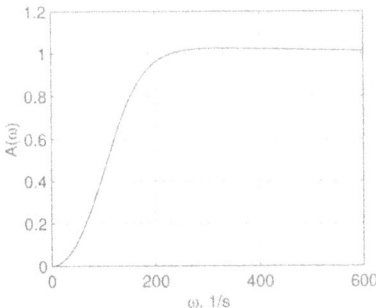

Bild 8.8: *Der Phasengang des Schwingkreises*

Dieselbe Aufgabe kann auch mithilfe der eingebauten Funktion bode.m gelöst werden.

```
L = 4.3; R = 820; C = 10e-6; % Parametereingabe
T = sqrt(L*C); xi = R./2*sqrt(C./L); K = L*C;
ommax = 600; omega = 0:ommax/100:ommax;
num = [K 0 0]; den = [T.^2 2*xi*T 1];
[mag, phase] = bode(num, den,omega);% Die Berechnung von AFC
% Graphik von A = A(omega):
plot(omega, mag, 'k'), grid, axis([0,ommax,0,1.2]),...
ylabel('A(\omega)'),xlabel('\omega, 1/s')
% Graphik von phi = phi(omega):
phimin = min(phase); phimax = max(phase);
plot(omega, phase, 'k'), grid, axis([0,ommax,phimin,1.1*phimax]),...
ylabel('\phi(\omega)'),xlabel('\omega, 1/s')
```

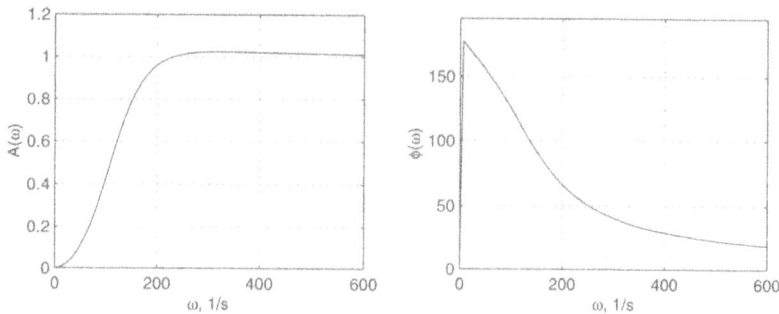

Bild 8.9: *Amplitudengang (links) und Frequenzgang (rechts) des Schwingkreises mit der MATLAB-Funktion* bode.m

Man kann dieses Problem auch mit der MATLAB-Funktion freqs.m bearbeiten. Im Unterschied der Funktion bode.m benutzt freqs.m den logarithmischen Maßstab auf der Frequenzachse. Die Übertragungsfunktion $H(s)$ muss durch die Koffezientenvektoren des Nenners a und Zählers b gegeben werden:

$$H(s) = \frac{b(1) + b(2)\,s^{-1} + \cdots + b(n_b + 1)\,s^{-n_b}}{1 + a(2)\,s^{-1} + \cdots + a(n_a + 1)\,s^{-n_a}}.$$

Wir schreiben also die Übertragungsfunktion des Schwingkreises in der Form:

$$H(s) = \frac{K\,s^2}{T^2\,s^2 + 2\,\xi\,T\,s + 1} = \frac{1}{1 + \frac{2\xi T}{K}\,s^{-1} + \frac{1}{K}\,s^{-2}}.$$

Der Aufruf freqs(b,a,w) ergibt zwei Bilder: das obere Bild zeigt die Amplituden-Frequenz-Charakteristik, und das untere Bild ist die Phasen-Frequenz-Charakteristik. Der Zeilenvektor w wird mit Hilfe von der MATLAB-Funktion logspace(d1, d2) erzeugt. Diese Funktion ergibt dann den Zeilenvektor $w = (w_1, \ldots, w_N)$ von 50 logarithmisch äquidistanten Punkte zwischen 10^{d1} und 10^{d2}. Im Fall $d2 = \pi$, liegen die Punkte zwischen 10^{d1} und π:

$$w_j = 10^{d1 + (d2 - d1)(j-1)/(N-1)}, \quad j = 1, \ldots, N, \quad N = 50.$$

Beim Aufruf [h, w] = freqs(b,a) werden automatisch 200 Frequenzwerte y_j gewählt. Im folgenden MATLAB-Programm werden die Funktionen logspace und freqs(b,a,w) benutzt, um die Charakteristiken des Schwingkreises zu erhalten:

```
L = 4.3; R = 820.0; C = 10e-6; % Schwingkreisdaten
T = sqrt(L*C); xi = R./2*sqrt(C./L); K = L*C;
a = [1 2*xi*T./K 1./K]; b = [1 0 0]; w = logspace(-1,3);
freqs(b,a,w);
```

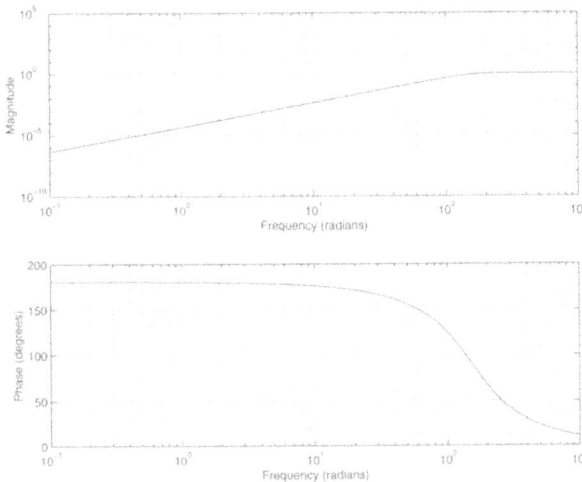

Bild 8.10: *Amplitudengang (oben) und Frequenzgang (unten) des Schwingkreises mit der MATLAB-Funktion* `freqs.m`

Wir zeichnen schließlich die Nyquistkurve des Schwingkreises mit Maple, indem wir den Real- und Imaginärteil des Frequenzgangs berechnen.

MAPLE:

```
L := 4.3: R := 820: C := 10^(-6); # Parametereingabe
T:=sqrt(L*C): xi := R/2*sqrt(C/L): K := L*C:
W := K*s^2/(T^2*s^2 + 2*xi*T*s + 1);
W := simplify(evalc(subs(s=I*omega,W)),trig);
plot([evalc(Re(W)),evalc(Im(W)),omega=0..20000],
color=black, thickness=2);
```

$$C := \frac{1}{1000000}$$

$$W := .4300000000\,10^{-5}\,\frac{s^2}{.4299999999\,10^{-5}s^2 + .0008200000000\,s + 1}$$

$$W := -.4300000000\,10^{-5}\,\frac{\omega^2\,(-.4299999999\,10^{-5}\omega^2 + 1)}{(-.4299999999\,10^{-5}\omega^2 + 1)^2 + .6724000000\,10^{-6}\,\omega^2}$$
$$+ .3526000000\,10^{-8}\,\frac{I\,\omega^3}{(-.4299999999\,10^{-5}\omega^2 + 1)^2 + .6724000000\,10^{-6}\,\omega^2}$$

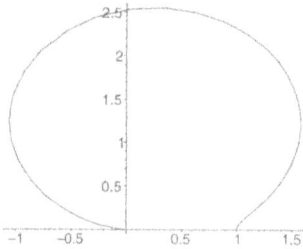

Bild 8.11: *Die Nyquistkurve des Schwingkreises*

Wir betrachten diskrete Systeme und kommen zu analogen Frequenzcharakteristiken.

Frequenzgang eines diskreten LTI-Systems:

Gegeben sei das System

$$x(n+1) = A x(n) + B u(n), \quad y(n) = C x(n) + D u(n),$$

mit der Übertragungsfunktion:

$$H(z) = C (z E - A)^{-1} B + D.$$

Der Einheitskreis liege im Konvergenzgebiet von H. Dann bezeichnen wir die komplexwertige Funktion der Frequenz $H\left(e^{i\,\omega}\right)$, $\omega \in \mathbb{R}$, als Frequenzgang (Frequenzcharakteristik) des Systems.

Ferner bezeichnet

$$A(\omega) = \left| H\left(e^{i\,\omega}\right) \right| \quad \text{bzw.} \quad \varphi(\omega) = \arg\left(H\left(e^{i\,\omega}\right) \right)$$

den Amplitduden- bzw. den Phasengang.

$$U(\omega) = \Re\left(H\left(e^{i\,\omega}\right) \right) \quad \text{bzw.} \quad V(\omega) = \Im\left(H\left(e^{i\,\omega}\right) \right)$$

stellt die reelle bzw. imaginäre Frequenzcharakteristik dar.

Das LTI-System wird im Bildbereich beschrieben durch

$$Y(z) = H(z) \, U(z)$$

mit der Übertragungsfunktion:

$$H(z) = \sum_{n=-\infty}^{\infty} h(n) \, z^{-n}, \quad 0 \le r < |z| < R,$$

wobei $r < 1 < R$. (Wir können hier den allgemeinen Fall eines Kreisrings als Konvergenzgebiet nehmen. Im kausalen Fall wäre $R = \infty$). Die Antwort des Systems auf die Eingabefolge

$$u(n) = e^{i\,\omega n}$$

führt wieder auf den Frequenzgang. Die Funktionen $e^{i\,\omega}$ liegen auf dem Einheitskreis: $|e^{i\,\omega}| = 1$. Aufgrund der Voraussetzung $r < 1 < R$ ist die z-Transformierte erklärt:

$$H\left(e^{i\,\omega}\right) = \sum_{n=-\infty}^{\infty} h(n) \left(e^{i\,\omega}\right)^{-n} = \sum_{n=-\infty}^{\infty} h(n)\, e^{-i\,n\,\omega} = \mathcal{F}(h(n))(\omega)\,,$$

und wir bekommen im Urbildbereich:

$$
\begin{aligned}
y(n) &= h(n) * u(n) = \sum_{\nu=-\infty}^{\infty} h_\nu\, u(n-\nu) \\
&= \sum_{\nu=-\infty}^{\infty} h(\nu)\, e^{i\,\omega\,(n-\nu)} = \left(\sum_{\nu=-\infty}^{\infty} h(\nu) \left(e^{i\,\omega}\right)^{-\nu} \right) e^{i\,\omega n} \\
&= H\left(e^{i\,\omega}\right) u(n)\,.
\end{aligned}
$$

Die Antwort auf die Erregung $u(n) = e^{i\,\omega n}$ lautet also:

$$y(n) = H\left(e^{i\,\omega}\right) u(n)\,.$$

Man bezeichnet die Funktionen $u(n) = e^{i\omega n}$ deshalb auch als Eigenfunktionen. Im skalaren Fall gilt:

$$H\left(e^{i\,\omega}\right) = \frac{y(n)}{u(n)}\,.$$

Frequenzcharakteristiken diskreter Systeme sind periodisch mit Periode 2π:

$$H\left(e^{i\,(\omega+2\pi)}\right) = H\left(e^{i\,\omega}\right)\,.$$

Das Argument $z = e^{i\,\omega}$ der diskreten Übertragungsfunktion durchläuft den Einheitskreis in der komplexen Ebene. Eingangsprozesse, die sich nur durch eine Frequenzverschiebung von $2\pi k$ unterscheiden, führen zu ein und demselben Ausgang. Es genügt, die Frequenzcharakteristiken nur für $\bar\omega \in [0, 2\pi)$ zu berechnen.

Beispiel 8.20
Ansatzmethode und Frequenzgang:

Man kann den Frequenzgang wieder wie im kontinuierlichen Fall ohne z-Transformation mit der Ansatzmethode bekommen. Betrachten wir zuerst nur die Zustandsgleichung:

$$x(n+1) = A\,x(n) + B\,u(n)\,.$$

mit dem Eingang

$$u(n) = u_0 z^n, \quad u_0 \in \mathbb{C}^m, \quad z \neq 0.$$

Für die Lösung machen wir den Ansatz:

$$x(n) = x_0 z^n, \quad x_0 \in \mathbb{C}^n.$$

Einsetzen ergibt:

$$x_0 z^{n+1} = A x_0 z^n + B u_0 z^n,$$

bzw.

$$(z E - A) x_0 = B u_0.$$

Falls $\det(z E - A) \neq 0$ ist, ergibt sich die eindeutige Lösung:

$$x_0 = (z E - A)^{-1} B u_0$$

und damit

$$x(n) = (z E - A)^{-1} B u_0 z^n.$$

Setzen wir dies in die Gleichung für den Ausgang

$$y(n) = C x(n) + D u(n)$$

ein, so erhalten wir die Antwort:

$$\begin{aligned} y(n) &= C(z E - A)^{-1} B u_0 z^n + D u_0 z^n \\ &= (C(z E - A)^{-1} B + D) u_0 z^n \\ &= H(z) u_0 z^n = H(z) u(n). \end{aligned}$$

Insbesondere bekommen wir für

$$u(n) = e^{i \omega n}$$

den Ausgang:

$$y(n) = H\left(e^{i \omega}\right) u(n).$$

In der Praxis entsteht ein diskretes System oft dadurch, dass man ein kontinuierliches System

$$x'(t) = A x(t) + B u(t), \quad y(t) = C x(t) + D u(t),$$

hat und das Eingangssignal $u(t)$ an diskreten Zeitpunkten abtastet: $u(n T)$. Ist $H(s)$ die Übertragungsfunktion des kontinuierlichen Systems, so antwortet das mit denselben Matrizen gebildete diskrete System

$$x(n + 1) = A x(n) + B u(n), \quad y(n) = C x(n) + D u(n)$$

auf den Eingang:

$$u(n) = e^{i \omega T n}$$

mit dem Ausgang:

$$y(n) = H\left(e^{i\omega T}\right) e^{i\omega T n}.$$

Beispiel 8.21
Der Amplitudengang eines nichtrekursiven digitalen Filters:

Wir betrachten das folgende System:

$$x(n+1) = A\,x(n) + B\,u(n), \quad y(n) = C\,x(n),$$

$$A = \begin{pmatrix} 0 & 0 & 0 & 0 \\ 1 & 0 & 0 & 0 \\ 0 & 1 & 0 & 0 \\ 0 & 0 & 1 & 0 \end{pmatrix}, \quad B = \begin{pmatrix} 1 \\ 0 \\ 0 \\ 0 \end{pmatrix}, \quad C = \left(\frac{1}{4}, \frac{1}{4}, \frac{1}{4}, \frac{1}{4}\right),$$

mit der Übertragungsfunktion:

$$H(z) = \frac{1 + z + z^2 + z^3}{4\,z^4}$$

und dem Frequenzgang:

$$H\left(e^{i\omega}\right) = \frac{1 + e^{i\omega} + e^{2i\omega} + e^{3i\omega}}{4\,e^{4i\omega}}.$$

MAPLE: Das folgende Maple-Programm berechnet den Amplitudengang $A(\omega) = \left|H\left(e^{i\omega}\right)\right|$ und zeichnet die Amplitudenkurve. Der Plot stimmt überein mit dem folgenden MATLAB-Plot der Amplitudenkurve.

```
W := (1+z+z^2+z^3)/(4*z^4):
W := simplify(evalc(subs(z=exp(I*omega),W)),trig):
A := sqrt(simplify(expand(evalc(Re(W))^2+evalc(Im(W))^2)));
plot(A,omega=0..2*Pi);
```

$$A := \frac{1}{2}\sqrt{2\cos(\omega)^2 + 2\cos(\omega)^3}$$

MATLAB: Für die Berechnung der Amplitudenkurve des gegebenen Filters kann man das folgende MATLAB-Programm benutzen.

```
% Eingabe der Werte des Argumentes z = exp(i*omega)
% der Uebertragungsfunktion:
  omega = 0:(0.02*pi):2*pi; z = exp(i*omega);
% Die Uebertragungsfunktion des Filters fuer z = exp(i*omega):
W = (1 + z + z.^2 + z.^3)./(4*z.^4);
A = abs(W);  % Die Berechnung von AFC
% Graphik von A = A(omega):
plot(omega, A, 'k'), grid,axis([0,2*pi,0,1]),...
ylabel('A(\omega)'), xlabel('\omega')
```

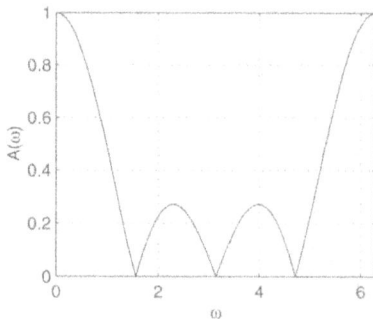

Bild 8.12: *Die Amplitudenkurve des digitalen Filters*

Dieselbe Aufgabe kann auch mithilfe der MATLAB-Funktion `freqz.m` gelöst werden. Die Übertragungsfunktion $H(z)$ muss wieder in folgender Form geschrieben werden:

$$H(z) = \frac{b(1) + b(2)\, z^{-1} + \cdots + b(n_b + 1)\, z^{-n_b}}{1 + a(2)\, z^{-1} + \cdots + a(n_a + 1)\, z^{-n_a}}$$

und durch die Vektoren des Nennerkoeffizienten a und der Zählerkoeffizienten b abgespeichert werden. Der Aufruf $[h, w] = \texttt{freqz(b, a, n, 'whole')}$ ergibt die Werte des Frequenzgangs $H(e^{i\,\omega})$ für n Frequenzwerte im Intervall $[0, 2\pi]$. Um eine höhere Rechengeschwindigkeit zu erzielen, werden die Werte $n = 2^k$ empfohlen. Im folgenden MATLAB-Programm werden noch zwei MATLAB-Funktionen `angle.m` und `unwrap.m` benutzt. Die Funktion `angle(h)` berechnet den Phasenwinkel (das Argument der komplexen Zahl) für jeden Eintrag des Feldes h. Der Wert des Arguments wird in Radianten gemessen. Die Funktion `unwrap(p)` beseitigt die Unstetigkeiten des Phasenwinkels beim Erreichen des Werts π. Der Wert $\pm 2\pi$ wird dann zum Phasenwinkel addiert.

Das folgende MATLAB-Programm:

```
a = [4]; b = [0 1 1 1 1]; [h, w] = freqz(b, a, 256, 'whole')
subplot(2,2,1),plot(w, abs(h), 'k'), grid, axis([0,2*pi,0,1]),...
ylabel('A(\omega)'),xlabel('\omega')
subplot(2,2,1),plot(w, unwrap(angle(h)*180/pi), 'k'),...
grid, ylabel('Phase (Grad.)'),xlabel('Radianten')
```

liefert die Bilder:

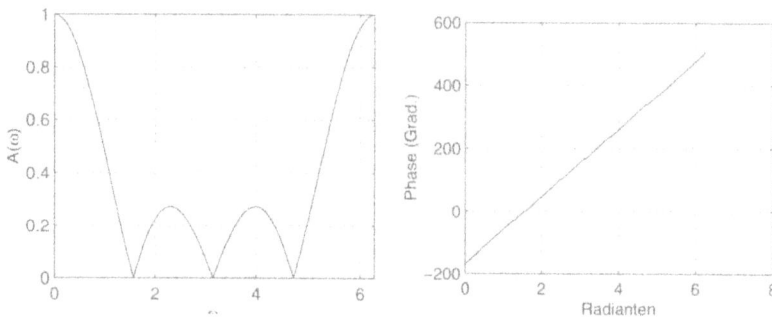

Bild 8.13: *Amplitudengang (links) und Phasengang (rechts) eines nichtrekursiven digitalen Filters*

Beispiel 8.22
Frequenzgang und Differenzengleichungen höherer Ordnung:

Ein LTI-System

$$\sum_{k=0}^{N_a} a_k\, y(n-k) = \sum_{k=0}^{N_b} b_k\, u(n-k)$$

werde im Bildbereich beschrieben durch

$$Y(z) = H(z)\, U(z)$$

mit der Übertragungsfunktion:

$$H(z) = \sum_{n=-\infty}^{\infty} h(n)\, z^{-n}\,, \quad 0 \le r < |z| < R\,,$$

wobei $r < 1 < R$. Im Frequenzbereich haben wir also den skalaren Fall eines diskreten Übertragungssystems. Die Anwort auf die Erregung $u(n) = e^{i\,\omega\,n}$ lautet somit:

$$y(n) = H\left(e^{i\,\omega}\right) u(n)$$

und die Funktion $H\left(e^{i\,\omega}\right)$ heißt wieder Frequenzgang. Alle anderen Frequenzcharakeristiken übernimmt man analog.

Beispiel 8.23
Antwort eines reellen LTI-Systems auf eine harmonische Eingabe:

Ein LTI-System mit reellen Koeffizienten

$$\sum_{k=0}^{N_a} a_k\, y(n-k) = \sum_{k=0}^{N_b} b_k\, u(n-k)$$

besitze die Übertragungsfunktion:

$$H(z) = \sum_{n=-\infty}^{\infty} h(n)\, z^{-n}\,, \quad 0 \le r < |z| < R\,,$$

wobei $r < 1 < R$. Wir berechnen die Antwort auf die harmonische Eingabefolge

$$u(n) = \cos(\omega\, n)\,.$$

Wir benutzen den Frequenzgang. Auf die Eingabe $e^{i\,\omega\,n}$ bzw. $e^{-i\,\omega\,n}$ antwortet das System mit der Ausgabe

$$H\left(e^{i\omega}\right)e^{i\omega n} \quad \text{bzw.} \quad H\left(e^{-i\omega}\right)e^{-i\omega n}.$$

Im reellen Fall sind die Koeffizienten der Übertragungsfunktion ebenfalls reell $h(n) \in \mathbb{R}$, und es gilt:

$$H\left(e^{-i\omega}\right) = \overline{H\left(e^{i\omega}\right)}.$$

Mit

$$u(n) = \frac{1}{2}\left(e^{i\omega n} + e^{-i\omega n}\right)$$

und der Linearität des Systems ergibt sich die Antwort:

$$y(n) = \frac{1}{2}\left(H\left(e^{i\omega}\right)e^{i\omega n} + H\left(e^{-i\omega}\right)e^{-i\omega n}\right).$$

Wenn die Übertragungsfunktion auf dem Einheitskreis keine Nullstelle besitzt, können wir zur Polardarstellung übergehen:

$$H\left(e^{i\omega}\right) = \left|H\left(e^{i\omega}\right)\right|e^{i\phi(\omega)}, \quad H\left(e^{-i\omega}\right) = \left|H\left(e^{i\omega}\right)\right|e^{-i\phi(\omega)},$$

mit dem Argument des Frequenzgangs:

$$\varphi(\omega) = \arg\left(H\left(e^{i\omega}\right)\right).$$

Insgesamt ergibt sich nun:

$$
\begin{aligned}
y(n) &= \frac{1}{2}\left|H\left(e^{i\omega}\right)\right|\left(e^{i(\omega n + \varphi(\omega))} + e^{-i(\omega n + \varphi(\omega))}\right) \\
&= \left|H\left(e^{i\omega}\right)\right|\cos(\omega n + \varphi(\omega)).
\end{aligned}
$$

Auf die harmonische Erregung $u_n = \cos(\omega n)$ antwortet das System also mit der phasenverschobenen harmonischen Folge

$$y_n = \left|H\left(e^{i\omega}\right)\right|\cos(\omega n + \varphi(\omega)).$$

Beispiel 8.24
Antwort eines LTI-Systems auf eine periodische Eingabefolge:

Ein LTI-System

$$\sum_{k=0}^{N_a} a_k\, y(n-k) = \sum_{k=0}^{N_b} b_k\, u(n-k)$$

besitze die Übertragungsfunktion:

$$H(z) = \sum_{n=-\infty}^{\infty} h(n)\, z^{-n}, \quad 0 \leq r < |z| < R,$$

wobei $r < 1 < R$. Auf die Eingabe $e^{i\,\omega n}$ antwortet das System mit der Ausgabe $H\left(e^{i\,\omega}\right)e^{i\,\omega n}$. Mithilfe des Frequenzgangs berechnen wir die Antwort des Systems auf eine N-periodische Eingangsfolge:

$$u(n) = \frac{1}{N} \sum_{k=0}^{N} d_k\, e^{i\,n\,\frac{2\pi}{N}\,k}.$$

Durch Überlagerung bekommen wir folgende Antwort:

$$
\begin{aligned}
y(n) &= h(n) * u(n) \\[2mm]
&= h(n) * \frac{1}{N} \sum_{k=0}^{N} d_k\, e^{i\,n\,\frac{2\pi}{N}\,k} = \frac{1}{N} \sum_{k=0}^{N} d_k\, h(n) * e^{i\,n\,\frac{2\pi}{N}\,k} \\[2mm]
&= \frac{1}{N} \sum_{k=0}^{N} d_k\, H\left(e^{i\,\frac{2\pi}{N}\,k}\right) e^{i\,n\,\frac{2\pi}{N}\,k}.
\end{aligned}
$$

Beispiel 8.25
Stabilität eines LTI-Systems:

Ein LTI-System

$$\sum_{k=0}^{N_a} a_k\, y(n-k) = \sum_{k=0}^{N_b} b_k\, u(n-k)$$

besitze die Übertragungsfunktion:

$$H(z) = \sum_{n=-\infty}^{\infty} h(n)\, z^{-n}, \quad 0 \le r < |z| < R,$$

wobei $r < 1 < R$.

Die Voraussetzung $r < 1 < R$ bedeutet insbesondere, dass auf dem Einheitskreis keine Pole der Übertragungsfunktion liegen. Betrachtet man die Übertragungsfunktion speziell für $z = 1$, so folgt:

$$H(1) = \sum_{n=-\infty}^{\infty} h(n).$$

Da die z-Transformierte absolut konvergiert, folgt:

$$\sum_{n=-\infty}^{\infty} |h(n)| < \infty.$$

Auf eine beschränkte Eingabefolge:

$$|u(n)| \le M$$

antwortet das System mit einer beschränkten Ausgangsfolge:

$$\left| y(n) \right| = \left| \sum_{\nu=-\infty}^{\infty} h_\nu\, u(n-\nu) \right| \le \sum_{\nu=-\infty}^{\infty} |h_\nu|\,|u(n-\nu)| \le M \sum_{\nu=-\infty}^{\infty} |h_\nu|\,.$$

Man bezeichnet diese Eigenschaft des Systems wieder als Stabilität (genauer als BIBO-Stabilität).
Auf eine beschränkte Eingabefolge antwortet das System mit einer beschränkten Ausgabefolge.

Beispiel 8.26
Impulsantwort (Sprungantwort) eines LTI-Systems:

Die Antwort eines Systems

$$\sum_{k=0}^{N_a} a_k\, y(n-k) = \sum_{k=0}^{N_b} b_k\, u(n-k)$$

mit der Übertragungsfunktion:

$$H(z) = \sum_{n=-\infty}^{\infty} h(n)\, z^{-n}\,,\quad 0 \le r < |z| < R\,,$$

auf den Einheitsimpuls

$$u(n) = \delta(n) = \begin{cases} 1 & ,\quad n=0\,, \\ 0 & ,\quad \text{sonst}\,, \end{cases}$$

wird als Impulsantwort bezeichnet.
Wegen $Y(z) = H(z)\, U(z)$ und

$$\mathcal{Z}_2(\delta(n))(z) = 1$$

stellt die Impulsantwort gerade die Rücktransformierte der Übertragungsfunktion dar.
Antwortet ein System mit einer endlichen Folge auf den Einheitsimpuls, so sprechen wir von
einem FIR-Filter (finite impulse response) andernfalls von einem IIR-Filter (infinite impulse
response).
Die Übertragungsfunktion eines FIR-Filters muss folgende Gestalt haben:

$$H(z) = \sum_{n=-N}^{M} h(n)\, z^{-n}\,,$$

mit $0 \le N < \infty$ und $0 \le M < \infty$. Die Übertragungsfunktion eines FIR-Filters kann also
höchstens bei $z = 0$ oder $z = \infty$ Pole besitzen. Wegen

$$\sum_{n=-\infty}^{\infty} |h(n)| = \sum_{n=-N}^{M} |h(n)| < \infty$$

ist ein FIR-Filter insbesondere bibo-stabil.

8.3   Analoge Filter

Die Filterung ist eine der wichtigsten Operationen der Signalverarbeitung. Filter sind Über-
tragungssysteme, die im Frequenz- bzw. Bildbereich eine gewisse Selektion vornehmen. Bestimmte Signalfrequenzen werden durch das Filter durch gelassen, während andere gesperrt
oder zumindest gedämpft werden. Man erhält dann Durchlass- und Sperrbereiche. Gängige Filtertypen sind Tiefpass-, Hochpass-, Band- und Bandsperr-Filter. Wird der Übertragungsprozess
auf kontinuierlicher Basis modelliert, so spricht man von einem analogen Filter. Betrachtet man
nur diskrete Signalwerte, so spricht man von diskreten oder digitalen Filtern. Analoge Filter
wenden die Laplace-Transformation an. Digitale Filter wenden die z-Transformation an.

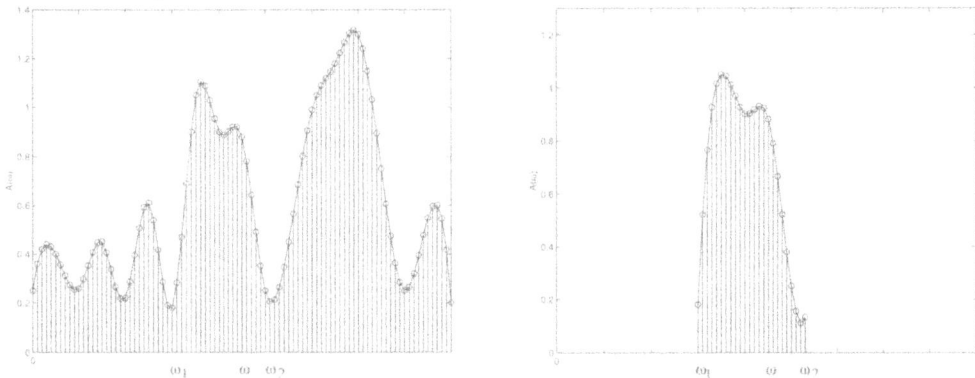

Bild 8.14: *Frequenzspektren am Eingang und Ausgang eines Bandpass-Filters: Frequenzspektrum
des Eingangssignals (links) und Frequenzspektrum des Ausgangssignals (rechts).*

Die wichtigsten Filtertypen können auf die Tiefpass-Filter zurück geführt werden, indem man
eine geeignete Transformation des Arguments der Übertragungsfunktion vornimmt. Butterworth-,
Tschebyschew- und elliptische Filter sind bekannte Beispiele für Tiefpass-Filter.

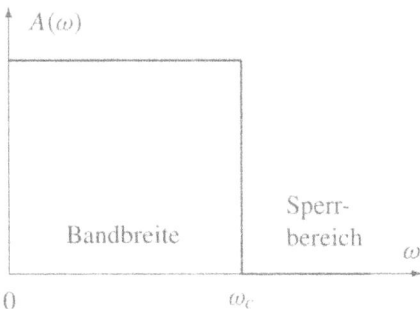

Bild 8.15: *Amplitudengang A(ω) eines
idealen Tiefpass-Filters. Komponenten des
Eingangssignals aus dem Frequenzbereich
von 0 bis ω_c passieren das Filter.
Komponenten aus anderen
Frequenzbereichen werden gesperrt.*

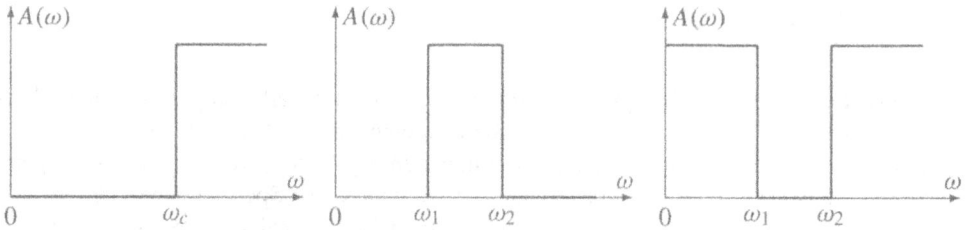

Bild 8.16: *Amplitudengang $A(\omega)$ eines idealen Hochpass-Filters (links), Bandpass-Filters (Mitte) und Bandsperr-Filters (rechts).*

Beispiel 8.27
Butterworth-Filter:

Das Quadrat des Amplitudengangs eines Butterworth-Tiefpasses wird durch den folgenden Ausdruck gegeben:

$$(A(\omega))^2 = \frac{1}{1 + \left(\frac{\omega}{\omega_c}\right)^{2n}} .$$

Der Exponent n stellt die Ordnung des Filters und ω_c die Bandbreite des Filters dar.
Für eine reellwertige Übertragungsfunktion $h(t)$ gilt:

$$(A(\omega))^2 = H(i\,\omega)\,\overline{H(i\,\omega)} = H(i\,\omega)\,H(-i\,\omega) .$$

Die Funktion $i\,\omega \longrightarrow H(i\,\omega)H(-i\,\omega)$ können wir analytisch in die komplexe Ebene fortsetzen und erhalten:

$$H(s)\,H(-s) = \frac{1}{1 + \left(\frac{-s^2}{\omega_c^2}\right)^n} .$$

Das Produkt $H(s)H(-s)$ hat $2n$ Polstellen, so dass $H(s)$ und $H(-s)$ jeweils n Polstellen besitzen muss. Ist $\tilde{s}$ eine Polstelle von $H(s)$, dann ist $-\tilde{s}$ eine Polstelle von $H(-s)$. Damit das Übertragungssystem stabil wird, ordnen wir die n Polstellen des Produkts $H(s)H(-s)$, die in der linken Halbebene liegen, dem Faktor $H(s)$ zu. Mit einem Verstärkungsfaktor k_0 muss die Übertragungsfunktion nun folgende Gestalt annehmen:

$$H(s) = \frac{k_0}{\prod_{k=1}^{n}\left(\frac{s}{\omega_c} - s_k\right)} , \qquad s_k = e^{i\pi\left(\frac{1}{2} + \frac{2k-1}{2n}\right)} , \qquad k = 1, \dots, n .$$

Butterworth-Filter haben nur Pole. Nullstellen der Übertragungsfunktionen dieser Filter befinden sich im Unendlichen. Es gilt stets:

$$A(\omega_c) = \frac{1}{\sqrt{2}} .$$

Das Bode-Diagramm zeigt, dass sich der Amplitudengang an der Abschneidefrequenz um 3 dB vermindert:

$$L(\omega_c) = 20\,\log_{10}(A(\omega_c)) = 20\,\log_{10}\left(\frac{1}{\sqrt{2}}\right) = -3.0103\,dB.$$

Die Filterordnung n definiert das Filter vollständig. Die Pole der Übertragungsfunktion $H(s)$ liegen in der Halbebene $\mathrm{Re}(s) < 0$ auf dem Kreis mit Radius ω_c in gleichen Abständen voneinander.

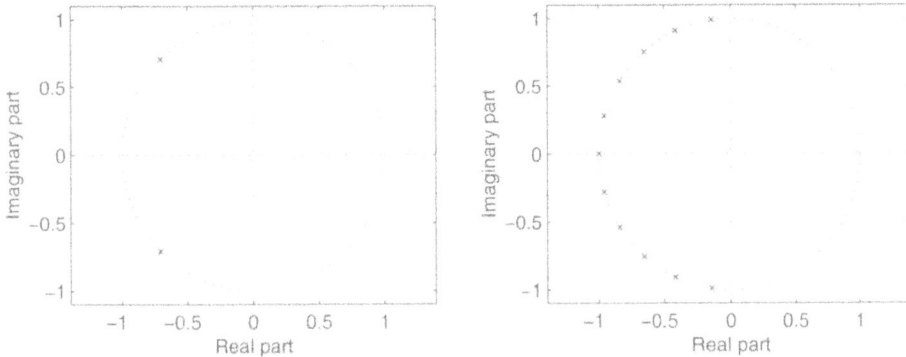

Bild 8.17: *Die Pole der Übertragungsfunktion der Butterworth- Filter für verschiedene Filterordnungen n: n = 2 (links), n = 11 (rechts).*

MATLAB: Im Folgenden wird mithilfe des MATLAB-Programms `zp2tf` der Amplituden- und der Phasengang für die Ordnung $n = 11$ berechnet. (Man kann für n beliebige Ordnungen eingeben).

```
n = 11
[z,p,k] = buttap(n)
[b,a] = zp2tf(z,p,k);
figure(1)
freqs(b,a);
figure(2)
subplot(2,2,1),zplane(b,a)
```

Man erhält folgendes Ergebnis:

```
  z =
      []
p =
  -0.1423 + 0.9898i
  -0.1423 - 0.9898i
  -0.4154 + 0.9096i
  -0.4154 - 0.9096i
  -0.6549 + 0.7557i
  -0.6549 - 0.7557i
  -0.8413 + 0.5406i
  -0.8413 - 0.5406i
  -0.9595 + 0.2817i
  -0.9595 - 0.2817i
  -1.0000

k =
    1.0000
```

Im Spaltenvektor p werden die Pole ausgegeben.

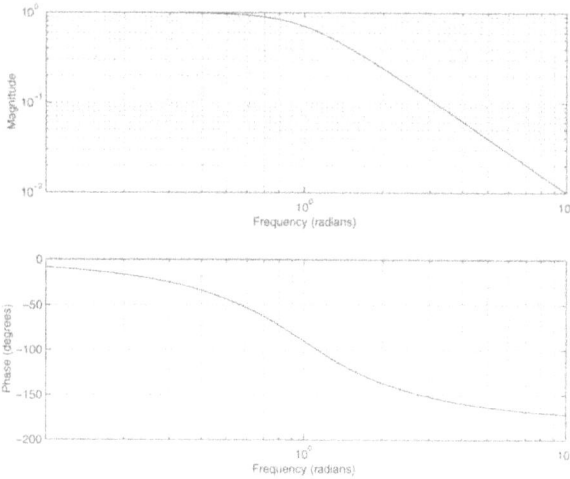

Bild 8.18: *Amplituden-und Phasengang des Butterworth-Filters für n = 2.*

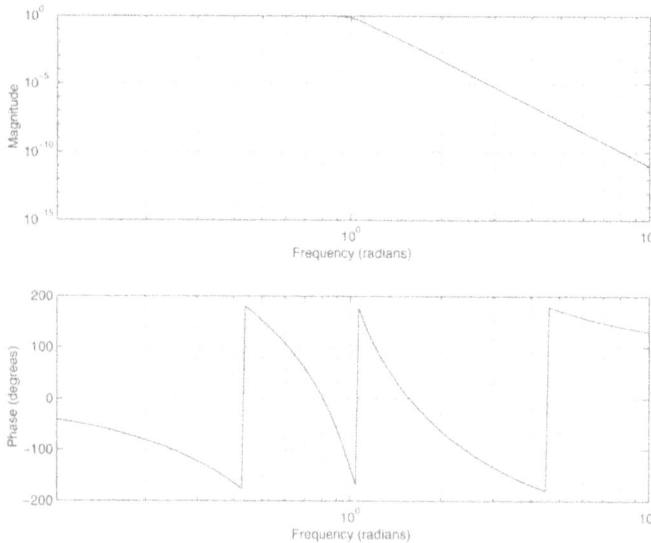

Bild 8.19: *Amplituden-und Phasengang des Butterworth-Filters für n = 11.*

Die eingebaute MATLAB-Funktion [z, p, k] = butapp(n) berechnet die Pole und die Verstärkung des Butterworth-Filters n-ter Ordnung. Die Ausgabeargumente werden mit folgenden Daten belegt:

z =   leeres Feld, da die Übertragungsfunktion keine Nullstellen besitzt,

p =   Pole des Filters in Form eines Spaltenvektors der Länge n,

k =   Verstärkungsfaktor.

MAPLE: Man kann den Amplituden- und Phasengang der Butterworth-Filter auch mit Maple berechnen.

```
n := 5; k0 := 1;
```

```
p := [seq(evalc(exp(I*Pi*(1/2+(2*k-1)/(2*n)))), k=1..n)];
H := simplify(k0/evalc(product((s-p[j]), j=1..n )));
W := simplify(evalc(subs(s=I*omega,H)),trig):
A := sqrt(simplify(expand(evalc(Re(W))^2+evalc(Im(W))^2)));
plot(A,omega=0..2.0, color=black);
```

$$n := 5$$

$$k0 := 1$$

$$p := [-\frac{1}{4}\sqrt{5} + \frac{1}{4} + \frac{1}{4}I\sqrt{2}\sqrt{5+\sqrt{5}}, \ -\frac{1}{4}\sqrt{5} - \frac{1}{4} + \frac{1}{4}I\sqrt{2}\sqrt{5-\sqrt{5}}, \ -1,$$

$$-\frac{1}{4}\sqrt{5} - \frac{1}{4} - \frac{1}{4}I\sqrt{2}\sqrt{5-\sqrt{5}}, \ -\frac{1}{4}\sqrt{5} + \frac{1}{4} - \frac{1}{4}I\sqrt{2}\sqrt{5+\sqrt{5}}]$$

$$H := \frac{1}{s + 3s^2 + s\sqrt{5} + 1 + s^2\sqrt{5} + s^3\sqrt{5} + 3s^3 + s^4 + s^5 + s^4\sqrt{5}}$$

$$A := \sqrt{\frac{1}{1+\omega^{10}}}$$

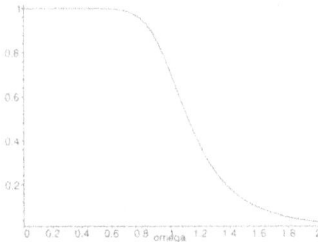

Bild 8.20: *Der Amplitudengang des Butterworth-Filters für n = 5.*

Butterworth-Filter besitzen Amplitudengänge, die im Durchlass- und im Sperrbereich monoton verlaufen. Wenn der Anstieg der Amplitude $A(\omega)$ in der Nähe der Abschneidefrequenz ω_c als wichtigster Parameter angesehen wird, setzt man oft Tschebyschew-Filter ein. Diese Filter weisen eine gewisse Welligkeit des Amplitudengangs im Durchlass- oder im Sperrbereich auf und dafür eine hohe Dämpfungsrate am Rand der Bandbreite. Man unterscheidet demgemäß Tschebyschew-Filter der Typen I und II.

Beispiel 8.28
Tschebyschew-Filter vom Typ I:

Für das Quadrat des Amplitudengangs des Tschebyschew-Filters vom Typ I und der Ordnung n gilt die Formel:

$$(A(\omega))^2 = \frac{1}{1 + \varepsilon^2 (T_n(\Omega))^2}, \quad \Omega = \frac{\omega}{\omega_c}.$$

Der Parameter ε steuert die Größe der Schwankungen innerhalb der Bandbreite. Das Tscheby-
schew- Polynom erster Art n-ter Ordnung $T_n(\Omega)$ wird definiert durch:

$$T_n(\Omega) = \begin{cases} \cos(n \arccos(\Omega)), & |\Omega| \leq 1 \\ \cosh(n \,\mathrm{arcosh}\,(\Omega)), & |\Omega| > 1, \end{cases}$$

Die Übertragungsfunktion der Tschebyschew-Filter hat wieder folgende Gestalt:

$$H(s) = \frac{k}{(s - p_1)\,(s - p_2)\cdots(s - p_n)}.$$

Aus der Gleichung:

$$1 + \varepsilon^2 \,(T_n(\Omega))^2 = 0$$

ergeben sich zunächst $2n$ Pole. Man nimmt aus Stabilitätsgründen diejenigen Pole $p_1, \ldots, p_n$,
die in der linken Halbebene liegen. Man kann zeigen, dass die Nullstellen $p_k = \sigma_k + i\,\tau_k$,
$k = 1, \ldots, n$, auf einer Ellipse in der komplexen Ebene liegen. Diese Ellipse wird durch die
Gleichung gegeben:

$$\frac{\sigma_k^2}{(\sinh(\varphi))^2} + \frac{\tau_k^2}{\cosh(\varphi)^2} = 1,$$

wobei

$$\sigma_k = -\sinh\varphi \sin\left(\frac{(2k-1)\,\pi}{2n}\right), \quad \Omega_k = \cosh\varphi \cos\left(\frac{(2k-1)\,\pi}{2n}\right),$$

$$\sinh\varphi = \frac{\gamma - \gamma^{-1}}{2}, \quad \cosh\varphi = \frac{\gamma + \gamma^{-1}}{2}, \quad \gamma = \left(\frac{1 + \sqrt{1 + \varepsilon^2}}{\varepsilon}\right)^{\frac{1}{n}}.$$

Tschebyschew-Filter vom Typ I werden vollständig durch drei der folgenden vier Parameter
bestimmt: die Filterordnung n, den Schwankungsparameter ε, den Abschwächungsparameter
im Sperrbereich B und die niedrigste Frequenz Ω_r, bei welcher diese Abschwächung erzielt
wird.

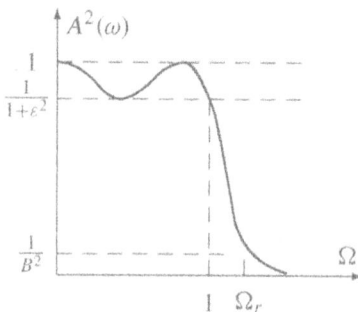

Bild 8.21: *Tschebyschew-
Filter vom Typ I für gerade
Ordnung n*

Die eingebaute MATLAB-Funktion [z, p, k] = cheblap(n, Rp) berechnet die Pole
und die Verstärkung des Tschebyschew-Filters vom Typs I der n-ten Ordnung. Die Amplitu-
denausschläge innerhalb der Bandbreite betragen dabei nicht mehr als Rp dB. Die Ausgabeargumente werden wie folgt belegt:

z =   leeres Feld, da die Übertragungsfunktion des Filters keine Nullstellen besitzt.

p =   Spaltenvektor der Pole,

k =   Verstärkungsfaktor.

Wir betrachten ein Tschebyschew-Filter 6. Ordnung.

MATLAB:

```
n = 6; Rp = 2.0;
[z,p,k] = cheblap(n, Rp)
[b,a] = zp2tf(z,p,k);
freqs(b,a);
subplot(2,2,1),zplane(b,a)
```

Man erhält folgende Ausgabe:

```
z = []
p = -0.0470 + 0.9817i
    -0.1283 + 0.7187i
    -0.1753 + 0.2630i
    -0.1753 - 0.2630i
    -0.1283 - 0.7187i
    -0.0470 - 0.9817i
k = 0.0409
```

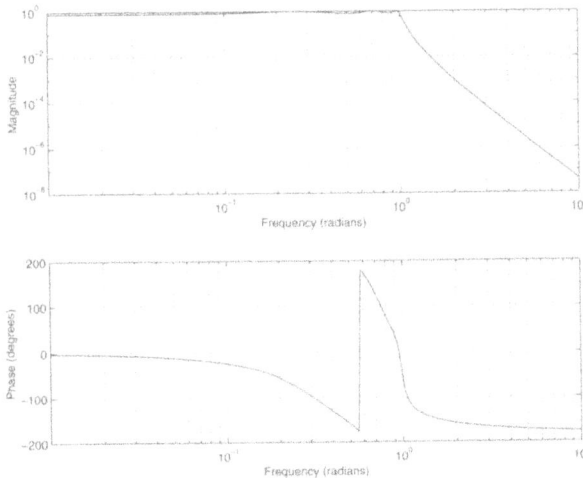

Bild 8.22: *Amplituden- und Phasengang eines Tschebyschew-Filters vom Typ I für $n = 6$.*

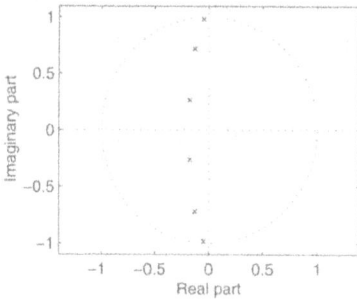

Bild 8.23: *Pole der Übertragungsfunktion eines Tschebyschew-Filters vom Typ I für n = 6.*

Beispiel 8.29
Tschebyschew-Filter vom Typ II:

Der Phasengang eines Tschebyschew-Filters vom Typ II weist einen monotonen Verlauf im Durchlassbereich und eine gewisse Welligkeit im Sperrbereich auf. Die Übertragungsfunktion $H(s)$ besitzt nun Nullstellen auf der imaginären Achse und Pole in der linken Halbebene. Das Quadrat des Amplitudengangs eines Filters n-ter Ordnung wird durch die folgende Formel gegeben:

$$(A(\omega))^2 = \frac{1}{1 + \varepsilon^2 \left(\frac{T_n(\Omega_r)}{T_n\left(\frac{\Omega_r}{\Omega}\right)} \right)^2}, \quad \Omega = \frac{\omega}{\omega_c}.$$

Tschebyschew-Filter vom Typ II werden wiederum durch drei der vier Parameter n, ε, Ω_r und B festgelegt.

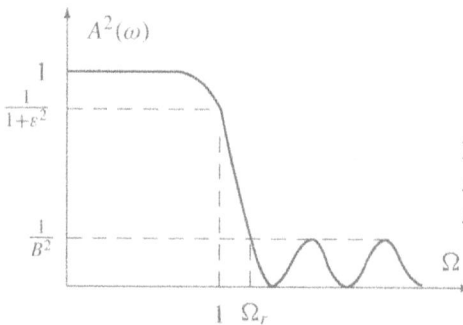

Bild 8.24: *Tschebyschew-Filter vom Typ II*

Die Nullstellen z_k der Übertragungsfunktion liegen in den Punkten:

$$z_k = i \frac{\Omega_r}{\cos\left(\frac{2k-1}{2n}\pi\right)}, \quad k = 1, \ldots, n.$$

Die Pole p_k ergeben sich aus den Formeln:

$$p_k = \sigma_k + i\,\Omega_k\,, \quad \sigma_k = \frac{\Omega_r\,\alpha_k}{\alpha_k^2 + \beta_k^2}\,, \quad \Omega_k = -\frac{\Omega_r\,\beta_k}{\alpha_k^2 + \beta_k^2}\,,$$

mit

$$\alpha_k = -\sinh(\varphi)\,\sin\left(\frac{(2\,k-1)\,\pi}{2\,n}\right)\,, \quad \beta_k = \cosh(\varphi)\,\cos\left(\frac{(2k-1)\,\pi}{2\,n}\right)\,, \quad k = 1,\ldots,n,$$

und

$$\sinh(\varphi) = \frac{\gamma - \frac{1}{\gamma}}{2}\,, \quad \cosh(\varphi) = \frac{\gamma + \frac{1}{\gamma}}{2}\,, \quad \gamma = \left(B + \sqrt{B^2 - 1}\right)^{\frac{1}{n}}\,.$$

Die eingebaute MATLAB-Funktion $[z, p, k] = \texttt{cheb2ap(n, Rs)}$ berechnet die Null-stellen, Pole und die Verstärkung des Tschebyschew-Niederfrequenzfilters vom Typ II der n-ten Ordnung. Die Amplitude der Schwankungen im Sperrbereich des ausgegebenen Filters beträgt höchstens Rs dB. Die Ausgabeargumente werden wie folgt belegt:

z = Nullstellenvektor der Länge n,
p = Polvektor der Länge n,
k = Verstärkungsfaktor.

MATLAB:
```
n = 6; Rs = 20;
[z,p,k] = cheb2ap(n, Rs)
[b,a] = zp2tf(z,p,k);
freqs(b,a);
subplot(2,2,1),zplane(b,a)
```

Das Programm liefert folgende Ausgabe:

```
z = 0 + 1.0353i
    0 - 1.0353i
    0 + 1.4142i
    0 - 1.4142i
    0 + 3.8637i
    0 - 3.8637i
p = -0.1118 - 0.9048i
    -0.4772 - 1.0347i
    -1.4890 - 0.8651i
    -1.4890 + 0.8651i
    -0.4772 + 1.0347i
    -0.1118 + 0.9048i
k = 0.1000
```

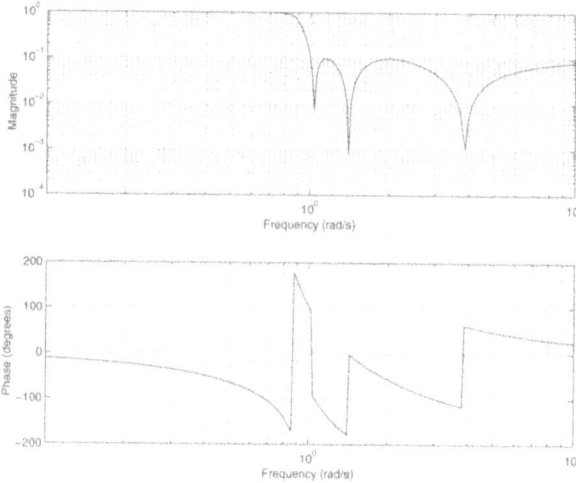

Bild 8.25: *Amplituden- und Phasengang eines Tschebyschew-Filters vom Typ II für n = 6*

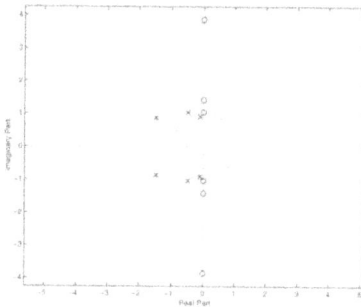

Bild 8.26: *Nullstellen und Pole der Übertragungsfunktion eines Tschebyschew-Filters vom Typs II für n = 6*

Beispiel 8.30
Elliptische Filter:

Bei den elliptischen Filtern übernimmt die elliptische Jacobi-Funktion sn u die Rolle der Tschebyschew Polynome bei den Tschebyschew-Filtern. Mit elliptischen Filtern kann eine gleichartige Welligkeit der Amplitude sowohl im Durchlass- als auch im Sperrbereich realisiert werden. Elliptische Filter weisen außerdem eine minimale Breite des Übergangsbereichs auf. Für eine feste Filterordnung n und ein vorgeschriebenes Schwankungsniveau gibt es keinen Filter mit einem schnelleren Übergang vom Durchlass- zum Sperrbereich. Das Quadrat des Amplitudengangs des elliptischen Tiefpass-Filters wird beschrieben durch:

$$A^2(\Omega) = \frac{1}{1 + \varepsilon^2 \, (\mathrm{sn}(\Omega, k_1))^2} \, ,$$

mit

$$k_1 = \frac{\varepsilon}{\sqrt{B^2 - 1}} \, ,$$

der Randfrequenz des Durchlassbereichs Ω_c und der Randfrequenz des Sperrbereichs Ω_s. Die Jacobi-Funktion $\mathrm{sn}(u, k)$ wird als inverse Funktion des (unvollständigen) elliptischen Integrals erster Art definiert. Sei $y = \mathrm{sn}(u, k)$, dann ist

$$\mathrm{sn}^{-1}(y, k) = u = \int\limits_{0}^{y} \frac{dt}{\sqrt{(1 - t^2)(1 - k^2 t^2)}}.$$

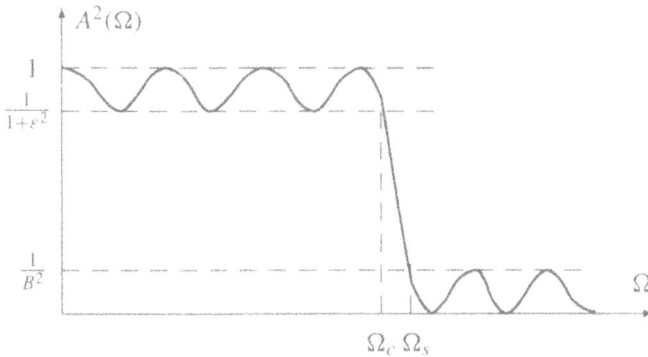

Bild 8.27: *Amplitudengang eines elliptischen Filters für ungerades n*

Die MATLAB-Funktion [z, p, k] = ellipap(n, Rp, Rs) berechnet die Nullstellen, Pole und die Verstärkung des elliptischen Tiefpass-Filters n-ter Ordnung, welches im Durchlass- bzw. Sperrbereich Amplitudenschwankungen von nicht mehr als Rp dB bzw. Rs dB aufweist. Die Ausgabeargumente werden wie folgt belegt:

z = Nullstellenvektor des Filters,
p = Polstellenvektor des Filters,
k = Verstärkungsfaktor.

Der Amplitudenwert $A(\omega_c)$ für die Randfrequenz ω_c ist nicht größer als $10^{-Rp/20}$.

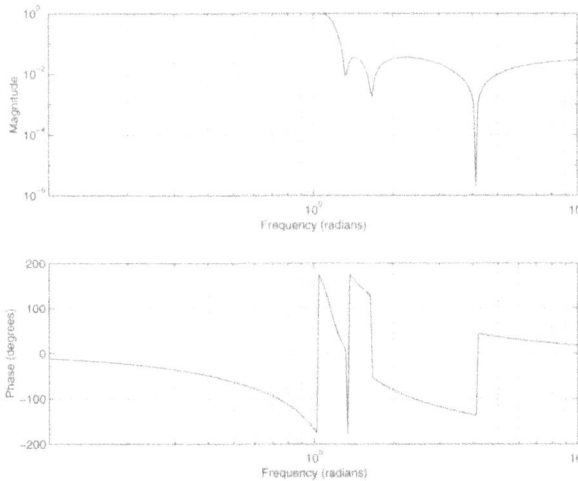

Bild 8.28: *Amplituden- und Phasengang eines elliptischen Filters für n = 6*

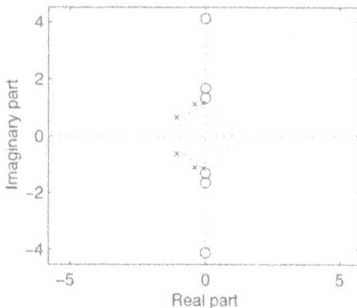

Bild 8.29: *Nullstellen und Pole der Übertragungsfunktion eines elliptischen Filters für n = 6*

Die Ordnung n desjenigen elliptischen Filters, welches gegebene Werte von ε, B, Ω_c und Ω_s annimmt, kann mithilfe der folgenden Formel bestimmt werden:

$$n = \frac{K(k) \, K\left(\sqrt{1 - k_1^2}\right)}{K(k_1) \, K\left(\sqrt{1 - k^2}\right)}.$$

Dabei ist $K(m)$ das (vollständige) elliptische Integral erster Art

$$K(m) = \int_0^1 \frac{dt}{\sqrt{(1 - t^2)(1 - m\,t^2)}}, \quad k = \frac{\Omega_c}{\Omega_s}, \quad k_1 = \frac{\varepsilon}{\sqrt{B^2 - 1}}.$$

Wir berechnen die Ordnung n des elliptischen Filters, das den folgenden Bedingungen genügt:

• die Randfrequenz Ω_c beträgt $1000\,\pi$ Rad/s,

• das Übergangsverhältnis k beträgt 0.781,

• die Amplitudenschwankungen werden durch $B = 28.5$ und $\varepsilon = 0.02$ charakterisiert.

MATLAB:

```
Omega_c = 1000; k = 0.781; B = 28.5; eps = 0.02;
k1 = eps/sqrt(B.^2 - 1)
[Knum1,ell] = ellipke(k);[Knum2,ell] = ellipke(sqrt(1 - k1.^2));
[Kden1,ell] = ellipke(k1); [Kden2,ell] = ellipke(sqrt(1- k.^2));
 n = round(Knum1*Knum2/(Kden1*Kden2))
 Rp = -20*log10(1/sqrt(1+eps.^2))
 Rs = -20*log10(1/B)
% Die Berechnung des Frequenzganges
[z,p,k] = ellipap(n, Rp, Rs)
[b,a] = zp2tf(z,p,k);
figure(1)
freqs(b,a);

figure(2)
subplot(2,2,1),zplane(b,a)
```

Dieses MATLAB-Programm erzeugt die folgende Ausgabe:

```
 k  =
        0.0351

k1  =
        7.0219e-004

 n  =
        6

Rp  =
        0.0017

Rs  =
        29.0969

 z  =
        0 -  4.1217i
        0 +  4.1217i
        0 -  1.6615i
        0 +  1.6615i
        0 -  1.3271i
        0 +  1.3271i

 p  =
        -1.0629 -  0.6470i
        -1.0629 +  0.6470i
        -0.3989 -  1.1129i
        -0.3989 +  1.1129i
        -0.0902 -  1.1537i
        -0.0902 +  1.1537i

 k  =
        0.0351
```

(Der Aufruf [K, E] = ellipke(k) ergibt die Werte der vollständigen elliptischen Integrale erster Art $K(k)$ und zweiter Art $E(k)$).

Durch Transformation des Arguments der Übertragungsfunktion kann man aus einem Tiefpass-Filter andere Filtertypen erzeugen. Man kann die Berechnung von Analogfiltern dann auf der Basis Prototypen vornehmen. Die einfachsten Transformationen der Variablen s haben folgende Gestalt:

$$s \rightarrow \frac{s}{\Omega_u} \qquad \text{Tiefpass-Filter} \rightarrow \text{Tiefpass-Filter},$$

$$s \rightarrow \frac{\Omega_u}{s} \qquad \text{Tiefpass-Filter} \rightarrow \text{Hochpass-Filter},$$

$$s \rightarrow \frac{s^2 + \Omega_l \Omega_u}{s(\Omega_u - \Omega_l)} \qquad \text{Tiefpass-Filter} \rightarrow \text{Bandpass-Filter},$$

$$s \rightarrow \frac{s(\Omega_u - \Omega_l)}{s^2 + \Omega_u \Omega_l} \qquad \text{Tiefpass-Filter} \rightarrow \text{Bandsperr-Filter}.$$

Hierbei ist Ω_l die untere (lower) Abschneidefrequenz und Ω_u die obere (upper) Abschneidefrequenz.

Beispiel 8.31
Tiefpass-Filter in Tiefpass-Filter überführen:
Wir berechnen die Koeffizienten der Übertragungsfunktion eines Tiefpass-Filters mit der Abschneidefrequenz ω_c =2000 Rad/s aus der Übertragungsfunktion $H(s)$ des Butterworth-Filters fünfter Ordnung mit der Abschneidefrequenz 1 Rad/s.

MATLAB:

```
n = 5
[z,p,k] = buttap(n);
[b,a] = zp2tf(z,p,k);
Wo = 2000;
format long e
[bt, at] = lp2lp(b, a, Wo)
figure(1) freqs(bt,at);
[A,B,C,D] = tf2ss(b,a);
format short
[At,Bt,Ct,Dt] = lp2lp(A,B,C,D,Wo)
figure(2) subplot(2,2,1),zplane(b,a)
```

Dieses MATLAB-Programm gibt die Koeffizientenvektoren des Zählers bt und des Nenners at der berechneten Übertragungsfunktion des Tiefpass-Filters aus:

```
bt = 3.200000000000000e+016

at = 1.000000000000000e+000   6.472135954999569e+003   2.094427190999912e+007
     4.188854381999823e+010   5.177708763999650e+013   3.199999999999993e+016

At = 1.0e+004 *
        -0.6472     -1.0472     -1.0472     -0.6472     -0.2000
         0.2000           0           0           0           0
              0      0.2000           0           0           0
              0           0      0.2000           0           0
              0           0           0      0.2000           0

Bt =    2000
           0
           0
           0
           0

Ct = 0      0      0      0      1

Dt = 0
```

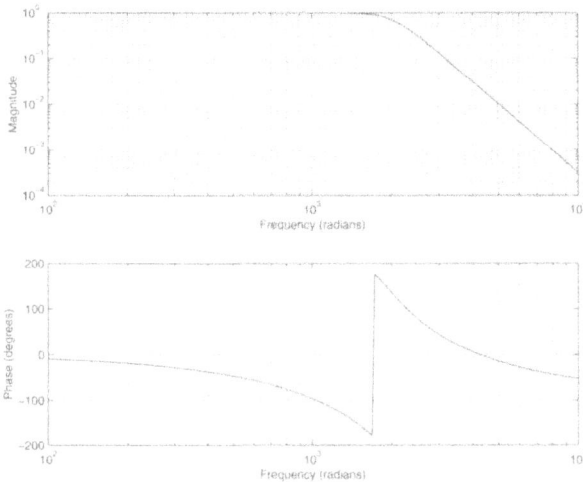

Bild 8.30: *Amplituden- und Phasengang des Tiefpass-Filters mit der Abschneidefrequenz $\omega_c = 2000$ Rad/s*

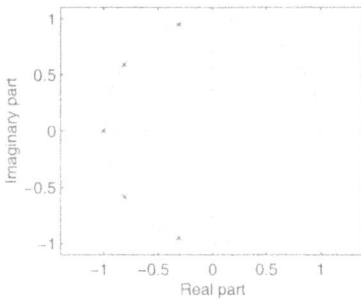

Bild 8.31: *Pole der Übertragungsfunktion des Tiefpass-Filters*

Die Gruppe der MATLAB-Funktionen:

```
[bt, at] = lp2lp(b, a, Wo)
[At, Bt, Ct, Dt] = lp2lp(A, B, C, D, Wo)
```

transformiert die Parameter des Analogprototyps des Tiefpass-Filters in die Parameter des Tiefpass-Filters mit anderer Abschneidefrequenz. Der Prototyp hat die Abschneidefrequenz von 1 Rad/s.

Der Aufruf [bt, at] = lp2bp(b, a, Wo) führt die Transformation der Eingabedaten aus, die der Übertragungsfunktion des Prototyps entnommen werden. Die skalare Größe Wo legt die neue Abschneidefrequenz in Radianten pro Sekunde fest.

Die Koeffizienten des Zählers und Nenners der Übertragungsfunktion des gesuchten Tiefpass-Filters werden in den Vektoren bt und at ausgegeben. Damit bekommen wir die gesuchte Übertragungsfunktion:

$$H(s) = \frac{b(1)\,s^{n_b} + \ldots + b(n_b)\,s + b(n_b + 1)}{a(1)\,s^{n_a} + \ldots + a(n_a)\,s + a(n_a + 1)}.$$

Bei den obigen Eingabedaten ergibt sich folgende Übertragungsfunktion:

$$H(s) = \frac{3.2 \cdot 10^{16}}{s^5 + 6472.136 s^4 + 2.094427 \cdot 10^7 s^3 + 4.188854 \cdot 10^{10} s^2 + 5.177709 \cdot 10^{13} s + 3.2 \cdot 10^{16}}.$$

Der Aufruf [At, Bt, Ct, Dt] = lp2lp(A, B, C, D, Wo) transformiert die Eingabedaten der Zustandsgleichungen des ursprünglichen Tiefpass-Filters:

$$x' = A\,x + B\,u(t)\,,$$
$$y = C\,x + D\,u(t)\,,$$

wobei u das Eingangssignal, x der Zustandsvektor und y das Ausgangssignal sind. In der MATLAB-Funktion lp2lp ist die folgende Umformung der Variablen s implementiert: $s \rightarrow \dfrac{s}{\omega_c}$. Die Matrizen der Zustandsgleichungen für das neue Tiefpass-Filter werden wie folgt berechnet:

```
At = Wo*A, Bt = Wo*B, Ct = C, Dt = D.
```

Beispiel 8.32
Tiefpass-Filter in Hochpass-Filter überführen:

Wir berechnen die Koeffizienten der Übertragungsfunktion eines Hochpass-Filters mit der Abschneidefrequenz ω_c =2000 Rad/s. aus der Übertragungsfunktion $H(s)$ des Tschebyschew-Tiefpass-Filters vom Typ I der Ordnung sechs mit Abschneidefrequenz 1 Rad/s und Schwankungen innerhalb der Bandbreite von nicht mehr als 2 dB.

MATLAB:

```
n = 6; Rp = 2.0;
[z,p,k] = cheblap(n, Rp);
[b,a] = zp2tf(z,p,k); Wo =2000;
format long e
[bt, at] = lp2hp(b, a, Wo)
figure(1)
freqs(bt,at);

[A,B,C,D] = tf2ss(b,a); format short
[At,Bt,Ct,Dt] = lp2hp(A,B,C,D,Wo)
figure(2) subplot(2,2,1),zplane(b,a)
```

Dieses MATLAB-Programm gibt folgende Vektoren von Zähler- bt und Nennerkoeffizienten at der Übertragungsfunktion des berechneten Hochpass-Filters aus:

```
bt =
     7.943282347242815e-001    3.566328766996245e-013    4.233031177443615e-015
    -5.852123803043931e-006                         0   -2.589880571454509e+001
                        0

at =
     1.000000000000000e+000    8.175168651501397e+003    5.998776243767162e+007
     1.348356771970091e+011    5.430219027322369e+014    4.362104533661309e+017
     1.244137084977913e+021

At =
   1.0e+004 *
         0    0.2000         0         0         0         0
         0         0    0.2000         0         0         0
```

```
         0          0          0     0.2000          0          0
         0          0          0          0     0.2000          0
         0          0          0          0          0     0.2000
   -3.8879    -2.7263    -6.7878    -3.3709    -2.9994    -0.8175

Bt =
   1.0e+004 *
         0
         0
         0
         0
         0
    3.8879

Ct =
   -0.7943    -0.5570    -1.3868    -0.6887    -0.6128    -0.1670

Dt =
    0.7943
```

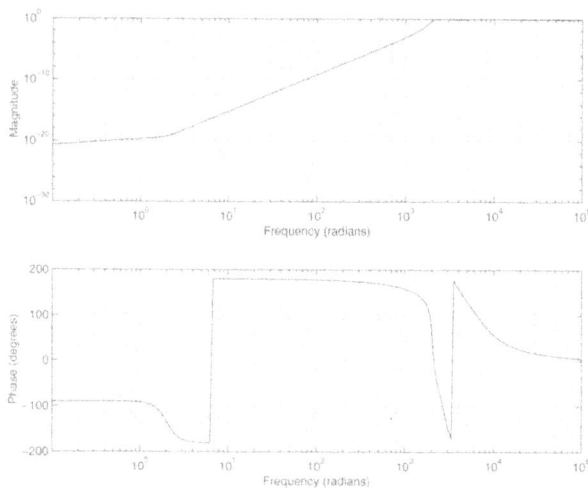

Bild 8.32: *Amplituden- und Phasengang des Hochpass-Filters mit $\omega_c = 2000$ Rad/s*

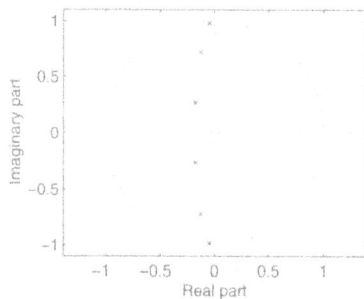

Bild 8.33: *Pole der Übertragungsfunktion des Hochpass-Filters mit $\omega_c = 2000$ Rad/s*

Die MATLAB-Funktionen:

```
[bt, at] = lp2hp(b, a, Wo)
[At, Bt, Ct, Dt] = lp2hp(A, B, C, D, Wo)
```

transformieren die Parameter des Analogprototyps des Tiefpass-Filters in die Parameter des Hochpass-Filters. Für das eingegebene Tiefpass-Filter wird angenommen, dass die Abschneidefrequenz 1 Rad/s beträgt. Die skalare Größe Wo legt die gewünschte Abschneidefrequenz des Hochpass-Filters in Rad/s fest.

Mit den Vektoren bt und at bekommen wir die gesuchte Übertragungsfunktion:

$$H(s) = \frac{b(1)\,s^{n_b} + \ldots + b(n_b)\,s + b(n_b + 1)}{a(1)\,s^{n_a} + \ldots + a(n_a)\,s + a(n_a + 1)}.$$

Der Aufruf [At, Bt, Ct, Dt] = lp2hp(A, B, C, D, Wo) transformiert die Eingabedaten der Zustandsgleichungen des ursprünglichen Filters:

$$x' = A\,x + B\,u(t),$$
$$y = C\,x + D\,u(t),$$

wobei u das Eingangssignal, x der Zustandsvektor und y das Ausgangssignal sind. Das obige MATLAB-Programm gibt die sich ergebenden Matrizen At, Bt, Ct, Dt des Hochpass-Filters aus. Für die Berechnung des Hochfrequenzfilters wird in der MATLAB-Funktion lp2hp die Transformation $s \to \dfrac{\omega_c}{s}$ eingesetzt.

Beispiel 8.33
Tiefpass-Filter in Bandpass-Filter überführen:

Wir berechnen die Koeffizienten der Übertragungsfunktion $H(s)$ des Bandpass-Filters mit Bandbreite von 2000 bis 3000 Rad/s durch Transformation eines Butterworth-Tiefpass-Filters der sechsten Ordnung.

MATLAB:

```
n = 6
[z,p,k] = buttap(n);
[b,a] = zp2tf(z,p,k);
W1 = 2000; W2 = 3000; Wo = sqrt(W1*W2); Bw = W2 - W1;
format long e
[bt, at] = lp2bp(b, a, Wo, Bw)
figure(1)
freqs(bt,at);

[A,B,C,D] = tf2ss(b,a); format short
[At,Bt,Ct,Dt] = lp2bp(A,B,C,D,Wo,Bw)
figure(2)
subplot(2,2,1),zplane(b,a)
```

Dieses MATLAB-Programm gibt die folgenden Vektoren von Koeffizienten des Zählers bt und des Nenners at der Übertragungsfunktion des berechneten Bandpass-Filters aus:

```
bt =
    1.000000000000001e+018   -6.252776074688888e+006   -4.296722977414906e+008
   -1.828530369039074e+014    7.541015739911934e+016   -7.482222086002219e+020
   -2.745776322311174e+022
```

at =
   1.000000000000000e+000   3.863703305156275e+003   4.346410161513776e+007
   1.250527193273739e+011   7.266025403784439e+014   1.559346056269757e+018
   6.022815168251408e+021   9.356076337618545e+024   2.615769145362398e+028
   2.701138737471278e+031   5.632947569321852e+034   3.004415690089522e+037
   4.665599999999999e+040

At =

  1.0e+003 *

  Columns 1 through 7

-3.8637	-7.4641	-9.1416	-7.4641	-3.8637	-1.0000	2.4495
1.0000	0	0	0	0	0	0
0	1.0000	0	0	0	0	0
0	0	1.0000	0	0	0	0
0	0	0	1.0000	0	0	0
0	0	0	0	1.0000	0	0
-2.4495	0	0	0	0	0	0
0	-2.4495	0	0	0	0	0
0	0	-2.4495	0	0	0	0
0	0	0	-2.4495	0	0	0
0	0	0	0	-2.4495	0	0
0	0	0	0	0	-2.4495	0

  Columns 8 through 12

0	0	0	0	0
2.4495	0	0	0	0
0	2.4495	0	0	0
0	0	2.4495	0	0
0	0	0	2.4495	0
0	0	0	0	2.4495
0	0	0	0	0
0	0	0	0	0
0	0	0	0	0
0	0	0	0	0
0	0	0	0	0
0	0	0	0	0

Bt =

  1.0e+003 *

    1.0000
        0
        0
        0
        0
        0
        0
        0
        0
        0

```
        0
        0


Ct =
        0    0    0    0    0    1    0    0    0    0    0    0


Dt =
        0
```

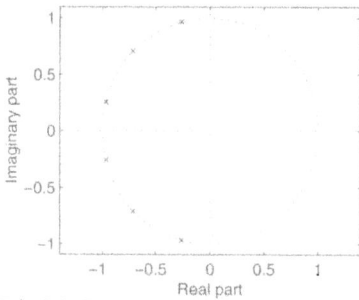

Bild 8.34: *Nullstellen und Pole der Übertragungsfunktion des Bandpass-Filters*

Die MATLAB-Funktionen:

```
[bt, at] = lp2bp(b, a, Wo, Bw)
[At, Bt, Ct, Dt] = lp2bp(A, B, C, D, Wo, Bw)
```

transformieren die Parameter des Analogprototyps eines Tiefpass-Filters in die Parameter des Bandpass-Filters mit der gegebenen Bandbreite und zentralen Frequenz. Das eingegebene Tief-pass-Filter wird mit der Abschneidefrequenz von 1 Rad/s angenommen. Die skalaren Größen Wo und Bw legen die zentrale Frequenz und die Bandbreite in Radianten pro Sekunde fest. Für den Bandpass mit Bandbreite von W1 bis W2 werden sie wie folgt berechnet:

```
Wo = sqrt(W1*W2); Bw = W2 - W1
```

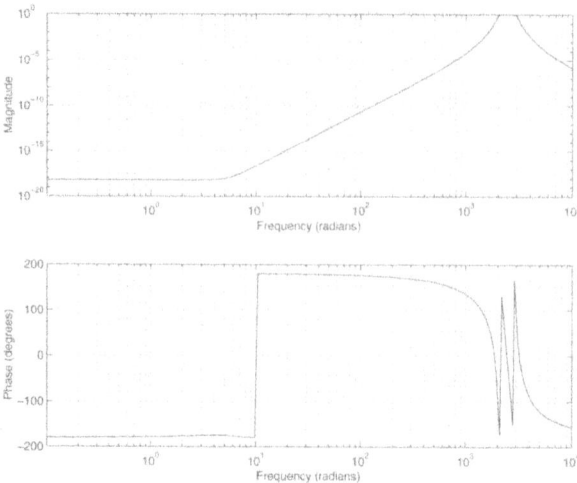

Bild 8.35: *Amplituden- und Phasengang des Bandpass-Filters*

Mit den Ausgabevektoren bt und at erhalten wir wieder die gesuchte Übertragungsfunktion:

$$H(s) = \frac{b(1)\, s^{n_b} + \ldots + b(n_b)\, s + b(n_b + 1)}{a(1)\, s^{n_a} + \ldots + a(n_a)\, s + a(n_a + 1)}.$$

Im gegebenen Fall ergibt sich die folgende Übertragungsfunktion des Bandpass-Filters:

$$
\begin{aligned}
H(s) \;=\; & (10^{18}s^6 - 6.252776 \cdot 10^6 s^5 - 4.296723 \cdot 10^8 s^4 - 1.828530 \cdot 10^{14} s^3 \\
+\; & 7.541016 \cdot 10^{16} s^2 - 7.482222 \cdot 10^{20} s - 2.745776 \cdot 10^{22}) / (s^{12} \\
+\; & 3863.7033 \cdot s^{11} + 4.346410 \cdot 10^7 s^{10} + 1.250527 \cdot 10^{11} s^9 \\
+\; & 7.266025 \cdot 10^{14} s^8 + 1.559346 \cdot 10^{18} s^7 + 6.022815 \cdot 10^{21} s^6 \\
+\; & 9.356076 \cdot 10^{24} s^5 + 2.615769 \cdot 10^{28} s^4 + 2.701139 \cdot 10^{31} s^3 \\
+\; & 5.632948 \cdot 10^{34} s^2 + 3.004416 \cdot 10^{37} s + 4.6656 \cdot 10^{40}).
\end{aligned}
$$

Der Aufruf [At, Bt, Ct, Dt] = lp2bp(A, B, C, D, Wo, Bw) führt die Transformation der Eingabedaten der Zustandsgleichungen des ursprünglichen Tiefpass-Filters aus:

$$x' = A\,x + B\,u(t),$$
$$y = C\,x + D\,u(t),$$

wobei u das Eingangssignal, x der Zustandsvektor und y das Ausgangssignal darstellen.

Beispiel 8.34
Tiefpass-Filter in Bandsperr-Filter überführen:

Wir berechnen die Koeffizienten der Übertragungsfunktion $H(s)$ des Bandsperr-Filters mit Sperrbereich von 2000 bis 3000 Rad/s durch Transformation eines Tschebyschew-Filters vom Typ I fünfter Ordnung mit Abschneidefrequenz 1 Rad/s und Schwankungen von nicht mehr als 2 dB innerhalb der Bandbreite.

MATLAB:

```
n = 5; Rp = 2.0;
[z,p,k] = cheb1ap(n, Rp);
[b,a] = zp2tf(z,p,k);
W1 = 2000; W2 = 3000; Wo = sqrt(W1*W2); Bw = W2 - W1;
format long e
[bt, at] = lp2bs(b, a, Wo, Bw)
figure(1)
freqs(bt,at);

[A,B,C,D] = tf2ss(b,a);
format short
[At,Bt,Ct,Dt] = lp2bs(A,B,C,D,Wo,Bw)
figure(2)
subplot(2,2,1),zplane(b,a)
```

Dieses MATLAB-Programm gibt die folgenden Vektoren von Koeffizienten des Zählers bt und des Nenners at der Übertragungsfunktion des Bandsperr-Filters aus:

```
bt =
    1.000000000000000e+000     4.782396700875324e-012     2.999999999999997e+007
    1.075956970453262e-004     3.599999999999993e+014     9.331250000000000e+002
    2.159999999999994e+021     3.714318336000000e+009     6.479999999999975e+027
    5.685574627229696e+015     7.775999999999961e+033

at =
    1.000000000000000e+000     5.620839128250984e+003     3.848575134707469e+007
    1.532493446904171e+011     5.213881499175073e+014     1.446528248676203e+018
    3.128328899505044e+021     5.516976408855018e+024     8.312922290968136e+027
    7.284607510213277e+030     7.776000000000006e+033

At =
  1.0e+004 *
  Columns 1 through 7
        0     0.1000          0          0          0     0.2449          0
        0          0     0.1000          0          0          0     0.2449
        0          0          0     0.1000          0          0          0
        0          0          0          0     0.1000          0          0
  -1.2237    -0.8645    -1.8349    -0.8486    -0.5621          0          0
  -0.2449          0          0          0          0          0          0
        0    -0.2449          0          0          0          0          0
        0          0    -0.2449          0          0          0          0
        0          0          0    -0.2449          0          0          0
        0          0          0          0    -0.2449          0          0

  Columns 8 through 10

        0          0          0
        0          0          0
   0.2449          0          0
        0     0.2449          0
        0          0     0.2449
        0          0          0
        0          0          0
        0          0          0
        0          0          0
        0          0          0

Bt =
  1.0e+004 *
        0
        0
        0
        0
   1.2237
        0
        0
        0
        0
        0

Ct =
  Columns 1 through 7
  -1.0000    -0.7065    -1.4995    -0.6935    -0.4593          0          0
```

```
Columns 8 through 10
         0         0         0

Dt =
     1
```

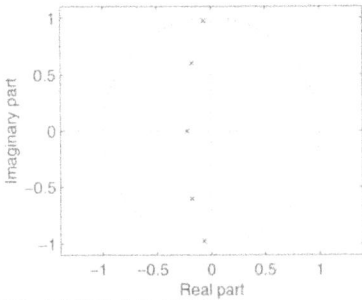

Bild 8.36: *Die Nullstellen und Pole der Übertragungsfunktion des Bandsperr-Filters*

Die MATLAB-Funktionen:

```
[bt, at] = lp2bs(b, a, Wo, Bw)
[At, Bt, Ct, Dt] = lp2bs(A, B, C, D, Wo, Bw)
```

transformieren die Parameter des Prototyps eines Tiefpass-Filters in die Parameter des gesuchten Bandsperr-Filters mit gegebenem Sperrbereich und zentraler Frequenz. Für den Prototyp wird die Abschneidefrequenz von 1 Rad/s angenommen.

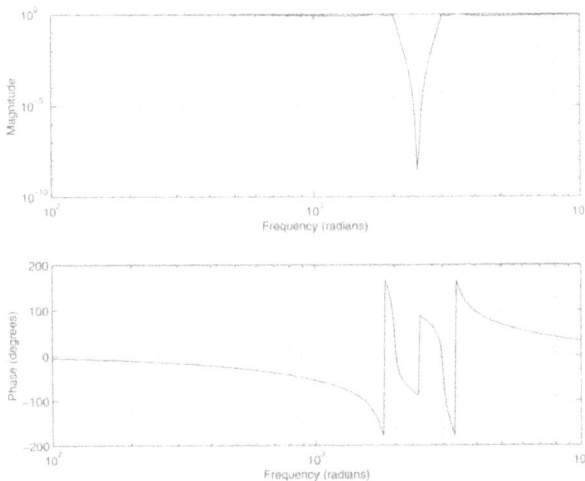

Bild 8.37: *Amplituden- und Phasengang des berechneten Bandsperr-Filters.*

Der Aufruf [bt, at] = lp2bs(b, a, Wo, Bw) führt wieder die Transformation der Eingabedaten der Übertragungsfunktion des Tiefpass-Filters durch. Die skalaren Größen Wo und Bw legen die zentrale Frequenz und den Sperrbereich in Radianten pro Sekunde fest. Für das Sperrfilter mit Sperrbereich von W1 bis W2 werden sie wie folgt berechnet:

```
Wo = sqrt(W1*W2); Bw = W2 - W1
```

Die Koeffizienten des Zählers und Nenners der Übertragungsfunktion des Sperrfilters werden in den Vektoren bt und at ausgegeben, so dass gilt:

$$H(s) = \frac{b(1)\,s^{n_b} + \ldots + b(n_b)\,s + b(n_b + 1)}{a(1)\,s^{n_a} + \ldots + a(n_a)\,s + a(n_a + 1)} \, .$$

Der Aufruf [At, Bt, Ct, Dt] = lp2bs(A, B, C, D, Wo, Bw) führt die Transformation der Eingabeparameter der Zustandsgleichungen aus:

$$x' = A\,x + B\,u(t)\,, \quad y = C\,x + D\,u(t)\,.$$

8.4   Digitale Filter

Aus einem Analogfilter mit der Übertragungsfunktion $H_c(s) = \mathcal{L}(h(t))(s)$ kann man durch Abtasten im Zeitbereich mit der Periode T ein Digitalfilter herstellen mit der Übertragungsfunktion $H(z) = \mathcal{Z}_2(h(n\,T))(z)$. Der Frequenzgang des Digitalfilters steht dann allerdings in dem folgenden Zusammenhang mit dem Frequenzgang des Analogfilters:

$$H\left(e^{i\,\omega}\right) = \frac{1}{T} \sum_{k=-\infty}^{\infty} H_c\left(i\,\frac{\omega + 2\,\pi\,k}{T}\right) \, .$$

Dies ergibt sich sofort aus dem Zusammenhang zwischen der Fouriertransformierten und der z-Transformierten:

$$\mathcal{Z}_2(h(n\,T))\left(e^{i\,\omega}\right) = \frac{1}{T} \sum_{k=-\infty}^{\infty} \mathcal{L}(h(t))\left(i\,\frac{\omega + 2\,\pi\,k}{T}\right) \, .$$

Dieser Übergang ist aber etwas kompliziert und außerdem können Aliasing-Effekte auftreten. Eine andere Möglichkeit besteht darin, dass man mithilfe einer bilinearen Transformation von der Übertragungsfunktion eines Analogfilters zur Übertragungsfunktion eines Digitalfilters übergeht. Eine Transformation der z-Ebene in die s-Ebene der Gestalt

$$s = \frac{a\,z + b}{c\,z + d}$$

mit von Null verschiedenen Konstanten a, b, c, d heißt bilineare Transformation.
Ist T die Abtastperiode auf der Zeit-Achse t und $f_s = \dfrac{1}{T}$ die Abtastrate, dann betrachten wir die folgende bilineare Transformation:

$$s = 2\,f_s\,\frac{z - 1}{z + 1} \, .$$

Wir können diese Transformation umkehren:

$$z = \frac{2\,f_s + s}{2\,f_s - s} \, .$$

Eigenschaften einer bilinearen Abbildung:

Unter der bilinearen Abbildung:

$$z = \frac{2 f_s + s}{2 f_s - s}$$

wird die imaginäre Achse der s-Ebene auf den Einheitskreis in der z-Ebene abgebildet. Punkte aus der linken (rechten) Halbebene $\Re(s) < 0$ ($\Re(s) > 0$) werden in das Innere (Äußere) des Einheitskreises $|z| < 1$ ($|z| > 1$) abgebildet.

s-Ebene z-Ebene

Bild 8.38: *Abbildung der s-Ebene auf die z-Ebene unter der bilinearen Transformation*
$$z = \frac{2 f_s + s}{2 f_s - s}$$

Auf der imaginären Achse $s = i\Omega$ haben wir:

$$z = \frac{2 f_s + i\Omega}{2 f_s - i\Omega}$$

und somit

$$|z| = \frac{|2 f_s + i\Omega|}{|2 f_s - i\Omega|} = 1 \,.$$

Nun setzen wir $s = \sigma + i\Omega$ in die bilineare Transformation ein und bekommen

$$z = \frac{2 f_s + \sigma + i\Omega}{2 f_s - \sigma - i\Omega}$$

bzw.

$$|z|^2 = \frac{(2 f_s + \sigma)^2 + \Omega^2}{(2 f_s - \sigma) + \Omega^2} \,.$$

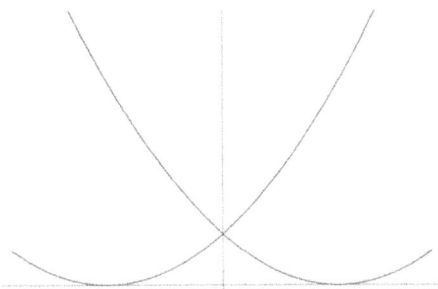

Bild 8.39: *Die Parabeln $(2 f_s + \sigma)^2$ (nach links verschoben) und $(2 f_s - \sigma)^2$ (nach rechts verschoben)*

Betrachtet man die sich für $\sigma = 0$ schneidenden Parabeln $(2 f_s + \sigma)^2$ und $(2 f_s - \sigma)^2$, so erkennt man, dass gilt $|z| < 1$ für $\sigma < 0$ und $|z| > 1$ für $\sigma > 0$.

Unter einer bilinearen Transformation entsteht also aus einem Analogprototyp mit der Übertragungsfunktion $H_c(s)$ die Übertragungsfunktion $H(z)$ eines digitalen Filters gemäß:

$$H(z) = H_c \left(2\, f_s\, \frac{z-1}{z+1} \right).$$

Da Punkte aus der linken Halbebene $\Re(s) < 0$ in das Innere des Einheitskreises $|z| < 1$ abgebildet werden, wird ein stabiles Analogfilter in ein stabiles Digitalfilter transformiert.

Die rationale Funktion $H_c(s) = \dfrac{P_c(s)}{Q_c(s)}$, $(Grad(P_c) < Grad(Q_c))$, geht durch die Transformation in eine rationale Funktion $H(z) = \dfrac{P(z)}{Q(z)}$ über. Der Grad des Nennerpolynoms bleibt dabei erhalten, während der Grad des Zählerpolynoms größer wird. Nehmen wir die Übertragungsfunktion

$$H_c(s) = \frac{1}{s+a}.$$

Durch die Transformation entsteht die Übertragungsfunktion:

$$H(z) = H_c \left(2\, f_s\, \frac{z-1}{z+1} \right) = \frac{z+1}{2\, f_s\, z - 2\, f_s + a\, z + a}.$$

Der Grund dafür liegt in folgender Tatsache. Die Funktion $H(s)$ verschwindet im Unendlichen ($s = \infty$), und dieser Wert wird unter der bilinearen Transformation auf den Punkt $z = -1$ abgebildet.

Setzen wir in der Übertragungsfunktion $H(z)$ des Digitalfilters $z = e^{i\omega}$ und $s = i\Omega$ in der Übertragungsfunktion des analogen Ausgangsfilters, so erhalten wir jeweils den Frequenzgang. Aus der bilinearen Transformation

$$s = 2\, f_s\, \frac{z-1}{z+1}$$

ergibt sich:

$$i\,\Omega = 2\, f_s\, \frac{e^{i\omega}-1}{e^{i\omega}+1} = 2\, f_s\, \frac{e^{i\frac{\omega}{2}} - e^{-i\frac{\omega}{2}}}{e^{i\frac{\omega}{2}} - e^{-i\frac{\omega}{2}}} = 2\, f_s\, i\, \tan\left(\frac{\omega}{2}\right).$$

Hieraus bekommen wir folgenden Zusammenhang der diskreten und analogen Frequenzen:

$$\Omega = \frac{2}{T}\, \tan\left(\frac{\omega}{2}\right) \quad\Longleftrightarrow\quad \omega = 2\, \arctan\left(\frac{\Omega\, T}{2}\right)$$

und schließlich die Beziehung zwischen dem diskreten und dem analogen Frequenzgang:

$$H\left(e^{i\omega}\right) = H_c\left(i\, \frac{2}{T}\, \tan\left(\frac{\omega}{2}\right)\right).$$

Die analoge Frequenzachse wird durch

$$\omega = 2\, \arctan\left(\frac{\Omega\, T}{2}\right)$$

auf das Intervall $[-\pi, \pi]$ auf der digitalen Frequenzachse abgebildet. Ersetzt man ω durch ωT:

$$T\,\omega = 2\,\arctan\left(\frac{\Omega\,T}{2}\right),$$

so ergibt sich das Bildintervall $\left[-\frac{\pi}{T}, \frac{\pi}{T}\right]$. Die ganze analoge Frequenzachse wird also auf ein Intervall mit der Nyquistlänge $2\frac{\pi}{T}$ abgebildet.

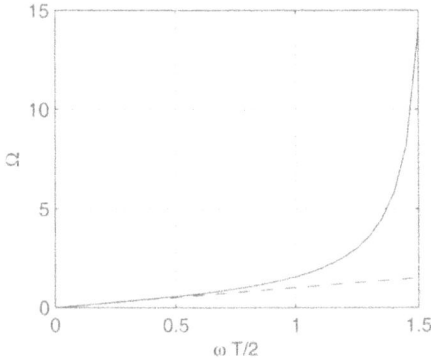

Bild 8.40: *Die Funktion*
$\Omega(\omega\,T)$
für $T = 2$ mit linearer Näherung

Für kleine ω kann die Abbildung $\Omega \to \omega$ gut durch die Tangente im Nullpunkt angenähert werden. In etwas größerer Entfernung vom Nullpunkt wird die Abbildung stark nichtlinear. Dies führt zur einer Deformation der Frequenz.

Mit der bilinearen Abbildung kann man digitale Filter entwerfen, die vorgegebene Abschneidefrequenzen aufweisen. Wenn wir ein digitales Filter mit den Abschneidefrequenzen ω_1, ω_2, ω_3, ω_4 konstruieren wollen, können wir nach der Formel

$$\Omega_k = 2\,f_s\,\tan\left(\frac{\omega_k\,T}{2}\right), \quad k = 1, 2, 3, 4,$$

die entsprechenden Abschneidefrequenzen Ω_1, Ω_2, Ω_3, Ω_4 berechnen. Danach wird ein Analogfilter mit ebendiesen Abschneidefrequenzen entworfen. Durch die bilineare Umformung $s \to z$ gehen wir dann zu einem Digitalfilter mit vorgegebenen Abschneidefrequenzen ω_1, ω_2, ω_3, ω_4 über.

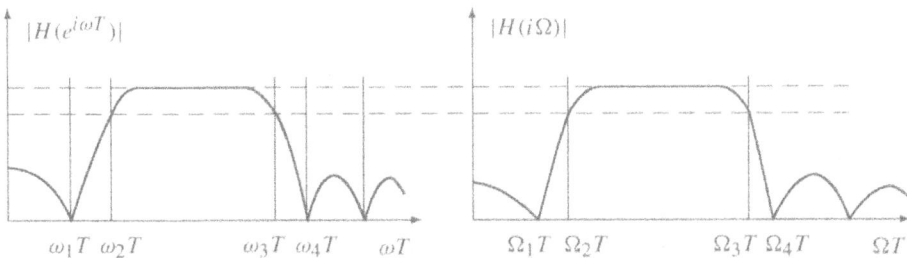

Bild 8.41: *Übergang der Übertragungsfunktion vom analogen Filter (rechts) zum Digitalfilter (links)*

Wie im Fall der Analogfilter kann man mit einfachen Umformungen aus einem digitalen Tiefpass-Filters (mit Abschneidefrequenz ω_c) weitere digitale Filter erzeugen, nämlich Tiefpass-Filter (mit anderer Abschneidefrequenz), Hochpass-Filter, Bandpass-Filter und Bandsperr-Filter. Wir geben entsprechende Umformungen der Variablen z an:

1. $$z^{-1} \rightarrow \frac{z^{-1} - \alpha}{1 - \alpha \, z^{-1}} \quad \text{Tiefpass-Filter} \rightarrow \text{Tiefpass-Filter},$$

wobei

$$\alpha = \frac{\sin \left(\frac{\omega_c - \omega_u}{2} \, T \right)}{\sin \left(\frac{\omega_c + \omega_u}{2} \right)} .$$

(ω_u ist die vorgeschriebene Abschneidefrequenz des Tiefpass-Filters).

2. $$z^{-1} \rightarrow \frac{z^{-1} + \beta}{1 + \beta \, z^{-1}} \quad \text{Tiefpass-Filter} \rightarrow \text{Hochpass-Filter},$$

wobei

$$\beta = -\frac{\cos \left(\frac{\omega_c - \omega_u}{2} \, T \right)}{\cos \left(\frac{\omega_c + \omega_u}{2} \, T \right)} ,$$

(ω_u ist die vorgeschriebene Abschneidefrequenz des Hochpass-Filters).

3. $$z^{-1} \rightarrow -\frac{z^{-2} - 2\gamma \frac{k_1}{k_1+1} z^{-1} + \frac{k_1-1}{k_1+1}}{\frac{k_1-1}{k_1+1} z^{-2} - 2\gamma \frac{k_1}{k_1+1} z^{-1} + 1} , \quad \text{Tiefpass-Filter} \rightarrow \text{Bandpass-Filter},$$

wobei

$$\gamma = \cos(\omega_0 T) = \frac{\cos \left(\frac{\omega_u + \omega_l}{2} \, T \right)}{\cos \left(\frac{\omega_u - \omega_l}{2} \, T \right)} , \quad k_1 = \cotan \left(\left(\frac{\omega_u - \omega_l}{2} \right) T \right) \tan \left(\frac{\omega_c T}{2} \right) .$$

(ω_0 ist die vorgeschriebene zentrale Frequenz des Bandpass-Filters und $\omega_l \leq \omega \leq \omega_u$ ist die vorgeschriebene Bandbreite).

4. $$z^{-1} \rightarrow \frac{z^{-2} - 2 \frac{\delta}{1+k_2} z^{-1} + \frac{1-k_2}{1+k_2}}{\frac{1-k_2}{1+k_2} z^{-2} - 2 \frac{\delta}{1+k_2} z^{-1} + 1} , \quad \text{Tiefpass-Filter} \rightarrow \text{Bandsperr-Filter},$$

wobei

$$\delta = \cos(\omega_0 T) = \frac{\cos \left(\frac{\omega_u - \omega_l}{2} \, T \right)}{\cos \left(\frac{\omega_u + \omega_l}{2} \, T \right)} \quad k_2 = \tan \left(\left(\frac{\omega_u - \omega_l}{2} \right) T \right) \tan \left(\frac{\omega_0 T}{2} \right)$$

(ω_0 ist die vorgeschriebene zentrale Frequenz des Bandsperr-Filters und $\omega_l \leq \omega \leq \omega_u$ ist der vorgeschriebene Sperrbereich).

Bei der Umformung eines digitalen Filters mit einer bilinearen Transformation geht eine gebrochen rationale Übertragungsfunktion in eine neue gebrochen rationale Übertragungsfunktion über. Der Frequenzbereich wird durch diese Umformungen verändert, der Amplitudengang bleibt jedoch erhalten. Man kann sich leicht davon überzeugen, dass der Einheitskreis unter diesen Abbildungen ein oder mehrere Male auf sich abgebildet wird. Deshalb bleibt der Amplitudengang des ursprünglichen Filters erhalten. Die Werte, welche für die Bandbreite des ursprünglichen Filters charakteristisch sind, werden vom neuen Filter jedoch in einem transformierten Bereich angenommen.

Der Entwurf eines digitalen Filters auf der Basis von Analogprototypen wird in folgenden Schritten durchgeführt:

- Analoges Tiefpass-Filter

- Diskretisierung des Filters

- Umformung des Frequenzbereichs

- Digitales Filter mit vorgeschriebener Charakteristik

Man kann aber auch zuerst das analoge Tiefpass-Filter in anderes Analogfilter umformen und anschließend durch Diskretisierung zu dem digitalen Filter mit den vorgeschriebenen Charakteristiken gelangen:

- Analoges Tiefpass-Filter

- Umformung des Analogfilters

- Diskretisierung des Filters

- Digitales Filter mit vorgeschriebener Charakteristik

Beide Verfahren für den Entwurf digitaler Filter auf der Basis von Analogprototypen liefern ungefähr gleichwertige Resultate.

Beispiel 8.35
Analogfilter und digitale IIR-Filter mit MATLAB berechnen:

Zur Berechnung von Analogfiltern und digitalen IIR-Filtern mit gegebener Filterordnung und Abschneidefrequenz ω_c verfügt MATLAB über verschiedene Funktionen wie besself, butter, cheby1, cheby2, ellip. Diese Funktionen besitzen die folgenden allgemeinen Eigenschaften:

- Man kann Filter folgender Typen berechnen: Tiefpass-Filter, Hochpass-Filter, Bandsperr-Filter oder Bandpass-Filter. Die entsprechende Option 'ftype' muss nach der folgenden Tabelle eingegeben werden:

Wert von ftype	Filtertyp
high	Tiefpass-Filter
stop	Sperrfilter

Falls keine der Optionen 'high', 'stop' angegeben wird, entwirft MATLAB ein Tiefpass-Filter. Wird beim Aufruf der Funktion das zweite Argument als Vektor mit zwei Komponenten $W1$ und $W2$ eingegeben, dann werden die Parameter des Bandpasses mit der Bandbreite $W1 \leq \omega \leq W2$ berechnet. Gibt man zusätzlich die Option 'stop' am Ende der Liste der Eingabeparameter ein, dann werden die Parameter des Sperrfilters berechnet. Der Sperrbereich wird dabei durch die beiden Komponenten des zweiten Arguments der MATLAB-Funktion gegeben.

- In Abhängigkeit von der Zahl der Ausgabeparameter im Aufruf der MATLAB-Funktion, können die Ergebnisse der Berechnung des Filters folgende Gestalt annehmen:

```
[b, a] = ellip(n, Wn, 'ftype')
[z, p, k] = ellip(n, Wn, 'ftype')
[A, B, C, D] = ellip(n, Wn, 'ftype')
```

Gibt man zwei Ausgabeparameter ein, dann werden sie mit den Koeffizienten des Zählers und Nenners der Übertragungsfunktion belegt. Gibt man drei Ausgabeparameter ein, dann werden sie mit den Nullstellen-und Polstellenvektoren sowie den Verstärkungskoeffizienten belegt. Gibt man vier Ausgabeparameter ein, dann werden sie mit den Matrizen der Zustandsraumdarstellung des zu entwerfenden Filters belegt:

$$x(n+1) = A\,x(n) + B\,u(n)\,, \quad y(n) = C\,x(n) + D\,u(n),$$

wobei u der Eingang, x der Zustandsvektor und y der Ausgang ist. Bei der Berechnung eines Analogfilters (mit der Option 's') wird das Filter im Zustandsraum wie folgt beschrieben:

$$x' = A\,x + B\,u\,, \quad y = C\,x + D\,u\,.$$

- Fast alle obige Funktionen können für den Entwurf von Analogfiltern und Digitalfiltern eingesetzt werden. Mit der Option 's' als letztes Argument beim Aufruf stellt man auf Analogfilter um. Eine Ausnahme bildet dabei das Bessel-Filter, welches kein digitales Analogon besitzt.

Wir demonstrieren das Berechnungsverfahren anhand eines Butterworth-Hochpass-Filters 6. Ordnung mit Abschneidefrequenz 400 Hz (Diskretisierungsfrequenz 1000 Hz). Der Wert der Abschneidefrequenz Wn muss beim Aufruf der obigen MATLAB-Funktionen als normierte Frequenz eingegeben wird. Das heißt, dass dieser Wert im Intervall [0, 1] liegen muss, wobei 1 der halben Diskretisierungsfrequenz, oder der Nyquist-Frequenz, entspricht.

MATLAB:
```
[b,a] = butter(6, 400/500, 'high');
freqz(b, a, 128, 1000)
```

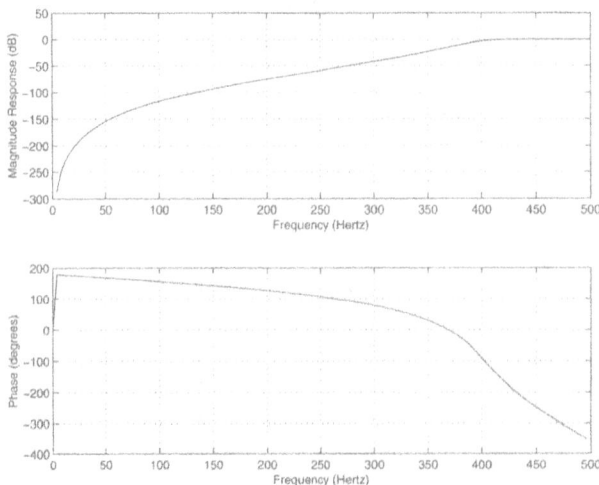

Bild 8.42: *Die Amplitudengang (oben) und Phasengang (unten) eines Butterworth- Hochpass-Filters der 6. Ordnung.*

Beispiel 8.36
Butterworth-Bandpass-Filter 9. Ordnung berechnen:

Wir berechnen ein Butterworth-Bandpass-Filter 9. Ordnung mit Bandbreite von 150 bis 250 Hz
und zeichnen die Impulsantwort.

MATLAB:
```
n = 9; Wn = [150 250]/500;
[b,a] = butter(n, Wn);
[y, t] = impz(b, a, 101);
stem(t, y)
```

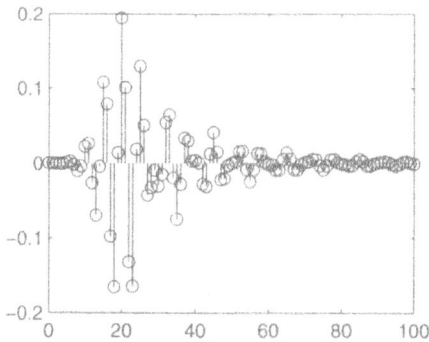

Bild 8.43: *Die Impulsantwort
des
Butterworth-Bandpass-Filters
der 9. Ordnung.*

Bei der Berechnung von Filtern hoher Ordnung ergeben sich die besten Ergebnisse, wenn man
mit dem Filtermodell im Zustandsraum arbeitet. Die Modellierung im Bildraum mit der Übertragungsfunktion weist eine geringere Genauigkeit auf. Schon für Filter 15. Ordnung können
beträchtliche Fehler auftreten.

Der Algorithmus für die Berechnung des Butterworth-Filters besteht aus fünf Schritten:

1. Berechnung der Nullstellen, Pole und des Verstärkungsfaktors des Analogprototyps des
   Tiefpass-Filters,

2. Darstellung des Prototyps im Zustandsraum,

3. Berechnung der Parameter des gesuchten Filters aus den Parametern des Prototyps,

4. Bilineare Umformung unter Beachtung einer eventuellen Verzerrung bei der Berechnung
   digitaler Filter,

5. Umformung des Modells im Zustandsraums in den Bildraum, Darstellung der Übertragungsfunktion, Nullstellen und Pole.

Die MATLAB-Funktion `impz` berechnet die Impulsantwort des digitalen Filters. Man kann auf
verschiedene Arten auf diese Funktion zugreifen. Der Zugriff `[h, t] = impz(b, a)` berechnet die Impulsantwort des digitalen Filters aus den Vektoren der Koeffizienten des Nenners
a und des Zählers b der Übertragungsfunktion $H(z)$:

$$H(z) = \frac{b(1) + b(2)\,z^{-1} + \cdots + b(n_b + 1)\,z^{-n_b}}{1 + a(2)\,z^{-1} + \cdots + a(n_a + 1)\,z^{-n_a}}.$$

Der Spaltenvektor h gibt die Abtastwerte der Impulsantwort für die Zeitpunkte aus, die im Spaltenvektor t = [0:k - 1] gespeichert sind. Der Wert von k wird im Lauf der Berechnungen ermittelt. Die Funktion [h, t] = impz(b, a, n) berechnet die gegebene Zahl n der Abtastwerte der Impulsantwort. Die Funktion [h, t] = impz(b, a, n, Fs) berechnet n Abtastwerte der Impulsantwort und skaliert t, sodass die Abtastperiode Δt = 1/Fs beträgt. (Die Standardannahme ist Fs = 1). Ruft man die Funktionen impz(b,a) und impz(...) ohne die Ausgabeparameter auf, so wird die Impulsantwort berechnet und geplottet.

Beispiel 8.37
Digitales Tschebyschew-Tiefpass-Filter vom Typ I berechnen:

Wir berechnen das Tschebyschew-Tiefpass-Filter vom Typs I der Ordnung 8 mit Abschneidefrequenz 350 Hz, maximalen Schwankungen von 0.5 dB in der Bandbreite (Diskretisierungsfrequenz 1000 Hz) und plotten die Amplitudenfrequenzkennlinien. Die Funktionen cheby1 unterscheiden sich vom butter nur durch das Vorhandensein des Parameters Rp. Alle anderen Parameter werden analog für die Berechnung von digitalen und Analogfiltern eingegeben. Der Parameter Rp legt die maximalen Schwankungen in der Bandbreite in Dezibel fest. Der Aufruf [b, a] = cheby1(n, Rp, Wn) gibt zwei Vektoren der Koeffizienten a und b der Übertragungsfunktion $H(z)$ aus. Die Abschneidefrequenz befindet sich am Rande der Bandbreite. Der absolute Wert des Amplitudengangs genommen bei der Abschneidefrequenz ist gleich Rp dB. Beim Zugriff auf die Funktion cheby1 wird die Abschneidefrequenz durch eine Zahl aus dem Intervall von 0 bis 1 eingegeben, wobei 1 der Nyquist-Frequenz entspricht.

MATLAB:
```
[b, a] = cheby1(8, 0.5, 350/500);
freqz(b, a, 512, 1000)
```

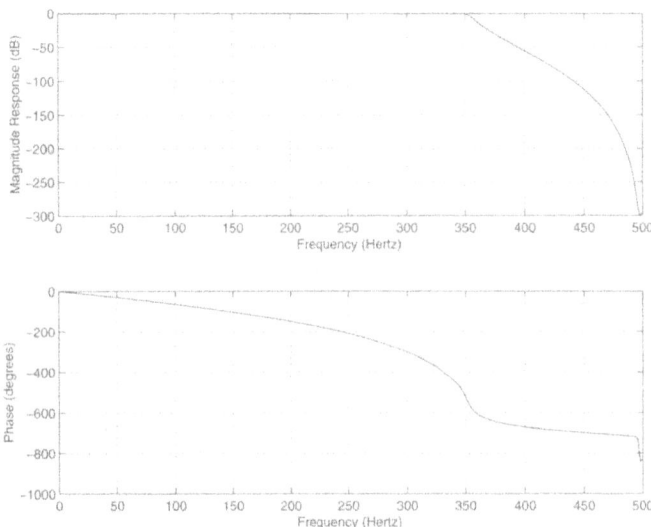

Bild 8.44: *Die Amplitudenfrequenzkennlinien des Tschebyschew-Tiefpassfilters des Typs I der 8. Ordnung.*

Beispiel 8.38
Digitales Tschebyschew-Bandpass-Filter berechnen:

Wir berechnen ein Tschebyschew-Bandpass-Filter 10. Ordnung mit einer Bandbreite von 120
bis 240 Hz und plotten die Impulsantwort.

MATLAB:
```
n = 10; Rp = 0.5; Wn = [120 240]/500;
[b,a] = cheby1(n, Rp, Wn);
[y, t] = impz(b, a, 101); stem(t, y);
```

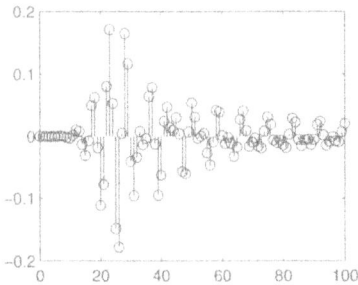

Bild 8.45: *Die*
Impulscharakteristik des
Tschebyschew-Bandpasses des
Typs I der 10. Ordnung.

Die Ergebnisse werden hier wieder genauer, wenn man mit den Modellgleichungen im Zustandsraum arbeitet.

Beispiel 8.39
Analoges Tschebyschew-Bandsperr-Filter berechnen:

Wir berechnen ein Tschebyschew-Bandsperr-Filter vom Typ II der 6. Ordnung mit dem Sperrbereich von 150 bis 250 Hz und der Dämpfung von nicht weniger als 30 dB im Sperrbereich
(Diskretisierungsfrequenz 1000 Hz) und plotten den Amplituden- und Phasengang.

MATLAB:
```
n = 6; Rs = 30; Wn = [150 250];
[b,a] = cheby2(n, Rs, Wn, 'stop', 's');
freqs(b, a);
```

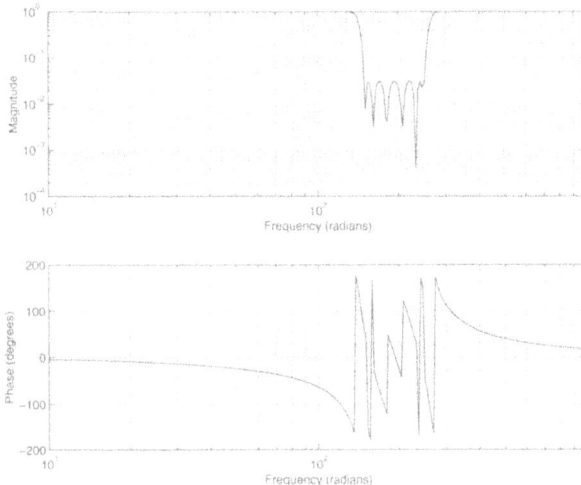

Bild 8.46: *Amplituden-*
und Phasengang des
analogen Tschebyschew
-Bandsperr-Filters des
Typs II der 6. Ordnung.

Beispiel 8.40
Bestimmung der Filterordnung:

MATLAB enthält eine Gruppe von Funktionen:

```
buttord, cheblord, cheb2ord, ellipord,
```

mit deren Hilfe die minimale Ordnung der Analog- oder Digital-Filter bestimmt werden können, welche den gestellten Anforderungen genügen. Diese Funktionen berechnen die minimale Ordnung des Filters aus den folgenden Parametern:

Wp = die Abschneidefrequenz,

Ws = die Sperrfrequenz,

Rp = die maximal zulässige Schwankung in der Bandbreite, in dB,

Rs = die minimale Dämpfung im Sperrbereich, in dB.

Alle Funktionen werden auf dieselbe Art aufgerufen, deshalb wird im Folgenden nur der Einsatz der Funktion buttord dargestellt. Die Funktion buttord bestimmt die minimale Ordnung des analogen oder digitalen Butterworth-Filters. Der Aufruf [n, Wn] = buttord(Wp, Ws, Rp, Rs) liefert die minimale Ordnung n des digitalen Butterworth-Filters, welches eine Dämpfung von nicht mehr als Rp dB in der Bandbreite und nicht weniger als Rs dB im Sperrbereich garantiert. Der Wert von Wp ist normiert und soll im Intervall von 0 bis 1 liegen, wobei 1 der halben Diskretisierungsfrequenz, oder der Nyquist-Frequenz, entspricht. Die Größe Ws liegt im selben Intervall wie Wp. Die Bandbreite liegt im Frequenzintervall von 0 bis Wp. Der Sperrbereich liegt im Intervall von Ws bis 1. Außer der minimalen Ordnung n wird auch die Abschneidefrequenz Wn berechnet. Diese kann weiter als Eingabeparameter für die Funktion butter verwendet werden zur Berechnung der Parameter des Butterworth-Filters, das den Forderungen an die Parameter Wp, Ws, Rp und Rs genügt.

Die Funktion buttord kann eingesetzt werden zur Berechnung der minimalen Ordnung der Tiefpass-, Hochpass-Filter, Bandpass- und Bandsperr-Filter. Für die Hochpass-Filter muss der Wert von Wp größer sein als der Wert von Ws. Für die Bandpass- und Bandsperr-Filter müssen Wp und Ws Vektoren mit zwei Komponenten sein, welche die Randfrequenzen der Sperr- bzw. Durchlassbereiche festlegen. Dabei muss die erste Komponente kleiner sein als die zweite Komponente. Für die Bandpass- und Bandsperr-Filter stellt der Parameter Wn, der von der Funktion buttord ausgegeben wird, einen Zeilenvektor mit zwei Komponenten dar.

Bei der Berechnung der Ordnung des Butterworth-Filters werden die Formeln eingesetzt, die für Analogfilter hergeleitet wurden. Werden diese Formeln auf digitale Filter angewendet, dann wird die Frequenz umgeformt. Wenn ein Bandpass- oder Bandsperr-Filter implementiert werden soll, das eine (in der Bandbreite) variable Dämpfung im Sperrbereich gewährleistet, muss man die Parameter des Tiefpass- und Hochpass-Filters berechnen und die Filter anschließend in Reihe schalten. Der Aufruf [n, Wn] = buttord(Wp, Ws, Rp, Rs, 's') ergibt die minimale Ordnung n des analogen Butterworth-Filters, das eine Dämpfung von nicht mehr als Rp dB in der Bandbreite und nicht weniger als Rs dB im Sperrbereich aufweist. Die Frequenzen Wp und Ws werden in diesem Fall in Radian pro Sekunde eingegeben und können 1 überschreiten. Ansonsten wird die Funktion buttord wie im digitalen Fall eingesetzt.

Beispiel 8.41
Digitales Butterworth-Tiefpass-Filter berechnen:

Wir berechnen das digitale Butterworth-Tiefpass-Filter mit einer Dämpfung höchstens 4 dB im
Frequenzbereich von 0 bis 150 Hz und mindestens 20 dB im Frequenzbereich von
200 Hz bis zur Nyquist-Frequenz (Diskretisierungsfrequenz 1000 Hz).

MATLAB:
```
Wp = 150/500; Ws = 200/500;
[n, Wn] = buttord(Wp, Ws, 4, 20)
[b,a] = butter(n, Wn); freqz(b, a, 512, 1000);
```

Dieses MATLAB-Programm ergibt folgende numerischen Werte:

```
n =
    6

Wn =
    0.2928
```

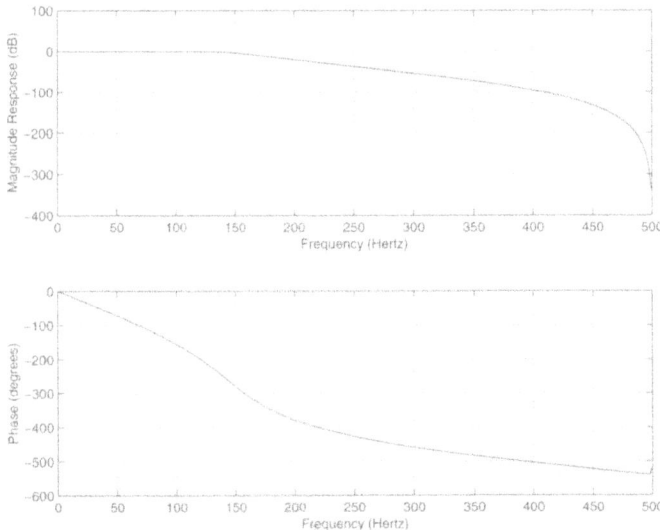

Bild 8.47: *Amplituden-und Phasengang des digitalen Butterworth-Tiefpass-Filters der 6. Ordnung.*

Beispiel 8.42
Digitales Tschebyschew-Bandpass-Filter berechnen:

Wir berechnen das digitale Tschebyschew-Bandpass-Filter vom Typ I mit der Bandbreite von
120 bis 240 Hz, der Dämpfung in der Bandbreite von höchstens 3 dB. Gehen wir um 40 Hz
nach links und nach rechts von der Bandbreite, dann soll der Amplitudengang um höchstens
20 dB abklingen, (Diskretisierungsfrequenz 1000 Hz).

MATLAB:
```
Wp = [120 240]/500; Ws = [80 280]/500;
Rp = 3; Rs = 20; [n, Wn] = cheb1ord(Wp, Ws, Rp, Rs)
[b,a] = cheby1(n, Rp, Wn); freqz(b, a, 128, 1000);
```

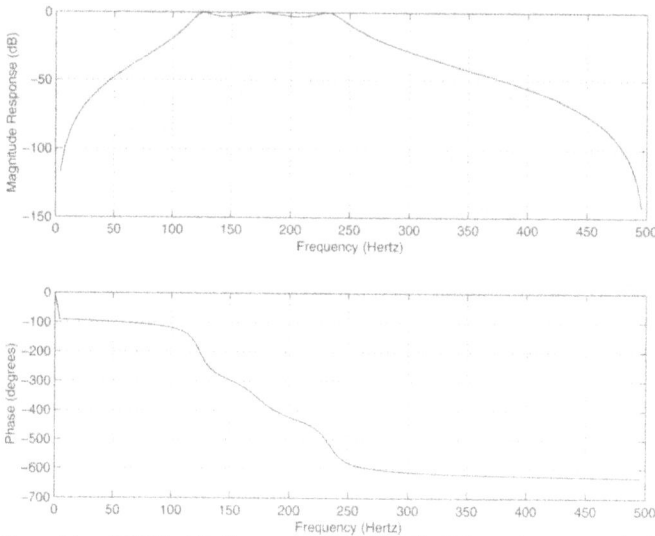

Bild 8.48: *Amplituden-und Phasengang des digitalen Tschebyschew-Bandpass-Filters vom Typ I der 3. Ordnung*

Das obige MATLAB-Programm ergibt die folgenden numerischen Resultate:

```
n =
     3

Wn =
     0.2400    0.4800
```

Beispiel 8.43
Digitales Tschebyschew-Hochpass-Filter berechnen:

Wir berechnen das digitale Tschebyschew-Hochpass-Filter vom Typ II mit der Abschneide-frequenz 300 Hz. Der Rand des Sperrbereichs soll bei 250 Hz liegen. Die Dämpfung in der Bandbreite höchstens 3 dB und im Sperrbereich mindestens 15 dB bertragen, (Diskretisierungs-frequenz 1000 Hz).

MATLAB:

```
Wp = 300/500; Ws = 250/500; Rp = 3; Rs = 15;
[n, Wn] = cheb2ord(Wp, Ws, Rp, Rs)
[b,a] = cheby2(n, Rs, Wn, 'high');
freqz(b, a, 128, 1000);
```

Dieses MATLAB-Programm liefert folgende numerische Werte:

```
n =
     3

Wn =
     0.5093
```

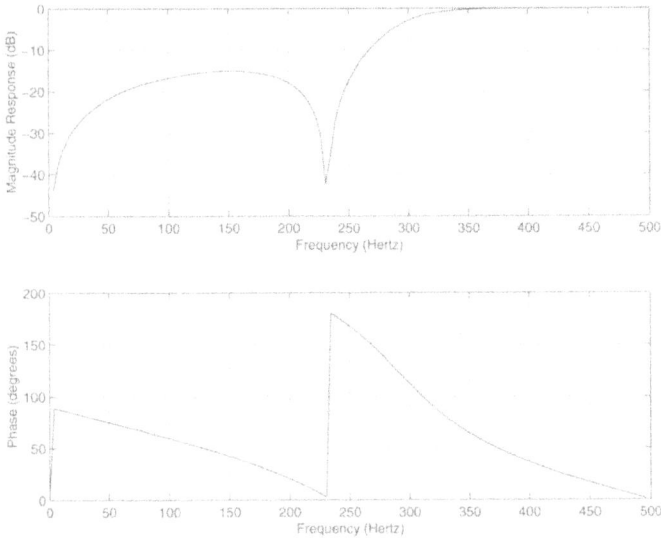

Bild 8.49: *Amplituden- und Phasengang des digitalen Tschebyschew- Hochpass-Filters vom Typ II der 3. Ordnung*

Beispiel 8.44
Digitales elliptisches Bandsperr-Filter berechnen:

Wir berechnen das digitale elliptische Bandsperr-Filter mit dem Sperrbereich von 100 bis 200 Hz. Die Dämpfung im Sperrbereich soll mindestens 30 dB betragen. Gehen wir um 50 Hz nach links und nach rechts vom Sperrbereich, dann soll der Amplitudengang um höchstens 3 dB abklingen, (Diskretisierungsfrequenz 1000 Hz).

MATLAB:

```
Ws = [100 200]/500; Wp = [50 250]/500;
Rp = 3; Rs = 30;
[n, Wn] = ellipord(Wp, Ws, Rp, Rs)
[b,a] = ellip(n, Rp, Rs, Wn, 'stop');
freqz(b, a, 128, 1000);
```

Dieses MATLAB-Programm liefert folgende numerische Werte:

```
n =
    3

Wn =
    0.1476    0.5000
```

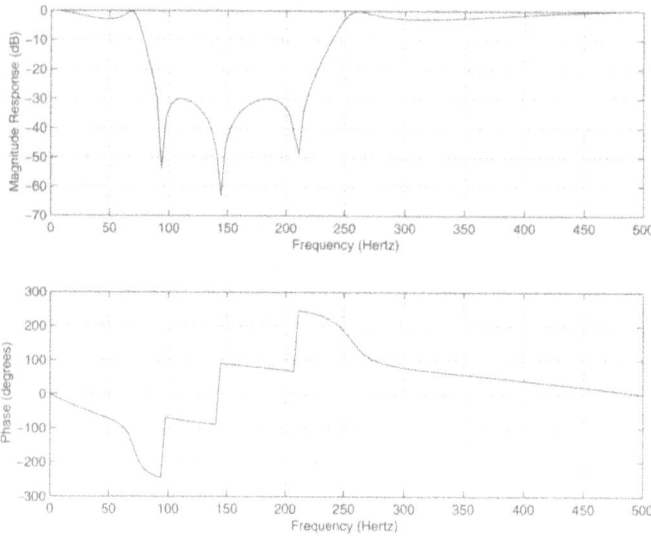

Bild 8.50: *Amplituden- und Phasengang des digitalen elliptischen Bandsperr-Filters der 3. Ordnung*

8.5 Filter mit linearer Phase

Ein System $\displaystyle\sum_{k=0}^{N_a} a_k\, y(n-k) = \sum_{k=0}^{N_b} b_k\, u(n-k)$ mit der Übertragungsfunktion:

$$H(z) = \frac{\displaystyle\sum_{k=0}^{N_b} b_k\, z^{-k}}{\displaystyle\sum_{k=0}^{N_a} a_k\, z^{-k}}\,,$$

antwortet auf den Einheitsimpuls

$$u(n) = \delta(n) = \begin{cases} 1 & , \quad n = 0\,, \\ 0 & , \quad \text{sonst}\,, \end{cases}$$

mit der Rücktransformierten der Übertragungsfunktion. Bei einem FIR-Filter wird die Impulsantwort durch eine endliche Folge gegeben. Die Übertragungsfunktion eines FIR-Filters muss folgende Gestalt annehmen:

$$H(z) = \sum_{n=-M}^{N} h(n)\, z^{-n}\,.$$

Ist $N > 0$, so bekommen wir eine Anwort bevor der Impuls einsetzt. Wir gehen über zu physikalisch realisierbaren Filtern mit der Übertragungsfunktion:

$$H(z) = \sum_{k=0}^{N-1} h_k\, z^{-k}\,.$$

Da der Nenner identisch gleich 1 ist, können die Koeffizienten der Übertragungsfunktion in einem einzigen Vektor b abgespeichert werden. Ein solches Filter wird durch die nichtrekursive Differenzengleichung beschrieben:

$$y(n) = \sum_{k=0}^{N-1} h_k\, u(n-k)\,.$$

Der Frequenzgang des Filters $H\left(e^{i\,\omega}\right) = \sum_{k=0}^{N-1} h_k\, e^{-i\,\omega k}$

ist 2π-periodisch auf der Frequenzachse, d.h.

$$H(e^{i\,\omega}) = H\left(e^{i\,(\omega \pm 2\pi m)}\right)\,, \quad m = 0, 1, 2, \dots\,.$$

Wir stellen den Frequenzgang in Polarform durch den Amplituden-und Phasengang dar:

$$H\left(e^{i\,\omega}\right) = A(\omega)\, e^{i\,\theta(\omega)}\,.$$

Ferner nehmen wir an, dass die Folgenglieder h_k reell sind. Es gilt dann

$$H\left(e^{i\,(-\omega)}\right) = \overline{H\left(e^{i\,\omega}\right)}$$

und hieraus folgt:

$$A(\omega) = A(-\omega)\,, \quad \theta(\omega) = -\theta(-\omega)\,, \quad 0 \le \omega \le \pi\,.$$

Nun fordern wir die Linearität des Phasengangs. Die Funktion $\theta(\omega)$ soll folgende Gestalt annehmen:

$$\theta(\omega) = -\alpha\,\omega\,, \quad -\pi \le \omega \le \pi\,,$$

mit der konstanten Phasenverzögerung α. Diese Forderung bedeutet:

$$H\left(e^{i\,\omega}\right) = A(\omega)\, e^{-i\,\alpha\,\omega} = \sum_{k=0}^{N-1} h_k\, e^{-i\,\omega k}\,.$$

Spalten wir diese Gleichung in Real-und Imaginärteil auf, so ergeben sich die Bedingungen:

$$A(\omega)\,\cos(\alpha\,\omega) = \sum_{k=0}^{N-1} h_k\,\cos(\omega k)\,, \quad A(\omega)\,\sin(\alpha\,\omega) = \sum_{k=1}^{N-1} h_k\,\sin(\omega k)\,.$$

Durch Division wird der Phasengang eliminiert:

$$\tan(\alpha\,\omega) = \frac{\displaystyle\sum_{k=1}^{N-1} h_k\,\sin(\omega k)}{\displaystyle h_0 + \sum_{k=1}^{N-1} h_k\,\cos(\omega k)}\,.$$

Betrachten wir zuerst den trivialen Fall $\alpha = 0$. Dann ist $\tan(\alpha\omega) = 0$, und wir bekommen die Impulsantwort $h_k = 0$, $k \neq 0$, mit beliebigem h_0. Diese Folge stellt den mit einem Faktor versehenen Einheitsimpuls dar.

Im Fall $\alpha \neq 0$ schreiben wir die Bedingung wie folgt:

$$\sum_{k=0}^{N-1} h_k\,\sin(\alpha\,\omega)\,\cos(\omega k) - \sum_{k=1}^{N-1} h_k\,\cos(\alpha\,\omega)\,\sin(\omega k) = 0\,.$$

bzw.

$$h_k\,\sin(\alpha\,\omega) + \sum_{k=1}^{N-1}(h_k\,\sin(\alpha\,\omega)\,\cos(\omega k) - h_k\,\cos(\alpha\,\omega)\,\sin(\omega k)) = 0\,.$$

Auf der linken Seite steht eine Fourierreihe, und die Lösung ergibt sich durch Nullsetzen der Fourier-Koeffizienten. Man kann auch so vorgehen, dass man die Bedingung umschreibt:

$$\sum_{k=0}^{N-1} h_k\,\sin((\alpha - k)\,\omega) = 0\,.$$

Diese Gleichung besitzt folgende Lösungen:

$$\alpha = \frac{N-1}{2}\,, \qquad h_k = h_{N-1-k}\,, \qquad 0 \le k \le N-1\,.$$

Wir bestätigen dies für ungerades N:

$$\sum_{k=0}^{N-1} h_k\,\sin\!\left(\left(\frac{N-1}{2} - k\right)\omega\right) = \sum_{l=1}^{\frac{N-1}{2}} h_{\frac{N-1}{2}-l}\,\sin\!\left(\left(\frac{N-1}{2} - \left(\frac{N-1}{2} - l\right)\right)\omega\right)$$

$$+ \sum_{l=1}^{\frac{N-1}{2}} h_{\frac{N-1}{2}+l}\,\sin\!\left(\left(\frac{N-1}{2} - \left(\frac{N-1}{2} + l\right)\right)\omega\right)$$

$$= \sum_{l=1}^{\frac{N-1}{2}} h_{N-1-(\frac{N-1}{2}-\frac{1}{2}+l)}\,\sin(l\,\omega)$$

$$+ \sum_{l=1}^{\frac{N-1}{2}} h_{\frac{N-1}{2}-\frac{1}{2}+l}\,\sin(-l\,\omega)\,.$$

Mit der Symmetrie $h_k = h_{N-1-k}$ folgt sofort die Behauptung.
Für gerades N schreiben wir:

$$
\sum_{k=0}^{N-1} h_k \sin\left(\left(\frac{N-1}{2}-k\right)\omega\right) = \sum_{l=0}^{\frac{N}{2}-1} h_{\frac{N}{2}-1-l} \sin\left(\left(\frac{N-1}{2}-\left(\frac{N}{2}-1-l\right)\right)\omega\right)
$$

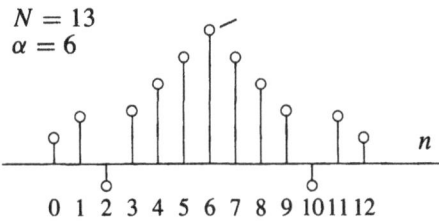

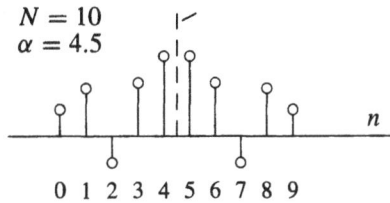

$$
+ \sum_{l=0}^{\frac{N}{2}-1} h_{\frac{N}{2}-1+l} \sin\left(\left(\frac{N-1}{2}-\left(\frac{N}{2}-1+l\right)\right)\omega\right)
$$

$$
= \sum_{l=0}^{\frac{N-1}{2}} h_{N-1-(\frac{N}{2}+l)} \sin\left(\frac{1}{2}+l\,\omega\right)
$$

$$
+ \sum_{l=0}^{\frac{N-1}{2}} h_{\frac{N}{2}+l} \sin\left(-\frac{1}{2}-l\,\omega\right).
$$

$N = 13$
$\alpha = 6$

$N = 10$
$\alpha = 4.5$

0 1 2 3 4 5 6 7 8 9 10 11 12

0 1 2 3 4 5 6 7 8 9

Bild 8.51: *Typische Impulsantwort für ungerades (links) und gerades N (rechts), gerade Symmetrie*

Wir stellen nun die etwas schwächere Forderung an die Linearität des Phasengangs:

$$
\theta(\omega) = \beta - \alpha\,\omega, \quad -\pi \le \omega \le \pi,
$$

bzw.

$$
H\left(e^{i\,\omega}\right) = A(\omega)\,e^{i\,(\beta - \alpha\,\omega)}.
$$

Man kann zeigen, dass die obige Lösung weiter besteht und folgende Lösung (ungerade Symmetrie) hinzukommt:

$$
\alpha = \frac{N-1}{2}, \quad \beta = \pm\frac{\pi}{2}, \quad h_k = -h_{N-1-k}, 0 \le k \le N-1.
$$

$N = 13$
$\alpha = 6$

$$n$$

0 1 2 3 4 5 6 7 8 9 10 11 12

$N = 10$
$\alpha = 4.5$

$$n$$

0 1 2 3 4 5 6 7 8 9

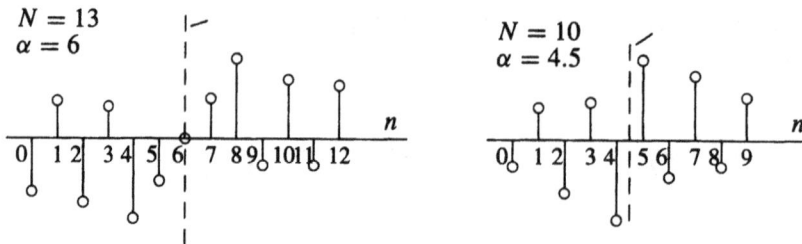

Bild 8.52: *Typische Impulsantwort für ungerades (links) und gerades N (rechts), ungerade Symmetrie*

Der Frequenzgang

$$H\left(e^{i\omega}\right) = \sum_{k=-\infty}^{\infty} h_k\, e^{-i\omega k}$$

eines digitalen Filters kann als Fourierreihe aufgefasst werden mit den Koeffizienten:

$$h_k = \frac{1}{2\pi} \int_0^{2\pi} H\left(e^{i\omega}\right) e^{i\omega k}\, d\omega\,.$$

Die Folge der Fourierkoeffizienten h_k stimmt mit der Impulsantwort des Filters überein. Im Allgemeinen haben wir ein IIR-Filter. Die Impulscharakteristik besitzt eine unendliche Länge. Man könnte nun die Fourierreihe abbrechen

$$\sum_{k=-N}^{N} h_k\, e^{-i\omega k}\,,$$

und damit ein FIR-Filter entwerfen, das den gegebenen Frequenzgang $H(e^{i\omega})$ approximiert. Durch das Abbrechen der Reihe kann man aber Überschwingeffekte wie beim Gibbschen Phänomen hervorrufen.

Bessere Ergebnisse liefert der Einsatz einer Gewichtsfolge endlicher Länge $\{w_k\}_{k=-N}^{N}$, eines sogenannten Fensters. Um eine FIR-Approximation der Funktion $H(e^{i\omega})$ zu erhalten, bilden wir die Produktfolge

$$\hat{h}_k = \begin{cases} h_k\, w_k & , \quad -N \le k \le N, \\ 0 & , \quad \text{sonst}. \end{cases}$$

Sei

$$W\left(e^{i\omega}\right) = \sum_{k=-N}^{N} w_k\, e^{-i\omega k} = \sum_{k=-\infty}^{\infty} w_k\, e^{-i\omega k}\,,$$

dann gilt nach dem Faltungssatz:

$$H\left(e^{i\omega}\right) * W\left(e^{i\omega}\right) = \sum_{k=-N}^{N} h_k\, w_k\, e^{-i\omega k} = \sum_{k=-N}^{N} \hat{h}_k\, e^{-i\omega k}\,,$$

mit der periodischen Faltung

$$H\left(e^{i\,\omega}\right) * W\left(e^{i\,\omega}\right) = \frac{1}{2\,\pi} \int\limits_{0}^{2\,\pi} H\left(e^{i\,\sigma}\right) W\left(e^{i\,(\omega-\sigma)}\right) d\sigma \,.$$

1) Das Rechteckfenster mit N Punkten entspricht dem einfachen Abschneiden der Fourierreihe und wird durch folgende Gewichtsfunktion beschrieben:

$$w_R(k) = \begin{cases} 1, & -\left(\frac{N-1}{2}\right) \leq k \leq \frac{N-1}{2}, \\ \\ 0, & \text{sonst}. \end{cases}$$

Hierbei wird angenommen, dass N ungerade ist. Der Frequenzgang ergibt sich zu:

$$\begin{aligned} W_R\left(e^{i\,\omega}\right) &= \sum_{k=-\frac{N-1}{2}}^{\frac{N-1}{2}} e^{-i\,\omega k} = \frac{e^{i\,\omega\,\frac{N-1}{2}}\left(1 - e^{-i\,\omega N}\right)}{1 - e^{i\,\omega}} \\ &= \frac{e^{i\,\omega\,\frac{N}{2}} - e^{-i\,\omega\,\frac{N}{2}}}{e^{i\,\frac{\omega}{2}} - e^{-i\,\frac{\omega}{2}}} \\ &= \frac{\sin\left(\omega\,\frac{N}{2}\right)}{\sin\left(\frac{\omega}{2}\right)} \,. \end{aligned}$$

Beispiel 8.45
Ein Rechteckfenster berechnen:

Wir berechnen das Rechteckfenster w_R und zeichnen den Frequenzgang für $N = 35$.

MATLAB:

```
figure(1);
N = 35; M = (N - 1)./2; y = boxcar(M);
subplot(2,2,1),stem(y),xlabel('k'),ylabel('w(k)')
figure(2);
w1 = [N]; omega = [0.0];
for i = 1:M, omi = i*1.5*pi./(2*N); omega = [omega omi];
w1 = [w1 sin(omi*N./2)./sin(omi./2)]; end;
subplot(2,2,1),plot(omega,w1,'k',-omega,w1,'k'),grid,...
xlabel('\omega'),ylabel('W(exp(i\omega))');
```

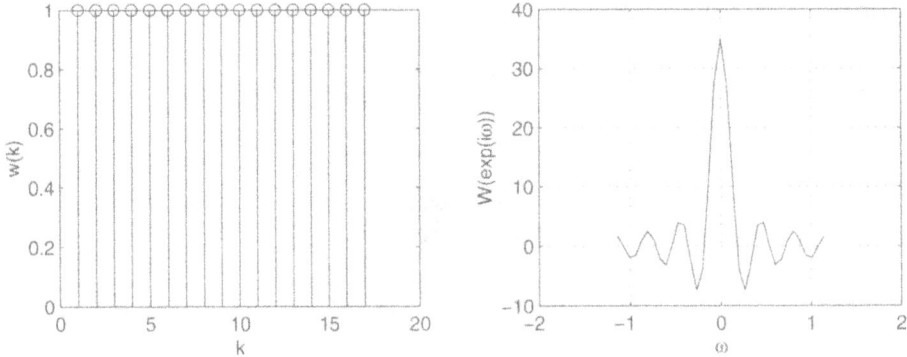

Bild 8.53: *Das Rechteckfenster mit 35 Punkten:* $w = w_R(k)$, $k = 1, \ldots, 17$ *(links) und sein Frequenzgang (rechts)*

Die Funktion w = boxcar(n) gibt das Rechteckfenster mit n Punkten im Spaltenvektor w aus. Der Vektor w mit der Funktion w = ones(n, 1) berechnet, welche ein Feld der Länge n mit lauter Einsen belegt.

2) Das Hamming-Fenster hat die folgende Form:

$$w(k) = 0.54 - 0.46 \, \cos\left(2\pi \, \frac{k}{n-1}\right) , \quad k = 1, \ldots, n.$$

Beispiel 8.46
Ein Hamming-Fenster berechnen:

Wir berechnen das Hamming-Fenster und zeichnen den Frequenzgang für $N = 65$.

MATLAB:
```
figure(1); y = hamming(65);
subplot(2,2,1),stem(y),xlabel('k'),...
ylabel('w(k) (Hamming)')
```

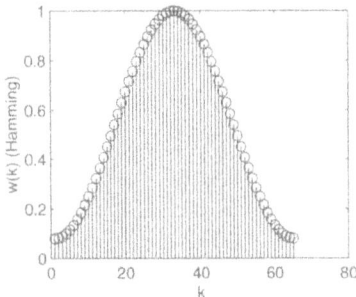

Bild 8.54: *Das Hamming-Fenster mit 65 Punkten*

Die MATLAB-Funktion w = hamming(n) gibt das Hamming-Fenster mit n Punkten im Spaltenvektor w aus. Als Option kann sflag gesetzt werden: w = hamming(n, sflag). Der Parameter sflag kann einen der folgenden Werte annehmen: symmetric und periodic. Der Parmeter symmetric wird als der Standardparameter benutzt. Falls der Wert periodic eingegeben wird, dann wird das Hamming-Fenster der Länge n + 1 berechnet, aber nur die ersten n Punkte werden ausgegeben. Bei falscher Eingabe werden die folgenden Fehlermeldungen ausgegeben: Order cannot be less than zero, Sampling must be either 'symmetric' or 'periodic'. Falls der eingegebene Wert von n keine ganze Zahl ist, dann wird die Warnung ausgegeben: Rounding order to nearest integer.

3) Das Hanning-Fenster hat die folgende Form:

$$w(k) = 0.5 \left(1 - \cos \left(2\pi \, \frac{k}{n-1} \right) \right), \quad k = 1, \ldots, n.$$

Sowohl das Hamming-Fenster als auch das Hanning-Fenster können mithilfe des verallgemeinerten Hamming-Fensters beschrieben werden:

$$w(k) = \alpha - (1-\alpha) \cos \left(2\pi \, \frac{k}{n-1} \right), \quad k = 1, \ldots, n,$$

wobei der Koeffizient α im Intervall $0 \le \alpha \le 1$ liegt. Der Fall $\alpha = 0.54$ entspricht dem Hamming-Fenster, und der Fall $\alpha = 0.50$ entspricht dem Hanning-Fenster.
Die MATLAB-Funktion w = hanning(n) gibt das Hanning-Fenster mit n-Punkten im Spaltenvektor w aus. Im Aufruf w = hanning(n, sflag) haben die Eingabeargumente dieselbe Bedeutung wie beim Aufruf w = hamming(n, sflag). Der Graph $w = w(k)$ des Hanning-Fensters verläuft ähnlich wie der Graph $w = w(k)$ des Hamming-Fensters.
4) Das Blackman-Fenster hat die folgende Form:

$$w(k) = 0.42 - 0.5 \cos \left(2\pi \, \frac{k-1}{n-1} \right) + 0.08 \cos \left(4\pi \, \frac{k-1}{n-1} \right), \quad k = 1, \ldots, n.$$

Das Blackman-Fenster gewährleistet eine größere Bandbreite und eine stärkere Dämpfung im Sperrbereich als die Hamming- und Hanning-Fenster derselben Länge.

Beispiel 8.47
Ein Blackman-Fenster für $N = 65$ berechnen und zeichnen:

Wir berechnen das Blackman-Fenster mit 65 Punkten.

MATLAB:
```
y = blackman(65);
subplot(2,2,1),stem(y),xlabel('k'),...
ylabel('w(k) (Blackman)')
```

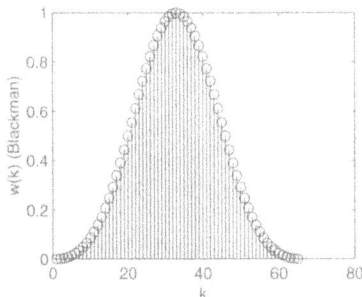

Bild 8.55: *Das Blackman-Fenster mit 65 Punkten*

Die MATLAB-Funktion w = blackman(n) gibt das Blackman-Fenster mit 65 Punkten im Spaltenvektor w aus. Beim Aufruf w = blackman(n, sflag) haben die Eingabeargumente dieselbe Bedeutung wie beim Aufruf w = hamming(n, sflag) und hanning(n, sflag). Falls die Argumente falsch eingegeben werden, werden folgende Fehlermeldungen ausgegeben:

Order cannot be less than zero, Sampling must be either 'symmetric' or 'periodic'. Falls der eingegebene Wert der Fensterordnung keine ganze Zahl ist, dann wird die folgende Warnung ausgegeben: Rounding order to nearest integer.

5) Das Dreieckfenster hat die folgende Form:

ungerade n :

$$w(k) = \begin{cases} \frac{2k}{n+1}, & 1 \le k \le \frac{n+1}{2} \\ \frac{2(n-k+1)}{n+1}, & \frac{n+1}{2} \le k \le n \end{cases}$$

gerade n :

$$w(k) = \begin{cases} \frac{2k-1}{n}, & 1 \le k \le \frac{n}{2} \\ \frac{2(n-k)+1}{n+1}, & \frac{n}{2} \le k \le n \end{cases}.$$

Beispiel 8.48
Ein Dreieckfenster berechnen:

Wie berechnen das Dreieckfenster mit 65 Punkten.

MATLAB:
```
y = triang(65);
subplot(2,2,1),stem(y),xlabel('k'),ylabel('w(k)')
```

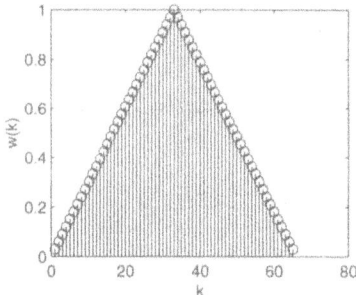

Bild 8.56: *Das Dreieckfenster mit 65 Punkten*

Die MATLAB-Funktion w = triang(n) gibt das Dreieckfenster mit 65 Punkten im Spaltenvektor w aus.

6) Das Bartlett-Fenster hat die folgende Form:

ungerade n :

$$w(k) = \begin{cases} \frac{2(k-1)}{n-1}, & 1 \le k \le \frac{n+1}{2} \\ 2 - \frac{2(k-1)}{n-1}, & \frac{n+1}{2} \le k \le n \end{cases}$$

gerade n :

$$w(k) = \begin{cases} \frac{2(k-1)}{n-1}, & 1 \le k \le \frac{n}{2} \\ \frac{2(n-k)}{n-1}, & \frac{n}{2}+1 \le k \le n \end{cases}.$$

Dast Bartlett-Fenster stimmt fast mit dem Dreieckfenster überein. Der Unterschied liegt darin, dass der Wert des Bartlett-Fensters für $k = 1$ und $k = n$ den Wert Null annimmt.

Beispiel 8.49
Ein Bartlett-Fenster berechnen:

Wir berechnen das Bartlett-Fenster mit 65 Punkten.

MATLAB:
```
y = bartlett(65);
subplot(2,2,1),stem(y),xlabel('k'),ylabel('w(k)')
```

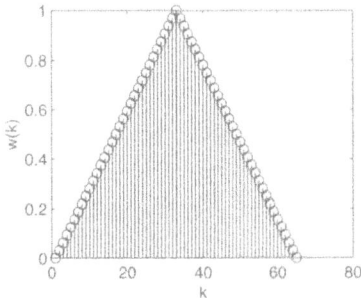

Bild 8.57: *Das Bartlett-Fenster mit 65 Punkten*

Die MATLAB-Funktion w = bartlett(n) gibt das Bartlett-Fenster mit 65 Punkten im Spaltenvektor w aus.

7) Die Berechnung geeigneter Kaiser-Fenster wird auf die Bestimmung von zeitbegrenzten Folgen $w(k)$ zurückgeführt, deren Fouriertransformierte außerhalb eines gegebenen Frequenzbereichs minimale Energie aufweisen. Bei der Lösung dieser Aufgabe für analoge Zeitfunktionen wurde eine komplizierte Klasse von Funktionen eingeführt. Das Kaiser-Fenster stellt eine relativ einfache Approximation dar:

$$w(k) = \frac{I_0\left(\beta \sqrt{1 - \left(\frac{2k}{n-1}\right)^2}\right)}{I_0(\beta)}, \quad -\left(\frac{n-1}{2}\right) \leq k \leq \frac{n-1}{2}.$$

Hierbei ist β eine Konstante und $I_0(x)$ ist die Besselsche Funktion nullter Ordnung. Wächst β im Intervall [2, 10] dann fallen die Schwankungen des Frequenzgangs im Sperrbereich von -30 dB bis -100 dB.

Beispiel 8.50
Ein Kaiser-Fenster berechnen:

Wir berechnen das Kaiser-Fenster für $N = 65$ und $\beta = 5$.

MATLAB:
```
y = kaiser(65,5);
subplot(2,2,1),stem(y),xlabel('k'),...
ylabel('w(k) (Kaiser)')
```

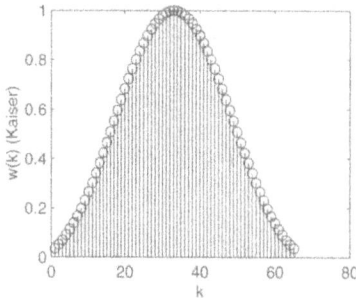

Bild 8.58: *Das Kaiser-Fenster für* $N = 65$ *und*
$\beta = 5$

Die MATLAB-Funktion w = kaiser(n, beta) gibt das Kaiser-Fenster mit 65 Punkten im Spaltenvektor w aus. Der Eingabeparameter beta ist die Konstante β aus der Formel für $w(k)$. Das Anwachsen von β bewirkt die Erweiterung der Bandbreite und eine intensivere Dämpfung im Sperrbereich.

8) Der Frequenzgang des Tschebyschew-Fensters besitzt folgende Eigenschaft: die Schwankung der Amplitude im Sperrbereich beträgt r dB in der Bandbreite.

Beispiel 8.51
Ein Tschebyschew-Fenster berechnen:

Wir berechnen das Tschebyschew-Fenster für $N = 65$ und r = 15.

MATLAB:
```
y = chebwin(65,15);
subplot(2,2,1),stem(y),xlabel('k'),ylabel('w(k)')
```

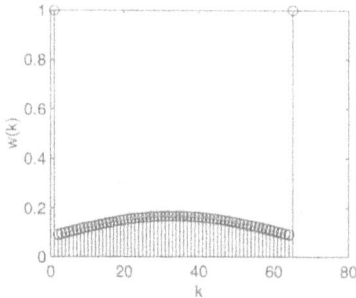

Bild 8.59: *Das Tschebyschw-Fenster für*
$N = 65$ *und* r = 15

Die MATLAB-Funktion w = chebwin(n, r) gibt das Tschebyschew-Fenster mit n Punkten im Spaltenvektor w aus. Ist n gerade, dann beträgt die Fensterlänge n + 1. In diesem Fall wird folgende Warnung ausgegeben:
Chebwin: N must be odd - N is being increased by 1.

Beispiel 8.52
FIR-Filter mit verschiedenen Fenstern mit MATLAB berechnen:

Die Gruppe der MATLAB-Funktionen fir1 berechnet die Koeffizienten von digitalen FIR-Filtern mit linearer Phase durch Gewichtung mit einem Fenster.
Die Funktion b = fir1(n, Wn) gibt einen Vektor aus, der n+1 Koeffizienten des FIR-

Tiefpass-Filters der Ordnung n mit linearer Phase enthält. Dabei wird das Hamming-Fenster benutzt. Der Parameter Wn legt die Abschneidefrequenz fest. Die Koeffizienten des Vektors b sind nach Potenzen der Übertragungsfunktion geordnet:

$$b(z) = b(1) + b(2)\, z^{-1} + \cdots + b(n+1)\, z^{-n}.$$

Die Abschneidefrequenz wird als Zahl aus dem Intervall $[0, 1]$ eingegeben, wobei die Eins der halbierten Diskretisierungsfrequenz (Nyquist-Frequenz) entspricht. Wird Wn als Vektor mit zwei Komponenten eingegeben: Wn = [w1 w2], dann liefert die Funktion firl die Koeffizienten der Übertragungsfunktion des Bandpass-Filters mit der Bandbreite w1< ω <w2. Haben wir mehr als zwei Komponenten des Vektors Wn = [w1 w2 w3...wn], dann werden die Koeffizienten des Filters der n-ten Ordnung berechnet mit den Bandbreiten 0 < w < w1, w1 < w < w2,...,wn < w < 1. Im Standardfall wird das Filter so berechnet, dass der Amplitudengang in der Mitte des ersten Bandes gleich Eins ist.

Beim Aufruf b = firl(n, Wn, 'ftype') können wir mit dem Parameter ftype den Filtertyp eingeben:

ftype = high für das Hochpass-Filter mit der Abschneidefrequenz Wn,

ftype = stop für Bandsperr-Filter. In diesem Fall ist Wn ein Vektor mit zwei Komponenten w1 und w2, die den Sperrbereich festlegen,

ftype = 'DC - 1' entspricht einem Bandpass-Filter mit mehreren Bändern. Der erste Frequenzbereich ist ein Durchlassbereich,

ftype = 'DC - 0' entspricht einem Bandpass-Filter mit mehreren Bändern. Der erste Frequenzbereich ist ein Sperrbereich.

Für die Berechnung der Sperrfilter und der Bandpass-Filter muss die Ordnung n als gerade Zahl eingegeben werden. Der Frequenzgang eines Filters mit ungerader Ordnung verschwindet an der Nyquist-Frequenz. Falls man beim Zugriff zu firl eine falsche Filterordnung eingibt, wird sie vor dem Beginn der Berechnung um Eins heraufgesetzt. Die Funktion b = firl(n, Wn, window) ermöglicht es, die Abtastwerte des Fensters im Spaltenvektor der Länge n+1 einzugeben. Spezifiziert man kein Fenster, dann wird standardmäßig das Hamming-Fenster eingesetzt. Bei der Funktion b = firl(n, Wn, 'ftype', window) kann der Filter- und der Fenstertyp eingegeben werden. Die Funktion b = firl(..., 'noscale') führt keine Skalierung aus, die sonst als Standardannahme ausgeführt wird. Falls w(n) das Fenster und h(n) die Impulsantwort des idealen Filters darstellen, werden die Abtastwerte der Impulsantwort des Filters innerhalb der Funktion firl mithilfe der folgenden Formel berechnet: b(n) = w(n)h(n), $1 \le n \le N$.

Wir demonstrieren das Berechnungsverfahren anhand eines FIR-Bansperr-Filters.

MATLAB:
```
b = firl(48, [0.3 0.6]);
freqz(b,1,512)
```

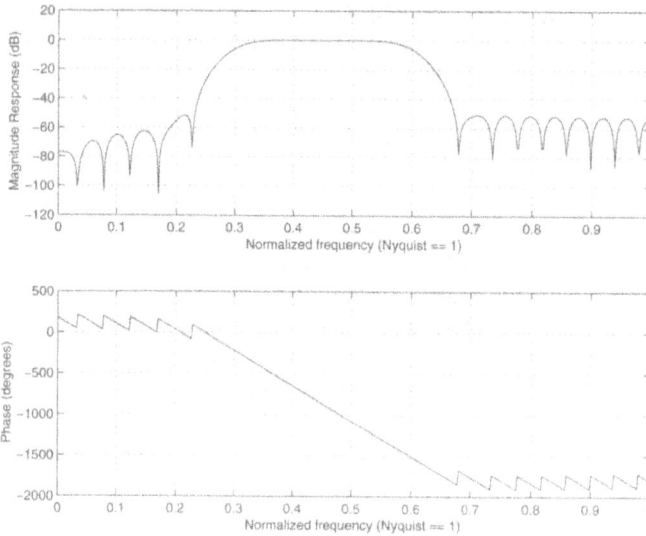

Bild 8.60: *Amplituden-
und Phasengang des FIR
Bandpass-Filters 24.
Ordnung mit der
Bandbreite* $0.3 \leq w \leq 0.6$

Beispiel 8.53
Ein FIR Hochpass-Filter berechnen:

Mithilfe des Tschebyschew-Fensters berechnen wir das FIR Hochpass-Filter 24. Ordnung mit
der Abschneidefrequenz 0.45 Hz und zulässigen Schwankungen der Amplitude von 20 dB.

MATLAB:

```
b = fir1(24,0.45,'high',chebwin(25,20));
freqz(b,1,512)
```

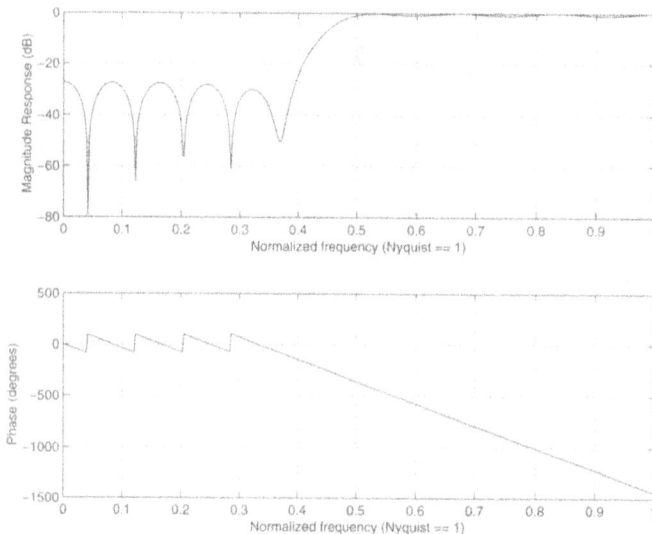

Bild 8.61: *Amplituden-
und Phasengang des FIR
Hochpass-Filters 24.
Ordnung*

Beispiel 8.54
Ein FIR Tiefpass-Filter berechnen:

Mihilfe des Kaiser-Fensters berechnen wir das FIR Tiefpass-Filter mit der Bandbreite von 0 bis 1 kHz und dem Sperrbereich von 1.6 bis 4 kHz. In der Bandbreite sind 5 % Abweichungen des Frequenzgangs zugelassen. Die Dämpfung im Sperrbereich beträgt -50 dB. Als Diskretisierungsfrequenz werden 8 kHz genommen.

MATLAB:

```
fsamp = 8000; fcuts = [1000 1600]; mags = [1 0];
devsper = -50; dev2 = 10.^(devsper./20)
devs = [0.05 dev2];
[n, Wn, beta, ftype] = kaiserord(fcuts, mags, devs, fsamp)
b = fir1(n, Wn, ftype, kaiser(n+1,beta),'noscale');
freqz(b)
```

Dieses MATLAB-Programm liefert folgende numerische Ergebnisse:

```
dev2 =
    0.0032

n =
    40

Wn =
    0.3250

beta =
    4.5335

ftype =
    ' '
```

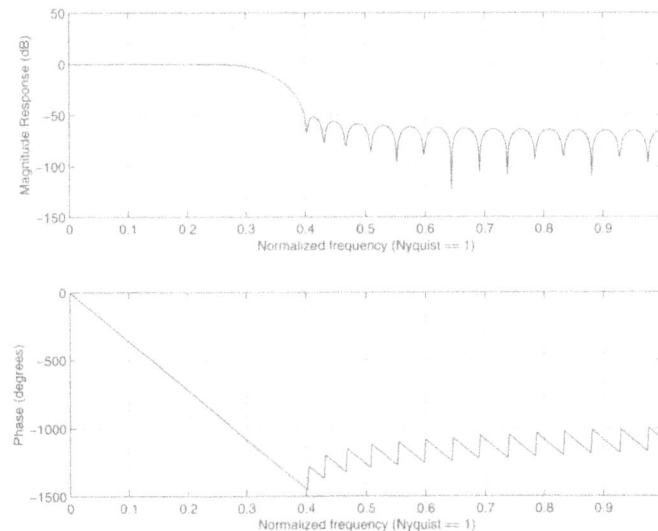

Bild 8.62: *Amplituden- und Phasengang des FIR Tiefpass-Filters 40. Ordnung*

Die MATLAB-Funktionen

```
[n, Wn, beta, ftype] = kaiserord(f,...)
```

ermitteln die Eingabeparameter, die für den Filterentwurf durch die Funktion fir1 mit dem Kaiser-Fenster benötigt werden. Die Ausgabedaten der Funktion kaiserord schließen die Filterordnung n und den Parameter des Kaiser-Fensters beta ein. Die ausgegebene Filterordnung ist die kleinste Ordnung, die den vorgegebenen Forderungen genügt. Der Parameter β des Kaiser-Fensters wird nach der folgenden empirischen Formel berechnet:

$$\beta = \begin{cases} 0.1102\,(\alpha - 8.7)\,, & \alpha > 50 \\ 0.5842\,(\alpha - 21)^{0.4} + 0.07886\,(\alpha - 21)\,, & 21 < \alpha < 50 \\ 0\,, & \alpha < 21\,, \end{cases}$$

wobei

$$\alpha = -20\,\log_{10}(\delta)$$

die Dämpfung im Sperrbereich in Dezibel angibt. Die Filterordnung wird wie folgt berechnet:

$$n = \frac{\alpha - 7.95}{2\,\pi \cdot 2.285\,\delta f}\,,$$

mit

$$\delta f = |freq2 - freq1|\,.$$

Hierbei ist $freq1$ die normierte Abschneidefrequenz der Bandbreite und $freq2$ die normierte Abschneidefrequenz des Sperrbereichs. Die Funktion [n, Wn, beta, ftype] = kaiserord(f, a, dev) berechnet die Ordnung n und den Parameter beta desjenigen Kaiser-Fensters, welches die von Parametern f, a, dev festgelegten Forderungen erfüllt. Die normierten Frequenzen der Ränder der Bandbereiche werden im Vektor Wn ausgegeben. Der Vektor f enthält die Ränder der Frequenzbänder des Filters. Der Vektor a enthält die geforderten Werte des Amplitudengangs der Frequenzbereiche, die vom Vektor f festgelegt werden: length(f) = 2*length(a) - 2. Der Vektor dev bestimmt die maximal zulässigen Abweichungen des Amplitudengangs des entworfenen Filters vom geforderten Amplitudengangs. Die Länge des Vektors dev stimmt mit der Länge des Vektors a überein. Der Parameter ftype nimmt den Wert 'high' für das Hochpass-Filter und 'stop' für das Sperrfilter an. Für das Filter mit mehreren Bändern und Sperrbereichen nimmt ftype den Wert 'dc - 0' an, falls der erste Frequenzbereich ein Sperrbereich ist, (der mit f = 0 beginnt). Falls der erste Frequenzbereich ein Durchlassbereich ist, dann nimmt ftype den Wert 'dc - 1' an. Gibt man zunächst der Funktion kaiserord Bedingungen vor, so berechnet man mit dem Zugriff

```
b = fir1(n, Wn, kaiser(n+1,beta), ftype, 'noscale')
```

die Koeffizienten des Filters, das diesen Bedingungen genügt. Die Funktion [n, Wn, beta, ftype] = kaiserord(f,a,dev,Fs) ermöglicht es, den Wert der Diskretisierungsfrequenz Fs einzugeben. Als Standardannahme wird der Wert Fs = 2 Hz benutzt. Dies entspricht dem Wert 1Hz der Nyquist-Frequenz. Wird der Wert von Fs nicht gegeben, dann müssen die Eingaben für die Ränder der Frequenzbänder normiert sein, d.h. ihre Werte müssen im Intervall von 0 bis 1 liegen.

9 Hilberträume

9.1 Skalarprodukte

Wir betrachten einen Vektorraum $\mathbb{V}$ mit dem Skalarenkörper $\mathbb{K}$. Im Allgemeinen bilden die komplexen Zahlen den Skalarenkörper, im Sonderfall können aber auch die reellen Zahlen als Skalarenkörper dienen. Die Elemente des Vektorraums bezeichnet man unabhängig von der geometrischen Vorstellung im Raum stets als Vektoren. Zur Längenmessung in einem Vektorraum kann man ein Skalarprodukt heranziehen, welches je zwei Vektoren $\underline{x}$ und $\underline{y}$ eine Zahl $<\underline{x}, \underline{y}>$ aus $\mathbb{K}$ zuordnet. Dabei gelten folgende Eigenschaften:

Eigenschaften eines Skalarprodukts:

Für alle Vektoren $\underline{x}$, $\underline{y}$, $\underline{z}$ aus $\mathbb{V}$ und Skalare $\lambda \in \mathbb{K}$ gilt:

1.) $<\underline{x}, \underline{x}> \geq 0$, $\quad <\underline{x}, \underline{x}> = 0 \iff \underline{x} = \underline{0}$,

2.) $<\underline{x}, \underline{y}> = \overline{<\underline{y}, \underline{x}>}$,

3.) $<\underline{x} + \underline{y}, \underline{z}> = <\underline{x}, \underline{z}> + <\underline{y}, \underline{z}>$,

4.) $<\lambda \underline{x}, \underline{y}> = \lambda <\underline{x}, \underline{y}>$, $\quad <\underline{x}, \lambda \underline{y}> = \bar{\lambda} <\underline{x}, \underline{y}>$.

Mit Ausnahme des Nullvektors ergibt das Skalarprodukt eines Vektors mit sich selbst stets eine positive reelle Zahl. Der zweite Teil von 4.) muss eigentlich nicht aufgelistet werden. Man kann diese Eigenschaft aus den übrigen herleiten:

$$<\underline{x}, \lambda \underline{y}> = \overline{<\lambda \underline{y}, \underline{x}>} = \bar{\lambda} \overline{<\underline{y}, \underline{x}>} = \bar{\lambda} <\underline{x}, \underline{y}>$$

Eine wichtige Folgerung aus diesen Eigenschaften stellt die folgende Ungleichung dar.

Cauchy-Schwarzsche Ungleichung:

In einem Vektorraum mit Skalarprodukt gilt für alle Vektoren $\underline{x}$, $\underline{y}$, die Cauchy-Schwarzsche Ungleichung:

$$|<\underline{x}, \underline{y}>| \leq \sqrt{<\underline{x}, \underline{x}>} \sqrt{<\underline{y}, \underline{y}>}.$$

Wegen der Homogenität $<\lambda \underline{x}, \underline{y}> = \lambda <\underline{x}, \underline{y}>$ verschwindet das Skalarprodukt, wenn einer der beteiligten Vektoren der Nullvektor ist. Bei $\underline{x} = \underline{0}$ oder $\underline{y} = \underline{0}$ gilt also die Cauchy-Schwarzsche Ungleichung. Im Fall $\underline{x} \neq \underline{0}$ oder $\underline{y} \neq \underline{0}$ setzen wir:

$$\lambda = \frac{<\underline{x}, \underline{y}>}{<\underline{y}, \underline{y}>}$$

und bekommen:

$$
\begin{aligned}
0 &\leq\; <\underline{x} - \lambda\,\underline{y}, \underline{x} - \lambda\,\underline{y}> \\
&=\; <\underline{x}, \underline{x}> -\bar{\lambda} <\underline{x}, \underline{y}> -\lambda <\underline{y}, \underline{x}> +\lambda\bar{\lambda} <\underline{y}, \underline{y}> \\
&=\; <\underline{x}, \underline{x}> -\bar{\lambda} <\underline{x}, \underline{y}> -\lambda \overline{<\underline{x}, \underline{y}>} +\lambda\bar{\lambda} <\underline{y}, \underline{y}> \\
&=\; \frac{1}{<\underline{y}, \underline{y}>} (<\underline{x}, \underline{x}><\underline{y}, \underline{y}> -|<\underline{x}, \underline{y}>|^2).
\end{aligned}
$$

Das Gleichheitszeichen gilt genau dann, wenn $\underline{x} - \lambda\,\underline{y} = \underline{0}$ gilt, d.h. wenn die Vektoren linear abhängig sind.

Die Cauchy-Schwarzsche Ungleichung erlaubt es nun, eine Länge mit den entsprechenden Eigenschaften einzuführen:

Länge eines Vektors, Abstand zweier Vektoren:

In einem Vektorraum wird durch ein Skalarprodukt die folgende Länge eines Vektors gegeben:

$$\|\underline{x}\| = \sqrt{<\underline{x}, \underline{x}>}.$$

Bei der Streckung eines Vektors gilt:

$$\|\lambda\,\underline{x}\| = |\lambda|\,\|\underline{x}\|.$$

Für zwei beliebige Vektoren gilt die Dreiecksungleichung:

$$\|\underline{x} + \underline{y}\| \leq \|\underline{x}\| + \|\underline{y}\|.$$

Die Länge induziert den Abstand zweier Vektoren:

$$\|\underline{x} - \underline{y}\| = \sqrt{<\underline{x} - \underline{y}, \underline{x} - \underline{y}>}.$$

Beispiel 9.1
Dreiecksungleichung herleiten:

Zum Nachweis der Dreiecksungleichung benutzen wir die Rechenregeln für das Skalarprodukt und die Cauchy-Schwarzsche Ungleichung:

$$
\begin{aligned}
\|\underline{x} + \underline{y}\|^2 &= <\underline{x}+\underline{y}, \underline{x}+\underline{y}> \\
&= <\underline{x},\underline{x}> + <\underline{x},\underline{y}> + <\underline{y},\underline{x}> + <\underline{y},\underline{y}> \\
&= \|\underline{x}\|^2 + <\underline{x},\underline{y}> + \overline{<\underline{x},\underline{y}>} + \|\underline{y}\|^2 \\
&= \|\underline{x}\|^2 + 2\,\Re(<\underline{x},\underline{y}>) + \|\underline{y}\|^2 \\
&\leq \|\underline{x}\|^2 + 2\,|<\underline{x},\underline{y}>| + \|\underline{y}\|^2 \\
&\leq \|\underline{x}\|^2 + 2\,\|\underline{x}\|\,\|\underline{y}\| + \|\underline{y}\|^2 = (\|\underline{x}\| + \|\underline{y}\|)^2.
\end{aligned}
$$

Beispiel 9.2
Die Vektorräume $\mathbb{R}^3$ und $\mathbb{C}^3$:

Der Vektorraum $\mathbb{C}^3$ besteht aus allen Tripeln komplexer Zahlen

$$
\underline{x} = \vec{x} = (x_1, x_2, x_3).
$$

Der Skalarenkörper wird von den komplexen Zahlen gebildet. Das Skalarprodukt wird gegeben durch:

$$
<\vec{x}, \vec{y}> = \vec{x} \cdot \vec{y} = (x_1, x_2, x_3) \cdot (y_1, y_2, y_3) = \sum_{k=1}^{3} x_k \,\overline{y_k}.
$$

Man kann $\mathbb{R}^3$ als Sonderfall von $\mathbb{C}^3$ auffassen. Die Cauchy-Schwarzsche Ungleichung

$$
|<\vec{x}, \vec{y}>| \leq \sqrt{<\vec{x}, \vec{x}>} \sqrt{<\vec{y}, \vec{y}>}
$$

besagt in diesem Fall:

$$
|\vec{x} \cdot \vec{y}| = \left| \sum_{k=1}^{3} x_k \,\overline{y_k} \right| \leq \sqrt{\sum_{k=1}^{3} |x_k|^2} \sqrt{\sum_{k=1}^{3} |y_k|^2} = \sqrt{\vec{x} \cdot \vec{x}} \sqrt{\vec{y} \cdot \vec{y}}.
$$

Die Länge eines Vektors beträgt:

$$
\|\vec{x}\| = \sqrt{\sum_{k=1}^{3} |x_k|^2}.
$$

Diese Überlegungen können unmittelbar auf den n-dimensionalen Vektorraum $\mathbb{R}^n$ bzw. $\mathbb{C}^n$ ausgedehnt werden.

Beispiel 9.3
Skalarprodukt durch die Länge ausdrücken:

Wir leiten die folgende Polarisationsgleichung her:

$$4 <\underline{x}, \underline{y}> = \|\underline{x} + \underline{y}\|^2 - \|\underline{x} - \underline{y}\|^2 + i\,\|\underline{x} + i\,\underline{y}\|^2 - i\,\|\underline{x} - i\,\underline{y}\|^2 \,.$$

Dazu rechnen wir nach:

$$\|\underline{x} + \underline{y}\|^2 = \|\underline{x}\|^2 + <\underline{x}, \underline{y}> + \overline{<\underline{x}, \underline{y}>} + \|\underline{y}\|^2 \,,$$
$$\|\underline{x} - \underline{y}\|^2 = \|\underline{x}\|^2 - <\underline{x}, \underline{y}> - \overline{<\underline{x}, \underline{y}>} + \|\underline{y}\|^2 \,,$$
$$\|\underline{x} + i\,\underline{y}\|^2 = \|\underline{x}\|^2 - i <\underline{x}, \underline{y}> + i\,\overline{<\underline{x}, \underline{y}>} + \|\underline{y}\|^2 \,,$$
$$\|\underline{x} - i\,\underline{y}\|^2 = \|\underline{x}\|^2 + i <\underline{x}, \underline{y}> - i\,\overline{<\underline{x}, \underline{y}>} + \|\underline{y}\|^2 \,.$$

Kombination der vier Gleichungen liefert die Polarisationsgleichung. Im Fall des reellen Skalarenkörpers kann man die einfachere Polarisationsgleichung nehmen:

$$4 <\underline{x}, \underline{y}> = \|\underline{x} + \underline{y}\|^2 - \|\underline{x} - \underline{y}\|^2 \,.$$

Im $\mathbb{R}^3$ bedeutet dies, dass die Differenz der Diagonalenlängen eines Parallelogramms das vierfache Skalarprodukt der aufspannenden Vektoren ergibt.

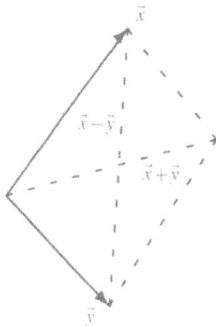

Bild 9.1: *Das von den Vektoren $\vec{x}$ und $\vec{y}$ im $\mathbb{R}^3$ aufgespannte Parallelogramm mit den Diagonalen $\vec{x} - \vec{y}$ und $\vec{x} + \vec{y}$.*

Beispiel 9.4
Der Vektorraum der stückweise stetigen Funktionen:

Die stückweise stetigen Funktionen $f : [\alpha, \beta] \to \mathbb{C}$, welche das reelle Intervall $[\alpha, \beta]$ in die komplexen Zahlen abbilden, stellen einen Vektorraum mit dem Skalarenkörper $\mathbb{C}$ dar. Die Vektoren in diesem Raum sind Funktionen, für die wir folgendes Skalarprodukt erklären:

$$<f, g> = \int_{\alpha}^{\beta} f(t)\,\overline{g(t)}\,dt \,.$$

Die Cauchy-Schwarzsche Ungleichung

$$| < f, g > | \le \sqrt{< f, f >} \sqrt{< g, g >}$$

besagt in diesem Fall:

$$\left| \int\limits_{\alpha}^{\beta} f(t)\, \overline{g(t)}\, dt \right| \le \sqrt{\int\limits_{\alpha}^{\beta} |f(t)|^2\, dt} \sqrt{\int\limits_{\alpha}^{\beta} |g(t)|^2\, dt} \,.$$

Die Länge eines Vektors beträgt:

$$\|f\| = \sqrt{< f, f >} = \sqrt{\int\limits_{\alpha}^{\beta} |f(t)|^2\, dt} \,.$$

Zwei Vektoren $\underline{x}$, $\underline{y}$ eines allgemeinen Vektorraums $\mathbb{V}$ stehen senkrecht aufeinander (sind orthogonal), wenn ihr Skalarprodukt verschwindet: $< \underline{x}, \underline{y} > = 0$. Wird ein endlich dimensionaler Unterraum von $\mathbb{V}$ von den linear unabhängigen Vektoren $\underline{b}_1, \dots, \underline{b}_n$ erzeugt und sind diese Vektoren paarweise orthogonal $< \underline{b}_j, \underline{b}_k > = 0$, so bezeichnet man die Vektoren als Orthogonalbasis (Orthogonalsystem). Besitzen außerdem alle Vektoren die Länge eins $< \underline{b}_j, \underline{b}_j > = 1$, so spricht man von einer Orthonormalbasis (Orthonormalsystem).

Beispiel 9.5
Basen und duale Basen im $\mathbb{R}^3$:

Gegeben seien drei Einheitsvektoren $\vec{e}_1, \vec{e}_2, \vec{e}_3$ aus $\mathbb{R}^3$, die paarweise senkrecht stehen:

$$\vec{e}_k \cdot \vec{e}_j = \delta_{kj}, \quad k, j = 1, 2, 3\,.$$

Ein beliebiger Vektor $\vec{x} \in \mathbb{R}^3$ kann dann mithilfe seiner Projektionen auf die Einheitsvektoren dargestellt werden:

$$\vec{x} = \sum_{k=1}^{3} (\vec{x} \cdot \vec{e}_k)\, \vec{e}_k\,.$$

Denn zunächst besitzt der Vektor eine Basisdarstellung:

$$\vec{x} = \sum_{k=1}^{3} x_k\, \vec{e}_k\,,$$

aus welcher man durch skalare Multiplikation die Komponenten erhält:

$$x_j = \vec{x} \cdot \vec{e}_j\,.$$

Offensichtlich gilt für die Länge des Vektors $\vec{x}$:

$$\|\vec{x}\|^2 = \vec{x} \cdot \vec{x} = \sum_{k=1}^{3} (\vec{x} \cdot \vec{e}_k)^2 \,.$$

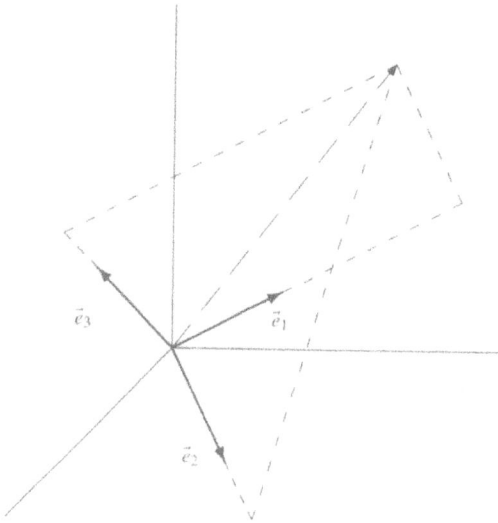

Bild 9.2: *Darstellung eines Vektors im $\mathbb{R}^3$ mithilfe einer Orthonormalbasis*

Wenn wir keine Orthonormalbasis, sondern eine beliebige Basis $\vec{b}_1$, $\vec{b}_2$, $\vec{b}_3$ des $\mathbb{R}^3$ haben, dann kann man diese Vorgehensweise nur beibehalten, indem man die duale Basis einführt. Gesucht ist eine neue Basis $\vec{\bar{b}}_1$, $\vec{\bar{b}}_2$, $\vec{\bar{b}}_3$, die zur Ausgangsbasis in folgender Beziehung steht:

$$\vec{b}_k \cdot \vec{\bar{b}}_j = \delta_{kj}, \quad k, j = 1, 2, 3\,.$$

Wenn diese duale Basis gefunden ist, bekommen wir aus der Basisdarstellung

$$\vec{x} = \sum_{k=1}^{3} \beta_k \vec{b}_k$$

durch skalare Multiplikation die Komponenten $\beta_j = \vec{x} \cdot \vec{\bar{b}}_j$, also:

$$\vec{x} = \sum_{k=1}^{3} (\vec{x} \cdot \vec{\bar{b}}_k) \vec{b}_k\,.$$

Während sich aus der Basisdarstellung

$$\vec{x} = \sum_{k=1}^{3} \tilde{\beta}_k \vec{\tilde{b}}_k ,$$

die folgenden Komponenten ergeben $\tilde{\beta}_j = \vec{x} \cdot \vec{b}_j$, also:

$$\vec{x} = \sum_{k=1}^{3} (\vec{x} \cdot \vec{b}_k) \vec{\tilde{b}}_k .$$

Für die Länge des Vektors $\vec{x}$ gilt nun folgende Beziehung:

$$\|\vec{x}\|^2 = \vec{x} \cdot \vec{x} = \left(\sum_{k=1}^{3} \beta_k \vec{b}_k \right) \left(\sum_{j=1}^{3} \tilde{\beta}_j \vec{\tilde{b}}_j \right) = \sum_{k=1}^{3} \beta_k \tilde{\beta}_k = \sum_{k=1}^{3} (\vec{b} \cdot \vec{b}_k)(\vec{b} \cdot \vec{\tilde{b}}_k) ,$$

d.h.

$$\|\vec{x}\|^2 = \sum_{k=1}^{3} (\vec{b} \cdot \vec{b}_k)(\vec{b} \cdot \vec{\tilde{b}}_k) .$$

Die Vektoren $\vec{\tilde{b}}_j$ können als Linearkombination aus den gegebenen Basisvektoren dargestellt werden. Die Gleichungen $\vec{b}_k \cdot \vec{\tilde{b}}_j = \delta_{kj}$ stellen dann 9 Gleichungen für 9 unbekannte Komponenten dar. Diese Gleichungen sind eindeutig lösbar. Da wir uns im $\mathbb{R}^3$ befinden, können wir die duale Basis aber sofort auf geometrischem Weg bekommen:

$$\vec{\tilde{b}}_1 = \frac{\vec{b}_2 \times \vec{b}_3}{[\vec{b}_1 , \vec{b}_2 , \vec{b}_3]} , \quad \vec{\tilde{b}}_2 = \frac{\vec{b}_3 \times \vec{b}_1}{[\vec{b}_1 , \vec{b}_2 , \vec{b}_3]} , \quad \vec{\tilde{b}}_3 = \frac{\vec{b}_1 \times \vec{b}_2}{[\vec{b}_1 , \vec{b}_2 , \vec{b}_3]} ,$$

mit dem Spatprodukt $[\vec{b}_1 , \vec{b}_2 , \vec{b}_3] = (\vec{b}_1 \times \vec{b}_2) \cdot \vec{b}_3$.

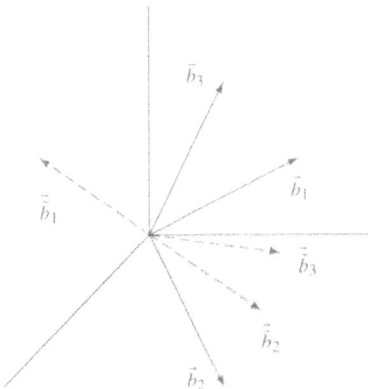

Bild 9.3: *Basis und duale Basis im*
$\mathbb{R}^3$

In einem beliebigen Vektorraum mit einem Skalarprodukt kann man Vektoren in endlich dimensionale Unterräume projizieren.

Projektion in einen Unterraum:

Sei $\mathbb{V}$ ein Vektorraum mit dem Skalarprodukt $< \cdot, \cdot >$. Sei $\mathbb{U} \subset \mathbb{V}$ ein n-dimensionaler Unterraum, der von der Orthonormalbasis $\underline{e}_1, \ldots, \underline{e}_n$ erzeugt wird. Der folgende Vektor wird als Projektion des Vektors $\underline{x} \in \mathbb{V}$ in den Unterraum $\mathbb{U}$ bezeichnet:

$$P(\underline{x}) = \sum_{k=1}^{n} < \underline{x}, \underline{e}_k > \underline{e}_k \,.$$

Der Projektionsvektor besitzt folgende Minimalitätseigenschaft:

$$\| \underline{x} - P(\underline{x}) \| = \min_{\underline{u} \in \mathbb{U}} \| \underline{x} - \underline{u} \| \,.$$

Wir zeigen, dass für alle Vektoren $\underline{u} \in \mathbb{U}$ gilt:

$$\| \underline{x} - P(\underline{x}) \| \le \| \underline{x} - \underline{u} \| \,.$$

Wir überlegen zuerst, dass der Differenzvektor $\underline{x} - P(\underline{x})$ senkrecht auf $\mathbb{U}$ steht:

$$< \underline{x} - P(\underline{x}), \underline{u} > = 0 \quad \text{für alle} \quad \underline{u} \in \mathbb{U} \,.$$

Jeder Vektor aus $\mathbb{U}$ besitzt eine Darstellung:

$$\underline{u} = \sum_{k=1}^{n} < \underline{u}, \underline{e}_k > \underline{e}_k \,.$$

Bildet man nun die Skalarprodukte: $< \underline{x} - P(\underline{x}), \underline{e}_j > = < \underline{x}, \underline{e}_j > - < P(\underline{x}), \underline{e}_j > = 0$,
so folgt die Teilbehauptung. Damit können wir auch zeigen, dass der Projektionsvektor nicht von der gewählten Orthonormalbasis abhängt. Bilden wir die Projektion mithilfe einer zweiten Orthonormalbasis

$$\tilde{P}(\underline{x}) = \sum_{k=1}^{n} < \underline{x}, \tilde{e}_k > \tilde{e}_k \,,$$

so gilt wegen $P(\underline{x}) - \tilde{P}(\underline{x}) \in \mathbb{U}$:

$$
\begin{aligned}
\| P(\underline{x}) - \tilde{P}(\underline{x}) \|^2 &= < P(\underline{x}) - \tilde{P}(\underline{x}), P(\underline{x}) - \tilde{P}(\underline{x}) > \\
&= < P(\underline{x}) - \underline{x} - (\tilde{P}(\underline{x}) - \underline{x}), P(\underline{x}) - \tilde{P}(\underline{x}) > \\
&= < P(\underline{x}) - \underline{x}, P(\underline{x}) - \tilde{P}(\underline{x}) > - < \tilde{P}(\underline{x}) - \underline{x}, P(\underline{x}) - \tilde{P}(\underline{x}) > = 0 \,,
\end{aligned}
$$

also $P(\underline{x}) = \tilde{P}(\underline{x})$.

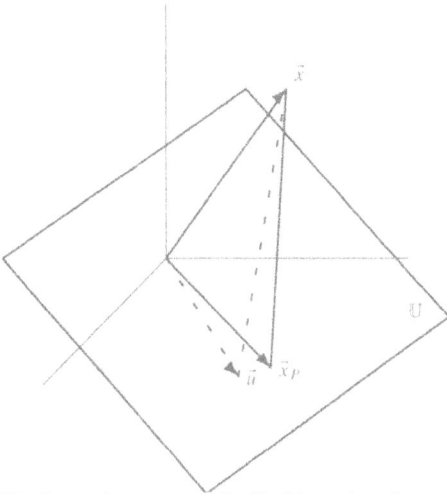

Bild 9.4: *Minimalitätseigen-*
schaft des Projektionsvektors.
Eine Ebene durch den
Nullpunkt im $\mathbb{R}^3$ als
Unterraum $\mathbb{U}$ mit der
Projektion eines Vektors in die
Ebene. Alle Differenzvektoren
$\vec{x} - \vec{u}$ besitzen eine größere
Länge als der
Projektionsvektor $\vec{x} - P(\vec{x})$

Als Nächstes benutzen wir die Tatsache, dass

$$\|\underline{x} + \underline{y}\|^2 = \|\underline{x}\|^2 + \|\underline{y}\|^2$$

genau dann gilt, wenn die beiden Vektoren $\underline{x}$ und $\underline{y}$ senkrecht stehen. Der Vektor $P(\underline{x}) - \underline{u}$ liegt in $\mathbb{U}$ und steht deshalb senkrecht auf $\underline{x} - P(\underline{x})$. Damit können wir abschätzen:

$$
\begin{aligned}
\|\underline{x} - \underline{u}\|^2 &= \|\underline{x} - P(\underline{x}) + P(\underline{x}) - \underline{u}\|^2 \\
&= \|\underline{x} - P(\underline{x})\|^2 + \|P(\underline{x}) - \underline{u}\|^2 \\
&\geq \|\underline{x} - P(\underline{x})\|^2
\end{aligned}
$$

und bekommen: $\|\underline{x} - \underline{u}\|^2 \geq \|\underline{x} - P(\underline{x})\|^2$. Schließlich bemerken wir noch folgende Eigenschaft der Projektion. Sind $\mathbb{U} \subset \mathbb{W}$ Unterräume von $\mathbb{V}$ und projiziert man einen Vektor $\underline{x}$ zunächst in den Raum $\mathbb{W}$ und die Projektion dann in den Raum $\mathbb{U}$, so gilt:

$$P(\underline{x}) = P_{\mathbb{U}}(P_{\mathbb{W}}(\underline{x})).$$

Man kann sich dies wieder durch Basisergänzung klar machen. Im $\mathbb{R}^3$ folgt die Eigenschaft auch sofort aus der Anschauung.
Man kann in jedem endlich erzeugten Vektorraum eine Orthonormalbasis gewinnen, indem man von einer Basis ausgeht und der Reihe nach Projektionsvektoren bildet.

Orthogonalisierungsverfahren von Hilbert-Schmidt:

Sei $\mathbb{V}$ ein Vektorraum und $\mathbb{U}$ ein Unterraum mit der Basis $\underline{b}_1, \ldots, \underline{b}_n$. Dann lässt sich eine Orthonormalbasis $\{\underline{e}_1, \ldots, \underline{e}_n\}$ von $\mathbb{U}$ nach folgendem Verfahren sukzessive herstellen:

$$\underline{e}_1 = \frac{1}{\|\underline{b}_1\|} \underline{b}_1,$$

$$\underline{\tilde{b}}_{l+1} = \underline{b}_{l+1} - \sum_{k=1}^{l} (\underline{b}_{l+1} \underline{e}_k) \underline{e}_k,$$

$$\underline{e}_{l+1} = \frac{1}{\|\underline{\tilde{b}}_{l+1}\|} \underline{\tilde{b}}_{l+1}.$$

Man beginnt mit dem Basisvektor $\underline{b}_1$ und normiert ihn zu $\underline{e}_1$. Dann berechnet man die Projektion des zweiten Basisvektors in den von $\underline{e}_1$ aufgespannten Unterraum $\mathbb{U}_1$. Der Differenzvektor steht senkrecht auf $\mathbb{U}_1$ und wird normiert zu $\underline{e}_2$. Nun berechnet man die Projektion des dritten Basisvektors in den von $\underline{e}_1, \underline{e}_2$ aufgespannten Unterraum $\mathbb{U}_2$. Der Differenzvektor steht wieder senkrecht auf $\mathbb{U}_2$ und wird normiert zu $\underline{e}_3$. Setzt man das Verfahren fort, so ergibt sich schließlich eine Orthonormalbasis.

Beispiel 9.6
Orthogonalisierung im $\mathbb{R}^2$ bzw. $\mathbb{C}^2$ durchführen:

Die Vektoren $\vec{b}_1 = (1, 3)$ und $\vec{b}_2 = (2, 7)$ stellen eine Basis des $\mathbb{R}^2$ dar. Wir stellen daraus eine Orthonormalbasis her.
Zunächst bekommen wir den Vektor:

$$\vec{e}_1 = \frac{1}{\|\vec{b}_1\|} \vec{b}_1 = \frac{1}{\sqrt{10}} (1, 3).$$

Nun berechnen wir in einem Zwischenschritt:

$$\vec{\tilde{b}}_2 = \vec{b}_2 - (\vec{b}_2 \vec{e}_1) \vec{e}_1$$
$$= (2, 7) - \frac{23}{\sqrt{10}} \frac{1}{\sqrt{10}} (1, 3)$$
$$= \left(-\frac{3}{10}, \frac{1}{10}\right)$$

und bekommen durch Normierung:

$$\vec{e}_2 = \sqrt{10} \left(-\frac{3}{10}, \frac{1}{10}\right).$$

Die Vektoren $\vec{b}_1 = (1, i)$ und $\vec{b}_2 = (1 + i, 1)$ stellen eine Basis des $\mathbb{C}^2$ dar. Wir stellen daraus eine Orthonormalbasis her. Zunächst bekommen wir den Vektor:

$$\vec{e}_1 = \frac{1}{||\vec{b}_1||} \vec{b}_1 = \frac{1}{\sqrt{2}} (1, i).$$

Nun berechnen wir in einem Zwischenschritt:

$$\begin{aligned} \vec{\tilde{b}}_2 &= \vec{b}_2 - (\vec{b}_2 \, \vec{e}_1) \, \vec{e}_1 \\ &= \left(\frac{1}{2} + i, 1 - \frac{1}{2} i \right) \end{aligned}$$

und bekommen durch Normierung:

$$\vec{e}_2 = \frac{\sqrt{2}}{\sqrt{5}} \left(\frac{1}{2} + i, 1 - \frac{1}{2} i \right).$$

Beispiel 9.7
Orthogonalisierung im Raum der stetigen Funktionen durchführen:

Wir betrachten den Raum der im Intervall $[-1, 1]$ stetigen Funktionen mit dem Skalarprodukt:

$$< f, g >= \int\limits_{-1}^{1} f(x) \, g(x) \, dx.$$

Sei $\mathbb{U}$ der von den Funktionen $f_1(x) = 1$, $f_2(x) = x$, $f_2(x) = x^2$, erzeugte Unterraum. Wir berechnen eine Orthonormalbasis.
Es gilt

$$< f_1, f_1 >= \int\limits_{-1}^{1} dx = 2$$

und wir bekommen:

$$e_1(x) = \frac{1}{\sqrt{2}}.$$

Durch Projektion berechnen wir:

$$\begin{aligned} \tilde{f}_2(x) &= f_2(x) - < f_2, e_1 > e_1(x) \\ &= x - \left(\int\limits_{-1}^{1} x \, \frac{1}{\sqrt{2}} \, dx \right) x = x. \end{aligned}$$

Normiert man, so ergibt sich:

$$e_2(x) = \frac{x}{\sqrt{\int_{-1}^{1} x \, x \, dx}} = \frac{\sqrt{3}}{\sqrt{3}} x.$$

Schließlich berechnen wir:

$$
\begin{aligned}
\tilde{f}_3(x) &= f_3(x) - <f_3, e_1> e_1(x) - <f_3, e_2> e_2(x) \\
&= x^2 - \left(\int_{-1}^{1} x^2 \frac{1}{\sqrt{2}}\, dx \right) \frac{1}{\sqrt{2}} - \left(\int_{-1}^{1} x^2 \frac{\sqrt{3}}{\sqrt{2}} x\, dx \right) \frac{\sqrt{3}}{\sqrt{2}} x \\
&= x^2 - \frac{1}{2} \int_{-1}^{1} x^2\, dx \\
&= x^2 - \frac{1}{3}.
\end{aligned}
$$

Normiert man nun, so ergibt sich:

$$
e_3(x) = \frac{x^2 - \frac{1}{3}}{\sqrt{\int_{-1}^{1} \left(x^2 - \frac{1}{3} \right)^2 dx}} = \frac{3\sqrt{5}}{2\sqrt{2}} \left(x^2 - \frac{1}{3} \right).
$$

Beispiel 9.8
Direkte Summe, Orthogonales Komplement:

Sei $\mathbb{V}$ ein Vektorraum und $\mathbb{U}_1$ und $\mathbb{U}_2$ seien Unterräume, deren Durchschnitt nur den Nullvektor enthalten soll:

$$
\mathbb{U}_1 \cap \mathbb{U}_2 = \{\underline{0}\}.
$$

Wenn jeder Vektor $\underline{x} \in \mathbb{V}$ eine Darstellung besitzt

$$
\underline{x} = \underline{u}_1 + \underline{u}_2, \quad \underline{u}_1 \in \mathbb{U}_1, \underline{u}_2 \in \mathbb{U}_2,
$$

erzeugen die Unterräume $\mathbb{U}_1$ und $\mathbb{U}_2$ den Vektorraum $\mathbb{V}$ als direkte Summe:

$$
\mathbb{V} = \mathbb{U}_1 \oplus \mathbb{U}_2.
$$

Da der Durchschnitt nur den Nullvektor enthält, sieht man leicht, dass die Summendarstellung des Vektors $\underline{x}$ auch eindeutig ist.

Zwei Geraden durch den Ursprung erzeugen den Vektorraum $\mathbb{R}^3$ als direkte Summe, es sei denn sie fallen zusammen. Zwei Ursprungsebenen können keine direkte Summe bilden, da ihr Durchschnitt nicht nur den Nullvektor enthält.

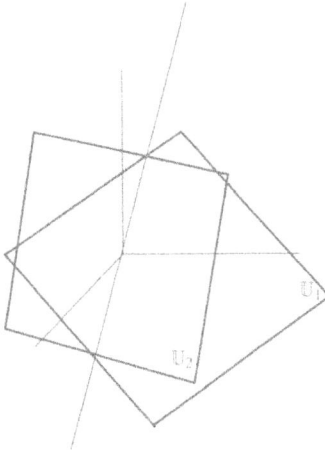

Bild 9.5: *Zwei Ursprungsebenen* $\mathbb{U}_1, \mathbb{U}_2$ *(Unterräume) im* $\mathbb{R}^3$. *Der Durchschnitt besteht aus einer Ursprungsgeraden. Der Vektorraum* $\mathbb{R}^3$ *wird zwar von den beiden Ebenen erzeugt, aber nicht als direkte Summe.*

Man bezeichnet den Vektorraum $\mathbb{V}$ als orthogonale direkte Summe der Unterräume $\mathbb{U}_1$ und $\mathbb{U}_2$, wenn gilt:

$$\mathbb{V} = \mathbb{U}_1 \oplus \mathbb{U}_2 \quad \text{und} \quad \mathbb{U}_1 \perp \mathbb{U}_2 \,.$$

Wir haben eine direkte Summe und je zwei Vektoren aus $\mathbb{U}_1$ und $\mathbb{U}_2$ stehen senkrecht aufeinander. Bei einer orthogonalen direkten Summe besitzt jeder Vektor $\underline{x} \in \mathbb{V}$ eine Darstellung

$$\underline{x} = \underline{u}_1 + \underline{u}_2 \,, \quad \underline{u}_1 = P_{\mathbb{U}_1}(\underline{x}) \,, \underline{u}_2 = P_{\mathbb{U}_2}(\underline{x}) \,,$$

mit den Projektionen von $\underline{x}$ in die Unterräume $\mathbb{U}_1$ bzw. U_2. Ist $\mathbb{V}$ die orthogonale direkte Summe von $\mathbb{U}_1$ und $\mathbb{U}_2$, so bezeichnet man $\mathbb{U}_1$ als orthogonales Komplement in $\mathbb{V}$ von $\mathbb{U}_2$ und umgekehrt.

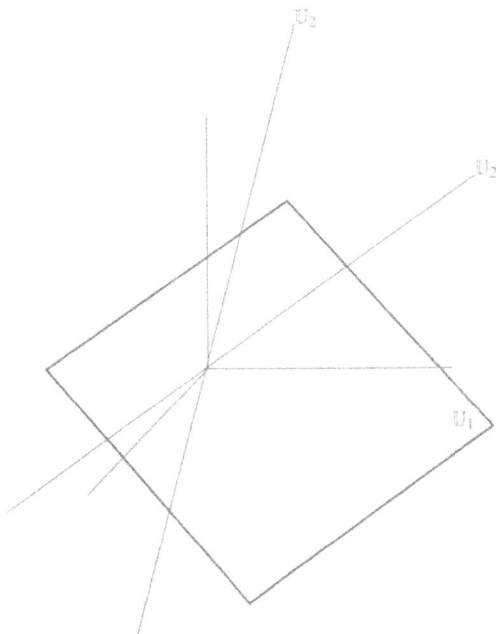

Bild 9.6: *Eine Ursprungsebene* $\mathbb{U}_1$ *und eine Ursprungsgerade* $\mathbb{U}_2$ *als Unterräume des* $\mathbb{R}^3$. *Sobald die Gerade nicht in der Ebene verläuft, wird der Vektorraum* $\mathbb{R}^3$ *als direkte Summe erzeugt. Steht die Gerade senkrecht auf der Ebene, so erhält man eine orthogonale direkte Summe. Man kann dann die Gerade als orthogonales Komplement der Ebene bzw. die Ebene als orthogonales Komplement der Gerade auffassen.*

In einem Vektorraum V mit abzählbarer Basis kann man stets durch Basisergänzung orthogonale direkte Summen herstellen. Man geht dazu von einem Unterraum U_1 aus und ergänzt seine Basis zu einer Basis des ganzen Raumes V. Anschließend orthonormiert man die Basis. Alle Basisvektoren, die nicht in U liegen, erzeugen einen Unterraum, der senkrecht auf U steht. Man nennt diesen Raum deshalb auch orthogonales Komplement von U. Das orthogonale Komplement ist eindeutig.

9.2   Orthogonalität und Operatoren

Wir betrachten nun Vektorräume, die bezüglich der Grenzwertbildung vollständig sind.

Hilbertraum:

Sei V ein Vektorraum, der mit einem Skalarprodukt $< \cdot, \cdot >$ versehen ist. Die Folge $\underline{x}_n$ von Vektoren bildet eine Cauchy-Folge, wenn zu jedem $\epsilon > 0$ ein Index n_ϵ existiert mit der Eigenschaft:

$$\|\underline{x}_m - \underline{x}_n\| < \epsilon \quad \text{für alle Indizes} \quad m, n > n_\epsilon.$$

Der Vektorraum V heißt Hilbert-Raum, wenn jede Cauchy-Folge aus V auch einen Grenzwert in V besitzt.

Ein Hilbertraum ist vollständig bezüglich des vom Skalarprodukt induzierten Abstands. Der Bereich der rationalen Zahlen mit dem betragsinduzierten Abstand ist nicht vollständig. Man kann zum Beispiel zeigen, dass die rationalen Zahlen

$$s_n = \sum_{\nu=0}^{n} \frac{1}{\nu!}$$

eine Cauchy-Folge bilden. Ihr Grenzwert, die Zahl e, liegt aber außerhalb des Bereichs der rationalen Zahlen. Erst die reellen Zahlen stellen einen vollständigen Bereich dar. Hat man einen Untervektorraum U eines Hilbertraums, so muss dieser Raum bezüglich der Grenzwertbildung nicht abgeschlossen sein. Cauchy-Folgen aus U können einen Grenzwert besitzen, der nicht in U liegt. Nimmt man die Grenzwerte aller Cauchy-Folgen aus U zum Unterraum U hinzu, so entsteht natürlich wieder ein Hilbertraum. Man bezeichnet diesen Abschluss von U mit $\overline{U}$.

Analog zur Fourierentwicklung kann man Vektoren in einem Hilbertraum nach einer Orthonormalbasis entwickeln.

Orthonormalbasis:

Sei $\mathbb{V}$ ein Hilbertraum. Die Folge $\{\underline{x}_n\}_{n=-\infty}^{\infty}$ von orthonormalen Vektoren

$$< \underline{x}_k, \underline{x}_j >= \delta_{kj}$$

bildet eine Orthonormalbasis, wenn für jeden Vektor $\underline{x} \in \mathbb{V}$ gilt:

$$\underline{x} = \sum_{n=-\infty}^{\infty} < \underline{x}, \underline{x}_n > \underline{x}_n .$$

Eine Orthonormalbasis kann im Spezialfall auch aus endlich vielen Vektoren bestehen. Häufig reichen auch die natürlichen Zahlen als Indexmenge aus.

Beispiel 9.9
Klassische Fourierentwicklung:

Wir betrachten den Vektorraum der quadrat-integrierbaren Funktionen:

$$f : [0, T] \longrightarrow \mathbb{C}$$

mit dem Skalarprodukt:

$$< f, g >= \frac{1}{T} \int_0^T f(t) \overline{g(t)} \, dt .$$

Mit $\omega = \frac{2\pi}{T}$ erklären wir die Funktionen

$$e_j(t) = e^{i j \omega t} ,$$

welche wegen

$$< e_j, e_k >= \frac{1}{T} \int_0^T e^{i j \omega t} \overline{e^{i k \omega t}} \, dt = \left\{ \begin{array}{ll} 1, & j = k , \\ 0, & j \neq k , \end{array} \right.$$

ein Orthonormalsystem bilden. Mit den Fourierkoeffizienten

$$c_j =< f, e_j >= \frac{1}{T} \int_0^T f(t) \overline{e^{i j \omega t}} \, dt$$

gilt die Beziehung:

$$\sum_{j=-\infty}^{\infty} |c_j|^2 = \frac{1}{T} \int_0^T |f(t)|^2 \, dt .$$

bzw.

$$\|f\|^2 = \sum_{j=-\infty}^{\infty} |<f,e_j>|^2 \,.$$

Die n-te Teilsumme

$$S_f(t,n) = \sum_{j=-n}^{n} c_j \, e^{i\,j\,\omega\,t}$$

der Fourierreihe einer quadrat-integrierbaren Funktion f konvergiert auf $[0,T]$ im quadratischen Mittel gegen f:

$$\lim_{n\to\infty} \frac{1}{T} \int_0^T |f(t) - S_f(t,n)|^2 \, dt = 0 \,,$$

bzw.

$$\lim_{n\to\infty} \|f - S_f(\cdot,n)\| = 0 \,.$$

Dies bedeutet, dass die Funktionen e_j eine Orthonormalbasis bilden:

$$f = \sum_{j=-\infty}^{\infty} <f,e_j> \, e_j \quad \text{für jede quadrat-integrierbare Funktion } f \,.$$

Orthonormalbasen werden durch folgende Eigenschaften charakterisiert.

Eigenschaften einer Orthonormalbasis:

Ein System orthonormaler Vektoren $\{\underline{x}_n\}_{n=-\infty}^{\infty}$ stellt genau dann eine Orthonormalbasis dar, wenn eine der folgenden drei Bedingungen erfüllt wird:

(α) Ist $\underline{x}$ ein Vektor aus $\mathbb{V}$, der auf allen Basisvektoren senkrecht steht, so muss dieser Vektor der Nullvektor sein:

$$<\underline{x},\underline{x}_n> = 0 \quad \text{für alle Indizes } n \quad \Longleftrightarrow \quad \underline{x} = \underline{0} \,.$$

(Das Orthonormalsystem ist vollständig).

(β) Für je zwei Vektoren $\underline{x}, \underline{y} \in \mathbb{V}$ gilt die Parseval-Plancherel-Gleichung:

$$<\underline{x},\underline{y}> = \sum_{n=-\infty}^{\infty} <\underline{x},\underline{x}_n> \, \overline{<\underline{y},\underline{x}_n>} \,.$$

(γ) Für jeden Vektor $\underline{x} \in \mathbb{V}$ gilt die Parseval-Gleichung:

$$\|\underline{x}\|^2 = \sum_{n=-\infty}^{\infty} |<\underline{x},\underline{x}_n>|^2 \,.$$

Ist M eine beliebige endliche Teilmenge M von $\mathbb{Z}$, dann gilt stets für beliebiges j:

$$< \underline{x} - \sum_{n \in M} < \underline{x}, \underline{x}_n > \underline{x}_n, \underline{x}_j >= 0.$$

Mit der Bedingung (α) folgt daraus: $\underline{x} = \sum_{n \in M} < \underline{x}, \underline{x}_n > \underline{x}_n$

und wegen der Beliebigkeit der Menge M:

$$\underline{x} = \sum_{n=-\infty}^{\infty} < \underline{x}, \underline{x}_n > \underline{x}_n.$$

Hieraus erhält man sofort die Parseval-Plancherel-Gleichung, wenn man wieder zunächst über eine beliebige Teilmenge von $\mathbb{Z}$ summiert und die folgende Gleichung benutzt:

$$< \underline{x} - \sum_{n \in M} < \underline{x}, \underline{x}_n > \underline{x}_n, \underline{y} - \sum_{n \in M} < \underline{y}, \underline{x}_n > \underline{x}_n >$$

$$= \; < \underline{x}, \underline{y} > - \sum_{n \in M} \overline{< \underline{y}, \underline{x}_n >} < \underline{x}, \underline{x}_n >$$

$$- \sum_{n \in M} < \underline{x}, \underline{x}_n > \overline{< \underline{y}, \underline{x}_n >} + \sum_{n \in M} < \underline{x}, \underline{x}_n > \overline{< \underline{y}, \underline{x}_n >}$$

$$= \; < \underline{x}, \underline{y} > - \sum_{n \in M} < \underline{x}, \underline{x}_n > \overline{< \underline{y}, \underline{x}_n >}.$$

Die Plancherel-Gleichung stellt lediglich einen Spezialfall der Parseval-Plancherel-Gleichung dar. Aus der Parseval-Gleichung folgt schließlich die Fourierentwicklung, indem wir zunächst wieder über eine endliche Teilmenge summieren:

$$\left\| \underline{x} - \sum_{n \in M} < \underline{x}, \underline{x}_n > \underline{x}_n \right\|^2 = \|\underline{x}\|^2 - \sum_{n \in M} < \underline{x}, \underline{x}_n > < \underline{x}_n, \underline{x} >$$

$$- \sum_{n \in M} \overline{< \underline{x}, \underline{x}_n >} < \underline{x}, \underline{x}_n > + \sum_{n \in M} < \underline{x}, \underline{x}_n > \overline{< \underline{x}, \underline{x}_n >}$$

$$= \|\underline{x}\|^2 - \sum_{n \in M} | < \underline{x}, \underline{x}_n > |^2.$$

Beispiel 9.10
Der Folgenraum $l^2(\mathbb{Z})$ als Hilbertraum:

Wir betrachten den Vektorraum $l^2(\mathbb{Z})$ der Folgen $\underline{x} = \{x_n\}_{n=-\infty}^{\infty}$ mit Folgengliedern $x_n \in \mathbb{C}$. Damit eine Folge $\underline{x} = \{x_n\}_{n=-\infty}^{\infty}$ zu $l^2(\mathbb{Z})$ gehört, verlangen wir zusätzlich, dass die Summe konvergiert:

$$\sum_{n=-\infty}^{\infty} |x_n|^2 \le \infty.$$

In $l^2(\mathbb{Z})$ erklären wir das folgende Skalarprodukt:

$$< \underline{x}, \underline{y} > = \sum_{n=-\infty}^{\infty} x_n \, \overline{y}_n \, .$$

Da für endliche Summen die Cauchy-Schwarzsche Ungleichung gilt, konvergiert die das Skalarprodukt definierende Summe stets. Nun stelle die Folge von Vektoren

$$\underline{x}_k = \{x_{k,n}\}_{n=-\infty}^{\infty}, \quad k = 0, 1, 2, \ldots,$$

eine Cauchy-Folge dar. Zu jedem $\epsilon > 0$ existiert, ein Index k_ϵ mit der Eigenschaft:

$$\|\underline{x}_k - \underline{x}_j\| = \sqrt{\sum_{n=-\infty}^{\infty} |x_{k,n} - x_{j,n}|^2} < \epsilon \quad \text{für alle Indizes} \quad k, j > j_\epsilon \, .$$

Aus dieser Ungleichung folgt für jede feste Summationsgrenze m:

$$\sqrt{\sum_{n=-m}^{m} |x_{k,n} - x_{j,n}|^2} < \epsilon \, .$$

Wir erhalten somit für jedes feste n eine Cauchy-Folge $\{x_{k,n}\}_{k=0}^{\infty} \subset \mathbb{C}$ mit dem Grenzwert:

$$\lim_{k \to \infty} x_{k,n} = \tilde{x}_n \, .$$

Nun lässt man zuerst j gegen Unendlich streben:

$$\sqrt{\sum_{n=-m}^{m} |x_{k,n} - \tilde{x}_n|^2} \leq \epsilon$$

und anschließend m:

$$\sqrt{\sum_{n=-\infty}^{\infty} |x_{k,n} - \tilde{x}_n|^2} \leq \epsilon \, .$$

Letzteres ist gleichbedeutend mit:

$$\lim_{k \to \infty} \underline{x}_k = \{\tilde{x}_n\}_{n=-\infty}^{\infty} \, .$$

Beispiel 9.11
Basis, Orthogonalität und Bi-Orthogonalität in $l^2(\mathbb{Z})$:

Wir betrachten den Hilbertraum $l^2(\mathbb{Z})$ der Folgen. Das System der Folgen:

$$\underline{e}_k = \{e_{k,n}\}_{n=-\infty}^{\infty}, \quad k \in \mathbb{Z},$$

mit

$$e_{k,n} = \delta_{kn} = \begin{cases} 1 & , \quad n = k, \\ 0 & , \quad \text{sonst}, \end{cases}$$

stellt eine Basis dar. Jede Folge $\underline{x} = \{x_n\}_{n=-\infty}^{\infty}$ aus $l^2(\mathbb{Z})$ besitzt genau eine Darstellung:

$$\underline{x} = \sum_{k=-\infty}^{\infty} x_k \, \underline{e}_k .$$

Je zwei dieser Vektoren stehen senkrecht aufeinander, und jeder Vektor besitzt die Länge 1:

$$< \underline{e}_k, \underline{e}_j >= \delta_{kj} .$$

Man kann die Basisdarstellung deshalb auch mit der Projektion beschreiben:

$$\underline{x} = \sum_{k=-\infty}^{\infty} < \underline{x}, \underline{e}_k > \underline{e}_k .$$

Wir geben die beiden Folgen $\underline{x} = \{x_n\}_{n=-\infty}^{\infty}$ und $\underline{y} = \{y_n\}_{n=-\infty}^{\infty}$ vor:

$$x_n = \begin{cases} \frac{\sqrt{2}}{2} & , \quad n = 0, \\ \frac{\sqrt{2}}{2} & , \quad n = 1, \\ 0 & \text{sonst}, \end{cases} \qquad y_n = \begin{cases} \frac{\sqrt{2}}{2} & , \quad n = 0, \\ -\frac{\sqrt{2}}{2} & , \quad n = 1, \\ 0 & , \quad \text{sonst}, \end{cases}$$

Durch die Folgen werden aufeinander senkrecht stehende Einheitsvektoren in Raum $l^2(\mathbb{Z})$ gegeben. Das System der um gerade Zahlen verschobenen Folgen:

$$\underline{x}_k = \{x_{k,n}\}_{n=-\infty}^{\infty} = \{x_{n-2k}\}_{n=-\infty}^{\infty}, \quad \underline{y}_k = \{y_{k,n}\}_{n=-\infty}^{\infty} = \{y_{n-2k}\}_{n=-\infty}^{\infty}, \quad k \in \mathbb{Z},$$

mit

$$x_{k,n} = \begin{cases} \frac{\sqrt{2}}{2} & , \quad n = 2k, \\ \frac{\sqrt{2}}{2} & , \quad n = 2k+1, \\ 0 & , \quad \text{sonst}, \end{cases} \qquad y_{k,n} = \begin{cases} \frac{\sqrt{2}}{2} & , \quad n = 2k, \\ -\frac{\sqrt{2}}{2} & , \quad n = 2k+1, \\ 0 & \text{sonst}, \end{cases}$$

stellt eine Basis dar.

Offensichtlich gilt folgende Bi-Orthogonalität:

$$< \underline{x}_k, \underline{x}_j >= \delta_{kj}, \quad < \underline{y}_k, \underline{y}_j >= \delta_{kj}, \quad < \underline{x}_k, \underline{y}_j >= 0 \quad \text{für alle} \quad k, j \in \mathbb{Z}.$$

Mit den Folgen $\underline{x}_k$ bzw. $\underline{y}_k$ kann man nur Folgen $\underline{x}$ bzw. $\underline{y}$ mit der Eigenschaft erzeugen:

$$x_{2k} = x_{2k+1} \quad \text{bzw.} \quad y_{2k} = -y_{2k+1}.$$

Es gilt für eine beliebige Folge: $\underline{z} = \{z_n\}_{n=-\infty}^{\infty}$:

$$< \underline{z}, \underline{x}_k >= \frac{\sqrt{2}}{2} (z_{2k} + z_{2k+1}), \quad < \underline{z}, \underline{y}_k >= \frac{\sqrt{2}}{2} (z_{2k} - z_{2k+1}).$$

Die Matrix $\begin{pmatrix} \frac{\sqrt{2}}{2} & \frac{\sqrt{2}}{2} \\ \frac{\sqrt{2}}{2} & -\frac{\sqrt{2}}{2} \end{pmatrix}$ ist zu sich selbst invers. Hieraus folgt

$$z_{2k} = \frac{\sqrt{2}}{2} \left(< \underline{z}, \underline{x}_k > + < \underline{z}, \underline{y}_k >\right), \quad z_{2k+1} = \frac{\sqrt{2}}{2} \left(< \underline{z}, \underline{x}_k > - < \underline{z}, \underline{y}_k >\right)$$

und die Darstellung: $\underline{z} = \sum_{k=-\infty}^{\infty} < \underline{z}, \underline{x}_k > \underline{x}_k + \sum_{k=-\infty}^{\infty} < \underline{z}, \underline{y}_k > \underline{y}_k$. Denn es gilt:

$$
\begin{aligned}
\underline{z} &= \sum_{k=-\infty}^{\infty} z_k \underline{e}_k = \sum_{k=-\infty}^{\infty} z_{2k} \underline{e}_{2k} + \sum_{k=-\infty}^{\infty} z_{2k+1} \underline{e}_{2k+1} \\
&= \sum_{k=-\infty}^{\infty} \frac{\sqrt{2}}{2} \left(< \underline{z}, \underline{x}_k > + < \underline{z}, \underline{y}_k >\right) \underline{e}_{2k} \\
&\quad + \sum_{k=-\infty}^{\infty} \frac{\sqrt{2}}{2} \left(< \underline{z}, \underline{x}_k > - < \underline{z}, \underline{y}_k >\right) \underline{e}_{2k+1} \\
&= \sum_{k=-\infty}^{\infty} \frac{\sqrt{2}}{2} < \underline{z}, \underline{x}_k > (\underline{e}_{2k} + \underline{e}_{2k+1}) \\
&\quad + \sum_{k=-\infty}^{\infty} \frac{\sqrt{2}}{2} < \underline{z}, \underline{y}_k > (\underline{e}_{2k} - \underline{e}_{2k+1}) \\
&= \sum_{k=-\infty}^{\infty} < \underline{z}, \underline{x}_k > \underline{x}_k + \sum_{k=-\infty}^{\infty} < \underline{z}, \underline{y}_k > \underline{y}_k.
\end{aligned}
$$

Beispiel 9.12
Der Raum der quadrat-integrierbaren Funktionen $L^2([\alpha, \beta])$ als Hilbertraum:

Versieht man den Vektorraum der stückweise stetigen Funktionen, welche das reelle Intervall $[\alpha, \beta]$ in die komplexen Zahlen abbilden, mit dem Skalarprodukt:

$$< f, g >= \int_{\alpha}^{\beta} f(t) \,\overline{g(t)}\, dt \,,$$

so entsteht kein Hilbertraum. Hingegen stellt der Vektorraum $L^2([\alpha, \beta])$, welcher aus Funktionen $f : [\alpha, \beta] \longrightarrow \mathbb{C}$ besteht, die quadrat-integrierbar sind: $\int_{\alpha}^{\beta} |f(t)|^2 \, dt < \infty$

einen Hilbertraum dar. (Hierbei sind die Sonderfälle $\alpha = -\infty$ oder $\beta = \infty$ auch zugelassen). Die Abbildung

$$T : L^2([0, T]) \longrightarrow l^2(\mathbb{Z}) \,,$$

welche eine Funktion f aus $L^2([0, T])$ auf die Folge ihrer Fourier-Koeffizienten abbildet,

$$c_j = \frac{1}{T} \int_{0}^{T} f(t) \,\overline{e^{i j \omega t}}\, dt$$

ist umkehrbar eindeutig im L^2-Sinn.

Beispiel 9.13
Cauchy-Schwarzsche Ungleichung im Raum $L^2(\mathbb{R})$ anwenden:

Sei $f : \mathbb{R} \to \mathbb{C}$ eine Funktion mit den Eigenschaften:

$$\int_{-\infty}^{\infty} |f(t)|^2 \, dt < \infty \,, \qquad \int_{-\infty}^{\infty} |t \, f(t)| \, dt < \infty \,.$$

Dann gilt auch $\int_{-\infty}^{\infty} |f(t)| \, dt < \infty$. Wir teilen das Integral zuerst auf:

$$\int_{-\infty}^{\infty} |f(t)| \, dt = \int_{|t|<1} |f(t)| \, dt + \int_{|t| \geq 1} |f(t)| \, dt \,.$$

Auf dem Intervall $|t| < 1$ wenden wir die Cauchy-Schwarzsche Ungleichung an:

$$\int_{|t|<1} |f(t)|\,dt = \int_{|t|<1} |f(t)\,1|\,dt \le \sqrt{\int_{|t|<1} |f(t)|^2\,dt}\ \sqrt{\int_{|t|<1} |1|^2\,dt} < \infty\,.$$

Im Integrationsbereich $|t| \ge 1$ benutzen wir einfach die Abschätzung $\dfrac{1}{|t|} \le 1$:

$$\int_{|t|\ge 1} |f(t)|\,dt = \int_{|t|\ge 1} \left| t\,f(t)\,\frac{1}{t} \right|\,dt \le \int_{|t|\ge 1} |t\,f(t)|\,dt < \infty\,.$$

Beispiel 9.14

Die verschobenen Spaltfunktionen als Orthonormalbasis eines Unterraums von $L^2(\mathbb{R})$:

Für Funktionen f aus $L^2(\mathbb{R})$, welche eine außerhalb des Intervalls $[-\pi, \pi]$ verschwindende Fouriertransformierte besitzen, gilt im $L^2(\mathbb{R})$-Sinn:

$$f(t) = \sum_{j=-\infty}^{\infty} f(j)\,\operatorname{sinc}(\pi\,(t-j))\,.$$

Die im Zeitbereich verschobenen Spaltfunktionen

$$\operatorname{sinc}(\pi\,(t-j)) = \frac{\sin(\pi\,(t-j))}{\pi\,(t-j)}$$

bilden eine Orthonormalbasis des Unterraums der durch π-bandbegrenzten Funktionen. Für die verschobenen Spaltfunktionen gilt nämlich folgende Orthogonalitätsrelation:

$$\int_{-\infty}^{\infty} \operatorname{sinc}(\pi\,(t-k))\,\operatorname{sinc}(\pi\,(t-j))\,dt = \delta_{kj}\,.$$

Wir zeigen die Orthonormalität der Basisfunktionen im Frequenzbereich:

$$\int_{-\infty}^{\infty} \operatorname{sinc}(\pi\,(\omega-k))\,\operatorname{sinc}(\pi\,(\omega-j))\,d\omega = \delta_{kj}\,.$$

Der Rechteckimpuls

$$f(t) = \begin{cases} 1, & |t| \le 1\,, \\ 0 & \text{sonst}\,, \end{cases}$$

besitzt als Fouriertransformierte die Spaltfunktion:

$$\mathcal{F}(f(t))(\omega) = \sqrt{\frac{2}{\pi}}\,\operatorname{sinc}(\omega) = \sqrt{\frac{2}{\pi}}\,\frac{\sin(\omega)}{\omega}\,.$$

Mit dem Ähnlichkeitssatz bekommen wir für den skalierten Impuls:

$$\mathcal{F}\left(\frac{1}{\pi} f\left(\frac{t}{\pi}\right)\right)(\omega) = \sqrt{\frac{2}{\pi}} \operatorname{sinc}(\pi \, \omega).$$

Durch Verschiebung im Frequenzbereich erhalten wir dann:

$$\mathcal{F}\left(e^{kti} \frac{1}{\pi} f\left(\frac{t}{\pi}\right)\right)(\omega) = \sqrt{\frac{2}{\pi}} \operatorname{sinc}(\pi \, (\omega - k)).$$

Die Parseval-Plancherel-Gleichung besagt nun:

$$\frac{2\pi}{\pi^2} \int\limits_{-\infty}^{\infty} \operatorname{sinc}(\pi \, (\omega - k)) \operatorname{sinc}(\pi \, (\omega - j)) \, d\omega = \frac{1}{\pi^2} \int\limits_{-\pi}^{\pi} e^{(k-j)ti} \, dt$$

und liefert sofort die Orthogonalitätsrelation.

MAPLE:

```
int(sinc(Pi*(t-k))^2,t=-infinity..infinity);
```

$$\int\limits_{-\infty}^{\infty} \frac{\sin(\pi \, (t - k))^2}{\pi^2 \, (t - k)^2} \, dt = 1$$

Durch Translation erzeugen wir nun ein Orthonormalsystem.

Orthonormalsysteme und Translation im $L^2(\mathbb{R})$:

Sei f eine Funktion aus $L^1(\mathbb{R}) \cap L^2(\mathbb{R})$. Das System der verschobenen Funktionen $\{f(\cdot - k)\}_{k=-\infty}^{\infty}$ bildet genau dann ein Orthonormalsystem, wenn für fast alle $\omega \in \mathbb{R}$ gilt:

$$\sum_{k=-\infty}^{\infty} |\mathcal{F}(f(t))(\omega + 2\pi k)|^2 = \frac{1}{2\pi}.$$

Da die Funktionen durch Translation aus der Funktion f hervorgehen, genügt es zu zeigen, dass die angegebene Bedingung äquivalent ist zu:

$$\int\limits_{-\infty}^{\infty} f(t) \, \overline{f(t - k)} \, dt = \delta_{k,0}, \quad k \in \mathbb{Z}.$$

Wir benutzen zum Nachweis die Parseval-Plancherel-Gleichung und bekommen zunächst:

$$
\int_{-\infty}^{\infty} f(t) \overline{f(t-k)} \, dt = \int_{-\infty}^{\infty} \mathcal{F}(f(t))(\omega) \overline{e^{-i k \omega} \mathcal{F}(f(t))(\omega)} \, d\omega
$$

$$
= \int_{-\infty}^{\infty} e^{i k \omega} |\mathcal{F}(f(t))(\omega)|^2 \, d\omega
$$

$$
= \sum_{j=-\infty}^{\infty} \int_{2\pi j}^{2\pi(j+1)} e^{i k \omega} |\mathcal{F}(f(t))(\omega)|^2 \, d\omega
$$

$$
= \sum_{j=-\infty}^{\infty} \int_{0}^{2\pi} e^{i k \omega} |\mathcal{F}(f(t))(\omega + 2\pi j)|^2 \, d\omega
$$

$$
= \int_{0}^{2\pi} e^{i k \omega} \sum_{j=-\infty}^{\infty} |\mathcal{F}(f(t))(\omega + 2\pi j)|^2 \, d\omega .
$$

(Die Vertauschung von Summation und Integration im letzten Schritt wird wie bei der Periodisierung und der Poissonschen Summenformel begründet). Aus der Gleichung:

$$
\frac{1}{2\pi} \int_{-\infty}^{\infty} f(t) \overline{f(t+k)} \, dt = \frac{1}{2\pi} \int_{0}^{2\pi} \sum_{j=-\infty}^{\infty} |\mathcal{F}(f(t))(\omega + 2\pi j)|^2 \, e^{-i k \omega} \, d\omega
$$

folgt nun für die 2π-periodische Funktion $\displaystyle\sum_{j=-\infty}^{\infty} |\mathcal{F}(f(t))(\omega + 2\pi j)|^2$ durch Fourierentwick-

lung: $\displaystyle\sum_{j=-\infty}^{\infty} |\mathcal{F}(f(t))(\omega + 2\pi j)|^2 = \frac{1}{2\pi} \sum_{k=-\infty}^{\infty} \left(\int_{-\infty}^{\infty} f(t) \overline{f(t+k)} \, dt \right) e^{i k \omega}.$

Wegen der Orthogonalität von $f(t)$ und $f(t+k)$ konvergiert die Summe der Fourierkoeffizienten absolut und die Behauptung folgt.

Beispiel 9.15
Orthonormalsysteme und Translation im $l^2(\mathbb{Z})$:

Wir übertragen das Orthogonalitätskriterium in den Folgenraum $l^2(\mathbb{Z})$.
Sei $\{x_n\}_{n=-\infty}^{\infty}$ eine Folge aus $L^2(\mathbb{Z})$. Mit einem festen $N \in \mathbb{Z}$ bilden wir das System der verschobenen Folgen $\{x_{n-Nk}\}_{n=-\infty}^{\infty}, k \in \mathbb{Z}$. Dadurch entsteht genau dann ein Orthonormalsystem, wenn für fast alle $\omega \in \mathbb{R}$ gilt:

$$
\sum_{k=0}^{N-1} \left| \mathcal{F}(x_n) \left(\omega + \frac{2\pi}{N} k \right) \right|^2 = N .
$$

Hierbei ist

$$\mathcal{F}(x_n)(\omega) = \sum_{n=-\infty}^{\infty} x_n \, e^{-in\omega}$$

die Fouriertransformierte der Folge $\{x_n\}_{n=-\infty}^{\infty}$.

Offensichtlich genügt es, wieder zu zeigen, dass die angegebene Bedingung äquivalent ist zu:

$$\sum_{n=-\infty}^{\infty} x_n \, \overline{x_{n-Nk}} = \delta_{k,0} \, , \quad k \in \mathbb{Z}.$$

Wir benutzen die Parseval-Plancherel-Gleichung für Fourierreihen (bzw. für die Fouriertransformierte von $L^2(\mathbb{Z})$-Folgen) und bekommen:

$$\sum_{n=-\infty}^{\infty} x_n \, \overline{x_{n-Nk}} = \frac{1}{2\pi} \int_0^{2\pi} \mathcal{F}(x_n)(\omega) \, \overline{\mathcal{F}(x_{n-Nk})(\omega)} \, d\omega$$

$$= \frac{1}{2\pi} \int_0^{2\pi} \mathcal{F}(x_n)(\omega) \, \overline{e^{-Nik\omega} \, \mathcal{F}(x_n)(\omega)} \, d\omega$$

$$= \frac{1}{2\pi} \int_0^{2\pi} |\mathcal{F}(x_n)(\omega)|^2 \, e^{Nik\omega} \, d\omega$$

$$= \frac{1}{2\pi} \frac{1}{N} \int_0^{N 2\pi} \left| \mathcal{F}(x_n)\left(\frac{\omega}{N}\right) \right|^2 e^{ik\omega} \, d\omega$$

$$= \frac{1}{2\pi} \frac{1}{N} \sum_{m=0}^{N-1} \int_{m 2\pi}^{(m+1) 2\pi} \left| \mathcal{F}(x_n)\left(\frac{\omega}{N}\right) \right|^2 e^{ik\omega} \, d\omega$$

$$= \frac{1}{2\pi} \frac{1}{N} \int_0^{2\pi} \sum_{m=0}^{N-1} \left| \mathcal{F}(x_n)\left(\frac{\omega + m 2\pi}{N}\right) \right|^2 e^{ik\omega} \, e^{ikm2\pi} \, d\omega$$

$$= \frac{1}{2\pi} \int_0^{2\pi} \frac{1}{N} \sum_{m=0}^{N-1} \left| \mathcal{F}(x_n)\left(\frac{\omega + m 2\pi}{N}\right) \right|^2 e^{ik\omega} \, d\omega \, .$$

Da alle Fourier-Koeffizienten der Funktion

$$\frac{1}{N} \sum_{m=0}^{N-1} \left| \mathcal{F}(x_n)\left(\frac{\omega + m 2\pi}{N}\right) \right|^2 \, , \quad k \in \mathbb{Z}, k \neq 0,$$

verschwinden, muss für fast alle $\omega \in [0, 2\pi]$ gelten:

$$\frac{1}{N} \sum_{m=0}^{N-1} \left| \mathcal{F}(x_n) \left(\frac{\omega + m\,2\pi}{N} \right) \right|^2 = 1 \,.$$

Beispiel 9.16
QMF-Systeme:

Ein Paar von Folgen $\{x_n\}_{n=-\infty}^{\infty}$ und $\{y_n\}_{n=-\infty}^{\infty}$ aus $l^2(\mathbb{Z})$ heißt QMF-System (quadrature mirror filter), wenn durch die verschobenen Folgen

$$\{x_{n-2k}\}_{n=-\infty}^{\infty}, \quad \{y_{n-2k}\}_{n=-\infty}^{\infty}, \quad k \in \mathbb{Z},$$

ein biorthonormales System entsteht:

$$\sum_{n=-\infty}^{\infty} x_n \overline{x_{n-2k}} = \delta_{k,0}, \quad \sum_{n=-\infty}^{\infty} y_n \overline{y_{n-2k}} = \delta_{k,0}, \quad \sum_{n=-\infty}^{\infty} x_n \overline{y_{n-2k}} = 0 \,.$$

Im Frequenzbereich erhalten wir folgende äquivalente Bedingung der Bi-Orthonormalität. Für fast alle $\omega \in \mathbb{R}$ gilt:

$$
\begin{aligned}
|\mathcal{F}(x_n)(\omega)|^2 + |\mathcal{F}(x_n)(\omega + \pi)|^2 &= 2, \\
|\mathcal{F}(y_n)(\omega)|^2 + |\mathcal{F}(y_n)(\omega + \pi)|^2 &= 2, \\
\mathcal{F}(x_n)(\omega)\,\overline{\mathcal{F}(y_n)(\omega)} + \mathcal{F}(x_n)(\omega + \pi)\,\overline{\mathcal{F}(y_n)(\omega + \pi)} &= 0,
\end{aligned}
$$

mit

$$\mathcal{F}(x_n)(\omega) = \sum_{n=-\infty}^{\infty} x_n\, e^{-in\omega}, \quad \mathcal{F}(y_n)(\omega) = \sum_{n=-\infty}^{\infty} y_n\, e^{-in\omega}\,.$$

Die dritte Bedingung im Frequenzbereich ergibt sich analog zu den ersten beiden mithilfe der Parseval-Plancherel-Gleichung. Man kann die drei Bedingungen im Frequenzbereich auch so formulieren. Für fast alle $\omega \in \mathbb{R}$ haben wir eine unitäre Matrix ($M^{-1} = \overline{M}^{tr}$):

$$M = \frac{1}{\sqrt{2}} \begin{pmatrix} \mathcal{F}(x_n)(\omega) & \mathcal{F}(x_n)(\omega + \pi) \\ \mathcal{F}(y_n)(\omega) & \mathcal{F}(y_n)(\omega + \pi) \end{pmatrix}\,.$$

Beispiel 9.17
QMF-Systeme herstellen:

Sei $\{x_n\}_{n=-\infty}^{\infty}$ eine Folge aus $l^2(\mathbb{Z})$, sodass die verschobenen Folgen $\{x_{n-2k}\}_{n=-\infty}^{\infty}$ ein orthonormales System bilden: $\displaystyle\sum_{n=-\infty}^{\infty} x_n \overline{x_{n-2k}} = \delta_{k,0}$. Wir zeigen, dass für die Folge

$$y_n = (-1)^{n-1} \overline{x_{-n-1}}\,.$$

ebenfalls gilt: $\displaystyle\sum_{n=-\infty}^{\infty} y_n \overline{y_{n-2k}} = \delta_{k,0}$ und ferner: $\displaystyle\sum_{n=-\infty}^{\infty} x_n \overline{y_{n-2k}} = 0.$

Die Orthonormalität des aus $\{x_n\}_{n=-\infty}^{\infty}$ entstandenen Verschiebungssystems ist gleichbedeutend mit:

$$|\mathcal{F}(x_n)(\omega)|^2 + |\mathcal{F}(x_n)(\omega+\pi)|^2 = 2\,.$$

Hieraus folgt:

$$\left|e^{\omega i}\,\overline{\mathcal{F}(x_n)(\omega+\pi)}\right|^2 + \left|e^{(\omega+\pi)i}\,\overline{\mathcal{F}(x_n)(\omega+2\pi)}\right|^2 = 2\,.$$

Diese Bedingung ist wiederum äquivalent mit $\displaystyle\sum_{n=-\infty}^{\infty} y_n\,\overline{y_{n-2k}} = \delta_{k,0}$, wenn man berücksichtigt:

$$
\begin{aligned}
e^{\omega i}\,\overline{\mathcal{F}(x_n)(\omega+\pi)} &= e^{\omega i}\sum_{n=-\infty}^{\infty}\overline{x_n}\,e^{n(\omega+\pi)i} = \sum_{n=-\infty}^{\infty}\overline{x_n}\,e^{in\omega}\,e^{(n+1)\omega i}\\
&= \sum_{n=-\infty}^{\infty}(-1)^n\,\overline{x_n}\,e^{(n+1)\omega i} = \sum_{n=-\infty}^{\infty}(-1)^{-n-1}\,\overline{x_{-n-1}}\,e^{-in\omega}\\
&= \mathcal{F}(y_n)(\omega)\,.
\end{aligned}
$$

Die Bedingung

$$\mathcal{F}(x_n)(\omega)\,\overline{\mathcal{F}(y_n)(\omega)} + \mathcal{F}(x_n)(\omega+\pi)\,\overline{\mathcal{F}(y_n)(\omega+\pi)} = 0$$

lässt sich nun sofort mithilfe von $e^{-\pi i} = -1$ und der 2π-Periodizität der Fouriertransformierten nachrechnen. Die Bedingungen können auch direkt geprüft werden:

$$
\begin{aligned}
\sum_{n=-\infty}^{\infty} y_n\,\overline{y_{n-2k}} &= \sum_{n=-\infty}^{\infty}(-1)^{n-1}x_{-n-1}\,(-1)^{n-2k-1}\overline{x_{-n+2k-1}}\\
&= \sum_{n=-\infty}^{\infty}(-1)^{2n-2k-2}x_{-n-1}\,\overline{x_{-n+2k-1}} = \sum_{n=-\infty}^{\infty}x_{-n-1}\,\overline{x_{-n+2k-1}}\\
&= \sum_{n=-\infty}^{\infty}x_n\,\overline{x_{n+2k}}\,.
\end{aligned}
$$

Man kann auf diese Art weitere QMF-Systeme erzeugen. Man kann beliebige Vielfache von π addieren und man kann Exponentialfaktoren der Gestalt $e^{i(\rho+N\omega)}$ verwenden. Will man nur orthonormale Verschiebungssysteme erzeugen, so braucht man auch nicht zum konjugiert Komplexen überzugehen.

Die Ausgangsfolgen kann man bei der Erzeugung eines QMF-Systems natürlich auch durch zwei verschobene Versionen ersetzen.

Die linearen Operatoren, die einen Hilbertraum $\mathbb{V}$ in einen Hilbertraum $\mathbb{W}$ abbilden, können ebenfalls wieder als Vektorraum aufgefasst werden.

Beschränkter Operator:

Seien V und W Hilberträume. Der lineare Operator $T : V \longrightarrow W$ heißt beschränkt, wenn mit einer Schranke $S \geq 0$ für alle Vektoren $\underline{x} \in V$ gilt:

$$\|T(\underline{x})\| \leq S \|\underline{x}\| .$$

Man müsste strenggenommen zwischen der Länge des Vektors $\underline{x}$ und der Länge des Bildvektors $T(\underline{x})$ unterscheiden:

$$\|T(\underline{x})\|_W \leq S \|\underline{x}\|_V .$$

Jedem beschränkten Operator können wir eine Norm zuordnen.

Norm eines Operators:

Seien V und W Hilberträume und $T : V \longrightarrow W$ ein beschränkter Operator. Wir bezeichnen das folgende Supremum als Norm des Operators T:

$$\|T\| = \sup_{\|\underline{x}\|=1} \|T(\underline{x})\| .$$

Für jeden Vektor $\underline{x} \neq \underline{0}$ gilt:

$$\left\| T\left(\frac{\underline{x}}{\|\underline{x}\|} \right) \right\| \leq \|T\| \quad \text{bzw.} \quad \|T(\underline{x})\| \leq \|T\| \|\underline{x}\| .$$

Man kann daher die Norm eines Operators auch so festlegen: $\|T\| = \sup\limits_{\underline{x} \neq \underline{0}} \dfrac{\|T(\underline{x})\|}{\|\underline{x}\|} .$

Ferner stellt die Norm $\|T\|$ gerade das Minimum aller für den Operator T möglichen Schranken S dar. Zu jedem beschränkten Operator können wir einen adjungierten Operator einführen.

Adjungierter Operator:

Seien V und W Hilberträume und $T : V \longrightarrow W$ ein beschränkter Operator. Durch folgende Bedingung wird der adjungierte Operator $T^* : W \longrightarrow V$ festgelegt:

$$< \underline{x}, T^*(\underline{y}) > = < T(\underline{x}), \underline{y} > \quad \text{für alle} \quad \underline{x} \in V, \underline{y} \in W .$$

Man kann zeigen, dass es zu T genau einen beschränkten Operator mit der angegebenen Eigenschaft gibt. Ferner gilt $\|T^*\| = \|T\|$.

Die Adjunktionsbedingung müsste man wieder präziser schreiben:

$$< \underline{x}, T^*(\underline{y}) >_V = < T(\underline{x}), \underline{y} >_W .$$

Aus der Ungleichung:

$$< T(\underline{x}), T(\underline{x}) >=< \underline{x}, T^*(T(\underline{x})) >\le \|\underline{x}\|\,\|T^*(T(\underline{x}))\| \le \|T^*\|\,\|T\|\,\|\underline{x}\|^2$$

folgt

$$\|T(\underline{x})\|^2 \le \|T^*\|\,\|T\|\,\|\underline{x}\|^2 \quad \text{bzw.} \quad \|T\|^2 \le \|T^*\|\,\|T\|$$

und somit $\|T\| \le \|T^*\|$. Genauso zeigt man $\|T^*\| \le \|T\|$ und schließt $\|T^*\| = \|T\|$. Hat man die Verkettung zweier Operatoren, so gilt $(T_1 \circ T_2)^* = T_2^* \circ T_1^*$. Falls $\mathbb{V} = \mathbb{W}$ ist, bezeichnen wir einen Operator, der mit seinem adjungierten übereinstimmt, als selbstadjungiert $T^* = T$. Für einen selbstadjungierten Operator T kann man zeigen:

$$\|T\| = \sup_{\|\underline{x}\|=1} |< T(\underline{x}), \underline{x} >|.$$

Beispiel 9.18
Norm und Adjungierte einer Matrix:

Eine $n \times n$-Matrix $A = (a_{jk})_{j,k=1,\dots,n}$ mit komplexen Koeffizienten legt einen linearen Operator $T : \mathbb{C}^n \longrightarrow \mathbb{C}^n$ fest:

$$T(\vec{x}) = (A\,\vec{x}^{tr})^{tr} = \left(A \begin{pmatrix} x_1 \\ \vdots \\ x_n \end{pmatrix} \right)^{tr}.$$

Die Beschränktheit des Operators T sieht man mit der Cauchy-Schwarzschen Ungleichung:

$$
\begin{aligned}
\|T(\vec{x})\|^2 &= \sum_{j=1}^{n} \left| \sum_{k=1}^{n} a_{jk} x_k \right|^2 \le \sum_{j=1}^{n} \left(\sum_{k=1}^{n} |a_{jk}|^2 \sum_{k=1}^{n} |\overline{x}_k|^2 \right) \\
&= \sum_{j=1}^{n} \left(\sum_{k=1}^{n} |a_{jk}|^2 \sum_{k=1}^{n} |x_k|^2 \right) = \sum_{j=1}^{n} \sum_{k=1}^{n} |a_{jk}|^2 \|\vec{x}\|^2.
\end{aligned}
$$

Das heißt, es gilt:

$$\|T\| \le \sqrt{\sum_{j=1}^{n} \sum_{k=1}^{n} |a_{jk}|^2}.$$

Wir berechnen nun den adjungierten Operator:

$$
\begin{aligned}
T(\vec{x}) \cdot \vec{y} &= \sum_{j=1}^{n} \left(\sum_{k=1}^{n} a_{jk} x_k \right) \overline{y}_j = \sum_{k=1}^{n} \sum_{j=1}^{n} a_{jk} x_k \overline{y}_j \\
&= \sum_{k=1}^{n} x_k \left(\sum_{j=1}^{n} a_{jk} \overline{y}_j \right) = \sum_{k=1}^{n} x_k \overline{\left(\sum_{j=1}^{n} \overline{a_{jk}}\, y_j \right)} \\
&= \vec{x} \cdot (\overline{A}^{tr}\,\vec{y}^{tr})^{tr} = \vec{x} \cdot T^*(\vec{y}).
\end{aligned}
$$

Der adjungierte Operator ergibt sich also mit der adjungierten Matrix zu

$$T^*(\vec{x}) = (\overline{A}^{tr}\,\vec{y}^{tr})^{tr} = (A^*\,\vec{y}^{tr})^{tr} \,.$$

Eine andere Rechnung zeigt:

$$
\begin{aligned}
\|T(\vec{x})\|^2 &= \sum_{j=1}^{n}\left(\sum_{k=1}^{n}a_{jk}\,x_k\right)\left(\sum_{l=1}^{n}\overline{a}_{jl}\,\overline{x}_l\right) = \sum_{j=1}^{n}\sum_{k=1}^{n}\sum_{l=1}^{n}a_{jk}\,\overline{a}_{jl}\,x_k\,\overline{x}_l \\
&= \sum_{k=1}^{n}x_k\left(\sum_{l=1}^{n}\sum_{j=1}^{n}a_{jk}\,\overline{a}_{jl}\,\overline{x}_l\right) = \sum_{k=1}^{n}x_k\overline{\left(\sum_{l=1}^{n}\sum_{j=1}^{n}\overline{a}_{jk}\,a_{jl}\,x_l\right)} \\
&= \vec{x}\cdot(\overline{A}^{tr}\,A\,\vec{x}^{tr})^{tr} \,.
\end{aligned}
$$

Die Matrix $H = \overline{A}^{tr}\,A$ ist hermitesch:

$$H = \overline{A}^{tr}\,A = \left(\overline{\overline{A}^{tr}\,A}\right)^{tr} = \overline{H}^{tr}$$

und besitzt reelle Eigenwerte. Die Eigenwerte sind sogar nichtnegativ, weil aus der Eigengleichung $(H\,\vec{x}^{tr})^{tr} = \lambda\,\vec{x}$ folgt:

$$\vec{x}\cdot(H\,\vec{x}^{tr})^{tr} = \vec{x}\cdot(\overline{A}^{tr}\,A\,\vec{x}^{tr})^{tr} = (A\,\vec{x}^{tr})^{tr}\cdot(A\,\vec{x}^{tr})^{tr} = \lambda\,\|\vec{x}\|^2 \,.$$

Zugleich sieht man, dass für einen Eigenwert λ und Eigenvektor $\vec{x}$ gilt:

$$\lambda\,\|\vec{x}\|^2 = \|T(\vec{x})\|^2 \le \|T\|^2\,\|\vec{x}\|^2 \,,$$

d.h. für jeden Eigenwert der Matrix H gilt: $\|T\|^2 \ge \lambda$. Wir führen eine aus Eigenvektoren von H bestehende Orthonormalbasis $\vec{x}_1,\dots,\vec{x}_n$ des $\mathbb{C}^n$ ein und erhalten mit den Beziehungen:

$$\vec{x} = \sum_{k=1}^{n}(\vec{x}\cdot\vec{x}_k)\,\vec{x}_k \,, \qquad \|\vec{x}\|^2 = \sum_{k=1}^{n}|\vec{x}\cdot\vec{x}_k|^2 \,, \qquad \|T(\vec{x})\|^2 = \sum_{k=1}^{n}\lambda_k\,|\vec{x}\cdot\vec{x}_k|^2$$

die Abschätzung:

$$\min\lambda_k\,\|\vec{x}\|^2 \le \|T(\vec{x})\|^2 \le \max\lambda_k^2\,\|\vec{x}\|^2 \,.$$

Hieraus ersieht man $\|T\| \le \max\sqrt{\lambda}$. Das heißt, die Norm von T ist gleich der Wurzel aus dem größten Eigenwert der Matrix $H = \overline{A}^{tr}\,A$. Außerdem ist der Operator T nach unten und nach oben beschränkt:

$$\min\sqrt{\lambda_k}\,\|\vec{x}\| \le \|T(\vec{x})\| \le \max\sqrt{\lambda_k}\,\|\vec{x}\| \,.$$

Allgemein gilt:

Inverser Operator:

Ist T ein Operator, der einen Hilbertraum $\mathbb{V}$ in einen Hilbertraum $\mathbb{W}$ abbildet und mit Schranken $0 < A \leq B$ bestehe für alle $\underline{x} \in \mathbb{V}$ die Abschätzung:

$$A \, \|\underline{x}\| \leq \|T(\underline{x})\| \leq B \, \|\underline{x}\|,$$

dann existiert der inverse Operator $T^{-1} : T(\mathbb{V}) \longrightarrow \mathbb{W}$, und es gilt für alle $\underline{y} \in T(\mathbb{V})$ die Abschätzung:

$$\frac{1}{B} \, \|\underline{y}\| \leq \|T^{-1}(\underline{y})\| \leq \frac{1}{A} \, \|\underline{y}\|.$$

Die untere Beschränktheit sorgt zusammen mit der Äquivalenz

$$T(\underline{x}) = T(\underline{y}) \quad \Longleftrightarrow \quad T(\underline{x} - \underline{y}) = \underline{0}$$

für die Existenz des inversen Operators. Der Nachweis, dass der Unterraum $T(\mathbb{V}) \subset \mathbb{W}$ ebenfalls einen Hilbertraum bildet, ist etwas schwieriger. Die Schranken ergeben sich, indem man $\underline{x} T^{-1}(\underline{y})$ ersetzt. Aus der Beziehung:

$$\|\underline{x}\| = \|T(T^{-1}(\underline{x}))\| \leq \|T\| \, \|T^{-1}\| \, \|\underline{x}\|$$

folgt noch:

$$1 \leq \|T\| \, \|T^{-1}\|.$$

9.3 Frames und Riesz-Basen

Die Begriffe Basis, Orthogonalbasis und Entwicklung nach einer Basis sollen nun erweitert werden.

Frame:

Eine Folge von Vektoren $\{\underline{x}_n\}_{n=-\infty}^{\infty}$ in einem Hilbertraum $\mathbb{V}$ wird als Frame bezeichnet, wenn es Konstante $0 < A \leq B$ gibt, sodass für alle Vektoren $\underline{x} \in \mathbb{V}$ gilt:

$$A \, \|\underline{x}\|^2 \leq \sum_{n=-\infty}^{\infty} | < \underline{x}, \underline{x}_n > |^2 \leq B \, \|\underline{x}\|^2.$$

Sind die beiden Framekonstanten A und B gleich, dann heißt der Frame straff.

Allgemeiner kann man die Definition des Frames so fassen, dass man eine Familie von Vektoren zulässt mit einer überabzählbaren Indexmenge. Wir betonen ausdrücklich, dass ein Frame keine Basis zu sein braucht.

Beispiel 9.19
Ein Frame im $\mathbb{R}^2$:

Wir verdeutlichen den Framebegriff an der folgenden einfachen Situation. Die Vektoren

$$\vec{x}_1 = \left(\frac{\sqrt{2}}{2}, 0\right), \quad \vec{x}_2 = (0, 1), \quad \vec{x}_3 = -\left(\frac{\sqrt{2}}{2}, 0\right),$$

bilden einen Frame im reellen Hilbertraum der ebenen Vektoren.

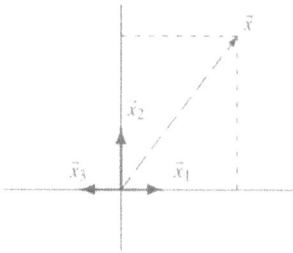

Bild 9.7: *Ein Frame $\vec{x}_1, \vec{x}_2, \vec{x}_3$ im Raum der reellen ebenen Vektoren $\mathbb{R}^2$ mit einem beliebigen Vektor $\vec{x}$. Der Vektor $\vec{x}$ wird in seine Komponenten bezüglich der Basis $\vec{x}_1, \vec{x}_2$ zerlegt.*

Für einen beliebigen Vektor $\vec{x} = (x_1, x_2) \in \mathbb{R}^2$ gilt:

$$\vec{x} \cdot \vec{x}_1 = \frac{\sqrt{2}}{2} x_1, \quad \vec{x} \cdot \vec{x}_2 = x_2, \quad \vec{x} \cdot \vec{x}_3 = -\frac{\sqrt{2}}{2} x_1,$$

und damit ist die Framebedingung mit $A = B = 1$ erfüllt:

$$\|\vec{x}\|^2 = |\vec{x} \cdot \vec{x}_1|^2 + |\vec{x} \cdot \vec{x}_2|^2 + |\vec{x} \cdot \vec{x}_3|^2.$$

Die beiden Vektoren $\vec{x}_1, \vec{x}_2$ bilden eine Basis des $\mathbb{R}^2$. Jeder Vektor $\vec{x} = (x_1, x_2)$ besitzt eine Basisdarstellung:

$$\vec{x} = \frac{\vec{x} \cdot \vec{x}_1}{\vec{x}_1 \cdot \vec{x}_1} \vec{x}_1 + \frac{\vec{x} \cdot \vec{x}_2}{\vec{x}_2 \cdot \vec{x}_2} \vec{x}_2 = \sqrt{2}\,\vec{x}_1 + \vec{x}_2.$$

Die beiden Vektoren $\vec{x}_1, \vec{x}_2$ bilden ebenfalls einen Frame mit den Konstanten $A = \frac{1}{2}, B = 1$. Denn es gilt:

$$\frac{1}{2}\left(x_1^2 + x_2^2\right) \le |\vec{x} \cdot \vec{x}_1|^2 + |\vec{x} \cdot \vec{x}_2|^2 = \frac{1}{2} x_1^2 + x_2^2 \le x_1^2 + x_2^2.$$

Haben wir einen straffen Frame, so gilt für jeden Vektor $\underline{x}$ aus dem Hilbertraum $\mathbb{V}$ analog zur Parseval-Gleichung:

$$\|\underline{x}\|^2 = \frac{1}{A} \sum_{n=-\infty}^{\infty} |<\underline{x}, \underline{x}_n>|^2.$$

Hieraus kann man dann folgendes Analogon zur Parseval-Plancherel-Gleichung herleiten.

Skalarprodukt und straffe Frames:

Bei einem straffen Frame mit der Frame-Konstanten A gilt für alle $\underline{x}$, $\underline{y}$ aus dem Hilbertraum $\mathbb{V}$:

$$< \underline{x}, \underline{y} >= \frac{1}{A} \sum_{n=-\infty}^{\infty} < \underline{x}, \underline{x}_n > \overline{< \underline{y}, \underline{x}_n >}$$

Denn mit der Polarisationsgleichung folgt durch Ausrechnen:

$$
\begin{aligned}
< \underline{x}, \underline{y} > &= \frac{1}{4}\left(\|\underline{x} + \underline{y}\|^2 - \|\underline{x} - \underline{y}\|^2 + i\,\|\underline{x} + i\,\underline{y}\|^2 - i\,\|\underline{x} - i\,\underline{y}\|^2 \right) \\
&= \frac{1}{4A} \sum_{n=-\infty}^{\infty} |< \underline{x} + \underline{y}, \underline{x}_n >|^2 - \frac{1}{4A} \sum_{n=-\infty}^{\infty} |< \underline{x} - \underline{y}, \underline{x}_n >|^2 \\
&\quad + \frac{i}{4A} \sum_{n=-\infty}^{\infty} |< \underline{x} + i\,\underline{y}, \underline{x}_n >|^2 - \frac{i}{4A} \sum_{n=-\infty}^{\infty} |< \underline{x} - i\,\underline{y}, \underline{x}_n >|^2 \\
&= \frac{1}{A} \sum_{n=-\infty}^{\infty} < \underline{x}, \underline{x}_n > \overline{< \underline{y}, \underline{x}_n >}.
\end{aligned}
$$

Einem Frame können wir einen Operator zuweisen.

Frame-Operator:

Der Frame-Operator bildet den Hilbertraum $\mathbb{V}$ in den Folgenraum ab:

$$T_F : \mathbb{V} \longrightarrow l^2(\mathbb{Z}), \quad T_F(\underline{x}) = \{< \underline{x}, \underline{x}_n >\}_{n=-\infty}^{\infty}.$$

Offenbar gilt dann:

$$\|T_F(\underline{x})\|^2 = \sum_{n=-\infty}^{\infty} |< \underline{x}, \underline{x}_n >|^2.$$

Die Framebedingung nimmt nun folgende Gestalt an:

$$A\,\|x\|^2 \le \|T_F(\underline{x})\|^2 \le B\,\|x\|^2 \quad \text{bzw.} \quad A \le \|T_F\|^2 \le B.$$

Beispiel 9.20
Basen im $\mathbb{C}^n$ als Frames:

Mithilfe des Frame-Operators zeigen wir, dass jede Basis $\vec{b}_j = (b_{j1}, \ldots, b_{jN})$, $1 \le j \le n$, im Hilbertraum $\mathbb{C}^n$ einen Frame darstellt.
Mit einem beliebigen Vektor $\vec{x} = (x_1, \ldots, x_n)$ bekommen wir das Skalarprodukt

$$\vec{x} \cdot \vec{b}_j = \sum_{k=1}^{n} x_k \overline{b_{jk}} = \sum_{k=1}^{n} \overline{b_{jk}}\, x_k$$

und

$$\|T_F(\vec{x})\|^2 = \sum_{j=1}^{n} \left| \sum_{k=1}^{n} \overline{b_{jk}}\, x_k \right|^2 = \vec{x} \cdot (B^{tr}\, \overline{B}\, \vec{x}^{tr})^{tr} \, .$$

Hierbei ist B die Matrix, welche dadurch entsteht, dass man die Basisvektoren als Zeilenvektoren untereinander schreibt. Die Matrix B ist regulär, und wir bekommen eine reguläre, hermitesche Produktmatrix $B^{tr}\, \overline{B}$. Damit gilt mit den Eigenwerten von $B^{tr}\, \overline{B}$ die Abschätzung:

$$\min \lambda_k \|\vec{x}\|^2 \le \|T(\vec{x})\|^2 \le \max \lambda_k \|\vec{x}\|^2 \, .$$

Der kleinste Eigenwert muss aber echt größer als Null sein, und wir haben die Frame-Bedingung gezeigt.

Wir berechnen als Nächstes den adjungierten Operator des Frame-Operators:

$$< T_F(\underline{x}), \{y_n\}_{n=-\infty}^{\infty} > \; = \; \sum_{n=-\infty}^{\infty} < \underline{x}, \underline{x}_n > \overline{y}_n = \sum_{n=-\infty}^{\infty} < \underline{x}, y_n\, \underline{x}_n >$$

$$= \; < \underline{x}, \sum_{n=-\infty}^{\infty} y_n\, \underline{x}_n > = < \underline{x}, T_F^*\left(\{y_n\}_{n=-\infty}^{\infty}\right) > \, .$$

Der adjungierte Operator nimmt also die Gestalt an:

$$T_f^* : l^2(\mathbb{Z}) \longrightarrow \mathbb{V}, \quad T_F^*\left(\{x_n\}_{n=-\infty}^{\infty}\right) = \sum_{n=-\infty}^{\infty} x_n\, \underline{x}_n \, .$$

Im Vektorraum $\mathbb{C}^n$ gilt mit einer Orthonormalbasis stets die Darstellung:

$$\vec{x} = \sum_{k=1}^{n} (\vec{x} \cdot \vec{e}_k)\, \vec{e}_k \, .$$

Wenn man die Skalarprodukte $\vec{x} \cdot \vec{e}_k$ kennt, kann man den Vektor $\vec{x}$ rekonstruieren. Hat man eine beliebige Basis, wird die Rekonstruktion schon etwas komplizierter. Man benötigt die duale Basis:

$$\vec{x} = \sum_{k=1}^{n} (\vec{x} \cdot \vec{b}_k)\, \vec{\tilde{b}}_k = \sum_{k=1}^{n} (\vec{x} \cdot \vec{\tilde{b}}_k)\, \vec{b}_k \, .$$

Diese Überlegungen verallgemeinern wir nun auf Frames und führen duale Frames ein. Nach Definition des Frame-Operators T_F und des adjungierten Operators T_F^* ergibt sich:

$$\sum_{n=-\infty}^{\infty} |< \underline{x}, \underline{x}_n >|^2 \; = \; \|T_F(\underline{x})\|^2 = < T_F(\underline{x}), T_F(\underline{x}) > = < \underline{x}, T_F^*(T_F(\underline{x})) >$$

$$= \; < \underline{x}, (T_F^* \circ T_F)(\underline{x}) > = < (T_F^* \circ T_F)(\underline{x}), \underline{x} > \, .$$

Da der Operator $T_F^* \circ T_F$ selbstadjungiert ist, folgt hieraus, dass die Norm der Verkettung die Ungleichung erfüllt:

$$A \leq T_F^* \circ T_F \leq B \,.$$

Die Verkettung ist damit invertierbar, und es gilt: $\dfrac{1}{B} \leq (T_F^* \circ T_F)^{-1} \leq \dfrac{1}{A} \,.$

Dualer Frame:

Die Folge von Vektoren $\{\underline{x}_n\}_{n=-\infty}^{\infty}$ in einem Hilbertraum $\mathbb{V}$ stelle einen Frame mit Konstanten $0 < A \leq B$ dar:

$$A \,\|\underline{x}\|^2 \leq \sum_{n=-\infty}^{\infty} | <\underline{x}, \underline{x}_n> |^2 \leq B \,\|\underline{x}\|^2 \,.$$

Die Folge

$$\tilde{\underline{x}}_n = (T_F^* \circ T_f)^{-1}(\underline{x}_n)\,, \quad -\infty < n < \infty \,,$$

bildet dann den dualen Frame:

$$\frac{1}{B} \,\|\underline{x}\|^2 \leq \sum_{n=-\infty}^{\infty} | <\underline{x}, \tilde{\underline{x}}_n> |^2 \leq \frac{1}{A} \,\|\underline{x}\|^2 \,.$$

Mit dem dualen Frame kann jeder Vektor $\underline{x} \in \mathbb{V}$ dargestellt werden:

$$\underline{x} = \sum_{n=-\infty}^{\infty} <\underline{x}, \underline{x}_n> \tilde{\underline{x}}_n = \sum_{n=-\infty}^{\infty} <\underline{x}, \tilde{\underline{x}}_n> \underline{x}_n \,.$$

Es gilt zunächst $(T_f^* \circ T_F)^* = T_F^* \circ T_f$ und folglich $((T_f^* \circ T_F)^{-1})^* = (T_F^* \circ T_f)^{-1}$. Wir betrachten den zum dualen Frame gehörigen Operator und bekommen für beliebiges $n \in \mathbb{Z}$:

$$
\begin{aligned}
(T_{\tilde{F}}(\underline{x}))_n &= <\underline{x}, \tilde{\underline{x}}_n> = <\underline{x}, (T_F^* \circ T_F)^{-1}(\underline{x}_n)> \\
&= <(T_F^* \circ T_F)^{-1}(\underline{x}_n), \underline{x}_n> = <T_F^{-1}((T_F^*)^{-1}(\underline{x})), \underline{x}_n> \\
&= T_F(T_F^{-1}((T_F^*)^{-1}(\underline{x})))_n = ((T_F^*)^{-1}(\underline{x}))_n \,.
\end{aligned}
$$

Hieraus folgt: $T_F^* \circ T_{\tilde{F}} = id_{\mathbb{V}}$ und durch Adjunktenbildung: $T_{\tilde{F}}^* \circ T_F = id_{\mathbb{V}}$, also die angegebenen Rekonstruktionsgleichungen. Außerdem ergibt sich: $\|T_{\tilde{F}}\| = \|(T_F^*)^{-1}\|$. Wegen $A \leq \|T_F^*\| \leq B$ bekommt man hieraus die Frame-Bedingung für den dualen Frame.

Nun erhebt sich die Frage nach der Konstruktion des dualen Frames bzw. nach der Inversion des Operators: $T_{\tilde{F}}^* \circ T_F$. Dazu gehen wir von einem Frame $\underline{x}_n$ mit Konstanten $0 < A \leq B$ aus. Wir schreiben mit einem Restoperator R:

$$T_{\tilde{F}}^* \circ T_F = \frac{A + B}{2} (id_{\mathsf{V}} - R).$$

Liegen die Frame-Konstanten nahe beieinander, so beschreibt der Operator R gerade die Abweichung von $T_{\tilde{F}}^* \circ T_F$ von dem Identitätsoperator. Wir können die obige Beziehung umschreiben:

$$R = id_{\mathsf{V}} - \frac{2}{A + B} T_{\tilde{F}}^* \circ T_F.$$

Aus der Ungleichung

$$\|\underline{x}\|^2 \leq < T_{\tilde{F}}^* \circ T_F(\underline{x}), \underline{x} > \|\underline{x}\|^2$$

folgt:

$$\left(1 - \frac{2B}{A + B}\right) \|\underline{x}\|^2 \leq \|\underline{x}\|^2 - \frac{2}{A + B} < T_{\tilde{F}}^* \circ T_F(\underline{x}), \underline{x} > \left(1 - \frac{2A}{A + B}\right) \|\underline{x}\|^2,$$

und dies ist gleichbedeutend mit:

$$-\frac{B - A}{A + B} \|\underline{x}\|^2 \leq < R(\underline{x}), \underline{x} > \frac{B - A}{A + B} \|\underline{x}\|^2.$$

Da der Operator R selbstadjungiert ist, entnimmt man daraus:

$$\|R\| \leq \frac{B - A}{B + A} < 1.$$

Bei einem straffen Frame mit $A = B$ bekommen wir nun $R \equiv 0$ und $T_{\tilde{F}}^* \circ T_F = id_V$. Ist der Frame hingegen nicht straff, so invertieren wir den Operator $id_V - R$ mit der Neumannschen Reihe:

$$(T_{\tilde{F}}^* \circ T_F)^{-1} = \frac{A + B}{2} (id_{\mathsf{V}} - R)^{-1} = \frac{A + B}{2} \sum_{j=0}^{\infty} R^j.$$

Man erhält nun den dualen Frame:

$$\tilde{\underline{x}}_n = \frac{A + B}{2} \sum_{j=0}^{\infty} R^j(\underline{x}_n).$$

Bei einer näherungsweisen Berechnung kann man nach N Summanden abbrechen:

$$\tilde{\underline{x}}_n \approx \frac{A + B}{2} \sum_{j=N}^{\infty} R^j(\underline{x}_n).$$

Im Folgenden wird der Begriff der Orthonormalbasis erweitert.

Riesz-Basis:

Eine Folge von Vektoren $\{\underline{x}_n\}_{n=-\infty}^{\infty}$ in einem Hilbertraum $\mathbb{V}$ heißt Riesz-Basis, wenn $\mathbb{V}$ von der Folge aufgespannt wird, und wenn es Konstante $0 < A \leq B$ gibt, sodass für alle Vektoren $\{x_n\}_{n=-\infty}^{\infty}$ aus dem Folgenraum $l^2(\mathbb{Z})$ gilt:

$$A \sum_{n=-\infty}^{\infty} |x_n|^2 \leq \left\| \sum_{n=-\infty}^{\infty} x_n \, \underline{x}_n \right\|^2 \leq B \sum_{n=-\infty}^{\infty} |x_n|^2 .$$

Eine Orthonormalbasis stellt eine Riesz-Basis mit Schranken $A = B = 1$ dar.

Einer Riesz-Basis können wir wieder einen Operator zuweisen:

$$T_R : l^2(\mathbb{Z}) \longrightarrow \mathbb{V}, \quad T_R\left(\{x_n\}_{n=-\infty}^{\infty}\right) = \sum_{n=-\infty}^{\infty} x_n \, \underline{x}_n .$$

Die Riesz-Bedingung lautet dann:

$$A \left\| \{x_n\}_{n=-\infty}^{\infty} \right\|^2 \leq \left\| T_R\left(\{x_n\}_{n=-\infty}^{\infty}\right) \right\|^2 \leq B \left\| \{x_n\}_{n=-\infty}^{\infty} \right\|^2 \quad \text{bzw.} \quad A \leq \|T_R\| \leq B .$$

Eine Riesz-Basis stellt stets einen Frame dar, während ein Frame überhaupt keine Basis zu sein braucht. Der Operator T_R stellt gerade den zu T_F adjungierten Operator dar. Es gilt mit derselben Rechnung wie vorhin: $T_R = T_F^*$. Verwenden wir die Operator-Norm, so bedeutet die Riesz-Bedingung nichts anderes als: $A \leq \|T_R\|^2 \leq B$ und wegen $\|T_R\| = \|T_R^*\|$ folgt hieraus die Frame-Bedingung: $A \leq \|T_F\|^2 \leq B$. Durch Translation einer Funktion kann man eine Riesz-Basis erzeugen.

Riesz-Basen und Translation:

Sei f eine Funktion aus $L^2(\mathbb{R})$. Das System der verschobenen Funktionen $\{f(\cdot - k)\}_{k=-\infty}^{\infty}$ bildet genau dann eine Riesz-Basis des Unterraums $\mathbb{V}_0 = \text{span}\left(\{f(\cdot - k)\}_{k=-\infty}^{\infty}\right)$, wenn es Konstante $0 < A \leq B$ gibt, sodass für fast alle $\omega \in \mathbb{R}$ gilt:

$$\frac{A}{2\pi} \leq \sum_{k=-\infty}^{\infty} |\mathcal{F}(f(t))(\omega + 2\pi k)|^2 \leq \frac{B}{2\pi} .$$

Die Überlegungen verlaufen ähnlich wie beim Nachweis der Orthonormalität des durch Translation erzeugten Funktionensystems.

Wir gehen zuerst von der angegebenen Bedingung aus und bekommen mit einer beliebigen Folge aus $l^2(\mathbb{Z})$:

$$\frac{A}{2\pi} \int_0^{2\pi} \left| \sum_{n=-\infty}^{\infty} x_n e^{-in\omega} \right|^2 d\omega \leq \int_0^{2\pi} \left| \sum_{n=-\infty}^{\infty} x_n e^{-in\omega} \right|^2 \sum_{k=-\infty}^{\infty} |\mathcal{F}(f(t))(\omega + 2\pi k)|^2 d\omega$$

$$\leq \frac{B}{2\pi} \int_0^{2\pi} \left| \sum_{n=-\infty}^{\infty} x_n e^{-in\omega} \right|^2 d\omega.$$

Nach der Plancherel-Gleichung gilt: $\sum_{n=-\infty}^{\infty} |x_n|^2 = \frac{1}{2\pi} \int_0^{2\pi} \left| \sum_{n=-\infty}^{\infty} x_n e^{-in\omega} \right|^2 d\omega.$

Im Integral in der Mitte der Ungleichung vertauschen wir Integration und Summation über k und erhalten mit der Plancherel-Gleichung für Fouriertransformierte:

$$\int_0^{2\pi} \left| \sum_{n=-\infty}^{\infty} x_n e^{-in\omega} \right|^2 \sum_{k=-\infty}^{\infty} |\mathcal{F}(f(t))(\omega + 2\pi k)|^2 d\omega$$

$$= \sum_{k=-\infty}^{\infty} \int_{2\pi k}^{2\pi(k+1)} \left| \sum_{n=-\infty}^{\infty} x_n e^{-in\omega} \right|^2 |\mathcal{F}(f(t))(\omega)|^2 d\omega$$

$$= \int_{-\infty}^{\infty} \left| \sum_{n=-\infty}^{\infty} x_n e^{-in\omega} \mathcal{F}(f(t))(\omega) \right|^2 d\omega$$

$$= \int_{-\infty}^{\infty} \left| \sum_{n=-\infty}^{\infty} x_n \mathcal{F}(f(t-n))(\omega) \right|^2 d\omega = \int_{-\infty}^{\infty} \left| \sum_{n=-\infty}^{\infty} x_n f(t-n) \right|^2 dt.$$

Haben wir umgekehrt eine Riesz-Basis mit Schranken A und B vorliegen, so können wir sofort mit den obigen Umformungen für eine beliebige Folge aus $l^2(\mathbb{Z})$ die Ungleichungen schreiben:

$$\frac{A}{2\pi} \int_0^{2\pi} \left| \sum_{n=-\infty}^{\infty} x_n e^{-in\omega} \right|^2 d\omega \leq \int_0^{2\pi} \left| \sum_{n=-\infty}^{\infty} x_n e^{-in\omega} \right|^2 \sum_{k=-\infty}^{\infty} |\mathcal{F}(f(t))(\omega + 2\pi k)|^2 d\omega$$

$$\leq \frac{B}{2\pi} \int_0^{2\pi} \left| \sum_{n=-\infty}^{\infty} x_n e^{-in\omega} \right|^2 d\omega.$$

Nun setzt man nacheinander für $\{x_n\}_{n=-\infty}^{\infty}$ die Fourierkoeffizienten von Rechteckimpulsen ein, deren zugeordnete Distribution gegen $\delta(\omega - \omega_0)$ konvergiert. Dann kann man für beliebiges ω_0 schließen: $\frac{A}{2\pi} \leq \sum_{k=-\infty}^{\infty} |\mathcal{F}(f(t))(\omega_0 + 2\pi k)|^2 \leq \frac{B}{2\pi}.$

10 Wavelets

10.1 Gefensterte Fouriertransformation

Die Fouriertransformation überträgt die gesamte Information über den zeitlichen Verlauf einer Funktion in den Frequenzbereich:

$$\mathcal{F}(f(t))(\omega) = \frac{1}{\sqrt{2\pi}} \int\limits_{-\infty}^{\infty} f(t)\, e^{-i\,\omega t}\, dt\,.$$

Nur durch die Synthese mit der inversen Fouriertransformation kann der zeitliche Verlauf der Funktion wieder rekonstruiert werden:

$$f(t) = \frac{1}{\sqrt{2\pi}} \int\limits_{-\infty}^{\infty} \mathcal{F}(f(t))(\omega)\, e^{i\,\omega t}\, d\omega\,.$$

Man kann eine Funktion entweder im Zeitbereich oder im Frequenzbereich betrachten. Beides zugleich erlaubt die Fouriertransformation nicht. Es hängt von der Problemstellung ab, ob einer der beiden Standpunkte ausreicht. Wenn man an einer Straße wohnt, muss man gelegentlich den Lärm einer Sirene mit anhören. Auf den zeitlichen Verlauf dieser Geräusche kann man sich schwerlich einstellen. Aber es ist interessant zu erfahren, mit welchen für unser Ohr weniger angenehmen Frequenzen man rechnen muss. Wenn man neben einem Flughafen wohnt, will man sowohl die Tageszeit, zu welcher man durch Fluglärm gestört wird, als auch die dann auftretenden Frequenzen wissen. Man will in diesem Fall zugleich Informationen im Zeit- und im Frequenzbereich.

Man öffnet jeweils zu einem bestimmten Zeitpunkt ein Fenster mithilfe einer Fensterfunktion. Eine Fensterfunktion g kann komplexwertig sein. Darüberhinaus wird vorausgesetzt, dass g absolut und quadrat-integrierbar ist und dass gilt: $\displaystyle\int\limits_{-\infty}^{\infty} |g(t)|^2\, dt = 1\,.$

Wir erklären dann für quadrat-integrierbare Funktionen die gefensterte Fouriertransformation:

Gefensterte Fouriertransformation:

$$\mathcal{gF}(f(t))(\omega, \tau) = \mathcal{F}(f(t)\,\overline{g(t-\tau)})(\omega) = \frac{1}{\sqrt{2\pi}} \int\limits_{-\infty}^{\infty} f(t)\,\overline{g(t-\tau)}\, e^{-i\,\omega t}\, dt\,.$$

Beispiel 10.1
Gefensterte Fouriertransformierte berechnen, Rechteckimpuls als Fenster benutzen:

Wir betrachten zunächst eine Sprungfunktion:

$$f(t) = c\,(u(t - \alpha) - u(t - \beta)), \quad c \in \mathbb{R},$$

mit der Fouriertransformierten:

$$\mathcal{F}(f(t))(\omega) \;=\; \frac{1}{\sqrt{2\pi}} \int_{-\infty}^{\infty} f(t)\,e^{-i\,\omega\,t}\,dt = \frac{c}{\sqrt{2\pi}} \int_{\alpha}^{\beta} e^{-i\,\omega\,t}\,dt$$

$$=\; \frac{c\,i}{\sqrt{2\pi}} \, \frac{e^{-i\,\omega\,\beta} - e^{-i\,\omega\,\alpha}}{\omega}.$$

Nun legen wir mit einem $h > 0$ folgende Fensterfunktion fest:

$$g(t) = \frac{1}{2\,h}\,(u(t + h) - u(t - h)).$$

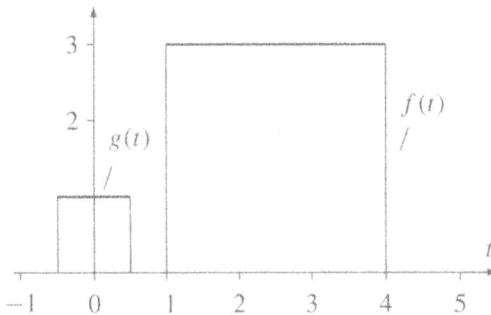

Bild 10.1: *Die Funktion:*
$f(t) = 3\,(u(t - 1) - u(t - 4))$
und die Fensterfunktion:
$$g(t) = u\left(t + \frac{1}{2}\right) - u\left(t - \frac{1}{2}\right)$$

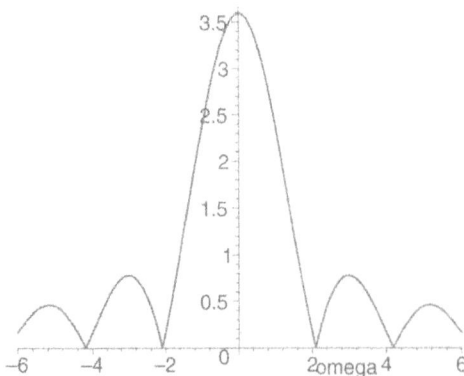

Bild 10.2: *Der Betrag*
$|\mathcal{F}(f(t))(\omega)|$
der Fouriertransformierten der
Funktion
$f(t) = 3\,(u(t - 1) - u(t - 4))$

Wir nehmen $\beta - \alpha > 2h$ an und berechnen die gefensterte Fouriertransformierte:

$$\mathcal{GF}(f(t))(\omega, \tau) \quad = \quad \mathcal{F}(f(t)\,g(t-\tau))(\omega)$$

$$= \quad \begin{cases} \frac{1}{\sqrt{2\pi}}\frac{c}{2h}\int_\alpha^{\tau+h} e^{-i\omega t}\,dt & , \quad \alpha - h < \tau \le \alpha + h, \\[2mm] \frac{1}{\sqrt{2\pi}}\frac{c}{2h}\int_{\tau-h}^{\tau+h} e^{-i\omega t}\,dt & , \quad \alpha + h < \tau \le \beta - h, \\[2mm] \frac{1}{\sqrt{2\pi}}\frac{c}{2h}\int_{\tau-h}^{\beta} e^{-i\omega t}\,dt & , \quad \beta - h < \tau \le \beta + h, \\[2mm] \qquad\qquad 0 & , \quad \text{sonst}, \end{cases}$$

$$= \quad \begin{cases} \frac{i}{\sqrt{2\pi}}\frac{c}{2h}\frac{e^{-i\omega(\tau+h)}-e^{-i\omega\alpha}}{\omega} & , \quad \alpha - h < \tau \le \alpha + h, \\[2mm] \frac{i}{\sqrt{2\pi}}\frac{c}{2h}\frac{e^{-i\omega(\tau+h)}-e^{-i\omega(\tau-h)}}{\omega} & , \quad \alpha + h < \tau \le \beta - h, \\[2mm] \frac{i}{\sqrt{2\pi}}\frac{c}{2h}\frac{e^{-i\omega\beta}-e^{-i\omega(\tau-h)}}{\omega} & , \quad \beta - h < \tau \le \beta + h, \\[2mm] \qquad\qquad 0 & , \quad \text{sonst}. \end{cases}$$

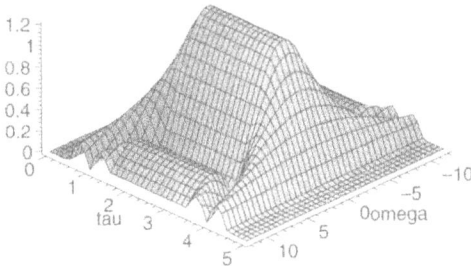

Bild 10.3: *Der Betrag* $|\mathcal{GF}(f(t))(\omega, \tau)|$ *der gefensterten Fouriertransformierten der Funktion*
$$f(t) = 3\,(u(t-1) - u(t-4))$$
bezüglich der Fensterfunktion
$$g(t) = \left(u\left(t + \frac{1}{2}\right) - u\left(t - \frac{1}{2}\right)\right)$$

Betrachten wir nun eine Funktion:

$$f(t) = 3\,(u(t-1) - u(t-4)) + (u(t-6) - u(t-10)).$$

Zunächst nehmen wir dasselbe Signal wie vorhin wahr, aber im Verlauf der Zeit folgt ein zweiter Impuls.

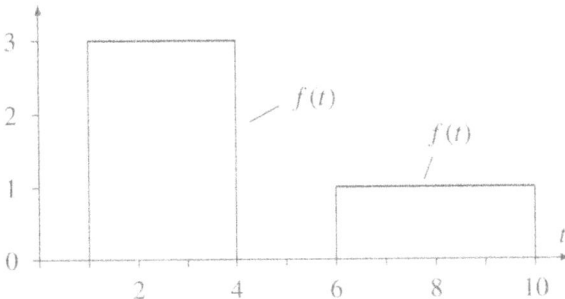

Bild 10.4: *Die Funktion*
$$f(t) = 3\,(u(t-1) - u(t-4))$$
$$+(u(t-6) - u(t-10))$$

Aus der Darstellung im Frequenzbereich allein ist das Auftreten dieses zweiten Impulses nur schwer zu erfassen, während man mit der gefensterten Fourier-Transformierten einen guten Eindruck vom Verlauf im Zeit- und im Frequenzbereich erhält.

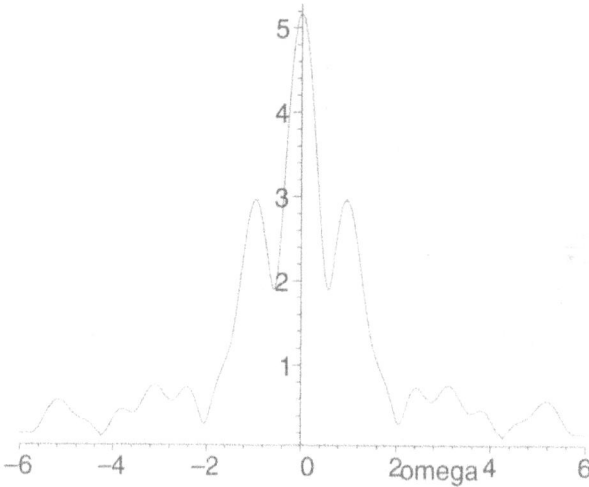

Bild 10.5: *Der Betrag*
$|\mathcal{F}(f(t))(\omega, \tau)|$
der Fouriertransformierten der
Funktion
$$f(t) = 3\,(u(t-1) - u(t-4))$$
$$+(u(t-6) - u(t-10))$$

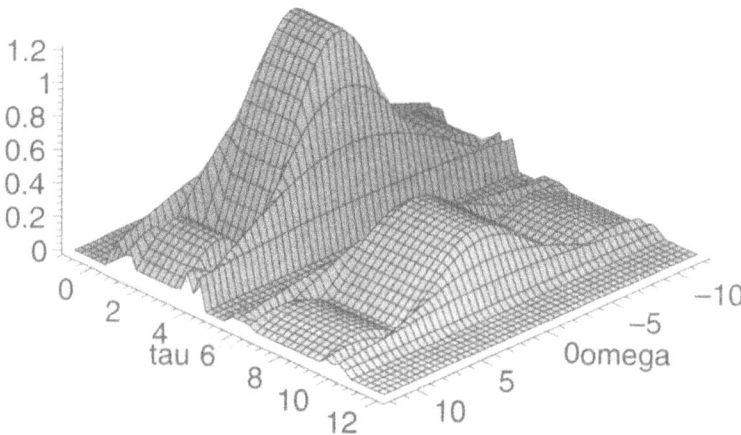

Bild 10.6: *Der Betrag $|\mathcal{GF}(f(t))(\omega, \tau)|$ der gefensterten Fouriertransformierten der*
Funktion $f(t) = 3\,(u(t-1) - u(t-4)) + (u(t-6) - u(t-10))$ bezüglich der
Fensterfunktion $g(t) = \dfrac{1}{2}\,u\left(t + \dfrac{1}{2}\right) - u\left(t - \dfrac{1}{2}\right)$

Beispiel 10.2

Gefensterte Fouriertransformierte berechnen, Gaussfunktion als Fenster benutzen:

Wir betrachten die Funktion:

$$f(t) = \frac{1}{4}\,e^{-\frac{(t-10)^2}{30}} + e^{-\frac{(t+5)^2}{10}}$$

und benutzen die Fensterfunktion:

$$g(t) = \frac{e^{-\frac{t^2}{2}}}{\sqrt{2\pi}}.$$

Mit der Fourier-Transformierten: $\mathcal{F}\left(e^{-\frac{t^2}{2}}\right)(\omega) = e^{-\frac{\omega^2}{2}}$

und dem Ähnlichkeitssatz folgt zunächst:

$$\mathcal{F}\left(e^{-t^2}\right)(\omega) = \frac{1}{\sqrt{2}}\,e^{-\frac{\omega^2}{4}}$$

und hieraus wiederum mit dem Ähnlichkeitssatz und dem Verschiebungssatz ($\lambda > 0$):

$$\mathcal{F}\left(e^{-\frac{(t-a)^2}{\lambda}}\right)(\omega) = \frac{\sqrt{\lambda}}{\sqrt{2}}\,e^{-a\omega i}\,e^{-\frac{\lambda\omega^2}{4}}.$$

Damit bekommen wir:

$$\mathcal{F}(f(t))(\omega) = \frac{1}{4}\frac{\sqrt{30}}{\sqrt{2}}\,e^{-10\omega i}\,e^{-\frac{15\omega^2}{2}} + \frac{\sqrt{10}}{\sqrt{2}}\,e^{5\omega i}\,e^{-\frac{5\omega^2}{2}}.$$

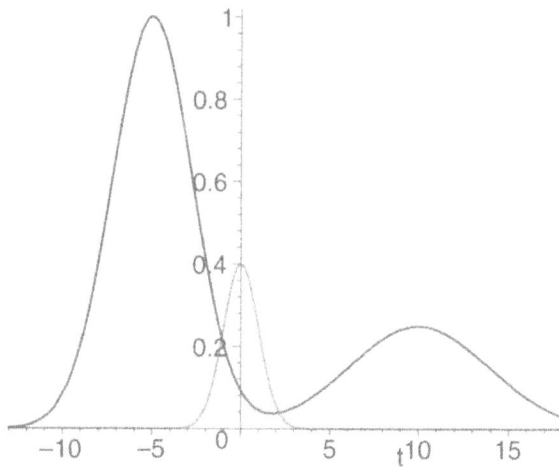

Bild 10.7: *Die Funktion:*
$$f(t) = \frac{1}{4}e^{-\frac{(t-10)^2}{30}} + e^{-\frac{(t+5)^2}{10}}$$
und die Fensterfunktion:
$$g(t) = \frac{e^{-\frac{t^2}{2}}}{\sqrt{2\pi}}$$

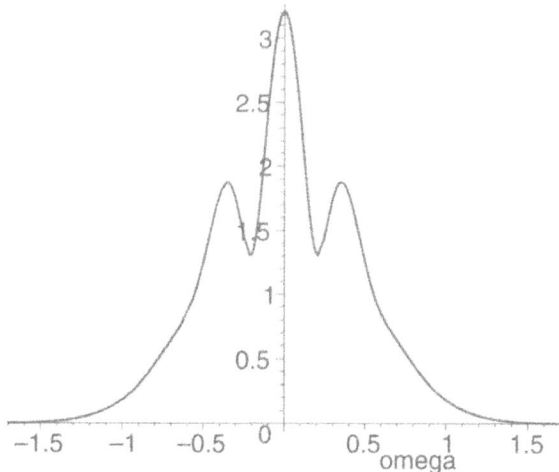

Bild 10.8: *Der Betrag*
$$|\mathcal{F}(f(t))(\omega)|$$
der Fouriertransformierten der Funktion
$$f(t) = \frac{1}{4}e^{-\frac{(t-10)^2}{30}} + e^{-\frac{(t+5)^2}{10}}$$

Analog kann die gefensterte Fourier-Transformierte von f bezüglich g berechnet werden. Man

schreibt ein Produkt zuerst in der Form: $e^{-\frac{(t-a)^2}{\lambda}}\, e^{-\frac{(t-\tau)^2}{2}} = e^{c-\frac{(t-\bar{a})^2}{\lambda}}$

und kann dann die Fourier-Transformierte $\mathcal{F}(f(t)\,g(t-\tau))(\omega)$ ausrechnen.

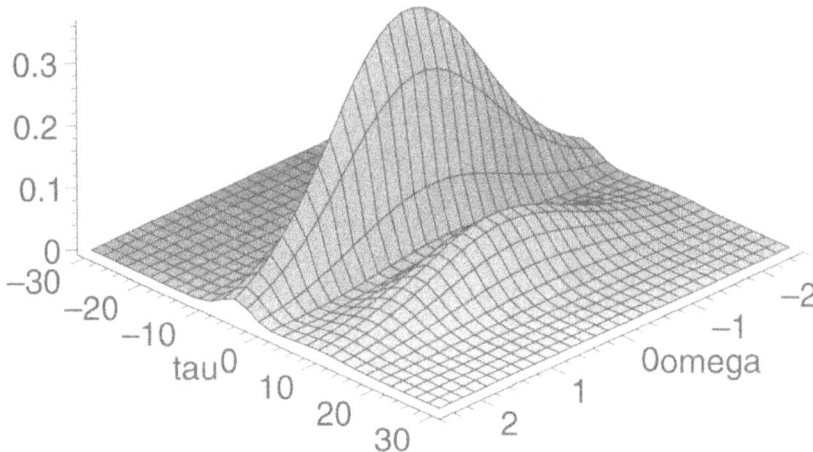

Bild 10.9: *Der Betrag* $|g\mathcal{F}(f(t))(\omega,\tau)|$ *der gefensterten Fouriertransformierten der*

Funktion $f(t) = \dfrac{1}{4}\,e^{-\frac{(t-10)^2}{30}} + e^{-\frac{(t+5)^2}{10}}$ *bezüglich der Fensterfunktion* $g(t) = \dfrac{e^{-\frac{t^2}{2}}}{\sqrt{2\pi}}$

MAPLE:

```
simplify(1/(sqrt(2*Pi))*int(exp(-t^2)*exp(-I*omega*t),
t=-infinity..infinity));
```

$$\frac{1}{2}\,\frac{\sqrt{2}\displaystyle\int_{-\infty}^{\infty} e^{(-t^2)}\,e^{(-I\,\omega t)}\,dt}{\sqrt{\pi}} = \frac{1}{2}\,\sqrt{2}\,e^{(-1/4\,\omega^2)}$$

```
assume(lambda>0);
simplify(1/(sqrt(2*Pi))*int(exp(-(t-a)^2/lambda)*exp(-I*omega*t),
t=-infinity..infinity));
```

$$\frac{1}{2}\,\frac{\sqrt{2}\displaystyle\int_{-\infty}^{\infty} e^{(-\frac{(t-a)^2}{\lambda})}\,e^{(-I\,\omega t)}\,dt}{\sqrt{\pi}} = \frac{1}{2}\,\sqrt{2}\,e^{(-1/4\,I\,\omega\,(4a-I\,\omega\lambda))}\,\sqrt{\lambda}$$

Es gibt verschiedene Möglichkeiten aus der gefensterten Fourier-Transformierten die Funktion zu rekonstruieren. Man stützt sich dabei stets auf das Fourier-Integraltheorem. Wenn die Voraussetzungen dafür gegeben sind, kann man zunächst das Produkt rekonstruieren. In jedem Stetigkeitspunkt der Funktion $f(t)\,\overline{g(t-\tau)}$ gilt dann:

$$f(t)\,\overline{g(t-\tau)} = \frac{1}{\sqrt{2\pi}}\int\limits_{-\infty}^{\infty} \mathcal{G}\mathcal{F}(f(t))(\omega,\tau)\,e^{i\,\omega\,t}\,d\omega\,.$$

Durch Multiplikation mit $g(t-\tau)$ und Integration über τ ergibt sich:

$$f(t)\int\limits_{-\infty}^{\infty}|g(t-\tau)|^2\,d\tau = f(t)\int\limits_{-\infty}^{\infty}|g(\tau)|^2\,d\tau$$

$$= \frac{1}{\sqrt{2\pi}}\int\limits_{-\infty}^{\infty}\int\limits_{-\infty}^{\infty} g(t-\tau)\,\mathcal{G}\mathcal{F}(f(t))(\omega,\tau)\,e^{i\,\omega\,t}\,d\omega\,d\tau\,.$$

Umkehrformel für die gefensterte Fourier-Transformation:

Unter geeigneten Voraussetzungen und mit einer normierten Fensterfunktion $\int_{-\infty}^{\infty}|g(t)|^2\,dt$ gilt:

$$f(t) = \frac{1}{\sqrt{2\pi}}\int\limits_{-\infty}^{\infty}\int\limits_{-\infty}^{\infty} g(t-\tau)\,\mathcal{G}\mathcal{F}(f(t))(\omega,\tau)\,e^{i\,\omega\,t}\,d\omega\,d\tau\,.$$

Man kann das Integral

$$\int\limits_{-\infty}^{\infty} t^2\,|f(t)|^2\,dt$$

als Maß für die Ausbreitung der Funktion f über die Zeitachse auffassen. Ist der Wert des Integrals klein, so ist die Funktion gut um den Nullpunkt lokalisiert. Eine beliebig gute Lokalisierung einer Funktion im Zeitbereich und im Frequenzbereich ist nicht gleichzeitig möglich. (Dieser Sachverhalt spielt in der Quantenmechanik eine große Rolle).

Heisenbergsche Unschärferelation:

Sei f eine zweimal stetig differenzierbare Funktion mit $\lim\limits_{t\to\pm\infty} t\,|f(t)|^2 = 0$, dann gilt:

$$\sqrt{\int\limits_{-\infty}^{\infty} t^2\,|f(t)|^2\,dt}\;\sqrt{\int\limits_{-\infty}^{\infty} \omega^2\,|\mathcal{F}(f(t))(\omega)|^2\,d\omega} \geq \frac{1}{2}\left(\int\limits_{-\infty}^{\infty}|f(t)|^2\,dt\right)^2\,.$$

Nach dem Differenziationssatz gilt: $\omega\,i\,\mathcal{F}(f(t))(\omega) = \mathcal{F}(f'(t))(\omega)\,.$
Mit der Parseval-Gleichung folgt:

$$\int\limits_{-\infty}^{\infty} \omega^2 \, |\mathcal{F}(f(t))(\omega)|^2 \, d\omega = \int\limits_{-\infty}^{\infty} |f'(t)|^2 \, dt \,,$$

sodass die Behauptung gleichbedeutend wird mit:

$$\sqrt{\int\limits_{-\infty}^{\infty} t^2 \, |f(t)|^2 \, dt} \; \sqrt{\int\limits_{-\infty}^{\infty} |f'(t)|^2 \, dt} \geq \frac{1}{2} \left(\int\limits_{-\infty}^{\infty} |f(t)|^2 \, dt \right)^2.$$

Nach der Cauchy-Schwarzschen Ungleichung können wir abschätzen:

$$\sqrt{\int\limits_{-\infty}^{\infty} t^2 \, |f(t)|^2 \, dt} \; \sqrt{\int\limits_{-\infty}^{\infty} |f'(t)|^2 \, dt}$$

$$\geq \left| \int\limits_{-\infty}^{\infty} t \, f(t) \, \overline{f'(t)} \, dt \right| \geq \left| \Re \left(\int\limits_{-\infty}^{\infty} t \, f(t) \, \overline{f'(t)} \, dt \right) \right|.$$

Durch Umformen und mit partieller Integration ergibt sich schließlich:

$$\left| \Re \left(\int\limits_{-\infty}^{\infty} t \, f(t) \, \overline{f'(t)} \, dt \right) \right|$$

$$= \left| \int\limits_{-\infty}^{\infty} \Re \left(t \, f(t) \, \overline{f'(t)} \right) \, dt \right| = \left| \frac{1}{2} \int\limits_{-\infty}^{\infty} t \left(f(t) \, \overline{f'(t)} + \overline{f(t)} \, f'(t) \right) \, dt \right|$$

$$= \frac{1}{2} \left| \int\limits_{-\infty}^{\infty} t \, \frac{d}{dt} (f(t) \, \overline{f(t)}) \, dt \right|$$

$$= \frac{1}{2} \left| t \, f(t) \, \overline{f(t)} \Big|_{-\infty}^{\infty} - \int\limits_{-\infty}^{\infty} f(t) \, \overline{f(t)} \, dt \right| = \frac{1}{2} \int\limits_{-\infty}^{\infty} |f(t)|^2 \, dt \,.$$

Zur Berechnung der gefensterten Fouriertransformation einer festen Frequenz benötigt man die Funktion nur innerhalb des Fensters und nicht auf der ganzen Zeitachse. Nach der Heisenbergschen Unschärferelation, kann die gefensterte Fouriertransformation die Funktion in einem Zeit-Frequenz-Fenster beobachten:

$$[\tau - \Delta_\phi, \tau + \Delta_\phi] \times [\omega - \Delta_\Phi, \omega + \Delta_\Phi], \quad \Delta_\phi \, \Delta_\Phi \geq \frac{1}{2}$$

mit $\quad \Delta_\phi = \dfrac{\sqrt{\int_{-\infty}^{\infty} t^2 \, |f(t)|^2 \, dt}}{\int_{-\infty}^{\infty} |f(t)|^2 \, dt}, \quad \Delta_\Phi = \dfrac{\sqrt{\int_{-\infty}^{\infty} t^2 \omega^2 \, |\mathcal{F}(f(t))(\omega)|^2 \, d\omega}}{\int_{-\infty}^{\infty} |f(t)|^2 \, dt}.$

Die gefensterte Fouriertransformation

$$\mathcal{GF}(f(t))(\omega, \tau) = \frac{1}{\sqrt{2\pi}} \int\limits_{-\infty}^{\infty} f(t) \overline{g(t - \tau) e^{i\omega t}} \, dt$$

benutzt das Funktionensystem $g(t - \tau) e^{i\omega t}$ anstelle des trigonometrischen Systems $e^{i\omega t}$. Ein Nachteil der gefensterten Fouriertransformation liegt darin, dass das System $g(t - \tau) e^{i\omega t}$ keine Basiseigenschaften besitzt. Ein weiterer Nachteil besteht darin, dass das einmal gewählte Fenster nicht angepasst werden kann. Verändert sich die Frequenz eines Signals stark in der Zeit, so wäre ein veränderbares Fenster geeigneter als ein laufendes Fenster mit fester Breite.

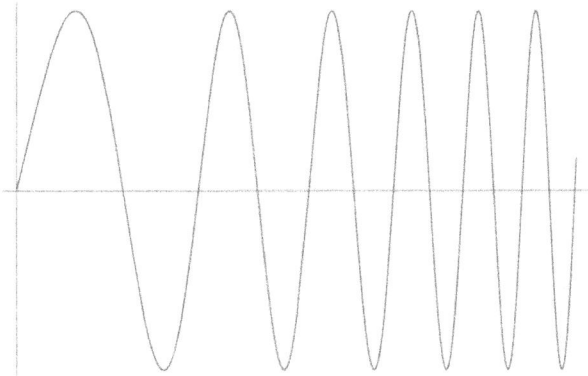

Bild 10.10: *Zirp-Signal mit zeitlich anwachsender Frequenz. Für große Zeiten sollte ein kleines Fenster gewählt werden.*

Der Wavelet-Transformation wird ein sogenanntes Mutter-Wavelet zugrunde gelegt. Die Wavelet-Analyse benutzt dann beliebig verschobene und skalierte Versionen des Mutter-Wavelets.

10.2 Begriff der Wavelet-Transformation

Im Folgenden betrachten wir stets quadrat-integrierbare Funktionen und legen zunächst fest, wann ein Wavelet zulässig ist.

Zulässigkeitsbedingung für Wavelets:

Eine Funktion $\psi : \mathbb{R} \to \mathbb{C}$ mit $\int\limits_{-\infty}^{\infty} |\psi(t)|^2 \, dt = 1$

heißt Wavelet, wenn die folgende Zulässigkeitsbedingung erfüllt ist:

$$c_\psi = 2\pi \int\limits_{-\infty}^{\infty} \frac{|\mathcal{F}(\psi(t))(\omega)|^2}{|\omega|} \, d\omega < \infty.$$

Die Bedingung $\displaystyle\int_{-\infty}^{\infty} |\psi(t)|^2\, dt = 1$ bezeichnen wir als Normierungsbedingung. Entscheidend ist, dass das Wavelet quadrat-integrierbar ist, die Normierung stellt lediglich eine technische Voraussetzung dar. Man kann sofort eine große Klasse von Wavelets angeben.

Zulässigkeitsbedingung und Mittelwert:

Die Funktion $\psi : \mathbb{R} \to \mathbb{C}$ sei stückweise glatt und erfülle die Bedingungen:

$$\int_{-\infty}^{\infty} |\psi(t)|^2\, dt = 1 \quad \text{und} \quad \int_{-\infty}^{\infty} |t\,\psi(t)|\, dt < \infty\,.$$

Dann ist die Zulässigkeitsbedingung gleichbedeutend damit, dass der Mittelwert verschwindet:

$$\int_{-\infty}^{\infty} \psi(t)\, dt = 0\,.$$

Aufgrund der vorausgesetzten Konvergenz der Integrale

$$\int_{-\infty}^{\infty} |\psi(t)|^2\, dt < \infty, \qquad \int_{-\infty}^{\infty} |t\,\psi(t)|\, dt < \infty$$

ist die Funktion absolut integrierbar: $\int_{-\infty}^{\infty} |\psi(t)|\, dt < \infty$. Die Fouriertransformierte

$$\mathcal{F}(\psi(t))(\omega) = \frac{1}{\sqrt{2\pi}} \int_{-\infty}^{\infty} \psi(t)\, e^{-i\,\omega t}\, dt\,.$$

einer absolut integrierbaren Funktion $\psi : \mathbb{R} \to \mathbb{C}$ ist stetig und strebt im Unendlichen gegen null. Wir betrachten eine solche Funktion, deren Mittelwert verschwindet. Die Bedingung $\int_{-\infty}^{\infty} |t\,\psi(t)|\, dt < \infty$ erlaubt die Anwendung des Satzes über die Differenziation der Fouriertransformierten im Frequenzbereich:

$$\frac{d}{d\omega}\mathcal{F}(\psi(t))(\omega) = -i\,\mathcal{F}(t\,\psi(t))(\omega)\,.$$

Nach dem Mittelwertsatz können wir mit einer Stelle $\tilde{\omega}$ zwischen 0 und ω schreiben:

$$\frac{\mathcal{F}(\psi(t))(\omega) - \mathcal{F}(\psi(t))(0)}{\omega} = \frac{\mathcal{F}(\psi(t))(\omega)}{\omega} = \frac{d}{d\omega}\mathcal{F}(\psi(t))(\tilde{\omega})\,.$$

Als stetige Funktion ist die Ableitung in jedem kompakten Intervall beschränkt. Sei:

$$\frac{|\mathcal{F}(\psi(t))(\omega)|}{|\omega|} \leq K\,, \quad \text{für} \quad |\omega| \leq 1\,.$$

Mit der Parseval-Gleichung ergibt sich die Konvergenz des folgenden Integrals:

$$\int\limits_{-\infty}^{\infty} \frac{|\mathcal{F}(\psi(t))(\omega)|^2}{|\omega|}\, d\omega$$

$$= \int\limits_{|\omega|\leq 1} \frac{|\mathcal{F}(\psi(t))(\omega)|^2}{|\omega|}\, d\omega + \int\limits_{|\omega|>1} \frac{|\mathcal{F}(\psi(t))(\omega)|^2}{|\omega|}\, d\omega$$

$$\leq K \int\limits_{|\omega|\leq 1} |\mathcal{F}(\psi(t))(\omega)|\, d\omega + \int\limits_{|\omega|>1} |\mathcal{F}(\psi(t))(\omega)|^2\, d\omega$$

$$\leq K \int\limits_{|\omega|\leq 1} |\mathcal{F}(\psi(t))(\omega)|\, d\omega + \int\limits_{-\infty}^{\infty} |\mathcal{F}(\psi(t))(\omega)|^2\, d\omega$$

$$= K \int\limits_{|\omega|\leq 1} |\mathcal{F}(\psi(t))(\omega)|\, d\omega + \int\limits_{-\infty}^{\cdot\,\infty} |\psi(t)|^2\, dt$$

$$< \infty.$$

Umgekehrt erfülle eine absolut integrierbare Funktion die Bedingung:

$$\int\limits_{-\infty}^{\infty} \frac{|\mathcal{F}(\psi(t))(\omega)|^2}{|\omega|}\, d\omega < \infty.$$

Da die Fouriertransformierte stetig ist, kann das Integral nur dann konvergieren, wenn gilt:

$$\mathcal{F}(\psi(t))(0) = \frac{1}{\sqrt{2\pi}} \int\limits_{-\infty}^{\infty} \psi(t)\, dt = 0.$$

Eine Funktion, die außerhalb eines beschränkten Intervalls verschwindet, erfüllt insbesondere alle Anforderungen an die Integrierbarkeit eines Wavelets. Wenn sie nicht gerade identisch verschwindet, kann sie auch noch normiert werden. Ergibt der Mittelwert null, dann liefert eine solche Funktion stets ein Wavelet.

Beispiel 10.3
Das Haar-Wavelet:

Das Haar-Wavelet besteht aus folgender Treppenfunktion:

$$\psi(t) = \begin{cases} 1 & , \quad 0 \leq t < \frac{1}{2}, \\ -1 & , \quad \frac{1}{2} \leq t < 1, \\ 0 & , \quad \text{sonst}. \end{cases}$$

Wir können das Haar-Wavelet auch mit der Heavisideschen Sprungfunktion schreiben:

$$\psi(t) = u(t) - 2u\left(t - \frac{1}{2}\right) + u(t-1).$$

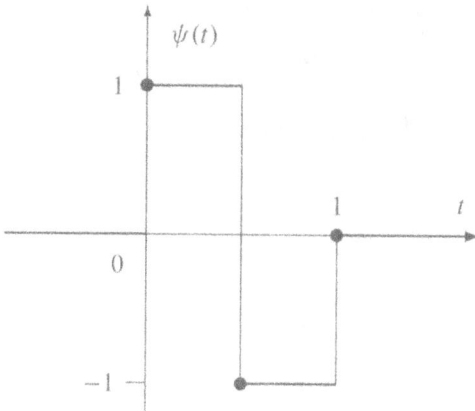

Bild 10.11: *Das Haar-Wavelet*

Das Haar-Wavelet verschwindet außerhalb des Intervalls [0, 1] und erfüllt somit alle Forderungen an die Integrierbarkeit. Aus der Geometrie des Graphen entnimmt man, dass der Mittelwert gleich Null und damit die Zulässigkeitsbedingung erfüllt ist. Die Normierungsbedingung ersieht man ebenfalls direkt aus dem Graphen. Wir berechnen noch die Fouriertransformierte des Haar-Wavelets:

$$
\begin{aligned}
\mathcal{F}(\psi(t))(\omega) &= \frac{1}{\sqrt{2\pi}} \int_{-\infty}^{\infty} \psi(t)\, e^{-\omega i t}\, dt \\[2mm]
&= \frac{1}{\sqrt{2\pi}} \left(\int_{0}^{\frac{1}{2}} e^{-\omega i t}\, dt - \int_{\frac{1}{2}}^{1} e^{-\omega i t}\, dt \right) \\[2mm]
&= \frac{1}{\sqrt{2\pi}} \frac{1}{-\omega i} \left(e^{-\omega i t}\Big|_{t=0}^{t=\frac{1}{2}} - e^{-\omega i t}\Big|_{t=\frac{1}{2}}^{t=1} \right) \\[2mm]
&= \frac{i}{\sqrt{2\pi}} \frac{1}{\omega} \left(e^{-\frac{\omega}{2} i} - 1 - e^{-\omega i} + e^{-\frac{\omega}{2} i} \right) \\[2mm]
&= \frac{i}{\sqrt{2\pi}} \frac{e^{-\frac{\omega}{2} i}}{\omega} \left(2 - e^{\frac{\omega}{2} i} - e^{-\frac{\omega}{2} i} \right) \\[2mm]
&= \frac{i}{\sqrt{2\pi}} \frac{e^{-\frac{\omega}{2} i}}{\omega} \left(2 - 2\cos\left(\frac{\omega}{2}\right) \right) \\[2mm]
&= \frac{i}{\sqrt{2\pi}} e^{-\frac{\omega}{2} i} \frac{\left(\sin\left(\frac{\omega}{4}\right)\right)^2}{\frac{\omega}{4}}.
\end{aligned}
$$

Ferner ergibt sich:

$$c_\psi = 2\pi \int\limits_{-\infty}^{\infty} \frac{|\mathcal{F}(\psi(t))(\omega)|^2}{|\omega|}\, d\omega = 32\sqrt{2\pi} \int\limits_{0}^{\infty} \frac{\left(\sin\left(\frac{\omega}{4}\right)\right)^4}{\omega^3}\, d\omega = 2\sqrt{2\pi}\, \ln(2)\,.$$

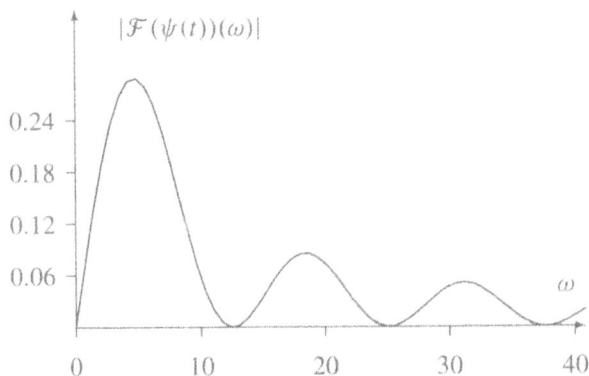

Bild 10.12: *Betrag der Fouriertransformierten des Haar-Wavelets. (Für negative Frequenzen erhält man einen symmetrischen Graphen).*

MAPLE:

```
with(inttrans);

psi:=t->Heaviside(t)-2*Heaviside(t-1/2)+Heaviside(t-1);
```

$$\psi := t \rightarrow \text{Heaviside}(t) - 2\,\text{Heaviside}\left(t - \frac{1}{2}\right) + \text{Heaviside}(t - 1)$$

```
simplify((1/(sqrt(2*Pi)))*fourier(psi(t),t,omega));
```

$$\frac{\frac{1}{2} I \sqrt{2}\left(-1 + 2\,e^{(-1/2\,I\,\omega)} - e^{(-I\,\omega)}\right)}{\sqrt{\pi}\,\omega}$$

```
2*16*sqrt(2*Pi)*int(sin(omega/4)^4/omega^3,omega=0..infinity);
```

$$32\sqrt{2}\sqrt{\pi} \int\limits_{0}^{\infty} \frac{\sin(\frac{1}{4}\,\omega)^4}{\omega^3}\, d\omega = 2\sqrt{2}\sqrt{\pi}\ln(2)$$

Beispiel 10.4
Der mexikanische Hut:

Der mexikanische Hut ist ein Wavelet, das durch folgende Funktion erklärt wird:

$$\psi(t) = \frac{2}{\sqrt{3}\,\sqrt[4]{\pi}}\,(1-t^2)\,e^{-\frac{t^2}{2}}\,.$$

Offensichtlich existieren die Integrale:

$$\int_{-\infty}^{\infty} |\psi(t)|\,dt < \infty\,, \qquad \int_{-\infty}^{\infty} |t\psi(t)|\,dt < \infty\,, \qquad \int_{-\infty}^{\infty} |\psi(t)|^2\,dt = 1\,.$$

Damit besitzt der mexikanische Hut alle Wavelet-Eigenschaften, wenn wir die Mittelwert- und die Normierungsbedingung nachweisen können. Wir benutzen dazu das Integral:

$$\int_{-\infty}^{\infty} e^{-t^2}\,dt = \sqrt{\pi}\,.$$

Durch partielle Integration ergibt sich:

$$\int_{-\infty}^{\infty} t^2\,e^{-\frac{t^2}{2}}\,dt = \int_{-\infty}^{\infty} t\,e^{-\frac{t^2}{2}}\,t\,dt = \int_{-\infty}^{\infty} e^{-\frac{t^2}{2}}\,dt$$

und hieraus $\displaystyle\int_{-\infty}^{\infty} (1-t^2)\,e^{-\frac{t^2}{2}}\,dt = 0$.

Durch zwei weitere partielle Integrationsschritte bekommen wir:

$$2\int_{-\infty}^{\infty} t^2\,e^{-t^2}\,dt = \int_{-\infty}^{\infty} 2t\,e^{-t^2}\,t\,dt = \int_{-\infty}^{\infty} e^{-t^2}\,dt\,,$$

$$\int_{-\infty}^{\infty} t^4\,e^{-t^2}\,dt = \int_{-\infty}^{\infty} t\,e^{-t^2}\,t^3\,dt = \frac{3}{2}\int_{-\infty}^{\infty} t^2\,e^{-t^2}\,dt$$

und insgesamt

$$\int_{-\infty}^{\infty} \left((1-t^2)\,e^{-\frac{t^2}{2}}\right)^2\,dt = \int_{-\infty}^{\infty} (1-2t^2+t^4)\,e^{-t^2}\,dt = \frac{3}{4}\int_{-\infty}^{\infty} e^{-t^2}\,dt = \frac{3}{4}\sqrt{\pi}\,.$$

Damit ist die Normierungsbedingung gesichert.

Aus der Darstellung $\psi(t) = -\dfrac{2}{\sqrt{3}\,\sqrt[4]{\pi}}\,\dfrac{d^2}{dt^2}\,e^{-\frac{t^2}{2}}$

bekommen wir:

$$\mathcal{F}\left(e^{-\frac{t^2}{2}}\right)(\omega) = e^{-\frac{\omega^2}{2}}$$

und dem Satz über die Differenziation im Zeitbereich die Fouriertransformierte des mexikanischen Huts:

$$\mathcal{F}(\psi(t))(\omega) = \frac{2}{\sqrt{3}\,\sqrt[4]{\pi}}\,\omega^2\,e^{-\frac{\omega^2}{2}}\ .$$

Damit ergibt sich folgende Konstante:

$$c_\psi = 2\,\pi\int\limits_{-\infty}^{\infty}\frac{|\mathcal{F}(\psi(t))(\omega)|^2}{|\omega|}\,d\omega = \frac{8\,\pi}{\sqrt{3}\,\sqrt[4]{\pi}}\int\limits_{0}^{\infty}\omega^3\,e^{-\omega^2}\,d\omega = \frac{8\,\sqrt{\pi}}{3}\ .$$

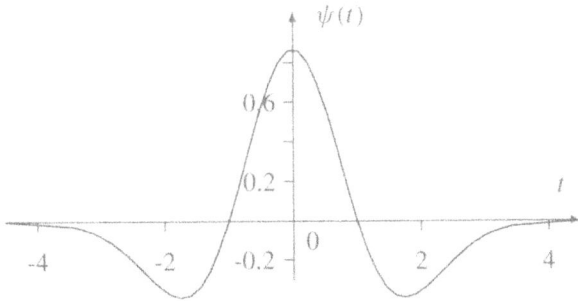

Bild 10.13: *Der mexikanische Hut*

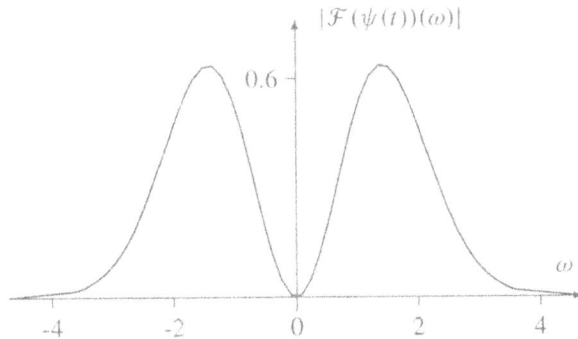

Bild 10.14: *Betrag der Fouriertransformierten des mexikanischen Huts*

MAPLE:

```
int((1-t^2)*exp(-t^2/2),t=-infinity..infinity);
```

$$\int\limits_{-\infty}^{\infty}(1-t^2)\,e^{(-1/2\,t^2)}\,dt = 0$$

```
int((1-2*t^2+t^4)*exp(-t^2),t=-infinity..infinity);
```

$$\int_{-\infty}^{\infty} (1 - 2t^2 + t^4) e^{(-t^2)} \, dt = \frac{3}{4} \sqrt{\pi}$$

```
int(omega^3*exp(-omega^2),omega=0..infinity);
```

$$\int_{0}^{\infty} \omega^3 e^{(-\omega^2)} \, d\omega = \frac{1}{2}$$

Beispiel 10.5
Die modulierte Gauß-Funktion:

Die modulierte Gauß-Funktion stellt ein typisches Wavelet mit komplexen Werten dar:

$$\psi(t) = \frac{1}{c} \left(e^{i\xi t} - e^{-\frac{\xi^2}{2}} \right) e^{-\frac{t^2}{2}},$$

$$c = \sqrt{\pi} \left(e^{-\xi^2} - 2 e^{-\frac{3}{4}\xi^2} + \frac{1}{2} \right).$$

Dieses Wavelet ist eng mit dem mexikanischen Hut verwandt. Wir weisen zunächst die Mittelwerteigenschaft nach. Mit der Fouriertransformierten

$$\mathcal{F} \left(e^{-\frac{t^2}{2}} \right) (\omega) = e^{-\frac{\omega^2}{2}}$$

erhalten wir

$$\mathcal{F}(\psi(t)) = \frac{1}{\sqrt{2\pi}} \int_{-\infty}^{\infty} \psi(t) e^{-i\omega t} \, dt = c \left(e^{-\frac{(\omega-\xi)^2}{2}} - e^{-\frac{\xi^2}{2}} e^{-\frac{\omega^2}{2}} \right)$$

und somit für $\omega = 0$:

$$\int_{-\infty}^{\infty} \psi(t) \, dt = 0.$$

Mit ähnlichen Überlegungen zeigt man, dass die Normierungsbedingung erfüllt ist:
$\int_{-\infty}^{\infty} |\psi(t)|^2 \, dt = 1$. Da offensichtlich auch das Integral $\int_{-\infty}^{\infty} |t \, \psi(t)| \, dt$ existiert, besitzt $\psi(t)$ die Wavelet-Eigenschaft.

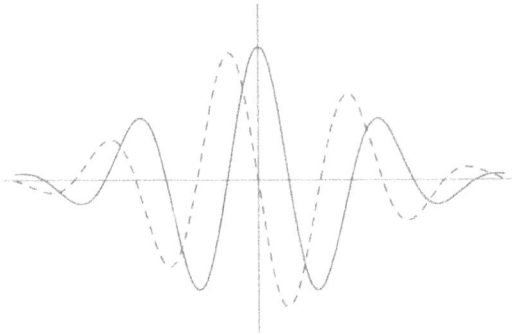

Bild 10.15: *Realteil und Imaginärteil (gestrichelt) der modulierten Gauß-Funktion für* $\xi = 5$.

MAPLE:

```
mgauss:=(t,xi)->(exp(I*xi*t)-exp(-xi^2/2))*exp(-t^2/2);
```

$$mgauss := (t, \xi) \rightarrow (e^{(I\,\xi\,t)} - e^{(-1/2\,\xi^2)})\,e^{(-1/2\,t^2)}$$

```
mgaussi:=xi->
simplify(int(evalc(abs(mgauss(t,xi))^2),
t=-infinity..infinity));
```

$$mgaussi := \xi \rightarrow \text{simplify}(\int\limits_{-\infty}^{\infty} \text{evalc}(|mgauss(t, \xi)|^2)\,dt)$$

```
mgaussi(xi);
```

$$e^{(-\xi^2)}\sqrt{\pi} - 2\,e^{(-3/4\,\xi^2)}\sqrt{\pi} + \frac{1}{2}\sqrt{\pi}$$

```
evalf(mgaussi(5));
```

.8862269000

Die Wavelet-Eigenschaften des mexikanischen Huts hätte man noch auf einem anderen Weg bekommen können, der ebenfalls eine große Klasse von Wavelets liefert.

Herstellung von Wavelets durch Ableiten:

Eine Funktion $\phi : \mathbb{R} \to \mathbb{C}$ sei $m + 1$-mal stetig differenzierbar.
Es gelte für $k = 0, 1, \ldots, m$

$$\int_{-\infty}^{\infty} |\phi^{(k)}(t)|\, dt < \infty \quad \text{und} \quad 0 < \int_{-\infty}^{\infty} |\phi^{(m)}(t)|^2\, dt < \infty.$$

Dann wird durch folgende Funktion ein Wavelet gegeben:

$$\psi(t) = \frac{\phi^{(m)}(t)}{\displaystyle\int_{-\infty}^{\infty} |\phi^{(m)}(t)|^2\, dt}.$$

Die Voraussetzungen an ϕ gestatten die m-fache Anwendung des Differenziationssatzes und der Parseval-Gleichung:

$$\mathcal{F}(\phi^{(m)}(t))(\omega) = (\omega i)^m\, \mathcal{F}(\phi(t))(\omega).$$

Hieraus folgt:

$$|\mathcal{F}(\psi(t))(\omega)| = |\omega|^m\, |\mathcal{F}(\phi(t))(\omega)|.$$

Damit können wir zeigen, dass ψ die Zulässigkeitsbedingung erfüllt:

$$2\pi \int_{-\infty}^{\infty} \frac{|\mathcal{F}(\psi(t))(\omega)|^2}{|\omega|}\, d\omega$$

$$= \; 2\pi \int_{-\infty}^{\infty} \frac{|\omega|^{2m} |\mathcal{F}(\phi(t))(\omega)|^2}{|\omega|}\, d\omega$$

$$\leq \; 2\pi \int_{|\omega|\leq 1} |\omega|^{2m-1} |\mathcal{F}(\phi(t))(\omega)|^2\, d\omega + 2\pi \int_{|\omega|>1} \frac{|\omega|^{2m} |\mathcal{F}(\phi(t))(\omega)|^2}{|\omega|}\, d\omega$$

$$\leq \; 2\pi \int_{-\infty}^{\infty} |\mathcal{F}(\phi(t))(\omega)|^2\, d\omega + 2\pi \int_{-\infty}^{\infty} |\mathcal{F}(\phi^{(m)}(t))(\omega)|^2\, d\omega$$

$$\leq \; 2\pi \int_{-\infty}^{\infty} |\phi(t)|^2\, d\omega + 2\pi \int_{-\infty}^{\infty} |\phi^{(m)}(t)|^2\, d\omega < \infty.$$

Die Normierungsbedingung ist dann offensichtlich erfüllt.

Die Wavelet-Transformierte ist aufgrund der Cauchy-Schwarzschen Ungleichung gesichert.

Wavelet-Transformierte:

Sei ψ ein fest gewähltes Wavelet und $f : \mathbb{R} \to \mathbb{C}$ eine Funktion mit

$\int\limits_{-\infty}^{\infty} |f(t)|^2 \, dt < \infty$. Die für $a, b \in \mathbb{R}, a \neq 0$, erklärte Funktion

$$W(f(t))(a, b) = \frac{1}{\sqrt{|a|}} \int\limits_{-\infty}^{\infty} f(t) \, \overline{\psi\left(\frac{t-b}{a}\right)} \, dt$$

heißt Wavelet-Transformierte von f bezüglich ψ.

Hält man den Skalierungsparameter a fest, so stellt die Wavelet-Transformierte als Faltung zweier stückweise glatter Funktionen, eine stetige Funktion in der Verschiebungsvariablen b dar.

Die zeitverschobenen und skalierten Versionen eines Wavelets sind ebenfalls quadrat-integrierbar. Man sieht dies mit der Substitution $t = a\tau + b$ sofort:

$$\int\limits_{-\infty}^{\infty} \left| \psi\left(\frac{t-b}{a}\right) \right|^2 dt = |a| \int\limits_{-\infty}^{\infty} |\psi(t)|^2 \, dt = |a| \, ,$$

bzw.

$$\int\limits_{-\infty}^{\infty} \left| \frac{1}{\sqrt{|a|}} \psi\left(\frac{t-b}{a}\right) \right|^2 dt = 1 \, .$$

Verschwindet das Wavelet außerhalb eines Intervalls, so benötigt man die Funktion nur innerhalb eines jeweiligen Fensters und nicht auf der ganzen Zeitachse, um die Wavelet-Transformierte zu berechnen.

Beispiel 10.6
Wavelet-Transformierte bezüglich des Haar-Wavelets berechnen:

Wir betrachten das Haar-Wavelet

$$\psi(t) = \begin{cases} 1 & , \quad 0 \leq t < \frac{1}{2} \, , \\ -1 & , \quad \frac{1}{2} \leq t < 1 \, , \\ 0 & , \quad \text{sonst} \, , \end{cases}$$

und berechnen die Wavelet-Transformierte einer Funktion f.

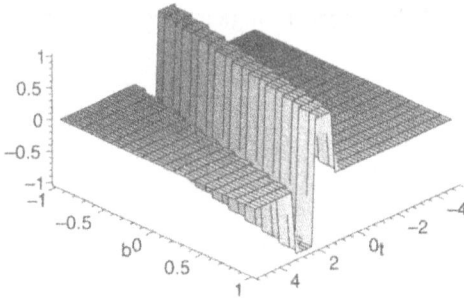

Bild 10.16: *Das Haar-Wavelet*
$\psi\left(\dfrac{t-b}{2}\right)$ *für verschiedene*
Translationsparameter b

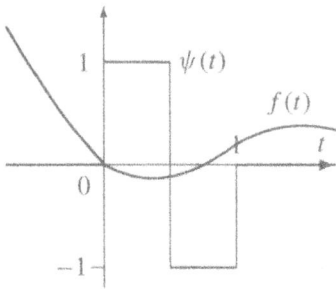

Bild 10.17: *Das Haar-Wavelet*
$\psi(t)$ *mit einer Funktion* $f(t)$

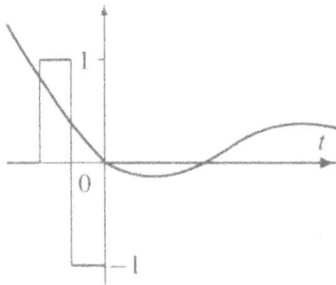

Bild 10.18: *Eine zeitverschobene*
und skalierte Version des
Haar-Wavelets $\psi\left(\dfrac{t-b}{a}\right)$ *mit der*
Funktion $f(t)$. $(0 < a < 1, b < 0)$.

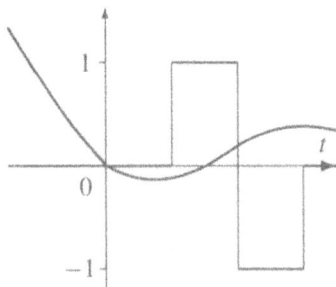

Bild 10.19: *Eine zeitverschobene*
und skalierte Version des
Haar-Wavelets $\psi\left(\dfrac{t-b}{a}\right)$ *mit der*
Funktion $f(t)$. $(1 < a, b > 0)$.

Ist $a > 0$, so gilt zunächst:

$$0 \leq \frac{t-b}{a} < \frac{1}{2} \Longleftrightarrow b \leq t < b + \frac{a}{2}, \quad \frac{1}{2} \leq \frac{t-b}{a} \leq 1 \Longleftrightarrow b + \frac{a}{2} \leq t < b + a.$$

Damit nimmt das zeitverschobene und skalierte Haar-Wavelet die Gestalt an:

$$\psi\left(\frac{t-b}{a}\right) = \begin{cases} 1 & , & b \leq t < b + \frac{a}{2}, \\ -1 & , & b + \frac{a}{2} < t \leq b + a, \\ 0 & , & \text{sonst}, \end{cases}$$

und wir erhalten

$$\mathcal{W}(f(t))(a,b) = \frac{1}{\sqrt{a}}\left(\int\limits_{b}^{b+\frac{a}{2}} f(t)\,dt - \int\limits_{b+\frac{a}{2}}^{b+a} f(t)\,dt\right).$$

Entsprechend gilt für $a < 0$:

$$\mathcal{W}(f(t))(a,b) = \frac{1}{\sqrt{-a}}\left(-\int\limits_{b+a}^{b+\frac{a}{2}} f(t)\,dt + \int\limits_{b+\frac{a}{2}}^{b} f(t)\,dt\right).$$

Wir betrachten den Rechteckimpuls

$$f(t) = \begin{cases} 1 & , & |t| \leq \frac{1}{2}, \\ 0 & , & \text{sonst}. \end{cases}$$

und seine Wavelet-Transformierte für $a > 0$. Offenbar gilt:

$$\mathcal{W}(f(t))(a,b) = 0, \quad \text{für} \quad b \geq \frac{1}{2} \quad \text{oder} \quad b + a \leq -\frac{1}{2}.$$

Im Teilgebiet der $a - b$-Ebene:

$$-a - \frac{1}{2} < b < \frac{1}{2}, \quad a > 0,$$

unterscheiden wir drei Fälle:

$$I)\quad b + \frac{a}{2} \geq \frac{1}{2}, \qquad II)\quad b + \frac{a}{2} \leq -\frac{1}{2}, \qquad III)\quad -\frac{1}{2} < b + \frac{a}{2} < \frac{1}{2}.$$

Im Fall I) unterscheiden wir zwei weitere Fälle:

$$I\alpha)\quad -\frac{1}{2} \leq b \leq \frac{1}{2} \quad \text{und} \quad II\beta)\quad b < -\frac{1}{2}.$$

Im Fall $I\alpha$) gilt:

$$\mathcal{W}(f(t))(a,b) = \frac{1}{\sqrt{a}}\int\limits_{b}^{\frac{1}{2}} f(t)\,dt = \frac{1}{\sqrt{a}}\left(\frac{1}{2} - b\right).$$

Im Fall $I\beta$) gilt:

$$W(f(t))(a,b) = \frac{1}{\sqrt{a}} \int\limits_{-\frac{1}{2}}^{\frac{1}{2}} f(t)\,dt = \frac{1}{\sqrt{a}}.$$

Im Fall II) unterscheiden wir wieder zwei weitere Fälle:

$$II\alpha)\quad b+a \le \frac{1}{2} \quad \text{und} \quad II\beta)\quad b+a > \frac{1}{2}.$$

Im Fall $II\alpha$) gilt:

$$W(f(t))(a,b) = -\frac{1}{\sqrt{a}} \int\limits_{-\frac{1}{2}}^{b+a} f(t)\,dt = -\frac{1}{\sqrt{a}}\left(b+a+\frac{1}{2}\right).$$

Im Fall $II\beta$) gilt:

$$W(f(t))(a,b) = -\frac{1}{\sqrt{a}} \int\limits_{-\frac{1}{2}}^{\frac{1}{2}} f(t)\,dt = -\frac{1}{\sqrt{a}}.$$

Im Fall III) unterscheiden wir vier weitere Fälle:

$$III\alpha)\quad b+a \ge \frac{1}{2},\ b \ge -\frac{1}{2},\quad III\beta)\quad b+a \ge \frac{1}{2},\ b < -\frac{1}{2},$$

$$III\gamma)\quad b+a < \frac{1}{2},\ b \ge -\frac{1}{2},\quad III\delta)\quad b+a < \frac{1}{2},\ b < -\frac{1}{2}.$$

Im Fall $III\alpha$) gilt:

$$W(f(t))(a,b) = \frac{1}{\sqrt{a}}\left(\int\limits_{b}^{b+\frac{a}{2}} f(t)\,dt - \int\limits_{b+\frac{a}{2}}^{\frac{1}{2}} f(t)\,dt\right) = \frac{1}{\sqrt{a}}\left(a+b-\frac{1}{2}\right).$$

Im Fall $III\beta$) gilt:

$$W(f(t))(a,b) = \frac{1}{\sqrt{a}}\left(\int\limits_{-\frac{1}{2}}^{b+\frac{a}{2}} f(t)\,dt - \int\limits_{b+\frac{a}{2}}^{\frac{1}{2}} f(t)\,dt\right) = \frac{1}{\sqrt{a}}(2b+a).$$

Im Fall $III\gamma$) gilt:

$$\mathcal{W}(f(t))(a,b) = \frac{1}{\sqrt{a}} \left(\int\limits_{b}^{b+\frac{a}{2}} f(t)\,dt - \int\limits_{b+\frac{a}{2}}^{b+a} f(t)\,dt \right) = 0.$$

Im Fall IIIδ) gilt:

$$\mathcal{W}(f(t))(a,b) = \frac{1}{\sqrt{a}} \left(\int\limits_{-\frac{1}{2}}^{b+\frac{a}{2}} f(t)\,dt - \int\limits_{b+\frac{a}{2}}^{b+a} f(t)\,dt \right) = \frac{1}{\sqrt{a}} \left(b + \frac{1}{2} \right).$$

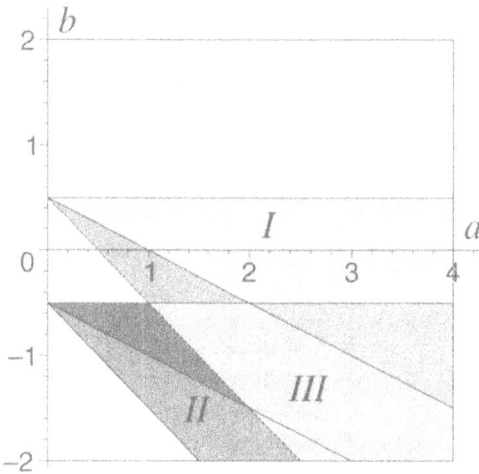

Bild 10.20: *Außerhalb der Teilgebiete I, II, III der a − b-Ebene verschwindet die Wavelet-Transformierte des Rechteckimpulses bezüglich des Haar-Wavelets. Die Teilgebiete werden durch die Geraden $b = -\frac{1}{2}$ und $b = -a + \frac{1}{2}$ (gestrichelt) weiter unterteilt.*

Der Fall $a < 0$ kann ähnlich betrachtet werden.

MAPLE: Man kann die Wavelet-Transformierte des Rechteckimpulses bezüglich des Haar-Wavelets wie folgt berechnen:

```
f := t->Heaviside(t+1/2)-Heaviside(t-1/2):
w := (a,b)->1/(sqrt(a))*(int(f(t),t=b..b+a/2)-
int(f(t),t=b+a/2..b+a)):
plot3d(abs(w(a,b)),a=0.01..3,b=-4..4,grid=[30,60],
axes=normal,shading=none,orientation=[166,37]);
#negative Werte von a:
w1 :=(a,b)->1/(sqrt(abs(a)))*(int(f(t),t=b+a/2..b)-
int(f(t),t=b+a..b+a/2)):
plot3d(abs(w1(a,b)),a=-3..-0.01,b=-4..4,grid=[30,60],
axes=normal,shading=none,orientation=[-10,43]);
#Plot der Haar-Wavelet-Transformierten fuer -3 <= a <= 3
pp1 := plot3d(w(a,b),a=0.01..3,b=-4..4,grid=[30,60],
axes=normal,shading=none):
pp2 := plot3d(w1(a,b),a=-3..-0.01,b=-4..4,grid=[30,60],
axes=normal,shading=none):
plots[display]([pp1,pp2], shading=none,orientation=[-36,28]);
```

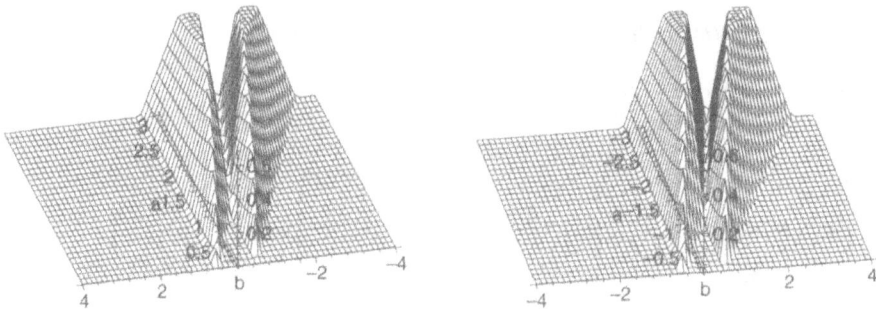

Bild 10.21: *Der Betrag* $|W(f(t))(a, b)|$ *der Wavelet-Transformierten des Rechteckimpulses bezüglich des Haar-Wavelets:* $a < 0$ *(links),* $a > 0$ *(rechts).*

Mit dem obigen Maple-Programm kann der analytische Ausdruck für die Wavelet-Transformierte $W(f(t))(a, b)$ für die Fälle $a > 0$ und $a < 0$ ausgegeben werden. Man muss dazu nur folgende Programmzeile hinzufügen: `w(a,b);` `w1(a,b);` Diese Ausdrücke nehmen aber eine sehr komplizierte Gestalt an.

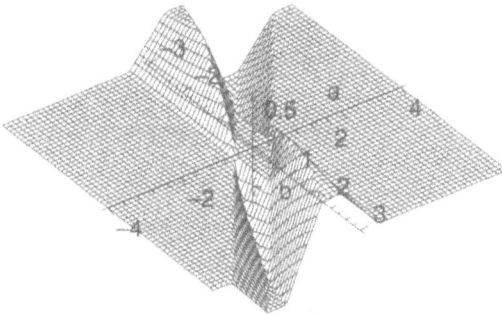

Bild 10.22: *Wavelet-Transformierte des Rechteckimpulses bezüglich des Haar-Wavelets in Intervallen* $-3 \leq a \leq -0.01$, $0.01 \leq a \leq 3$.

Beispiel 10.7
Wavelet-Transformierte mit MATLAB:

Die kontinuierliche Wavelet-Transformierte eines Signals kann mit folgenden MATLAB-Funktionen ermittelt werden:

```
coefs = cwt(signal, scales, 'wname')
coefs = cwt(signal, scales, 'wname','plot')
```

Das kontinuierliche Signal muss man in Form eines Vektors S von Abtastwerten eingeben. MATLAB berechnet die Wavelet-Transformierte dann wie folgt:

$$
\mathcal{W}(f(t))(a,b) \;=\; \frac{1}{\sqrt{|a|}} \int\limits_{-\infty}^{\infty} f(t)\,\overline{\psi\left(\frac{t-b}{a}\right)}\,dt
$$

$$
=\; \frac{1}{\sqrt{|a|}} \sum_{n=-\infty}^{\infty} f(t_n) \int\limits_{t_n}^{t_{n+1}} \overline{\psi\left(\frac{t-b}{a}\right)}\,dt
$$

$$
=\; \frac{1}{\sqrt{|a|}} \sum_{n=-\infty}^{\infty} f(t_n) \left(\int\limits_{-\infty}^{t_{n+1}} \overline{\psi\left(\frac{t-b}{a}\right)}\,dt - \int\limits_{-\infty}^{t_n} \overline{\psi\left(\frac{t-b}{a}\right)}\,dt \right).
$$

Der Aufruf `coefs = cwt(S, scales, 'wname')` berechnet die Koeffizienten der kontinuierlichen Wavelet-Transformierten des Signalvektors S für positive Skalierungsparameter unter dem Einsatz des Wavelet `'wname'`. Folgende Wavelets stehen dabei zur Verfügung:

`'haar'`	:	das Haar-Wavelet
`'meyr'`	:	das Meyer-Wavelet
`'mexh'`	:	der mexikanische Hut
`'morl'`	:	das Morlet-Wavelet
`'db'`	:	Daubechies-Wavelets
`'sym'`	:	Symlets
`'coif'`	:	Coiflets
`'bior'`	:	Biorthogonale Wavelets

Gibt N_s die Länge des Eingabevektors S und N_a die Länge des Vektors `scales`, dann erfolgt die Ausgabe `coefs` in Form einer $N_a \times N_s$-Matrix.

Der Aufruf `coefs = cwt(S, scales, 'wname', 'plot')` berechnet die Koeffizienten der kontinuierlichen Wavelet-Transformierten des Signals S und zeichnet einen Dichteplot dieser Koeffizienten. Entsprechend den auftretenden Beträgen werden verschiedene Farben bzw. Graustufen benutzt.

Durch den Aufruf `[X, Y] = meshgrid(x, y)` wird ein rechteckiges Gitter in der Ebene mithilfe der eindimensionalen Felder x und y erzeugt. Der Aufruf `hc = meshc(X, Y, c)` zeichnet die Oberfläche `c = c(X, Y)`.

MATLAB:

```
t = []; f = []; N = 101; dt = 8.0/(N - 1);
  for i = 1:N, ti = (i-1)*dt-4; t = [t ti];
     if abs(ti)<= 0.5, f = [f 1.];
     else f = [f 0.];
     end; end;
figure(1)
na = 40; y = [1:na];
c = cwt(f, 1:na, 'haar', 'plot')
figure(2)
y = [1:na];[X, Y] = meshgrid(t, y);
hc = meshc(X,Y,abs(c));
xlabel('b', 'FontAngle', 'italic');
ylabel('a', 'FontAngle', 'italic');
view([0.4 -2 3]); set(hc,'EdgeColor','k');
```

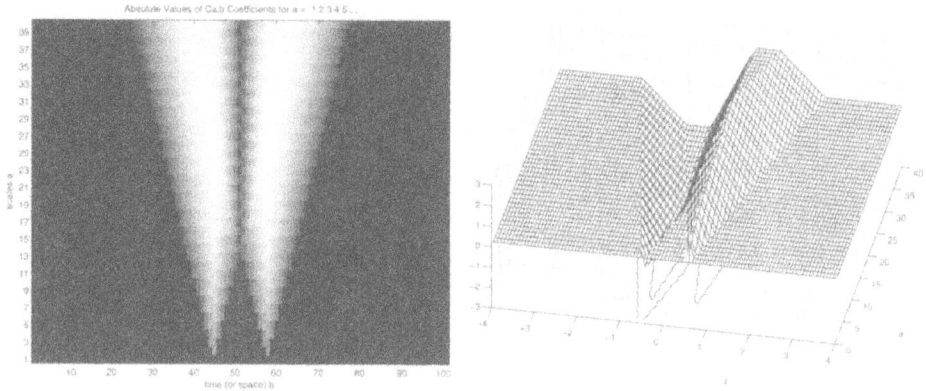

Bild 10.23: *Der Betrag* $|\mathcal{W}(f(t))(a,b)|$ *der Wavelet-Transformierten des Rechteckimpulses* $f(t) = u(t+0.5) - u(t-0.5)$ *bezüglich des Haar-Wavelets. Dichteplot (links) und Oberflächenplot (rechts) mit MATLAB.*

Ersetzt man in dem obigen MATLAB-Programm $f = [f1.]$ durch $f = [fabs(ti)]$, so erhält man analog die Wavelet-Transformierte eines Dreieckimpulses.

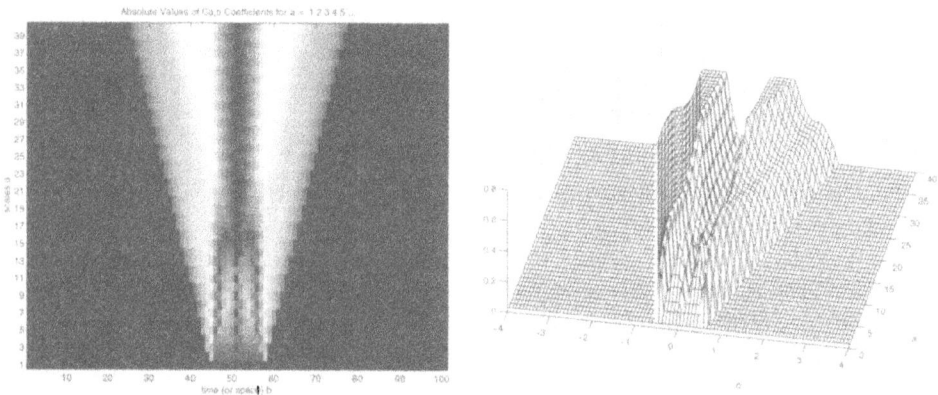

Bild 10.24: *Der Betrag* $|\mathcal{W}(f(t))(a,b)|$ *der Wavelet-Transformierten des Dreieckimpulses* $f(t) = |t|\,(u(t+0.5) - u(t-0.5))$ *bezüglich des Haar-Wavelets. Dichteplot (links) und Oberflächenplot (rechts) mit MATLAB.*

Beispiel 10.8
Wavelet-Transformierte bezüglich des mexikanischen Huts berechnen:

Wir betrachten den mexikanischen Hut

$$\psi(t) = \frac{2}{\sqrt{3}\,\sqrt[4]{\pi}}\,(1-t^2)\,e^{-\frac{t^2}{2}}.$$

und berechnen die Wavelet-Transformierte des Rechteckimpulses

$$f(t) = \begin{cases} 1 & , \quad |t| \leq \frac{1}{2}, \\ 0 & , \quad \text{sonst}. \end{cases}$$

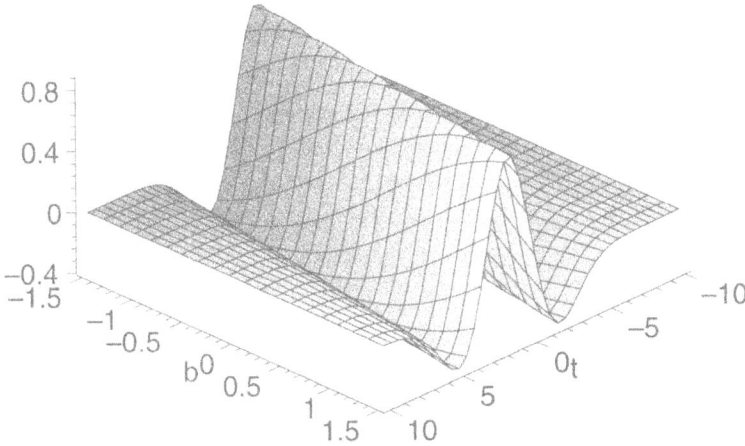

Bild 10.25: *Der mexikanische Hut* $\psi\left(\dfrac{t-b}{2}\right)$ *für verschiedene Translationsparameter b*

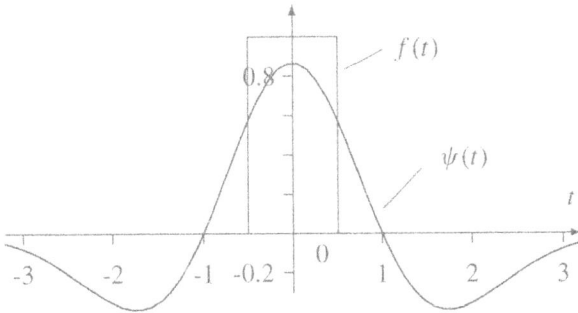

Bild 10.26: *Der mexikanische Hut* $\psi(t)$ *mit dem Rechteckimpuls* $f(t)$

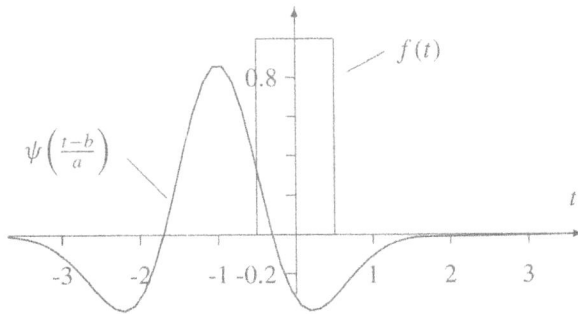

Bild 10.27: *Eine zeitverschobene und skalierte Version des mexikanischen Huts* $\psi\left(\dfrac{t-b}{a}\right)$ *mit dem Rechteckimpuls* $f(t)$. *($0 < a < 1$, $b < 0$).*

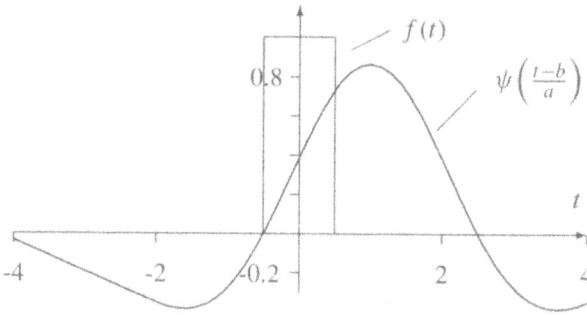

Bild 10.28: *Eine zeitverschobene und skalierte Version des mexikanischen Huts* $\psi\left(\dfrac{t-b}{a}\right)$ *mit dem Rechteckimpuls* $f(t)$. $(1 < a, b > 0)$.

Mit der Substitution $\tau = \dfrac{t-b}{a}$ ergibt sich:

$$
\begin{aligned}
\mathcal{W}(f(t))(a,b) &= \frac{1}{\sqrt{|a|}} \int_{-\infty}^{\infty} f(t)\,\psi\left(\frac{t-b}{a}\right) dt \\[2mm]
&= \frac{1}{\sqrt{|a|}} \int_{-\frac{1}{2}}^{\frac{1}{2}} \psi\left(\frac{t-b}{a}\right) dt = \frac{a}{\sqrt{|a|}} \int_{\frac{-1-2b}{2a}}^{\frac{1-2b}{2a}} \psi(\tau)\,d\tau \\[2mm]
&= \frac{a}{\sqrt{|a|}} \frac{2}{\sqrt{3}\,\sqrt[4]{\pi}}\, \tau\, e^{-\frac{\tau^2}{2}}\Bigg|_{\frac{-1-2b}{2a}}^{\frac{1-2b}{2a}} \\[2mm]
&= \frac{2}{\sqrt{3}\,\sqrt[4]{\pi}}\, \frac{1}{\sqrt{|a|}} \left((1-2b)\,e^{-\frac{(1-2b)^2}{8a^2}} + (1+2b)\,e^{-\frac{(1+2b)^2}{8a^2}} \right).
\end{aligned}
$$

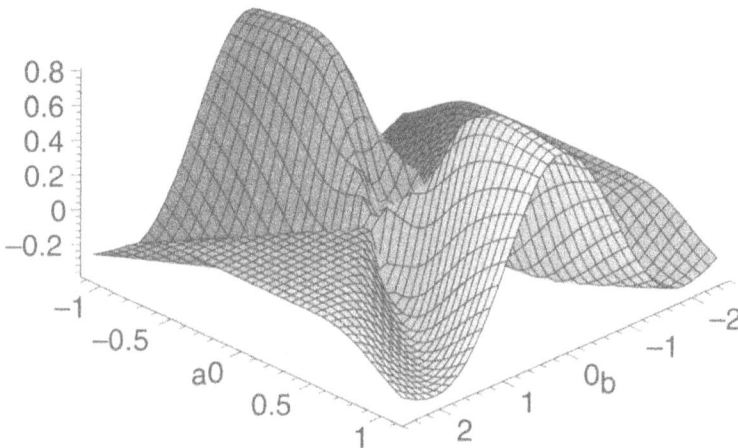

Bild 10.29: *Wavelet-Transformierte des Rechteckimpulses bezüglich des mexikanischen Huts*

MATLAB:

```
t = []; f = []; N = 151; T = 5; dt = 2*T/(N - 1);
  for i = 1:N, ti = (i-1)*dt - T; t = [t ti];
    if abs(ti)<= 0.5, f = [f 1.];
    else f = [f 0.];
    end; end;
figure(1)
na = 40; y = [1:na]; c = cwt(f, 1:na, 'mexh', 'plot')
figure(2)
y = [1:na]; [X, Y] = meshgrid(t, y); hc = meshc(X,Y,abs(c))
xlabel('b', 'FontAngle', 'italic');
ylabel('a', 'FontAngle', 'italic');
view([0.4 -2 3]); set(hc,'EdgeColor','k');
```

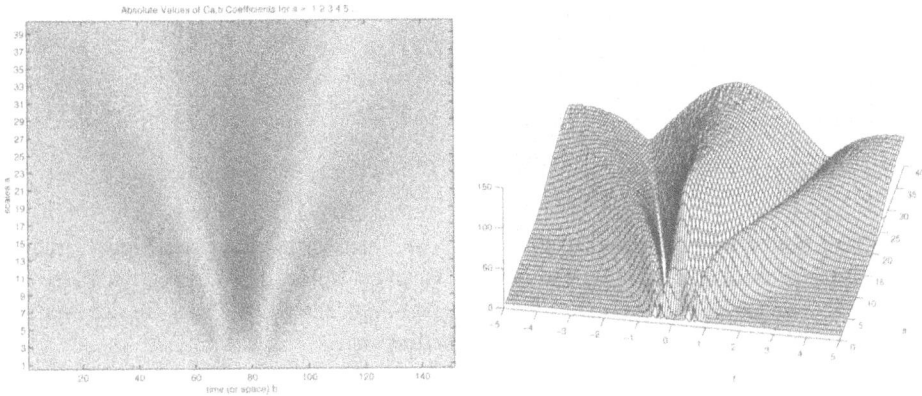

Bild 10.30: *Der Betrag $|\mathcal{W}(f(t))(a, b)|$ der Wavelet-Transformierten des Rechteckimpulses bezüglich des mexikanischen Huts. Dichteplot (links) und Oberflächenplot (rechts) mit MATLAB.*

Man kann die Wavelet-Transformierte als Fourier-Umkehrintegral auffassen. Man geht von der Definitionsgleichung aus und benutzt die Parseval-Plancherel-Gleichung:

$$
\begin{aligned}
\mathcal{W}(f(t))(a, b) &= \frac{1}{\sqrt{|a|}} \int_{-\infty}^{\infty} f(t)\,\overline{\psi\left(\frac{t-b}{a}\right)}\,dt \\[2mm]
&= \frac{1}{\sqrt{|a|}} \int_{-\infty}^{\infty} \mathcal{F}(f(t))(\omega)\,\overline{\mathcal{F}\left(\psi\left(\frac{t-b}{a}\right)\right)(\omega)}\,d\omega \\[2mm]
&= \sqrt{|a|} \int_{-\infty}^{\infty} \mathcal{F}(f(t))(\omega)\,e^{i\,\omega\,b}\,\overline{\mathcal{F}(\psi(t))(a\,\omega)}\,d\omega \\[2mm]
&= \frac{1}{\sqrt{2\pi}} \int_{-\infty}^{\infty} \sqrt{2\pi}\,\sqrt{|a|}\,\mathcal{F}(f(t))(\omega)\,\overline{\mathcal{F}(\psi(t))(a\,\omega)}\,e^{i\,\omega\,b}\,d\omega\,.
\end{aligned}
$$

Hieraus folgt umgekehrt:

$$\mathcal{F}(\mathcal{W}(f(t))(a,b))(\omega) = \frac{1}{\sqrt{2\pi}} \int\limits_{-\infty}^{\infty} \mathcal{W}(f(t))(a,b)(\omega)\, e^{-i\omega b}\, db$$

$$= \sqrt{2\pi}\, \sqrt{|a|}\, \mathcal{F}(f(t))(\omega)\, \overline{\mathcal{F}(\psi(t))(a\,\omega)}.$$

In der Zusammenfassung gilt nun:

Wavelet-Transformierte als Fourier-Umkehrintegral:

Sei ψ ein Wavelet. Dann gilt für ein festes $a \in \mathbb{R}$:

$$W(f(t))(a,b) = \frac{1}{\sqrt{2\pi}} \int\limits_{-\infty}^{\infty} \sqrt{2\pi}\, \sqrt{|a|}\, \mathcal{F}(f(t))(\omega)\, \overline{\mathcal{F}(\psi(t))(a\,\omega)}\, e^{i\omega b}\, d\omega$$

bzw.

$$\mathcal{F}(W(f(t))(a,b))(\omega) = \sqrt{2\pi}\, \sqrt{|a|}\, \mathcal{F}(f(t))(\omega)\, \overline{\mathcal{F}(\psi(t))(a\,\omega)}.$$

Die Darstellung der Fouriertransformierten der Wavelet-Transformierten eines Signals mithilfe der Fouriertransformierten des Signals und des Wavelets liefert den Zugang zur Parseval-
Plancherel-Gleichung. Wir benutzen zuerst die Parseval-Plancherel-Gleichung für die Fouriertransformation und schreiben mit der Zulässigkeitsbedingung:

$$\int\limits_{-\infty}^{\infty} f(t)\, \overline{g(t)}\, dt$$

$$= \int\limits_{-\infty}^{\infty} \mathcal{F}(f(t))(\omega)\, \overline{\mathcal{F}(g(t))(\omega)}\, d\omega$$

$$= \frac{2\pi}{c_\psi} \int\limits_{-\infty}^{\infty} \frac{|\mathcal{F}(\psi(t))(\tau)|^2}{|\tau|}\, d\tau \int\limits_{-\infty}^{\infty} \mathcal{F}(f(t))(\omega)\, \overline{\mathcal{F}(g(t))(\omega)}\, d\omega$$

$$= \frac{2\pi}{c_\psi} \int\limits_{-\infty}^{\infty} \int\limits_{-\infty}^{\infty} \frac{|\mathcal{F}(\psi(t))(\tau)|^2}{|\tau|}\, \mathcal{F}(f(t))(\omega)\, \overline{\mathcal{F}(g(t))(\omega)}\, d\omega\, d\tau$$

$$= \frac{2\pi}{c_\psi} \int\limits_{-\infty}^{\infty} \int\limits_{-\infty}^{\infty} |\mathcal{F}(\psi(t))(a\,\omega)|^2\, \mathcal{F}(f(t))(\omega)\, \overline{\mathcal{F}(g(t))(\omega)}\, \frac{1}{|a|}\, d\omega\, da$$

bzw.

$$\int\limits_{-\infty}^{\infty} f(t)\,\overline{g(t)}\,dt$$

$$= \frac{1}{c_\psi} \int\limits_{-\infty}^{\infty} \int\limits_{-\infty}^{\infty} \left(\sqrt{2\pi}\right)^2 \left(\sqrt{|a|}\right)^2 |\mathcal{F}(\psi(t))(a\,\omega)|^2\, \mathcal{F}(f(t))(\omega)\,\overline{\mathcal{F}(g(t))(\omega)}\, \frac{1}{a^2}\, d\omega\, da$$

$$= \frac{1}{c_\psi} \int\limits_{-\infty}^{\infty} \int\limits_{-\infty}^{\infty} \mathcal{F}(\mathcal{W}(f(t))(a,b))(\omega)\, \overline{\mathcal{F}(\mathcal{W}(g(t))(a,b))(\omega)}\, \frac{1}{a^2}\, d\omega\, da$$

$$= \frac{1}{c_\psi} \int\limits_{-\infty}^{\infty} \int\limits_{-\infty}^{\infty} \mathcal{W}(f(t))(a,b)\, \overline{\mathcal{W}(g(t))(a,b)}\, \frac{1}{a^2}\, db\, da\,.$$

Damit wird die Parseval-Plancherel-Gleichung auf die Wavelet-Transformation übertragen.

Parseval-Plancherel-Gleichung für Wavelet-Transformierte:

Sei ψ ein fest gewähltes Wavelet mit $c_\psi = 2\pi \int\limits_{-\infty}^{\infty} \dfrac{|\mathcal{F}(\psi(t))(\omega)|^2}{|\omega|}\, d\omega < \infty$. Dann gilt für

quadrat-integrierbare Funktionen $f, g : \mathbb{R} \to \mathbb{C}$ die Parseval-Plancherel-Gleichung:

$$\int\limits_{-\infty}^{\infty} \int\limits_{-\infty}^{\infty} \mathcal{W}(f(t))(a,b)\, \overline{\mathcal{W}(g(t))(a,b)}\, \frac{1}{a^2}\, db\, da = c_\psi \int\limits_{-\infty}^{\infty} f(t)\,\overline{g(t)}\, dt\,.$$

Die Idee für die Herleitung einer Umkehrformel ist folgende: Man setzt eine Funktionenfolge f_n in die Parseval-Plancherel-Gleichung ein:

$$\int\limits_{-\infty}^{\infty} f(\tau)\, \overline{f_n(t-\tau)}\, d\tau = \frac{1}{c_\psi} \int\limits_{-\infty}^{\infty} \int\limits_{-\infty}^{\infty} \mathcal{W}(f(\tau))(a,b)\, \overline{\mathcal{W}(f_n(t-\tau))(a,b)}\, \frac{1}{a^2}\, db\, da\,.$$

Ist f_n reellwertig, so bedeutet dies:

$$\int\limits_{-\infty}^{\infty} f(\tau)\, f_n(t-\tau)\, d\tau$$

$$= \frac{1}{c_\psi} \int\limits_{-\infty}^{\infty} \int\limits_{-\infty}^{\infty} \mathcal{W}(f(\tau))(a,b) \int\limits_{-\infty}^{\infty} f_n(t-\tau)\, \frac{1}{\sqrt{|a|}}\, \psi\left(\frac{\tau-b}{a}\right) d\tau\, \frac{1}{a^2}\, db\, da\,.$$

Nun besitze die Funktionenfolge die Eigenschaft, dass für beliebiges f gilt:

$$\lim_{n \to \infty} \int_{-\infty}^{\infty} f(\tau)\, f_n(t - \tau)\, d\tau = f(t)\,.$$

Dann bekommt man auf der linken Seite im Grenzfall $f(t)$ und auf der rechten Seite unter dem Doppelintegral:

$$\lim_{n \to \infty} \int_{-\infty}^{\infty} f_n(t - \tau)\, \frac{1}{\sqrt{|a|}}\, \psi\left(\frac{\tau - b}{a}\right) d\tau = \frac{1}{\sqrt{|a|}}\, \psi\left(\frac{t - b}{a}\right)\,.$$

Bei der Konstruktion einer geeigneten Funktionenfolge kann man sich am Übergang zur Deltafunktion orientieren. Für die Funktionen $f_n(t) = \dfrac{n}{\sqrt{\pi}}\, e^{-n^2 t^2}$ und Testfunktionen $\phi(t)$ gilt:

$$\lim_{n \to \infty} \int_{-\infty}^{\infty} f_n(t)\, \phi(t)\, dt = \phi(0)\,.$$

Man kann diese Aussage auf absolut integrierbare Funktionen ϕ ausdehnen und erhält in jedem Stetigkeitspunkt von ϕ:

$$\lim_{n \to \infty} \int_{-\infty}^{\infty} f_n(\tau)\, \phi(t - \tau)\, d\tau = \lim_{n \to \infty} \int_{-\infty}^{\infty} \phi(\tau)\, f_n(t - \tau)\, d\tau = \phi(t)\,.$$

Schwieriger ist der Grenzübergang auf der rechten Seite, der mit dem Doppelintegral vertauscht werden muss.

Umkehrformel für die Wavelet-Transformation:

Unter der Voraussetzung der Vertauschbarkeit von Grenzübergang und Integration gilt in jedem Stetigkeitspunkt von f:

$$f(t) = \frac{1}{c_\psi} \int_{-\infty}^{\infty} \int_{-\infty}^{\infty} \mathcal{W}(f(t))(a, b)\, \frac{1}{\sqrt{|a|}}\, \psi\left(\frac{t - b}{a}\right) \frac{1}{a^2}\, db\, da\,.$$

Beispiel 10.9
Rekonstruktion des Rechteckimpulses aus der Wavelet-Transformierten:

Wir legen den mexikanischen Hut als Wavelet zugrunde:

$$\psi(t) = \frac{2}{\sqrt{3}\,\sqrt[4]{\pi}}\, (1 - t^2)\, e^{-\frac{t^2}{2}}$$

mit

$$c_\psi = \frac{8\sqrt{\pi}}{3} .$$

Die Wavelet-Transformierte des Rechteckimpulses

$$f(t) = \begin{cases} 1 & , & |t| \le \frac{1}{2}, \\ 0 & , & \text{sonst}. \end{cases}$$

bezüglich des mexikanischen Huts lautet:

$$W(f(t))(a,b) = \frac{2}{\sqrt{3}\sqrt[4]{\pi}} \frac{1}{\sqrt{|a|}} \left((1-2b)\, e^{-\frac{(1-2b)^2}{8a^2}} + (1+2b)\, e^{-\frac{(1+2b)^2}{8a^2}} \right)$$

Das Umkehrintegral ist symmetrisch in t und liefert die Werte:

$$\frac{1}{c_\psi} \int\limits_{-\infty}^{\infty} \int\limits_{-\infty}^{\infty} W(f(t))(a,b)\, \frac{1}{\sqrt{|a|}}\, \psi\left(\frac{t-b}{a}\right) \frac{1}{a^2}\, db\, da$$

$$= \frac{2}{c_\psi} \int\limits_{0}^{\infty} \int\limits_{-\infty}^{\infty} W(f(t))(a,b)\, \frac{1}{\sqrt{|a|}}\, \psi\left(\frac{t-b}{a}\right) \frac{1}{a^2}\, db\, da$$

$$= \frac{2}{c_\psi} \int\limits_{0}^{\infty} \frac{1}{48\, a^4}\, e^{-\frac{(1+2t)^2}{16a^2}}\, e^{\frac{t}{2a^2}} \left(-2 + 48\, a^2 - 24\, t^2 \right) da$$

$$= \begin{cases} 1 & , & |t| < \frac{1}{2}, \\ \frac{1}{2} & , & |t| = \frac{1}{2}, \\ 0 & , & \text{sonst}. \end{cases}$$

MAPLE:

```
psi:=t->2*(1-t^2)*exp(-1/2*t^2)/(sqrt(3)*Pi^(1/4));
```

$$\psi := t \to 2\, \frac{(1-t^2)\, e^{(-1/2\, t^2)}}{\sqrt{3}\,\pi^{(1/4)}}$$

```
wrimp:=(a,b)->(1/sqrt(abs(a)))*int(psi((t - b)/a),t=-1/2..1/2);
```

$$wrimp := (a,b) \to \frac{\displaystyle\int\limits_{-1/2}^{1/2} \psi(\frac{t-b}{a})\, dt}{\sqrt{|a|}}$$

```
assume(a>0);

simplify(int(wrimp(a,b)*(1/sqrt(abs(a)))*psi((0-b)/a)*(1/a^2),
b=-infinity..infinity));
```

$$\frac{1}{24} \frac{e^{(-1/16\frac{1}{a^2})}(24\,a^{-2}-1)}{a^{-4}}$$

```
simplify(int(\%,a=0..infinity));
```

$$\frac{4}{3}\sqrt{\pi}$$

```
simplify(int(wrimp(a,b)*(1/sqrt(abs(a)))*psi(((1/2)-b)/a)*(1/a^2),
b=-infinity..infinity));
```

$$\frac{1}{6} \frac{e^{(-1/4\frac{1}{a^2})}(-1+6\,a^{-2})}{a^{-4}}$$

```
simplify(int(\%,a=0..infinity));
```

$$\frac{2}{3}\sqrt{\pi}$$

```
simplify(int(wrimp(a,b)*(1/sqrt(abs(a)))*psi(((3/2)-b)/a)*(1/a^2),
b=-infinity..infinity));
```

$$-\frac{1}{6} \frac{e^{(-\frac{1}{a^2})}(-12\,a^{-2}+8-e^{(3/4\frac{1}{a^2})}+6\,e^{(3/4\frac{1}{a^2})}\,a^{-2})}{a^{-4}}$$

```
simplify(int(\%,a=0..infinity));
```

$$0$$

Die Funktionen

$$e_j(t) = e^{j\,\omega\,t\,i}, \quad \omega = \frac{2\,\pi}{T},$$

bilden ein Orthonormalsystem im Raum der quadrat-integrierbaren Funktionen

$$f : [0, T] \longrightarrow \mathbb{C}$$

mit dem Skalarprodukt:

$$< f, g >= \frac{1}{T} \int\limits_0^T f(t) \,\overline{g(t)}\, dt \,.$$

Mit den Fourierkoeffizienten

$$c_j =< f, e_j >= \frac{1}{T} \int\limits_0^T f(t) \,\overline{e^{j\,\omega t\, i}}\, dt$$

gilt die Entwicklung:

$$f(t) = \sum_{j=-\infty}^{\infty} c_j\, e_j \,.$$

Die verschobenen Spaltfunktionen

$$\mathrm{sinc}(\pi\,(t-j)) = \frac{\sin(\pi\,(t-j))}{\pi\,(t-j)}$$

bilden ein Orthonormalsystem im $L^2(\mathbb{R})$ und erzeugen einen Unterraum, der durch Funktionen gegeben wird, deren Frequenzband im Intervall $[-\pi, \pi]$ enthalten ist. Für bandbegrenzte Funktionen f gilt dann folgende Entwicklung:

$$f(t) = \sum_{j=-\infty}^{\infty} f(j)\, \mathrm{sinc}(\pi\,(t-j)) \,.$$

Wir legen das Skalarprodukt $< f, g >= \int\limits_{-\infty}^{\infty} f(t)\, \overline{g(t)}\, dt$ zugrunde, und der Funktionswert $f(j)$

stellt den Fourierkoeffizienten dar:

$$f(j) = \int\limits_{-\infty}^{\infty} f(t)\, \overline{\mathrm{sinc}(\pi\,(t-j))}\, dt \,.$$

In beiden Beispielen wird eine Funktion nach einem Orthonormalsystem entwickelt bzw. durch seine Entwicklungskoeffizienten mit den Basisfunktionen rekonstruiert. Im erstem Fall geht man von der Fouriertransformation mit dem Funktionensystem $e^{\omega t\, i}$ zur Fourierreihe mit dem Basissystem $e^{j\,\frac{2\pi}{T}\,t\,i}$ über.

Die Fouriertransformation beschäftigt sich mit beliebigen Funktionen, während durch Fourier-
reihen periodische Funktionen dargestellt werden. Die Fourierentwicklung basiert auf einem
Periodenintervall. Die Entwicklung nach den Spaltfunktionen geschieht global über die ganze
Zeitachse. Allerdings können nur bandbegrenzte Funktionen betrachtet werden.

Im Gegensatz zum Funktionensystem $e^{\omega t i}$ sind die Funktionen aus dem Grundsystem der
Wavelet-Transformation

$$\psi\left(\frac{t-b}{a}\right), \quad a,b \in \mathbb{R}, a \neq 0,$$

quadrat-integrierbar. Wir können dieses System in einem allgemeinen Sinn sogar als Frame
auffassen. Mit dem Frame-Operator

$$T_F(f)_{a,b} = \mathcal{W}(f(t))(a,b)$$

und der Norm

$$\|T_F(f))\|^2 = \int\limits_{-\infty}^{\infty} \int\limits_{-\infty}^{\infty} |\mathcal{W}(f(t))(a,b)|^2 \frac{1}{a^2} \, db \, da$$

folgt aus der Parseval-Plancherel-Gleichung die Beziehung:

$$\|T_F(f)\|^2 = c_\psi \int\limits_{-\infty}^{\infty} |f(t)|^2 \, dt = \|f\|^2.$$

Dies bedeutet gerade, dass das Funktionensystem $\psi\left(\dfrac{t-b}{a}\right)$ einen straffen Frame mit der
Konstanten c_ψ darstellt. Wir können aber im engeren Sinn zu einem Frame kommen und bei
der Wavelet-Transformation einen ähnlichen Übergang wie bei der Fouriertransformation vom
kontinuierlichen System zu einem abzählbaren System durchführen:

$$\psi_{m,n}(t), \quad m,n \in \mathbb{Z}.$$

Wir verlangen weder die Orthonormalität noch die Basiseigenschaft und versuchen eine Entwicklung mit einem Frame und dem dualen Frame:

$$f = \sum_{m=-\infty}^{\infty} \sum_{n=-\infty}^{\infty} <f, \psi_{m,n}> \tilde{\psi}_{m,n}, \quad f = \sum_{m=-\infty}^{\infty} \sum_{n=-\infty}^{\infty} <f, \tilde{\psi}_{m,n}> \psi_{m,n}.$$

Man kann bei einem beliebigen Wavelet nicht irgendwelche diskreten Werte für die Parameter
a und b herausgreifen und erwarten, dass ein Frame im $L^2(\mathbb{R})$ entsteht. Es gilt aber die folgende
notwendige Bedingung für das Entstehen eines Frames auf einem Gitter $a = a_0^m$, $b = na_0^m b_0$.
(Man kann auch hinreichende Bedingungen angeben. Die Beweise sind jedoch sehr umfang-
reich.)

Notwendige Bedingung für Wavelet-Frames:

Sei ψ eine Funktion aus $L^2(\mathbb{R})$. Sei $a_0 > 1$ und $b_0 > 0$. Wenn die Funktionen

$$\psi_{m,n}(t) = a_0^{-\frac{m}{2}} \, \psi\left(\frac{t - n\,a_0^m\,b_0}{a_0^m}\right) = a_0^{-\frac{m}{2}} \, \psi\left(a_0^{-m}\,t - n\,b_0\right)$$

einen Frame mit Konstanten A und B bilden

$$A \int\limits_{-\infty}^{\infty} |f(t)|^2 \, dt \leq \sum_{m=-\infty}^{\infty} \sum_{n=-\infty}^{\infty} \left| \int\limits_{-\infty}^{\infty} \psi_{m,n}(t) \, \overline{f(t)} \, dt \right|^2 \leq B \int\limits_{-\infty}^{\infty} |f(t)|^2 \, dt \,,$$

dann muss folgende Bedingung erfüllt sein:

$$2\,b_0 \, \ln(a_0)\,A \leq c_\psi = 2\,\pi \int\limits_{-\infty}^{\infty} \frac{|\mathcal{F}(\psi(t))(\omega)|^2}{|\omega|} \, d\omega \leq 2\,b_0 \, \ln(a_0)\,B \,.$$

10.3 Multiskalen-Analyse

Das nächste Ziel ist nun, Wavelets zu finden, für welche das betrachtete System von zeitverschobenen und skalierten Wavelet-Versionen eine Orthonormalbasis des $L^2(\mathbb{R})$ bildet. Das geeignete Werkzeug hierfür ist die Multiskalen-Analyse, ein System von geschachtelten Teilräumen, die durch Skalierung auseinander hervorgehen.

Multiskalen-Analyse:

Eine Multiskalen-Analyse besteht aus einer aufsteigenden Folge von abgeschlossenen Teilräumen $\{V_n\}_{n\in\mathbb{Z}}$: $\cdots V_2 \subset V_1 \subset V_0 \subset V_{-1} \subset V_{-2} \cdots$
mit den Eigenschaften:

1.) $\overline{\bigcup\limits_{n\in\mathbb{Z}} V_n} = L^2(\mathbb{R})$, $\bigcap\limits_{n\in\mathbb{Z}} V_n = \{\underline{0}\}$,.

2.) Für alle $n \in \mathbb{Z}$ gilt: $f(t) \in V_n \iff f(2^n\,t) \in V_0$.

3.) Es gibt eine Skalierungsfunktion $\phi \in V_0$ mit $\int\limits_{-\infty}^{\infty} |\phi(t)| dt < \infty$, sodass die Funktionen $\phi_{0,n}(t) = \phi(t - n)$, $n \in \mathbb{Z}$, eine Orthonormalbasis von V_0 bilden.

Man kann 1.) auch grob so formulieren:

$$\{\underline{0}\} \leftarrow \cdots \mathbb{V}_2 \subset \mathbb{V}_1 \subset \mathbb{V}_0 \subset \mathbb{V}_{-1} \subset \mathbb{V}_{-2} \cdots \rightarrow L^2(\mathbb{R}).$$

Die Inklusionen $\mathbb{V}_n \subset \mathbb{V}_{n-1}$ können reduziert werden auf $\mathbb{V}_0 \subset \mathbb{V}_{-1}$. Denn $\mathbb{V}_0 \subset \mathbb{V}_{-1}$ ist gleichbedeutend mit $f(t) \in \mathbb{V}_0 \Rightarrow f(2^{-1}t) \in \mathbb{V}_0$. Hieraus ergibt sich dann für beliebiges $n \in \mathbb{Z}$ die Schlusskette:

$$f(t) \in \mathbb{V}_n \Leftrightarrow f\left(2^n t\right) \in \mathbb{V}_0 \Rightarrow f\left(2^{n-1}t\right) \in \mathbb{V}_0 \Leftrightarrow f(t) \in \mathbb{V}_{n-1}.$$

Offensichtlich ist 2.) gleichbedeutend mit:

$$f(t) \in \mathbb{V}_n \quad \Longleftrightarrow \quad f(2t) \in \mathbb{V}_{n-1}.$$

Die Eigenschaft 3.) besagt zunächst, dass jede Funktion $f \in \mathbb{V}_0$ eine Darstellung besitzt:

$$f(t) = \sum_{n=-\infty}^{\infty} c_n \phi(t-n), \quad c_n = <f, \phi_{0,n}> = \int_{-\infty}^{\infty} f(t)\overline{\phi(t-n)}\,dt.$$

Mit der Eigenschaft 2.) folgt hieraus, dass das System

$$\phi_{m,n}(t) = 2^{-\frac{m}{2}}\phi\left(2^{-m}t - n\right)$$

eine Orthonormalbasis von $\mathbb{V}_m$ bildet. Denn wir können für ein $f \in \mathbb{V}_m$ zunächst schreiben:

$$f\left(2^m t\right) = \sum_{n=-\infty}^{\infty} c_n \phi(t-n), \quad c_n = \int_{-\infty}^{\infty} f\left(2^m t\right)\overline{\phi(t-n)}\,dt.$$

Das heißt,

$$f(t) = \sum_{n=-\infty}^{\infty} c_n \phi\left(2^{-m}t - n\right), \quad c_n = \int_{-\infty}^{\infty} f(t)\, 2^{-m}\overline{\phi\left(2^{-m}t - n\right)}\,dt,$$

bzw. mit $d_n = 2^{\frac{m}{2}} c_n$:

$$f(t) = \sum_{n=-\infty}^{\infty} d_n\, 2^{-\frac{m}{2}}\phi\left(2^{-m}t - n\right), \quad d_n = \int_{-\infty}^{\infty} f(t)\, 2^{-\frac{m}{2}}\overline{\phi\left(2^{-m}t - n\right)}\,dt.$$

Man kann sich genauso von der Orthogonalität der Funktionen $\phi_{m,n}(t)$ überzeugen. Eine Funktion $f \in L^2(\mathbb{R})$ kann nun in den Unterraum $\mathbb{V}_m$ projiziert werden:

$$P_m(f) = \sum_{n=-\infty}^{\infty} <f, \phi_{m,n}> \phi_{m,n}.$$

Die praktische Anwendung dieser Projektion (insbesondere bei Skalierungsfunktionen mit kompaktem Träger) liegt in der Filterwirkung. Alle Merkmale eines Signals, die auf der Zeitachse eine größere Ausdehnung als 2^m besitzen, können durch die Projektion erfasst werden. Merkmale mit einer kleineren Ausdehnung werden herausgefiltert.

Für die Orthonormiertheit der verschobenen Versionen der Skalierungsfunktion besitzen wir bereits ein Kriterium im Frequenzbereich. Für die Inklusion $\mathbb{V}_0 \subset \mathbb{V}_{-1}$ leiten wir nun folgendes Kriterium her.

Die Skalierungsgleichung:

Das System der Teilräume $\{\mathbb{V}_n\}_{n \in \mathbb{Z}}$ bilde eine Multiskalen-Analyse. Eine äquivalente Bedingung für die Inklusion $\mathbb{V}_0 \subset \mathbb{V}_{-1}$ wird durch die Skalierungsgleichung gegeben. Es gibt Koeffizienten $h_n \in \mathbb{C}$ mit

$$\sum_{n=-\infty}^{\infty} h_n \, \overline{h_{n+2k}} = \delta_{k,0} \,,$$

sodass die Skalierungsgleichung besteht:

$$\phi(t) = \sqrt{2} \sum_{n=-\infty}^{\infty} h_n \, \phi(2\,t - n) \,.$$

Aus der Inklusion $\mathbb{V}_0 \subset \mathbb{V}_{-1}$ ergibt sich insbesondere, dass die Skalierungsfunktion selbst in $\mathbb{V}_{-1}$ liegt. Da das System der Funktionen $\phi_{-1,n} = \sqrt{2}\,\phi(2\,t - n)$ eine Orthonormalbasis von $\mathbb{V}_{-1}$ bildet, muss eine Folge von Koeffizienten aus $l^2(\mathbb{Z})$ existieren, sodass die Darstellung gilt:

$$\phi(t) = \sqrt{2} \sum_{n=-\infty}^{\infty} h_n \, \phi(2t - n) \,.$$

Umgekehrt folgt aus der Skalierungsgleichung für beliebiges $k \in \mathbb{Z}$:

$$\phi(t - k) \;=\; \sqrt{2} \sum_{n=-\infty}^{\infty} h_n \, \phi(2\,(t - k) - n)$$

$$=\; \sqrt{2} \sum_{n=-\infty}^{\infty} h_n \, \phi(2t - (n + 2\,k)) \,.$$

Damit liegen alle Funktionen des Basissystems von $\mathbb{V}_0$ in $\mathbb{V}_{-1}$, und dies zieht $\mathbb{V}_0 \subset \mathbb{V}_{-1}$ nach sich. Da die Funktionen $\phi_{0,n}(t) = \phi(t - n)$, $n \in \mathbb{Z}$, eine Orthonormalbasis von $\mathbb{V}_0$ bilden, ergibt sich folgende Einschränkung für die Koeffizienten:

$$\delta_{k,0} = \int_{-\infty}^{\infty} \phi(t-k)\,\overline{\phi(t)}\,dt$$

$$= 2\int_{-\infty}^{\infty} \sum_{n=-\infty}^{\infty} h_n\,\phi(2t-(n+2k)) \overline{\sum_{m=-\infty}^{\infty} h_m\,\phi(2t-m)}\,dt$$

$$= \sum_{n=-\infty}^{\infty}\sum_{m=-\infty}^{\infty} h_n\,\overline{h_m}\,2\int_{-\infty}^{\infty} \phi(2t-(n+2k))\,\overline{\phi(2t-m)}\,dt$$

$$= \sum_{n=-\infty}^{\infty}\sum_{m=-\infty}^{\infty} h_n\,\overline{h_m}\int_{-\infty}^{\infty} \phi(t-(n+2k))\,\overline{\phi(t-m)}\,dt$$

$$= \sum_{n=-\infty}^{\infty} h_n\,\overline{h_{n+2k}}\,.$$

Die Bedingung bedeutet gerade, dass die verschobenen Versionen $\{h_{n+2k}\}_{n=-\infty}^{\infty}$ der Folge $\{h_n\}_{n=-\infty}^{\infty} \in l^2(\mathbb{Z})$ ein Orthonormalsystem im $l^2(\mathbb{Z})$ bilden.

Die Eigenschaften $\overline{\bigcup_{n\in\mathbb{Z}} V_n} = L^2(\mathbb{R})$ und $\bigcap_{n\in\mathbb{Z}} V_n = \{\underline{0}\}$ einer Multiskalen-Analyse kann man ebenfalls durch Bedingungen an die Skalierungsfunktion gewährleisten.

Gilt für die Skalierungsfunktion ϕ eine Abschätzung mit einer Konstanten c:

$$|\phi(t)| \le \frac{c}{1+t^2}\,, \quad t \in \mathbb{R},$$

so folgt $\bigcap_{n\in\mathbb{Z}} V_n = \{\underline{0}\}$. Ferner kann man zeigen, dass aus $\left|\int_{-\infty}^{\infty} \phi(t)\,dt\right| = 1$ folgt

$\overline{\bigcup_{n\in\mathbb{Z}} V_n} = L^2(\mathbb{R})$.

Beispiel 10.10
Haar-Multiskalen-Analyse:

Wir beginnen mit der Skalierungsfunktion:

$$\phi(t) = \begin{cases} 1 & , \quad 0 \le t < 1, \\ 0 & , \quad \text{sonst}, \end{cases}$$

und erklären V_0 als das Erzeugnis im L^2-Sinn der Funktionen $\phi_{0,n}(t) = \phi(t-n)$, $n \in \mathbb{Z}$.

Offensichtlich gilt: $< \phi_{0,j}, \phi_{0,k} > = \int_{-\infty}^{\infty} \phi(t-j)\,\overline{\phi(t-k)}\,dt = \delta_{j,k}$.

Also besteht der Teilraum $V_0 \subset L^2(\mathbb{R})$ aus allen Funktionen der Gestalt:

$$f(t) = \sum_{n=-\infty}^{\infty} c_n \, \phi(t-n), \quad \sum_{n=-\infty}^{\infty} |c_n|^2 < \infty.$$

Das sind gerade alle Treppenfunktionen aus $L^2(\mathbb{R})$, die jeweils auf Intervallen $[k, k+1)$ konstant sind. Nun setzen wir die Teilräume V_n fest durch:

$$f(t) \in V_n \quad \Longleftrightarrow \quad f(2^n t) \in V_0.$$

Der Teilraum V_n besteht somit aus allen Treppenfunktionen aus $L^2(\mathbb{R})$, die jeweils auf Intervallen $[2^n k, 2^n (k+1))$ konstant sind. Die Inklusionen $\cdots V_2 \subset V_1 \subset V_0 \subset V_{-1} \subset V_{-2} \cdots$ als auch die Eigenschaften 2.) und 3.) einer Multiskalen-Analyse sind damit erfüllt. Der zweite Teil von 1.) ist ebenfalls klar, der erste Teil folgt aus der Tatsache, dass sich L^2-Funktionen als Grenzfunktionen von Treppenfunktionen darstellen lassen. Die Menge aller Treppenfunktionen kann dann auf $\overline{\bigcup_{n \in \mathbb{Z}} V_n}$ eingeschränkt werden.

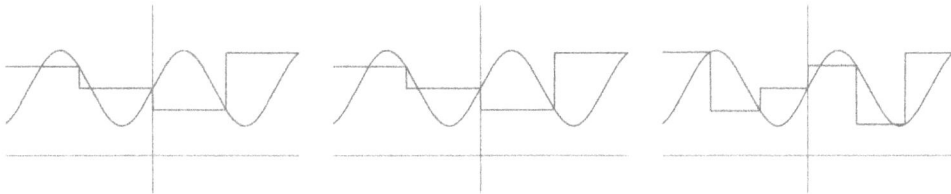

Bild 10.31: *Eine Funktion f mit Projektionen in verschiedene Unterräume V_m*

Wir verifizieren noch die Skalierungsgleichung

$$\phi(t) = \sqrt{2} \sum_{n=-\infty}^{\infty} h_n \, \phi(2t - n) = \sum_{n=-\infty}^{\infty} h_n \, \phi_{-1,0}(t)$$

mit

$$h_n = \int_{-\infty}^{\infty} \phi(t) \, \overline{\phi_{-1,n}(t)} \, dt = \int_{-\infty}^{\infty} \phi(t) \, \sqrt{2} \, \phi(2t - n) \, dt = \sqrt{2} \int_{-\infty}^{\infty} \phi(t) \, \phi\left(2 \left(t - \frac{n}{2}\right)\right) dt.$$

Hieraus ergibt sich

$$h_0 = \int_0^{\frac{1}{2}} \sqrt{2} \, dt = \frac{\sqrt{2}}{2} \quad \text{und} \quad h_1 = \int_{\frac{1}{2}}^{1} \sqrt{2} \, dt = \frac{\sqrt{2}}{2}.$$

Alle anderen Koeffizienten h_n verschwinden. Somit gilt:

$$\phi(t) = \frac{\sqrt{2}}{2}\left(\phi_{-1,0}(t) + \phi_{-1,1}(t)\right) = \phi(2t) + \phi(2t-1).$$

Für $k \neq 0$ gilt:

$$\sum_{n=-\infty}^{\infty} h_n\,\overline{h_{n+2k}} = h_0\,h_{2k} + h_1\,h_{1+2k} = 0$$

und

$$\sum_{n=-\infty}^{\infty} h_n\,\overline{h_n} = h_0\,h_0 + h_1\,h_1 = 1.$$

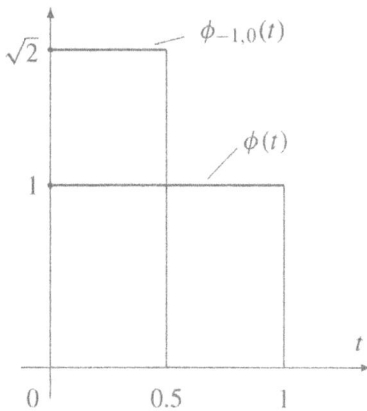

Bild 10.32: *Skalierungsfunktion:*
$$\phi(t) = \begin{cases} 1 & , \quad 0 \leq t < 1, \\ 0 & , \quad sonst, \end{cases}$$
und die Funktion
$$\phi_{-1,0}(t) = \sqrt{2}\,\phi(2t).$$

Mit der Skalierungsfunktion der Haar Multiskalen-Analyse ergeben sich die Inklusionen $\mathbb{V}_n \subset \mathbb{V}_{n-1}$ sofort aus der Überlegung, dass man feinere Treppenfunktionen zu gröberen zusammensetzen kann. Man kann eine beliebige Funktion ϕ nehmen und wie bei der Haar Multiskalen-Analyse eine Folge von Teilräumen $\mathbb{V}_j$ erklären. Die Bedingung $\mathbb{V}_0 \subset \mathbb{V}_{-1}$ muss dann durch die Skalierungsgleichung gewährleistet werden.

Wir unterwerfen nun die Skalierungsgleichung

$$\phi(t) = \sqrt{2}\sum_{n=-\infty}^{\infty} h_n\,\phi(2t-n)\,, \qquad \sum_{n=-\infty}^{\infty} h_n\,\overline{h_{n+2k}} = \delta_{k,0}\,,$$

der Fouriertransformation und bekommen:

$$\begin{aligned}
\mathcal{F}(\phi(t))(\omega) &= \sqrt{2}\sum_{n=-\infty}^{\infty} h_n\,e^{-\frac{1}{2}n\omega i}\,\frac{1}{2}\,\mathcal{F}(\phi(t))\left(\frac{\omega}{2}\right) \\
&= \left(\frac{1}{\sqrt{2}}\sum_{n=-\infty}^{\infty} h_n\,e^{-n\frac{\omega}{2}i}\right)\mathcal{F}(\phi(t))\left(\frac{\omega}{2}\right).
\end{aligned}$$

Die Bedingung $\displaystyle\sum_{n=-\infty}^{\infty} h_n \overline{h_n} = \sum_{n=-\infty}^{\infty} |h_n|^2 = 1$ sorgt dafür, dass die Fourierentwicklung

$$H(\omega) = \frac{1}{\sqrt{2}} \sum_{n=-\infty}^{\infty} h_n e^{-n\omega i}$$

eine Funktion aus $L^2([0, 2\pi])$ darstellt. Diese Fourierreihe konvergiert fast überall punktweise gegen eine 2π-periodische Funktion. Wir betrachten H als erzeugende Funktion der Multiskalen-Analyse.

Skalierungsgleichung im Frequenzbereich:

Die Skalierungsgleichung nimmt im Frequenzbereich die folgende Gestalt an:

$$\mathcal{F}(\phi(t))(\omega) = H\left(\frac{\omega}{2}\right) \mathcal{F}(\phi(t))\left(\frac{\omega}{2}\right) .$$

Offenbar stimmt die erzeugende Funktion bis auf den Faktor $\frac{1}{\sqrt{2}}$ mit der Fouriertransformierten der Folge $\{h_n\}_{n=-\infty}^{\infty}$ überein:

$$H(\omega) = \frac{1}{\sqrt{2}} \mathcal{F}(h_n)(\omega) .$$

Die Orthogonalitätsbedingung

$$\sum_{n=-\infty}^{\infty} h_n \overline{h_{n+2k}} = \delta_{k,0}$$

ist dann gleichbedeutend mit:

$$|\mathcal{F}(h_n)(\omega)|^2 + |\mathcal{F}(h_n)(\omega + \pi)|^2 = 2$$

für fast alle ω. Hieraus ergibt sich sofort die folgende Eigenschaft einer erzeugenden Funktion.

Erzeugende Funktion einer Multiskalen-Analyse:

Sei

$$H(\omega) = \frac{1}{\sqrt{2}} \sum_{n=-\infty}^{\infty} h_n e^{-n\omega i}$$

die erzeugende Funktion einer Multiskalen-Analyse. Dann gilt für fast alle $\omega \in \mathbb{R}$:

$$|H(\omega)|^2 + |H(\omega + \pi)|^2 = 1 .$$

Beispiel 10.11
Erzeugende Funktion und die Skalierungsgleichung im Frequenzbereich:

Wenn man wieder von der Charakterisierung orthogonaler Verschiebungssysteme

$$\sum_{n=-\infty}^{\infty} |\mathcal{F}(\phi(t))(\omega + 2\pi n)|^2 = \frac{1}{2\pi}$$

ausgeht und die Summation in zwei Teilsummen aufteilt, so folgt mit der Skalierungsgleichung im Frequenzbereich:

$$
\begin{aligned}
\frac{1}{2\pi} &= \sum_{n=-\infty}^{\infty} |\mathcal{F}(\phi(t))(\omega + 4\pi n)|^2 + \sum_{n=-\infty}^{\infty} |\mathcal{F}(\phi(t))(\omega + 2\pi + 4\pi n)|^2 \\
&= \sum_{n=-\infty}^{\infty} \left|H\left(\frac{\omega}{2} + 2\pi n\right)\right|^2 \left|\mathcal{F}(\phi(t))\left(\frac{\omega}{2} + 2\pi n\right)\right|^2 \\
&\quad + \sum_{n=-\infty}^{\infty} \left|H\left(\frac{\omega}{2} + \pi + 2\pi n\right)\right|^2 \left|\mathcal{F}(\phi(t))\left(\frac{\omega}{2} + \pi + 2\pi n\right)\right|^2 \\
&= \sum_{n=-\infty}^{\infty} \left|H\left(\frac{\omega}{2}\right)\right|^2 \left|\mathcal{F}(\phi(t))\left(\frac{\omega}{2} + 2\pi n\right)\right|^2 \\
&\quad + \sum_{n=-\infty}^{\infty} \left|H\left(\frac{\omega}{2} + \pi\right)\right|^2 \left|\mathcal{F}(\phi(t))\left(\frac{\omega}{2} + \pi + 2\pi n\right)\right|^2 \\
&= \frac{1}{2\pi} \left(\left|H\left(\frac{\omega}{2}\right)\right|^2 + \left|H\left(\frac{\omega}{2} + \pi\right)\right|^2 \right).
\end{aligned}
$$

(Beim Übergang von der zweiten zur dritten Gleichung geht die Periodizität von H ein).

Wenn die Reihe $\sum_{n=-\infty}^{\infty} h_n e^{-n\omega i}$ gleichmäßig konvergiert und $\int_{-\infty}^{\infty} \phi(t)\, dt \neq 0$ gilt, dann folgt:
$H(0) = 1$, $\quad H(\pi) = 0$, bzw:

$$\sum_{n=-\infty}^{\infty} h_n = \sqrt{2}, \quad \sum_{n=-\infty}^{\infty} (-1)^n h_n = 0.$$

Aus

$$\mathcal{F}(\phi(t))(\omega) = \frac{1}{\sqrt{2\pi}} \int_{-\infty}^{\infty} \phi(t)\, dt \neq 0$$

und der Skalierungsgleichung für die Frequenz $\omega = 0$ folgt zunächst $H(0) = 1$. Aus der Beziehung $|H(\omega)|^2 + |H(\omega + \pi)|^2 = 1$ ergibt sich dann $H(\pi) = 0$.

Abtastwerte der Skalierungsfunktion:

Die Reihe $\displaystyle\sum_{n=-\infty}^{\infty} h_n\, e^{-n\omega i}$ konvergiere gleichmäßig, und es bestehe die Ungleichung

$|\phi(t)| \leq \dfrac{c}{1+t^2}$ mit einer Konstanten c. Unter der Voraussetzung

$$\mathcal{F}(\phi(t))(2\pi\, j) = \delta_{j,0}$$

gilt dann für alle $t \in \mathbb{R}$:

$$\sum_{n=-\infty}^{\infty} \phi(t-n) = 1$$

und insbesondere

$$\sum_{n=-\infty}^{\infty} \phi(n) = 1\,.$$

Aus der Abschätzung

$$\sum_{n=-\infty}^{\infty} |\phi(t-n)| \leq c \sum_{n=-\infty}^{\infty} \frac{c}{1+(t-n)^2}$$

kann man auf die gleichmäßige Konvergenz der Reihe $f(t) = \displaystyle\sum_{n=-\infty}^{\infty} \phi(t-n)$

schließen. Offensichtlich ist $f(t)$ periodisch mit der Periode eins und kann in eine Fourierreihe entwickelt werden. Die Fourier-Koeffizienten ergeben sich zu:

$$
\begin{aligned}
c_j &= \int_0^1 f(t)\, e^{-ij2\pi t}\, dt = \int_0^1 \sum_{n=-\infty}^{\infty} \phi(t-n)\, e^{-ij2\pi t}\, dt \\[2mm]
&= \sum_{n=-\infty}^{\infty} \int_0^1 \phi(t-n)\, e^{-ij2\pi t}\, dt = \sum_{n=-\infty}^{\infty} \int_0^1 \phi(t-n)\, e^{-ij2\pi t}\, dt \\[2mm]
&= \sum_{n=-\infty}^{\infty} \int_{-n}^{-n+1} \phi(t)\, e^{-ij2\pi(t+n)}\, dt = \sum_{n=-\infty}^{\infty} \int_n^{n+1} \phi(t)\, e^{-ij2\pi t}\, dt \\[2mm]
&= \int_{-\infty}^{\infty} \phi(t)\, e^{-ij2\pi t}\, dt = \sqrt{2\pi}\, \mathcal{F}(\phi(t))(2\pi\, j)\,,
\end{aligned}
$$

und es folgt:

$$f(t) = \sum_{j=-\infty}^{\infty} \mathcal{F}(\phi(t))(2\pi j)\, e^{i j 2\pi t}.$$

Benützen wir die Charakterisierung orthogonaler Verschiebungssysteme

$$\sum_{n=-\infty}^{\infty} |\mathcal{F}(\phi(t))(\omega + 2\pi n)|^2 = \frac{1}{2\pi}$$

und die Voraussetzung $\mathcal{F}(\phi(t))(2\pi j) = \delta_{j,0}$, so folgt die Behauptung.

Bisher haben wir aus der Skalierungsgleichung Folgerungen gezogen. Die Konstruktion der Lösung der Skalierungsgleichung an sich erfordert schwierige Konvergenzbetrachtungen. Wir beschränken uns auf einige wenige Grundgedanken. Die Folge h_n stelle ein orthogonales Verschiebungssystem dar mit $\sum_{n=-\infty}^{\infty} h_n = \sqrt{2}$ bzw. $H(0) = 0$. Die Skalierungsgleichung im Frequenzbereich wenden wir sukzessive an und erhalten:

$$\mathcal{F}(\phi(t))(\omega) = \prod_{m=1}^{\infty} H\left(2^{-m}\omega\right) \mathcal{F}(\phi(t))(0).$$

Mithilfe der Relation $|H(\omega)|^2 + |H(\omega+\pi)|^2 = 1$ lässt sich durch Rücktransformation in den Zeitbereich unter weiteren geeigneten Vorraussetzungen eine Skalierungsfunktion konstruieren. Die Lösung der Skalierungsgleichung ist nicht eindeutig. Das orthogonale Filter ist genau dann endlich $h_n = 0$ für $n < M$ und $n > N$, wenn Lösung ϕ mit kompaktem Träger existieren $\phi(t) = 0$ für $t < M$ und $t > N$. Bis auf konstante Faktoren stimmen diese Lösungen überein. Die eigentliche Schwierigkeit bei der Konstruktion von Skalierungsfunktionen mit kompaktem Träger besteht darin, ein trigonometrisches Polynom

$$H(\omega) = \frac{1}{\sqrt{2}} \sum_{n=0}^{N} h_n\, e^{-n\omega i}$$

zu finden mit $|H(\omega)|^2 + |H(\omega+\pi)|^2 = 1$.

Beispiel 10.12
Skalierungsgleichung und Eigenwertprobleme:

Wir betrachten die Skalierungsgleichung auf einem ganzzahligen Gitter:

$$\phi(n) = \sqrt{2} \sum_{k=-\infty}^{\infty} h_k\, \phi(2n - k).$$

Wir schreiben diese Gleichung zunächst um:

$$\phi(n) = \sqrt{2} \sum_{k=-\infty}^{\infty} h_{2n-k}\,\phi(k)\,.$$

In Matrixschreibweise bekommen wir dann:

$$\begin{pmatrix} & & \vdots & & & \\ & & \vdots & & & \\ \cdots & h_0 & h_{-1} & h_{-2} & h_{-3} & h_{-4} & \cdots \\ \cdots & h_2 & h_1 & h_0 & h_{-1} & h_{-2} & \cdots \\ \cdots & h_4 & h_3 & h_2 & h_1 & h_0 & \cdots \\ & & \vdots & & & \end{pmatrix} \begin{pmatrix} \vdots \\ \phi(-2) \\ \phi(-1) \\ \phi(0) \\ \phi(1) \\ \phi(2) \\ \vdots \end{pmatrix} = \frac{\sqrt{2}}{2} \begin{pmatrix} \vdots \\ \phi(-2) \\ \phi(-1) \\ \phi(0) \\ \phi(1) \\ \phi(2) \\ \vdots \end{pmatrix}.$$

Sind lediglich die Filterelemente $h_0, \ldots, h_N$ von Null verschieden, so können wir zu einem endlichen Eigenwertproblem übergehen:

$$\begin{pmatrix} h_0 & & & \\ h_2 & h_1 & h_0 & \\ & \vdots & & \\ \cdots & h_N & h_{N-1} & h_{N-2} \\ \cdots & & & h_N \end{pmatrix} \begin{pmatrix} \phi(0) \\ \phi(1) \\ \phi(2) \\ \vdots \\ \phi(N) \end{pmatrix} = \frac{\sqrt{2}}{2} \begin{pmatrix} \phi(0) \\ \phi(1) \\ \phi(2) \\ \vdots \\ \phi(N) \end{pmatrix}.$$

Im Fall $N = 3$ lautet das endliche Eigenwertproblem

$$\begin{pmatrix} h_0 & 0 & 0 & 0 \\ h_2 & h_1 & h_0 & 0 \\ 0 & h_3 & h_2 & h_1 \\ 0 & 0 & 0 & h_3 \end{pmatrix} \begin{pmatrix} \phi(0) \\ \phi(1) \\ \phi(2) \\ \phi(3) \end{pmatrix} = \frac{\sqrt{2}}{2} \begin{pmatrix} \phi(0) \\ \phi(1) \\ \phi(2) \\ \phi(3) \end{pmatrix}.$$

und analog im Fall $N = 4$

$$\begin{pmatrix} h_0 & 0 & 0 & 0 & 0 \\ h_2 & h_1 & h_0 & 0 & 0 \\ 0 & h_3 & h_2 & h_1 & h_0 \\ 0 & 0 & h_4 & h_3 & h_2 \\ 0 & 0 & 0 & 0 & h_4 \end{pmatrix} \begin{pmatrix} \phi(0) \\ \phi(1) \\ \phi(2) \\ \phi(3) \\ \phi(4) \end{pmatrix} = \frac{\sqrt{2}}{2} \begin{pmatrix} \phi(0) \\ \phi(1) \\ \phi(2) \\ \phi(3) \\ \phi(4) \end{pmatrix}.$$

Es kommen allerdings nur Eigenvektoren in Betracht mit der Eigenschaft

$$\sum_{k=-\infty}^{\infty} \phi(k) = 1\,.$$

Beispiel 10.13
Herstellung der Skalierungsgleichung auf einem Gitter:

Ist ein Eigenvektor bestimmt, so kann man ϕ mithilfe der Skalierungsgleichung auf einem Gitter mit halbem Gitterabstand berechnen:

$$\phi\left(\frac{n}{2}\right) = \sqrt{2} \sum_{k=-\infty}^{\infty} h_k\, \phi(n-k).$$

Hieraus erhält man ϕ auf einem Gitter mit dem Gitterabstand $\frac{1}{4}$:

$$\phi\left(\frac{n}{4}\right) = \sqrt{2} \sum_{k=-\infty}^{\infty} h_k\, \phi\left(\frac{n}{2}-k\right).$$

Setzt man das Verfahren fort, so erhält man ϕ auf einem Gitter mit dem Abstand 2^{-m}.
Die Rechnungen lassen sich am besten in Form einer Iteration organisieren. Als Startwert $\phi_0(n)$ wird der berechnete Eigenvektor genommen und dann iteriert nach der Vorschrift:

$$\phi_{m+1}(n) = \sqrt{2} \sum_{k=0}^{N} h_k\, \phi_m(n - 2^m\, k).$$

Als m-te Näherung für die Skalierungsfunktion betrachten wir schließlich die Treppenfunktion

$$\phi(t) \approx \sqrt{2} \sum_{k=-\infty}^{\infty} \phi_m(k)\, r(2^m\, t - k)$$

mit dem Rechteckimpuls $r(t) = u(t) - u(t-1)$.
Betrachten wir ein Filter mit den von null verschiedenen Koeffizienten

$$h_0 = \frac{1+\sqrt{3}}{4\sqrt{2}}, \quad h_1 = \frac{3+\sqrt{3}}{4\sqrt{2}}, \quad h_2 = \frac{3-\sqrt{3}}{4\sqrt{2}}, \quad h_3 = \frac{1-\sqrt{3}}{4\sqrt{2}},$$

so ergibt sich die Skalierungsfunktion eines Daubechies-Wavelets mit dem Eigenwertproblem:

$$\begin{pmatrix} \frac{1+\sqrt{3}}{4\sqrt{2}} & 0 & 0 & 0 \\ \frac{3-\sqrt{3}}{4\sqrt{2}} & \frac{3+\sqrt{3}}{4\sqrt{2}} & \frac{1+\sqrt{3}}{4\sqrt{2}} & 0 \\ 0 & \frac{1-\sqrt{3}}{4\sqrt{2}} & \frac{3-\sqrt{3}}{4\sqrt{2}} & \frac{3+\sqrt{3}}{4\sqrt{2}} \\ 0 & 0 & 0 & \frac{1-\sqrt{3}}{4\sqrt{2}} \end{pmatrix} \begin{pmatrix} \phi(0) \\ \phi(1) \\ \phi(2) \\ \phi(3) \end{pmatrix} = \frac{\sqrt{2}}{2} \begin{pmatrix} \phi(0) \\ \phi(1) \\ \phi(2) \\ \phi(3) \end{pmatrix}.$$

Als Eigenvektor nehmen wir:

$$(\phi(0), \phi(1), \phi(2), \phi(3)) = \left(0, \frac{1 + \sqrt{3}}{2}, \frac{1 - \sqrt{3}}{2}, 0\right).$$

Offensichtlich gilt $\sum_{k=0}^{3} \phi(k) = 1$.

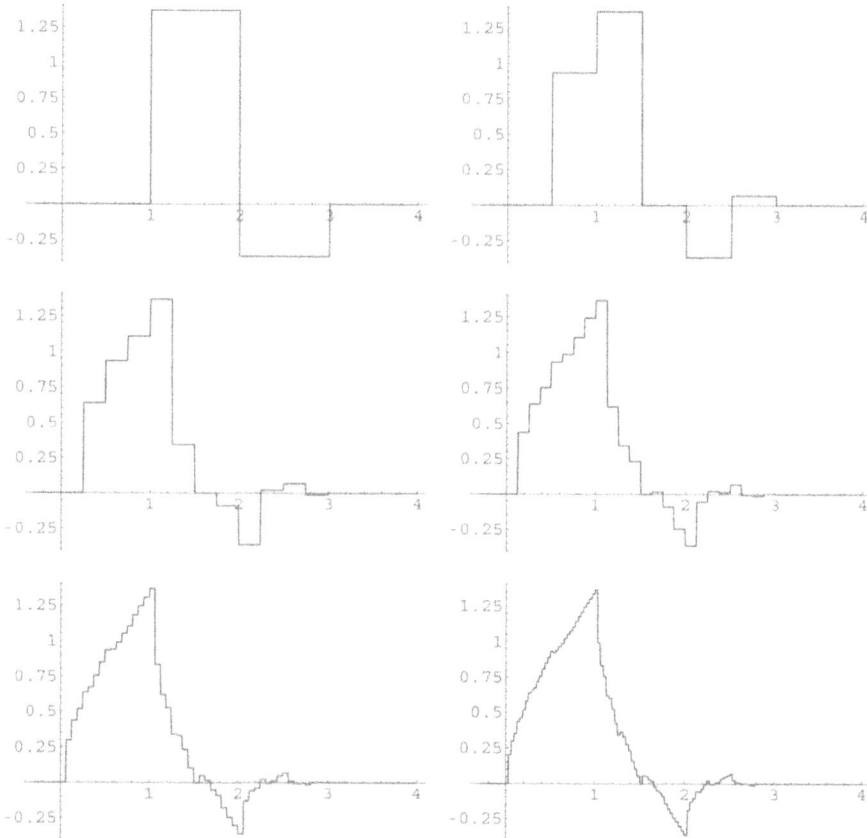

Bild 10.33: *Graphische Darstellung der Skalierungsfunktion eines Daubechies-Wavelets.*
Ausgehend von dem Eigenvektor $(\phi(0), \phi(1), \phi(2), \phi(3)) = \left(0, \frac{1+\sqrt{3}}{2}, \frac{1-\sqrt{3}}{2}, 0\right)$ wird die
Skalierungsfunktion auf einem Gitter mit dem Abstand 2^{-m} gewonnen.

Man kann bei dem Iterationsprozess auch mit einer beliebigen Anfangsfolge starten, die der
Bedingung $\sum_{k=0}^{N} \phi(k) = 1$ genügt, beispielsweise mit $\phi_0(k) = \delta_{k,0}$.

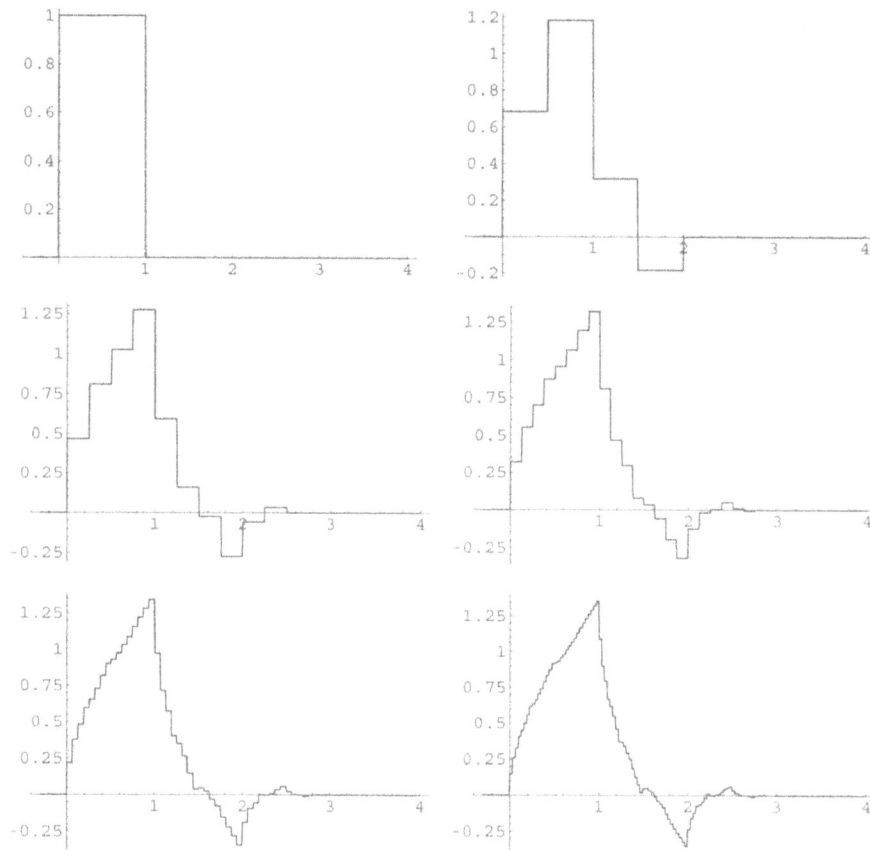

Bild 10.34: *Näherungsweise Darstellung der Skalierungsfunktion eines Daubechies-Wavelets mit dem endlichen Filter $h_0 = \frac{1+\sqrt{3}}{4\sqrt{2}}$, $h_1 = \frac{3+\sqrt{3}}{4\sqrt{2}}$, $h_2 = \frac{3-\sqrt{3}}{4\sqrt{2}}$, $h_3 = \frac{1-\sqrt{3}}{4\sqrt{2}}$. Als Startfolge wird $\phi_0(k) = \delta_{k,0}$ gewählt.*

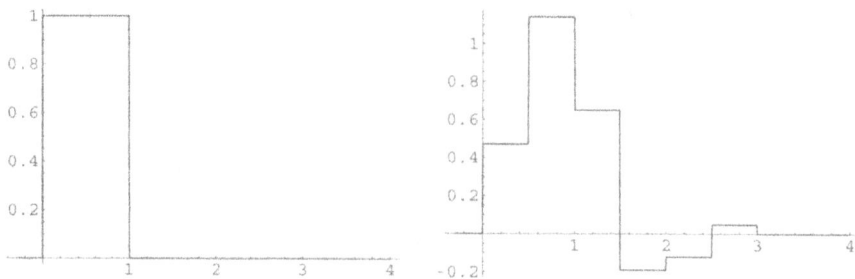

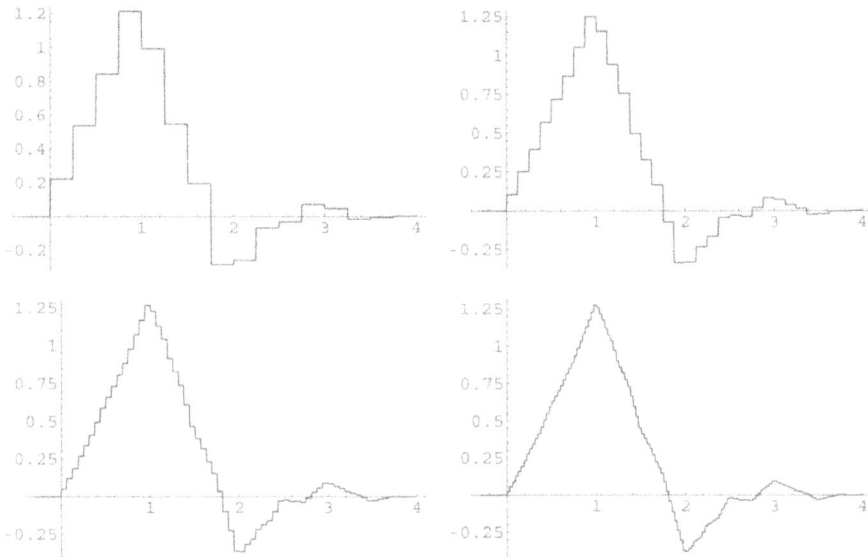

Bild 10.35: *Näherungsweise Darstellung der Skalierungsfunktion eines Daubechies-Wavelets mit dem endlichen Filter $h_0 = 0.332671$, $h_1 = 0.806892$, $h_2 = 0.459878$, $h_3 = -0.135011$, $h_4 = -0.085441$, $h_5 = 0.035226$. Als Startfolge wird $\phi_0(k) = \delta_{k,0}$ gewählt.*

Zusätzlich zum Multiskalensystem $\{\mathbb{V}_n\}_{n\in\mathbb{Z}}$ konstruieren wir ein komplementäres System von Teilräumen $\{\mathbb{W}_n\}_{n\in\mathbb{Z}}$. Der Teilraum $\mathbb{W}_n$ wird definiert als orthogonales Komplement des Raumes $\mathbb{V}_n$ im Raum $\mathbb{V}_{n-1}$:

$$\mathbb{V}_{n-1} = \mathbb{V}_n \oplus \mathbb{W}_n , \quad \mathbb{V}_n \perp \mathbb{W}_n .$$

Ist $f \in L^2(\mathbb{R})$, so gilt:

$$P_{m-1}(f) = P_m(f) + Q_m(f)$$

mit der Projektion Q_m von $L^2(\mathbb{R})$ in $\mathbb{Q}_m$. (Man kann dies aus den Beziehungen $P_m(P_{m-1}(f)) = P_m(f)$ und $Q_m(P_{m-1}(f)) = Q_m(f)$ ersehen). Praktisch verbirgt sich hinter dieser Gleichung folgende Fragestellung. Welche Merkmale eines Signals können mit der Projektion P_{m-1} aber nicht mehr mit P_m erfasst werden? Welche Information kommt hinzu, wenn die Projektions-skala verfeinert wird?

Man überzeugt sich nun leicht davon, dass je zwei (verschiedene) Teilräume senkrecht stehen $\mathbb{W}_n \perp \mathbb{W}_m$ und dass ferner analog zur Eigenschaft 2.) des Multiskalensystems für alle $n \in \mathbb{Z}$ gilt:

$$g(t) \in \mathbb{W}_n \quad \Longleftrightarrow \quad g(2^n t) \in \mathbb{W}_0 .$$

Wegen der Anordnung des Multiskalensystems ist $\mathbb{V}_{n-1} \subset \mathbb{V}_m$, falls $n > m$. Aus $\mathbb{V}_{n-1} = \mathbb{V}_n \oplus \mathbb{W}_n$ folgt $\mathbb{W}_n \subset \mathbb{V}_m$ und damit $\mathbb{W}_n \perp \mathbb{W}_m$. Ist $g_n(t)$ eine Funktion aus $\mathbb{W}_n$, so gibt es Funktionen $f_{n-1}(t) \in \mathbb{V}_{n-1}$ und $f_n(t) \in \mathbb{V}_n$ mit

$$g_n(t) = f_{n-1}(t) - f_n(t) \quad \text{und} \quad \int_{-\infty}^{\infty} (f_{n-1}(t) - f_n(t)) \overline{f_n(t)} \, dt = 0 .$$

Wegen der Eigenschaft 2.) des Systems $\{V_n\}_{n \in \mathbb{Z}}$ gilt dann: $f_{n-1}(2^n t) \in V_{-1}$ und $f_n(2^n t) \in V_0$, sodass

$$g_n\left(2^n t\right) = f_{n-1}\left(2^n t\right) - f_n\left(2^n t\right) \ .$$

Nun überlegt man sich noch, dass aus $\displaystyle\int_{-\infty}^{\infty} (f_{n-1}(t) - f_n(t))\,\overline{f_n(t)}\,dt = 0$ folgt:

$$\int_{-\infty}^{\infty} \left(f_{n-1}\left(2^n t\right) - f_n\left(2^n t\right)\right) \overline{f_n\left(2^n t\right)}\,dt = 0$$

und bekommt $g(2^n t) \in W_0$. Ähnlich folgt die Umkehrung: $g(2^n t) \in W_0 \Rightarrow g(t) \in W_n$.

Multiskalen-Analyse und orthogonale Komplemente:

Das System von Teilräumen $\{V_n\}_{n \in \mathbb{Z}}$ bilde eine Multiskalen-Analyse. Die Teilräume W_n werden jeweils als orthogonale Komplemente erklärt durch:

$$V_{n-1} = V_n \oplus W_n \ , \quad V_n \perp W_n \ .$$

Dann gilt:

   1.) $W_n \perp W_m$ für alle $n, m \in \mathbb{Z}$,

   2.) $g(t) \in W_n \quad \Longleftrightarrow \quad g(2^n t) \in W_0$ für alle $n \in \mathbb{Z}$,

   3.) $\displaystyle\overline{\bigoplus_{n \in \mathbb{Z}} W_n} = L^2(\mathbb{R})$.

Die Eigenschaft 3.) des komplementären Systems $\{W_n\}_{n \in \mathbb{Z}}$ geht auf die Eigenschaft 1.) des Multiskalensystems $\{V_n\}_{n \in \mathbb{Z}}$ und folgende Überlegung zurück:

$$V_n \ = \ V_{n+1} \oplus W_{n+1} = V_{n+2} \oplus W_{n+1} \oplus W_{n+2} = \cdots = V_{n+m} \oplus \bigoplus_{j=1}^{m} W_{n+j} \ .$$

Eine Funktion f aus V_{-1} besitzt eine Basisdarstellung:

$$f(t) = \sqrt{2} \sum_{n=-\infty}^{\infty} f_n\,\phi(2t - n) \ .$$

Wie bei der Fouriertransformation der Skalierungsgleichung ergibt sich hieraus:

$$\mathcal{F}(f(t))(\omega) = \left(\frac{1}{\sqrt{2}} \sum_{n=-\infty}^{\infty} f_n\,e^{-n\frac{\omega}{2}i} \right) \mathcal{F}(\phi(t))\left(\frac{\omega}{2}\right)$$

bzw.

$$\mathcal{F}(f(t))(\omega) = F\left(\frac{\omega}{2}\right) \mathcal{F}(\phi(t))\left(\frac{\omega}{2}\right)$$

mit

$$F(\omega) = \frac{1}{\sqrt{2}} \sum_{n=-\infty}^{\infty} f_n e^{-n\omega i} = \frac{1}{\sqrt{2}} \mathcal{F}(f_n)(\omega).$$

Ist f nun zusätzlich eine Funktion aus W_0, so steht f senkrecht auf V_0, d. h.

$$\int_{-\infty}^{\infty} \phi(t-k)\overline{f(t)}\,dt = 0 \quad \text{für alle} \quad j \in \mathbb{Z}.$$

Diese Orthogonalität überträgt sich wieder auf die Orthogonalität der Koeffizientenfolgen h_n und f_{n+2k}:

$$
\begin{aligned}
0 &= \int_{-\infty}^{\infty} \phi(t-k)\overline{f(t)}\,dt \\
&= 2\int_{-\infty}^{\infty} \sum_{n=-\infty}^{\infty} h_n \phi(2t-(n+2k)) \overline{\sum_{m=-\infty}^{\infty} f_m \phi(2t-m)}\,dt \\
&= \sum_{n=-\infty}^{\infty} h_n \overline{f_{n+2k}}.
\end{aligned}
$$

Als äquivalente Bedingung zur Folgenorthogonalität erhalten wir im Frequenzbereich analog zu den QMF-Systemen:

$$\mathcal{F}(h_n)(\omega)\,\overline{\mathcal{F}(f_n)(\omega)} + \mathcal{F}(h_n)(\omega+\pi)\,\overline{\mathcal{F}(f_n)(\omega+\pi)} = 0$$

bzw. $H(\omega)\,\overline{F(\omega)} + H(\omega+\pi)\,\overline{F(\omega+\pi)} = 0$.

Die Folgen h_n und f_n erfüllen zwei Bedingungen eines QMF-Systems. Da die Funktion f beliebig war, genügt die Folge f_n im Allgemeinen keinen orthogonalen Verschiebungsbedingungen. Wir werden nun eine Funktion $\psi \in W_0$ angeben, die nicht nur ein QMF-System entstehen lässt, sondern darüber hinaus eine Orthonormalbasis des Komplementärraumes W_0.

Eine Orthonormalbasis des Komplements W_0:

Die Funktion $\psi \in V_{-1}$ werde erklärt durch:

$$\psi(t) = \sqrt{2} \sum_{n=-\infty}^{\infty} g_n \phi(2t-n), \qquad g_n = (-1)^{n-1}\overline{h_{-n-1}}.$$

Dann bildet das Funktionensystem $\psi(t-n)$, $n \in \mathbb{Z}$, eine Orthonormalbasis von W_0.

Da die Folge $\{h_n\}_{n=-\infty}^{\infty}$ in $l^2(\mathbb{Z})$ liegt, ist die Funktion ψ wohldefiniert. Die Folgen h_n und g_n bilden ein QMF-System, und es gilt

$$\mathcal{F}(g_n)(\omega) = e^{\omega i}\, \overline{\mathcal{F}(h_n)(\omega + \pi)}.$$

Hieraus folgt sofort die Orthonormalität des Funktionensystems $\psi(t - n)$, und wegen

$$\mathcal{F}(h_n)(\omega)\, \overline{\mathcal{F}(g_n)(\omega)} + \mathcal{F}(h_n)(\omega + \pi)\, \overline{\mathcal{F}(g_n)(\omega + \pi)} = 0$$

stehen je zwei Funktionen $\phi(t - j)$ und $\psi(t - k)$ senkrecht.
Betrachten wir als Nächstes die Fouriertransformierte von ψ:

$$
\begin{aligned}
\mathcal{F}(\psi(t))(\omega) &= \frac{1}{\sqrt{2}} \sum_{n=-\infty}^{\infty} g_n\, e^{-n\frac{\omega}{2} i}\, \mathcal{F}(\phi(t))\left(\frac{\omega}{2}\right) \\
&= \frac{1}{\sqrt{2}}\, \mathcal{F}(g_n)\left(\frac{\omega}{2}\right) \mathcal{F}(\phi(t))\left(\frac{\omega}{2}\right) \\
&= e^{\frac{\omega}{2} i}\, \frac{1}{\sqrt{2}}\, \overline{\mathcal{F}(h_n)\left(\frac{\omega}{2} + \pi\right)}\, \mathcal{F}(\phi(t))\left(\frac{\omega}{2}\right),
\end{aligned}
$$

also

$$\mathcal{F}(\psi(t))(\omega) = e^{\frac{\omega}{2} i}\, \overline{H\left(\frac{\omega}{2} + \pi\right)}\, \mathcal{F}(\phi(t))\left(\frac{\omega}{2}\right).$$

Für Funktion $f \in \mathbb{W}_0$ gilt die Bedingung $H(\omega)\, \overline{F(\omega)} + H(\omega + \pi)\, \overline{F(\omega + \pi)} = 0$, die man als Orthogonalität im Raum $\mathbb{C}^2$ auffassen kann:

$$(H(\omega), H(\omega + \pi)) \perp (F(\omega), F(\omega + \pi)).$$

Wegen

$$(H(\omega), H(\omega + \pi)) \perp (\overline{H(\omega + \pi)}, -\overline{H(\omega)})$$

gilt

$$(F(\omega), F(\omega + \pi)) \parallel (\overline{H(\omega + \pi)}, -\overline{H(\omega)}).$$

Hieraus folgt:

$$(F(\omega), F(\omega + \pi)) = (F(\omega) H(\omega + \pi) - F(\omega + \pi) H(\omega))\, (\overline{H(\omega + \pi)}, -\overline{H(\omega)}).$$

Die Funktion

$$\lambda(\omega) = F(\omega) H(\omega + \pi) - F(\omega + \pi) H(\omega)$$

erfüllt die Bedingung

$$\lambda(\omega + \pi) = -\lambda(\omega),$$

sodass die Funktion

$$\mu(\omega) = e^{-\omega i}\, \lambda(\omega)$$

π-periodisch ist.

Berechnet man nun die Fouriertransformierte einer beliebigen Funktion $f \in \mathbb{W}_0$, so gilt:

$$\mathcal{F}(f(t))(\omega) = F\left(\frac{\omega}{2}\right) \mathcal{F}(\phi(t))\left(\frac{\omega}{2}\right)$$

$$= \lambda\left(\frac{\omega}{2}\right) \overline{H\left(\frac{\omega}{2} + -pi\right)} \mathcal{F}(\phi(t))\left(\frac{\omega}{2}\right)$$

$$= \mu\left(\frac{\omega}{2}\right) e^{\frac{\omega}{2}i} \overline{H\left(\frac{\omega}{2} + \pi\right)} \mathcal{F}(\phi(t))\left(\frac{\omega}{2}\right)$$

$$= \mu\left(\frac{\omega}{2}\right) \mathcal{F}(\psi(t))(\omega).$$

Den 2π-periodischen Faktor entwickeln wir in eine Fourierreihe:

$$\mu\left(\frac{\omega}{2}\right) = \sum_{n=-\infty}^{\infty} \mu_n e^{-n\omega i}$$

und bekommen:

$$\mathcal{F}(f(t))(\omega) = \sum_{n=-\infty}^{\infty} \mu_n e^{-n\omega i} \mathcal{F}(\psi(t))(\omega) = \sum_{n=-\infty}^{\infty} \mu_n \mathcal{F}(\psi(t-n))(\omega)$$

$$= \mathcal{F}\left(\sum_{n=-\infty}^{\infty} \mu_n \psi(t-n)\right).$$

Das heißt, jede Funktion $f \in \mathbb{W}_0$ kann durch das System $\psi(t-n)$ dargestellt werden.

Wir können nun eine Wavelet-Basis für den ganzen Raum $L^2(\mathbb{R})$ angeben.

Multiskalen-Analyse und orthonormierte Wavelet-Basen:

Das System von Teilräumen $\{\mathbb{V}_n\}_{n \in \mathbb{Z}}$ bilde eine Multiskalen-Analyse. Die Funktion ψ werde erklärt durch:

$$\psi(t) = \sqrt{2} \sum_{n=-\infty}^{\infty} g_n \phi(2t-n), \quad g_n = (-1)^{n-1} \overline{h_{-n-1}}.$$

Dann bildet das Funktionensystem

$$\psi_{m,n}(t) = 2^{-\frac{m}{2}} \psi\left(2^{-m}t - n\right), \quad m, n \in \mathbb{Z},$$

eine Orthonormalbasis des $L^2(\mathbb{R})$. Die Funktion ψ stellt ein Wavelet dar.

Die Funktionen $\psi_{0,n}(t) = \psi(t-n)$ bilden eine Orthonormalbasis von $\mathbb{W}_0$. Dass die Funktionen $\psi_{m,n}$ eine Orthonormalbasis von $\mathbb{W}_m$ bilden, zeigt man analog dazu, dass die Funktionen

$$\phi_{m,n}(t) = 2^{-\frac{m}{2}} \phi\left(2^{-m} t - n\right)$$

eine Orthonormalbasis von $\mathbb{V}_m$ bilden. Mit der Eigenschaft 3.) der orthogonalen Komplemente $\bigoplus_{m\in\mathbb{Z}} \mathbb{W}_m = L^2(\mathbb{R})$ folgt dann die Behauptung. Die Funktion ψ ist normiert. Wir müssen nur noch die Zulässigkeitsbedingung für Wavelets nachweisen. Mit der Parseval-Gleichung gilt:

$$\int_{-\infty}^{\infty} |f(t)|^2 \, dt = \sum_{m=-\infty}^{\infty} \sum_{n=-\infty}^{\infty} \left| \int_{-\infty}^{\infty} \psi_{m,n}(t) \, \overline{f(t)} \, dt \right|^2 .$$

Das Funktionensystem $\psi_{m,n}(t)$ bildet somit einen Frame mit den Konstanten $A = B = 1$. Aus der notwendigen Bedingung für Wavelet-Frames folgt, dass die Zulässigkeitsbedingung erfüllt ist:

$$c_\psi = 2\pi \int_{-\infty}^{\infty} \frac{|\mathcal{F}(\psi(t))(\omega)|^2}{|\omega|} \, d\omega = 2 \ln(2) .$$

Wir bemerken noch, dass man die Folge h_n auch zu einem anderen QMF-System hätte ergänzen können. Häufig wird die Folge:

$$g_n = (-1)^n \, \overline{h_{2N-1-n}}$$

mit einem festen N genommen.

Für die Projektionen einer Funktion $f \in L^2(\mathbb{R})$ in die Komplementärräume $\mathbb{V}_m$ und $\mathbb{W}_m$ gilt somit:

$$P_m(f) = \sum_{n=-\infty}^{\infty} <f, \phi_{m,n}> \phi_{m,n} ,$$

$$Q_m(f) = \sum_{n=-\infty}^{\infty} <f, \psi_{m,n}> \psi_{m,n} .$$

Wegen $P_{m-1}(f) = P_m(f) + Q_m(f)$ folgt:

$$P_{m-1}(f) = \sum_{n=-\infty}^{\infty} <f, \phi_{m,n}> \phi_{m,n} + \sum_{n=-\infty}^{\infty} <f, \psi_{m,n}> \psi_{m,n} .$$

Die Projektion einer L^2-Funktion in den Raum $\mathbb{V}_m$ bezeichnet man als Approximation von f. Feinere Details werden mithilfe der Projektion in den Raum $\mathbb{W}_m$ erfasst.

Approximations- und Detail-Koeffizienten:

Für ein $f \in L^2(\mathbb{R})$ bezeichnen wir die Koeffizienten

$$a_{m,n} = < f, \phi_{m,n} > \quad \text{bzw.} \quad d_{m,n} = < f, \psi_{m,n} >$$

als Approximations- bzw. Detail-Koeffizienten.

Beispiel 10.14
Wavelet-Basis der Haar Multiskalen-Analyse:

Die Haar Multiskalen-Analyse wird auf der folgenden Skalierungsfunktion aufgebaut:

$$\phi(t) = \begin{cases} 1 & , \quad 0 \le t < 1, \\ 0 & , \quad \text{sonst}. \end{cases}$$

Eine Wavelet-Basis ergibt sich aus dem Wavelet ψ mit der Fouriertransformierten:

$$\mathcal{F}(\psi(t))(\omega) = e^{\frac{\omega}{2} i} \; \overline{H\left(\frac{\omega}{2} + \pi\right)} \; \mathcal{F}(\phi(t))\left(\frac{\omega}{2}\right)$$

und $\quad H(\omega) = \dfrac{1}{\sqrt{2}} \displaystyle\sum_{n=-\infty}^{\infty} h_n \, e^{-n\omega i} = \dfrac{1}{2} + \dfrac{1}{2} e^{-\omega i}$.

Für die Fouriertransformierte von ϕ erhält man:

$$\mathcal{F}(\phi(t))(\omega) = \frac{1}{\sqrt{2\pi}} e^{-\frac{\omega}{2} i} \operatorname{sinc}\left(\frac{\omega}{2}\right)$$

und damit $\quad \mathcal{F}(\psi(t))(\omega) = -\dfrac{i}{\sqrt{2\pi}} e^{\frac{\omega}{2} i} \dfrac{\left(\sin\left(\frac{\omega}{4}\right)\right)^2}{\frac{\omega}{4}}$.

Das Haar-Wavelet

$$\psi_H(t) = \begin{cases} 1 & , \quad 0 \le t < \frac{1}{2}, \\ -1 & , \quad \frac{1}{2} \le t < 1, \\ 0 & , \quad \text{sonst}, \end{cases}$$

besitzt die Fouriertransformierte:

$$\mathcal{F}(\psi_H(t))(\omega) = \frac{i}{\sqrt{2\pi}} e^{-\frac{\omega}{2} i} \frac{\left(\sin\left(\frac{\omega}{4}\right)\right)^2}{\frac{\omega}{4}}.$$

Das durch die Multiskalen-Analyse erzeugte Wavelet ψ besitzt also die Gestalt:

$$\psi(t) = -\psi_H(t+1) = \begin{cases} -1 & , \quad -1 \le t < -\frac{1}{2}, \\ 1 & , \quad -\frac{1}{2} \le t < 0, \\ 0 & , \quad \text{sonst}. \end{cases}$$

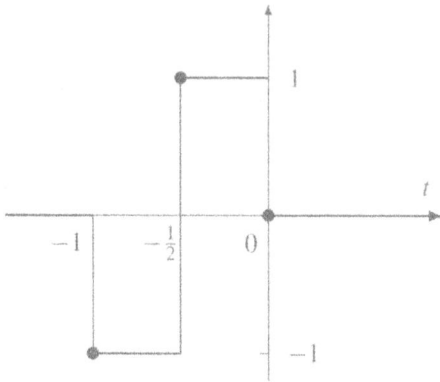

Bild 10.36: *Das durch die Haar-Multiskalen-Analyse erzeugte Wavelet* $\psi = -\psi_H(t+1)$

Insgesamt gilt:

$$\phi(t) = \sqrt{2} \sum_{n=-\infty}^{\infty} h_n \, \phi(2t - n)$$

und

$$\psi(t) = \sqrt{2} \sum_{n=-\infty}^{\infty} g_n \, \phi(2t - n), \quad g_n = (-1)^{n-1} h_{-n-1}$$

mit

$$h_0 = \frac{\sqrt{2}}{2}, \quad h_1 = \frac{\sqrt{2}}{2}, \quad g_{-2} = -\frac{\sqrt{2}}{2}, \quad g_{-1} = \frac{\sqrt{2}}{2},$$

(Alle anderen Koeffizienten h_n und g_n verschwinden). Wir können das Filter h_n auch mit dem Filter

$$g_n = (-1)^n h_{2N-1-n}, \quad N = 1,$$

zu einem QMF-System ergänzen. Wir bekommen dann

$$g_0 = h_1 = \frac{\sqrt{2}}{2}, \quad g_1 = -h_0 = -\frac{\sqrt{2}}{2}.$$

Alle anderen g_n verschwinden wieder, und es ergibt sich das Haar-Wavelet:

$$\sqrt{2} \sum_{n=-\infty}^{\infty} g_n \, \phi(2t - n) = \phi(2t) - \phi(2t - 1) = \psi_H(t).$$

Bei einer Multiskalen-Analyse werden durch die Projektion eines Signals in einen Teilraum $\mathbb{V}_m$ alle Merkmale auf einer Skala 2^m erfasst. Das nächste Ziel ist nun, rekursiv von einer Projektion zur anderen überzugehen. Dazu halten wir zuerst folgende Übergangsrelationen der Skalen 2^{m-1} und 2^m fest.

Skalenübergangsrelationen:

Das System der Teilräume $\{\mathbb{V}_n\}_{n \in \mathbb{Z}}$ bilde eine Multiskalen-Analyse mit der Skalierungs-funktion ϕ und dem Wavelet ψ:

$$\phi(t) = \sqrt{2} \sum_{n=-\infty}^{\infty} h_n \, \phi(2t - n), \quad \psi(t) = \sqrt{2} \sum_{n=-\infty}^{\infty} g_n \, \phi(2t - n).$$

Dann gelten folgende Übergangsrelationen:

$$\phi_{m,n} = \sum_{k=-\infty}^{\infty} h_{k-2n} \, \phi_{m-1,k}, \quad \psi_{m,n} = \sum_{k=-\infty}^{\infty} g_{k-2n} \, \phi_{m-1,k},$$

und

$$\phi_{m-1,n} = \sum_{k=-\infty}^{\infty} \overline{h_{n-2k}} \, \phi_{m,k} + \sum_{k=-\infty}^{\infty} \overline{g_{n-2k}} \, \psi_{m,k}.$$

Die Räume $\mathbb{V}_m$ und $\mathbb{W}_m$ besitzen jeweils Orthonormalbasen:

$$\phi_{m,n}(t) = 2^{-\frac{m}{2}} \, \phi(2^{-m} t - n), \quad \psi_{m,n}(t) = 2^{-\frac{m}{2}} \, \psi(2^{-m} t - n).$$

Benützt man die Beziehungen

$$\phi(t) = \sqrt{2} \sum_{n=-\infty}^{\infty} h_n \, \phi(2t - n), \quad \psi(t) = \sqrt{2} \sum_{n=-\infty}^{\infty} g_n \, \phi(2t - n),$$

so ergibt sich:

$$\begin{aligned}
\phi_{m,n}(t) &= 2^{-\frac{m}{2}} \, \phi(2^{-m} t - n) = 2^{-\frac{m}{2}} \sqrt{2} \sum_{k=-\infty}^{\infty} h_k \, \phi(2^{-(m-1)} t - (2n+k)) \\
&= \sum_{k=-\infty}^{\infty} h_k \, 2^{-\frac{m-1}{2}} \, \phi(2^{-(m-1)} t - (2n+k)) = \sum_{k=-\infty}^{\infty} h_k \, \phi_{m-1,2n+k} \\
&= \sum_{k=-\infty}^{\infty} h_{k-2n} \, \phi_{m-1,k}
\end{aligned}$$

und analog folgt die Übergangsrelation für die Basisfunktionen $\psi_{m,n}$:

$$\psi_{m,n}(t) = \sum_{k=-\infty}^{\infty} g_k \, \phi_{m-1,2n+k} = \sum_{k=-\infty}^{\infty} g_{k-2n} \, \phi_{m-1,k}.$$

Wegen $\phi_{m-1,n} \in \mathbb{V}_{m-1}$ gilt $P_{m-1}(\phi_{m-1,n}) = \phi_{m-1,n}$ und somit:

$$\phi_{m-1,n} = \sum_{n=-\infty}^{\infty} < \phi_{m-1,n}, \phi_{m,k} > \phi_{m,k} + \sum_{n=-\infty}^{\infty} < \phi_{m-1,n}, \psi_{m,k} > \psi_{m,k}.$$

Die Skalarprodukte können nun berechnet werden:

$$< \phi_{m-1,n}, \phi_{m,k} > \quad = \quad < \phi_{m-1,n}, \sum_{l=-\infty}^{\infty} h_{l-2k}\, \phi_{m-1,l} >$$

$$= \quad \sum_{l=-\infty}^{\infty} \overline{h_{l-2k}}\, < \phi_{m-1,n}, \phi_{m-1,l} >$$

$$= \quad \sum_{l=-\infty}^{\infty} \overline{h_{l-2k}}\, \delta_{n,l} = \overline{h_{n-2k}}$$

und analog $\quad < \phi_{m-1,n}, \psi_{m,k} > = \overline{g_{n-2k}}$.

Beispiel 10.15
Skalenübergang bei der Haar-Multiskalen-Analyse:

Wir betrachten die Übergangsrelation (für $n = 0$)

$$\phi_{m-1,0} = \sum_{k=-\infty}^{\infty} \overline{h_{-2k}}\, \phi_{m,k} + \sum_{k=-\infty}^{\infty} \overline{g_{-2k}}\, \psi_{m,k}$$

bei der Haar-Multiskalen-Analyse mit den QMF-Systemen gegeben durch:

$$h_n = \begin{cases} \frac{\sqrt{2}}{2} & , \quad n = 0, \\ \frac{\sqrt{2}}{2} & , \quad n = 1, \\ 0 & , \quad \text{sonst}, \end{cases}$$

und

$$g_n = \begin{cases} -\frac{\sqrt{2}}{2} & , \quad n = -2, \\ \frac{\sqrt{2}}{2} & , \quad n = -1, \\ 0 & , \quad \text{sonst}, \end{cases} \quad \text{bzw.} \quad g_n = \begin{cases} \frac{\sqrt{2}}{2} & , \quad n = 0, \\ -\frac{\sqrt{2}}{2} & , \quad n = 1, \\ 0 & , \quad \text{sonst}. \end{cases}$$

Es gilt:

$$h_{-2k} = \begin{cases} \frac{\sqrt{2}}{2} & , \quad k = 0, \\ 0 & , \quad \text{sonst}, \end{cases}$$

und

$$g_{-2k} = \begin{cases} -\frac{\sqrt{2}}{2} & , & k = -1, \\ 0 & , & \text{sonst,} \end{cases} \quad \text{bzw.} \quad g_{-2k} = \begin{cases} \frac{\sqrt{2}}{2} & , & k = 0, \\ 0 & , & \text{sonst,} \end{cases}$$

und somit

$$\phi_{m-1,0} = \frac{\sqrt{2}}{2}\,\phi_{m,0} - \frac{\sqrt{2}}{2}\,\psi_{m,1} \quad \text{bzw.} \quad \psi_{m-1,0} = \frac{\sqrt{2}}{2}\,\phi_{m,0} + \frac{\sqrt{2}}{2}\,\psi_{m,0}.$$

Im ersten Fall bedeutet dies also:

$$2^{-\frac{m-1}{2}}\,\phi\left(2^{-(m-1)}\,t\right) = \frac{\sqrt{2}}{2}\,2^{-\frac{m}{2}}\,\phi\left(2^{-m}\,t\right) - \frac{\sqrt{2}}{2}\,2^{-\frac{m}{2}}\,\psi\left(2^{-m}\,t - 1\right)$$

bzw.

$$\phi\left(2^{-(m-1)}\,t\right) = \frac{1}{2}\,\phi\left(2^{-m}\,t\right) - \frac{1}{2}\,\psi\left(2^{-m}\,t - 1\right)$$

mit

$$\phi(t) = \begin{cases} 1 & , & 0 \le t < 1, \\ 0 & , & \text{sonst,} \end{cases} \quad \text{und} \quad \psi(t) = \begin{cases} -1 & , & -1 \le t < -\frac{1}{2}, \\ 1 & , & -\frac{1}{2} \le t < 0, \\ 0 & , & \text{sonst,} \end{cases}.$$

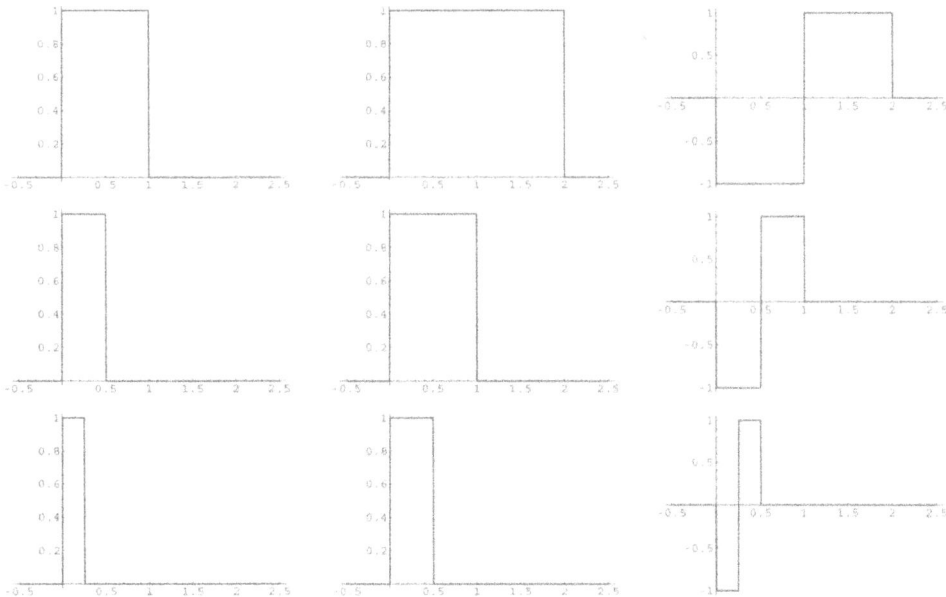

Bild 10.37: *Der Skalenübergang:* $\phi\left(2^{-(m-1)}\,t\right) = \frac{1}{2}\,\phi\left(2^{-m}\,t\right) - \frac{1}{2}\,\psi\left(2^{-m}\,t - 1\right)$ *für* $m = 1$ *(oben),* $m = 0$ *(Mitte) und* $m = -1$ *(unten). Das linke Bild zeigt jeweils* $\phi\left(2^{-(m-1)}\,t\right)$, *das mittlere Bild* $\phi\left(2^{-(m)}\,t\right)$ *und das rechte Bild* $\psi\left(2^{-(m)}\,t\right)$.

Beispiel 10.16
Herstellung der Skalierungsfunktion und des Wavelets durch Skalenübergang und Iteration:

Wir stellen die Skalierungsfunktion jeweils im Raum $\mathbb{V}_m$, $m \le 0$ dar und bekommen:

$$\phi(t) = \sum_{n=-\infty}^{\infty} c_{m,n}\,\phi_{m,n}(t)\,.$$

Offenbar gilt: $c_{0,n} = \delta_{n,0}$ und $c_{-1,n} = \sqrt{2}\,h_n$.
Die Übergangsrelation für die Basiselemente der Räume $\mathbb{V}_m$:

$$\phi_{m,n} = \sum_{k=-\infty}^{\infty} h_{k-2n}\,\phi_{m-1,k}$$

gestatten eine rekursive Berechnung der Koeffizienten $c_{m,n}$:

$$\phi(t) = \sum_{n=-\infty}^{\infty} c_{m,n}\,\phi_{m,n}(t) = \sum_{n=-\infty}^{\infty} c_{m,n} \sum_{k=-\infty}^{\infty} h_{k-2n}\,\phi_{m-1,k}$$

$$= \sum_{k=-\infty}^{\infty} \left(\sum_{n=-\infty}^{\infty} h_{k-2n}\,c_{m,n} \right) \phi_{m-1,k}\,,$$

also:

$$c_{m-1,k} = \sum_{n=-\infty}^{\infty} h_{k-2n}\,c_{m,n}\,.$$

Zur Visualisierung gehen wir von der Darstellung aus:

$$\phi(t) = \sum_{n=-\infty}^{\infty} c_{m,n}\,2^{-\frac{m}{2}}\,\phi\left(2^{-m}t - n\right)\,.$$

Gilt für eine Funktion $\int_{-\infty}^{\infty} g(t)\,dt = 1$, so konvergieren die $m\,g(m\,t)$ zugeordneten regulären Distributionen gegen die Delta-Distribution. Diese Überlegung wenden wir auf $2^{-m}\phi\left(2^{-m}t\right)$ an. Der Grenzübergang bei $m \to -\infty$ ist nun von der Gestalt von ϕ unabhängig und wir können ϕ durch einen Rechteckeinheitsimpuls ersetzen:

$$\phi(t) \approx \sum_{n=-\infty}^{\infty} c_{m,n}\,2^{-\frac{m}{2}}\,r\left(2^{-m}t - n\right)\,, \quad r(t) = u(t) - u(t-1)\,.$$

Hat man eine Näherung für die Skalierungsfunktion ϕ, so erhält man eine Näherung für das Wavelet:

$$\psi(t) \approx \sqrt{2} \sum_{n=-\infty}^{\infty} g_n \, \phi(2\,t - n)\,.$$

Offensichtlich braucht man bei dieser Iteration lediglich das Filter h_n. Das Filter h_n mit den von Null verschiedenen Koeffizienten

$$h_0 = \frac{1 + \sqrt{3}}{4\sqrt{2}}\,, \quad h_1 = \frac{3 + \sqrt{3}}{4\sqrt{2}}\,, \quad h_2 = \frac{3 - \sqrt{3}}{4\sqrt{2}}\,, \quad h_3 = \frac{1 - \sqrt{3}}{4\sqrt{2}}\,,$$

und

$$g_n = (-1)^n \, h_{3-n}$$

ergibt ein Daubechies-Wavelet.

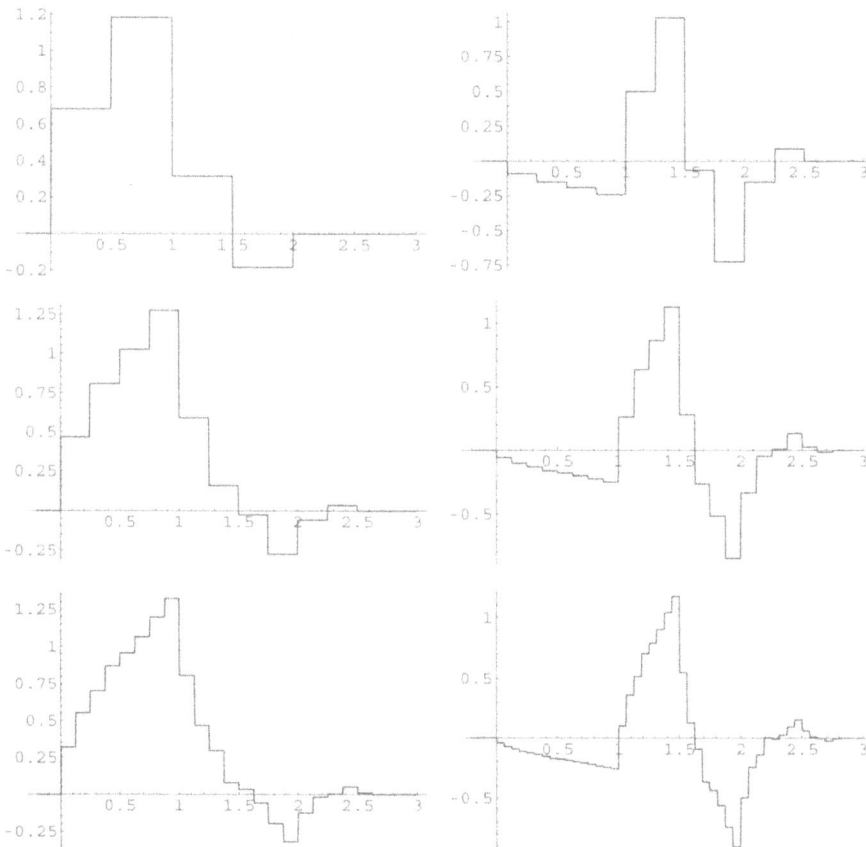

Bild 10.38: *Graphische Darstellung eines Daubechies-Wavelets für $m = -1$ (oben), $m = -2$ (Mitte) und $m = -3$ (unten). Das linke Bild zeigt jeweils die Näherung der Skalierungsfunktion und das rechte Bild die Näherung des Wavelets.*

Beispiel 10.17
Berechnung der Skalierungsfunktion und des Wavelets mit MATLAB:

Die MATLAB-Funktion wfilters.m gibt für verschiedene Wavelets das Tiefpass-Filter h_n und das Hochpass-Filter g_n aus. Auf wfilters kann man wie folgt zugreifen:

```
[LoF_R, HiF_R] = wfilters('wname', r)}
```

LoF_D ist dann das Tiefpass-Filter und HiF_D das Hochpass-Filter für die Rekonstruktion der Skalierungsfunktion und des Wavelets. 'wname' steht für ein Wavelet, welches MATLAB bereitstellen kann. Anstelle des Parameters r kann man auch 'd' für Dekompositionsfilter eingeben. Man erhält dann ein Tiefpass- und ein Hochpass-Filter, das aus dem Rekonstruktionsfilter hergestellt wird und bei der Wavelet-Analyse gebraucht wird.

Im Fall des obigen Daubechies-Wavelets gibt wfilters Werte für die Koeffizienten h_n und g_n dezimale Näherungswerte der angegebenen symbolischen Ausdrücke.

MATLAB:

```
[LoF_R, HiF_R] = wfilters('db2', 'r');
figure(1);
subplot(2,2,1); stem([0:3],LoF_R);
hold on; plot([0 3],[0 0]);
xlabel('n'),ylabel('h(n)');
figure(2);
subplot(2,2,2); stem([0:3],HiF_R);
hold on; plot([0 3],[0 0]);
xlabel('n'),ylabel('g(n)');

LoF_R =
        0.4830     0.8365     0.2241    -0.1294

HiF_R =
       -0.1294    -0.2241     0.8365    -0.4830
```

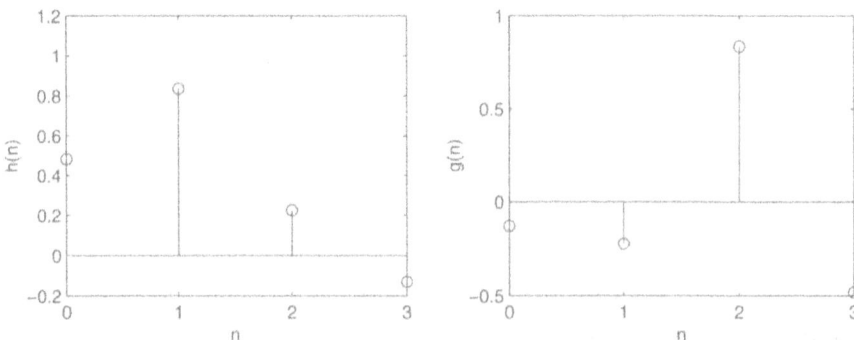

Bild 10.39: *Graphische Darstellung der Rekonstruktionsfilter eines Daubechies-Wavelets mit MATLAB: Tiefpass-Filter h_n (links) und Hochpass-Filter g_n (rechts).*

Zur schnellen Berechnung von Näherungen für die Skalierungsfunktion $\phi(t)$ und das Wavelet $\psi(t)$ stellt MATLAB die Funktion wavefun bereit.

Man ruft diese Funktion wie folgt auf:

$$[\text{phi, psi, xval}] = \text{wavefun}('\text{wname}', \text{ITER})$$

wavefun liefert die Werte der Skalierungsfunktion ϕ =phi und des Wavelets ψ =psi in 2^{ITER} Zeitpunkten, die im Vektor xval ausgegeben werden. Der Parameter 'wname' steht wieder für das zugrunde gelegte Wavelet.

MATLAB:

```
[phi, psi, xval] = wavefun('db2', 6);
figure(1)
subplot(2,2,1),plot(xval,phi,'k','LineWidth',2),grid, xlabel('t'),...
   ylabel('\phi');
figure(2)
subplot(2,2,1),plot(xval,psi,'k','LineWidth',2),grid, xlabel('t'),...
   ylabel('\psi');
```

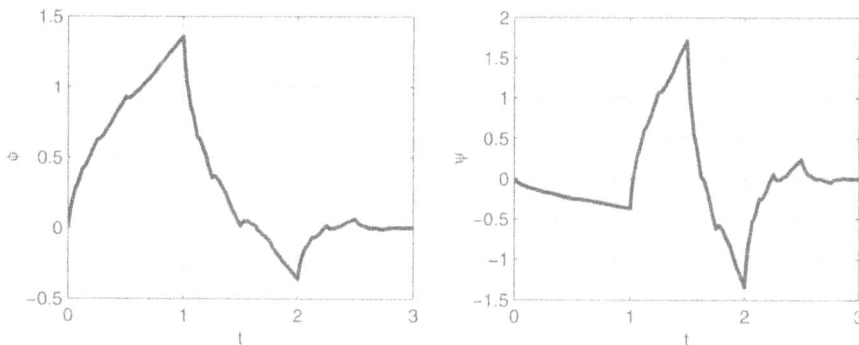

Bild 10.40: *Graphische Darstellung der Näherung eines Daubechies-Wavelets mit MATLAB: Skalierungsfunktion (links) und Wavelet (rechts).*

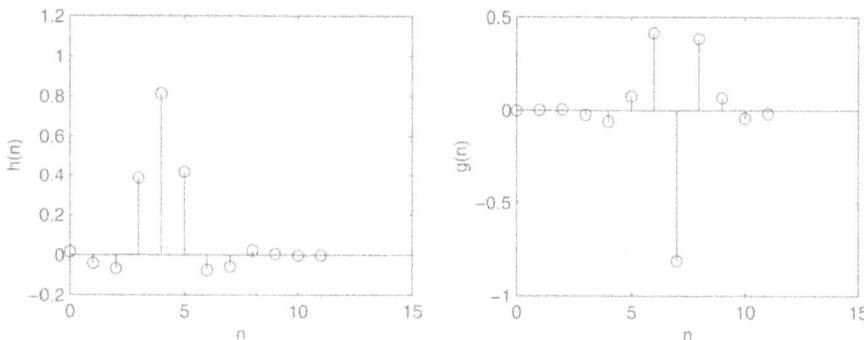

Bild 10.41: *Graphische Darstellung der Rekonstruktionsfilter eines Coiflets mit MATLAB: Tiefpass-Filter h_n (links) und Hochpass-Filter g_n (rechts).*

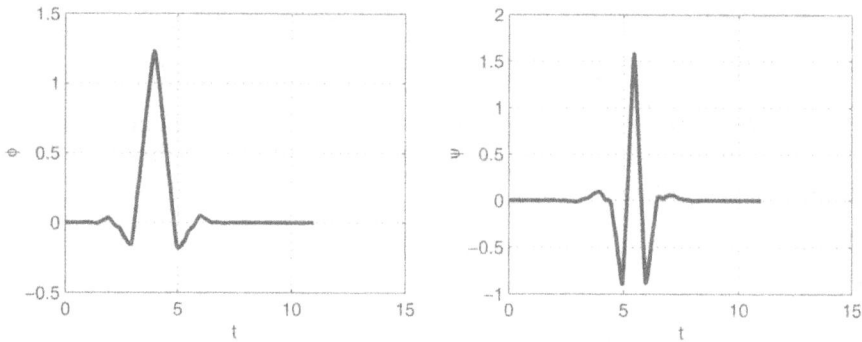

Bild 10.42: *Graphische Darstellung der Näherung eines Coiflets mit MATLAB. Skalierungsfunktion (links) und Wavelet (rechts).*

Bei der Analyse eines Signals gehen wir von der feineren Skala 2^{m-1} zur gröberen Skala 2^m über:

$$
\begin{aligned}
P_{m-1}(f) &= \sum_{n=-\infty}^{\infty} a_{m-1,n}\,\phi_{m-1,n} \\[2mm]
&= \sum_{n=-\infty}^{\infty} a_{m-1,n} \left(\sum_{k=-\infty}^{\infty} \overline{h_{n-2k}}\,\phi_{m,k} + \sum_{k=-\infty}^{\infty} \overline{g_{n-2k}}\,\psi_{m,k} \right) \\[2mm]
&= \sum_{k=-\infty}^{\infty} \left(\sum_{n=-\infty}^{\infty} a_{m-1,n}\,\overline{h_{n-2k}} \right) \phi_{m,k} + \sum_{k=-\infty}^{\infty} \left(\sum_{n=-\infty}^{\infty} a_{m-1,n}\,\overline{g_{n-2k}} \right) \psi_{m,k} \\[2mm]
&= \sum_{k=-\infty}^{\infty} a_{m,k}\,\phi_{m,k} + \sum_{k=-\infty}^{\infty} d_{m,k}\,\phi_{m,k}\,.
\end{aligned}
$$

Durch Vergleich der letzten beiden Basisdarstellungen ergeben sich die Analyseformeln.

Analyse-Algorithmus:

$$
a_{m+1,k} = \sum_{n=-\infty}^{\infty} \overline{h_{n-2k}}\,a_{m,n}\,, \qquad d_{m+1,k} = \sum_{n=-\infty}^{\infty} \overline{g_{n-2k}}\,a_{m,n}\,.
$$

Mit den Folgen $h_k^A = \overline{h_{-k}}$ und $g_k^A = \overline{g_{-k}}$ besteht jeder Analyse-Schritt aus einer Faltung und einer anschließenden Dezimation mit dem Faktor 2:

$$
a_{m,k} = \sum_{n=-\infty}^{\infty} h_{2k-n}^A\,a_{m-1,n}\,, \qquad d_{m,k} = \sum_{n=-\infty}^{\infty} g_{2k-n}^A\,a_{m-1,n}\,.
$$

Wir benutzen bei der Dekomposition ein Tiefpass-Filter h^A und ein Hochpass-Filter g^A.

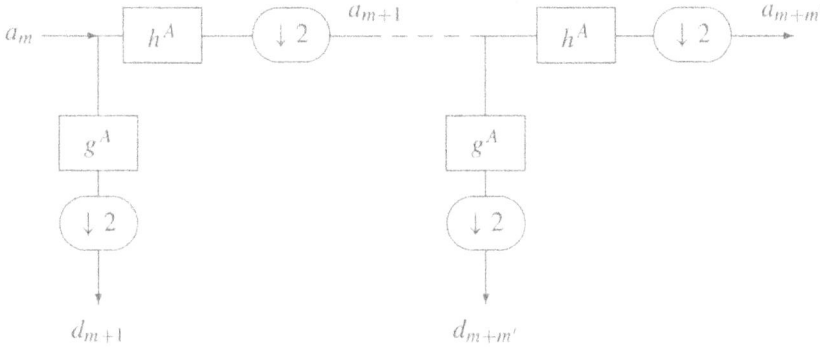

Bild 10.43: *Der Analyse-Algorithmus: Man benötigt die Daten a_m, um die Daten $a_{m+1}, d_{m+1}, \ldots$* *$a_{m+m'+1}, d_{m+m'+1}$ zu erzeugen.*

Beispiel 10.18
Analyse mit dem Haar-Wavelet:

Bei der Haar-Multiskalen-Analyse mit der Skalierungsfunktion und dem Wavelet:

$$\phi(t) = \begin{cases} 1 & , \quad 0 \le t < 1, \\ 0 & , \quad \text{sonst}, \end{cases} \quad \text{und} \quad \psi(t) = \begin{cases} -1 & , \quad -1 \le t < -\frac{1}{2}, \\ 1 & , \quad -\frac{1}{2} \le t < 0, \\ 0 & , \quad \text{sonst}, \end{cases}$$

und:

$$h_n = \begin{cases} \frac{\sqrt{2}}{2} & , \quad n = 0, \\ \frac{\sqrt{2}}{2} & , \quad n = 1, \\ 0 & , \quad \text{sonst}, \end{cases} \quad g_n = \begin{cases} -\frac{\sqrt{2}}{2} & , \quad n = -2, \\ \frac{\sqrt{2}}{2} & , \quad n = -1, \\ 0 & , \quad \text{sonst}, \end{cases}$$

nehmen die Analyse-Formeln:

$$a_{m+1,k} = \sum_{n=-\infty}^{\infty} \overline{h_{n-2k}}\, a_{m,n}, \quad d_{m+1,k} = \sum_{n=-\infty}^{\infty} \overline{g_{n-2k}}\, a_{m,n},$$

folgende einfache Gestalt an:

$$a_{m+1,k} = h_0\, a_{m,2k} + h_1\, a_{m,2k+1}, \quad d_{m+1,k} = g_{-2}\, a_{m,2k-2} + g_{-1}\, a_{m,2k-1}.$$

Ist die Projektion eines Signals in den Raum $\mathbb{V}_0$ bekannt: $P_0(f) = \sum_{n=-\infty}^{\infty} a_{0,n}\, \phi(t-n)$,

dann ergeben sich die Projektionen in die Räume $\mathbb{V}_m$ und $\mathbb{W}_m$ ($m > 0$) mit gröberen Skalen:

$$P_m(f) = \sum_{n=-\infty}^{\infty} a_{m,n} \, 2^{-\frac{m}{2}} \, \phi\left(2^{-m}\,t - n\right)$$

und

$$Q_m(f) = \sum_{n=-\infty}^{\infty} d_{m,n} \, 2^{-\frac{m}{2}} \, \psi\left(2^{-m}\,t - n\right) \, .$$

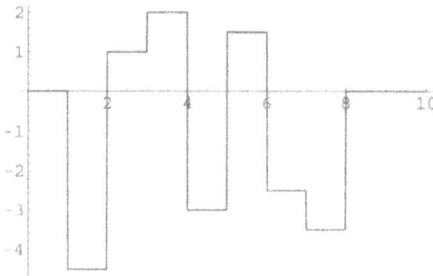

Bild 10.44: *Ein Signal $P_0(f)$.*

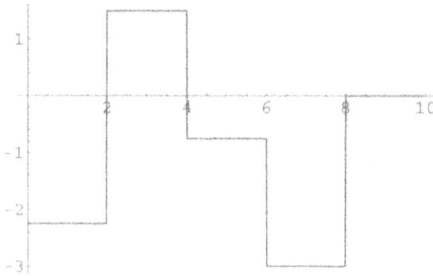

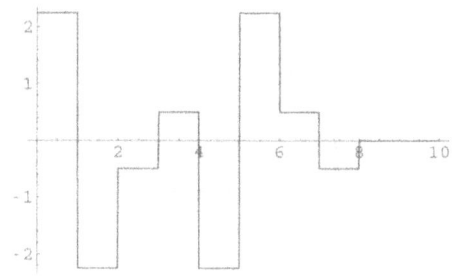

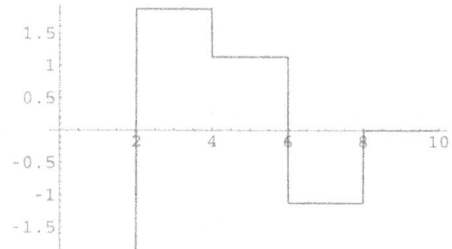

Bild 10.45: *Haar-Wavelet-Analyse: Das Signal $P_0(f)$ wird in die Anteile $P_1(f)$ (oben links) und $Q_1(f)$ (oben rechts) zerlegt. $P_1(f)$ wird in die Anteile $P_2(f)$ (unten links) und $Q_2(f)$ (unten rechts) zerlegt. (Es wird das Filter $g_{-2} = -\dfrac{\sqrt{2}}{2}, \; g_{-1} = \dfrac{\sqrt{2}}{2}$ benutzt).*

Wird das Wavelet

$$\psi(t) = \begin{cases} 1 & , & 0 \le t < \frac{1}{2}, \\ -1 & , & \frac{1}{2} \le t < 1, \\ 0 & , & \text{sonst}, \end{cases}$$

und das Filter:

$$g_n = \begin{cases} \frac{\sqrt{2}}{2} & , \quad n = 0\,, \\ -\frac{\sqrt{2}}{2} & , \quad n = 1\,, \\ 0 & , \quad \text{sonst}\,, \end{cases}$$

genommen, so nehmen die Analyse-Formeln folgende Gestalt an:

$$a_{m+1,k} = h_0\, a_{m,2k} + h_1\, a_{m,2k+1}\,, \quad d_{m+1,k} = g_0\, a_{m,2k} + g_1\, a_{m,2k+1}\,.$$

Da die Approximationskoeffizienten hierbei erhalten bleiben, ergeben sich dieselben Projektionen.

MATLAB:
Die Matlab-Funktion Wavedec führt die Wavelet-Analyse mit dem Befehl aus:

```
[C,L] = wavedec(s,m,'wname')
```

Man muss den Index des Projektionsraums $\mathbb{V}_m$ angeben und ein Wavelet auswählen. Statt dessen kann auch direkt das Hochpass-Filter h_n und das Tiefpass-Filter g_n eingegeben werden:

```
[C,L] = wavedec(s,m,LoF_D,HiF_D)
```

Das Signal wird in Form eines Vektors s eingegeben. Im Ausgabevektor C werden die Approximationskoeffizienten in $\mathbb{V}_m$ sowie die Detailkoeffizienten in den Räumen $\mathbb{V}_m, \mathbb{V}_{m-1}, \dots , \mathbb{V}_1$ angeordnet:

```
C = [App. Koeff.(m)|Detail Koeff.(m)|...|Detail Koeff.(1)]
```

Im Ausgabevektor L wird die Länge des Vektors der Approximationskoeffizienten, der Detailkoeffizienten und die Länge des Eingabevektors s abgespeichert.

```
>> s=[0 -4.5 1 2 -3 1.5 -2.5 -3.5];
[C,L] = wavedec(s,1,'haar')

C =

  -3.1820    2.1213   -1.0607   -4.2426    3.1820   -0.7071   -3.1820    0.7071


L =

     4     4     8

>> s=[0 -4.5 1 2 -3 1.5 -2.5 -3.5];
[C,L] = wavedec(s,2,'haar')

C =

  -0.7500   -3.7500   -3.7500    2.2500    3.1820   -0.7071   -3.1820    0.7071


L =

     2     2     4     8
```

Im Allgemeinen tastet man ein Eingangssignal $s(t)$ mit der Periode T ab und bildet die Folge

$$a_{0,n} \doteq s(nT), \quad n \in \mathbb{Z}.$$

Dann fasst man die $a_{0,n}$ als Entwicklungskoeffizienten einer Funktion aus $\mathbb{V}_0$ auf:

$$P_0(s) = \sum_{n=-\infty}^{\infty} a_{0,n}\, \phi(t-n).$$

Man veranschaulicht sich die Projektionen dann jeweils als Treppenfunktionen mit unterschiedlichen Skalen.

Bei der Synthese eines Signals gehen wir von der gröberen Skala 2^m zur feineren Skala 2^{m-1} über:

$$\begin{aligned}
P_{m-1}(f) &= \sum_{n=-\infty}^{\infty} a_{m,n}\, \phi_{m,n} + \sum_{n=-\infty}^{\infty} d_{m,n}\, \phi_{m,n} \\
&= \sum_{n=-\infty}^{\infty} a_{m,n} \left(\sum_{k=-\infty}^{\infty} h_{k-2n}\, \phi_{m-1,k} \right) + \sum_{n=-\infty}^{\infty} d_{m,n} \left(\sum_{k=-\infty}^{\infty} g_{k-2n}\, \phi_{m-1,k} \right) \\
&= \sum_{k=-\infty}^{\infty} \left(\sum_{n=-\infty}^{\infty} a_{m,n} h_{k-2n} + d_{m,n} g_{k-2n} \right) \phi_{m-1,k} \\
&= \sum_{k=-\infty}^{\infty} a_{m-1,k}\, \phi_{m-1,k}.
\end{aligned}$$

Durch Vergleich der letzten beiden Basisdarstellungen ergeben sich die Syntheseformeln.

Synthese-Algorithmus:

$$a_{m-1,k} = \sum_{n=-\infty}^{\infty} \left(h_{k-2n}\, a_{m,n} + g_{k-2n}\, d_{m,n} \right).$$

Mit den Folgen $h_k^S = h_k$ und $g_k^S = g_k$ besteht jeder Synthese-Schritt aus einer Interpolation der Folgen $a_{m,n}$ bzw. $d_{m,n}$ mit dem Schritt 2 und einer anschließenden Faltung:

$$a_{m-1,k} = \sum_{n=-\infty}^{\infty} \left(h_{k-2n}^S\, a_{m,n} + g_{k-2n}^S\, d_{m,n} \right).$$

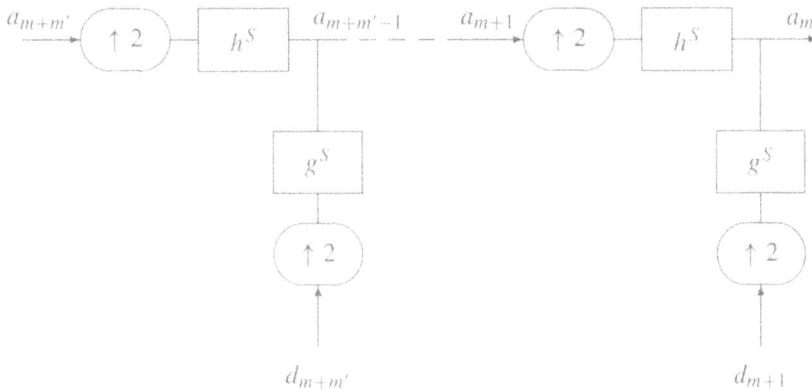

Bild 10.46: *Der Synthese-Algorithmus: Man benötigt die Daten $a_{m+m'}$, $d_{m+m'}$, ... d_{m+1}, um die Daten a_m zu erzeugen.*

Wenn man die Projektionen $P_m(f)$, $Q_m(f)$, $Q_{m-1}(f)$,...$Q_1(f)$, eines Signals $P_0(f)$ kennt kann man stufenweise mit der Syntheseformel $P_{l-1}(f) = P_l(f) + Q_l(f)$ das Signal $P_0(f)$ rekonstruieren.

Beispiel 10.19
Analyse und Synthese mit MATLAB:

Wir betrachten ein Eingangssignal und führen eine Analyse durch. Anschließend wird das Signal wieder rekonstruiert.

MATLAB:
Die matlab-Funktion Waverec führt die Wavelet-Sythese mit dem Befehl aus:

```
s = waverec(C,L,'wname')
```

Statt dessen kann wieder das Hochpass-Filter h_n und das Tiefpass-Filter g_n eingeben werden:

```
s = waverec(C,L,LoF_D,HiF_D)
```

Die Approximationskoeffizienten in $\mathbb{V}_m$ sowie die Detailkoeffizienten in den Räumen $\mathbb{V}_m$, $\mathbb{V}_{m-1}$, ... , $\mathbb{V}_1$ werden nun im Eingabevektor C angeordnet:

```
C = [App. Koeff.(m)|Detail Koeff.(m)|... |Detail Koeff.(1)]
```

Im Eingabevektor L wird die Länge des Vektors der Approximationskoeffizienten, der Detail-koeffizienten und die gesamte Länge des Vektors C abgespeichert.

```
>> s=[0 -4.5 1 2 -3 1.5 -2.5 -3.5];
[C,L] = wavedec(s,3,'haar')

C =

  -3.1820    2.1213    -3.7500    2.2500    3.1820    -0.7071
  -3.1820    0.7071
```

```
L =

     1     1     2     4     8

>> s = waverec(C,L,'haar')

s =

    -0.0000   -4.5000    1.0000    2.0000   -3.0000    1.5000
    -2.5000   -3.5000
```

Wir betrachten das folgende Eingangssignal $s(t)$ und führen eine Analyse mit einem Daube-chies Wavelet und einem Coiflet durch:

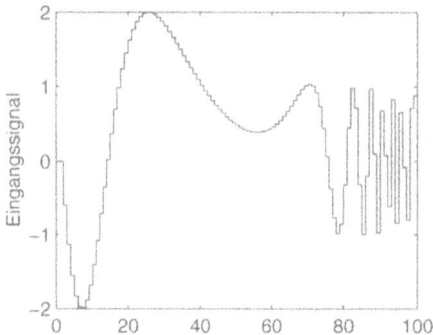

Bild 10.47: *Ein Signal $s(t)$.*

```
k=1:100;
t=(k-1)/100;
s=sin(20*pi*t.^10)+2*sin(2*pi*(1-t).^5);
figure(1);
subplot(2,2,1);
stairs(s);
ylabel('Eingangssignal');
[C,L] = wavedec(s,5,'db3');
L
figure(2);
subplot(2,2,2);
stairs(C);
ylabel('a- und d-Koeff.');
[C,L] = wavedec(s,5,'coif3');
L
ylabel('a- und d-Koeff.');
figure(3);
subplot(2,2,2);

stairs(C);
ylabel('a- und d-Koeff.');
```

```
L =

     7     7    10    16    28    52   100
```

L =

      19   19   22   27   37   58   100

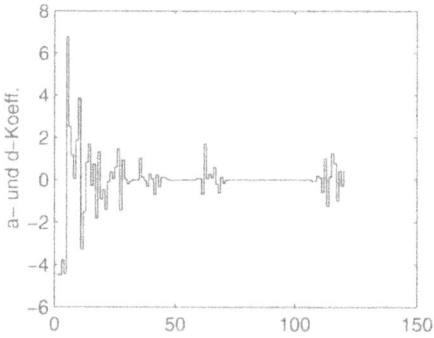

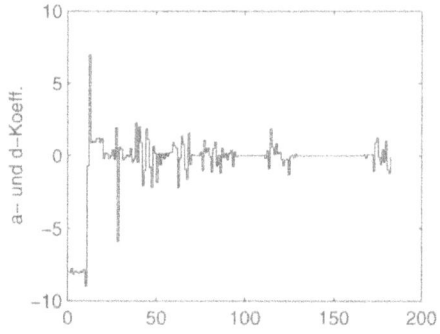

Bild 10.48: *Wavelet-Analyse des Signals $s(t)$ mit einem Daubechies Wavelet (links) und einem Coiflet (rechts).*

Sachwortverzeichnis